Die wichtigsten Fundorte
aus vorrömischer Zeit

W0012918

Grein

M.-Obermenzing

Raisting

Salzburg

Steinberg
Hallein   Hallstatt

Mitterberg

Strettweg

Vill

Uttendorf

Welzelach

Kleinklein

Schlern

Bormio   Calalzo
Sanzeno

Vače

Martignano

avè   Romagnano

Lago di Ledro

ello

Este

Bologna

Ludwig Pauli
Die Alpen in Frühzeit
und Mittelalter

Ludwig Pauli

Die Alpen in Frühzeit und Mittelalter

Die archäologische Entdeckung
einer Kulturlandschaft

Verlag C. H. Beck München

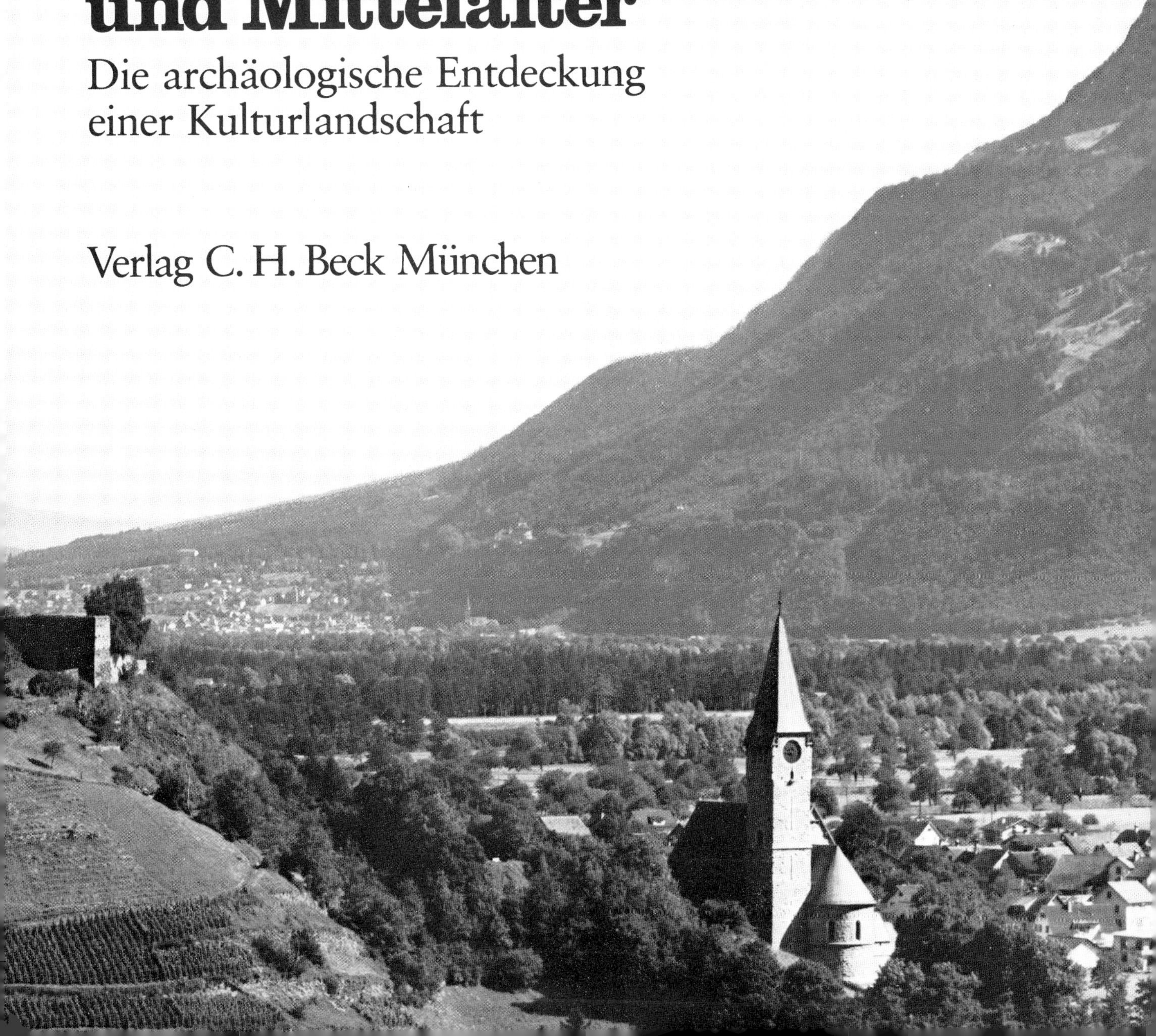

Joachim Werner zum 70. Geburtstag
am 23. Dezember 1979

Mit 174 teils farbigen Abbildungen

ISBN 3 406 07598 3

© C. H. Beck'sche Verlagsbuchhandlung (Oscar Beck)
München 1980
Buchgestaltung: Bruno Schachtner, Dachau
Satz und Druck: Georg Appl, Wemding
Printed in Germany

Titelseite:
1   Der Gutenberg bei Balzers (Liechtenstein) – seit
dem 4. Jahrtausend v. Chr. sicherer Siedlungsplatz, Kultstätte und zugleich Beobachtungsposten am Weg vom
kurz danach unpassierbaren Rheintal über die Luzisteig
(im Hintergrund) weiter hinein ins Gebirge.

Vorwort

Dieses Buch beschreibt die frühe Geschichte einer Landschaft, an der heute sechs Staaten und zwei Fürstentümer teilhaben. Die Alpen mit ihren geologischen und klimatischen Gegebenheiten bilden eine geografische Einheit von der Haute Provence bis zum Wienerwald, deren Lebensbedingungen sich überall deutlich gegen die des Umlandes absetzen. Es ist faszinierend zu beobachten, ob und in welchem Maße die politischen Kräfte sich daran orientieren und wie sie sich mit den vorgegebenen Tatsachen auseinandersetzen. Dies bezeichnet man gewöhnlich als *Geschichte*.

Aber die schriftlichen Quellen, die die Motivationen der handelnden Menschen manchmal erkennen lassen, fließen nur für die römische Zeit in nennenswerter Stärke. Vorher und danach im Frühmittelalter versiegen sie überhaupt oder tröpfeln nur hier und da, ohne sich auch nur zu einem Rinnsal zu vereinigen. Wer die Geschichte dieser Zeiten schreiben will, muß vor allem Ausgrabungen auswerten, die Siedlungen, Befestigungen, Kirchen, Gräber und Versteckfunde zutage fördern. Auch für die römische Zeit ist man oft darauf angewiesen. Dies bezeichnet man gewöhnlich als *Archäologie*.

Selbstverständlich ist die *Archäologie* nichts anderes als *Geschichte*. Die wörtliche Bedeutung, nämlich „Bericht von den Anfängen", wie sie Thukydides gebraucht, hat nichts mit der Art und Weise zu tun, wie man sich die Informationen beschafft: mit Spaten und Millimeterpapier in der Hand, mit krummem Rücken in der Bibliothek, mit dem Flugzeug über dem Umriß einer alten Befestigung im wogenden Kornfeld, zu Fuß auf einer Römerstraße oder in eisigem Wind auf einer Paßhöhe. Daher steht in diesem Buch alles gleichberechtigt nebeneinander. Je nach der Quellenlage wird das eine oder das andere einen größeren Anteil haben. Die Spezialisten mögen mir nachsehen, wenn ich vielleicht manchmal etwas übernommen habe, ohne jedes Detail selbst kritisch zu durchleuchten.

So ist die Konzeption dieses Buches eine zweifache. Als erstes will es eine lesbare Frühgeschichte des Alpenraumes bieten, angefangen von den ersten Menschen der Altsteinzeit an der Côte d'Azur bis zur Kaiserkrönung Karls des Großen in Rom, fortgeführt durch eine kurze Darstellung der Entwicklung bis heute dort, wo es nützlich erscheint und den Blick für Veränderung oder Beharrung zu schärfen vermag. Deshalb sind auch Orte, an denen heute noch Zeugnisse jener Zeiten zu sehen sind, etwas ausführlicher behandelt.

Als zweites soll der Anmerkungsteil dazu dienen, dem interessierten Laien wie dem engagierten Heimatforscher Hinweise auf die weitverstreute Literatur zu geben. Das Schwergewicht liegt dabei auf den Arbeiten der letzten Jahre, weil sie leicht Zugang zu älteren Werken bieten. Vollständigkeit ist nicht angestrebt, die Auswahl notgedrungen subjektiv und auch durch die Bibliotheksverhältnisse in München bestimmt. Daß dabei die französischsprachige Literatur der Westalpen etwas zu kurz kommt, bedauere ich sehr. Gelegentlich gehe ich etwas mehr ins Detail, um dem Wissenschaftler das Nachprüfen einiger hier vorgetragenen Ansichten zu erleichtern: nicht immer folge ich der landläufigen Meinung.

Mit Dankbarkeit sei schließlich erwähnt, daß mir auf meinen Reisen überall große Hilfe gewährt wurde: Einführung in die landschaftsgebundenen Probleme der Geografie, Ökonomie und Gastronomie, Unterrichtung über neueste Funde und Literatur, Vorstellung noch nicht abgeschlossener Ausgrabungen und Beschaffung von Abbildungsvorlagen. Daß mir vor allem meine Freunde und Kollegen in München behilflich waren, war ebenso naheliegend wie unerläßlich. Andere besonders hervorzuheben, möge mir aus Platzgründen erspart bleiben: in den Anmerkungen sind die Informationsquellen genannt. Daß die freundschaftliche Zusammenarbeit über die Grenzen hinweg in diesem Maße möglich ist, war eine beglückende und ermutigende Erfahrung.

Die Widmung an Joachim Werner, einen Berliner in München, einen Forscher und Urlauber in den Alpen, einen jener Generation, die noch die Frühgeschichte unserer Welt zwischen Irland und Japan zu überblicken vermag, einen anregenden Lehrer und unnachahmlichen Organisator, ist der Ausdruck einer Dankbarkeit, die allein er und Sabine, meine Frau, würdigen können.

München, im September 1979
Ludwig Pauli

Inhalt

2   Seit den Anfängen der Archäologie im Alpenraum haben sich die Gelehrten um die „Pfahlbauten" im Uferbereich vieler Seen gestritten. Dicht gesetzte Pfähle wurden zuerst als Überreste von „Pfahlbaudörfern" nach Südsee-Vorbild interpretiert. Spätere Ausgrabungen zeigten, daß die meisten dieser „Pfahldörfer" damals auf festem Boden lagen und nur wegen Hochwassergefahr oder feuchtem Untergrund etwas abgehoben waren. Die neuesten Grabungen im verlandeten See von Fiavè oberhalb des Gardasees haben glücklicherweise ergeben, daß jeder recht hat. Neben Häusern im Uferbereich, die nur zeitweise vom Wasser bedroht waren (Abb. 39), gibt es dort auch einen Siedlungsplatz, dessen Häuser tatsächlich auf hohen Pfählen ruhten. Manche von diesen besitzen oben noch die Einkerbung für die Querträger, etwa 4 m über dem Seegrund. Als die Ausgräber einen der Pfähle neugierig herauszogen, nahm er schier kein Ende: er steckte noch 5,5 m tief im Boden und war insgesamt über 9 m lang.

I. Archäologie – Zufall und Methode

Spaten, Pinsel, Lot und Zeichenstift
Zeitbestimmung im Labor.
Oben und unten, rechts und links
Kombinationsgabe und Kombinationstabellen
Schriftliche Überlieferung und Bodenfunde
Die hilfreichen Naturwissenschaften

Die Archäologie ist eine Wissenschaft,[1] die vom Zufall lebt. Der weitaus überwiegende Teil des schon vorhandenen wie des täglich hinzukommenden Materials wurde und wird durch Zufall entdeckt: durch Baggerführer in Kiesgruben oder auf Straßentrassen, durch Bauern beim Pflügen auf dem Feld, durch spielende Kinder in Höhlen, durch Erdrutsche, durch aufmerksame Lehrer, die in einer Baugrube ungewöhnliche Verfärbungen entdecken. Aber erst die sofortige Meldung an die zuständige archäologische Denkmalpflegebehörde kann der Zufälligkeit der Beobachtungen durch die Klärung der wissenschaftlich bedeutsamen Umstände den Rang eines auswertbaren Faktums, eines Zeugnisses für die Geschichte unserer Vorfahren verleihen.

Aus gutem Grund trennt daher der Archäologe zwischen „Fund" und „Befund". Ein Fund kann schön sein, kostbar, aufregend, unscheinbar, schlecht erhalten oder total verrostet. Wenn man nicht weiß, wo, wie und in welchem Zusammenhang der Fund zutage kam, also den „Befund" nicht kennt, dann verliert er für die Wissenschaft an Wert. Ein Museum mag stolz auf den Besitz eines schönen Stückes sein, und der Kunst- und Antiquitätenhandel nimmt ohnehin keine Rücksicht auf solche Feinheiten über das Ästhetische hinaus, aber für das Anliegen der Archäologie, nämlich das Leben in früher Zeit zu erforschen und zu beschreiben, ist ein Fund ohne Befund wenig ergiebig.

Spaten, Pinsel, Lot und Zeichenstift

Daß der Archäologe sein Tagwerk an der frischen Luft ausübt und dabei goldglitzernde Schätze oder neue Kulturen findet, gehört zu jenen Klischees, mit denen viele Berufe leben müssen. Ausgrabungen stellen jedoch nur einen Teil, meist den kleineren, seiner Tätigkeit dar, und selbst dann ist das meiste noch Routine: freilegen, vermessen, zeichnen, fotografieren, einpacken, abtransportieren. Man sieht, Archäologie hat mehr mit Dokumentation als mit Schatzsuche zu tun.[2] Wenn schon einmal aufregende Funde ans Licht kommen, dann – wie eine alte Ausgräberregel besagt – meist am vorletzten Tag der Kampagne, wenn alles schon zum Aufbruch rüstet.

Die Dokumentation des Gefundenen ist allerdings immer das Wichtigste. Um möglichst viel aus einem Grabungsobjekt herauszuholen, benötigen der Archäologe und seine Helfer eine gute Beobachtungsgabe, Geduld, Kombinationsvermögen und Intuition, Kenntnisse des Vermessens und die entsprechenden Geräte, eine gewisse Begabung zum Zeichnen und viel Papier, Organisationstalent und Überzeugungskraft. Letztere ist dringend nötig, um die grundsätzlich unzureichenden finanziellen Mittel durch Sonderzuwendungen örtlicher Stellen, der Regierung oder Einrichtungen zur Förderung der Wissenschaft zu ergänzen. (Daß etwa das neue bayerische Denkmalschutzgesetz völlig utopisch ist, so lange den darin vorgeschriebenen Aufgaben der Denkmalschutzbehörden nicht durch eine entsprechende personelle und finanzielle Ausstattung Rechnung getragen wird, sei hier nur am Rande erwähnt. In den meisten anderen Alpenländern ist die Diskrepanz zwischen Theorie und Praxis nicht so groß, aber nur deshalb, weil dort die Denkmalpflege in ihrem theoretischen Anspruch noch nicht so weit entwickelt ist; eine Ausnahme bildet die großzügige Unterstützung der Archäologie im Rahmen der Nationalstraßenbauten der Schweiz.)

Die Aufgabe der Bodendenkmalpflege besteht darin, archäologische Zeugnisse unserer Vergangenheit vor der Zerstörung zu bewahren oder, wenn eine solche unabwendbar ist, durch Ausgrabungen so weit zu erforschen und so gut zu dokumentieren, daß das für immer zerstörte Objekt wenigstens auf dem Papier – handschriftlich oder gedruckt – der Nachwelt als auswertbares Geschichtsdokument erhalten bleibt.

Die Auswertbarkeit wiederum hängt von der Genauigkeit der Ausgrabung ab. Die grobe Arbeit leisten Spaten und Schaufel, die feine Spachtel und Pinsel. Maschinelle Hilfe ist, abgesehen vom Abschieben des normalerweise unergiebigen Humus, ausgeschlossen (was eine Schubraupe in 60 Minuten zerstört, hätte vielleicht in 60 Tagen Ausgrabung grundlegend neue Erkenntnisse liefern können). Feinste Bodenverfärbungen und Unterschiede in der Erdzusammensetzung müssen erkannt, die Lage der Funde genau festgehalten werden; Mauern, Gruben, Pfostenlöcher und Gräben sind zeichnerisch aufzunehmen und zu einem Gesamtbild zu ergänzen. Bei Körpergräbern bietet die Lage der Beigaben des Toten Anhaltspunkte für eine Rekonstruktion seiner Kleidung und Tracht. Bei Brandgräbern ist es wichtig zu wissen, welche Gegenstände im Feuer waren, welche mit der Asche in die Urne kamen und welche nachträglich dazugelegt wurden. Viele dieser Details erfordern nach einer gewissen Einarbeitung nur eine normale Beobachtungsgabe und Akribie, aber sie sind mit Zeit verbunden, mit

3 So gelangten die schon in alter Zeit beschädigten Teile eines großen Kochkessels aus Bronze in die Restaurierungswerkstatt des Bayerischen Landesamtes für Denkmalpflege. Kaum ein Museumsbesucher ahnt, welcher Aufwand zur Wiederherstellung der ursprünglichen Form (Abb. 18) nötig war: drei Monate Arbeit und rund 1800 Kupferniete.

behutsamem Vorgehen und Handarbeit – beides heute kaum mehr bezahlbar.

Diese Anforderungen gelten grundsätzlich für alle Ausgrabungen, doch müssen in der Praxis Abstriche gemacht werden, weil der Zeitdruck durch bevorstehende Baumaßnahmen zusammen mit dem chronischen Personal- und Geldmangel oft nur Notbergungen zuläßt, bei denen wissenschaftlich wünschenswerte Ausweitungen keine Chance haben. Regelrechte Forschungsgrabungen in großem Stil, die ein ausgewähltes Objekt möglichst vollständig untersuchen, bilden nach wie vor die Aus-

nahme und werden hauptsächlich von Universitätsinstituten oder großen Museen durchgeführt, die nicht mit dem täglichen Kleinkram der Denkmalpflege belastet sind. So ist es kein Wunder, daß noch heute Siedlungsplätze oder Gräberfelder nur selten so weit ausgegraben und veröffentlicht sind, daß sie als repräsentatives Beispiel für eine bestimmte Lebensform oder Zeit im alpinen Raum gelten können. Für eine Zusammenschau muß der Archäologe viele Details aus kleinen Notbergungen, Fundnotizen und Museumsbeständen auswerten und kombinieren, aber – dies trifft auch für dieses Buch zu – die weiterführenden Forschungsergebnisse und die Absicherung neuer Erkenntnisse beruhen normalerweise in der Tat auf jenen Großunternehmen, die die Arbeitskraft einzelner Archäologen oder ganzer Ämter und Institute auf Jahre hinaus beanspruchen.

Es ist jedoch nicht damit getan, im Boden nach Funden zu suchen, sondern die Funde müssen danach so aufbereitet werden, daß sie einer wissenschaftlichen Auswertung zugänglich sind. Dazu gehört nicht nur die Dokumentation der Ausgrabung, sondern vor allem auch die Konservierung und Restaurierung der auf den ersten Blick meist sehr unansehnlichen Gegenstände. Dies geschieht in den Werkstätten der Denkmalämter oder der Museen. Als erstes muß alles gewaschen werden, fein säuberlich getrennt, wie es von der Ausgrabung kommt. Danach ist die Konservierung nötig: Scherben müssen mit einem Festigungsmittel getränkt, Bronzegegenstände gegen fressende Patina gesichert und Eisengegenstände von Roststellen befreit und vor weiterem Rosten bewahrt werden. Die aufwendigste und langwierigste Prozedur erfordert Holz, das sich bei uns ohnehin nur unter ganz besonderen Umständen im Boden erhält (Luftabschluß in feuchter Umgebung). Da es durch einfaches Trocknen reißen und bis zur Unkenntlichkeit verzerrt würde, muß durch mehrmonatiges, manchmal mehrjähriges Lagern in großen Bottichen das darin enthaltene Wasser gegen eine konservierende Lösung ausgetauscht werden. Die Restaurierung, also die Wiederherstellung des ursprünglichen Zustandes oder wenigstens die Annäherung daran, stellt die dritte Phase dar. Aus Scherben entsteht ein Topf oder ein Glasbecher, ein Rostklumpen entpuppt sich unter dem feinen Sandstrahlgebläse als Gürtelschnalle mit eingelegten Silberfäden, ein Schild läßt sich aus seinen Metallbeschlägen rekonstruieren. Aufgabe des Museums, in dem schließlich alle Funde landen, ist es, durch anschauliche Darbietung dem Besucher die vergangene Zeit lebendig vor Augen zu stellen. Dazu gehören auch Rekonstruktionen wichtiger Befunde, sei es in Originalgröße, sei es in verkleinerter Nachbildung: Häuser und ganze Dörfer, Stoffe und Trachten, Gürtel, Schuhwerk und Hauben, Grabanlagen und -denkmäler.

Diese Aufbereitung für die Öffentlichkeit ist die zweite Hauptaufgabe der Archäologie, denn sonst verliert sie ihre Legitimation als Geschichtswissenschaft. Davor liegt eine Menge Arbeit, die ein Museumsbesucher nicht sieht, zumal in keiner Geisteswissenschaft die Entwicklung so im Fluß und voller Überraschung ist wie bei der Archäologie, die jeden Tag etwas Neues aus dem Boden holt.

Zeitbestimmung im Labor

Aber weil die Archäologie schon seit einigen Jahrzehnten begriffen hat, daß sie es fast immer nur mit einer zufälligen Auswahl aus dem ehemals tatsächlich vorhandenen Bestand der materiellen Hinterlassenschaft früher Zeiten zu tun hat, richtet sie neuerdings ihr Augenmerk verstärkt auch darauf, den Sonderfall vom Allgemeinen zu unterscheiden, das Einzelbeispiel im Rahmen des gesamten Kontextes zu sehen. Die Manie, zunächst und hauptsächlich nach Regelhaftigkeiten, ja zwangsläufiger Gesetzmäßigkeit zu suchen, hat der Einsicht Platz gemacht, daß dadurch einerseits wichtige Aspekte verloren gehen und andererseits die Zufälligkeit der Materialauswahl unterschätzt wird. Versuche jedoch, geschichtliche Aussagen in Form von Wahrscheinlichkeitsmodellen zu formulieren, versprechen nur auf eng begrenzten Gebieten Erfolg, nämlich dort, wo wesentliche Teile der Aussage auf naturwissenschaftliche Ergebnisse gegründet sind. Diese müssen ihrerseits wieder streng statistisch definierte Voraussetzungen besitzen. Dies trifft insbesondere für die Datierungen aufgrund naturwissenschaftlicher Techniken zu. Die ausführliche Erörterung des Alters eines Fundes ist die Lieblingsbeschäftigung der Archäologen, und das nicht ganz zu unrecht; denn ohne die Klärung der chronologischen Verhältnisse bleiben viele Fragen beziehungs- und nutzlos im geografischen und zeitlichen Raum stehen.

Die bekannteste der naturwissenschaftlichen Datierungsmethoden ist die Bestimmung des C^{14}-Gehaltes eines Objekts.[3] Jedes lebende Wesen, Mensch, Tier oder Pflanze, nimmt mit der Luft auch ein Kohlenstoffisotop in winzigen Mengen auf, das als C^{14} bezeichnet wird. Es hat die Eigenschaft, sich nach dem Absterben des Organismus zu verflüchtigen, und zwar in ziemlich genau meßbaren Zeiträumen. Als schwach radioaktive Substanz besitzt es eine Halbwertszeit: nach den letzten verfügbaren Daten verringert sich die C^{14}-Menge nach 5730 ± 40 Jahren auf die Hälfte. Da der Physiker weiß, wie hoch heute der Anteil der C^{14}-Isotopen an dem gesamten Kohlenstoffgehalt der Luft ist, kann er aus der Differenz zu dem im Labor festgestellten Wert errechnen, wann der Prozeß des zunehmenden Ungleichgewichts, nämlich der Tod des Lebewesens, einsetzte. So einleuchtend diese Überlegungen sind, so schwierig ist es, sie in die Praxis umzusetzen, wenn alle sekundären Fehlerquellen, die eine Abweichung im Ablauf dieses Prozesses verursachen können, vermieden oder wenigstens erkannt werden sollen. Aber schon aus der Methode selbst ergibt sich ein Unsicherheitsfaktor – eben statistisch bedingt –, so daß diese Datierungen immer mit einer Einschränkung versehen werden. Lautet ein Datum beispielsweise 4250 v. Chr. ± 120 Jahre, dann besagt dies nach den festge-

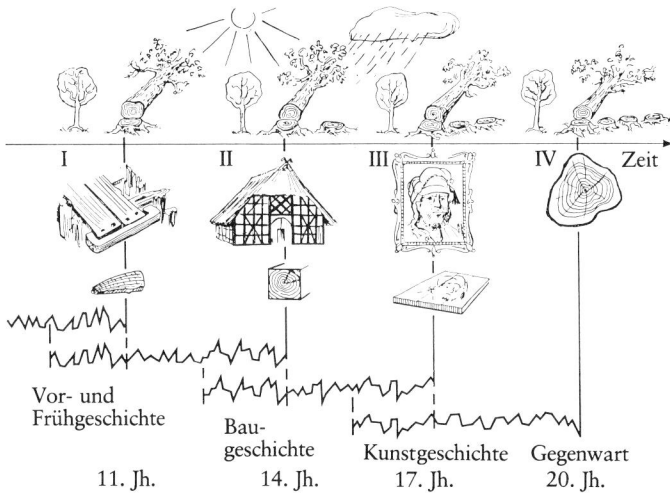

I   II   III   IV   Zeit

Vor- und
Frühgeschichte

Bau-
geschichte

Kunstgeschichte   Gegenwart

11. Jh.   14. Jh.   17. Jh.   20. Jh.

4   Schema des Überbrückungsverfahrens zur Erstellung einer Standardchronologie. Die Kurve gibt die wechselnde Breite der Jahresringe des untersuchten Holzes an.

setzten Regeln, daß nur mit 68% Wahrscheinlichkeit der betreffende Fund in den Zeitraum zwischen 4370 und 4130 v. Chr. zu datieren ist. Will der Archäologe eine höhere Wahrscheinlichkeit, vergrößert sich natürlich der mögliche Spielraum.[4]

Diese Schwierigkeiten haben Archäologie und Physik zwar inzwischen halbwegs in den Griff bekommen, doch in den letzten Jahren hat sich gezeigt, daß eine der Grundvoraussetzungen falsch war, nämlich die Annahme, der Anteil der C^{14}-Isotopen an der Atmosphäre sei durch die Jahrtausende konstant geblieben. Warum er sich geändert hat, und zwar keineswegs in nur einer Richtung, sondern einmal positiv, einmal negativ, weiß man immer noch nicht recht, aber die Forscher haben sich wenigstens daran gemacht, Korrekturkurven zu erstellen, nach denen die C^{14}-Jahre auf Kalenderjahre umgerechnet werden können.[5]

Die Korrektur erfolgt durch die Dendrochronologie, die auf dem genauen Auszählen und Vergleich der Jahresringe sehr alter Bäume beruht.[6] Die Jahresringe eines Baumes spiegeln zunächst sein individuelles Schicksal wider: welches die Sonnenseite, welches die Schattenseite war, woher der Regen kam, welche Sommer trocken, welche Winter kalt waren. Vergleicht man aber mehrere Bäume derselben Art und von benachbarten

Standorten miteinander, zeichnen sich doch erstaunliche Regelmäßigkeiten ab. Besonders die klimatischen Extreme fallen überall in derselben Weise auf, weil sie sich in Stärke und Aussehen der zugehörigen Jahresringe dokumentieren. So wird sich der trockene Sommer des Jahres 1976 noch nach Jahrhunderten als extrem schmaler Jahresring zu erkennen geben. Die Vergleichsmethode ist inzwischen eine rein rechnerische. Die Breite der Jahresringe wird unter dem Mikroskop haargenau gemessen und in eine geeignete Skala eingetragen. Dadurch ergibt sich ein Bild, das optisch einer Fieberkurve ähnelt. Ein Computer vergleicht die Kurven von Proben aus verschiedenen Zeiten und stellt fest, wo sie am besten übereinstimmen. Die sich deckenden Teile werden als gleichzeitig deklariert, und die Überlappungen erlauben es, die Jahrringchronologie in Mitteleuropa von heute bis in das 1. Jahrtausend v. Chr. zurückzuverlängern.[7] Möglich ist dies durch den mühsamen Vergleich von Hölzern aus alten Häusern, Kirchen, Bilderrahmen, Brunnen, von Einbäumen, von Stämmen aus Grabkammern und weggeworfenen Schaufeln der Grabräuber. Man kann diese Vergleiche natürlich auch ohne Anbindung an die heutige Zeit betreiben. So gibt es für etliche Seeuferrandsiedlungen der Schweiz umfangreiche Untersuchungen, die eine genaue zeitliche Relation einzelner Wohnstellen oder Bauphasen geliefert haben, daß etwa Phase II genau 40 Jahre nach Phase I in Angriff genommen wurde.[8] Weil aber bisher die Anbindung an jüngere Daten noch nicht gelungen ist, sind diese Siedlungen doch wiederum nur auf rein archäologischem Weg und durch C^{14}-Daten *absolut* zu datieren.

Die Dendrochronologie war es also, die zur Korrektur der C^{14}-Daten führte, weil sich bei einem Vergleich der nach beiden Methoden gewonnenen Daten aus uralten Mammutbäumen Nordamerikas zeigte, daß eben der C^{14}-Gehalt der Atmosphäre nicht konstant gewesen sein kann. Denn an den ausgezählten Jahresringen über 3000 Jahre hinweg an ein und demselben Stamm ist nicht zu rütteln. Aber auch der Vergleich mehrerer Stämme untereinander mit ihren Überlappungen ist – um das Stichwort Statistik wieder aufzunehmen – mit gewissen Unsicherheiten behaftet, selbst wenn man, wie in Mitteleuropa, nach Möglichkeit nur eine einzige Baumart, nämlich die Eiche, heranzieht. Dies spielt bei großen Serien von benachbarten Fundplätzen kaum eine Rolle, sehr wohl aber in jenen Zeitabschnitten, wo mehrere Jahrzehnte oder gar Jahrhunderte nur durch zwei, drei

Proben überbrückt sind, weil durch die zufällige Fundüberlieferung derzeit nicht mehr zur Verfügung stehen.[9] Hier müßte man korrekterweise den Grad der Wahrscheinlichkeit angeben, mit der der Computer zwei Kurven parallelisiert. Denn keine Kurve gleicht genau der anderen, und je kürzer der Zeitraum der angenommenen Überlappung ist, desto geringer ist die Wahrscheinlichkeit der tatsächlichen Gleichzeitigkeit.

Außer der Dendrochronologie und der C[14]-Bestimmung gibt es noch weitere naturwissenschaftliche Datierungsmethoden, die auf eine ähnliche Weise wie bei C[14] funktionieren, aber andere Materialien analysieren, etwa Fluor in den Knochen.[10] Sie helfen für weiter zurückliegende Zeiten – mit entsprechender Ungenauigkeit –, denn die C[14]-Bestimmung liefert nur bis etwa 7000 v. Chr. brauchbare Werte; für Älteres sind die Unsicherheitsfaktoren zu groß.

Oben und unten, rechts und links

Wenn hier die naturwissenschaftlichen Datierungsmöglichkeiten an erster Stelle erläutert wurden, dann deshalb, weil es auch den Archäologen halbwegs einleuchtet, welche Rolle hier die Statistik, also das Abschätzen von Regeln, Wahrscheinlichkeiten und Zufälligkeiten, spielt. Aber ihre eigenen „Methoden" sind noch simpler.

Am Anfang steht der Däne Christian Jürgensen Thomsen,[11] der seinen Ruhm der Tatsache verdankt, daß er zu Beginn des 19. Jahrhunderts die zahlreichen altertümlich wirkenden Gegenstände aus Grabhügeln im Kopenhagener Museum mangels anderer Kriterien nach ihrem Material ordnete: Knochen, Stein, Bronze, Eisen. Eine gewisse Kenntnis über die Bearbeitbarkeit dieser Materialien aufgrund ethnografischer und klassischer Belesenheit hat er zwar besessen, aber daß er damit das Grundschema für die Einteilung der europäischen Urzeit schuf, war ihm wohl kaum bewußt. Als die Archäologie außerhalb des Mittelmeerraums sich allmählich zu einer Wissenschaft mauserte, der sich einzelne Forscher ganz hingeben konnten, begann die Phase der Typologen. Das waren jene, die unter dem Eindruck der Darwin'schen Entwicklungslehre versuchten, in den Formen der wichtigsten Gegenstände des urzeitlichen Lebens (Werkzeuge, Schmuck, Tongefäße) Gesetzmäßigkeiten für die Veränderung der Konstruktion und der äußeren Gestalt zu finden. Der erste wichtige und zugleich beste Vertreter die-

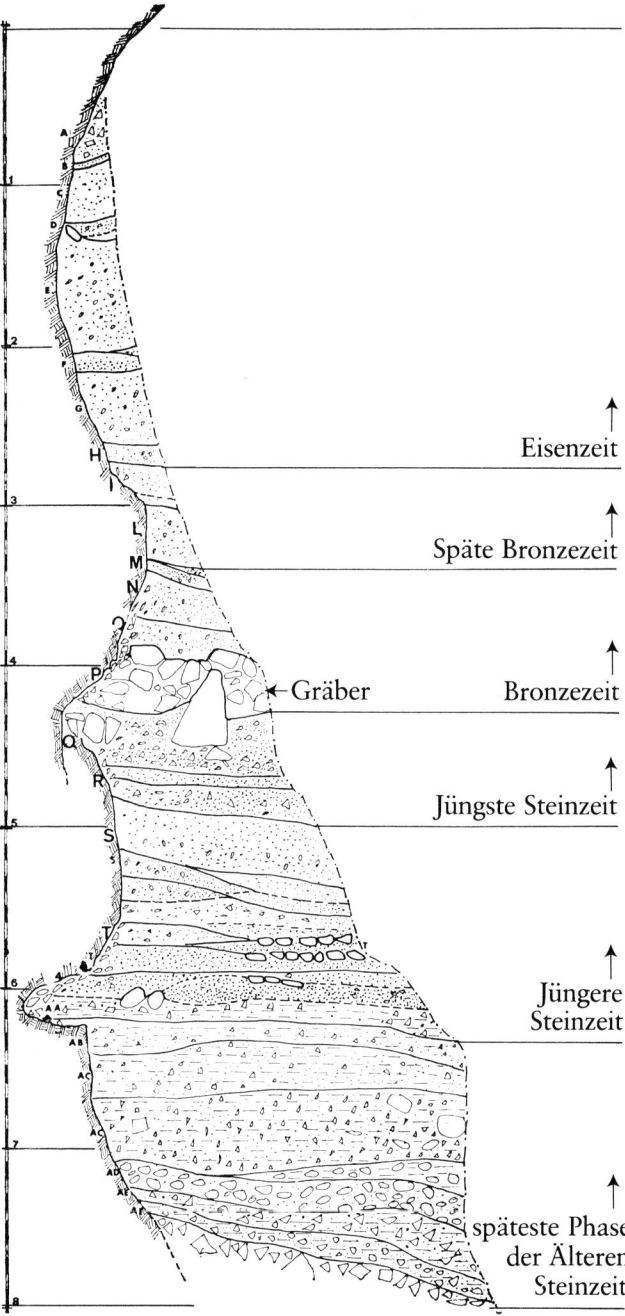

Eisenzeit

Späte Bronzezeit

Bronzezeit

← Gräber

Jüngste Steinzeit

Jüngere
Steinzeit

späteste Phase
der Älteren
Steinzeit

5   Schichtenprofil der Ablagerungen unter dem Felsdach von Romagnano-Loc III (Provinz Trento).

ser Richtung war der Schwede Oscar Montelius,[12] der gegen 1900 die ersten Vorschläge für eine genauere Gliederung der frühgeschichtlichen Perioden vorlegte. So hilfreich diese Methode für die grobe Einordnung der Funde war, so schädlich ist ihr Einfluß bis heute geblieben. Sie stellt nämlich nicht in Rechnung, daß neue Techniken und Formen aufgrund besonderer ökonomischer, politischer oder persönlicher Voraussetzungen erfunden werden und daß sogenannte „Übergangsformen" in Wirklichkeit sekundäre Mischformen zwischen zwei nebeneinander bestehenden Prinzipien sein können. Auf diese Weise wurden schon in vielen Fällen kulturelle Phänomene in eine zeitliche Abfolge gebracht, die – wie wir heute wissen oder ahnen[13] – gleichzeitig existierten oder zumindest sich weitgehend überlappten.

Als Reaktion darauf entwickelte sich eine Richtung, vor allem in Deutschland, die nicht so sehr auf das Problem der zeitlichen Abfolge ihr Augenmerk richtete, sondern die Verbreitung als wichtig erachteter Sachtypen zum Gegenstand von Untersuchungen und Hypothesen machte. Der Ostpreuße Gustaf Kosinna war es, der sich dabei hervortat und auf diese Weise Stammesgruppen, Völker und Rassen gegeneinander abgrenzen wollte.[14] Sein Kernsatz lautete: „Scharf umrissene archäologische Kulturprovinzen decken sich zu allen Zeiten mit ganz bestimmten Völkern oder Völkerstämmen." Daß diese Forschungsrichtung von den nationalsozialistischen Machthabern und ihren Gefolgsleuten begeistert aufgegriffen[15] und bis zur Unkenntlichkeit entstellt wurde, hat ihr mehr geschadet, als sie es verdient.

Erst allmählich kamen die Archäologen dahinter, daß weitergehende Erkenntnisse nur durch genaue und gut dokumentierte Ausgrabungen, nicht aber durch immer feinsinnigeres Studium der Museumsbestände erzielt werden konnten. So entwickelten sich eigenständige Methoden, die dem Gegenstand der Forschung angemessen waren. Vor allem die Franzosen waren es, die sich die Methoden der Geologen zunutze machten; denn hier galt zunächst das Hauptinteresse – außer den keltischen Vorfahren – den Spuren der ältesten Menschen, die man in Höhlen und inmitten als uralt erkannter Kiesablagerungen der Flüsse gefunden hatte.[16] Sind in natürlichen oder künstlichen Ablagerungen durchgehende Schichten zu beobachten, die auf eine ungestörte Abfolge schließen lassen, dann sind die oberen Schichten jünger als die unteren. Der Archäologe bezeichnet diese simple Beobachtung und die daraus folgenden Erkenntnisse als „Strati-

grafie", als „Beschreibung der Schichten". Dies trifft für die Altsteinzeit ebenso zu wie für die Baugeschichte mittelalterlicher Burgen, weil die Menschen aus begreiflicher Bequemlichkeit den Schutt vergangener Zeiten nicht beiseiteräumen, sondern sich wohnlich darauf einrichten.

Aus dem Übereinander gut trennbarer Schichten kann also auf ein zeitliches Nacheinander geschlossen werden, doch muß in fast allen Fällen die zeitliche Einordnung, also das Umsetzen in Jahreszahlen, durch eine Bestimmung der in den Schichten gefundenen Gegenstände erfolgen. Denn aus sich selbst heraus sind die Schichten fast nie datierbar; ihre Dicke muß nicht proportional zur Dauer der zugehörigen Siedlungsphase sein, Zerstörungen durch Schadenfeuer oder Krieg erfolgen nicht in regelmäßigen Abständen. Am liebsten sind dem Archäologen Münzen in den Fundschichten, weil man sie auf ein oder wenige Jahre genau datieren kann. Aber dies hat nur für die römische und teilweise für die nachrömische Zeit Gültigkeit; vorher gibt es keine Münzen in unserem Gebiet, und die wenigen keltischen bedürfen selbst erst einer genaueren zeitlichen Fixierung. Eine Münze in einer ungestörten Schicht datiert diese wenigstens insoweit, als die nächsthöhere Schicht nicht älter sein kann als das Prägedatum der Münze. Diese vorsichtige Formulierung trägt dem Umstand Rechnung, daß Münzen oft Jahre und Jahrzehnte in Gebrauch waren oder gehortet wurden; auch prägefrisch erscheinende Stücke können gleich nach der Ausgabe in den Spartopf gewandert sein.

Noch besser ist es allerdings, wenn der Archäologe in einer Schicht eine ganze Reihe von Münzen findet, weil er dann besser abzuschätzen vermag, mit welcher Wahrscheinlichkeit die jüngste Münze dem Enddatum der Siedlung nahekommt. So ist beispielsweise aus den Münzreihen von Schaan im Fürstentum Liechtenstein das wechselvolle Schicksal der dortigen römischen Bevölkerung zu erschließen.[17] Angesichts der ersten Alamanneneinfälle zogen sich die Menschen um 260 aus dem locker besiedelten Tal, vielleicht aus einem Gutshof im nahen Nendeln, auf eine kleine Kuppe zurück, den „Krüppel" hoch am Talrand, den sie befestigten. Doch schon 270 fiel er den Angreifern zum Opfer, und die Überlebenden siedelten sich nach Beruhigung der Lage wieder unten an. Erneut suchten sie den „Krüppel" gegen 350 auf; wenige Jahre danach wurde er erobert und zerstört. Erst das unter militärischen Gesichtspunkten um 370 erbaute Kastell im Tal bot zugleich ausreichenden

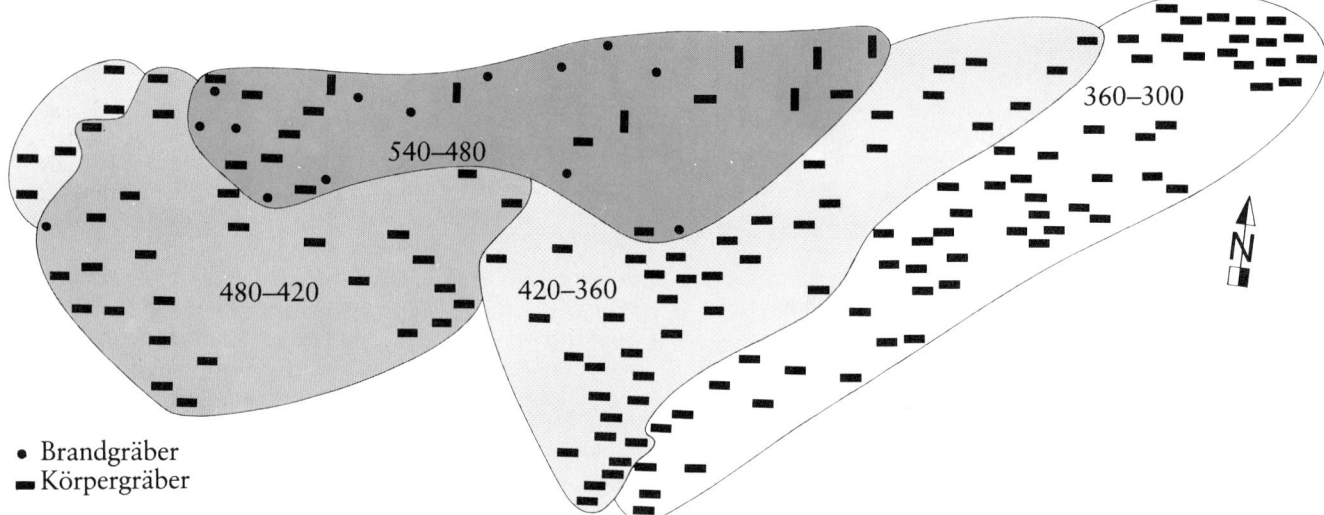

540–480

360–300

480–420

420–360

N

• Brandgräber
▬ Körpergräber

6   Der eisenzeitliche Friedhof von Arbedo-Cerinasca (Kanton Tessin) läßt besonders gut die Ausdehnung eines Gräberareals im Laufe der Zeit erkennen. In den Grenzbereichen zwischen den einzelnen Zeitphasen diskutieren zwar die Archäologen über die Einordnung dieses oder jenes Grabes, aber das ändert nichts an dem Gesamtbild. Warum der Friedhof gegen 300 v. Chr. aufgegeben wurde, ist nicht bekannt.

Schutz für die kleine Restbevölkerung, die dort das Ende des römischen Reiches überdauerte.

In vorrömischen Perioden sind solche Analysen und Beweisführungen etwas mühsamer und unsicherer, aber nach wie vor ist bei jeder Siedlungsgrabung die Beobachtung der Schichtenfolge das Wichtigste, sei es in den Höhlen der Steinzeit an der Riviera, auf den Höhensiedlungen der Bronzezeit Graubündens, ja selbst bei einem einfachen Blockhaus der jüngeren Eisenzeit auf dem Dürrnberg bei Hallein (Salzburg), das zwei Bauphasen mit aufeinanderfolgenden Fußböden erkennen ließ (S. 104).

Bei der Untersuchung von Gräbern spielt die Stratigrafie nur selten eine Rolle. Am wichtigsten war sie im frühbronzezeitlichen Gräberfeld von Sion im Wallis, wo die Gräber zum Teil mehrmals belegt und die Strukturen des Begräbnisplatzes erst durch genaueste Schichtenbeobachtungen richtig erfaßt wurden (S. 137). Sonst beschränken sich die Feststellungen auf ziemlich banale Erscheinungen: Überschneidungen von Grabgruben, un-

vollständiges Ausräumen einer älteren Bestattung zugunsten einer jüngeren, spätere Nachbestattungen in Grabhügeln. In all diesen Fällen ist normalerweise leicht zu entscheiden, welches Grab älter und welches jünger sein muß.

Methodisch weiterführend war jedoch eine Idee, die im Alpenraum geboren wurde. Dem Schweizer Forscher Emil Vogt war aufgefallen, daß in dem großen eisenzeitlichen Gräberfeld von Arbedo-Cerinasca im Tessin eigenartige Konzentrationen von Bestattungssitten und charakteristischen Gegenständen zu beobachten waren.[18] Ein Zufall kam kaum in Frage. Er überprüfte die Möglichkeit, ob es sich dabei um chronologisch bedingte Konzentrationen handeln könnte – und so war es auch. Als Ergebnis drängte sich ihm auf, daß dieses Gräberfeld nicht willkürlich gewachsen war, sondern mehrere Zonen ungefähr gleichzeitiger Gräber zeigt, die sich fortschreitend aneinanderfügen. Man kann diesen Effekt gut mit den Jahresringen eines Baumes vergleichen, doch gibt es bei den Gräberfeldern viele verschiedene und durchaus gleich häufige Möglichkeiten, wie und in wie viele Richtungen die räumliche Ausdehnung erfolgte. Es konnte ringförmig geschehen, ausgehend von einem Kern; es konnten zwei Ausgangsgruppen vorhanden sein, die sich erst allmählich zusammenschlossen; die Ausdehnung konnte in immer nur einer Richtung fortschreiten. Kurz, der Möglichkeiten sind viele, und es ist Aufgabe des Archäologen, durch die Kartierung auffallender Merkmale auf dem Gräberfeldplan herauszubekommen, wie die

Anlage und Ausdehnung des Gräberareals vor sich ging. Dafür hat sich inzwischen das wenig schöne und auch begrifflich ungenaue Wort „Horizontalstratigrafie" eingebürgert, also „Beschreibung der Schichten in der Fläche".

Der Aufsatz von Emil Vogt war 1944 in einer wenig bekannten Festschrift in Mailand erschienen und wäre wohl lange ziemlich folgenlos geblieben, wenn es nicht Joachim Werner am Ende des Krieges in die Schweiz verschlagen hätte. Er ist Spezialist für das Frühmittelalter und erkannte damals sofort, daß diese Methode gerade bei den großen Friedhöfen des 5. bis 8. Jahrhunderts Erfolg versprechen müßte. Und weil er die Zeit der Internierung nach dem Kriegsende dank der Mithilfe der Schweizer Kollegen dazu nutzte, das frühmittelalterliche Gräberfeld von Bülach nördlich Zürich zu bearbeiten und zu veröffentlichen,[19] wurde die Methode der „Horizontalstratigrafie" bald bekannt.

So plausibel diese Methode erscheint, so häufig stellen sich ihr in der archäologischen Wirklichkeit Hindernisse entgegen. Viele Gemeinschaften legten ihre Gräber nach anderen Regeln an, so daß ein zeitliches Fortschreiten in der Belegung des Areals nur eine untergeordnete Rolle spielt oder überhaupt nicht zu erkennen ist. Oder es werden auf einmal, oft aus Raumgründen, Areale ein zweites Mal mit Gräbern einer jüngeren Zeitstufe belegt, so daß aus der horizontalstratigrafischen Situation eines bescheiden ausgestatteten Grabes allein kein sicherer Hinweis zu gewinnen ist. Gerade im Alpenraum gibt es außer Arbedo-Cerinasca und einigen größeren Gräberfeldern verschiedener Zeitstellung am Gebirgsrand sonst kein überzeugendes Beispiel für eine nutzbringende Horizontalstratigrafie[20] – eine Ironie des Schicksals, denn in Mittel- und Nordeuropa feierte diese Methode, geboren im Alpenraum, inzwischen große Triumphe.[21]

Kombinationsgabe und Kombinationstabellen

Gräber kann der Archäologe aber auch dann auswerten, wenn er keinen Gräberfeldplan besitzt. Ein Grab hat nämlich eine sehr willkommene Eigenschaft: alle darin enthaltenen Gegenstände müssen älter sein als der Zeitpunkt der Bestattung. Und weil man den Toten normalerweise in seiner Kleidung mit allem Schmuck, zusätzlichen Gefäßen, Waffen und Geräten beisetzte, darf der Archäologe zunächst einmal vermuten, daß all diese Gegenstände als persönlicher Besitz des Toten einer ziemlich engen Zeitspanne zuzuweisen sind, zwei, drei Jahrzehnten, wenn es hoch kommt. Auf dem groben Zeitraster, den sich die Archäologie inzwischen erarbeitet hat, ist der Inhalt eines Grabes – abgesehen von seltenen Ausnahmen – demnach als in sich gleichzeitig anzusehen. Ein Grab bietet also mit seinen Beigaben einen bestimmten Ausschnitt aus dem Formenschatz der betreffenden Zeit – Ausschnitt deshalb, weil erstens in Männer-, Frauen- und Kindergräbern sehr unterschiedliche Gegenstände enthalten sein können und zweitens ganze Funktionsgruppen und Lebensbereiche in den Gräbern überhaupt nicht aufzutauchen brauchen.

Sieht sich nun der Archäologe einem Material gegenüber, von dem er weiß, daß es aus sauber auseinander gehaltenen Gräbern besteht, ohne daß er nähere Angaben besitzt, wendet er eine Gliederungsmethode an, die auf dem Ähnlichkeitsprinzip beruht. Aufgrund der oben angesprochenen „typologischen Methode" und der Erfahrungen mit der heutigen Mode geht er von der Vermutung aus, daß eine größere Ähnlichkeit zwischen Gegenständen oder ihren Kombinationen auch eine größere zeitliche Nähe anzeigen. Außerdem müßte sich, wenn nicht aus irgendwelchen Gründen ein abrupter Wechsel stattfand, die Entwicklung kontinuierlich vollzogen haben.

Schon die Altmeister der prähistorischen Archäologie haben diese Methode um 1900 befolgt, indem sie zur Beschreibung ihrer Zeitstufen regelhafte Kombinationen von Waffen oder Schmucktypen verwendeten,[22] allerdings mehr intuitiv und unter Vernachlässigung jener vielen Gräber, die entweder nicht genau einzuordnen waren oder gar Gegenstände zweier Zeitstufen gleichzeitig enthielten. Erst nach dem letzten Krieg hat sich die Einsicht verbreitet, daß zu einer solchen Methode auch die Nachprüfbarkeit gehört, also die Darstellung des tatsächlich verarbeiteten Materials. Diese Tendenz wurde dadurch verstärkt, daß durch die vermehrte Ausgrabungstätigkeit immer größere Fundkomplexe zu bewältigen waren. So setzte sich eine Methode durch, die für den analysierenden Archäologen wie für seine kritischen Kollegen gleichermaßen nützlich ist: die Kombinationstabelle.

Ihr Prinzip ist denkbar einfach. Es beruht auf einer Art Koordinatensystem, bei dem auf der einen Seite (meist waagrecht) die Gegenstände in möglichst genauer Aufgliederung nach Varianten erscheinen, auf der ande-

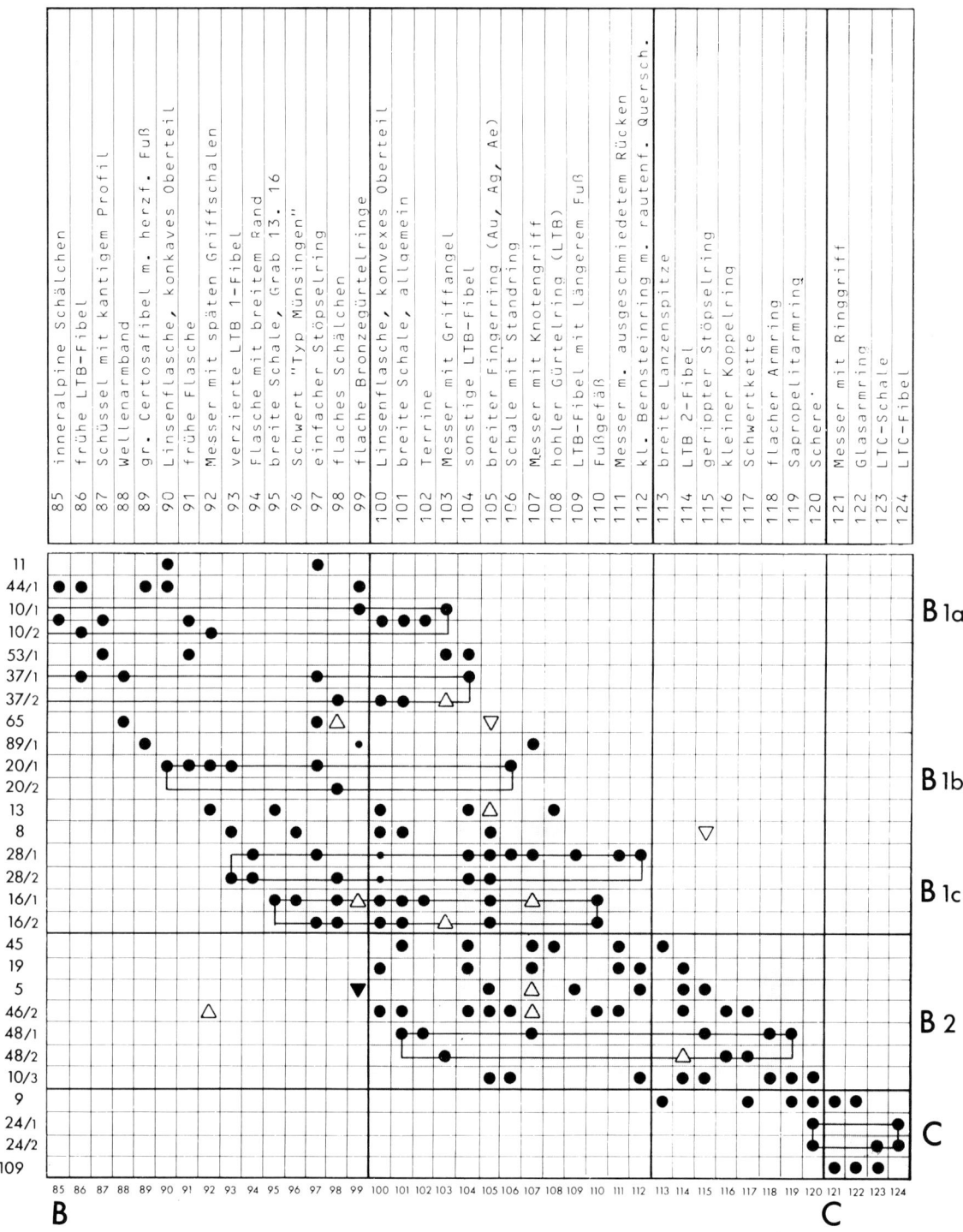

ren Seite (dann senkrecht) die Gräber. Enthält eines der Gräber einen der berücksichtigten Gegenstände, wird die entsprechende Spalte ausgefüllt. Auf diese Weise entsteht, geht man bei einem Gräberfeld einfach von Grab 1 bis zum letzten Grab vor (die Zählung ist immer durch die Zufälligkeit der Ausgrabung bestimmt), eine verwirrende Verteilung von Punkten in dem Koordinatensystem. Die Aufgabe des Archäologen besteht danach darin, durch Verschieben der Spalten senkrecht wie waagrecht zu einer Konzentrierung von Punkten zu gelangen, denn Konzentrationen bedeuten Ähnlichkeit der nebeneinanderliegenden Gräber.

Solche Ähnlichkeiten können zunächst einmal darauf zurückgehen, daß Männer- und Frauengräber jeweils untereinander enger zusammenhängen, weil Bewaffnung und bestimmte Schmuckformen von vornherein auf das eine oder das andere Geschlecht beschränkt sind. Auch reiche und arme Gräber weisen oftmals wenig Gemeinsamkeiten auf. Sind diese Faktoren gebührend berücksichtigt, können die Konzentrationen in der Kombinationstabelle chronologisch interpretiert werden. Was älter und was jünger ist, muß jedoch durch von außen herangetragene Kriterien festgestellt werden. Bei dem heutigen Stand der Kenntnisse weiß der Archäologe allerdings sofort, wie er seine Tabelle orientieren muß: das Ältere links oben, das Jüngere rechts unten.

Was früher von Hand und mit dem Bleistift auf kariertem Papier erledigt wurde, kann heute der Computer in Minutenschnelle. Es gibt Programme, nach denen er die eingegebenen Daten so sortiert, daß sie dem vom Archäologen geforderten Bild der Konzentrationen in der Kombinationstabelle entsprechen.[23] Die Erfahrung hat jedoch gezeigt, daß die Vorteile dieser mechanischen Hilfen oft dadurch aufgehoben werden, daß der Archäologe den direkten Kontakt mit seinem Material verliert, daß er schon von vornherein so viele Entscheidungen über Differenzierungen treffen muß, die sich im Nachhinein als unnötig, unzutreffend oder verwirrend erweisen können, – und dann geht die Neueingabe und Rechnerei von vorne los.

7   Ausschnitt aus einer Kombinationstabelle für eisenzeitliche Gräber vom Dürrnberg über Hallein (Land Salzburg). Die Rasterung deutet an, welche Gegenstände in denselben Zeithorizont gehören und wie sich diese Gruppen allmählich ablösen.

Ein anderer Gesichtspunkt bei den Kombinationstabellen wird gewöhnlich sträflich vernachlässigt: der Zufall. Es wurde schon betont, daß die ausgegrabenen Materialien nur einen Ausschnitt aus dem persönlichen Besitz eines Menschen und seiner Umgebung bieten. Der Mensch der Frühzeit suchte sich seinen Schmuck nach eigenen Vorstellungen aus und war dabei doch in seiner Wahlmöglichkeit eingeschränkt. Mehr als einen Gürtel für ein Gewand konnte er nicht tragen, Arm- und Fußringe waren gewöhnlich als Paare gefertigt, ebenso der Ohrschmuck. Die Konsequenz liegt auf der Hand. Wenn zu einer gewissen Zeit mehrere Schmuck-, Gefäß- oder Waffenformen in Gebrauch waren, kann es durch Zufall geschehen, daß einige Kombinationen häufiger vorkommen als andere oder sich gegenseitig ausschließen, eben weil viele Gegenstände von ihrer Funktion her nicht doppelt auftreten können. Außerdem ist zu beobachten, daß Gräber mit zahlreichen Beigaben auch häufiger Gegenstände aus zwei benachbarten oder gar drei Kombinationsgruppen enthalten. Ihre zeitliche Stellung ist also weniger eindeutig als die der einfachen Gräber. Dies wiederum läßt umgekehrt den Verdacht aufkommen, daß manches einfache Grab seine chronologische Eindeutigkeit nur seiner Ärmlichkeit verdankt und die Zeitspannen, in denen sich zwei Kombinationsgruppen ablösen, viel länger waren, als es in der Tabelle optisch zum Ausdruck kommt.

Ähnlichkeiten von Gräbern sind aber nicht nur chronologisch zu interpretieren, sondern auch soziologisch, wie oben schon kurz angesprochen. Hier kommt es ebenfalls auf die Kombinationsgabe des Archäologen an, will er dabei Regelhaftigkeiten herausfinden, die dann weitergehende Schlüsse erlauben. Oft handelt es sich dabei um geschlechts- oder altersspezifische Merkmale. So ist etwa am Übergang von der Stein- zur Bronzezeit durch den Einbezug der anthropologischen Analysen der Skelette festzustellen, daß Schmuck aus Knochen, Bein oder Geweih hauptsächlich von Männern, der neumodische aus Kupfer und Bronze dagegen von Frauen getragen wurde.[24] Auf diese Weise kann der Archäologe auch Knaben und Mädchen unterscheiden, bei denen die Geschlechtsmerkmale am Skelett noch nicht ausgeprägt sind. Daß Waffen nur in Männergräbern vorkommen, überrascht nicht weiter, aber es gibt auch etliche Fälle, in denen bestimmte Nadeln und Gewandspangen auf ein Geschlecht beschränkt sind. Im Ostalpengebiet war im 5. Jahrhundert v. Chr. eine charakteristische Form, die

„ostalpine Tierkopffibel", große Mode. Auf dem Dürrnberg bei Hallein (Salzburg) stammen jedoch alle Exemplare, soweit bestimmbar, aus Gräbern von Männern oder Knaben, nie dagegen von Frauen.[25] Dasselbe trifft für die ganz andere Kategorie der Tonkannen zu.[26] Umgekehrt wurde die Sitte der Brandbestattung an demselben Ort nur bei Frauen und Kindern (auch Knaben!) geübt, nicht dagegen bei Männern.[27] Entsprechende Beispiele ließen sich bei gut ausgegrabenen und umfangreichen Gräberfeldern sicher häufiger herausarbeiten. So sei zum Schluß nur noch darauf hingewiesen, daß solche Unterschiede auch durch den sozialen Status oder bloße Altersklassen bedingt sein können. In Nordwürttemberg, also schon außerhalb des Alpenraumes, gelang aufgrund besonders günstiger Voraussetzungen der Nachweis, daß es dort in der älteren Eisenzeit eine Tracht der verheiraten Frau gegeben hat, die sich durch ein bestimmtes Obergewand mit besonderem Schnitt von den Kleidern der Kinder und unverheirateten Frauen unterschied.[28] Da im Alpenraum, wie auch anderwärts, bis in unsere Tage die verheirateten und die unverheirateten Frauen voneinander abweichende Trachten besitzen oder diese wenigstens deutliche Unterscheidungsmerkmale aufweisen, ist dasselbe ohne weiteres für die frühgeschichtliche Zeit anzunehmen. Aber es wird immer nur durch einen glücklichen Zufall gelingen, dies auch archäologisch nachzuweisen, denn alles organische Material in den Gräbern ist vergangen: Kleider, Farben, Tücher, Hüte, Bänder, Schuhe.

Schriftliche Überlieferung und Bodenfunde

Die Archäologie im engen Sinne beschäftigt sich vornehmlich mit den Bodenfunden, wozu auch noch sichtbare römische Ruinen zählen. Nur wenige der vielen Jahrhunderte, die sie umfaßt, werden durch schriftliche Überlieferung zusätzlich erhellt. Am Anfang stehen eher zufällige Erwähnungen von Geschehnissen oder geografischen Gegebenheiten bei den griechischen und römischen Schriftstellern. Ihr Horizont endete gewöhnlich am Rand der Mittelmeerregion.[29] Erst als die Kelten ab etwa 400 v. Chr. nach Süden auf die Apenninhalbinsel und nach Südosten bis nach Griechenland vorstießen, drang genauere Kunde von den Verhältnissen in Mitteleuropa bis in die Zentren der Mittelmeerwelt. Aber zunächst waren es nur sagenhafte Schilderungen oder staunenswerte Einzelheiten, die im Gedächtnis haften blieben.[30] Die Eroberung der Poebene durch die Römer gegen Ende des 3. Jahrhunderts v. Chr. verstärkte dann nachhaltig den Kontakt mit dem Alpenraum und indirekt mit dem dahinter liegenden Mitteleuropa. Dennoch blieb die schriftliche Überlieferung noch lange kümmerlich und anektodenhaft; das meiste schrieb ein Autor vom anderen ab, nur selten dürfte persönlicher Augenschein die Grundlage bilden. Dementsprechend unvollständig und teilweise wirr sind die Angaben über die Lebensgewohnheiten der Menschen im Norden, über die Namen der Stämme und ihre Sitze, über ihre politischen und sozialen Strukturen. Aus diesen Quellen allein kann kein Archäologe oder Historiker auch nur andeutungsweise ein Bild des Lebens im Alpenraum entwerfen – im Gegenteil: oft vertut er erfolglos seine Zeit damit, eigene Beobachtungen und Ergebnisse mit den spärlichen Schriftquellen in Einklang zu bringen. Erst als die Römer ihrem Eroberungsdrang noch weiter nach Norden freien Lauf ließen, geriet der Alpenraum stärker ins Blickfeld, erweckten doch die dort hausenden Menschen, als wild und unzivilisiert verschrien, eine gewisse Neugier. Aus den Berichten über die Feldzüge von Tiberius und Drusus gegen Ende des 1. Jahrhunderts v. Chr. sind wir einigermaßen über die ethnische Landschaft informiert, zumal auf dem Siegesdenkmal von La Turbie über Monaco die unterworfenen Stämme aufgezählt sind (S. 54f.).

Im Zuge der Romanisierung des Gebirges fand auch die mediterrane Kultur Eingang, wenigstens insoweit, als jetzt Lesen, Schreiben und Rechnen fast Allgemeingut wurden. Die Menschen konnten sich schriftlich ausdrücken. Dieser Tatsache verdanken wir zwar keine Literatur – es gibt offenbar keinen halbwegs berühmten Schriftsteller römischer Sprache, der aus dem Alpenraum direkt stammte (immerhin kamen Catullus aus Verona und Plinius der Jüngere aus Como) –, aber doch viele direkte Zeugnisse: Meilensteine, Ehren- und Grabinschriften, Entlassungsurkunden für Soldaten auf Bronzetäfelchen, Kritzeleien auf Tongefäßen und Hauswänden. Besonders viele Wandinschriften fanden sich auf den gut erhaltenen Mauern der Häuser auf dem Magdalensberg in Kärnten, die manchmal den Kaufleuten geradezu als Merkzettel und Bestellschein dienten. Die rechte Vorstellung vom Umfang und Inhalt solcher Kritzeleien vermittelt jedoch nur Pompeji, die Ruinenstadt am Vesuv. Dreimal entdeckten die Ausgräber dort denselben Vers als Kommentar:[31]

Admiror, paries, te non cecidisse ruinis,
qui tot scriptorum taedia sustineas.

Ein Wunder ist es, o Mauer, daß du nicht eingefallen bist,
da du so viel lästiges Gekritzel ertragen mußt.

Die Geschichte des Alpenraumes, politisch im weitesten
Sinne verstanden, fand in den offiziellen Darstellungen
immer nur insoweit einen Niederschlag, als kriegerische
Ereignisse ihn auch selbst berührten. Daß sich gelegent-
lich die Provinzgrenzen oder Zollbezirke änderten, daß
Städte ihren rechtlichen Status verbesserten, daß neue
Straßen, die Lebensadern des römischen Reiches, gebaut
wurden, all dies erfahren wir fast nur durch Inschriften,
die zufällig erhalten und oft genug mühsam zu interpre-
tieren sind. Hier arbeiten der Archäologe als Kenner der
Bodenfunde und der Spezialist für Inschriften Hand in
Hand, um das Maximum an Information zu gewinnen.

Der Niedergang des römischen Reiches, das
schrittweise Aufgeben der nördlichen Provinzen, dokumentiert sich als Schreckenszeit ebenso in den schriftlichen Quellen wie in den Brand- und Schuttschichten, die
der Ausgräber in den Siedlungsplätzen antrifft. In dieser
Zeit des 3. bis 5. Jahrhunderts arbeiten Archäologe und
Historiker besonders eng und fruchtbar zusammen, ein
Forschungszweig ergänzt den anderen in willkommener
Weise.[32] Dabei geschieht es sogar, daß der Archäologe
durch gut datierte Brandschichten oder hastig versteckte
Münzschätze Germaneneinfälle nachweisen kann, die in
den schriftlichen Quellen nicht erwähnt oder ungenau
beschrieben sind.[33] Andererseits kann er mit seinen
Scherben, Schmuckgegenständen und verfallenen Mauern das Leben dieser Zeit nicht so lebendig erstehen lassen wie der Historiker, der lebhafte Schilderungen von
Augenzeugen zur Verfügung hat: Berichte über die ver-
heerenden Einfälle der Germanen, über den Zusammenbruch des Wirtschaftssystems, über die Gegenmaßnah-
men und Feldzüge der Kaiser. Aber selbst eine so ausführliche Quelle wie die Vita Severini, die Lebensbeschreibung des heiligen Severin, bedarf der Ergänzung
und Korrektur durch den Archäologen. Sie schildert eindringlich die Zustände in den Ostalpen und an der Donau zwischen Niederbayern und Wien von etwa 460 bis
zum Tod des Heiligen im Jahre 482, doch hat die neueste
Forschung zu Recht darauf hingewiesen, daß diese
Schrift mit ihren stark legendenhaften Zügen sorgsam
analysiert und interpretiert werden muß, bevor ihre De-

tails zur Rekonstruktion des damaligen Lebens verwendet werden können.[34] Hier vermag die Archäologie inzwischen durch einige neue Ausgrabungen, an der Donau
wie im Alpenraum, wichtige Gesichtspunkte beizusteu-
ern, die etwa die Wirtschaftsweise, die Bevölkerungszahl,
den Gegensatz zwischen Germanen und Romanen, die
Frage der Kontinuität zum Frühmittelalter betreffen.[35]

Im Frühmittelalter nämlich setzen die direkten
Schriftquellen wieder fast völlig aus. Die Kenntnis des
Schreibens und Lesens ist auf die Oberschicht und selbst
da oft auf eigens ausgebildete Schreiber beschränkt. Daher stellen jetzt Urkunden, Gesetzessammlungen und
Heiligenlegenden den weitaus größten Teil der schriftlichen Überlieferung dar, und dementsprechend einseitig
ist die Auswahl der Information. Die Urkunden betreffen
fast immer irgendwelche Besitzverhältnisse, die bei Te-
stamenten oder Schenkungen sorgfältig aufgeschlüsselt
werden. Erhalten sind vielfach nur solche, die die obersten Repräsentanten des Staates, die Kirchen und die
Klöster angehen, denn sie waren es, die an der Wahrung
ihres Besitzstandes besonders festhielten und für mehr-
fache Abschriften sorgten, nicht selten auch kleinere und
größere Fälschungen vornahmen. Während die Römer
schon im 5. Jahrhundert v. Chr. mit ihrem „Zwölftafel-
gesetz" in urtümlichem Latein das herrschende Recht
niederschrieben und damit verbindlich machten – vielfältig weiterentwickelt bis zum Codex Iustiniani des
5. Jahrhunderts n. Chr. –, fühlten die Germanen erst im
6. Jahrhundert n. Chr. das Bedürfnis nach einer Festlegung ihrer Rechtsnormen, sicher angeregt durch die römische Praxis, von der sie viel übernahmen. Dies ist natürlich kein Zufall, denn vorher besaßen die Germanen
weder eine festgefügte Staats- und Rechtsform noch die
Fähigkeit, solche Formen schriftlich zu fixieren und den
Betroffenen wenigstens indirekt, durch des Lesens Kundige, vorhalten zu können. Vorhalten deswegen, weil die
Gesetze zu einem ganz überwiegenden Teil Strafgesetze
sind, die in oft peinlich genauer Weise festlegen, wie ein
Verstoß geahndet werden soll. Sie bilden dadurch eine
wahre Fundgrube für Einzelheiten der sozialen Struktur,
der Wirtschaftsform und der bevorzugten Raufhändel.
Dies trifft in gleicher Weise für die Gesetze der Alamannen, Baiern und Langobarden zu, die uns in vollem
Wortlaut erhalten sind.[36] Daß die Heiligenlegenden dagegen ein ganz anderes Ziel und daher auch ihre besondere Darstellungsweise hatten, wurde am Beispiel der Lebensbeschreibung des Severin schon erwähnt. Viele Ein-

zelheiten sind oft nur als Übernahme alt- oder neutestamentlicher Vorbilder verständlich, insbesondere die Wunder, und zur Rekonstruktion der tatsächlichen Verhältnisse sind sie daher nur mit großem Vorbehalt geeignet.

Die Archäologie kann bei der Frage nach den ethnischen Strukturen eine gewisse Hilfestellung leisten. Glücklicherweise haben nämlich die Germanen bis um 700 n. Chr. ihre alte Sitte, die Toten mit Schmuck, Waffen und sonstigen Beigaben zu bestatten, beibehalten. Dadurch kann man einerseits gewisse Unterschiede zwischen Baiern, Alamannen, Burgundern und Langobarden feststellen, andererseits aber auch die romanische Bevölkerung des inneralpinen Raumes gut gegen die germanische Umgebung absetzen. Denn die Gräber der Romanen sind nur sehr spärlich mit Beigaben ausgestattet und enthalten dann meist deutlich nicht-germanische Formen. Aus diesem Grund kann der Archäologe beispielsweise die allmähliche Germanisierung der Schweiz an den Grabfunden sehr gut verfolgen, einen Prozeß, der andeutungsweise auch an den Ortsnamen nachvollziehbar, in den schriftlichen Quellen aber nur im Hinblick auf die politischen Machtverhältnisse faßbar ist – und das muß ja nicht immer dasselbe sein und gleichzeitig verlaufen.[37]

Ab dem 8. Jahrhundert gewinnt die schriftliche Überlieferung immer mehr an Bedeutung, aber nicht weil sie qualitativ ergiebiger als vorher wäre, sondern weil die Bodenfunde nur mehr wenige Aussagen zulassen. Insbesondere die Gräber fallen als Informationsquelle aus, weil die Toten – bis heute – nur noch höchst selten Beigaben ins Grab bekamen; allein im Ostalpenraum war die Bestattung mit Schmuck und Trachtzubehör bis ins 10./11. Jahrhundert üblich (S. 169f.). Dafür finden – dank der modernen Wiederentdeckung der Fußbodenheizung – überall Ausgrabungen in Kirchen statt, um die frühe Geschichte eines Gotteshauses vor der endgültigen Zerstörung wenigstens dokumentarisch zu bewahren. Aber mehr als Grundrisse, vielleicht einige alte Gräber und datierende Kleinfunde, verloren von den Gläubigen, kommen normalerweise nicht zum Vorschein. Dennoch sind solche auf den ersten Blick unscheinbare Befunde wichtig, weil sie Auskunft über das Alter einer Kirche und der zugehörigen Gemeinde, also normalerweise des umliegenden oder benachbarten Dorfes erteilen. Große Städte wie Salzburg oder Trient können es sich leisten, mit aufwendigen Konstruktionen die ausgegrabenen ältesten Bauphasen ihrer Dome, Zeugen des frühen Christentums, dem geschichtsbewußten Besucher bei künstlichem Licht zugänglich zu halten. Für kleinere Gemeinden, etwa Lorch bei Enns oder gar Schaan (Liechtenstein), bedeutet dies ein viel größeres Opfer. Kirchen und Klöster sind es auch, die in ihren Schatzkammern Kunstwerke aus der Spätantike und dem Frühmittelalter aufbewahren. Hier ist die Tradition ungebrochen, obschon Unverstand oder kriegerische Ereignisse vieles vernichtet haben.

Die Archäologie des Mittelalters steckt noch in den Kinderschuhen. Erst seit einigen Jahren hat sich die Einsicht durchgesetzt, daß die Kulturgeschichte des ganzen Mittelalters im Grunde noch mehr der Erforschung bedarf als etwa die der Römerzeit. Nach wie vor überwiegen nämlich jene schriftlichen Quellen, die politische Ereignisse und Besitzverhältnisse betreffen. Seit dem 12. Jahrhundert kam als Neuerung die literarische Gattung der Minnelieder und sonstigen Gesänge hinzu – mit Oswald von Wolkenstein aus dem Grödnertal ist auch der Alpenraum vertreten. So sehr sie schlaglichtartig gewisse soziale Verhältnisse und die zeitgenössischen Lebensumstände erhellen, so sehr bringen sie zum Bewußtsein, wie wenig wir darüber eigentlich immer noch wissen. Hier bringt die archäologische Erforschung von aufgelassenen Dörfern, „Wüstungen" genannt, und Burgen entscheidende Fortschritte. Die Burgenforschung der Schweiz, durch die Arbeiten von Werner Meyer inzwischen zum anerkannten Fachgebiet avanciert,[38] zeigt, welche Ergebnisse zu erwarten sind. Die Ausbeute an Funden, etwa Lanzenspitzen, Hosenknöpfen, Werkzeugen, Glasperlen, Eisenschlacken, Münzen, Messern, Zapfhähnen und Feuersteinen, ist gewiß eine Bereicherung unserer Kenntnis der mittelalterlichen Sachkultur, doch wichtiger sind die Beobachtungen, die Schlüsse auf die Anlage einer solchen Burg, ihre wirtschaftliche Grundlage, ihre Stellung im Rahmen der regionalen Machtverhältnisse, ihre Fernbeziehungen zulassen. Dazu muß man Mauern freilegen, Funde einordnen, Tierknochen bestimmen und Urkunden auswerten – eine Arbeit für mindestens drei Spezialisten.

Die hilfreichen Naturwissenschaften

Während die Spezialisierung der Forschung innerhalb der Geisteswissenschaften, wie sich die historisch-literarischen Wissenschaften überheblich-vornehm nennen, im wesentlichen nur eine Folge der Fülle des sonst nicht zu bewältigenden Stoffes ist, stellt die Zusammenarbeit der Archäologie mit den Naturwissenschaften größere Probleme. Hat man früher die Naturwissenschaften gern als „Hilfswissenschaften" der Archäologie bezeichnet, so ist diese Einstellung heute der Einsicht gewichen, daß nur eine intensive und gut geplante Kooperation den drängenden Aufgaben gerecht werden kann.[39] Eine gegenseitige Befruchtung in den Fragestellungen ist das erstrebenswerte Ziel, obschon natürlich immer nur ein winziger Bereich der Naturwissenschaften für die Archäologie überhaupt eine Rolle spielt.

Mit dem Menschen beschäftigt sich selbstverständlich am meisten die Anthropologie.[40] Die Skelettreste eines Toten geben Auskunft über sein Sterbealter und Geschlecht, manchmal auch über Krankheiten und Unfälle. Für größere Gemeinschaften lassen sich daraus Rückschlüsse ziehen auf die Höhe der Lebenserwartung, den allgemeinen Gesundheitszustand und besondere Gefährdungen durch die Lebensumstände. Bei guten Erhaltungsbedingungen der Knochen sind auch Mutmaßungen über verwandtschaftliche Beziehungen zwischen einzelnen Individuen und ganzen Lebensgemeinschaften möglich.[41] Die neuesten Forschungen erlauben sogar eine chemische Blutgruppenbestimmung am Skelettmaterial, also eine willkommene Ergänzung der morphologischen Betrachtungsweise, die äußere Ähnlichkeiten, vor allem am Schädel, bewertet.

Wesentlich bescheidenere Ziele setzt sich die Zoologie,[42] denn das Tier hat als Individuum in der Geschichte keinen Platz. Der Zoologe bestimmt die Tierknochen aus den Ausgrabungen, errechnet die Anzahl der Individuen und ihre Körpergröße nach Vergleichstabellen. Die Zusammenschau solcher Analysen für größere Siedlungskomplexe oder Regionen hilft dem Archäologen bei der Rekonstruktion der Lebens- und Wirtschaftsweise weiter.[43] Aussagekräftig sind das Verhältnis von Haus- zu Jagdtieren, das Schlachtalter der einzelnen Tierarten, die Auswirkungen der Domestikation auf Größe und Aussehen der Tiere, die Indizien für gezielte Züchtung.

Noch allgemeiner erfaßt der Botaniker die Umwelt einer Lebensgemeinschaft. Er untersucht Hölzer,[44] Getreide, Samen und Pollen,[45] die sich unter bestimmten Umständen, vor allem in Feuchtigkeit, jahrtausendelang erhalten können. Die Vergesellschaftung von bestimmten Pflanzen läßt oft Rückschlüsse auf das Klima zu, gerade in den Alpen mit ihren ausgeprägten Höhenzonen, und

auch für die Frage nach dem ersten Getreideanbau in der Steinzeit ist die Botanik zuständig;[46] denn zwischen den Wild- und Zuchtformen der ersten Getreidepflanzen kann man recht gut eine Unterscheidung treffen. In ganz besonderen Fällen, etwa in den Salzbergwerken von Hallstatt und Hallein in Österreich, haben sich menschliche Exkremente erhalten, deren unverdaut ausgeschiedene Bestandteile Aufschluß über die Nahrung der Bergleute geben.[47]

Auch der Geologe und Bodenkundler vermag mit den Ergebnissen seiner Wissenschaft zeitliche Abläufe zu rekonstruieren: Veränderungen der Oberfläche an Hängen und in Tälern, Perioden hoher und geringer Niederschläge mit entsprechenden Erosions- oder Ablagerungsprozessen, Auswirkungen menschlicher Rodungstätigkeit. Die Anhaltspunkte für die Datierung solcher Erscheinungen müssen ihm allerdings normalerweise der Archäologe durch Funde oder der Botaniker durch klimatologisch auswertbare Pflanzenvergesellschaftungen liefern.[48]

Eng mit der Geologie ist die Mineralogie verwandt, die die Reihe jener Naturwissenschaften eröffnet, die Materialanalysen bieten, aber für sich selbst keine historische Dimension beanspruchen. Die Auswertung bleibt dem Archäologen überlassen, der sich jedoch immer im Dialog vergewissern muß, daß seine Folgerungen, etwa über Unterschiede und Ähnlichkeiten, tatsächlich auch eine Stütze im Rahmen der naturwissenschaftlichen Methoden und Sicherheitsgrenzen finden.[49] Bei der reinen Mineralogie sind diese Probleme noch einfach zu bewältigen, wenn es etwa um die Herkunftsbestimmung des Rohmaterials für Steingeräte geht. Wenig Schwierigkeiten gibt es auch bei der Töpferei, einem ortsgebundenen Gewerbe, dessen Erzeugnisse nur in Form besonders wertvoller Spitzenprodukte oder als Behälter für kostbare Inhalte über größere Entfernungen verhandelt wurden. Doch auch im Gepäck wandernder Menschengruppen konnten Tongefäße weite Strecken überwinden. Für solche Fälle ist die Untersuchung der Mineralien im Ton oder im zugesetzten Magerungsmaterial oft hilfreich für eine Entscheidung, ob es sich dabei um tatsächlich mitgebrachte oder aber um erst am neuen Ort nach alter Tradition hergestellte Gefäße handelt. Handwerkliche Fragen können durch eine Bestimmung der Magerungsverhältnisse, der Gefügeregelung (durch die schnelldrehende Töpferscheibe) und der Brenntemperatur beantwortet werden. Aber hier muß sich der Mineraloge schon chemischer oder physikalischer Methoden bedienen, die teuere Apparaturen erfordern.

Dies trifft erst recht für Metallanalysen zu, für die verschiedene Verfahren zur Verfügung stehen. Man bestimmt dabei zunächst den Anteil der Hauptmetalle (Kupfer, Eisen oder Edelmetalle), doch aussagekräftig sind allein die beigemengten Begleitmineralien und Spurenelemente. Denn diese wurden – abgesehen von gezielten Legierungen, etwa der Bronze – normalerweise nicht absichtlich zugesetzt, sondern hängen weitgehend von den Ausgangsmaterialien, den Erzen, ab. Auf diese Weise lassen sich die Analysen zu Gruppen zusammenfassen, die im Optimalfall auch mit bestimmten Lagerstätten zu verbinden sind. In einem zweiten Schritt kann man dann wieder die Frage nach der individuellen Herkunft wichtiger oder auffallender Metallobjekte stellen. Besonders bei den Kupfer- und Bronzegegenständen aus den Anfängen der Metallzeit[50] und bei den Goldobjekten[51] haben große Analysenreihen schon aufschlußreiche Ergebnisse gebracht, nicht zuletzt für den Alpenraum, in dem ja Kupfer abgebaut und Gold aus Flüssen gewonnen wurde. Die Ergebnisse entsprechender Herkunftsbestimmungen etwa bei Bernstein[52] oder Glas sind vorerst noch ziemlich allgemein und daher wenig auswertbar.

Die Erfahrung der modernen Hüttenleute macht sich der Archäologe zunutze, indem er diese zu Versuchen überredet, urtümliche Verhüttungs- und Weiterverarbeitungsverfahren zu rekonstruieren. Dazu müssen Eisenbarren und Werkzeuge untersucht, mit Dünn- und Anschliffen Gefüge sichtbar gemacht und unter dem Mikroskop gewaltig vergrößert, Kohlenstoffgehalte bestimmt werden. Öfen sind nachzubauen, um die früheren Bedingungen zu simulieren. Insbesondere das im Altertum berühmte „norische Eisen" aus Kärnten und der Steiermark erfreute sich immer großer Aufmerksamkeit, und so wissen wir heute, daß es sich bei den Spitzenprodukten schon um regelrechten Stahl handelte, der dem sonst üblichen Eisen weit überlegen war.[53]

Dieser kurze Überblick über die Möglichkeiten und Notwendigkeiten der Zusammenarbeit zwischen Archäologie und Naturwissenschaften mag verdeutlichen, wieviel Aufwand – personell wie apparativ – erforderlich ist, um all den vielen Fragen nachzugehen, die um das einzige Thema kreisen, das den Archäologen bewegt: Wie haben die Menschen früherer Zeiten gelebt, wie sind sie mit den Anforderungen der Umwelt und der Gesellschaft zurechtgekommen, was haben sie dabei gefühlt

und gedacht? Zugegeben, der letzte Punkt ist immer nur ansatzweise zu erkennen oder zu erschließen, aber als Ziel darf ihn der Archäologe nicht aus den Augen verlieren, wenn er sein Arbeitsgebiet der Wissenschaft von der Geschichte des Menschen zurechnet.

8   Kaiser Augustus zwang die Völker der Alpen unter die römische Herrschaft, die fünf Jahrhunderte dauern sollte. Rücksichtslose Unterwerfung, Kriegsdrohungen und kurzfristige Freundschaftsverträge waren die Mittel seiner Politik. Die Statue von Prima Porta außerhalb Roms, die Marmorkopie eines wohl bronzenen Originals, geschaffen um 19 v. Chr., zeigt Gaius Octavianus, seit 27 v. Chr. mit dem Beinamen „Augustus" (der Erhabene) ausgezeichnet, als Feldherrn, der eine Ansprache vor dem Heer hält. Der Panzer ist von Reliefs bedeckt, die seine außenpolitischen Erfolge feiern. Höhe 2,04 m. Museo Chiaramonti, Vatikanische Sammlungen Rom.

II. Eine Million Jahre
Geschichte im Überblick

Der Alpenbogen spannt sich von der Mittelmeerküste Frankreichs und Oberitaliens bis hinüber zu den Karawanken, der Grenzscheide zwischen Österreich und Jugoslawien. Dort setzt er sich in einer minder hohen Berglandschaft fort, die in die Gebirge des Balkans übergeht. So hat er Anteil an drei Regionen, die durch alle Zeiten hindurch gänzlich unterschiedlichen klimatischen, geologischen und kulturellen Einwirkungen offenstanden.

Das Südwestende der Alpen fällt steil zum Mittelmeer ab; der dortige Küstenstreifen als Verkehrsraum und Klimazone, so schmal er auch immer gewesen sein mag, ist also zur Mittelmeerzone zu zählen. An die östlichen Bereiche der Alpenkette von Wien bis Ljubljana grenzen die weiten Ebenen Ungarns und die zertalte Landschaft des Balkans. Hier treffen Einflüsse aus dem Osten und Südosten auf das Gebirge; das kontinentale Klima ist durch heiße Sommer und kalte Winter gekennzeichnet. Der weitaus größte Teil der Alpen bildet dagegen – und nicht nur nach heutiger Auffassung – die Grenze zwischen Mittel- und Südeuropa. Obwohl die klimatischen und kulturellen Unterschiede noch heute jedem, der die Alpen überquert, sogleich ins Auge fallen, sind sie vor allem im kulturellen Bereich nicht so stark ausgeprägt wie jene zu den beiden genannten Randbezirken der Alpenkette im Osten und Westen. Dies läßt sich bis zum ersten Auftreten des Menschen zurückverfolgen.

9   Rekonstruktion der eiszeitlichen Vergletscherung des Gebietes um den Comer See. Beim höchsten Stand der Vereisung ragten allein die Berggipfel aus den Eisströmen heraus. Die heutigen Seen und Orte sind nur zur besseren Orientierung eingezeichnet.

Spuren der ersten Menschen

Langfristige und großräumige Klimaschwankungen sind die Ursachen für den steten Wechsel zwischen Kalt- und Warmzeiten, solange die Wissenschaft das Klima der Erde zurückverfolgen kann. Die „Eiszeiten" sind sprichwörtlich geworden, und jeder kühle Sommer rückt die Frage in die Zeitungsspalten, ob wir nicht wieder einer Eiszeit entgegengehen. Aber wer schon einmal den am leichtesten erreichbaren Gletscher der Alpen, den Rhônegletscher unterhalb des Furkapasses, vor Augen gehabt oder gar gegen 1,50 Franken betreten hat, der fährt mit dem beruhigenden Gefühl nach Hause, daß ihn persönlich dieses Problem auf jeden Fall nicht mehr betreffen wird.

Denn in der Eiszeit sah es doch etwas anders aus. Von den Hochregionen der Alpen erstreckten sich die Gletscher bis weit hinunter in die Täler, am Nordrand des Gebirges sogar noch in das Alpenvorland hinaus. Nur noch die höchsten Berggipfel ragten über die viele hundert Meter hohe Eisdecke empor. Die Gletscher schoben mit kaum vorstellbarer Langsamkeit (vergleichbar ist vielleicht am ehesten die Fließgeschwindigkeit der Gletscher heute in Grönland: etwa 20 m pro Tag) große Massen von Erde und Geröll vor sich her und unter sich mit. Sie blieben als Moränen an den ehemaligen Vorder- und Seitenflanken der Eisströme liegen, nachdem diese sich in den Warmzeiten zurückgezogen hatten, und schufen die bucklige Landschaft des Voralpengebietes. Ganze Hügelzüge stauten nun die Flüsse, die sich neue Wege bahnen mußten; das abfließende Gletscherwasser füllte Rinnen und Becken, so daß zahlreiche Seen entstanden. Sie finden sich auf der Nord- wie auf der Südseite der Alpen und bilden einen der Hauptanziehungspunkte des modernen Tourismus.

Aber schon die Tatsache, daß diese Seen im Süden kaum über den Alpenrand hinausreichen, während sie im Norden fast alle erst außerhalb des Gebirges liegen, zeigt an, daß auch damals schon unterschiedliche Klimaverhältnisse herrschten. Noch deutlicher ist dies bei den südlichen Westalpen, die zum großen Teil sogar niemals von Eis bedeckt waren. Dafür ist nicht nur die südliche Lage verantwortlich, sondern vor allem der temperaturausgleichende Einfluß des nahen Mittelmeeres. So ist es nicht weiter verwunderlich, daß die ältesten Spuren des Menschen im Alpenraum aus dieser Gegend stammen.[1] Daß es in ganz Europa sonst nur noch in Rumänien einen mit Sicherheit entsprechend alten Fund gibt, unter-

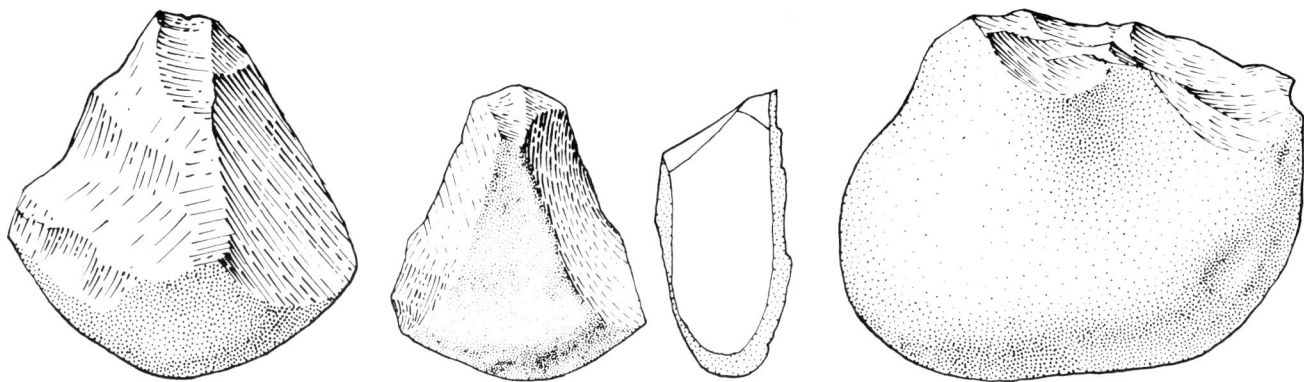

10   Eine Million Jahre alt sind die Steingeräte aus der Grotte du Vallonnet an der Côte d'Azur. Ausgesuchtes Geröll wurde gezielt zugehauen, um Spitzen und Schneidekanten zu erhalten.

streicht ihre Bedeutung, obwohl man nicht recht abschätzen kann, wie weit der Zufall bei dieser Verteilung mitspielt. Die zeitliche Einordnung der frühesten menschlichen Skelettreste und Werkzeuge beruht nämlich auf einem geologischen und biologischen Gerüst, nach dem die Ablagerungen, in denen die entsprechenden Funde gemacht werden, datiert werden können. Und dieses Gerüst steht derzeit außerhalb des Mittelmeerraumes noch nicht in ausreichender Genauigkeit zur Verfügung.[2]

Gewiß ist jedoch, daß die Funde aus der „Grotte du Vallonnet" an der Riviera bei Roquebrune – Cap-Martin (Alpes-Maritimes), nur wenige Kilometer östlich von Monaco, etwa eine Million Jahre alt sind.[3] Die Datierungen aufgrund der mitgefundenen Tierknochen und Pflanzenreste sowie von Erdmagnetismus-Messungen ergaben diesen Zeitansatz. Die Höhle wurde in einer Zeit aufgesucht, die überwiegend kalt und trocken war. Danach wurden die Schichten mit der Hinterlassenschaft des Menschen von einer Schuttschicht überlagert, die ebenfalls gut datiert werden kann. Aus alledem läßt sich schließen, daß Menschen die Höhle zu einer Zeit aufsuchten, die innerhalb der dritten der sechs alpinen Eiszeiten anzusetzen ist.

Man nennt diese nach Flüssen des schwäbisch-bayerischen Alpenvorlandes, und zwar – leicht zu merken – in alphabetischer Reihenfolge immer jünger werdend: Biber-, Donau-, Günz-, Mindel-, Riß- und Würm-

Eiszeit. Die beiden ersten, geologisch kaum mehr erkennbaren, sind erst in den letzten Jahrzehnten identifiziert worden, und innerhalb jeder der sechs Eiszeiten muß man mit mehreren Schwankungen rechnen, die verschieden weite Eisvorstöße zur Folge hatten. Nach dieser Nomenklatur gehören die Funde der „Grotte du Vallonnet" an den Beginn der Günz-Eiszeit.[4]

Daß sie von Menschen aufgesucht wurde, kann der Archäologe nicht aus dessen Überresten selbst erkennen, sondern nur an den Werkzeugen, die er zurückgelassen hat. Es handelt sich dabei um ganz einfache Geräte, die aus großen Geröllen, sicher am nahen Meer aufgelesen, zurechtgeschlagen sind. Dabei hat man eine Kante oder eine Spitze geschaffen, die zum Schneiden, Schaben und Schlagen gedient haben wird.

Wir haben damit einige der derzeit ältesten Werkzeuge nicht nur des Alpenraumes, sondern ganz Europas vor uns. Wie die Menschen, die sie gebrauchten, ausgesehen haben, wissen wir noch nicht. Aus der folgenden Zeitstufe kennt man einen Unterkiefer aus Mauer bei Heidelberg (in einer Schicht mit ähnlich primitiven Werkzeugen), den man dem „ersten unzweifelhaften Menschen",[5] dem *homo erectus (heidelbergensis)* zuweist, einer Art, die noch älter ist als die, wenigstens dem Namen nach, allgemein bekannten *homo neanderthalensis* und *homo sapiens*. Damit ist die „Grotte du Vallonnet" tatsächlich ein Zeugnis der allerersten Phase der Besiedlung Europas durch den „Menschen", vermutlich von Afrika aus. Um so gespannter dürfen wir sein, ob man eines Tages auch Menschenknochen dieser Frühzeit in Europa finden wird und ob sie dem bisher nur in Süd- und Ostafrika belegten *Australopithecus* oder schon dem *homo erectus* zuzuweisen sein werden.

Wie bedeutungsvoll dieser Fund ist, zeigt die Tatsache, daß wir rund 600 000 Jahre vorüberziehen lassen müssen, bis wieder ein datierbarer Beweis für menschliches Leben im Alpenraum zur Verfügung steht. Er liegt ebenfalls an der Côte d'Azur, im Stadtgebiet von Nice (Nizza), etwa 26 m über dem heutigen Meeresspiegel, damals aber dicht am Strand.[6] Die Günz-Eiszeit war inzwischen vergangen, eine wärmere Zwischenperiode gefolgt und die Mindel-Eiszeit angebrochen. In dieser Zeit, etwa vor 380 000 Jahren, hatten sich Menschen an einer kleinen Quelle niedergelassen. Sie wohnten in Hütten, die mit tragenden Pfosten konstruiert waren und meist einen Herd enthielten. Der Ort diente als Stützpunkt für die Elefantenjagd und wurde mehrere Jahre hintereinander immer wieder aufgesucht (S. 89). Die Jäger stellten hier auch ihre Werkzeuge aus Stein her, wie die zahlreichen Abschläge beweisen. Viele dieser Werkzeuge ähneln noch den primitiven Geräten aus der „Grotte du Vallonnet", doch gibt es auch entwickeltere Formen, nämlich echte „Faustkeile", die stärker bearbeitet sind.

Die Faustkeile waren also – entgegen dem populären Sprachgebrauch – keineswegs die ältesten Steinwerkzeuge des Menschen, sondern auch sie sind schon in eine lange Entwicklung eingebunden. Hatte man zunächst das ausgesuchte Geröll auf einem größeren Stein zurechtgeschlagen (Amboßtechnik), so lernte man etwa zu der Zeit, in die die Funde von Nice gehören, das Geröll mit kleineren Arbeitssteinen zu bearbeiten. Wenig später erkannte man, daß man mit Holz- oder Knochenmeißeln noch feiner arbeiten konnte; vor allem ließen sich mit dieser Technik dann auch gezielt schmale Klingen und kleine Spitzen herstellen, die bis dahin im Gerätebestand keine Rolle spielten, weil sie bei der Herstellung größerer Werkzeuge nur zufällig angefallen waren.

Da sich die einfachen Faustkeile aber noch lange gehalten haben, sind Einzelfunde oder Fundkomplexe mit nur wenigen Geräten oft nur schwer genauer zu datieren. Hier hilft nach wie vor nur die Einordnung in ein klimatisches oder geologisches Zeitgerüst weiter. Dies gilt etwa für einen altertümlich wirkenden Faustkeil aus der Freilandsiedlung „Cava Vecchia" von Quinzano, einem Stadtteil von Verona.[7] Er gehört aufgrund der Abfolge der dort vorgefundenen Schichten in die Riß-Eiszeit, und zwar offenbar in eine etwas wärmere Zwischenperiode (ein „Interstadial"). Auch dieser Fundplatz liegt also am Südrand der Alpen, wohin das Eis nicht oder nur in besonders kalten Phasen vorgestoßen war. Der

Mensch hatte sich noch nicht in das Gebirge hineingewagt, auch nicht, als in den Warmzeiten die klimatischen Voraussetzungen günstig gewesen wären.

Die Eroberung des Alpenraumes durch den Menschen begann nach dem heutigen Stand der Kenntnis frühestens im Riß/Würm-Interglazial, also vor etwa 100 000 Jahren. Aus dieser Zeit könnten die Funde aus dem „Drachenloch" oberhalb von Vättis im Taminatal (Kt. St. Gallen), nur wenig westlich des Rheinknies bei Chur, stammen. Das „Drachenloch" liegt 2445 m hoch und ist deshalb interessant, weil man dort zwar keine sicheren Werkzeuge nachweisen kann, aber Feuerstellenreste in geologisch datierten Schichten die Anwesenheit des Menschen „mit hoher Wahrscheinlichkeit" bezeugen.[8] Es gibt auch Funde, die man als Steingeräte oder Abschläge interpretieren könnte, aber da sie aus Kalkstein gefertigt sind, kann man ihren künstlichen Charakter vorerst nicht sicher mit den an Urgestein oder Feuerstein entwickelten Kriterien beurteilen.

Besser steht es mit den Funden aus anderen Höhlen der Schweiz, aus denen einwandfreie Steingeräte stammen.[9] Sie sind in eine wärmere Phase der Würm-Eiszeit zu datieren (als grobes Datum: vor etwa 40–70 000 Jahren). Zwei dieser Höhlen befinden sich im Simmental südlich von Bern, nämlich das „Schnurenloch" und das „Chilchli"; allerdings enthielten sie nur wenige Steinabschläge. Bedeutender und zahlreicher sind die Funde aus dem „Wildkirchli" am Säntis. Trotz des für die Bearbeitung wenig günstigen Quarzits lassen die Werkzeuge auf die schon beträchtliche Geschicklichkeit ihrer Hersteller schließen.

Gerade an den Verhältnissen in der Schweiz ist gut abzulesen, daß das Alpenvorland natürlich ebenfalls besiedelt war, und zwar, wie nicht anders zu erwarten, wesentlich dichter. Die Siedlungsleere im Schweizer Mittelland kann nämlich nur eine scheinbare sein, dadurch hervorgerufen, daß der letzte Eisvorstoß der Würm-Eiszeit alle Wohnplätze der vorhergehenden Jahrtausende im flachen Land überschoben oder gänzlich vernichtet hat. Denn im westlich anschließenden Jura gibt es wieder eine Vielzahl an Fundpunkten, hauptsächlich aus Höhlen, in denen sich die Siedlungsspuren ungestört erhalten haben. Die Höhlen im Jura wie in den Alpen haben also nicht als Zeugnisse einer Dauerbesiedlung in großer Höhe zu gelten, sondern sie belegen nur den vorübergehenden Aufenthalt des Menschen, wenn er zu günstiger Jahreszeit begehrten Jagdtieren folgte. Dies erklärt auch die Spärlichkeit der Funde, zumal wir aus westfranzösischen Höhlen und auch einigen an der Riviera, die tatsächlich „Wohnhöhlen" waren, Unmengen von Werkzeugen kennen.

In den Westalpen nördlich der Côte d'Azur hat man bisher nur wenige Fundstellen dieser frühen Zeit entdeckt. Am ältesten ist wohl die Freilandsiedlung von Chanoz-Curson.[10] Sie gehört vielleicht noch in die Mindel-Eiszeit und wäre etwa gleichzeitig mit den Funden von Nice. Allerdings ist sie nicht mehr eigentlich zum Alpenraum zu rechnen; denn sie liegt fast an der Rhône, knapp 20 km nördlich von Valence. Etwas näher an den Rand der Alpen haben sich die Menschen vorgewagt, die die Freilandsiedlung von Vinay[11] bewohnten; sie blickten zwar auf den ersten, gut 1600 m hohen Bergkamm der Alpen, mit dem das Vercors mit seinen tief eingegrabenen Schluchten nach Westen abfällt, siedelten jedoch in einer klimatisch wesentlich günstigeren Lage am Rande des Tales der Isère, knapp 200 m hoch und noch dazu auf der Sonnenseite. Die Funde von Vinay sind an das Ende der Riß-Eiszeit zu datieren. Im westalpinen Gebiet um Grenoble gibt es zwar ebenfalls bewohnte Höhlen, aber die daraus geborgenen Funde sind bisher alle jünger als die Ältere Steinzeit.

In den Ostalpen gehören fast alle mit Sicherheit bewohnten Höhlen der Älteren Steinzeit zum österreichischen Bundesland Steiermark;[12] dorthin waren die Menschen von der ungarischen Tiefebene her vorgedrungen. So erstaunt es nicht, daß die Umgebung der beiden wichtigsten Höhlen, der Repolusthöhle (benannt nach ihrem Entdecker) mit 525 m und der Drachenhöhle bei Mixnitz mit 949 m Höhe, beide zwischen Graz und Bruck a.d. Mur gelegen,[13] dem Menschen keine besonderen klimatischen Schwierigkeiten geboten haben wird. Ob sie während des ganzen Jahres bewohnt waren, ist fraglich, wenn auch während der Warmzeiten der winterliche Schneefall geringer gewesen sein wird als heute. Die Repolusthöhle wurde zum ersten Male wohl in der späten Riß/Würm-Zwischeneiszeit aufgesucht, also vor etwa 100 000 Jahren, während die Funde aus der Drachenhöhle in das Würm I/II-Interstadial gehören. Allein die Salzofenhöhle im östlichen Toten Gebirge[14] erreicht mit einer Höhe von 2005 m die aus der Schweiz bekannten Werte; um so umstrittener ist die genaue Datierung, möglicherweise noch in die Riß/Würm-Zwischeneiszeit. Aus allen diesen Höhlen, und es gibt noch einige weniger bedeutende, kennen wir lediglich sehr einfache Werkzeuge aus Stein. Vergleichbare Beobachtungen vom Nordrand der Alpen zwischen Wien und Süddeutschland fehlen einstweilen.

Man hat die Funde dieser Zeit aus dem inneralpinen Raum als „Alpines Paläolithikum" zusammengefaßt, aber diese Bezeichnung bedeutet keine kulturelle Zusammengehörigkeit in jenem Sinne, wie man in jüngeren Perioden kulturell einheitliche Gebiete beschreibt und definiert.[15] Es handelt sich um Hinterlassenschaften von Menschen, die nur vorübergehend von den siedlungsfreundlichen Alpenrändern aus das Innere des Gebirges aufgesucht haben. Da wir für diese Zeit auch im Umkreis der Alpen noch keine zwingenden typologischen oder gar kulturellen Unterschiede zwischen den einzelnen Siedlungsgruppen im Rhônetal, in der Poebene, in Ungarn und Niederösterreich feststellen können, ist erst recht keine Sonderstellung eines „Alpinen Paläolithikums" zu erwarten.

Am besten illustriert dies die Fundsituation entlang der Riviera; hier sind in den zahlreichen Höhlen mit dem Zentrum um Grimaldi mit den „Balzi Rossi" sämtliche Entwicklungsstadien der Steinwerkzeuge vertreten.[16] Da viele der Höhlen lange Zeit das ganze Jahr über als Wohnplatz dienten, ist der Fundanfall entsprechend groß. Gelegentlich wurden in ihnen auch Menschen bestattet, so daß wir Aussagen auch über seine Gestalt wagen können.[17]

Aus dem schon erwähnten *homo erectus* entwickelte sich der *homo neanderthalensis*, anscheinend in der Riß/Würm-Zwischeneiszeit. Sein Schädel unterscheidet sich noch beträchtlich von dem des *homo sapiens*. Eine fliehende Stirn, ausgeprägte Jochbögen, seitlich ausgewölbte Wände und ein kräftig entwickelter Gesichtsschädel geben ihm das Gepräge. Dabei steht die Schädelkapazität derjenigen heutiger Rassen nicht nach. Der *homo sapiens* dagegen, seit dem Würm I/II-Interstadial (vor etwa 35 000 Jahren) bekannt, ähnelt dem heutigen Menschen schon so sehr, daß die weiteren Entwicklungen vernachlässigt werden können. Fast alle bekannten Individuen Mitteleuropas gehören der Rasse an, die nach dem Fundort Crô Magnon in Frankreich benannt ist. Die zwei Schädel einer negroiden „Grimaldi-Rasse" an der Riviera waren nur fehlerhaft zusammengesetzt. Wie weit für das Auftauchen des *homo sapiens* Zuwanderungen aus dem Südosten, also aus dem ostmediterranen und vorderasiatischen Raum mitverantwortlich waren, läßt sich im einzelnen derzeit schlecht abschätzen.

Jäger und Bauern
nach dem Ende der Eiszeit

Als die letzte Eiszeit endlich vorüber war, gab es unter den Menschen kein Jubelfest, kein Datum prägte sich ihnen ein. Denn solche klimatischen Vorgänge spielen sich mit einer fast unmerkbaren Langsamkeit ab, und zu jener Zeit lebten nur wenige Menschen so lange, daß sie etwa an den Endständen der Gletscher die Entwicklung des Klimas wenigstens für einige Jahrzehnte beurteilen konnten. Und hatte man überhaupt eine Erinnerung daran bewahrt, daß es vor mehreren tausend Jahren schon einmal Warmzeiten gegeben hatte, in denen die Vorfahren sich in den inneralpinen Raum gewagt hatten?

Etwa um 10 000 v. Chr. setzte die Warmzeit ein, in der wir heute noch leben – und niemand weiß, wie lange noch; denn keine der Theorien zur Erklärung der Klimaschwankungen gestattet eine zuverlässige Voraussage. Die Gletscher zogen sich zurück, die großen in den breiten Tälern, etwa von Etsch, Inn, Rhein und Rhône, am langsamsten. Zum Vorschein kam der unwirtliche Boden, entweder unfruchtbarer Fels, glattgeschliffen vom Eis, oder gewaltige Schuttmassen, die die Gletscher mit sich geführt hatten. Die Schmelzwasser bahnten sich ihren Weg durch die Täler, fraßen sich tiefer in den Schutt ein, stauten sich an Felsbarrieren zu Seen oder sammelten sich in ausgehobelten Talbecken. Der Genfer See und der Bodensee etwa waren fast doppelt so groß wie heute und reichten noch weit in das obere Tal von Rhône bzw. Rhein hinein. Weite Talstrecken waren damals noch unpassierbar, weil sie von ganzen Seenketten ausgefüllt waren. Erst im Laufe der Jahrhunderte, ja Jahrtausende füllten die Schuttmassen der Flüsse viele der Seen auf oder ließen sie ganz verschwinden; das Endstadium bildeten meist große vermoorte Flächen, die häufig erst in den letzten Jahrhunderten trockengelegt und damit auch richtig für den Verkehr zugänglich gemacht wurden. Doch es bildeten sich öfters wieder neue Seen, weil große Bergstürze – noch in historischer Zeit keine Seltenheit – und die Schuttkegel der Seitenbäche mit ihren Muren die Wasser aufstauten, bis sie sich einen neuen Abfluß geschaffen hatten.[18]

Das Klima hat sich keineswegs nur in einer Richtung verändert. Das Abschmelzen der Gletscher setzte natürlich höhere Temperaturen voraus, aber diese stiegen nur ganz allmählich. Im großen und ganzen waren die Jahrtausende bis etwa um 6000 v. Chr. durch eine gewisse Gemäßigtheit von Temperatur und Niederschlägen, etwa den heutigen Verhältnissen entsprechend, gekennzeichnet. Danach setzten wieder stärkere Niederschläge ein, zuerst bei kaum veränderter Temperatur („Boreal"), dann ab etwa 5500 v. Chr. mit einer kräftigen Erhöhung der durchschnittlichen Jahreswärme. Diese letzte Periode nennt man „Atlantikum", sie setzt etwas vor dem Beginn der Jüngeren Steinzeit ein und endet ungefähr mit ihr. Die folgende Periode, das „Subboreal", fällt mit der Bronzezeit zusammen. Es wurde wieder etwas kälter und trockener, bis gegen 700 v. Chr. ein Umschwung zu größerer Feuchtigkeit erfolgte, während die Temperatur sich nicht wesentlich zu ändern schien.

Die geschilderte Klimaentwicklung hat natürlich nur in ganz großen Zügen Gültigkeit für den Alpenraum. Man kennt durch die Analyse der Schichten in Höhlen zahlreiche Schwankungen innerhalb der großen Klimaabschnitte, und selbstverständlich war das Klima in den französischen Seealpen – wie auch heute – so grundsätzlich verschieden von dem etwa in den Zentralalpen mit ihren Dreitausendern, daß eine Gemeinsamkeit der Entwicklung nur sehr bedingt zu erwarten ist.

Das vom Eis freigegebene Land eroberten zunächst die Pflanzen, allerdings in einem mühsamen und langandauernden Prozeß. Es war ja keinerlei Humus vorhanden, nur unfruchtbare Steine und Schotter. Am schnellsten konnten die Pflanzen wohl an den Seeufern Fuß fassen, wo feinkörnige Ablagerungen die Humifizierung erleichterten. Von da aus kämpften sie sich in die Täler und schließlich auf die Höhen vor: erst Flechten und Moose, dann Gräser, Büsche und Sträucher, zum Schluß die Bäume, die so empfindlich auf die Klimabedingungen reagieren: zuerst Birke, Kiefer und Weide, dann Hasel und Eiche, schließlich Tanne und Lärche. Im Boreal hat die Baumgrenze beispielsweise in den nördlichen französischen Alpen bis 2400 m hinaufgereicht, also etwa bis zur heutigen Höhe.

Den Pflanzen folgten die Tiere: Auerochse, Bison, Hirsch, Wildschwein, Hase, Steinbock und Gemse, aber natürlich auch Insekten, Vögel und anderes Getier. Den Pflanzenfressern schlichen die Raubtiere nach: Bär, Wildkatze, Luchs, Wolf und Fuchs. Und der Mensch konnte sich von alldem nähren: er sammelte Früchte und Beeren und erlegte das Wild.

Es besteht kein Zweifel daran, daß kleine Menschengruppen sich bald erneut in die breiten Täler und auf zugängliche Höhen wagten.[19] Allerdings sind viele Stellen gewiß nur im Sommer aufgesucht worden, der

Winter trieb die Menschen wieder ins Tal. So kennt man aus Südtirol eine Reihe von Fundplätzen auf Pässen, die nach der spärlichen Fundausbeute nur als saisonale Stützpunkte gedient haben können: Einige Feuersteinwerkzeuge belegen die Anwesenheit des Menschen etwa auf dem Sellajoch (2214 m), dem Reiterjoch (1980 m) oder dem Jochgrimm (1993 m).[20] Sie lassen sich aufgrund ihrer Form in eine Zeit datieren, die als Epipaläolithikum (also „Spät-Altsteinzeit") oder Mesolithikum („Mittlere Steinzeit") bezeichnet wird. Derselben Kulturstufe ist eine Siedlungsstelle unter einem Felsdach bei Vatte di Zambana (Prov. Trento) mit mehreren Wohnschichten und der Bestattung einer etwa 50jährigen Frau zuzuweisen;[21] die Radiokarbondatierungen ergeben ein Alter zwischen 6000 und 5300 v. Chr. Mit 4000 ± 100 v. Chr. etwas jünger sind Steinwerkzeuge und eine Herdstelle in Mesocco (Graubünden).[22] Diese Befunde gehören also in eine Periode, die vor dem liegt, was unter dem Namen „Jüngere Steinzeit" einen der wichtigsten Einschnitte in der Urgeschichte Europas markiert.

Im Vorderen Orient, im „fruchtbaren Halbmond" mit Mesopotamien als Kernland, hatte der Mensch schon seit etwa 6000 v. Chr. Tiere gezähmt, als Haustiere gehalten und weitergezüchtet. Ebenso hatte er es gelernt, gewisse Gräser nicht nur wegen ihrer Körner zu sammeln, sondern anzubauen und gezielt zu dem zu entwickeln, was wir heute unter „Getreide" verstehen. Nur wenig später war man auf die Idee gekommen, aus Ton Gefäße zu brennen, und schließlich schlug man sich Werkzeuge nicht nur aus Feuerstein oder Obsidian zu einem vulkanischen Material, sondern benutzte auch Felsgestein, das man in mühevoller Arbeit zu Äxten oder Keulen zurechtzuschleifen und sogar zu durchbohren verstand.

Diese vier Neuerungen breiteten sich allmählich – aber nicht alle gleichzeitig – nach Westen aus; sie prägten eine neue Lebensweise, die bäuerliche, die auf Ackerbau und Viehzucht beruhte und durch neue Techniken der Umwelt besser Herr werden konnte. Damit wird der Beginn des Neolithikums, der Jüngeren Steinzeit, definiert, und es leuchtet ein, daß dieser Beginn, gemäß der räumlichen Ausbreitung des Neuen, in den einzelnen Regionen auch unterschiedlich früh anzusetzen ist.

Auf zwei Wegen wird der Alpenraum von der „Neolithisierung" erreicht: von Süden her, also vom Mittelmeer, und vom Südosten her auf dem Landweg quer durch den Balkan. Hier breitete sich eine Kultur aus, welcher der Verzierungsstil ihrer Tongefäße den Namen gegeben hat, die „Bandkeramikkultur".

Die Lebensweise der „Bandkeramiker" war typisch bäuerlich. Sie bewohnten große, lange Häuser aus mächtigen Balken mit Flechtwerk dazwischen, hielten Vieh in ansehnlichen Herden, bebauten das Land rings um die aus mehreren Gehöften bestehenden Siedlungen und mußten schließlich nach einigen Jahren oder höchstens Jahrzehnten den Siedlungsplatz wechseln, weil der Boden durch die primitive Ausnutzung (kein Dünger, kein Fruchtwechsel zur Erholung des Bodens) bald kaum mehr Erträge bieten konnte. Sie suchten sich gut zu bearbeitende, aber nicht zu leichte Böden aus und bevorzugten dabei vor allem den Löß. Demgemäß hält sich die Verbreitung dieser so gut umschreibbaren Kultur weitgehend an fruchtbare Tal- und Lößlandschaften:[23] die weiten Ebenen Ungarns, Niederösterreich, Niederbayern mit dem Gäuboden, Mitteldeutschland, das Rheingebiet bis nach Holland. Neusiedler und Ansässige, die sich der neuen Wirtschaftsweise anschlossen, zeigten an der gebirgigen Landschaft der Alpen und ihren engen Tälern keinerlei Interesse. Sie brauchten ihre Mühe nicht auf weniger fruchtbare Böden zu verschwenden; denn die Besiedlung des Landes war damals noch so dünn, daß jeder dort, wo er wollte, sein Auskommen fand. So zeigen Verbreitungskarten der Fundstellen mit Bandkeramik sehr gut, wie diese Kultur die Alpen im Norden umging und auch zwischen Basel und dem Bodensee den Hochrhein nach Süden eigentlich nicht überschritt.[24]

Selbstverständlich wohnten zu dieser Zeit, etwa ab 4500/4000 v. Chr., nach wie vor Menschen in den Tälern der Alpen, doch sie blieben von dem Neuen, das die Bandkeramik mit sich brachte, weitgehend unberührt. Sie behielten ihre alte Lebens- und Wirtschaftsweise bei, und erst allmählich übernahmen sie den Getreideanbau, die Viehzucht, die Töpferei und die neuen Geräte aus Felsgestein, immer jedoch modifiziert durch die natürlichen Gegebenheiten ihrer Umwelt (S. 269).

Am Südrand der Alpen stellen sich die Verhältnisse anders dar. An der provençalischen und ligurischen Küste gibt es zwar ebenfalls neolithische Fundkomplexe, aber diese haben mit der so geschlossen wirkenden Bandkeramikkultur nichts zu tun. Wohl kannten die Menschen dort ebenfalls Haustiere (Schaf, Ziege, Rind, Schwein, Hund), wohl betrieben sie Getreideanbau, doch drängt sich nicht der Eindruck einer „bäuerlichen" Lebensweise auf. Meistens wohnten sie noch in Höhlen oder unter Felsdächern, nur selten in Rundhütten; an der Küste lebten sie zu einem großen Teil noch vom Fischfang und Muschelsammeln. Die Muscheln waren es auch, mit deren Hilfe sie die Tongefäße verzierten: man drückte ihre gezähnten Ränder in den noch nicht getrockneten Ton und vereinigte mehrere derartige Eindrücke zu Horizontalreihen oder Strichbündeln. So definiert der Archäologe diese mediterran orientierte Kultur – entsprechend zur „Bandkeramik" – nach der verwendeten Muschel *Cardium edule* mit ihrer „Eindruckkeramik" (auf französisch „Cardial", auf italienisch „ceramica impressa"). Sie ist nur wenig von der Küste in das Landesinnere vorgedrungen; einige Fundstellen gibt es in den Seealpen und in der Haute Provence,[25] aber schon die ganze Poebene scheint davon freigeblieben zu sein, erst recht natürlich der Südalpenrand.

Im Mittelneolithikum änderte sich die Wirtschaftsweise der einzelnen Bevölkerungsgruppen nicht grundsätzlich. Ackerbau und Viehzucht traten gegenüber der Jagd allmählich in den Vordergrund, die Technik der Steinbearbeitung wurde verbessert, aber entscheidende Neuerungen fanden nicht statt. Die neuen Möglichkeiten der Produktion und Umweltbewältigung führten zu einem Ansteigen der Bevölkerungszahl, dieses wiederum zu einer Ausdehnung der besiedelten Gebiete, und so ergriff der Prozeß der „Neolithisierung" immer stärker auch den Alpenraum. Man kultivierte die Täler, so weit sie nicht vermoort oder durch Hochwasser gefährdet waren, und die höhergelegenen Terrassen der sonnenbeschienenen Talränder.[26] Dies ging allerdings nur sehr langsam vor sich, denn das feucht-warme Klima des Atlantikums hatte gerade in den großen Tälern mit ihrer geringen Höhenlage und der reichlichen Wasserzufuhr einen beinahe undurchdringlichen Wald entstehen lassen, der mühsam gerodet werden mußte, wenn man nicht ohnehin gleich auf die Talränder auswich.

Das wichtigste Mittel der Unterscheidung von Zeithorizonten stellen die Tongefäße dar, deren Form und Verzierung relativ kurzlebigen Moden unterworfen waren; gleichzeitig kann man daraus ablesen, aus welchen Räumen die Menschen weiter in den Alpenraum vordrangen. Besonders bemerkenswert ist, daß ab dem Mittelneolithikum die Tongefäße nicht nur durch Einritzungen oder Eindrücke verziert, sondern auch bemalt wurden. Diese Sitte scheint sich vom östlichen Mittelmeer und Südosteuropa ausgebreitet zu haben; denn sie erreichte den Alpenraum nicht mehr ganz: von Süden her

machte sie am Apennin halt, und auf dem Balkan kam sie über Ungarn, Niederösterreich und das Burgenland nicht hinaus. Nördlich der Alpen wurden Verzierungsstile entwickelt, die die alte Tradition der Einritzungen und Einstiche weiterführten, westlich der Alpen und in der Po-ebene bevorzugte man überhaupt unverzierte Keramik. So griff das Chasséen (benannt nach dem Fundplatz Chassey bei Chalon-sur-Saône) mit seiner unverzierten Keramik, verbreitet in ganz Süd- und Ostfrankreich, auch auf die Westalpen über.[27] Eng verwandt damit ist die Cortaillod-Kultur in der Schweiz,[28] und ebenfalls in diesen Kreis gehört die langlebige Lagozza-Kultur in Oberitalien.[29] Letztere folgte einer kurzen Phase, die durch Gefäße mit quadratischer Mündung gekennzeichnet war,[30] eine seltsame Eigenheit, die es in den Jahrtausenden danach nie mehr gab.

Aber diese Namen sagen dem Nichtfachmann wenig, und es sei deshalb nur festgehalten, daß der Alpenraum von allen Seiten an den Entwicklungen der umliegenden Räume teilhatte, aber nicht als selbständige kulturelle Einheit gelten kann. Allzu sehr waren die Menschen, die sich in relativ unwirtliche Gegenden vorwagten, mit der Bewältigung ihres schwierigen Lebens beschäftigt, als daß ihnen Zeit blieb, sich von jenem Milieu, dem sie entstammten, zu emanzipieren, in archäologischen Begriffen ausgedrückt: eigenständige Lebensweisen, Sachformen oder Kunst zu entwickeln. Das, was letztlich die Jüngere Steinzeit kennzeichnet, eine volle Hinwendung zur bäuerlichen Lebensweise, zur Siedlung in größeren Gemeinschaften, hat den Alpenraum zu dieser Zeit kaum berührt. Man machte sich die neuen Errungenschaften in ökonomischer und technischer Hinsicht zu Nutze, doch sie vermochten keine neuen Impulse zu geben. Die Berge waren immer noch ein Gebiet, in dem sich Menschen, die besonders wagemutig waren oder in den Siedlungen der Alpenvorländer nicht leben mochten, am Rande des Existenzminimums bewegten.

11   Funde der „schnurkeramischen" Gruppe der Schweiz am Übergang von der Jüngeren Steinzeit zur Bronzezeit. Charakteristisch sind die Verzierungen der Tongefäße mit Einstichen oder Schnurabdrücken (daher der Name!) sowie die durchbohrten Äxte aus Felsgestein. Frühes 2. Jahrtausend v. Chr. Höhe des Bechers 11 cm. Historisches Museum Bern.

Allein im schweizerischen Alpenvorland entwik-kelte sich mit der „Cortaillod-Kultur" und ihren räumlichen Nachbarn und Nachfolgern die charakteristische Siedlungsweise der Seeuferrandsiedlungen. Sie hielt sich dort über 2000 Jahre; an ihr bildete sich der Begriff der „Pfahlbauten" heraus, die beinahe sprichwörtlich geworden sind und Anlaß zu wissenschaftlichen Diskussionen bis heute bieten (S. 91 ff.). Allerdings war auch die Cortaillod-Kultur mit ihrem westlichen Gepräge noch überwiegend jägerisch eingestellt, obwohl man den Getreideanbau schon betrieb. Die mehr nordöstlich orientierten Kulturen der Ostschweiz hingegen fallen durch einen höheren Anteil von Haustierknochen in den Siedlungen auf.[31]

Diese kulturelle wie wirtschaftliche Trennung in der Schweiz wurde am Übergang zum Spätneolithikum für eine kurze Zeit aufgehoben, als mit der Horgener Kultur[32] ein neuer, sogar etwas primitiver wirkender Komplex, vermutlich aus Ostfrankreich kommend, das gesamte Gebiet überlagert. Dies dürfte am ehesten durch Einwanderung einer unbestimmten Anzahl Leute geschehen sein, ohne daß wir wissen, wie die Einnahme des Landes konkret vor sich ging.

Damit befinden wir uns aber schon in einer Zeit, die man als Spät- oder gar Endneolithikum bezeichnet. Allerdings wird in den letzten Jahren eine andere Terminologie ins Gespräch gebracht, die diese Zeit schon als „Kupferzeit" benennt.[33] Dies geht darauf zurück, daß in den hierhergehörigen archäologischen Kulturen schon vereinzelt Gegenstände aus Kupfer auftauchen. Dabei handelt es sich jedoch durchweg um unscheinbare Stücke, kunstlosen Schmuck (z. B. Nadeln) oder Pfrieme. Sie sind in dieser Anfangsphase nur aus Kupfer gehämmert und nicht gegossen (S. 11). Für eine Betrachtungsweise, die die universale Verwendbarkeit von Kupfer und später Bronze (einer vorteilhaften Legierung aus Kupfer und Zinn) und die Beherrschung der damit verbundenen technischen Probleme als das eigentlich Neue in der Frühgeschichte Mitteleuropas ansieht, hat der Begriff „Kupferzeit" etwas Künstliches an sich. Kupfer nämlich war in dieser Anfangszeit nichts als ein aufsehenerregendes neues Material, wie Gold beispielsweise auch, das man in gediegener Form hier und da auflesen und durch Hämmern weiter verarbeiten konnte. Vermutlich wußten die Leute damals selbst nicht, daß sie damit eine Entdeckung gemacht hatten, die in zwei, drei Jahrhunderten Handwerk und Technik revolutionieren sollte. Nur wir

sehen im Nachhinein, wie weit die Anfänge der ersten zögernden Vertrautheit mit dem Kupfer zurückreichen. Aber im Vergleich mit einer ähnlichen Situation weit später, die etwas besser zu beurteilen ist, nämlich der Entdeckung des Eisens, darf man mit Sicherheit sagen, daß damals zunächst niemand auf die Idee gekommen ist, daß er oder seine Dorfgemeinschaft an einer technischen Revolution beteiligt sei, nur weil er einen teuer erworbenen Gegenstand aus dem neuen rotgold glänzenden und biegsamen Material besaß.

Zunächst ging das Leben in den gewohnten Bahnen weiter, außerhalb wie innerhalb des Alpenraumes. Die technischen Möglichkeiten blieben dieselben wie vorher, ebenso die Siedlungsweise und die Schmucklosigkeit der Gegenstände des täglichen Lebens, vor allem der Tongefäße. Immerhin lassen sich jetzt zum ersten Mal direkte Kontakte über den Alpenhauptkamm hinweg nachweisen, die nicht nur allgemeine Phänomene berühren. So gibt es im Aostatal und vereinzelt auch in Südtirol Gräber in Form von großen Kisten aus Steinplatten, die ohne Zweifel mit entsprechenden Vorkommen im Wallis bzw. in Süddeutschland zusammenhängen (S. 136 ff.). Dagegen sind die „Pfahlbauten" am Mondsee und am Attersee in Oberösterreich sicher nicht auf direkte Einflüsse aus dem Schweizer Mittelland zurückzuführen. Sie dokumentieren einfach, wie entsprechende Siedlungen am Bodensee oder – etwas später – am Lago di Ledro oder in Fiavè in Oberitalien, eine Siedlungsweise, die sich den geografischen und wirtschaftlichen Gegebenheiten optimal anpaßte.

Kulturell beeinflußte, wie nicht anders zu erwarten, der Balkan den östlichen Alpenbereich, die ostfranzösischen Kulturen hingegen den Westen. Während im Süden die Siedler sich etwas weiter die Täler hinaufwagten, bildete im Norden der Alpenrand eine kaum durchbrochene Barriere. Nichts lockte dort die Siedler in verschneite Täler und unwirtliche Höhen, obwohl das Land, wo es etwas fruchtbarer war, durchaus Menschen zu ernähren vermochte.

Konjunktur durch Kupfer

All dies änderte sich grundlegend, als man begriffen hatte, daß in den Alpen Kupferlagerstätten vorhanden und abzubauen waren. Kupfer – das war nicht nur ein neues Material für Schmuck, Geräte und Waffen, sondern es bedeutete neue technische Möglichkeiten, besonders wenn man es mit etwa 10% Zinn zur wider-

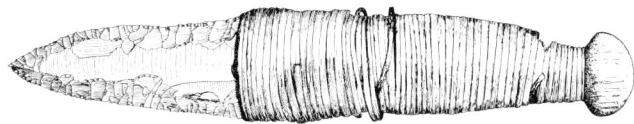

12 Nachahmung eines Kupferdolches in Feuerstein. Der Griff besteht aus Holz und ist mit der Umwicklung an der Klinge befestigt. Gefunden in der Seeuferrandsiedlung von Vinelz (Kanton Bern). Frühes 2. Jahrtausend v. Chr. Länge 19,6 cm. Historisches Museum Bern.

standsfähigeren und besser gießbaren Bronze legierte: rationelle Fertigungsmethoden durch Gießen ersetzten das mühevolle Zuschlagen oder Schleifen von Steingeräten. Ganz neue Formen wurden möglich, etwa bei den Nadeln, die jetzt vielfältig gestaltete Köpfe bekommen konnten; der vorher so beliebte Knochen- und Muschelschmuck verschwand bald fast völlig. Außerdem ging der Materialwert eines Gegenstandes, auch wenn er zerbrach oder aus der Mode gekommen war, nicht verloren, sondern der Handwerker konnte durch Einschmelzen die Bronze wieder verwerten. Die Bronzezeit verschaffte dem Alpenraum einen plötzlichen Konjunkturaufschwung, wie ihn in vergleichbarer Weise erst wieder der Fremdenverkehr unseres Jahrhunderts hervorrief.

Die Kupferverarbeitung war keine Erfindung der Alpenbewohner. In Vorderasien war sie schon über 1000 Jahre bekannt, bevor sie erst kurz nach 2000 v. Chr. Mitteleuropa erreichte. Es ist gut zu verfolgen, wie die damit verbundenen Kenntnisse auf den Balkan übergriffen, sich sozusagen die Donau aufwärts vortasteten, bis sie in Mitteleuropa mit einem anderen Ausbreitungsweg, der der Mittelmeerküste folgte und die iberische Halbinsel als Basis benutzte, zusammentrafen. Und bis gar erst Nordeuropa, das keine eigenen Kupfervorkommen besitzt, den Anschluß an den Fortschritt gewonnen hatte, mußten weitere Jahrzehnte, ja Jahrhunderte vergehen.[34]

Es war auch nicht so, daß sich ein festes Rezept etwa für die Legierung ausgebreitet hätte. Wissensdurstige Handwerker haben vielfältig experimentiert, wie man das von Natur aus recht weiche Kupfer legieren könnte (nachdem man einmal Metall überhaupt als bearbeitbares und veränderbares Material erkannt hatte), um es den Erfordernissen anzupassen. Dies braucht hier nicht weiter ausgeführt zu werden (vgl. S. 278 ff.), doch

wird schon klar, wie sehr die Initiative und Mobilität von Einzelpersonen die Ausbreitung solcher Phänomene begünstigten, ja erst ermöglichten. Schließlich war jemand, der eine Kupfernadel von einem durchreisenden Händler erwarb oder von einem großzügigen Gastgeber geschenkt bekam, deswegen noch lange nicht imstande, auch selbst einen solchen Gegenstand herzustellen, geschweige denn den ganzen Herstellungsprozeß vom Abbau des Erzes bis zum sorgfältigen Verzieren des Gegenstandes zu beherrschen.

So wird es verständlich, warum solche Fortschritte in der Frühgeschichte nur langsam vor sich gingen und vor allem auch die geographische Komponente klar erkennen lassen: räumliche Entfernung vom Ausgangspunkt bedeutet normalerweise auch eine zeitliche Distanz. Auf der anderen Seite darf man auf keinen Fall davon ausgehen, daß sich technische (oder auch wirtschaftliche, künstlerische, politische und religiöse) Neuerungen in quasi naturgesetzlicher Weise, etwa wie die Wellen um einen ins Wasser geworfenen Stein, ausbreiten. Immer gehört dazu auch die Aufnahmebereitschaft von Individuen und Gemeinschaften, und wir dürfen diesen Faktor nicht zu gering einschätzen.[35] Gerade im mitteleuropäischen Raum scheint sich ein Gegensatz zwischen „kupferfreundlichen" und „kupferablehnenden" Kulturen abzuzeichnen.[36] Dies betrifft nur ein, zwei Jahrhunderte am Übergang von der Jüngeren Steinzeit zur Bronzezeit. Hier kommen archäologischen Verhaltensweisen regionaler Gemeinschaften zum Ausdruck, die sich nicht gleich jeder – theoretisch zur Verfügung stehenden – Neuerung anschlossen. Dies hat natürlich auch ökonomische Hintergründe, denn zunächst war ein Bronzebeil um ein Mehrfaches teurer als ein womöglich selbst hergestelltes Steinbeil: und in der Wirkungsweise bestanden keine so großen Unterschiede, daß sie eine zusätzliche Investition erforderlich gemacht hätten.[37] Erst als das Kupfer in erreichbarer Nähe und größerer Menge abgebaut wurde, also ohne Schwierigkeiten jederzeit erhältlich war (Zinn mußte, das sei hier gleich eingefügt, immer aus weiterer Entfernung eingeführt werden, weil es im Alpenraum nicht ansteht), wurde die Bronze zum selbstverständlichen Material für fast alle Bereiche des materiellen Lebens, soweit diese bisher durch Stein, Horn, Knochen und Muscheln abgedeckt worden waren.

In einer Übergangsphase hatte wohl sogar das Vorhandensein des Metalls Bedürfnisse geschaffen, die es selbst aber noch nicht voll befriedigen konnte, weil es einfach mengenmäßig zunächst nicht ausreichte. Daher konnten und mußten zu dieser Zeit vor allem Horn und Knochen diese Lücke füllen, und zwar in einem Umfang wie niemals vorher und nie wieder nachher.[38] Dies trifft für Geräte ebenso zu wie für Schmuckformen. Daraus erklärt sich beispielsweise, daß es Steinbeile oder Knochennadeln gibt, die ganz ohne Zweifel auf Vorbilder aus Metall zurückgehen: die Form war schon „modern", weil dem neuen Material angemessen, und man nahm – funktional gesehen – unnötige Mühen auf sich, diese neue Form in den traditionellen Materialien nachzuahmen.

Auch daraus ergibt sich, daß die Ausbeutung der alpinen Kupferlagerstätten nur allmählich in Gang gekommen sein kann, daß eine lange Phase des Suchens und Probierens vorhanden gewesen sein muß und wie sehr man dabei von der Initiative und Sachkenntnis von Einzelpersonen abhängig war.

In Mitteleuropa gab es um diese Zeit eine Kulturgruppe, die man nach ihrer charakteristischen Tongefäßform „Glockenbecherkultur" nennt und die man gern mit solchen Vorgängen, insbesondere der gezielten Suche nach dem begehrenswerten Kupfer, in Verbindung gebracht hat. Die zugehörigen Menschen unterscheiden sich auch oft anthropologisch, durch die Schädelform, von den übrigen Bewohnern Mitteleuropas und geben sich so als Fremdlinge zu erkennen.[39] In ihren Gräbern sind Kupfer- und Bronzegegenstände überproportional häufig vertreten, und die Männergräber lassen ein deutliches kriegerisches Element (Bogenschützen) erkennen. Noch vor wenigen Jahren sah die Forschung in ihnen eine Art „Prospektoren", die nach Kupferlagerstätten gesucht und somit die mitteleuropäische Bronzezeit eingeläutet hätten. Inzwischen ist man sich dessen lange nicht mehr so sicher, zumal die Herleitung dieser Menschen aus nur einem Ausgangsgebiet zweifelhaft wurde.[40] Die Vision einer verschworenen Gemeinschaft von Bergleuten, Schmieden und Händlern (ähnlich etwa den Zigeunern) verschwimmt immer mehr. Hinzu kommt, daß das Verbreitungsgebiet der Gräber der Glockenbecherkultur (spezifische Siedlungen gibt es bisher so gut wie keine) im allgemeinen noch vor dem Alpenrand endet und an den Plätzen, die mit dem frühesten Kupferbergbau zu verbinden sind, Fundstücke der Glockenbecherkultur überhaupt fehlen. Eine bemerkenswerte Ausnahme bilden nur die Gräber von Sion-Petit Chasseur (S. 136 ff.) mit einigen auch anthropologisch „fremden" Menschen.

So bleibt vorerst unbekannt, wer die Leute waren, die als erste die Kupfervorkommen der Alpen entdeckten und auszubeuten verstanden. Daß schon bald die einheimische Bevölkerung wesentlich daran beteiligt war und schnell die entsprechenden Fähigkeiten erlernte, liegt nahe und ist auch archäologisch bewiesen, weil sich an den dazugehörigen Fundplätzen in der Tat keine Fremdelemente identifizieren lassen.

Kupferlagerstätten gibt es vor allem im Land Salzburg; im Mitterberger Revier um Mühlbach bei Bischofshofen unterhalb der Wände des Hochkönigs ist heute noch ein Bergwerk in Betrieb. Daneben sind aber noch zahlreiche kleinere Vorkommen zu nennen, die heute nicht mehr abbauwürdig sind, aber dem frühgeschichtlichen Menschen und zum Teil noch im Mittelalter genug Anreiz zu Investitionen und eine Basis für den Lebensunterhalt boten. Solche Vorkommen sind fast im ganzen Alpengebiet verbreitet, doch nur wenige waren so ergie-

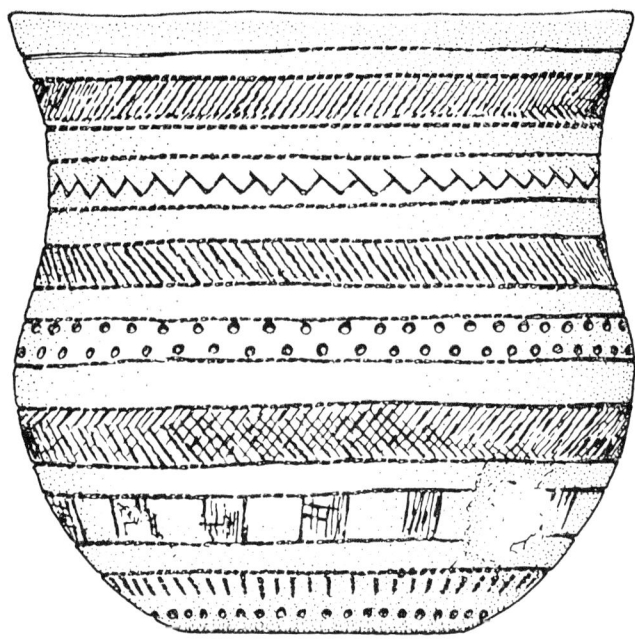

13   Die kaum abgewandelte Form hat den frühbronzezeitlichen „Glockenbechern" ihren Namen gegeben. Sie sind fast nur aus Gräbern bekannt, im Inneren der Alpen allein aus Sion im Wallis. 18.–17. Jahrhundert v. Chr. Höhe 11,4 cm. Musée Valère Sion.

big, daß sie mehr als nur den lokalen Bedarf eines Tales decken konnten. Außer in Salzburg finden sie sich in Osttirol und Nordtirol, seltener in Südtirol/Trentino, Niederösterreich, der Schweiz und in den französischen Alpen. Welche Vorkommen tatsächlich ausgebeutet wurden, ist schwer zu sagen, weil die Auffindung der zugehörigen Stollen, Abraumhalden und Schmelzplätze allzu sehr von der Zufälligkeit örtlicher Aufmerksamkeit der Heimatfreunde oder von gezielten Feldforschungen abhängt.

Außerhalb des Alpenraumes konnte man im näheren Umkreis Kupfer nur noch in Mitteldeutschland (Thüringen, Erzgebirge) und in Mittelitalien gewinnen.[41] Daraus wird die neue Stellung des Alpenraumes klar: er stand auf einmal im Zentrum der wirtschaftlichen Interessen eines großen Gebietes, mußte die Versorgung vieler Menschen mit dem neuen Metall leisten und profitierte davon.

Dennoch entwickelten sich auch zu dieser Zeit im Alpenraum nur wenig bodenständige Kulturerscheinungen. Zwar wurden nun Gebiete besiedelt, die vorher nur sporadisch aufgesucht worden waren, und die transalpinen Verkehrsverbindungen gewannen an Bedeutung, doch kann man sehr gut beobachten, wie auch während der Bronzezeit die Kulturen außerhalb des Gebirges bestimmend bleiben. Nur die Lebensformen paßten sich den speziellen geographischen Gegebenheiten an (Höhensiedlungen waren sehr beliebt), die Gegenstände des täglichen Lebens hingegen (Tongefäße, Waffen, Geräte, Schmuck) orientierten sich nach wie vor an den Vorbildern der umgebenden Regionen. Bemerkenswert ist dabei, daß offensichtlich der mitteleuropäische Bereich der bestimmende Teil war; denn der oberitalienische Formenschatz hängt in starkem Maße vom Norden ab, insbesondere bei den Metallgegenständen.[42] Dies führt unter anderem dazu, daß die Wissenschaft bei der zeitlichen Gliederung der Bronzezeit im südalpin/oberitalienischen Raum immer einen Seitenblick auf die Verhältnisse nördlich der Alpen werfen muß. Allein im Wallis konnte sich eine lokale Gruppe herausbilden, die man an charakteristischen Metallformen, vor allem an großen und prächtig verzierten Gewandnadeln, erkennt. Um so merkwürdiger ist es, daß diese Gruppe in der mittleren Bronzezeit ihre Eigenständigkeit wieder verlor.[43] Möglicherweise steckt tatsächlich nur eine kurzfristige Wirtschaftskonjunktur während der frühesten Bronzezeit dahinter, eine Ausbeutung bald versiegter Kupfervorkommen.

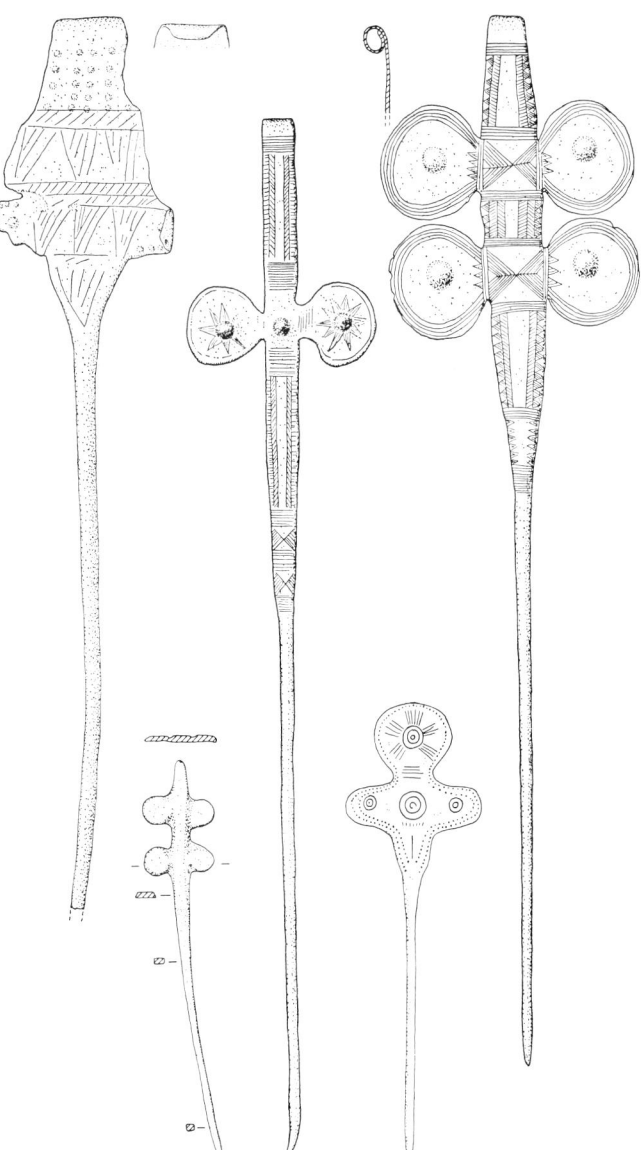

14   Kupfer, das neue Material, verlockte die Menschen in manchen Gegenden dazu, ihren Reichtum prunkvoll zur Schau zu stellen. Lange Gewandnadeln mit breit ausgehämmerten und verzierten Köpfen waren im Wallis und in Graubünden zur Frühbronzezeit große Mode. 17.–16. Jahrhundert v. Chr. Länge der größten Nadel 30,9 cm.

Während der Bronzezeit herrschte ein warmes und ziemlich trockenes Klima, was das Vordringen des Menschen in höhere Lagen sehr begünstigte. So kamen mehrere Faktoren zusammen: Die Prospektoren auf der Suche nach dem begehrten Kupfer mußten nicht allzu sehr gegen die Unbilden der Witterung kämpfen, hatten mehr Zeit zur Suche nach ergiebigen Lagerstätten. Die Bronzeäxte und -messer wiederum ermöglichten eine intensivere Rodung der Talränder und Hänge, der landwirtschaftlich nutzbare Lebensraum weitete sich aus; mehr Menschen fanden Raum und Nahrung für ein auskömmliches Dasein. Der Export des Kupfers in die Gebiete außerhalb des Gebirges förderte die Kommunikation nach außen, aber auch den inneralpinen Verkehr. Alle wichtigen Pässe wurden begangen, darüber hinaus zahlreiche kleinere Übergänge, deren Namen heute nur den Einheimischen geläufig sind.[44] So ist eine Siedlung wie auf der Crestaulta im Lugnez (Graubünden), weit hinten in einem abgelegenen Tal, nur verständlich, wenn sie auch als Station an einem Paßweg gedient hat (S. 224).

Die Siedlungen dieser Zeit finden wir meist auf kleinen Kuppen an den Talrändern oder in größerer Höhe. Dazugehörige Gräber gibt es so gut wie keine, weil man die Toten so bestattete, daß wir sie heute nur sehr schwer finden: Sie wurden verbrannt, und was von ihnen blieb, war nur ein kleines Häufchen Knochensplitter und Asche, beigesetzt in einer flachen Mulde; die Sitte, auch Beigaben hinzuzufügen, war nicht allgemein üblich. Man kann sich vorstellen, daß diese „Gräber" bei modernen Erdbewegungen leicht übersehen oder nicht als solche erkannt werden.

Kulturgruppen und überlieferte Stammesnamen

Am Beginn der jüngeren Bronzezeit, etwa im 13. Jahrhundert v. Chr., setzte eine Entwicklung ein, die neue Bevölkerungsgruppen ins Gebirge brachte und schließlich erstmals zur Ausbildung inneralpiner Gemeinsamkeiten für ein größeres Gebiet führte. Besonders in Nordtirol scheint eine Art Kolonisierung stattgefunden zu haben, kleine Gruppen aus dem Alpenvorland drangen ins Inntal vor.[45] Anlaß war die Ausbeutung der Tiroler Kupfervorkommen, die jetzt erst intensiviert wurde. Solche Wanderbewegungen führten aber nicht nur zu einer stärkeren Besiedlung des Alpenraumes, sondern es gab auch zumindest einen Fall, wo eine Menschengruppe von Norden den Alpenkamm überschritt.

Ihr Ziel war der warme Süden, das Gebiet von Lago Maggiore und Comer See bis hinunter in die Mailänder Gegend. Hier kann man zu dieser Zeit Bestattungssitten, Keramik- und Metallformen feststellen (von der Forschung nach ihrem größten bekannten Bestattungsplatz nordwestlich von Mailand „Canegrate-Gruppe" genannt), die nicht aus der lokalen bronzezeitlichen Tradition ableitbar sind. Im Gegenteil, der Schluß liegt nahe, daß diese Menschen aus einem Raum nach Süden gewandert sind, der irgendwo zwischen Nordsavoyen und der Nordschweiz samt dem dazugehörigen Vorland zu lokalisieren ist.[46] Die Spärlichkeit der archäologischen Quellen gestattet keine genauere Aussage über das Herkunftsgebiet. Aber diese Menschen müssen es auch gewesen sein, die einen eng mit dem Keltischen verwandten Dialekt mitgebracht haben, der sich in dieser Gegend noch Jahrhunderte später anhand von Inschriften einigermaßen identifizieren läßt, nämlich das „Lepontische", eine indoeuropäische Sprache und ebenso fremd in der „ligurischen" Umgebung wie die Sachformen dieser Kulturgruppe.[47] Allerdings verflüchtigten sich die archäologischen Fremdelemente binnen zweier Jahrhunderte weitgehend; die lokale Tradition errang die Oberhand, die Fremdlinge assimilierten sich. Anscheinend haben sich vom 12. bis zum 8. Jahrhundert die Verhältnisse wieder stabilisiert, die transalpinen Kontakte gingen auf das Normalmaß zurück.

In dieser Zeit begann ein Prozeß der Ausformung von kulturellen Eigenheiten einzelner Gruppen, der im Süden besser zu beobachten ist als im Norden. Damit war offenbar eine Entstehung politischer Strukturen verbunden, die das Zusammengehörigkeitsgefühl größerer Menschengruppen förderte und so die Bildung ethnischer Einheiten einleitete, die uns dann in der ältesten Schriftquelle überliefert sind. In der nordwestlichen Poebene, im schon erwähnten Siedlungsgebiet der Canegrate-Gruppe nordwestalpiner Herkunft, ist eine kontinuierliche Entwicklung bis zur Eroberung durch die Römer festzustellen. Träger ist die Golasecca-Kultur, so benannt nach einem Gräberfeld am Auslauf des Ticino aus dem Lago Maggiore.[48] Weiter östlich bilden sich erst im Laufe des 10. Jahrhunderts v. Chr. konzentrierte und gut abzugrenzende Kulturgruppen heraus.[49] Die eine umfaßte die östliche Poebene und besaß ihr kulturelles und wohl auch politisches Zentrum in Este (bei Padova). Aus griechischen und römischen Überlieferungen wissen wir, daß dort das Volk der *Veneti* saß, und so dürfen wir die

15   Drei von 15 Tongefäßen aus einem Brandgrab von Vuadens (Kanton Fribourg); sie spiegeln überregionale Verbindungen zur Spätbronzezeit wider. Das Großgefäß und die kleine Schale stehen in der lokalen Tradition, doch besitzt letztere außer den eingestempelten Kreisaugen noch Reste einer Verzierung aus aufgeklebten Metallstreifen. Diese Mode trat damals vereinzelt im ganzen circumalpinen Raum auf. Die Herkunftsrichtung der Einflüsse deutet die größere Schale an, denn sie wirkt im Norden fremd und besitzt gute Vergleichsstücke in der Poebene. 12. Jahrhundert v. Chr. Höhe des Großgefäßes 20 cm. Service archéologique cantonal Fribourg.

Ursprünge dieses Volkes in Oberitalien als einer festgefügten Gemeinschaft bis ins 10. Jahrhundert v. Chr. zurückverfolgen.[50] Diese sogenannte Este-Kultur prägte auch den südostalpinen Raum, in Venezia Giulia/Friuli, obschon entsprechende Fundstellen nicht sehr zahlreich sind[51].

Um Bologna häufen sich die Fundstellen der oberitalienischen Villanova-Kultur (benannt nach einem Gräberfeld in einem Vorort von Bologna). Als blühendes Wirtschaftszentrum spielte Bologna eine wichtige Rolle für die Verbindungen Oberitaliens in das etruskische Mittelitalien und vermittelte andererseits zahlreiche Anregungen nach Norden, über die Alpen nach Mitteleuropa.[52]

Im inneralpinen Raum entwickelte sich nach der etwas bewegteren Periode des 13. Jahrhunderts v. Chr. ebenfalls eine ziemlich einheitliche Kultur, die vor allem an ihrer spezifischen Keramik zu erkennen ist (auffällig sind z. B. Krüge mit spitzem Ausguß und großem Henkel). Man nennt sie nach zwei Fundorten im Etschtal Melauner oder Laugener Kultur, und ihre Verbreitung reicht vom Alpenrheintal über Nord- und Südtirol bis fast hinunter nach Villach in Kärnten.[53] Die Westalpen dagegen besaßen in der jüngeren Bronzezeit und noch in der älteren Eisenzeit kein eigenes Gepräge, sie blieben abhängig von den Einflüssen der Kulturen außerhalb des

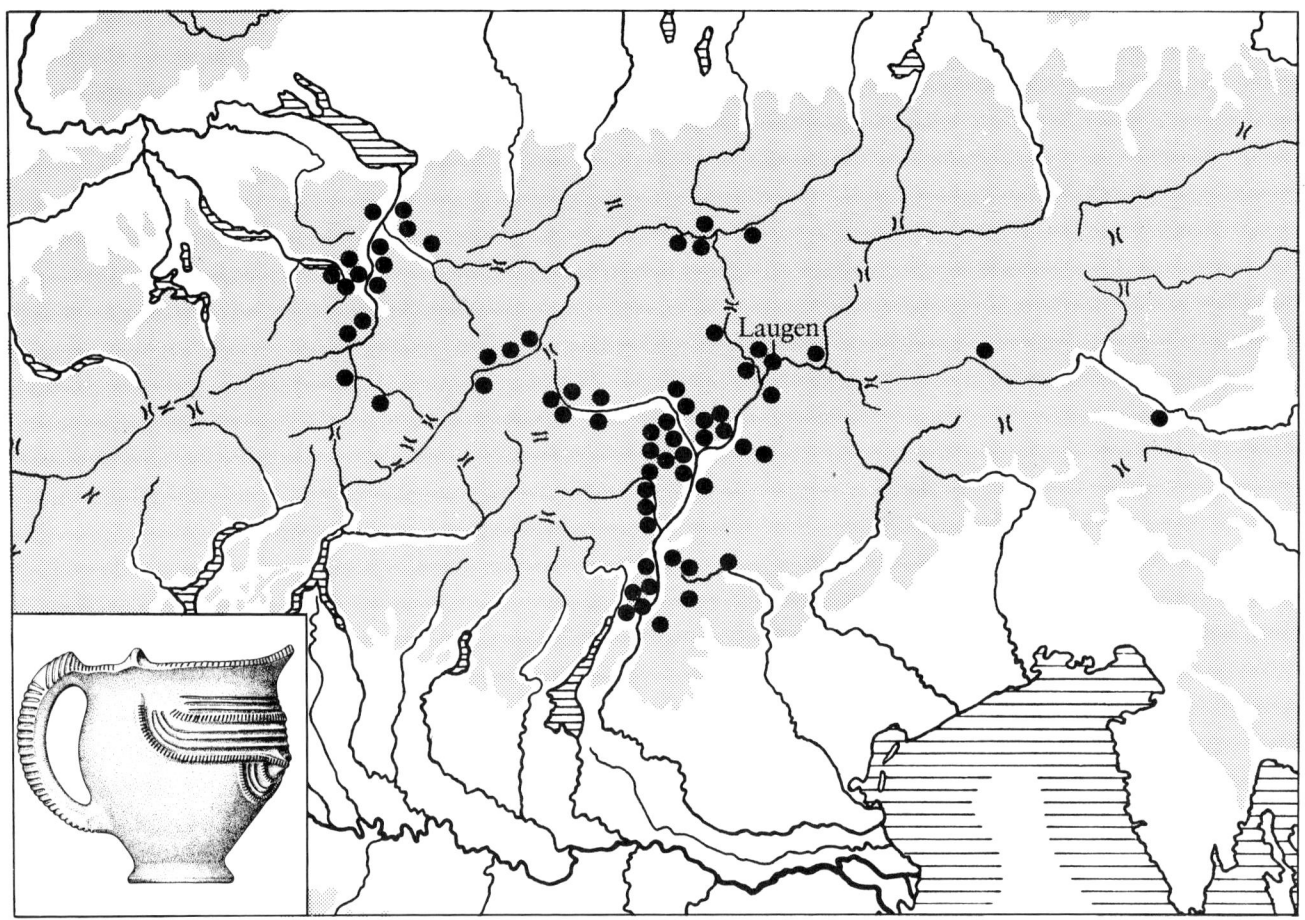

Laugen

16   Verbreitungskarte der Fundorte von Laugener Keramik. Die charakteristischen Formen dieser Tongefäße waren in den Tälern von Rhein, Inn, Etsch und Eisack zur Spätbronzezeit sehr beliebt, vereinzelt sogar noch an Rienz und Drau. Die Karte bezeugt einen regen Kontakt der Talschaften über die Pässe hinweg und umreißt etwa das Gebiet, in dem die Römer ein Jahrtausend später Stämme antrafen, die sie unter dem Begriff „Raeti" zusammenfaßten.

einige Fibeln, Rasiermesser oder ähnliche kleine Objekte, stammen ohne Zweifel aus Italien (Abb. 130) und bezeugen die Wichtigkeit der transalpinen Verkehrswege.[54] Dabei deutet sich gegen das Ende der Bronzezeit im nordwestalpinen Bereich noch etwas an: eine Umkehrung der Richtung kultureller Einflüsse.

Denn etwa ab dem 8. Jahrhundert v. Chr. übernahmen Italien und der Süden allgemein die gebende Rolle. In Mittelitalien hatten sich die Etrusker als bestimmende Macht etabliert, die Griechen begannen das große Unternehmen der Kolonisation der nordwestlichen Mittelmeerküsten, die Phönizier holten sich Zinn sogar aus Cornwall an der Südwestspitze Britanniens, und auch auf dem Balkan formierten sich neue Zentren mit größerer Ausstrahlungskraft nach Nordosten. Die Welt war näher

Gebirges. An den Seen des Schweizer Mittellandes und Savoyens waren die Ufer dicht besiedelt; die Funde zeugen von einer beträchtlichen Bevölkerungszahl und einem gewissen Reichtum. Manche Gegenstände, etwa zusammengerückt, wirtschaftliche, politische, religiöse Neuerungen konnten sich rascher ausbreiten, Mitteleuropa geriet in den Bannkreis der technisch und künstlerisch überlegenen mediterranen Kultur.

Eisen und Salz als Machtfaktoren

Aber noch etwas kam hinzu, was die Verhältnisse im Alpenraum revolutionierte: das Eisen. In der zweiten Hälfte des 8. Jahrhunderts begann in Italien und in Mitteleuropa die Eisenzeit. Wie die Kenntnisse für die Kupferverarbeitung gelangten auch die für die Eisenverarbeitung aus dem östlichen Mittelmeerraum nach Westen, gewiß nicht zufällig gleichzeitig mit der griechischen Kolonisation. Die Etrusker hatten rasch die Bedeutung der überreichen Erzvorkommen auf Elba erkannt, und noch in frührömischer Zeit war das Gebiet um Populonia auf dem gegenüberliegenden Festland, wo man die Erze wegen des großen Holzbedarfes verhüttete, das „Ruhrgebiet Italiens".[55] Von hier breiteten sich die neuen Fertigkeiten auch nach Norden aus.

Das Eisen brachte einige grundlegende wirtschaftliche Änderungen mit sich. Erstens gibt es Eisenerzlager vielfältiger Größe und geologischer Herkunft fast überall. Eisen war für den frühgeschichtlichen Menschen mit seinen geringen Ansprüchen an „Rentabilität" wesentlich leichter und damit billiger abzubauen oder zu erwerben als Kupfer. Binnen kurzem konnte also die Bronze, wo es technisch vorteilhaft war, durch das Eisen ersetzt werden. Weil dies vor allem Waffen und Geräte betraf, war damit eine Steigerung der Produktion auf landwirtschaftlichem und handwerklichem Gebiet verbunden. Das bedeutete einen weiteren Schritt vorwärts hinsichtlich der besseren Bewältigung der Umwelt und schuf die Voraussetzungen auch für einen Bevölkerungszuwachs, ganz ähnlich wie am Übergang von der Stein- zur Bronzezeit. Zweitens beeinträchtigte die leichtere Verfügbarkeit des Eisens die Monopolstellung jener Gemeinschaften und Machthaber, die bis dahin die Gewinnung und vor allem Verhandelung des Kupfers kontrolliert hatten. Dadurch kamen drittens wohl auch gewisse politische Prozesse in Gang, die allzu krasse Gegensätze zwischen den verschiedenen Bevölkerungsschichten zu beseitigen suchten; auf jeden Fall ist die Entwicklung zur „Demokratie" in Griechenland und Rom durch entsprechende wirtschaftliche Entwicklungen begünstigt worden.

Für den Alpenraum hatte dies alles wichtige Konsequenzen. Zwar wurde natürlich nach wie vor Kupfer benötigt (hauptsächlich für den persönlichen Schmuck, der wegen seiner Kleinteiligkeit und feinen Verzierung immer noch gegossen werden mußte), aber die Nachfrage ging doch stark zurück, weil Waffen, Geräte und andere großformatige Gegenstände aus Eisen geschmiedet werden konnten. Dementsprechend verlor der Kupferbergbau an Bedeutung. Für das wichtigste Revier der Bronzezeit, den Mitterberg bei Bischofshofen, sind kaum noch eisenzeitliche Funde nachgewiesen; dasselbe gilt für die nordtirolischen Vorkommen. Kleinere Lagerstätten, etwa bei Uttendorf im Pinzgau, bei Welzelach und Zedlach in Osttirol, scheinen allerdings noch länger ausgebeutet worden zu sein (S. 276). Wie lückenhaft unsere Kenntnis über die Dauer und Intensität des Abbaus einzelner Kupferlagerstätten auch sein mag (noch in römischer Zeit lieferte z. B. das Gebiet der *Ceutrones* in den Westalpen Kupfer, aber offenbar nur für wenige Jahrzehnte, weil dann die Vorkommen ausgebeutet waren),[56] eines ist sicher: mit der Eisenzeit beginnt der wirtschaftliche und kulturelle Aufstieg einer Region, die bis dahin nur eine sehr untergeordnete Rolle gespielt hat, nämlich des südöstlichen Alpengebietes: Steiermark, Kärnten und Slowenien.

Hier befinden sich die wichtigsten Eisenvorkommen der Alpen, und sie waren auch für die frühgeschichtlichen Menschen so leicht abzubauen und zu verhütten, daß sie die Belieferung größerer Gebiete übernehmen konnten. Gewiß sind im Westen auch kleinere Lagerstätten ausgebeutet worden, aber sie haben nur den örtlichen Bedarf befriedigt, wie schon die kleinen Kupfervorkommen zuvor.

Daß die Region im Hinterland von Salzburg dennoch nicht zur Bedeutungslosigkeit absank (wie z. B. Nordtirol), hat sie einem anderen Mineral zu verdanken, das für den Menschen mindestens ebenso wichtig ist wie das Metall, nämlich dem Salz. Zwei Namen sind es, die damit verbunden sind: Hallstatt im oberösterreichischen Salzkammergut und Hallein-Dürrnberg, knapp 20 km südlich von Salzburg. Schon allein die Namen lassen die Wichtigkeit dieser wirtschaftlichen Grundlage erkennen, denn auch der Wortstamm *hal*- hängt etymologisch aufs engste mit dem deutschen Wort „Salz" zusammen, wie z. B. die Ortsnamen Reichenhall, Schwäbisch Hall, Halle, Friedrichshall, alle verbunden mit Solequellen, zeigen.

In Hallstatt und Hallein-Dürrnberg wurde das Salz im bergmännischen Verfahren gewonnen, also durch das Anlegen von Stollen (S. 280 ff.), und daher ist es wahrscheinlich, daß sich diese neue Industrie die Fähigkeiten und Kenntnisse der Kupferbergleute zu Nutze gemacht hat. Das zeitliche Zusammenfallen mit dem Übergang von der Bronze- zur Eisenzeit scheint jedoch nichts damit zu tun zu haben. Die Vorstellung, arbeitslose Bergleute aus den Kupferrevieren hätten sich nach neuen Arbeitsplätzen umgesehen und dabei das Salz entdeckt, wird frühgeschichtlichen Verhältnissen nicht gerecht. Vielmehr haben klimatische Änderungen die Salzproduktion in einem bis dahin unbekannten Maße erfordert. Genau um diese Zeit nämlich hat sich das Klima – wohl nicht nur in Mitteleuropa – verschlechtert: es wurde merklich kühler und vor allem feuchter.[57]

Dies wirkte sich unmittelbar auf den Salzverbrauch Mitteleuropas aus. Denn Salz benötigte man nicht nur in kleinen Mengen zum Würzen der Speisen; viel wichtiger war es für die Konservierung von Lebensmitteln.[58] Man mußte also infolge der Klimaverschlechterung von der oft ausreichenden Lufttrocknung zur Pökelung in einer Salzlake übergehen (möglicherweise in den Einzelheiten der Technik ebenfalls ein Anstoß aus dem Süden, wo ja Meersalz in unbegrenzter Menge und ohne viel Arbeit zur Verfügung stand). Da gleichzeitig die Einführung des Eisens, wie angedeutet, die landwirtschaftliche Produktivität steigerte (durch billigere und haltbarere Pflüge, Hacken, Beile) und damit auch die Viehzucht in den gerodeten Gebieten, ferner einen Anstieg der Bevölkerungszahl ermöglichte, und andererseits das Salz in Mitteleuropa nur an sehr wenigen Stellen gewonnen werden kann, überrascht es nicht, daß die beiden Salzbergwerke Hallstatt und Hallein-Dürrnberg eine Konjunktur erlebten, die jener der Eisenzentren im Südosten des Alpenraumes nicht nachstand.

Weil der k.k. Bergmeister Johann Georg Ramsauer schon um die Mitte des 19. Jahrhunderts, zu Beginn einer systematischen Durchdringung unserer Frühgeschichte, das Gräberfeld zu dem Bergwerk und der Siedlung von Hallstatt ausgegraben hat, nennt man den älteren Abschnitt der mitteleuropäischen Eisenzeit „Hallstattzeit".[59] Sie endet im 5. Jahrhundert v. Chr. und wird abgelöst von der „Latènezeit", benannt nach dem seit der Mitte des 19. Jahrhunderts bekannten Fundort La Tène („Die Untiefe") bei Marin am Ausfluß der Thièle/Zihl aus dem Neuenburger See, wo Paul Vouga 1906–16 im Bereich einer alten Brücke eine große Menge von Fundstücken der jüngeren Eisenzeit entdeckt hatte.

Nach Hallstatt hat man nicht nur eine „Zeit", sondern auch eine „Kultur" benannt. Die „Hallstattkultur" umfaßt zahlreiche Regionalgruppen zwischen Ostfrankreich, Böhmen und Slowenien, die sich durch mancherlei Gemeinsamkeiten zusammenschließen: Zierstil, religiöse Symbole, Bestattungssitten, Sozialstruktur.[60] Die Übergänge zu den umliegenden Kulturen sind natürlich fließend, insbesondere nach Süden und Osten. Im Norden schließt sich ein Gebiet an, in dem uns später die Germanen entgegentreten; dem Atlantik zu sitzen Völker, die eigentlich nicht mehr zur Hallstattkultur zu rechnen sind, aber dennoch später zu jenem Kreis gehören, den man als gallisch und damit keltisch bezeichnet. Die Poebene wiederum ist viel zu stark italisch beeinflußt, als daß man sie direkt zur Hallstattkultur zählen könnte.

Insgesamt sind diese Einteilungen, die auf subjektiven Wertungen einzelner Phänomene des kulturellen Lebens – und was sonst kann der Archäologe beurteilen? – beruhen, nur schwer mit den aus jüngerer Zeit überlieferten ethnischen Verhältnissen zu vereinbaren, oder besser: manches widerspricht sich, manches wird im Vergleich erst klarer.

Dies sei am Beispiel der von den Archäologen herausgearbeiteten Trennung in einen West- und Osthallstattkreis erläutert. Am augenfälligsten lassen sie sich danach unterscheiden, welche Waffen die wohlhabenden Männer getragen haben: im Westen das Schwert und später den Dolch,[61] im Osten die Streitaxt. Zwischen den beiden Kampftechniken gab es eine scharfe Grenze. Sie verläuft ziemlich genau von Norden nach Süden: Böhmen und Mähren gehören noch zum westlichen Hallstattkreis, dann bilden die Täler von Donau und Inn die Grenze nach Nordwesten und Westen, und südlich des Alpenhauptkammes ist das Eisack- und untere Etschtal noch zum Osten zu zählen. Diese Grenze respektieren im übrigen auch einige charakteristische Schmuckformen, vor allem Fibeln, die hauptsächlich von Frauen getragen wurden.[62]

Ein Vergleich mit den Verhältnissen in späterer Zeit zeigt, daß diese Grenze zwischen dem West- und dem Osthallstattkreis südlich der Donau und im Alpenraum mit jener Grenze zusammenfällt, die noch in römischer Zeit die Provinzen Raetia und Noricum im Norden, bzw. die italischen Regionen Transpadana und Venetia et Histria im Süden trennt. Hier läßt sich also eine

17   Ausschnitt aus einem Gürtelblech von Vače (Slowenien). Zwei Reiter stehen einander im Kampf gegenüber. Der rechte trägt einen Bronzehelm und schwingt
die Streitaxt. Eine seiner Lanzen besitzt – zur Verstärkung der Wurfkraft – eine deutlich dargestellte Wurf-
schlinge am Schaft. Der linke Krieger trägt sein Haar
lang herabfallend und besitzt außer zwei Lanzen keine
weitere Waffe. Es ist fraglich, ob der Künstler zwei tatsächlich verschieden gekleidete und bewaffnete Reiter
darstellen wollte. Denn ohne Zweifel beherrschte er das
Stilmittel des bewußt eingesetzten Kontrastes: dem langen Haar des linken Reiters entspricht die lange Mähne
des rechten Pferdes, dem kugeligen Helm rechts die kurz-
geschorene Mähne links. 6. Jahrhundert v. Chr. Höhe
9,4 cm. Naturhistorisches Museum Wien.

historisch überlieferte und, wie wir noch sehen werden,
politisch bedingte Grenze mindestens bis in die Zeit um
700 v. Chr. zurückverfolgen.

Die Zentren des Osthallstattkreises lagen teilweise
ganz am Rande des südöstlichen Alpengebietes. Die Orte
mit den reichsten Funden aus riesigen Grabhügeln mit
zahlreichen Bestattungen und die weitläufigen, mit Wäl-
len und Mauern befestigten Burgen häufen sich zwischen
Ljubljana und Novo mesto in dem Hügelland der Save.
Aus dem Gebirge selbst gibt es nur zwei herausragende
Funde, die aber beide wohl nicht direkt mit der Eisenge-
winnung, sondern mit den damit verknüpften Hauptver-
kehrswegen zusammenhängen: die überaus reichen
Grabhügel von Kleinklein südwestlich Graz (Abb. 75)
und der religionsgeschichtlich so wichtige Kultwagen
von Strettweg bei Judenburg (Abb. 108). Daß zu dieser
Zeit auch die Ausbeutung der Bleivorkommen in Kärn-
ten einsetzte, beweisen wohlhabende Gräber bei Frög mit
Bleifigürchen.

Das Gräberfeld von Hallstatt in der Grenzzone
zwischen Ost- und Westhallstattkreis selbst stellt jedoch
alles in den Schatten. Die über tausend aufgedeckten

Gräber enthielten eine solche Masse von Funden, daß bis heute noch jeder vor einer eingehenden wissenschaftlichen Durcharbeitung des Materials zurückgeschreckt ist. Die vielfältigen Beziehungen der Hallstätter Bergleute zu den umgebenden Regionen schlagen sich auch in den Funden nieder, hier vereinigen sich ost- und westhallstätische Formen und Waffenkombinationen.[63] Derselbe überwältigende Reichtum dokumentiert sich in den – bisher noch wenigen – hallstattzeitlichen Gräbern vom Dürrnberg über Hallein. Sie lassen, der geografischen Lage gemäß, noch stärkere Beziehungen nach Westen, also nach Süddeutschland erkennen.[64]

Der westliche Hallstattkreis ist den Kelten zuzuordnen; jedenfalls deuten alle frühesten Nachrichten darauf hin. Er ist stark geprägt von einem kriegerischen Element: kennzeichnend sind das eiserne Langschwert und die Vorliebe für die Bestattung reicher Männer in großen Grabkammern mit der Beigabe von Pferdegeschirr und Wagen. Das Schweizer Mittelland gehört noch ganz zu diesem Kreis, selbst in den mittleren Westalpen bezeugen Gräber aus Chavignières-Avançon (Hautes-Alpes) mit einem klassischen Hallstattschwert enge Beziehungen nach Norden.[65]

Allerdings kann man in diesen Gräbern und auch in einem Grab von La Côte-Saint-André (Dép. Isère), das unter anderem einen großen Bronzeeimer und ein Kultwägelchen enthält,[66] mindestens ebenso enge Beziehungen nach Oberitalien entdecken, was nur unterstreicht, wie fließend die kulturellen Übergänge immer waren. Besonders betrifft dies die Oberschicht, der zu allen Zeiten eine größere Internationalität eigen war als der übrigen Bevölkerung. So zeigen denn auch die einfachen Gräber der Westalpen ein sehr lokales Gepräge.[67] Die Menschen kann man zu dem Volk der nordwestlichen Mittelmeerküsten, den Ligurern, rechnen.

Die nordwestliche Poebene nahm die Golasecca-Kultur ein, deren charakteristische Funde vom Süden bis an den Alpenhauptkamm südlich der oberen Rhône und des obersten Rheintales reichen.[68] Sie erfreute sich einer gewissen Wohlhabenheit, sicher eine Konsequenz ihrer bevorzugten Lage in einem klimatisch günstigen Gebiet und am Fuße wichtiger Pässe. Für die Träger der Golasecca-Kultur kennen wir keinen einheitlichen Volksnamen, die schriftliche Quellenüberlieferung der Römer nennt viele verschiedene Stämme, was vielleicht mit der heterogenen Zusammensetzung der Bevölkerung zusammenhängt.

Im zentralalpinen Gebiet treffen wir nach wie vor die Melauner oder Laugener Kultur an, die sich im Verlauf der Latènezeit etwas stärker nach Nordtirol ausbreitete und dann nach zwei Fundorten Fritzens-Sanzeno-Kultur genannt wird.[69] In den südlichen Ausläufern der Alpen grenzt sie an die Este-Kultur der östlichen Poebene. Da wir aus schriftlichen Quellen späterer Zeit wissen, daß im inneralpinen Raum die Räter saßen, dürfen

18   Den Reichtum der Salzbergleute auf dem Dürrnberg über Hallein (Land Salzburg) dokumentiert am eindrücklichsten Grab 44/2. Dem darin bestatteten Krieger folgten nicht nur sein Schmuck und seine Waffen (darunter der spitze Bronzehelm) ins Grab, sondern auch die Symbole seiner Großzügigkeit: ein Kochkessel aus Bronzeblech für fast 190 Liter Eintopf oder Fleischsuppe, seine griechische Tonschale, mit der er sich seinen Teil davon nahm, und eine runde Bronzeflasche auf vier Menschenbeinen, die fast 17 Liter Wein aus dem Süden faßte. Von einer kleineren Holzkanne haben sich nur die Bronzebeschläge erhalten. 400–350 v. Chr. Höhe des Kessels 88 cm. Keltenmuseum Hallein.

19   Kostbare Bronzegefäße erhielten die Keltenfürsten von den Griechen an der Mittelmeerküste als Geschenk. Der Krug mit drei Henkeln wurde in einem stark zerwühlten Grabhügel bei Grächwil (Kanton Bern) gefunden; er stammt aus einer unteritalienischen Werkstatt. Das Motiv der „Herrin der Tiere", der geflügelten Göttin zwischen Raubkatzen, fand auch im Norden Widerhall; denn die keltischen Künstler übernahmen es und wandelten es in vielfältiger Form ab. 580–570 v. Chr. Höhe 58 cm. Historisches Museum Bern.

wir, wie die Este-Kultur mit den Venetern, die Melauner/Laugener Kultur und ihren Nachfolger grob mit den Rätern gleichsetzen. Bei näherem Hinsehen sind solche Gleichsetzungen zwar nicht ganz so eindeutig, besonders wenn man noch die Sprache hinzunimmt, aber dies sind Details, die ausführlich nur den Fachmann interessieren.[70]

An diesen geschilderten wirtschaftlichen, kulturellen und ethnischen Verhältnissen änderte sich kaum etwas, bis die Römer die Alpen eroberten. Wohl gründeten die Griechen um 600 eine Kolonie in *Massilia*/Marseille und von dort weitere Tochterkolonien, etwa in *Nikaia*/Nice und *Antipolis*/Antibes, doch erstreckten sich ihre handelspolitischen Aktivitäten mehr direkt nach Norden, das Rhônetal aufwärts bis hinein nach Burgund und Südwestdeutschland. Eine wichtige Zwischenstation war die Höhensiedlung von Le Pègue, etwa 135 km nördlich von Marseille am Ostrand des Rhônetales im Angesicht der Alpen (S. 105).

Um 500 drangen die Etrusker[71] über den Apennin nach Oberitalien vor und gründeten angeblich einen Zwölfstädtebund, zu dem auch Parma, Piacenza, Modena und Mantua gehörten. Das Zentrum war Bologna, von den Etruskern *Felsina* genannt, und in *Spina* an der oberen Adria legten sie im 5. Jahrhundert einen Hafen für den Verkehr mit Griechenland an. Dadurch gewannen neben dem Rhôneweg auch die transalpinen Verbindungen nach Norden an Bedeutung. Zwei vor allem waren es, die man aufgrund der Fundverteilung als die wichtigsten ansehen muß: erstens ein östlicher Weg von Venetien über die Tauern ins Salzach- und Inntal bis hinein nach Böhmen, zweitens ein westlicher Weg an der Golasecca-Kultur vorbei über den Großen St. Bernhard ins Schweizer Mittelland bis hinauf in die Champagne und an den Mittelrhein. Doch dieser Verkehr berührte die inneralpinen Verhältnisse kaum; an den wichtigen Wegen haben die Bergbewohner als Säumer, Führer oder Wirt davon profitiert, aber die wirklich kostbaren Handelsgüter blieben nicht im Alpenraum, sondern waren für die reichen Leute jenseits der Alpen bestimmt.

Brennus und Hannibal überqueren die Alpen

Diese kulturelle Hinwendung Mitteleuropas nach Süden hatte allerdings eine Konsequenz, die wohl niemand voraussah. Im 5. Jahrhundert v. Chr., also in der beginnenden Latènezeit, brach im westlichen Mitteleuropa eine Krise aus. In Ostfrankreich und Südwestdeutschland wurde das Kulturgefüge der Hallstattzeit radikal umgestürzt; man kann ohne Übertreibung sagen, daß dort eine Entwicklung vor sich gegangen sein dürfte, die mit der „Demokratisierung" (selbstverständlich nicht im heutigen Maßstab) in Athen und Rom vergleichbar ist, eine Art Tyrannensturz oder Königsvertreibung. Eng damit verbunden waren anscheinend auch religiöse Neuerungen, soziale Unruhen und wirtschaftliche Schwierigkeiten (sichtbar an einer gänzlich neuen Kunst, die Menschen und Tiere in fratzenhafter Übersteigerung darstellte).[72] Alles zusammen löste die historisch überlieferten Keltenwanderungen aus, die den Süden in Angst und Schrecken versetzten.[73] Denn was war verlockender, als sich jene Gebiete zum Ziel zu wählen, von denen man wußte, daß dort die Sonne schien und all die Köstlichkeiten billig zu haben waren, die man bis dahin nur in den Häusern der Reichen gesehen hatte?

Der 18. Juli 387 v. Chr. prägte sich als *dies ater* („schwarzer Tag") in der Geschichte Roms ein.[74] Das gerade expandierende Gemeinwesen am Tiber erlitt durch keltische Scharen eine vernichtende Niederlage; die weitgehend unbefestigte Stadt selbst mußte geräumt werden, nur das Kapitol blieb besetzt. Das verräterische Schnattern der Gänse vereitelte einen nächtlichen Eroberungsversuch der Kelten; diese zogen nach einiger Zeit wieder ab, nicht ohne ein beträchtliches Lösegeld zu fordern, wie Livius beschämt berichtet: „Der Preis für das Volk, das in Kürze die Welt beherrschen sollte, wurde mit 1000 Pfund Gold festgesetzt." Und außer dem sprichwörtlichen „Schwarzen Tag" verdanken wir dieser Geschichte noch ein geflügeltes Wort, nämlich aus dem Munde des Keltenhäuptlings Brennus: *Vae victis* – Wehe den Besiegten!

Die Begebenheit zeigt erstens die Wucht, mit der die keltischen Scharen nach Süden einfielen, und liefert uns zweitens ein ungefähres Datum für ihren Übergang über die Alpen; denn etruskische oder gar alpine Schriftquellen besitzen wir dazu nicht. Livius nennt uns sogar die genaue Route, nämlich den *mons Poeninus*, den Großen St. Bernhard, was durchaus den tatsächlichen Verhältnissen entsprochen haben kann; daß kleinere Scharen auch andere Übergänge benutzten, etwa die direkt ins Tessin führenden, ist durchaus möglich.

Die Kelten kamen in ganzen Stämmen, deren Namen uns auch überliefert sind, und besetzten Oberitalien so weitgehend, daß die Römer später das Gebiet zwischen Alpen und Apennin einfach „Gallia" nennen konnten. Die Etrusker wichen nach Süden zurück, das nördliche Picenum erlag dem Ansturm, aber in das Gebiet der Veneter drangen die Kelten, wie übrigens auch schon vorher die Etrusker, nicht vor. Dafür hielt sich bei den Römern die Überzeugung, daß die südalpinen Räter nichts anderes als vor den Kelten nach Norden geflohene

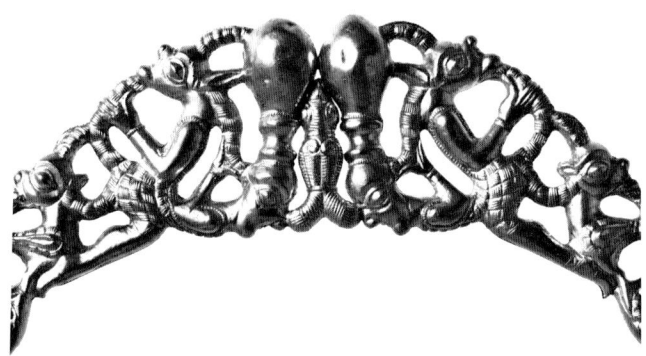

20   Das herausnehmbare Verschlußstück eines Goldhalsrings aus Erstfeld (Kanton Uri) besteht aus einem grotesken Gewirr von Fabelwesen mit fratzenhaften Köpfen und merkwürdig verdrehten Gliedmaßen. Die sieben Ringe dieses Opfers an die Berggötter (Abb. 100) sind besonders charakteristische Zeugnisse der frühen keltischen Kunst Mitteleuropas. Die Entschlüsselung der Gesamtkomposition wie der Einzelmotive ist bisher nicht befriedigend gelungen, weil die keltische Mythologie nur in Bruchstücken überliefert ist. So fremd wie uns blieb sie wahrscheinlich auch den Alpenvölkern. Um 400 v. Chr. Br. des Ausschnitts 10,9 cm. Schweizerisches Landesmuseum Zürich.

Etrusker seien, und Livius (V 33) liefert auch gleich die zugehörige Umwelttheorie: „Auch die Alpenvölker haben ohne Zweifel den gleichen (= etruskischen) Ursprung, besonders die Räter. Allerdings ging die Wildheit dieser Gegend auf sie über und ließ von allem Vererbten nichts übrig als den Klang der Sprache, und den noch nicht einmal rein." Das einzige, was die Wissenschaft heute zu dieser Frage beitragen kann, ist die Feststellung, daß das Rätische ebenso wie das Etruskische keine indoeuropäische Sprache ist und insofern einige Gemeinsamkeiten eines alten Sprachsubstrates vorhanden und wegen der geografischen Nähe nicht weiter verwunderlich sind. Aus archäologischer Sicht besteht ebenfalls keine auffallende Abhängigkeit des inneralpinen Kulturkreises der Eisenzeit von den Etruskern.

Die Kelten hatten sich also in Oberitalien festgesetzt, und zwar hauptsächlich in den Gebieten, die bis dahin nur dünn besiedelt waren.[75] Allerdings wurde auch das etruskische *Felsina* so stark keltisiert, daß es den keltischen Namen *Bononia* erhielt, der im heutigen Bologna nachlebt. Die Golasecca-Leute dagegen erschlossen sich nur allmählich den keltischen Einflüssen, und zwar desto später, je weiter sie in den Alpentälern siedelten. Das Gebirge war den Kelten ebenso unheimlich wie den Etruskern und später den Römern; so blieb auch das Land beiderseits des Etschtales von ihnen unbehelligt. Einzelne Vorstöße wird es natürlich gegeben haben, aber Fälle wie der typisch keltische Ortsname *Exscingomagus*, das heutige Exilles am Ostabhang des Mont-Genèvre, bilden doch die Ausnahmen.

Während am Westrand der Alpen die kulturelle Entwicklung kontinuierlich weiterging und griechische Kultur ebenso wie griechische Macht das Rhônetal weiter eroberten, wurde der Nordrand stärker von den Neuerungen erfaßt. Das Schweizer Mittelland machte den Wechsel von der Hallstattkultur zur Latènekultur noch ohne erkennbare Einschnitte mit. Dagegen ist für das süddeutsche Alpenvorland ein Bevölkerungsrückgang zu verzeichnen,[76] möglicherweise eine Folge der Keltenwanderungen, die sicher auch Bevölkerungsgruppen aus östlichen Gebieten mit sich rissen. Bis hinüber nach Niederösterreich schloß man sich der neu aufkommenden Latènekultur an, und die Keltenwanderungen Richtung Balkan, Griechenland und Kleinasien werden auch hier manche Unruhe mit sich gebracht haben; auf das inneralpine Gebiet haben sie jedoch zunächst nicht übergegriffen.

Dies änderte sich erst im 3. Jahrhundert v. Chr., als von Ungarn und Slowenien her keltische Stämme in die Ostalpen vordrangen.[77] Man kann sie an ihren typischen Waffen, Schmuckformen und Bestattungssitten erkennen.[78] Sie verschmolzen mit der vorhandenen „hallstättischen" Bevölkerung und gaben den Anstoß zur Bildung eines lockeren Stammesbundes (mit der schon erwähnten sehr genauen Orientierung an der Grenze zwischen dem östlichen und westlichen Hallstattkreis) zwischen Etsch, Inn, Donau und dem südöstlichen Alpenrand. Über seine genaue politische Struktur wissen wir nicht Bescheid; er trat den Römern im 2. Jahrhundert v. Chr. unter der Führung des Stammes der *Norici* als *regnum Noricum*, also „Königreich", entgegen.[79]

Die Römer waren nämlich inzwischen nach Oberitalien vorgestoßen. Zu Beginn des 3. Jahrhunderts v. Chr. hatten sie fast ganz Italien südlich des Apennin ihrem Staat einverleibt. Im Jahre 283 wagten sie den Sprung nach Norden, indem sie das nördliche Picenum, den von Kelten besiedelten *ager Gallicus* etwa zwischen

Ravenna und Ascona, eroberten und die Kolonie *Sena Gallica*/Senigallia, 15 Jahre später *Ariminum*/Rimini gründeten. Nach mehreren Kleinkriegen folgte zwischen 225 und 222 die entscheidende Auseinandersetzung zwischen Kelten und Römern in Oberitalien. Im Jahre 218 wurden die Kolonien *Placentia*/Piacenza und *Cremona* angelegt, in die wehrfähige Männer zur Sicherung des Landes entsandt wurden. Ob das Gebiet schon damals als regelrechte Provinz eingerichtet wurde, ist sehr fraglich; denn der 2. Punische Krieg unterbrach die vorgezeichnete Entwicklung.

Entsetzen und fassungsloses Staunen breiteten sich wie ein Lauffeuer in Rom und Italien aus: Hannibal hatte im Spätsommer 218 mit seinem Heer die Alpen überschritten und stand in Oberitalien, bereit, das hier ungeschützte Italien zu erobern und Rom in die Knie zu zwingen. Die auf Rache sinnenden Kelten witterten ihre Chance und schlossen sich den Karthagern an; Rom sah sich zwei verbündeten Erzfeinden gegenüber. Hannibal schlug die eilig nach Norden geworfenen Legionen in zwei Schlachten am Ticino und an der Trebbia, stieß nach Süden vor und vernichtete am 2. August 216 bei *Cannae* in Apulien fast das gesamte römische Heer. Bis zum Sieg der Römer mit dem Friedensschluß im Jahre 201 v. Chr. verging noch eine lange Zeit, und die Geschichte gibt den Siegern gewöhnlich recht, aber Hannibal blieb im Bewußtsein aller als derjenige lebendig, der – obwohl ein Sohn Nordafrikas – in unvorstellbarem Wagemut die Überquerung der Alpen plante und durchführte (dazu ausführlich S. 233 ff.). Für das Alpengebiet und Oberitalien blieb diese Tat jedoch nur eine staunenswerte Episode ohne politische Folgen.

Rom erobert Oberitalien und Südfrankreich

Nach dem Kriegsende machten sich die Römer wieder an die Rückeroberung der Poebene. 189 wurde *Bononia*/Bologna Kolonie, sechs Jahre später *Mutina*/Modena und Parma. Schon 187 hatte M. Aemilianus Lepidus die adriatische Küstenstraße von *Ariminum* bis *Placentia* verlängert, ohne Zweifel zu dem Zweck, rasche Truppenverschiebungen bei Gefahr zu ermöglichen. Von dieser *via Aemilia*, die später noch weiter nach Nordwesten führte, trägt diese Region vor dem Apennin heute noch den Namen Emilia-Romagna. Das von den Römern beherrschte oder zumindest kontrollierte Gebiet reichte nun bis zum Alpenrand, in zugänglichen Tälern vielleicht noch einige Kilometer weiter hinein. In dieser Zeit scheint Oberitalien auch den Status einer Provinz erhalten zu haben, denn für das Jahr 183 v. Chr. ist ein L. Iulius als *praetor*, also Statthalter bezeugt.

Die Bodenschätze der Alpen machten sich die Römer auf friedlichem Wege nutzbar. Ein einschneidendes Ereignis war die Gründung der Kolonie *Aquileia* in den Jahren 183–181 als Ausgangspunkt für die Beziehungen zum *regnum Noricum*. Dort gab es nämlich nicht nur Eisen, sondern auch Gold, ein Metall, das in Italien selbst kaum vorhanden war. Außerdem stieß hier ein uralter Verkehrsweg von der Ostsee durch die östlichen Alpen auf die Adria, die schon den Griechen unter diesem Namen bekannte „Bernsteinstraße", gewiß niemals eine „Straße" im eigentlichen Sinn, aber doch die kürzeste und bequemste Verbindung von der Ostsee zum Mittelmeer, ein Weg mit vielerlei Abzweigungen und Nebenpfaden, der die Donau nahe Wien kreuzte.

Das Zentrum des *regnum Noricum* war die große Siedlung auf dem Magdalensberg bei Klagenfurt (Abb. 52), dort ließen sich schon früh römische Händler und Kaufleute nieder (S. 108 ff.). Um 115 v. Chr. wird von einem Freundschaftsvertrag zwischen Noricum und Rom berichtet, aber das bedeutete letztlich nur, daß Rom glaubte, hier zunächst eine gewaltsame Eroberung vermeiden zu können, wenn nur seine Handelsinteressen gewahrt blieben.

Inzwischen hatte Rom nämlich an dem anderen Ende der Alpenkette Fuß gefaßt. Nachdem durch die Punischen Kriege die iberische Halbinsel (bis auf das unwegsame Pyrenäengebiet) römische Provinz geworden war, wurde eine Landverbindung von Oberitalien nach Spanien dringlich. Zwar bestanden traditionell gute Beziehungen zu *Massilia*, das die Umgebung des Rhônedeltas und die Küste bis *Nikaia*/Nice beherrschte, doch Rom war das nicht genug. Nach erfolgreichen Kämpfen mit dem Stamm der *Volcae* im Hinterland der späteren Kolonie *Narbo Martius*/Narbonne und den Alpenvölkern der *Salluvii* und *Allobroges* (dabei erwähnenswert ein Alpenübergang des Konsuls Fulvius Flaccus mit seinem Heer) errichtete Cn. Domitius Ahenobarbus im Jahre 121 v. Chr. eine neue Provinz, die *Gallia Narbonensis*. Damit waren das Rhônetal vom Mittelmeer bis zum Genfer See und die anschließenden Westalpen bis weit in die Täler hinein dem römischen Reich eingegliedert worden; das massaliotische Gebiet blieb noch länger selbständig. Spätestens um diese Zeit muß sich für Ober-

italien der Name *Gallia Citerior* oder *Cisalpina* (das „Gallische Gebiet diesseits der Alpen") eingebürgert haben.

Doch Rom konnte sich nicht lange an diesen Erfolgen freuen. Die Kimbern und Teutonen, germanische Stämme und mitgerissene keltische Gruppen, brachen von Nordosten über die Alpen ein. Im Jahre 113 erlitt das römische Heer bei *Noreia* (ein nicht sicher identifizierter Ort in Kärnten oder Steiermark)[80] eine erste Niederlage. Die landsuchenden Fremdlinge zogen sich wieder etwas zurück und wandten sich nach Gallien. Nach kleineren Mißerfolgen mußte Rom bei *Arausio*/Orange an der Rhône im Jahre 105 eine geradezu katastrophale Niederlage einstecken. Doch Marius, in dieser bedrängten Zeit viermal hintereinander zum Consul gewählt, schaffte es, durch eine Neuorganisation des Heeres und strategische Überlegenheit die sich zersplitternden Eindringlinge bei *Aquae Sextiae*/Aix-en-Provence und Ferrara in den Jahren 102 und 101 v. Chr. vernichtend zu schlagen. Seitdem aber saß der *furor teutonicus* den Römern in den Knochen. Die verschlungenen Wege dieser Völker sind nicht in Einzelheiten geklärt, aber sie müssen mehrmals die Alpen überquert haben; die Kimbern werden auf ihrem letzten Zug nach Italien den Brenner oder das Pustertal als bequeme Übergänge benutzt haben.[81]

Nach diesen aufregenden Ereignissen hatten die Römer erst einmal vom Norden genug, außerdem waren sie mit ihren eigenen innenpolitischen Wirren beschäftigt. Das *regnum Noricum* zwischen Inn, Etsch, Save und Donau war eine kalkulierbare Größe; seine politische Unabhängigkeit brachte beiden Seiten Gewinn. Die kleinen Alpenvölker zwischen Gallia Narbonensis und Gallia Cisalpina sowie im inneralpinen Gebiet zwischen Genfer See und Eisack waren nicht auf Expansion ausgerichtet, sondern lebten wie eh und je genügsam von Viehzucht, wenig Landwirtschaft und der Ausbeutung kleinerer Metallvorkommen. Ihre Erzeugnisse verkauften sie vielleicht auch mit etwas Gewinn an die römischen Untertanen in der Poebene.

21   Der Bogen von *Segusio*/Susa (Piemont), zu Ehren des Kaisers Augustus von Ex-König Cottius über der alten Straße zum Mont-Genèvre errichtet, hat die Jahrhunderte fast völlig unversehrt überdauert; nur die großen Bronzebuchstaben der Inschrift fielen mittelalterlichen Metallräubern zum Opfer.

In Mitteleuropa nördlich der Alpen hatte sich die keltische Welt nach den Unruhezeiten des 4. und 3. Jahrhunderts v. Chr. konsolidiert. Der friedliche Kontakt zur mediterranen Welt lebte wieder auf und schlug sich in stadtartigen Siedlungen, spezialisiertem Handwerk und Münzprägung (Abb. 170) nieder; man importierte auch wieder Wein und Öl in Tonamphoren.[82] *Oppida,* wie dann die Römer solche stadtartigen und gut befestigten

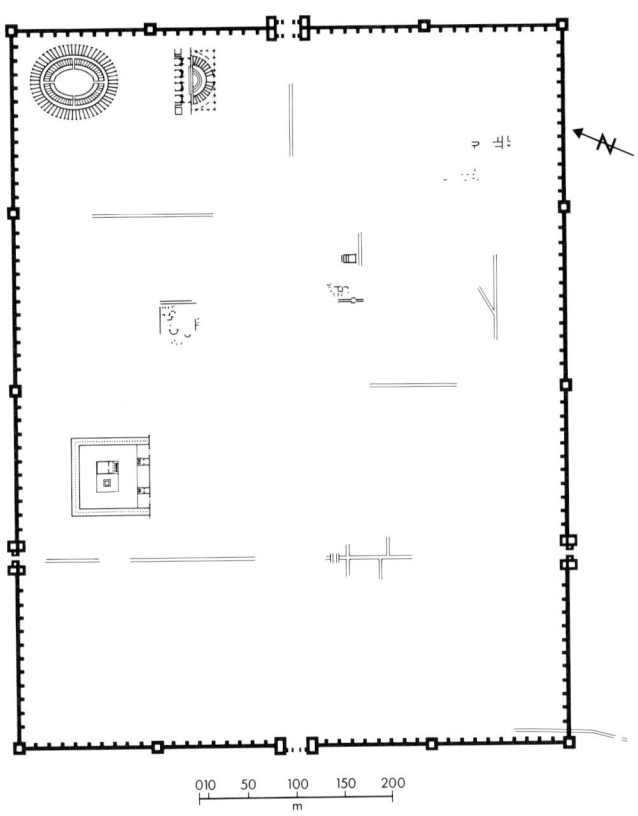

22   Stadtplan von *Augusta Praetoria*/Aosta (Piemont), nach 25 v. Chr. gegründet an der Gabelung der wichtigen Wege über den Großen und Kleinen St. Bernhard im Lande der unterworfenen Salasser. Da die heutige Stadt darauf emporwuchs, sind außer den Mauern, Türmen und Toren nur die großen öffentlichen Bauwerke sichtbar oder durch Ausgrabungen bekannt: das *forum* (der Hauptplatz), das Theater und das Amphitheater. Die Stadtmauern messen 572 × 724 m.

Siedlungen nannten, gab es auch am nördlichen Alpenrand (S. 107f.). Die Salzbergwerke in Hallein-Dürrnberg und Hallstatt waren nach wie vor in Betrieb, obschon die Solequelle von Reichenhall an Bedeutung gewann. Der innere Alpenraum verharrte jedoch in seinen gewohnten Traditionen; die durchziehenden Horden oder Heere vermochten naturgemäß keinen bleibenden Einfluß auszuüben, sie hinterließen schlechtestenfalls Brand und Mord an den Hauptverkehrslinien.

Aber das überraschende Auftauchen der Kimbern und Teutonen hatte eine neue Ära angekündigt, in der die Germanen von Norden Druck ausübten. Zunächst betraf dies die keltische Welt. In den Jahrzehnten vor der Mitte des 1. Jahrhunderts v. Chr. durchzogen die suebischen Scharen Ariovists Süddeutschland, sie bedrängten sogar die keltischen Helvetier hinter dem Hochrhein in der heutigen Schweiz. Als diese sich nach Westen wandten, um dem Druck zu entgehen, mußten sie das Gebiet der Allobroger in der Gallia Narbonensis durchqueren.

Damit war im Jahre 58 v. Chr. das Signal zum Eingreifen Roms, oder vielmehr eines Mannes, Caesars, gegeben, der darin die Chance witterte, staatliche mit persönlichen Interessen zu verknüpfen. Wie auch immer die vielschichtigen Hintergründe dieses Unternehmens zu beurteilen sind, das Endergebnis war jedenfalls die Eroberung ganz Galliens bis zum Rhein durch die Römer.[83] Unbesetzt blieb jedoch nach wie vor der schmale inneralpine Streifen von der Côte d'Azur bis hin zum Etschtal, der Grenze des *regnum Noricum.* Der Versuch von Caesars Legaten S. Sulpicius Galba, das Wallis zu erobern und damit den Übergang über den Großen St. Bernhard zu sichern, war im Jahre 57 v. Chr. gescheitert.

Inzwischen hatte sich für die Bewohner der Poebene eine Neuerung ergeben, die ihren rechtlichen Status änderte. Zwar blieb das Gebiet weiterhin Provinz, doch wurde im Jahre 89 v. Chr. den Bewohnern südlich des Po (Gallia cispadana) das römische Bürgerrecht zuerkannt, denen nördlich des Po (Gallia transpadana) allerdings nur das latinische. Damit war eine unterschiedliche Rechtsstellung verbunden, doch bedeutete auch schon das latinische Bürgerrecht einen großen Fortschritt gegenüber den vorherigen Verhältnissen.[84] Nach wie vor aber zählte Oberitalien nicht zu „Italien". Caesar konnte deshalb „Gallia ulterior", also Südfrankreich, und Gallia citerior oder cisalpina als Provinzen zugesprochen erhalten; dort durfte er auch seine Legionen stationieren. Im italischen Bürgerland selbst war nämlich von alters her die Stationierung von Truppen verboten. Als Caesar mit seinen Legionen in der Nacht vom 10. zum 11. Januar 49 den *Rubico,* den Grenzfluß (an der Adriaküste) zwischen der Provinz Gallia Cisalpina und dem italischen Bürgerland, überschritt, brach er dieses Gesetz, und das bedeutete Bürgerkrieg. Das Ende Caesars ist bekannt, und so bleibt nur als aufschlußreiches Detail zu erwähnen, daß

Caesars Mörder Brutus auf seiner Flucht zu den Helvetiern den Salassern im Aostatal eine Drachme für jeden seiner Soldaten als „Zoll" bezahlen mußte.[85]

Auch Caesars „Rächer" Antonius bekam die beiden Gallien als Provinzen zugesprochen; mit seinen Legionen in Oberitalien vermochte er die ganze Halbinsel zu bedrohen. Diese Erfahrungen bewogen dann den römischen Senat zu einer einschneidenden Maßnahme: Gallia Cisalpina wurde im Jahre 42 v. Chr. zu „Italia" geschlagen, aufgeteilt in die Regionen Aemilia, Venetia, Liguria (bis an die Küste reichend) und Transpadana. Hinfort durften in Oberitalien keine Truppen mehr stationiert werden, und der Alpenwall bildete ein so großes Hindernis, daß Pläne putschender Generäle auf jeden Fall ihr Überraschungsmoment verloren. Das volle Bürgerrecht erhielten die Bewohner der Transpadana aber erst unter Claudius.

Ein Sieg über 45 Alpenvölker

Aus den Wirren des Bürgerkrieges ging Augustus als Sieger hervor. Er ließ am 11. Januar 29 v. Chr. die Pforten des Janustempel schließen – als Zeichen, daß überall im Reich Frieden herrschte (wenn auch nur wenige Monate!) – und sich als Friedensfürst und Erneuerer des römischen Reiches feiern.

In den Ohren der Alpenvölker allerdings mußte dies wie Hohn klingen, denn nun stand auch ihre „Befriedung" auf dem Programm. Schon seit dem Jahre 34 v. Chr. waren Kämpfe mit den Salassern im Aostatal im Gange. Sie endeten im Jahre 25 v. Chr. mit einem unnachsichtigen Strafgericht. Die Angaben in den beiden vorhandenen Quellen sind nicht eindeutig zu verknüp-

23   Grabstein aus Marmor vom Magdalensberg bei Klagenfurt (Kärnten): *Ti(berius) Iulius Adsedi f(ilius) Taulus mil(es) coh(ortis) Mon(tanorum) pri(mae) stip(endiorum) XXXVI h(ic) s(itus) e(st) h(eres) f(ecit)* = Tiberius Iulius Taulus, Sohn des Adsedus, Soldat im 1. Gebirgsjägerbataillon mit 36 Dienstjahren, liegt hier begraben. Sein Erbe hat (den Grabstein) machen lassen. – Der Name verrät die einheimische Herkunft des Mannes, der unter Kaiser Tiberius das römische Bürgerrecht erhielt und sich fortan auch mit dessen Familiennamen „Iulius" nennen durfte. Erste Hälfte des 1. Jahrhunderts n. Chr. Höhe 1,36 m. Museum auf dem Magdalensberg.

fen, doch ist als mindestes herauszulesen, daß alle überlebenden jungen und wehrfähigen Männer nach *Eporedia*/Ivrea geschafft und dort als Sklaven verkauft wurden. Erst nach 20 Jahren sollten sie wieder freigelassen werden dürfen.[86] Die Gründung einer Stadt für 3000 Kolonisten, *Augusta Praetoria*/Aosta genannt und mit Mauern stark befestigt, sicherte die Ruhe im Land und die rasche Romanisierung der übriggebliebenen Bevölkerung.

Der Weg über den Großen St. Bernhard war damit frei, und die Alpenvölker wußten, was ihnen bevorstand. Von mehreren kleineren Unternehmen ist die Unterwerfung der *Camunni* (in der Valcamonica) nördlich Brescia und der *Vennonetes* (im Alpenrheintal) durch P. Silius Nerva im Jahre 16 v. Chr. erwähnenswert;[87] sie waren angeblich zu Raubzügen aus dem Norden in das Reichsgebiet eingefallen. Wohl in demselben Jahr hob Rom in einseitigem Vorgehen die Souveränität des *regnum Noricum* auf. Man war dort klug genug, sich der unausweichlichen Entwicklung zu fügen, und erkaufte sich damit für einige Jahrzehnte sogar noch einen gewissen Sonderstatus: römische Truppen wurden nur wenige im Land stationiert, rigorose Aushebungen wie kurz danach in Raetien und Vindelikien scheinen nicht stattgefunden zu haben, und die Verwaltung lag hauptsächlich in den Händen einheimischer Funktionäre. Erst um das Jahr 45 n. Chr., unter Kaiser Claudius, wurde die Provinz Noricum geschaffen, in den Grenzen zunächst identisch mit dem *regnum Noricum;* Statthalter wurde dann ein kaiserlicher Beamter aus dem Ritterstand. Als neue Hauptstadt erbaute man *Virunum* unterhalb des Magdalensbergs.

Auch im Westen gab es einen Mann, der ähnlich klug handelte. In *Segusio*/Susa regierte König Cottius über seine 14 Bergstämme, und als er das Schicksal der umliegenden Völker sah, schien ihm weiterer Widerstand zwecklos; im Jahre 13 v. Chr. schloß er mit Rom einen Vertrag über die Eingliederung seines Reiches. Augustus honorierte dies großzügig: er setzte Cottius als *praefectus* (Verwalter) der Alpes Cottiae ein, verlieh ihm das römische Bürgerrecht und gestattete ihm sogar, bei offiziellen Anlässen auf seine königliche Herkunft zu verweisen. Auf seiner dritten Reise nach Gallien im Jahre 8 v. Chr. wählte Augustus seinen Weg durch Susa, gewiß nicht ohne staatspolitische Erwägungen, und Cottius benutzte die Gelegenheit, Augustus durch einen steinernen Bogen über der Straße vom Mont-Genèvre zu ehren. In großen Bronzelettern nannte er sich stolz *M. Iulius regis Donni*

24   Die kurz nach 15 v. Chr. zu *Lugdunum*/Lyon geprägte Münze feiert in propagandistischer Weise die Unterwerfung der Alpenvölker: Kaiser Augustus nimmt von Drusus und Tiberius den Siegeslorbeer entgegen. Das Schwert und der lange Mantel kennzeichnen sie als siegreiche Generäle. Durchmesser 1,8 cm. Staatliche Münzsammlung München.

filius Cottius praefectus ceivitatium. Sein ältester Sohn konnte als Cottius II. sogar seine Nachfolge antreten, und ein zweiter, Vestalis mit Namen, machte im römischen Heer Karriere. Im Jahre 44 n. Chr. verlieh Kaiser Claudius einem M. Iulius Cottius sogar wieder den angestammten Königstitel. Erst im Jahre 63 n. Chr., als der letzte aus dem Geschlecht der einheimischen Könige gestorben war, machte Kaiser Nero mit einem Federstrich dieses Gebiet zur römischen Provinz Alpes Cottiae mit allen verwaltungstechnischen und politischen Folgen.[88]

Die anderen Stämme des Alpengebietes überstanden die Eingliederung ins Römische Reich nicht so unbeschadet. Im Jahre 15 v. Chr. hatten die Stiefsöhne des Augustus, Drusus und Tiberius, in einem Zangenangriff das ganze zentrale Alpengebiet und das süddeutsche Alpenvorland erobert; schonungslose Aushebung der jungen Männer für den Militärdienst an anderen Stellen des Reiches brach den letzten Widerstand. Der Dichter Quintus Horatius Flaccus (gestorben 8 v. Chr.) jubelte Augustus zu:[89]

Erst vor kurzem haben die Vindeliker erfahren müssen,
was Du im Krieg vermagst! Denn mit Deinem Heer
hat Drusus tapfer die Genaunen, ein wildes Volk,
und die flinken Breuner besiegt und auch die Burgen,
die auf fürchterlichen Alpenhöhen lagen,
herabgestürzt, mehr als nur einmal.
Der ältere der beiden Neronen (= Tiberius) hat bald ein schweres Gefecht
geliefert und die ungeschlachten Raeter
unter glücklichen Vorzeichen niedergeworfen.

Nach wenigen Jahren setzte die Sicherung des nördlichen Alpenvorlandes durch Militärstationen und ein Legionslager (erst in *Augusta Vindelicum*/Augsburg, dann in *Vindonissa*/Windisch bei Brugg [Aargau]) ein. Städte und Märkte entstanden nach römischem Vorbild, und römische Zivilisation hielt ihren Einzug. Die Alpen waren nun hinter die Frontlinie Roms gerückt, das Land erfreute sich einer stetigen Entwicklung. Der neue Verwaltungsbezirk, die spätere Provinz Raetia, grenzte im Norden bald an die Donau, später an den noch weiter vorgeschobenen Limes, im Osten an Noricum; der unter Augustus eroberte Alpenbereich zwischen dem Schweizer Mittelland (zur Provinz Belgica gehörig) und der Trans-

25   Der Vergleich mit der Kirche von La Turbie läßt die monumentale Größe des einst 50 m hohen Denkmals augenfällig werden, das die Unterwerfung der Alpenvölker feiert. Aufnahme von Westen; hinter dem Hügel fällt die Küste mehrere hundert Meter steil nach Monaco ab.

26   Zeichnerische Rekonstruktion des Siegesdenkmals von La Turbie. Höhe 50 m.

padana wurde ebenfalls zu Raetia geschlagen, so daß die Provinz eine etwas seltsame Gestalt erhielt: außer dem Kerngebiet, etwa das heutige Südbayern westlich des Inns, umfaßte sie die oberen Täler von Rhein, Inn, Etsch, Eisack und zog sich hinüber ins Wallis bis an den Genfer See. Die Hauptstadt wurde *Augusta Vindelicum*/Augsburg, und man kann sich vorstellen, welche Strapazen jemand auf sich nehmen mußte, wollte er aus irgendwelchen Gründen in die Hauptstadt reisen. Deshalb hat wohl Kaiser Claudius um die Mitte des 1. Jahrhunderts n. Chr. das Wallis von Raetia abgetrennt und einen Verwaltungsbezirk Vallis Poenina eingerichtet. Anscheinend bildete dieser mit den anschließenden Alpes Graiae eine neue Provinz Alpes Graiae et Poeninae mit den zwei Hauptorten *Octodurus* bzw. *Forum Claudii Vallensium*/Martigny und *Axima* bzw. *Forum Claudii Ceutronum*/Aime-en-Tarentaise.[90] Nach Süden schlossen sich die Alpes Cottiae mit der Hauptstadt *Segusio*/Susa und die Alpes Maritimae mit der Hauptstadt *Cemenelum*/Cimiez (heute ein Vorort von Nice) an.[91] Der Westabhang der Alpen gehörte nach wie vor zu Gallia Narbonensis. Wo die Grenzen im einzelnen verliefen, ist nicht nur im Gebirgsland schwer zu rekonstruieren. Hilfreich können Meilensteine an den Straßen sein, weil sie normalerweise die Entfernung von der Provinzhauptstadt angeben (S. 238), aber die meisten stehen nicht mehr an ihrem ursprünglichen Platz. Dies gilt auch für einen Grenzstein aus dem Jahre 74 n. Chr., der heute vor dem Hotel Panorama in Les Plagnes unterhalb von Chamonix (Savoie) zu besichtigen ist. Doch weiß man, daß er 1853 auf dem Col de la Forclaz du Prarion zu Füßen des Mont Blanc gefunden wurde. Seine Inschrift besagt, daß dort die Grenze zwischen den *Ceutrones* und den *Allobroges* verlief, also zwischen den Provinzen Alpes Graiae und Gallia Narbonensis.[92]

Augustus krönte sein Eroberungswerk in den Alpen mit einem unübersehbaren Denkmal, dem *Tropaeum Alpium*.[93] Der Senat ließ es im Jahre 7 oder 6 v. Chr. an der Grenze zwischen Italia und der neuen Provinz Alpes Maritimae errichten, an der Via Iulia, die von Italien nach Spanien führte, 480 m hoch oben über dem heutigen Monaco, aber auch von See gut sichtbar. Auf einer quadratischen Basis von 38 m Seitenlänge erhebt sich ein trommelförmiger Aufbau mit Säulenumgängen, darüber eine polygonale Spitze, die 50 m Höhe erreichte. Ganz oben hatte sich Augustus in Form einer Bronzestatue zwischen zwei Gefangenen verewigen lassen. So imposant dieses Bauwerk, obwohl es im Mittelalter als Steinbruch diente, heute noch ist und so sehr es den römischen Sinn für Machtdemonstration ausdrückt, wichtiger für uns ist es als historisches Dokument; denn es trug eine Inschrift, die heute verloren, aber glücklicherweise bei Plinius d. Ä.[94] überliefert ist (danach auch die moderne Ergänzung). Sie war (in Quadratmetern gesehen!) die größte Inschrift, die uns die Römer überhaupt hinterlassen haben. In Übersetzung lautet sie:

Dem Oberbefehlshaber und Caesar, dem Sohn des Göttlichen (= C. Iulius Caesar), dem Augustus, Oberpriester, Feldherr zum 14. Mal, Inhaber der tribunizischen Gewalt zum 17. Mal, (widmen) Senat und Volk von Rom (dieses Ehrenmal), weil unter seiner Führung und Planung alle Alpenvölker, die sich vom oberen Meer (= Tyrrhenisches Meer) bis an das untere (= Adria) erstreckten, unter die Herrschaft des römischen Volkes gebracht wurden. Die besiegten Alpenstämme (sind):

1	*Trumpilini*	Val Trompia nördlich Brescia
2	*Camunni*	Val Camonica nördlich Brescia
3	*Venostes*	Vinschgau (Val Venosta)
4	*Vennonetes*	Alpenrheintal
5–8	*Isarci, Breuni, Genaunes, Focunates*	oberes Inntal
9–12	*Cosuanetes, Rucinates, Licates, Catenates*	vindelikische Stämme im schwäbisch-bayerischen Alpenvorland
13	*Ambisontes*	oberes Salzachtal
14–17	*Rugusci, Suanetes, Calucones, Brixenetes*	Alpenrheintal mit Engadin
18	*Leponti*	Tessin und Misox

19–22   *Vberi, Nantuates, Seduni, Varagri*
        Wallis

23   *Salassi*
        Aostatal

24   *Acitavones*
        wohl fälschlich statt *Ceutrones* (westlich des Kleinen
        St. Bernhard)

25–29   *Medulli, Ucenni, Caturiges, Brigiani, Sogionti*
        cottische Stämme in den Westalpen

30–45   *B(r)odionti, Nemaloni, Edenates, Vesubiani, Veamini,
        Gallitae, Triullati, Ecdini, Vergunni, Egui, Turi, Nema-
        turi, Oratelli, Nerusi, Velauni, Suetri*
        Seealpen, aufgezählt ungefähr von Norden nach Süden,
        teilweise noch zum Reich des Cottius gehörig

Die Reihenfolge ist also im Groben durch den Verlauf der Feldzüge, die ethnische Zusammengehörigkeit und die Geografie bestimmt, wenn auch gewisse Details noch immer zu gelehrten Diskussionen Anlaß geben. Auf dem Monument fehlen tatsächlich die Namen jener Stämme, die friedlich ins römische Reich eingegliedert worden waren. So ist als einziger norischer Stamm jener der *Ambisontes* genannt, die sich vielleicht als Nachbarn des oberen Inntals in die Kämpfe einmischten.[95] Von den cottischen Stämmen werden 6 von 14 (so viele auf dem Ehrenbogen von Susa) aufgeführt, offenbar jene, die sich der vorausschauenden Politik des Cottius nicht anschließen wollten.

Das friedliche Leben im römischen Reich

Um die Mitte des 1. Jahrhunderts n. Chr. wurde die Eingliederung des gesamten Alpenraums in das römische Reich abgeschlossen. Die letzten noch bestehenden Sonderrechte einzelner Gebiete waren abgebaut. Die reichseinheitliche Provinzialverwaltung überzog das Land, nur der Südalpenrand, der zu Italia gehörte, genoß noch lange die damit verbundenen Vorteile, etwa das volle Bürgerrecht, die Freiheit von Grundsteuer usw.

Die Aufteilung des Alpenraums auf die verschiedenen Provinzen wurde schon kurz angedeutet. Änderungen gab es vorerst nur im Nordwesten durch die Teilung der großen Provinz Belgica im Jahre 85, als im Inter-esse einer Neuorganisation der Grenzprovinzen am Rhein Germania inferior (westlich des Niederrheins) und Germania superior abgetrennt wurden. Germania superior reichte von *Mogontiacum*/Mainz bis hinunter nach Genf und von der oberen Seine bis an die Westgrenze von Raetia. Damit gehörte also die ganze Westschweiz zu Germania superior, Hauptstadt und zugleich Oberkommando der stationierten Legionen war *Mogontiacum.*

Die rechtliche Stellung der Provinzbewohner war bis zum Jahre 212 sehr verschieden. Grundsätzlich trennten die Römer von Anfang an zwischen dem „römischen Bürgerrecht" und dem minderen „latinischen Bürgerrecht"; da auf Inschriften selten darauf Rücksicht genommen wurde, ist diese Trennung meist nicht zu erkennen oder fraglich; auch scheinen in späterer Zeit die Unterschiede weniger wichtig gewesen zu sein.[96] Die einheimische Bevölkerung ohne Bürgerrecht nannten die Römer „peregrini" (ursprünglich: die auf dem Land um die Stadt Rom Wohnenden, dann einfach „die Fremden"), obwohl doch eigentlich sie selbst in den „Provinzen" die Fremden waren. (Aber Rom hielt in einer in der Geschichte einmaligen Weise daran fest, daß man als „Vollbürger" eben Bürger der Stadt Rom und nicht eines Staatsgebietes wechselnder Größe war.) Noch tiefer standen die Freigelassenen, die froh sein konnten, dem gänzlich rechtlosen Dasein eines Sklaven entronnen zu sein. (Erst im Jahre 121 n. Chr. ließ Kaiser Hadrian durch Senatsbeschluß das Tötungsrecht gegenüber eigenen Sklaven aufheben).

Das Bürgerrecht konnte Einzelpersonen, Gruppen (z. B. besonders tapferen Truppeneinheiten) oder ganzen Städten verliehen werden. Als Caesar 50 v. Chr. oder kurz danach zur Sicherung des helvetischen Gebietes die Gründung von *Colonia Iulia Equestris*/Nyon am Genfersee und *Colonia Augusta Raurica,* zunächst vielleicht Basel, dann Augst, einleitete, siedelte er darin entlassene Legionare an, die natürlich ohnehin schon römische Bürger waren. Die nachträgliche Verleihung des Status einer *colonia,* also einer „Bürgerstadt", liegt bei *Aventicum*/Avenches vor, dem Hauptort der helvetischen *civitas*; ihr erwies Kaiser Vespasian (auch persönlich mit dem Land der *Helvetii* verbunden: sein Vater verbrachte dort seinen Lebensabend, und er selbst kannte es aus seinen Kinderjahren) seinen Dank für ihre Haltung in seinen Kämpfen gegen den Rivalen Galba. *Aventicum* durfte sich hinfort offiziell *Colonia Pia Flavia Constans Emerita Helvetiorum Foederata* nennen: Verbündete

Bürgerstadt der Helvetier, ergeben, standhaft, verdient, ernannt von dem (Kaiser T. Flavius Vespasianus aus der Familie der) Flavier, und die Bürger profitierten davon.

Einzelpersonen erhielten das Bürgerrecht aufgrund besonderer Verdienste. Fälle wie der erwähnte Ex-König Cottius waren natürlich die Ausnahme. Größte Bedeutung besaß jedoch die Regelung, daß Soldaten der Hilfstruppen nach 25jähriger Dienstzeit das Bürgerrecht erwarben. Sie konnten nun offiziell heiraten, und ihre Kinder wurden ebenfalls römische Bürger.

Bei seiner Entlassung erhielt der Soldat ein Bronzetäfelchen mit einer Abschrift der in Rom aufbewahrten Entlassungsurkunde, die für mehrere Truppeneinheiten gleichzeitig galt. Ein solches „Militärdiplom", ausgestellt am 18. Februar 150 n. Chr. für einen gewissen Publius Cornelius Crispinus, gefunden in *Aguntum* und sehr gut erhalten,[97] bildet eines der wichtigsten römischen Fundstücke des Osttiroler Heimatmuseums in Schloß Bruck über Lienz.

Auf diese Weise schritt die „Romanisierung" in den Provinzen relativ rasch voran. Erst in den Jahren nach 200 änderte sich dies grundlegend. Die Heere an den Grenzen erhielten immer mehr den Charakter einer seßhaften Miliz, was sich dann auch in einer Lockerung der alten strengen Bestimmungen und einer Aufwertung des Soldatenstandes auswirkte. Von Kaiser Septimius Severus (193–211) ist ein Erlaß überliefert, der den Legionssoldaten erlaubte, außerhalb der Lagermauern bei ihren Familien zu wohnen, und die bis dahin nur geduldete Soldatenehe *(concubinatus)* mit der Zivilehe gleichsetzt, die früher erst nach Ablauf der Dienstzeit möglich war. Ihren Abschluß fand diese Entwicklung im Jahre 212, als Kaiser Caracalla das römische Vollbürgerrecht auf alle freien Provinzialen ausdehnte. Dies tat er nicht aus Menschenfreundlichkeit, sondern hauptsächlich aus zwei Gründen: Erstens benötigte er für das immer wichtiger und größer werdende Heer immense Geldmittel, die er durch die Erhöhung der Erbschaftssteuer auf 10% hereinzubringen hoffte. Erbschaftssteuerpflichtig waren aber nur römische Bürger; die Vergrößerung des Kreises der Steuerpflichtigen erhöhte also die Einnahmen der Staatskasse um ein Vielfaches. Zweitens durften in den Legionen nach alter Tradition nur römische Bürger dienen; *peregrini* oder Söldner stellten die Hilfstruppen. Auch in dieser Beziehung bot die Regelung dem Neubürger eher Nachteile als Vorteile, denn nun konnte er auch zu den Legionen eingezogen werden. Andererseits stand

ihm jetzt die Laufbahn in den öffentlichen Ämtern offen, sofern nicht der Ritter- oder Senatorenstand dafür Voraussetzung war. Alles in allem kommt darin eine gewisse Gleichstellung der Provinzen mit Italien zum Ausdruck, die Caracalla auch durch eine Vereinheitlichung der Gesetzgebung (das römische Zivilrecht wurde jetzt auch Reichsrecht) vorantrieb.

Für den Bürger zog das Leben im römischen Reich nicht nur rechtliche und politische Konsequenzen nach sich, sondern er hatte dadurch bald teil an den Fortschritten (und Nachteilen!) einer überlegenen Kultur. Befestigte Straßen durchzogen das Land, Kaiser Claudius ließ die nach ihm benannte Via Claudia durch das Etschtal über den Reschenpaß nach Augsburg, der Provinzhauptstadt Raetias, erbauen; ebenso eine Verbindung durch das Aostatal nach Gallien. Bald folgten weitere Straßen, die die Alpen querten: gut ausgebaute wie die über den Julierpaß ins Alpenrheintal oder die über den Brenner; weniger gut befahrbare etwa über den Mont-Genèvre, den Splügen oder den Plöcken. Straßenstationen für Übernachtung oder Pferdewechsel und Zollstationen an den Provinzgrenzen ließen den Staat auch in unwegsameren Gegenden allgegenwärtig sein (S. 245 ff.).

In den Städten herrschte ein reges Leben, der Handel blühte auf; in den großen Zentren, etwa Mailand, Augsburg oder *Virunum* bei Klagenfurt, gab es alles zu kaufen, was das römische Reich – und seine Nachbarn – zu bieten hatte. Aber auch kleinere Städte im Gebirge selbst, wie Susa, Aosta, Martigny, *Aguntum* bei Lienz, hatten teil an den Segnungen der Zivilisation: Wasserleitungen (Abb. 54), öffentliche Bäder, Theater und Amphitheater (Abb. 57). Statuen aus Stein oder Bronze

27   Eine eindrucksvolle Kulisse vor den Bergen bietet die 22 m hohe Mauer des römischen Theaters von Aosta. Doch handelt es sich dabei nicht um die antike Kulisse, von der nur die Fundamente erhalten sind, sondern um einen Teil der Südfassade des Zuschauerraumes. In ihn waren im Halbrund die Ränge eingepaßt; davon sind die ersten Stufen noch zu sehen. Wo es ging, nutzten die Römer Hügel oder Berghänge als natürlichen Unterbau für den steil ansteigenden Zuschauerraum aus. In Aosta jedoch, das mitten im flachen Talgrund liegt, mußte das Theater aus Sicherheitsgründen innerhalb der Stadtbefestigung und daher gänzlich aus Mauern und Gewölben erbaut werden. Es faßte etwa 3500 Zuschauer.

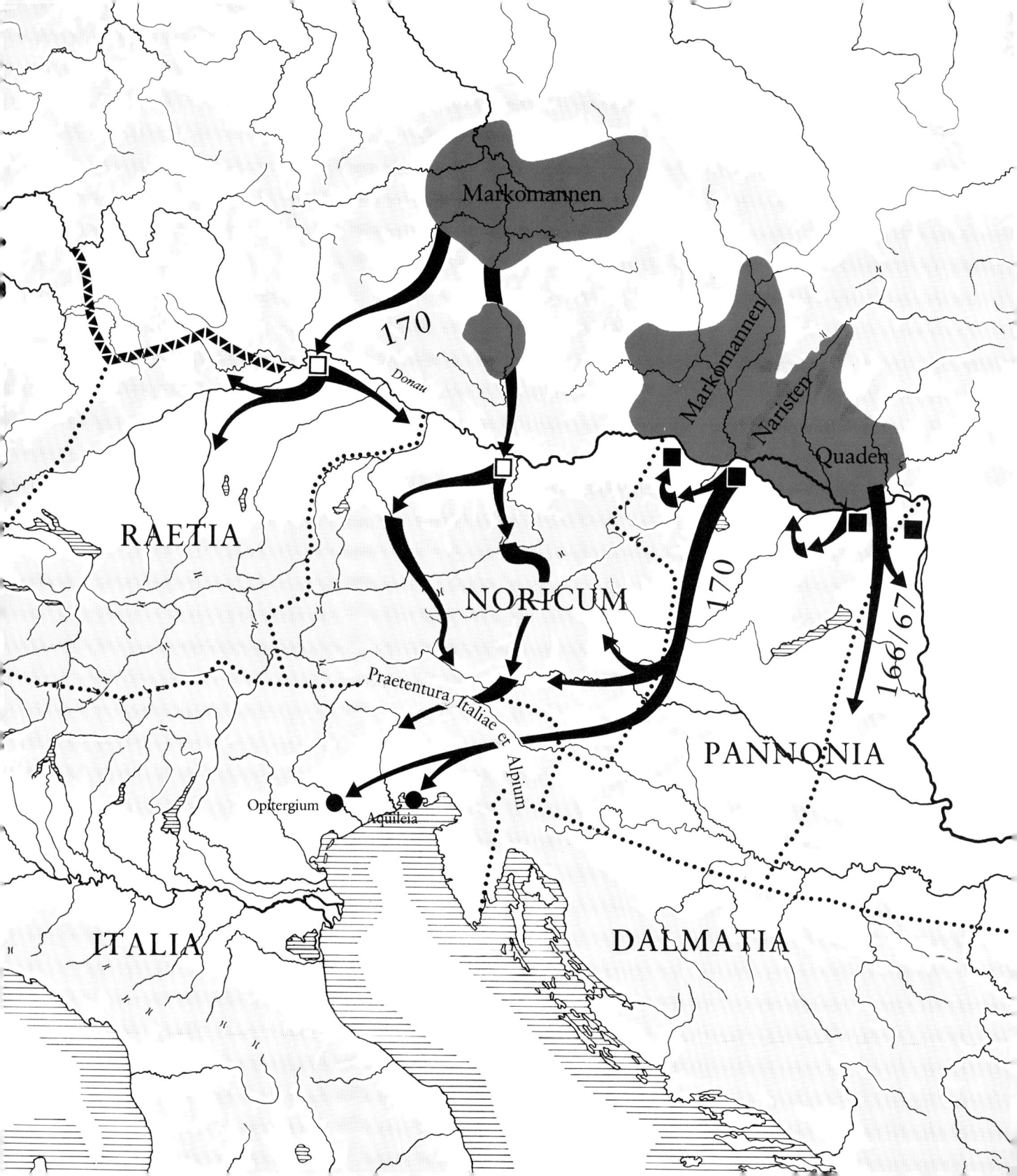

Markomannen

Markomannen

Naristen

Quaden

170

Donau

RAETIA

NORICUM

170

166/67

Praetentura Italiae et Alpium

PANNONIA

Opitergium

Aquileia

ITALIA

DALMATIA

schmückten Straßen und Plätze, ein Tempel oder ein ganzer Tempelbezirk bildete den Mittelpunkt des religiösen Kultes und der Kaiserverehrung. Reiche Bürger bewohnten große Stadthäuser mit Fußbodenheizung und vielen Zimmern, meist nach südlicher Art um einen Hof gruppiert; für besondere Räume leistete man sich Mosaikfußböden und Glasfenster. War man römischer Bürger, konnte man in der Gemeindeverwaltung in verschiedenen Ämtern Einfluß auf das Geschick der Stadt nehmen.

In fruchtbaren Gegenden lagen große Gutsbetriebe mit umfängreichen Ländereien (etwa Sargans im Alpenrheintal, Seeb nördlich Zürich [Abb. 38 und 58] oder Löffelbach in der Steiermark [Abb. 59]), oft stattliche Gebäude mit repräsentativ ausgestatteten Räumen. In der Nähe von Kastellen oder Legionslagern wurden sie häufig von ehemaligen Soldaten bewirtschaftet.

Die staatliche Verwaltung war voll durchorganisiert. Dem Statthalter, der vom Kaiser ernannt wurde und dessen Bezahlung von der Wichtigkeit der Provinz abhing, standen hohe Beamte für die Finanz- und die Straßenverwaltung zur Seite. Gleichzeitig war der Statthalter Oberkommandierender des in der Provinz stehenden Heeres aus Hilfstruppen, oder es war umgekehrt: stand in der Provinz eine ganze Legion, war der Legionskommandant zugleich Statthalter, wie schon immer in Germania superior.

Eine Änderung ergab sich daher für Raetia und Noricum infolge der kriegerischen Ereignisse, die die friedliche Entwicklung des 1. und 2. Jahrhunderts n. Chr. jäh unterbrachen. Noch im Jahre 121 hatte der neue Kaiser Hadrianus auf einer Besichtigungsreise auch Noricum und Raetia besucht, und *Augusta Vindelicum*, Raetias Hauptstadt, erhielt bei dieser Gelegenheit den Rang eines *municipium*, also eine Art Stadtrecht. Daß *Cambodunum*/Kempten und *Brigantium*/Bregenz ebenfalls *municipia* waren, ist möglich, aber nicht durch Inschriften oder literarische Quellen bezeugt. In Noricum dagegen gab es schon seit Kaiser Claudius fünf *municipia*: *Virunum* bei Klagenfurt, *Celeia*/Celje in Slowenien, *Teurnia*/St. Peter in Holz im Drautal, *Aguntum* bei Lienz und *Iuvavum*/Salzburg. *Flavia Solva* bei Leibnitz südlich Graz war erst unter Kaiser Vespasianus *municipium* geworden.

Hadrianus' Nachfolger, Antoninus Pius (138–161), ließ den obergermanisch-rätischen Limes weiter ausbauen und verstärken. An der Donau, die von Eining bei Regensburg bis zum Schwarzen Meer die Reichsgrenze bildete (abgesehen von der Provinz Dacia in Siebenbürgen, seit 107), hielt eine dichte Reihe von Kastellen Wacht, jedes mit 500, seltener 1000 Mann besetzt. Erst in *Vindobona*/Wien und *Carnuntum*, wenige Kilometer östlich davon, beide schon früh von Noricum abgetrennt und zur Provinz Pannonia geschlagen, stand wieder je eine ganze Legion mit 6000 Mann.

Germanen überrennen die Grenzen

Genau diesen Legionslagern gegenüber begann das Siedlungsgebiet germanischer Stämme: Naristen, Quaden und vor allem Markomannen. Die nördliche Völkerwelt war wieder in Bewegung gekommen; der Druck setzte sich nach Süden fort und staute sich an der Reichsgrenze. Schon um das Jahr 167 hatten Markomannen energisch gefordert, sie ins Reich hereinzulassen und ihnen Siedlungsland zur Verfügung zu stellen[98] – ein Problem, das von da an das römische Reich bis zu seinem Ende beschäftigen sollte. Es war zu einzelnen Übergriffen gekommen, die die Römer zu ihren Gunsten entschieden. Sie waren gewarnt, und die Anstrengungen galten dem Aufbau einer sicheren Verteidigung. Zwei neue Legionen wurden in Oberitalien ausgehoben, und man richtete sogar eine *praetentura Italiae et Alpium*, einen organisierten Grenzschutz im östlichen Alpenraum, ein, um einen Einfall aus der pannonischen Tiefebene nach Italien zu verhindern.

Aber alles das half nichts. Im Frühjahr 170 überschritten die vereinigten Markomannen und Quaden die Donau, machten die sich ihnen entgegenstellenden Abteilungen der Römer nieder (fast 20 000 Soldaten sollen den Tod gefunden haben), brandschatzten die östlichen Alpentäler und brachen schließlich von Osten her nach Italien ein. Aquileia wurde belagert, aber nicht eingenommen; dafür wurde *Opitergium*/Oderzo dem Erdboden gleichgemacht.

Panischer Schrecken erfaßte die Bevölkerung Italiens: Der Weg nach Rom stand offen, und waren nicht

28   Der Einfall der Markomannen und anderer germanischer Stämme um das Jahr 170. ■ damals schon bestehende Legionslager; □ die erst danach erbauten Legionslager *Lauriacum*/Enns-Lorch und *Castra Regina*/Regensburg.

vor langer Zeit auch die Kelten bis nach Rom vorgedrungen? Hatte man nicht mit viel Mühe die Kimbern und Teutonen erst in Oberitalien aufhalten können? Doch die Markomannen und Quaden gaben sich mit Plünderungen in Oberitalien zufrieden. Marcus Aurelius hatte 171 sein Hauptquartier nach *Carnuntum* verlegt, und seine Generäle Claudius Pompeianus und Pertinax trieben die Germanen erfolgreich wieder nach Norden. Als diese versuchten, über die Donau zu entkommen, war ihr Schicksal besiegelt. Ein Großteil von ihnen wurde getötet, die Beute ihnen abgenommen und angeblich den Geschädigten in Noricum und Oberitalien zurückgegeben (wie immer man sich das konkret vorstellen mag).

Wie ein Spuk waren die plündernden Scharen wieder verschwunden, die Bevölkerung Noricums atmete auf. Doch Rom war gewarnt, jederzeit konnten sich solche Situationen wiederholen, auch wenn einige Offensiven ins Land der Markomannen und Quaden zwischen 172 und 180 erst einmal eine gewisse Beruhigung verschafften. Wichtig erschien vor allem eine bessere Sicherung der Donaugrenze oberhalb von *Vindobona,* denn man wußte, daß im böhmischen Kessel ebenfalls Markomannen saßen. Diese hatten für zusätzliche Schwierigkeiten gesorgt, indem sie auf den direkten Wegen, nämlich der Cham-Further Senke (426 m) und den Kerschbaumer Sattel (685 m) oberhalb Freiberg, an die Donau vorgestoßen waren, wie Zerstörungen in einigen Limeskastellen oder zugehörigen Zivilsiedlungen Raetias und in *Iuvavum*/Salzburg aus dieser Zeit beweisen.[99]

Rom trug den geographischen Gegebenheiten, die im übrigen schon seit vielen Jahrhunderten für den Verlauf der Handelswege entscheidend waren,[100] dadurch Rechnung, daß es die zwei neu ausgehobenen Legionen schließlich genau vor die genannten Einfallpforten stationierte: die *Legio III italica* in *Castra Regina*/Regensburg (Lager fertiggestellt 179) und die *Legio II italica* in *Lauriacum*/Enns-Lorch (ab 174 im benachbarten Albing, dort aber nicht hochwasserfrei, Lager in *Lauriacum* 205 fertiggestellt). Durch die Stationierung der Legionen änderte sich jedoch, wie erwähnt, der Status der Provinzen Raetia und Noricum. An die Stelle kaiserlicher Statthalter aus dem Ritterstand mit dem Titel *procurator augusti* trat der Legionskommandeur aus dem höheren Senatorenstand mit dem Titel *legatus augusti pro praetore.* Da dieser hauptsächlich im Lager residieren mußte, wurden immer mehr Ämter und Organisationen von der alten (und offiziell weiterbestehenden) Hauptstadt an den Ort

des Legionslagers verlegt: weniger von *Augusta Vindelicum*/Augsburg nach *Castra Regina* als von *Virunum* bei Klagenfurt nach *Lauriacum* bzw. ins benachbarte *Ovilava*/Wels, das von Kaiser Caracalla zur *colonia* erhoben wurde. Denn zwischen *Augusta Vindelicum* und *Castra Regina* lagen nur 135 km guter Straße durch eine eintönige Hügellandschaft, während zwischen *Virunum* und *Lauriacum* oder *Ovilava* etwa 280 km und der 1227 m hohe Präbichl zu überwinden waren, was im Winter eine unverhältnismäßig aufwendige Organisation erfordert hätte.

Mit diesen Maßnahmen hatte sich das politische und wirtschaftliche Schwergewicht in Raetia und Noricum zugunsten der Grenzregionen an die Donau verschoben, das Alpengebiet verlor an Bedeutung. Die Verwüstungen in den Ostalpenländern und die durch Truppen kurz vorher aus dem Orient eingeschleppte Beulenpest mit zahllosen Opfern verstärkten diese Tendenz noch mehr.

Eines war außerdem den Römern klar geworden. Die germanische Gefahr war bedrohlich gewachsen, und der Limes mitsamt den Donaukastellen konnte einen entschlossenen und rasch handelnden Gegner kaum hindern, nach Süden vorzustoßen. Auch wenn die Schlagkraft des römischen Heeres ausreichte, den Feind aufgrund der überlegenen Taktik und Technik immer wieder zurückzudrängen, hatte er doch inzwischen soviel Schaden angerichtet, daß die Bevölkerung und das wirtschaftliche Leben darunter erheblich leiden mußten. Und die Alpen bildeten überhaupt kein Hindernis auf dem Weg nach Italien; denn sie waren militärisch nicht gesichert. Die Widrigkeiten der Natur allein genügten nicht, um die bergunerfahrenen Germanen abzuschrecken, wenn nicht gerade Winter war. Allerdings waren die Alpensiedlungen nicht so mit Reichtümern gesegnet, daß sie selbst schon ein Ziel für Plünderungszüge abgegeben hätten. Daher mußten vor allem die Städte und Dörfer an den Hauptverkehrslinien leiden, in die Seitentäler mit ihren oft engen Schluchten am Eingang werden sich Ortsunkundige kaum gewagt haben.

Am Limes und der oberen Donau standen die Feinde dem italischen Kernland am nächsten. Mochten die Kriege im Osten gegen die Parther noch so verlustreich und die Scharmützel gegen die aufsässigen Stämme Schottlands oder Iudaeas noch so nervenaufreibend sein, allein die zwischen Rhein und Donau nach Süden drängenden Germanen bedrohten das Zentrum der Macht.

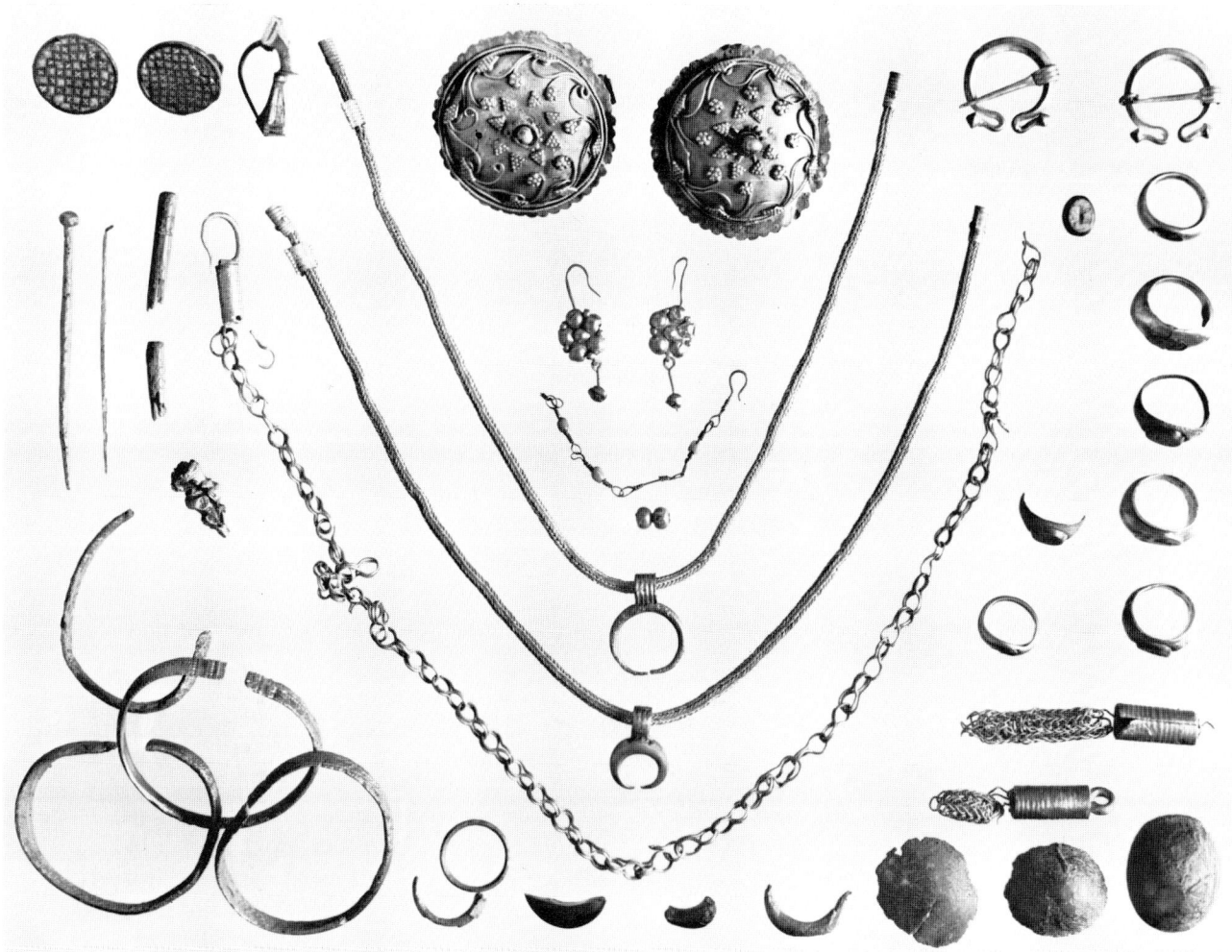

29   Vor dem Alamannensturm des Jahres 233 flüchteten die wohlhabenden Bürger aus *Cambodunum/Kempten* (Allgäu). Nach wenigen Kilometern schon vergrub eine Familie hastig ihr Vermögen von rund 400 Silbermünzen und wertvollen Schmuck: goldene Ohrgehänge, silberne Broschen mit Blüten- und Rankenverzierung, bronzene Broschen mit emailliertem Schachbrettmuster; dazu einfachere Broschen und Halsketten aus Silber mit Anhängern, Fingerringe mit Einlagen aus Glas oder Karneol, Armringe, Haarnadeln und Bronzestücke. Durchmesser der großen Broschen 5,6 cm. Römische Sammlung Cambodunum Kempten.

Zunächst waren es die Alamannen, die ins Blickfeld der Römer traten. Erste Einfälle in Germania superior und Raetia werden für das Jahr 213 berichtet; ein voller Stoß richtete sich 233 gegen das nördliche Alpenvorland, vor allem das Allgäu[101]: Kastelle wurden erobert, Siedlungen niedergebrannt – die Bevölkerung versteckte hastig ihre Schätze. Anhand dieser Schätze, die meist auch Münzen enthielten, kann man gelegentlich sogar Einfälle erschließen, für die keine direkte historische Nachricht vorliegt (S. 15 f.). Noch waren die Alamannen nicht imstande, sich innerhalb des römischen Reiches niederzulassen, aber es war nur eine Frage der

Zeit, wann der Limes fallen mußte. Ein verheerender Einfall 259/60 verwüstete ganz Südwestdeutschland; die Alamannen drangen im Westen an den Alpen vorbei, zerstörten *Aventicum* im Schweizer Mittelland und standen plötzlich in Oberitalien. Erst vor Mailand konnte sie der neue Kaiser Gallienus im Jahre 261 schlagen. Der Limes zwischen Mittelrhein und dem Donauknie bei Regensburg war nicht mehr zu halten, Rom zog sich hinter den Hochrhein und die obere Donau zurück. Der rechtsrheinische Teil von Germania superior und Raetia nördlich der Donau wurden sofort von den Alamannen besiedelt – und dort sitzen sie heute noch. 270/71 durchbrachen die vereinigten Alamannen und Juthungen, ebenfalls Germanen, die militärische und naturgeografische Sperre am Bodensee und fielen in das Alpenrheintal ein; wieder wurden die Schweiz und Oberitalien heimgesucht. Als die Römer bei *Placentia*/Piacenza sogar eine Niederlage erlitten, befahl Kaiser Aurelianus eilends den

Bau einer Mauer um die Hauptstadt Rom, ein mächtiges Denkmal der tiefsitzenden Furcht der Römer vor den anstürmenden Völkern aus dem Norden, erbaut durch Zwangsverpflichtung der Bürger und noch heute ein eindrucksvolles Monument.

Auch die Ostalpen blieben von den bedrohlichen Unruhen nicht verschont. Im Jahre 254 waren die Markomannen auf dem schon bekannten Weg nach Oberitalien eingebrochen und standen vor Ravenna. 275 erlitt *Aguntum* den Ansturm von Alamannen, datierte Brandschichten und ein Versteckfund von Münzen bezeugen Brände und Plünderungen.[102] Die Scharen werden wie jene, die 268 von Claudius II. am Gardasee geschlagen wurden, ihren Weg über den Brenner genommen und einen Abstecher durch das Pustertal gemacht haben.

Außer Alamannen und Juthungen waren noch andere Völker unterwegs, die später das Schicksal des Reiches bestimmen sollten. So vertrieb Kaiser Probus im Jahre 278 Burgunder, Goten und Vandalen aus Raetia; schon 258 waren Franken quer durch ganz Gallien bis an die nordspanische Ostküste vorgestoßen. Die Westgoten hatten sich in der Provinz Dacia (Siebenbürgen) niedergelassen, die Rom 271 aufgeben mußte; und weit im Norden plünderten die Sachsen die Küsten Nordfrankreichs und um die Themsemündung.

30   Nach den Einfällen der Germanen wurden auch in den Westalpen die größeren Siedlungen befestigt. Die Mauer von *Dea Augusta*/Die (Dép. Drôme) stammt vom Ende des 3. Jahrhunderts n. Chr. und ist in großen Teilen vorzüglich erhalten, weil die mittelalterliche und neuzeitliche Stadt lange bequem darin Platz fand.

Tatkräftige Kaiser
auf verlorenem Posten

Nicht nur die äußere Bedrohung war es, die das römische Reich in seinen Grundfesten erschütterte, sondern auch die zunehmenden inneren Spannungen, Inflation, Produktionskrisen und schließlich auch die Auseinandersetzung zwischen dem Heidentum und dem aufkommenden Christentum. Die Zeit zwischen 235 und 284 ist die Zeit der „Soldatenkaiser", und sie ist als eine schreckliche Zeit in die Geschichte Roms eingegangen, weil persönliche Intrigen, Rivalitäten zwischen Heeresabteilungen und Machtgier vieler Gruppen die Kaiser oft nur einige Jahre, ja Monate regieren ließen. Kaum einer dieser von ihren Truppen zum Kaiser ausgerufenen Männer ist eines natürlichen Todes gestorben; selbst fähige Generäle mußten vor den ganz anders gelagerten Problemen der Politik kapitulieren. Es war einfach nicht damit getan, die anstürmenden Germanen wieder hinter die Grenzen zurückzutreiben.

Erst mit C. Aurelius Valerius Diocles, dem Befehlshaber der Leibwache seines Vorgängers Numerianus – er nannte sich dann Diocletianus –, nahm ein Mann die Geschicke des römischen Reiches in die Hand, der versuchte, durch Reformen der neuen Zeit gerecht zu werden. Seine lange Regierungszeit von 284 bis 305 erlaubte die dringend notwendige Kontinuität der Planung und Durchsetzung der Ziele, die eine Konsolidierung des *status quo* bezweckten. Mit ihm läßt man die Spätantike beginnen.

Diocletianus sah davon ab, verlorengegangene Gebiete zurückzuerobern. So blieben die *agri decumates* (ein sprachlich bisher ungeklärter Begriff) zwischen Oberrhein, Hochrhein und oberer Donau in der Hand der Alamannen, die – bis auf einige Ausnahmen, z. B. einen Einfall 352/354 in die Nordschweiz und die Alpentäler[103] – sich zunächst mit dem eroberten Gebiet zufriedengaben. Dafür wurde die Grenze hier besonders verstärkt, eine Maßnahme, mit der wohl schon Kaiser Probus begonnen hatte; es entstand der Rhein-Iller-Donau-Limes.[104] Im Gegensatz zu früher, als Rom im Vollgefühl seiner Macht Kastelle dort anlegte, wo großräumige Verhältnisse sie erforderten, wurden die neuerbauten spätantiken Kastelle, ohnehin viel kleiner, sorgfältig den kleintopografischen Gegebenheiten angepaßt. Man bevorzugte die Höhenlage, sei es auf Inselbergen, sei es auf Bergspornen, man suchte den zusätzlichen Schutz durch Wasserläufe oder Moore. Am besten erforscht ist das Kastell *Vemania* bei Isny im Allgäu (vor 277 errichtet),[105] und für das Kastell von *Vitudurum*/Oberwinterthur gibt es sogar eine Bauinschrift aus dem Jahre 294.[106]

Gegen Ende des 3. Jahrhunderts hatte Diocletianus außerdem eine große Verwaltungsreform angeordnet. Das römische Reich wurde neu aufgeteilt. An der Spitze sollten zwei *augusti* stehen, einer zuständig für den Westen, der andere für den Osten, um die stete Präsenz des Herrschers und Heerführers zu sichern. Ihnen standen zwei *caesares* zur Seite, die (so sah es die Theorie vor) als zukünftige Nachfolger von den *augusti* adoptiert werden und ebenfalls selbständig die ihnen zugewiesenen Gebiete verwalten sollten. Daß hier ein Name *(Caesar)* und ein neugeschaffener Ehrentitel *(Augustus* = der Erhabene) aus dem Übergang von der Republik zum Kaiserreich als feste Amtsbezeichnung übernommen wurden („Augustus" war allerdings schon bald nur noch als Titel verstanden und gebraucht worden), zeigt die Beharrlichkeit der römischen Staatsauffassung. Noch heute ist „Caesar" als „Kaiser" im Deutschen lebendig; daß „August" als Name ein anderes Schicksal erlitt, geht nicht auf das Konto der römischen Geschichte.

Die alten Provinzen wurden in kleinere Einheiten unterteilt, so daß insgesamt 101 neue Provinzen entstanden, die zu 12 Verwaltungsbezirken (Diözesen) zusammengefaßt waren; deren Vorsteher *(vicarii)* waren den jeweils zuständigen Kaisern untergeordnet. Bei dieser Neuorganisation wurde der Alpenraum natürlich nicht als Einheit aufgefaßt, sondern – gesehen als unzugänglicher Block – den jeweils angrenzenden Provinzen und Diözesen zugeteilt. Raetia und Noricum wurden einfach zweigeteilt in Raetia I und II bzw. Noricum ripense (Ufernoricum im Norden an der Donau) und Noricum mediterraneum (Binnennoricum). Weitergewirkt hat nur die Trennung in Raetia I und II mit den Hauptstädten *Curia*/Chur und *Augusta Vindelicum,* weil Raetia I als Kern des späteren Churrätischen Gebietes die romanische Tradition weitgehend unverfälscht bis ins Mittelalter bewahren konnte. Raetia II und Noricum, auch Teile der Westalpen wurden später von Germanen bzw. Slawen besiedelt, die das romanische Element weitgehend zurückdrängten.

Aber dem wollen wir hier nicht vorgreifen. Noch bestand das römische Reich, und die Regierung von Diocletianus (294–305), der – wie vereinbart – nach 20 Jahren abdankte und sich (er stammte ja aus Dalmatien) in seinen Palast in *Spalatum*/Split zurückzog, und Constantinus d. Gr. (seit 307 *caesar,* seit 312 *augustus* im Westen, seit 325 Alleinherrscher mit *Byzantion/Constantinopolis* als neuer Hauptstadt) brachten in der Tat eine gewisse Stabilisierung der Verhältnisse mit sich. Dennoch war der Niedergang des römischen Reiches nicht aufzuhalten, zunächst nicht so sehr politisch wie wirtschaftlich. Auch der Alpenraum war davon betroffen. Die Einfälle der Barbaren, die erbarmungslose Rekrutierung von Soldaten und schreckliche Seuchen (ab 250 hatte sich wieder eine „Pest" von Osten her ausgebreitet) führten zu einer nachhaltigen Dezimierung der ansässigen Bevölkerung: eine allgemeine Verarmung ging damit einher. Man suchte Schutz in Höhensiedlungen, die meist auch einfach durch eine Mauer oder Palisade befestigt wurden, manchmal sogar in Höhlen. Anstelle großzügiger Steinhäuser errichtete man schlichte Holzbauten (S. 124). Grab- und Weihesteine wurden selten, Beigaben in den Gräbern bedeuteten für die Hinterbliebenen einen materiellen Verlust, so daß sie immer mehr verweigert wurden. Die Errungenschaften der römischen Zivilisation wurden allmählich zu teuer oder zu arbeitsaufwendig, als daß man sie mit der gleichen Selbstverständlichkeit wie früher nutzen konnte: Badeanlagen wollten unterhalten und geheizt werden; Geld wurde im Zeichen der zunehmenden Naturwirtschaft immer unwichtiger; Importe aus anderen Teilen des Reiches waren oft zu teuer (glücklicherweise hatte der umsichtige Kaiser Probus wenigstens den Weinbau in den Provinzen gefördert); die Wartung der militärisch wichtigen Straßen drückte um so härter auf den Schultern der Anrainer.

Nachdem Galerius und Licinius als *augusti* im Jahre 311 das Christentum als Religion anerkannt hatten und Constantinus d. Gr. im Jahre 313 im Toleranzedikt von Mailand völlige Religionsfreiheit mit Gleichberechtigung des Christentums bestimmt hatte, war der Weg freigegeben für eine Ausbreitung des durchaus an der römischen Verwaltung orientierten Christentums. Zumindest in jeder Provinzhauptstadt, wahrscheinlich sogar in jedem *municipium* wird es zu dieser Zeit einen Bischof gegeben haben, der (wie schon der Name *episcopus* = Aufseher sagt) über seinen Sprengel die Oberaufsicht führte.

Erstaunlicherweise verhielten sich die Germanen nach den Einfällen im 3. Jahrhundert zunächst ziemlich lange ruhig. Die Römer bemühten sich um eine Verstärkung ihrer Nordgrenze. Kaiser Flavius Valentinianus (364–375) ließ die Zwischenräume zwischen den Kastellen an Hochrhein, Iller und Donau durch gut befestigte Wachttürme *(burgi)* schließen und sah auch voraus, daß die Wege über die Alpen nur durch geschickt placierte Kastelle in den wichtigsten Tälern zu sichern wären, zumal um diese Zeit regelrechte Räuberbanden aus eingedrungenen Germanen und entwurzelten Städtern oder Bauern ihr Unwesen trieben. Aus dieser Zeit stammen die Kastelle vor und in den Alpen, die in strategisch hervorragender Weise die topographische Lage und ein optimales Verhältnis von Grundfläche zu Besatzung verbanden: etwa *Foetes*/Füssen,[107] *Brigantium*/Bregenz-Oberstadt,[108] Schaan in Liechtenstein,[109] *Curia*/Chur,[110] *Veldidena*/Innsbruck-Wilten,[111] *Teriolae*/Zirl bei Innsbruck.[112] Im nördlichen Alpenvorland verwischte sich der Unterschied zwischen Militär und Zivilbevölkerung immer mehr. Zum ersten stand die Mehrzahl der Männer ohnehin unter Waffen, nachdem lokale Milizeinheiten aufgestellt worden waren. Zum zweiten waren viele, die sich dem entziehen wollten und konnten, nach Italien oder wenigstens ins inneralpine Gebiet abgewandert. Zum dritten genoß jetzt auch die Zivilbevölkerung verstärkt den Schutz, den Kastelle und befestigte Siedlungen boten. So sind Plätze zu erklären wie die befestigte Straßenstation *Abodiacum*/Epfach[113] in einer Lechschleife südlich Augsburg, die mit einer Palisade bzw. einer einfachen Mauer umgebenen Siedlungen von Weßling bei München[114] und Wimsbach bei *Ovilava*/Wels,[115] der befestigte Moosberg bei Murnau,[116] zusätzlich geschützt durch ein weites Moor. Diese Plätze beherbergten eine mehr oder minder umfangreiche Zivilbevölkerung und erfüllten doch zugleich wichtige Aufgaben, etwa die Überwachung von Straßen, die Magazinierung von Ge-

31   Kein Monument verdeutlicht die Idee der Tetrarchie, der „Vierkaiserherrschaft", und zugleich die Teilung des römischen Reiches so eindrucksvoll wie die Figurengruppe aus Porphyr an der Südwestecke des Markusdomes in Venedig. Zwei bärtige *augusti* umarmen ihren jeweiligen *caesar,* den untergeordneten Herrscher über ein Teilgebiet und zugleich Nachfolger. Alle sind dargestellt als oberste Kriegsherren mit Waffen und Feldherrnmantel. Wie die geflügelten Bronzepferde, das Wahrzeichen Venedigs, wurde auch diese Gruppe zur Blütezeit der Handelsrepublik als Beutegut aus Istanbul entführt; sie stand im ehemaligen Kaiserpalast. Etwa 300/305 n. Chr. Höhe 1,30 m.

32   In spätrömischer Zeit suchten die Menschen Schutz auf schwer zugänglichen Höhen und hinter starken Mauern. Zu diesen Plätzen gehört der Moosberg im Murnauer Moos (Oberbayern). Die Aufnahme aus dem Winter 1927/28 zeigt den Hügel in der Bildmitte, umgeben von überschwemmten Moorflächen – ein unüberwindliches Hindernis für nicht ortskundige Germanenscharen.

treidevorräten in großen *horrea* (Lagerhallen) und die Beherbergung marschierender Truppenteile. Der Kontakt mit den Truppen, die nach wie vor über große Entfernungen hin verschoben wurden, vermittelte den hier wohnenden Menschen immerhin das Gefühl, noch zum großen römischen Reich zu gehören, auch wenn sie inzwischen weitgehend auf sich selbst gestellt waren. Welch zwiespältige Gefühle müssen dann jene orientali-

schen oder nordafrikanischen Truppen hervorgerufen haben, die eines Tages im 4. Jahrhundert das Alpenvorland durchzogen; auch sie waren von Verlusten gezeichnet, denn einige der mitgeführten Last- oder Reitkamele müssen in *Abodiacum* und *Vemania* verendet sein, wie die dort gefundenen Knochen beweisen.[117]

Weiter nördlich, an der Donaulinie, waren die Truppen weitgehend nur noch dem Namen nach „römisch". Immer mehr Germanen waren in die Dienste des römischen Heeres getreten, und bald erreichten sie auch Offiziersstellen. Rom hatte in seiner Not zu einer Politik gegriffen, die das Ende allerdings nur um einige Jahrzehnte hinauszögern konnte: gut bezahlte germanische Söldner verteidigten die Nordgrenze gegen die immer neu andrängenden Scharen Germaniens.[118] Aber noch 375 wurden Ehen zwischen Bürgern der Provinzen und „Barbaren" verboten, ein deutliches Zeichen dafür, daß sie in gewissen Gebieten schon an der Tagesordnung waren.

Auf indirektem Wege beschleunigte noch ein anderes Volk das Ende des römischen Reiches. Im Jahre 374 zerstörten die Hunnen,[119] Reiterscharen aus Innerasien, das Reich der Ostgoten in der Ukraine. Dies löste eine gewaltige Kettenreaktion in Richtung Westen aus. Die Ostgoten wichen aus, ebenso die Westgoten, die Vandalen gerieten in Bewegung, auch die Quaden und die Sueben. Alle bestürmten die Grenzen des Reiches und begehrten Zuweisung von Siedlungsland; was man ihnen nicht freiwillig zugestand, holten sie sich mit Gewalt.[120]

Die höchsten Generäle waren selbst schon Germanen, wegen ihrer Tüchtigkeit von den Kaisern geschätzt und dringend benötigt. Am berühmtesten war Stilicho, ein Vandale, der als oberster Feldherr Theodosius' d. Gr. im Jahre 392 die vereinigten Goten, Alanen, Hunnen und Bastarner an der unteren Donau zurückschlug. Nach dem Tode des Kaisers 395 wurde das Reich für immer in zwei unabhängige Hälften geteilt. Gleichzeitig erhielten die Westgoten unter Alarich Illyricum zugesprochen, aber sie drängten weiter nach Westen. 401 wurde Aquileia erobert, und zu dieser Zeit muß es auch gewesen sein, als zum Schutze Italiens die Truppen aus Raetia abgezogen wurden. Ein Einfall des Ostgoten Radagais, der auch das Alpengebiet betraf, besiegelte 405/6 endgültig das Schicksal Raetias. Die Provinz wurde in den folgenden Jahren vom Reich – wenn auch nicht formell – aufgegeben; das Land stand den Germanen offen.

Sogleich begannen die Alamannen, ihr Siedlungsgebiet nach Süden und Osten auszudehnen, aber es dauerte noch etliche Jahrzehnte, bis das rätische Alpenvorland wieder einigermaßen bevölkert war.[121] In die Alpentäler drangen die Germanen noch viel langsamer vor; die politische Oberhoheit zur Sicherung der Alpenpässe genügte ihnen meist, wie gerade die Entwicklung in der ehemaligen Raetia I zeigen wird.

Die Westalpen wurden ebenfalls von durchziehenden Germanenscharen behelligt, aber formell gehörten sie noch dem weströmischen Reich an. Daß dies nicht viel bedeutete, bezeugt eine Kampfschrift des Priesters Salvianus aus Marseille um 440, die mit der entlarvenden Feststellung schließt, daß manche Römer „es vorzögen, arm aber frei im Land der Barbaren, statt versklavt im eigenen zu leben".[122] Dies richtete sich gegen die Zusammenballung des Reichtums und der Macht in den Händen weniger Personen und die Willkür der Beamten. Aber wenigstens war dort im Westen die Bedrohung durch fremde Völker nicht so groß.

Brenzliger war die Situation in Noricum. Hier hatte insbesondere die Donauregion unter den dauernden Einfällen kleinerer Germanenhorden zu leiden. Kaum hatte Flavius Aëtius im Jahre 430 einen größeren Sieg in Noricum erfochten (und noch einmal Alamannen aus Raetien vertrieben), brachen die Hunnen über Mitteleuropa herein; dieser Plage machte erst der gemeinsame Sieg von Römern und Germanen auf den katalaunischen Feldern bei Châlons-sur-Marne im Jahre 451 ein Ende. Die Lebensbeschreibung des Hl. Severin, verfaßt zu Beginn des 6. Jahrhunderts von seinem Schüler Eugippius, bietet uns eine plastische Schilderung der norischen Verhältnisse zwischen etwa 460 und 482.[123]

Die dezimierte Bevölkerung lebte gedrängt in den Kastellen entlang der Donau von *Quintanis*/Künzing (noch in Raetia) über *Batavis* und *Boiotro*/Passau links und rechts des Inns sowie *Lauriacum* bis hinunter ins Wiener Becken.[124] Severin versuchte, eine einigermaßen funktionsfähige Organisation aufrechtzuerhalten (wahrscheinlich war er ein ehemaliger hoher Reichsbeamter mit entsprechender Erfahrung), aber letztlich war Noricum doch nicht mehr zu retten. Etwa 476 mußte Severin die Kastelle oberhalb von *Lauriacum*/Enns-Lorch vom Militär und der Zivilbevölkerung räumen lassen, und das Leben in den inneralpinen Siedlungen, wie etwa in *Iuvavum*/Salzburg oder *Cucullae*/Kuchl, einige Kilometer südlich davon, muß sich am Rande des Existenzminimums bewegt haben. Auch *Tiburnia-Teurnia*/St. Peter in Holz bei Spittal a. d. Drau, die faktische Hauptstadt Noricums, war immer wieder bedroht. Einmal mußte man sich sogar durch die Herausgabe der eingelagerten und für den Norden bestimmten Stoffvorräte von den Goten loskaufen. In dieser Zeit erwies sich die Kirche als einzige Institution, die wenigstens andeutungsweise die Rolle des „Staates" übernehmen konnte. Doch 488 mußten das restliche Ufernoricum und Teile Binnennoricums endgültig aufgegeben werden. Gewiß wurde dadurch das Land nicht gänzlich entvölkert, aber die verbleibenden Menschen, Bauern und Hirten, waren nun sich selbst überlassen.

Germanische Reiche auf römischem Boden

Inzwischen war nämlich auch Italien weitgehend in germanische Hand gefallen. Der General einer Heeresabteilung Westroms, die in Ligurien stationiert war, Odoakar aus dem kleinen Stamm der Skiren, hatte am

4. September 476 den letzten nominellen Kaiser, den jugendlichen Romulus Augustus, spöttisch Augustulus genannt, kurzerhand abgesetzt und sich von seinen germanischen Scharen zum König ausrufen lassen. Aber auch um ihn, der sich ideell durchaus noch als Sachwalter Westroms fühlte und die Anerkennung durch Ostrom suchte, war es geschehen, als 488/89 die Ostgoten, etwa 100000 Menschen, von der pannonischen Tiefebene nach Oberitalien einmarschierten, wohlwollend unterstützt von Ostrom, das den Usurpator Odoakar in Schwierigkeiten bringen wollte. Ihr Führer Theoderich, schon mit sieben Jahren als Geisel an den oströmischen Hof gekommen und dort zu hohen militärischen Stellungen aufgestiegen, ließ Odoakar samt seiner Familie ermorden und sich im März 493 zum König ausrufen. Zur Hauptstadt wählte er Ravenna, das schon kurz nach 400 (wegen der Schutz bietenden Sümpfe und der Lagune) Sitz des weströmischen Hofes geworden und dementsprechend prächtig ausgestattet war; Nebenresidenzen besaß Theoderich z. B. auch in Verona (daher verballhornt „Dietrich von Bern") und Mailand. Er nannte sich „König der Goten und Römer", und weil er seine Goten für unfähig hielt, die überlegene römische Kultur mit ihrer eigenen Lebensform, die aber für seine Vorstellung vom Aufbau des Staates nötig war, in Einklang zu bringen, verwehrte er ihnen den Besuch von Schulen, das Erlernen der lateinischen Sprache und die Heirat mit den Römern. Die Goten blieben Fremde in Italien.[125]

Zu ihrem Reich gehörte aber nicht nur Italien, sondern auch die Diözese Illyricum (soweit überhaupt unter Kontrolle zu halten), so daß es hier an das oströmische Reich angrenzte. Wie weit es sich nach Norden erstreckte, ist eine vieldiskutierte Frage. Mit Sicherheit haben die Südalpentäler innerhalb der Grenzen von Italien noch dazu gehört, wohl auch die ehemalige Raetia I; Flachlandraetien dagegen mit Ufernoricum bis zur Donau, dünn besiedelt und wirtschaftlich heruntergekommen, kann man am besten als ostgotische „Interessensphäre" bezeichnen,[126] denn dort meldete zu dieser Zeit noch niemand politische Ansprüche an. Amüsanterweise spielt bei dieser Frage ein Fisch eine wichtige Rolle. Cassiodor[127] zählt nämlich unter den landeseigenen Speisen am ostgotischen Hofe auch auf: … *a Rheno veniat anchorago* … – aus dem Rhein stammt die *anchorago*. Da damit offensichtlich die Rheinanke gemeint ist, muß das Ostgotenreich zumindest über den Alpenhauptkamm bis in die Täler von Vorder- und Hinterrhein ausgegriffen

haben: Chur als Verwaltungsmittelpunkt hat dann auf jeden Fall noch dazugehört. Allerdings konnte Raetia I noch eine gewisse Sonderstellung behaupten: es war dem Reich eher „angeschlossen" als „eingegliedert", und der militärische Befehlshaber trug den Titel *dux* (etwa mit „Herzog" zu übersetzen) und nicht *comes* (im Sinne von „eingesetzter Graf" als königlicher Beamter).[128]

Im Westen liegen die politischen Verhältnisse klarer. Die Ostgoten hielten östlich der Rhône einen Küstenstreifen besetzt, der die Seealpen mit einschloß; wahrscheinlich hatten sie sich dabei an den Nordgrenzen der Provinzen Alpes Maritimae und Narbonensis II orientiert. Westlich der Grenze zu Italia und Raetia I hatten sich jedoch inzwischen die Burgunder niedergelassen. Diese waren bis zu ihrer Dezimierung und Vertreibung durch die Hunnen (Nibelungenlied!) im Jahre 436 in Südwestdeutschland gesessen, in unmittelbarer Nachbarschaft der Alamannen, im Jahre 443 jedoch als Foederaten Roms („verbündete" Barbaren), zwischen Saône, Rhône und Alpenrand angesiedelt worden. Sie sollten dort den Grenzschutz gegen andere Germanen gewährleisten, und dementsprechend fühlten sie sich auch als „Römer".

Als aber das weströmische Reich immer mehr auseinanderfiel und der Hunnensturm vorüber war, gründeten die Burgunder 457 ein eigenes Reich,[129] das sich bald von der oberen Loire bis an die Grenze zu Italien erstreckte; Königssitz waren zwei große, befestigte Städte:

33   Nach dem Verlust des Gebietes jenseits des Rheins an die Alamannen sicherten die Römer ab dem späten 3. Jahrhundert n. Chr. die neue Grenze durch stark befestigte Kastelle. Zu einer zurückgezogenen Linie gehört das Kastell Irgenhausen auf einem leichten Hügel am Pfäffikersee (Kanton Zürich), erbaut über den abgebrochenen Ruinen eines durch die Alamannen zerstörten Gutshofes, nahe einer wichtigen Straße von Norden zum Waldsee und weiter ins Alpenrheintal. Die Luftaufnahme zeigt die Regelmäßigkeit der Anlage und die Stärke der Mauern; sie waren einst mindestens 7 m hoch. Die Innenbauten, also die Unterkünfte der Soldaten und Offiziere, die Waffenkammern und Werkstätten, lehnten sich an die Außenmauern an (nur zu einem kleinen Teil ergänzt). Zeitstellungen und Funktion des kleinen Baues mit zwei Apsiden sind unbekannt. Seitenlänge einschließlich der Türme um 61 m.

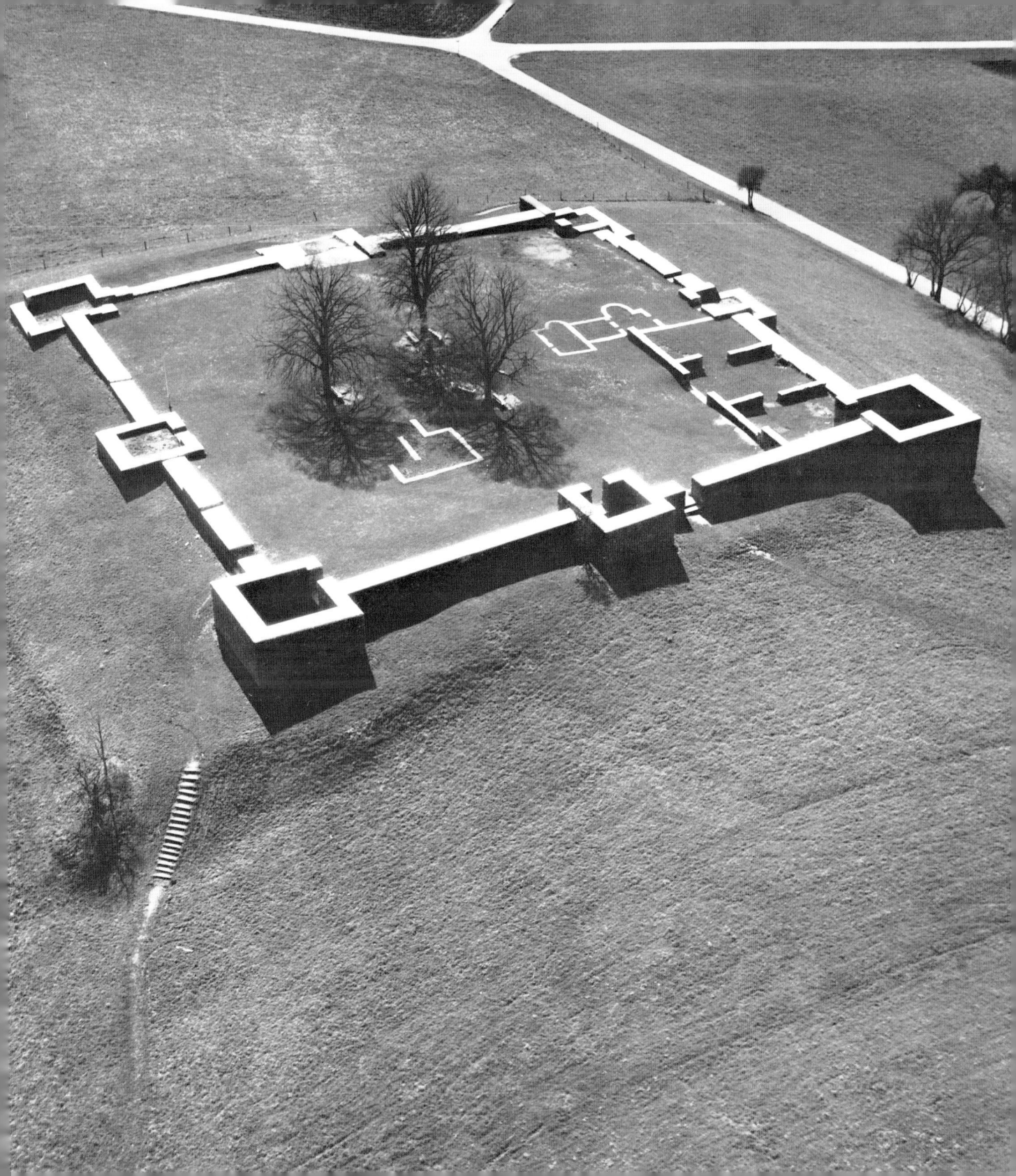

zunächst *Genava*/Genf, bald aber *Lugdunum*/Lyon. Sie beherrschten damit alle wichtigen Pässe über die Westalpen und machten den Ostgoten gelegentlich Schwierigkeiten, die sich mit den Franken, der neuen Macht in Mitteleuropa, arrangieren wollten. Die Franken waren es dann auch, die 532–534 das Königreich Burgund eroberten. Schon 496 hatten sie die Alamannen unterworfen, doch erst nach dem Sieg über die Burgunder, der ihnen in den Westalpen Einfluß verschaffte, legten sie die Hand auf die ehemalige Raetia I.[130] Die Ostgoten waren nicht mehr imstande, hier ihre Herrschaft aufrechtzuerhalten, denn nach dem Tode Theoderichs im Jahre 526 setzte Ostrom alles daran, Italien für sich zu erobern. Von Süden her wurde der Kampf begonnen, und 552 war das Schicksal des Ostgotenreiches besiegelt. Als der oströmische Kaiser Iustinianus 556 starb, hatten seine Feldherren nicht nur ganz Italien, Dalmatien, Korsika und Sardinien gewonnen, sondern auch noch Nordafrika den Vandalen entrissen.

Italien jedoch geriet bald wieder unter germanische Herrschaft. Im Jahre 568 eroberten die Langobarden, aus der pannonischen Tiefebene durch die Awaren vertrieben,[131] unter ihrem König Alboin Oberitalien und stießen bald weiter nach Süden vor. Ihre Hauptstadt war Pavia, aber auch Cividale in Friaul spielte eine bedeutende Rolle.[132]

Die Grenzen im Alpenraum blieben jedoch vorerst dieselben wie unter den Goten. Auch das Leben im Gebirge wurde von alledem wenig betroffen. Die Germanen hatten nach wie vor am inneralpinen Gebiet kein Interesse. Ihnen genügte es, wenn sie die Pässe und Straßen militärisch und politisch kontrollieren konnten. Am besten, weil vorzüglich erforscht, sind die Verhältnisse im Gebiet der ehemaligen Raetia I zu beurteilen. Chur entwickelte sich ohne Unterbrechung zum Zentrum des mittelalterlichen Churrätien, wie ja schon der Name nachdrücklich lehrt. Trotz der nominellen Oberhoheit der Franken blieb das Gebiet „romanisch", kulturell wie sprachlich gesehen. Der fast vollständig ausgegrabene Friedhof von Bonaduz (S. 160 f.), nahe dem Zusammenfluß von Hinter- und Vorderrhein, bezeugt die Kontinuität der Bevölkerung vom 4. bis ins 7. oder gar 8. Jahrhundert (danach wurde der Friedhof wohl zur Pfarrkirche verlegt); dasselbe ist für Chur selbst anzunehmen, doch ist hier durch die intensive Überbauung in jüngerer Zeit viel zerstört und eine entsprechend genaue Untersuchung unmöglich gemacht worden.[133] Alamannische Ein-

flüsse verlieren sich immer mehr, je weiter man vom Bodensee in das Alpenrheintal vordringt.[134]

Das Königreich der Burgunder, zu dem die Westalpen gehörten, dokumentiert sich in Friedhöfen mit charakteristischen Gräbern auch schon aus dem 5. Jahrhundert. Die Menschen siedelten entweder in den römischen Städten oder quartierten sich in den römischen *villae* ein. Die rasche Verschmelzung mit der ansässigen Bevölkerung erschwert in Gräberfeldern wie in Siedlungen eine sichere Unterscheidung der Bevölkerungsgruppen.[135]

Dasselbe gilt für den Ostalpenraum, für den unbedingt eine Kontinuität größerer Bevölkerungsgruppen von der Spätantike ins Mittelalter anzunehmen ist.[136] Doch der Kampf dieser Leute ums Überleben und einfach ihre Armut lassen es bisher kaum zu, eindeutiges Fundmaterial des 5. Jahrhunderts zu identifizieren. Eine besondere Bedeutung kommt daher den Ausgrabungen von *Ibligo*/Invillino nahe Tolmezzo an der Zufahrt zum Plökkenpaß zu (S. 125 f.). Hier wurden außer einer älteren Siedlung des 2.–3. Jahrhunderts ostgoten- und langobardenzeitliche Befestigungen, Häuser und Funde entdeckt (Abb. 146), die unser Bild des 5. bis 7. Jahrhunderts im Grenzgebiet der italischen Germanenreiche entscheidend erweitern. Zu dieser Siedlung gehörte eine reich ausgestattete Kirche auf einem benachbarten Hügel, um die sich Gräber scharten. Auch zum frühmittelalterlichen *Teurnia* im Drautal, ebenfalls mit einer großen Kirche der Zeit um 500 ausgezeichnet (Abb. 126), kennen wir ein Gräberfeld (allerdings an einer anderen Stelle der Ortschaft).[137]

Besonderer Aufmerksamkeit der Forscher erfreuen sich im gesamten Alpenraum die ältesten Kirchen, die oft bis ins 5. oder gar 4. Jahrhundert zurückgehen. Doch werden sie fast immer nur aufgrund architektonischer oder stratigraphischer Überlegungen datiert, seltener durch chronologisch fixierbare Gegenstände oder Gräber in der Umgebung oder gar im Kirchenraum selbst. Gleichwohl stellen sie, so unsicher im Einzelfall ihre Datierung sein mag, insgesamt ein eindrucksvolles Zeugnis des frühen Christentums der alpinen Bevölkerung dar.[138] Daß es im 5. Jahrhundert auch schon Mönche gegeben hat, wissen wir aus der Lebensbeschreibung des Severin, der bei den Kirchen der Kastelle Noricums kleine Klöster gründete. Natürlich handelte es sich dabei nur um bescheidene Wohngelegenheiten *(cellulae)* für jene Menschen, die ihr Leben dem Dienst an Gott und den Mitmenschen gewidmet hatten.[139] Viel prächtiger muß dagegen das Kloster gewesen sein, das der burgundische König Sigismund im Jahre 515 in Saint-Maurice d'Agaune zwischen Martigny und Genfer See an einer verkehrsgeographisch höchst wichtigen Stelle erbauen ließ.[140]

Während in den östlichen und mittleren Alpen diese frühen Kirchen nur noch durch Ausgrabungen erschlossen werden können, weil sie später zerstört oder durch Neubauten ersetzt wurden, ist entlang der Mittelmeerküste eine etwas andere Entwicklung zu beobachten. Hier waren Bevölkerung, Wirtschaft und Handel durch die Wirren im 5. und 6. Jahrhundert weit weniger in Mitleidenschaft gezogen worden, eine Kontinuität war daher eher möglich. Dies betrifft in erster Linie die Baptisterien, also die kleinen Taufkirchen neben der Gemeindekirche, weil sie in späterer Zeit aus liturgischen Gründen kaum mehr eine Rolle spielten und daher von zeitbedingten Um- und Neubauten verschont blieben. Besonders eindrucksvolle Beispiele gibt es in Fréjus und Albenga, aber auch in Novara und Riva S. Vitale im Tessin. An größeren Bauten hat sich S. Lorenzo in Mailand am besten erhalten: die Kirche wurde wahrscheinlich unter der Förderung der Kaiserin Galla Placidia zu Beginn des 5. Jahrhunderts errichtet. Auch die Ideale des Mönchtums, aus dem Osten zunächst nach Gallien verpflanzt, wurden hier schon früh wirksam. Im Jahre 415 waren in Marseille ein Männer- und ein Frauenkloster gegründet worden, und das Kloster auf der Insel St. Honorat (Lérins vor Cannes), vielleicht einige Jahre früher entstanden, bildete lange Zeit den Mittelpunkt des geistigen Lebens für Südgallien und die Westalpen. Sogar Patricius, der Heilige Patrick Irlands mit dem wechselvollen Schicksal, verdankte einem Aufenthalt in Lérins wesentliche Impulse, die die Entwicklung des kirchlichen Lebens in Irland und England bestimmen sollten. Daß dann der Ire Columban nach wirkungsvoller Missionstätigkeit im östlichen Gallien (Kloster Luxeuil in Burgund gegründet 575) und seiner Vertreibung (609), weil er den unmoralischen Lebenswandel der Königin Brundechilde anprangerte, nach einem abenteuerlichen Marsch durch Gallien, „Alamannien" und über die Alpen im Jahre 613 das Kloster Bobbio am Nordhang des Apennin gründete, zeigt besonders gut die Internationalität und Beweglichkeit der damaligen Kirche. Die schriftlichen Quellen überliefern uns noch die Wirksamkeit einzelner Personen, die mit Gottvertrauen und Wagemut ihren Glauben verkündeten und durch organisatorische Maßnahmen festigten.[141]

All dies konnte nur auf dem Hintergrund einer politischen Entwicklung geschehen, die großräumigen Kontakten und damit der Ausbreitung von Ideen günstig war. Nach den Eroberungen des 6. Jahrhunderts entwickelte sich das Frankenreich zu einem stabilen Staat mit festen Grenzen und einer aufblühenden Wirtschaft. Das Geschlecht der Merowinger stellte die Könige, aber die einstigen Stammesherzogtümer erfreuten sich einer weitgehenden Selbständigkeit unter der manchmal nur sehr schwachen Zentralgewalt. Das Reich wurde lange nicht von äußeren Feinden bedroht, allein im Südosten mußte es den Angriffen der westwärts vordringenden Slawen standhalten. Dieses Volk stammte ursprünglich aus den Wald- und Sumpfgebieten Mittelrußlands und war nach dem Abzug der germanischen Völker in Richtung Westen selbst bis an die Grenzen des oströmischen Reiches vorgerückt. Allmählich breitete es sich ebenfalls nach Westen aus und nahm das weitgehend siedlungsleere Land des östlichen Mitteleuropa in Besitz. Im 6. Jahrhundert gerieten die Slawen unter die Herrschaft der Awaren, die schon die Langobarden zum Abzug aus der westungarischen Tiefebene nach Italien gezwungen hatten. Am Ende des 6. Jahrhunderts zerstörten die Awaren und die Slawen, ihre Untertanen und Verbündeten, endgültig die kaum noch bewohnten Städte des alten Noricums, nämlich *Virunum, Teurnia* und *Aguntum*. Erst ein schwer erkämpfter Sieg der Bayern um 610 im Pustertal brachte die Awaren und Slawen zum stehen. Nicht wenige ließen sich in den Tälern Kärntens und der Steiermark nieder (die Höhen waren ihnen nicht geheuer und auch ihrer am Ackerbau orientierten Wirtschafts- und Lebensform nicht günstig); seit dieser Zeit begegnet uns dort das slawische Element als fester Bestandteil der Bevölkerung.[142] Orts- und Personennamen legen davon überall Zeugnis ab, insbesondere die Orte und Flüsse auf *-itz*; selbst der Name der steiermärkischen Hauptstadt ist slawisch, nämlich entstanden aus dem Wort *gradec* = Burg.

Damit war im wesentlichen die Verteilung der Völker, Stämme und auch Sprachen im Alpenraum erreicht, wie sie heute noch besteht. Im Westen und auf der Südseite der Alpen wohnten nach wie vor die romanisierten einheimischen Völker; die germanischen Zuzüge, etwa der Burgunder und der Langobarden, wirkten sich nur wenig auf die Kultur und schon gar nicht auf die Sprache aus (abgesehen von einigen Lehnwörtern und Ortsnamen, besonders die auf *-engo* = bay. *-ing* = alam. *-ingen* = burg. *-ingôs* → franz. *-ens*). Das Lateinische blieb die Grundlage, und erst die späteren historischen Entwicklungen mit ihren verschiedenen politischen Grenzen führten zur Aufspaltung in das Italienische und das Französische; im inneralpinen Gebiet hielt sich außerdem bis heute das „Rätoromanische" (im Osten „Ladinische"), das noch direkter auf das Latein zurückgeht und von Graubünden bis Friaul gesprochen wird.[143] Vom Nordrand der Alpen drang mit der politischen Macht das Germanische in das inneralpine Gebiet vor. Auf diese Weise wurden die Ostalpen wieder deutschsprachig, und das verkehrsreiche und politisch wichtige Südtiroler Etschtal trennte die westlichen rätoromanischen Gebiete von den östlichen ladinischen. Ab der Zeit zwischen 800 und 900 wurde in der Schweiz durch die Besiedlung einiger Täler mit den deutschsprachigen „Walsern" die Sprachgrenze verschoben.[144] Einen Sonderfall, der erst in den letzten Jahren in das Licht der Öffentlichkeit geriet, stellen die Sette Comuni dar, sieben Gemeinden im Bergland südwestlich von Trient mit dem Städtchen Asiago als Mittelpunkt. Hier sprach man bis zum Beginn unseres Jahrhunderts einen süddeutsch-baierischen Dialekt (den man heute wieder zu beleben versucht), und zwar in einer sehr altertümlichen Form, weil wegen der Isolierung dieser Dörfer im italienischen Sprachgebiet die meisten späteren sprachlichen Entwicklungen des Deutschen dort keinen Eingang mehr fanden. Wahrscheinlich geht die deutsche Besiedlung dieser Dörfer auf das 8./9. Jahrhundert zurück, als Bayern und einige nordalpine Bistümer viele verstreute Ländereien auch weiter südlich besaßen.

Die neue Macht
im Norden

Aber damit haben wir der Entwicklung schon vorgegriffen. Das fränkische Königsgeschlecht der Merowinger hatte inzwischen seine Macht an den „Hausmeier" (lat. *maior domus*), den Verwalter des Hofes und Führer des kriegerischen Gefolges, abgeben müssen. Als erster tritt uns Pippin der Ältere im westlichen Reichsteil entgegen, aber auch in den anderen Reichsteilen (durch Erbteilung war das Reich meist in zwei oder drei Teilreiche untergliedert) gab es solche Hausmeier, die schalteten und walteten, ohne daß sie sich viel um die Könige aus dem alten Geschlecht kümmerten. Bezeichnenderweise war das Amt des Hausmeiers ebenfalls weitgehend erblich geworden, so daß sich auf diese Weise allmählich selbst wieder Dynastien bildeten. Als Pippin der Mittlere im Jahre 714 gestorben war, übernahm sein Sohn Karl

Martell die Macht, und ihm gelang es zum ersten Male, das Reich wieder unter einer Hand zu vereinen. Dies war auch dringend nötig, denn nun drohte eine neue Gefahr aus dem Südwesten: der Islam, getragen von den Völkern der „Mauren" oder „Sarazenen", wie sie im Norden genannt wurden.

Der Islam, die von Mohammed zwischen 610 und 632 gestiftete Religion auf der monotheistischen Grundlage des Juden- und Christentums, hatte sich als überaus starke gemeinschaftsbildende Kraft für die arabischen Völker erwiesen, die in unaufhaltsamem Siegeszug die Außenposten des oströmischen Reiches zerschlugen. Entlang der nordafrikanischen Küste kämpften sich die Scharen nach Westen vor, immer neue Anhänger unter den einheimischen Stämmen gewinnend, und setzten schließlich über die Straße von Gibraltar. Das westgotische Heer vermochte keinen Widerstand zu leisten, spätestens im Jahre 713 war die iberische Halbinsel (abgesehen von dem äußersten Nordwesten) fest in islamischer Hand. Doch dies war immer noch nicht genug: Gallien war das nächste Ziel der Raubzüge, Plünderungen und Eroberungen. Erst in der Schlacht bei Tours und Poitier, südlich der Loire, brachte Karl Martell mit seinem disziplinierten Fußvolk und einer neuen Waffe, den gepanzerten Reitern mit eingelegter Stoßlanze,[145] den islamischen Vormarsch zum Stehen. Aber noch über 700 Jahre sollten vergehen, bis die iberische Halbinsel wieder ganz christlich war; denn erst 1492 wurde Granada als letzter arabischer Staat auf europäischem Boden erobert.

Dieser weltgeschichtlich so bedeutsame Erfolg verhalf Karl Martell zur Festigung seiner Stellung als Alleinherrscher. Aber noch war er nicht „König", wenn er sich auch zu Recht so fühlen konnte. Erst sein Sohn Pippin der Jüngere, im Jahre 747 zum Alleinherrscher avanciert, machte dem Schattendasein der merowingischen Könige ein Ende. Der Ablauf dieses Ereignisses ist so bezeichnend für die machtpolitischen und geistigen Verhältnisse dieser Zeit, daß er auch zu erklären vermag, warum die Beziehungen der deutschen Kaiser des Mittelalters zum Papst und zu Italien eine so schicksalhafte Bedeutung besaßen.

Pippin konnte nämlich nicht einfach den nominell herrschenden Merowingerkönig Childerich III. absetzen und sich zum König ausrufen lassen. Dies hätte der immer noch lebendigen germanischen Auffassung von der Erblichkeit der Königsherrschaft aufgrund der Blutsverwandtschaft und des damit verbundenen „Heils" einerseits und der notwendigen zustimmenden Wahl der Großen des Reiches andererseits widersprochen. Pippin hätte, trotz aller realen Macht, als rechtloser Usurpator gegolten, und das hätte vielleicht sogar seine eigenen Gefolgsleute in einen Zwiespalt gebracht. Also mußte er einen Trick anwenden, einen ebenso genialen wie folgenschweren. Er verschanzte sich hinter einer anderen Autorität, dem Bischof von Rom, dem Nachfolger des Apostels Petrus, dem Papst. Die Entwicklung des weströmischen Papsttums bis zu diesem Zeitpunkt ist ziemlich verworren und braucht uns hier nicht weiter zu beschäftigen. Tatsache war jedenfalls, daß im Zuge der fortschreitenden Christianisierung und kirchlichen Organisation im Frankenreich der weltlichen eine kirchliche Macht entgegentrat, daß beide aufeinander angewiesen waren und zunächst auch hervorragend kooperierten. Repräsentant der kirchlichen Macht war der Papst in Rom, und seine Autorität auf religiösem, moralischem und geistigem Gebiet war unbestritten, zumal die Herrscherhäuser Mitteleuropas zu dieser Zeit schon lange das Christentum angenommen hatten, Bistümer einrichteten, Klöster gründeten und schließlich selbst die Missionierung benachbarter Völker tatkräftig unterstützten.

Im Jahre 751 also stellte Pippin dem Papst Zacharias die Frage, ob es gut sei, daß der Frankenkönig keine Macht mehr habe. Der Papst wußte natürlich, was Pippin im Sinn hatte, und antwortete, obwohl diese Konsequenz noch gar nicht angesprochen war, daß derjenige König sein solle, der die tatsächliche Macht in Händen habe. Die Antwort war keine unbedachte Äußerung oder eine kleine Gefälligkeit, sie war von der Not diktiert. Denn die Langobarden bedrängten Rom. Sie überrannten Ravenna, damals immer noch Stützpunkt des oströmischen Reiches, im Jahre 749 und umzingelten Rom. Der Papst, der Anspruch auf einen „Kirchenstaat" von der oberen Adria quer über den Apennin bis nach Latium, das *patrimonium Petri*, erhob, sah seine Vormacht gefährdet und sich auf die Rolle eines langobardischen „Landesbischofs" beschränkt. Er benötigte dringend Hilfe, und zwar militärische, und so mußte er sich an jenen Mann halten, der die größte Macht in Europa innehatte, an Pippin. An Ostrom, das in Süditalien und Sizilien, ja selbst an der oberen Adria seine Herrschaft noch behauptet hatte, mochte er sich begreiflicherweise nicht wenden, weil die Ostkirche den Primat des Papstes bestritt. Pippin verkündete den Spruch des Papstes unverzüglich den Großen des Reiches. Sie waren froh, sich der

Realität nunmehr ohne Gewissensbisse anpassen zu können, und riefen Pippin zu ihrem König aus. Die kirchliche Salbung durch Erzbischof Bonifatius, den Legaten des Papstes, ersetzte das königliche Geblüt; Childerich III., der letzte Merowinger, wurde in ein Kloster gesteckt.

Es war höchste Zeit, daß sich der Papst Rückendeckung verschafft hatte. Die Angriffe der Langobarden wurden so heftig, daß sich Stefan II., der Nachfolger Zacharias', zu einer aufsehenerregenden Tat entschloß. Im Jahre 754 reiste er durch das Land der Langobarden, überquerte die Alpen auf dem direktesten Weg nach Nordosten, vermutlich über den Großen St. Bernhard, und suchte König Pippin in seiner Pfalz Ponthion an der Marne auf. Er warf sich ihm zu Füßen und erflehte seinen Beistand gegen die Langobarden. Daß er außerdem die Königssalbung Pippins wiederholte und dessen Söhne Karlmann und Karl gleich mit einbezog, machte einen solchen Eindruck, daß der Reichstag Hilfsmaßnahmen zustimmte. Pippin war zwar militärisch erfolgreich und zwang den langobardischen König Aistulf mehrmals zu Rückzügen, Zugeständnissen und Tributzahlungen, aber eine endgültige Lösung dieses Problems erreichte erst Karl der Große.

Nachdem Pippin 768 gestorben war, wurde das Reich unter seine Söhne Karlmann und Karl aufgeteilt. Der frühe Tod Karlmanns (771) bewahrte die Reichseinheit für einige Jahrzehnte. Als der neue Langobardenkönig Desiderius wieder einmal Rom belagerte, sah Karl den Zeitpunkt für ein endgültiges Aufräumen gekommen. Er marschierte 774 mit seinem Heer in Italien ein, befreite Rom, eroberte die Hauptstadt Pavia und setzte Desiderius ab. Damit war das Langobardenreich fränkisch geworden, und fränkische Gefolgsleute waren es fortan, die das Land im Sinne des Königs treu verwalteten. Zum ersten Male griff eine mitteleuropäische Macht über die Alpen nach Süden aus und übernahm die Schutzherrschaft über die Reste des weströmischen Reiches in Gestalt des erstarkenden Kirchenstaates. Nichts könnte die grundlegende Verschiebung der politischen Machtzentren im westlichen und mittleren Europa besser verdeutlichen.

Handelte es sich hier um einen eindeutigen außenpolitischen Erfolg des Königs, so war doch seine Macht im Inneren lange nicht so gefestigt, wie es aus heutiger Sicht den Anschein haben mag. Nach wie vor war der König auf die Treue und den guten Willen der Herzöge, Grafen und anderen Adelsherren angewiesen; wollte er

gegen unbotmäßige Landesherren seinen Willen durchsetzen, standen ihm nur seine eigenen Gefolgsleute zur Verfügung, eben jene, die er sich aufgrund seines Landbesitzes und seiner sonstigen Mittel verpflichten konnte, bestenfalls noch einige Bundesgenossen, die sich selbst davon einen Vorteil versprachen. Von einer absoluten Machtbefugnis über alle Untertanen konnte überhaupt nicht die Rede sein; so etwas gab es für größere Herrschaftsbereiche erst im 17. und 18. Jahrhundert.

Auf diesem Hintergrund muß die Entwicklung im Südosten des Reiches gesehen werden. Wie immer, wenn in Grenzbereichen die Verteidigung hauptsächlich den einheimischen Führern mit ihren Gefolgsleuten anvertraut werden muß, entstand auch in den Jahrzehnten um 700 die Tendenz zur Verselbständigung dieser Gebiete. Dies betraf im Südwesten Aquitanien (gegen die Mauren), im Süden Alemannien (gegen die Langobarden) und im Südosten Bayern (gegen die Langobarden und Slawen). Am bedrohlichsten war dabei die Situation im Südosten, weil die Awaren seit etwa 680 vom Druck der Bulgaren entlastet waren und ihre begehrlichen Blicke wieder nach Westen richteten. So wurde um 680 Lorch an der Enns zerstört, das alte *Lauriacum*, das damals schon zum bayerischen Siedlungsraum gehörte.

Der Streit um die Herkunft der Bayern

Die Bayern waren von Anfang an ein rätselhaftes Volk. Noch heute streiten sich die Gelehrten darum (fast ein Nationalsport wie Fingerhakeln), ob und woher sie ins nördliche Alpenvorland eingewandert sind.[146] Zum ersten Mal werden sie von Jordanes, dem Geschichtsschreiber der Goten, für das Jahr 551 als östliche Nachbarn der Alamannen erwähnt, und Venantius Fortunatus, ein späterer Bischof, den eine Reise von Aquileia nach Tours führte, nennt um 565 den Lech als Fluß in Bayern. Der erste namentlich bekannte Herzog, Gari-

34   Stuckstatue Karls des Großen in der Klosterkirche Müstair (Kanton Graubünden). Der Kaiser trägt Krone, Szepter und Reichsapfel; den kurzen Rock bedeckt ein Reitermantel. Die Brosche sowie die Armbänder waren gewiß aus Gold und Edelsteinen. Die Entstehungszeit der eindrucksvollen Statue ist umstritten; am wahrscheinlichsten ist sie in das beginnende 12. Jahrhundert zu datieren. Höhe 1,9 m.

bald I., dürfte kurz vor 550 schon regiert haben, und zwar in der alten Römerfestung *Castra Regina*/Regensburg, deren mächtige Mauern noch im 8. Jahrhundert Bischof Arbeo von Freising rühmte.

Aber die Bajuwaren, wie man sie als Stamm nennt, waren wie manche andere germanische Großstämme ein Volk ohne Geschichte. Sie besitzen keine echte Stammessage, keinen Stammbaum ihrer Könige vor der schriftlichen Überlieferung, sie werden auch vorher niemals in den antiken Quellen erwähnt. Mag das erstere noch darin begründet sein, daß sie im Gegensatz zu den Goten (Jordanes) und Langobarden (Paulus Diaconus) keine schriftkundigen Männer besaßen, die rechtzeitig für eine Aufzeichnung der alten Traditionen sorgten, so ist das zweite doch ein Indiz dafür, daß eine bewußte Tradition zwischen den Boiern der Spätlatènezeit, also des letzten Jahrhunderts vor der Eroberung des Alpenvorlands durch die Römer (15 v. Chr.), und den Bayern des 6. Jahrhunderts (eine Tradition, wie sie heute von manchen Forschern betont wird) nicht bestanden haben kann. Dazu kommt nämlich noch, daß die Boier, ursprünglich in Böhmen beheimatet (daher *Boio-haemum*), nach dem Abklingen der germanisch-keltischen Kämpfe um die Mitte des 1. Jahrhunderts v. Chr. in Mähren und der Slowakei saßen, während das Alpenvorland weitgehend entvölkert war. Gewiß hat es Restgruppen der ursprünglichen Bevölkerung und durchziehender Stämme gegeben (vielleicht jener, die *Boiodurum*/Passau-Innstadt den Namen gaben), ebenso wie sich durch die Wirren und Nöte der Spätantike vindelikische (nicht boiische!) Teile der Bevölkerung Raetiens gerettet haben. All dies verbietet den Schluß, daß der Stammesname der *Boii* in dem Raum zwischen Donau und Alpenrand zu dem der *Baiovarii* (so die älteste Form) geworden sei.

Diese Verknüpfung, die schon der Mönch Jonas aus dem Kloster Bobbio am Nordhang des Apennin um 620 herstellte, ist angesichts der eindeutig negativen Quellenlage zwischen der römischen Eroberung des Alpenvorlandes und Jordanes, also während fast 600 Jahre, nur als gelehrte Deutung eines Mannes zu werten, der die römischen Historiker kannte; denn schließlich wurden die Mönche in der antiken Tradition unterrichtet und die alten Schriften in den Klöstern kopiert. Die Deutung Jonas' steht auf derselben Stufe wie die des „Vaters der bayerischen Geschichtsschreibung" Johann Turmair aus dem niederbayerischen Abensberg, der sich in humanistischer Weise „Aventinus" nannte. Er schrieb, die

Bayern seien „aus dem böhmischen Wald über die Donau in das alte römische Reich über die alten Christen hergefallen". Auch hinter dieser „Überlieferung" steht nichts anderes als die gelehrte Verknüpfung antiker und zeitgenössischer lateinischer Namen. Die Bayern wußten also, bevor die moderne Wissenschaft auf den Plan trat, überhaupt nicht, woher sie einmal „eingewandert" sein sollten.

Um so mehr ist man sich heute darüber einig, daß die ersten überlieferten Herzöge der Bayern – nach ihren Namen und Verwandtschaftsverhältnissen zu urteilen – aus dem Westen stammen, sei es nun Burgund oder das merowingische Franken.[147] Neben philologischer Deutelei und historischer Analyse vermag auch die Archäologie etwas zu dieser Frage beizutragen. Danach war Regensburg, die größte und sicherste Stadt des Alpenvorlandes, ein Ort, in dem die Besiedlung von der Spätantike zum Frühmittelalter nie abriß.[148] Die ältesten germanischen Gräber der Stadt und ihrer nächsten Umgebung, vor allem die reicheren, zeigen, soweit näher bestimmbar, ein klares alamannisches Gepräge nach Herkunft der Schmuckgegenstände und Trachtkombination. Ähnliches gilt für jene Gräberfelder auf dem flachen Land im Gebiet der Voralpenseen, die schon im 5. Jahrhundert beginnen, also zwei Generationen vor der ersten Nennung der Bayern in der schriftlichen Überlieferung.[149] Diese ältesten Gräber bildeten die Keimzellen für größere Friedhöfe, die zu Siedlungen mit bayerischem Namen gehören; eine Zäsur ist nirgends zu erkennen. Die früher durchaus berechtigte Hypothese, der Abzug der Langobarden aus Mähren und der Slowakei nach Pannonien (527), die Eroberung Thüringens durch die Franken (531) und die Aufgabe des ostgotischen Anspruchs auf das „restliche Alamannien", also Flachlandraetien (536 wegen der dringlicheren Verteidigung gegen Ostrom), hätten die Bajuwaren aus dem nunmehr exponierten Böhmen in das wenig besiedelte Alpenvorland gelockt, ist nach den heutigen Erkenntnissen über den Beginn und Fundbestand der südbayerischen Friedhöfe nicht mehr aufrechtzuerhalten – jedenfalls nicht in der Form, daß ein ganzer Stamm geschlossen eingewandert wäre, wie es bei den Ostgoten und Langobarden in Italien der Fall war.

Nimmt man dies alles zusammen, drängt sich der Schluß auf, daß die Bayern als Stamm mit eigenem Wir-Bewußtsein, mit eigenem Namen, mit eigenem Herzogsgeschlecht in der Tat vor der ersten Hälfte des 6. Jahrhunderts überhaupt nicht existiert haben. Sie sind entstanden aus einem bunt zusammengewürfelten Haufen verschiedenster Menschengruppen: keltische Ureinwohner, die im römischen Reich aufgegangen waren und das alte Namengut weitertradiert haben (Fluß- und Ortsnamen); Angehörige des römischen Reiches, die sich aus allen möglichen Gründen in Raetien niedergelassen hatten (ausgediente Soldaten, Händler, Siedler aus dem Gebirgsinneren) und nicht wußten, was sie nach dem Zusammenbruch der Römerherrschaft im fremden Süden sollten; germanische Söldner des 4. Jahrhunderts, die den Abzug des Militärs nicht mitmachten, sondern versuchten, sich auf eigene Faust mit ihrer Familie ein Existenzminimum zu sichern; Alamannen, die nach der Eroberung ihres Landes durch die Franken (496) und nach einem fehlgeschlagenen Aufstandsversuch ostwärts ausgewichen waren oder schon vorher eine „Kolonisation" des Gebietes östlich des Lechs eingeleitet hatten; Ostgoten, die ein freies Leben im faktischen Niemandsland nördlich der Alpen schätzten; Thüringer, die sich nach 531 in der Hoffnung wiegten, für einige Zeit den Franken entrinnen zu können; und gewiß auch Leute aus Böhmen, die teils schon im 5. Jahrhundert über den Bayerischen Wald gekommen waren, teils um 527 sich nicht den südwärts ziehenden Langobarden anschlossen, sondern sich nach Westen wandten. Als dann das von den Ostgoten kontrollierte Gebiet zwischen Lech, Donau und Inn im Jahre 536 den Franken überlassen wurde, weil es ohnehin nicht zu halten und damit ein gewisses Wohlwollen einzuhandeln war, – zu diesem Zeitpunkt spätestens muß der Prozeß der Stammesbildung der Bayern eingesetzt haben.

Denn nichts einigt eine Gruppe so sehr wie die Abgrenzung nach außen. Die Franken mit ihrem Herrschaftsanspruch, dem militärisch nichts entgegenzusetzen war, wurden als „die Fremden" empfunden, die sich eines Gebietes bemächtigen wollten, das nach den Hunnenstürmen ein weitgehend unabhängiges Leben gewährte. Daß die dort wohnenden Menschen den Franken unterlegen waren, eben weil eine stammliche Organisation kaum ausgebildet war, mußte erst recht eine Reaktion hervorrufen. Der Kristallisationskern des Stammesbewußtseins, wie man heute ebenso abstrakt wie naturwissenschaftlich-anschaulich sagt, war vermutlich das Herzogsgeschlecht westlicher Herkunft mit der Residenz in Regensburg. Bei den damaligen Verhältnissen war jeder Herrscher daran interessiert, seinen Machtbereich der königlichen Zentralgewalt so weit wie möglich zu

entziehen (selbst wenn er persönlich dem merowingischen Königsgeschlecht entstammen sollte), und so nutzte der Herzog die antifränkische Stimmung aus, um sich in der Bevölkerung des Alpenvorlandes einen Rückhalt für seine eigenen separatistischen Bestrebungen zu schaffen.

Wenn dieser Prozeß der Stammesbildung von Regensburg, der Herzogsresidenz, seinen Ausgang nahm, ist hier vielleicht die Lösung jenes Rätsels zu suchen, das die Forschung bis heute beschäftigt, nämlich des Namens, an dem ja alle Herkunftstheorien hängen. *Baiovarii* bedeutet „Männer aus dem Lande Baia". Ein solcher Name konnte einer Gruppe nur von Außenstehenden gegeben werden; offenbar besaßen diese Leute keinen eigenen Stammesnamen, der sogleich von der Umgebung akzeptiert wurde.

Regensburg und das Donautal, das sich südwärts zum Gäuboden, der fruchtbarsten Landschaft Bayerns, weitet, liegt genau vor der bequemsten Einfallspforte aus Böhmen, der Cham-Further Senke. Wenn Siedler aus Böhmen nach Westen zogen, war das Donautal die erste und zugleich beste Möglichkeit, sich niederzulassen; denn die niederbayerische Moränenhügellandschaft wirkte wenig einladend, zumal sie auch in römischer Zeit kaum besiedelt und gerodet war. Hier saßen also jene Leute, die von ihren Nachbarn als „Männer aus Böhmen" bezeichnet wurden. Und wenn Regensburg als Herzogssitz, gleichgültig wieviele Jahre oder Jahrzehnte vor 550, aber wohl doch spätestens 536/37, wegen seiner befestigten Lage (innerhalb der Stadtmauern fanden nicht nur der Herzog, sondern auch sein Gefolge und seine Viehherden Platz) das machtpolitische Zentrum dieser Region war, dann hängt die zukunftsbestimmende Rolle des Namens der Bayern mit diesem geografischen Zusammentreffen zusammen. Dabei ist nicht zu entscheiden, welche der beiden denkbaren Möglichkeiten die tatsächliche war. Entweder waren die vor den Franken geflohenen Alamannen und Thüringer daran interessiert, sich hinter einem bis dahin keine Rolle spielenden Stammesnamen zu verstecken, und nannten sich selbst allesamt *baiovarii*. Oder die Franken übertrugen den Namen der eindeutig fremden Leute um Regensburg auf das gesamte vom Herzog beherrschte Gebiet, weil sie ohnehin wußten, daß die wichtigsten Familien eigentlich Alamannen, Thüringer oder sogar schon Franken waren.

Wie dem auch sei, die Analyse der archäologischen Funde und auch die historische Situation in der ersten Hälfte des 6. Jahrhunderts widerspricht der Auffassung, die *baiovarii* seien „als geschlossener oder loser Verband, jedenfalls in bemerkenswerter Zahl" um oder bald nach 500 eingewandert und hätten als politisch wichtigster, volkreichster und daher auch namengebender „Traditionskern" die Stammesbildung der Bayern eingeleitet. Viel eher war es so, daß die kleine Gruppe eingewanderter Leute aus Böhmen dem Gesamtstamm den Namen lieh, weil sie sich zufällig als erste des befestigten Regensburgs bemächtigt und es zur Herzogsresidenz erwählt hatten.

Dieser ausführliche Exkurs über die „Herkunft der Bayern" sollte veranschaulichen, welche Kräfte im Frühmittelalter an der Herausbildung jener ethnischen Landschaft beteiligt waren, die uns heute noch begegnet, sollte ferner darauf aufmerksam machen, daß solche Verschmelzungsprozesse mit dem Ergebnis einer „Stammesbildung" auch in Zeiten ohne schriftliche Überlieferung vor sich gegangen sein müssen (etwa im Falle des norischen Königreiches auf der Grundlage der Osthallstattkultur), und sollte schließlich erklären helfen, warum es den Bayern schon immer am Herzen liegt, sich als etwas Besonderes abzugrenzen.

Germanen und Romanen am nördlichen Alpenrand

Die Sonderrolle der Bayern durch viele Jahrhunderte hindurch beruhte aber ebenso darauf, daß sie als Grenzvolk im Südosten auch eine Verteidigungshaltung nach außen gewohnt waren oder, wenn die Verhältnisse es ihnen gestatteten, selbst Expansion betrieben. So haben sie spätestens um 600 den Brenner und das obere Eisacktal gewonnen, und schon vor 680 war Bozen fest in bayerischer Hand, obwohl es vorher den Langobarden gehört hatte. Dort residierte jetzt, wie Paulus Diaconus schreibt, jemand, den die Bayern *gravionem* nannten, eben ein Graf. Zu dieser Zeit hatten also die Bayern ihren Machtbereich so weit nach Süden ausgedehnt, daß sie damit die heute noch bestehende deutsche Sprachgrenze, ungefähr identisch mit der Südgrenze des späteren Tirols, und, wie erwähnt, eine Art Korridor durch jene Gebiete schufen, in denen man noch romanisch lebte und sprach.[150]

Gerade in jenen Abschnitten des Alpenraumes, in denen die Germanen die herrschende und auch zukunftsbestimmende Macht bildeten, obwohl die romanische Tradition kräftig weiterlebte, konnte sich jene überhebli-

che Haltung herausbilden, die einen Schreiber vom Ende des 8. Jahrhunderts (wohl aus der Umgebung des Klosters Reichenau im Bodensee) verkünden läßt: *stulti sunt romani, sapienti sunt Paioari – tole sint Walha, spahe sint Paigira;* auf gut hochdeutsch: Dumm sind die Welschen, gescheit sind die Bayern.[151] Die „Welschen", die alte romanisierte einheimische Bevölkerung im Gebirge, wurden erst allmählich von den südwärts sich ausbreitenden Alamannen und Bajuwaren überfremdet. Viele Namen im nördlichen Alpenvorland legen Zeugnis von der Existenz dieser von den Neusiedlern als fremd empfundenen Bevölkerung ab:[152] Walchensee in Oberbayern und Walensee zwischen Zürichsee und Alpenrheintal, Straßwalchen östlich Salzburg, Chur mit seiner Vorstadt Welschdörfli, usw. Die Romanen waren es aber auch, die die römischen Ortsnamen, wenngleich durch die germanische Aussprache, die Lautverschiebung oder den 1000jährigen Abstand verändert, bis heute weitergaben. Einige wenige Beispiele von unzähligen mögen hier genügen:

Augusta Vindelicum	Augsburg
Augusta Raurica	Augst
Teriolae	Zirl bei Innsbruck
Veldidena	Wilten (Stadtteil von Innsbruck)
Cucullae	Kuchl (südlich Salzburg)
Curia	Chur
Brigantium	Bregenz
Sabiona	Säben über Klausen
Lentia	Linz
Foetes	Füssen
Parthanum	Partenkirchen
Cambodunum	Kempten
Sedunum	Sitten/Sion
Turicum	Zürich
Abodiacum	Epfach am Lech
Lauriacum	Lorch
Vindobona	Wien

Diese Namen, gerade des Alpenvorlandes, sind oft keltischen Ursprungs (*-dunum, -iacum, -bona*), aber die Germanen haben sie sicher kaum in der keltischen Urform, sondern in der lateinischen Umbildung gehört. Auf diesem Hintergrund verrät sich Vipiteno aus *Vipitenum/* Sterzing als italienische Neuschöpfung im Zuge der strengen Zweisprachigkeit in Südtirol nach 1919. Anders steht es, um etwas weiter das Eisacktal abwärts zu gehen, mit lat. *Claustra* = dt. Klausen = ital. Chiusa: hier ist

Klausen ein Lehnwort aus dem Lateinischen, das schon immer eine Entsprechung im Italienischen besaß.

Archäologisch kann man das Vordringen der bajuwarischen Bevölkerung am besten an den von ihr angelegten Friedhöfen erkennen. Die Gräber liegen, wie im ganzen germanischen Mitteleuropa, in Reihen nebeneinander, die Toten mit dem Kopf nach Westen und ausgestattet mit Schmuck und Trachtzubehör. Das bisher südlichste Reihengräberfeld Bayerns wurde zwischen den alten Ortskernen von Garmisch und Partenkirchen,[153] also in nächster Nähe der römischen Straßenstation *Parthanum*, entdeckt (Abb. 85). Die ältesten Funde von dort setzen etwas vor 650 ein. Dies stimmt mit den Beobachtungen in Nordtirol überein, wo um dieselbe Zeit den Inn aufwärts bajuwarische Siedler sich zwischen den Romanen niedergelassen haben.[154] Daß man sich bei der germanischen Aufsiedlung des Gebirges an den Verkehrswegen orientierte, zeigt im Süden das reiche Kriegergrab von Civezzano (Abb. 87), wenige Kilometer östlich Trient, das mit der Kontrolle der seit spätantiker Zeit wichtigen Straße in der Valsugana durch langobardische Militärposten (und möglicherweise mit ergiebigen Bodenschätzen) zusammenhängt.

Auf diesem Hintergrund werden auch die abweichenden Verhältnisse im Salzachtal verständlich. Seit die Slawen und Awaren die Ostalpen besiedelt hatten, war die Straße über den Radstädter Tauern bedeutungslos geworden, im Grunde schon seit dem Ende des 5. Jahrhunderts. Also sahen die Bajuwaren keinen Anlaß, hier weiter in das Gebirge vorzudringen. Sie besetzten das offene Land nördlich Salzburg und auch Reichenhall wegen seiner Solequelle,[155] aber die weiten Moorflächen um und südlich Salzburg[156] bildeten für Jahrhunderte die natürliche Grenze zwischen den Bajuwaren und den Romanen im Gebirgsinneren. Dies beweist nicht nur die Verbreitung der bajuwarischen Gräberfelder, sondern auch die Häufung romanischer Ortsnamen südlich Salzburg und romanischer Personennamen in den ältesten Urkunden des Bistums.[157] Im alamannischen Westen verlief die Entwicklung ohnehin anders, weil mit Raetia I und dann Churrätien ein wohlgeordnetes Staatsgebilde die Verkehrswege kontrollierte und ein rasches Vordringen der Alamannen etwa das Rheintal aufwärts weder möglich noch nötig war.

Aber nicht nur nach Süden breiteten sich die Bayern aus, sondern auch nach Osten. Im Laufe des 7. Jahrhunderts drangen bayerische Siedler ins heutige Oberösterreich vor[158] und ließen sich auf günstigem Ackerland nieder, wobei die alten Römerstraßen mit dem anschließenden ehemals bebauten Land den Weg wiesen. Es gibt zwar schon einige Gräber des 6. Jahrhunderts, aber sie bilden noch die Ausnahme und sind vielleicht eher versprengten Langobarden, die von Pannonien die Donau aufwärts gekommen waren, zuzuweisen. Die Gebirgstäler lockten keine germanischen Siedler an, und die Enns bildete etwa die Grenze gegen die Slawen und Awaren.

Der erste deutsche Kaiser

Um 700 war die Eigenständigkeit des bayerischen Herzogs so sehr gewachsen, daß er es sich leisten konnte, die königliche Zentralgewalt bei Bedarf zu negieren. Denn in der Tat waren die Merowinger gar nicht mehr imstande, ihren Anspruch durchzusetzen, und die karolingischen Hausmeier mußten erst einmal selbst ihre Stellung festigen. Nachdem jedoch Pippin der Jüngere sich im Jahre 754 hatte zum König wählen lassen, war die Stärkung der fränkischen Oberhoheit eines seiner Ziele. Der bayerische Herzog Tassilo III. schwor zwar 757 den Vasalleneid, aber bald scherte er sich nur mehr wenig um den fernen Frankenkönig. Bei Karl dem Großen konnte er sich das allerdings nicht mehr erlauben; er und sein Land mußten dafür dann auch büßen. Als nämlich 774 die Franken das Langobardenreich erobert hatten, fehlte den Bayern auf einmal die Rückendeckung: sie waren in die Zange genommen. 787 griff Karl die Bayern militärisch an, Tassilo leistete eilends den Treueeid, aber Karl war gekränkt. Auf einem Reichstag in Ingelheim zwischen Mainz und Bingen ließ er ein Jahr darauf Tassilo verhaften und nach einem Schauprozeß ins Kloster stecken, wo dieser den Rest seiner Tage verbrachte, erst im fernen Jumiège an der Seine, dann in Lorsch an der Bergstraße. Bayern wurde fränkische Provinz mit einem *praefectus* als Statthalter.

Die Rolle Bayerns bei der Missionierung der Slawen, eingeleitet durch zwei herzoglich geförderte Klostergründungen (769 Innichen im Pustertal, 777 Kremsmünster in Oberösterreich), übernahm fortan das Reich. Im Jahre 798 bannte Karl mit einem Sieg über die Awaren endlich auch diese Gefahr. Noch einige Jahre dauerte es, bis Karl sein Lebenswerk, das große, einheitlich organisierte Frankenreich geschaffen hatte. Im Jahre 804 konnte er den blutigen Eroberungskrieg gegen die Sachsen siegreich abschließen. Umfangreiche Umsiedlungsaktionen verstreuten die widerspenstigen Gegner über das ganze Reich, auch an den Alpenrand, z. B. nach Sachsenkam bei Bad Tölz. Und endlich verlor im Jahre 806 auch Churrätien seinen Sonderstatus: dem Bischof und damit dem Geschlecht der Victoriden wurde die weltliche Macht entzogen und einem fränkischen Grafen übertragen.[159]

Die Krönung seines Lebenswerkes im wahrsten Sinne des Wortes erlebte Karl an Weihnachten des Jahres 800. Papst Leo III. setzte ihm die Kaiserkrone auf. Aus dem *patricius Romanorum,* dem Schutzherrn der Römer (seit Pippin dem Jüngeren), wird ein *imperator Romanorum.* Damit hatten der Papst und Kaiser Karl endgültig den Anspruch Ostroms negiert, alleiniger Erbe des römischen Reiches zu sein. Ostrom sah sich außerstande, dies zu verhindern, und Kaiser Michael I. anerkannte Karl im Jahre 812 als *basileus,* wie sich die oströmischen Kaiser nannten. Zwei Jahre später starb Karl der Große im Alter von 71 Jahren. Zu Recht lebt er in der Erinnerung der mitteleuropäischen Völker als großer Herrscher fort, der die Grundlagen des Mittelalters schuf. Das Frankenreich war nun die bestimmende Macht im Westen, die politische Einigung verlieh ihm die Fähigkeit zur Expansion, sei es nach Südwesten gegen die Mauren, sei es nach Osten gegen die Slawen. Durch die Einbeziehung Ober- und Mittelitaliens verlor das Massiv der Alpen seinen Grenzcharakter, es wurde, wie schon unter den Römern, wieder zu einem bloßen Verkehrshindernis. Doch da unter den Kaisern die Regional- und Lokalkräfte nach wie vor stark waren und Territorialherr-

35   Ein einzigartiges Zeitdokument ist diese Kanne. Die vielfarbig emaillierten Platten auf dem Bauch und dem Hals stammen nach Technik und Motivschatz aus dem frühislamischen Osten, und zwar von einem „Kugelszepter", wie es bei den Reitervölkern Südrußlands und Ungarns üblich war. Ein solches hat offenbar Karl der Große bei seinen siegreichen Kriegen gegen die Awaren erbeutet. Es wurde in seine Bestandteile zerlegt und in eine gänzlich andere Form und Funktion integriert. Die aus Goldblech getriebene und zusätzlich mit Saphiren geschmückte Kanne enthielt bei besonders feierlichen Gottesdiensten den Meßwein. Frühes 9. Jahrhundert n. Chr. Höhe 30,3 cm. Abtei Saint-Maurice d'Agaune (**Wallis**).

schaften die Grundlage des Staatssystems bildeten, brach nun auf unterer Ebene der Kampf um den Besitz von Straßen, Pässen und Städten aus. Dies im einzelnen nachzuzeichnen, gehört nicht zu den Aufgaben dieses Buches, aber um zu verdeutlichen, auf welche Kräfte und Ereignisse die heutigen politischen Verhältnisse im Alpenraum zurückgehen, sei noch eine sehr kursorische Übersicht über die folgenden Zeiten angeschlossen.[160]

Mit Karl dem Großen endet jedenfalls jene Zeit, für die die Archäologie allein oder in großem Umfang eine Rekonstruktion der Geschichte erlaubt. Zugleich markiert die Kaiserkrönung des Jahres 800 den Zeitpunkt, an dem die politische Initiative für viele Jahrhunderte vom Mittelmeerraum an den Norden überging.

Das Reich und die Herzogtümer

Den Alpenraum berührten, wie schon erwähnt, die Geschicke des Kaiserreiches als Gesamtgebilde so gut wie überhaupt nicht. Maßgebend war die Entwicklung lokaler Herrschaften, wie sie unter der kaiserlichen Oberhoheit überall stattfanden. Denn schließlich war der Kaiser auch nichts anderes als ein grundbesitzender Adelsherr, der nur aufgrund seiner Herkunft und später durch die Wahl von seiten des Hochadels eine besondere Stellung einnahm. Wichtig war aber auch, daß in den nächsten vier Jahrhunderten das Reich gemäß den germanischen Erbfolgerechten auf die Söhne aufgeteilt zu werden pflegte, von deren Einsicht es abhing, wie weit die Einheit rechtlich und faktisch gewahrt blieb.

Schon unter den Enkeln Karls des Großen vollzog sich die endgültige Teilung des Frankenreichs. War im Jahre 843 zunächst eine Dreiteilung mit den Grenzen von Norden nach Süden beschlossen worden, wobei der Mittelteil Lothars I. sich von den ostfriesischen Inseln bis nach Marseille und Italien erstreckte, so entstanden – nach einem Zwischenstadium von 870 – im Vertrag von Ribemont (880) jene Verhältnisse, die längere Zeit die Entwicklung bestimmen sollten. Zwischen dem westfränkischen Reich (dem Kern Frankreichs), dem ostfränkischen Reich (dem Kern Deutschlands) und dem Königreich Italien hatte sich auf einmal ein burgundisches Reich selbständig gemacht, das außer dem Rhône-Saône-Gebiet auch die ganzen Westalpen umfaßte. Eigentlich bestand Burgund damals aus zwei Königreichen, nämlich Niederburgund (mit der Hauptstadt Arles) und Hochburgund, wo der Welfe Rudolf I. im Jahre 688 König

wurde. Beide Reiche streckten ihre Fühler nach Italien aus und stellten gelegentlich auch die italienischen Nationalkönige, aber an eine Expansionspolitik war lange nicht zu denken.

Anders stand es im Osten der Alpenkette. Dort hatte sich das Karantanische Reich installiert, eine Herrschaft auf zunächst hauptsächlich slawischer Grundlage (zur archäologischen Dokumentation vgl. S. 169 f.). Der Name haftete einst am Ulrichsberg, dem *mons Carantanus,* dann an der Karnburg nördlich Klagenfurt und lebt im heutigen „Kärnten" fort; damals gehörten jedoch auch die Steiermark und einige angrenzende Gebiete dazu. Aber schon um 750 hatten die Slawen die Bayern gegen die Awaren zu Hilfe gerufen, so daß seit dieser Zeit Bayern, mindestens bis zur Absetzung Tassilos III., dort die Oberhoheit ausübte. Zu Beginn des 9. Jahrhunderts wurde dann Karantanien seiner Selbständigkeit beraubt, dem Herzogtum Bayern einverleibt und schließlich nach 876 an den illegitimen Karolinger Arnulf, der später auch König des ostfränkischen Reiches wurde, übergeben. In den Jahren 936/37 organisierte Kaiser Otto I. zum Schutze der Ostgrenzen die sogenannten „Marken", die Markgrafen unterstellt waren. So entstanden die Ostmark südlich der Donau, die Steiermark, die Mark Kärnten und die Mark Krain (im heutigen Slowenien). Aber all dies war dauernden Veränderungen unterworfen. So wurde um 1000 die Steiermark Bayern unterstellt, während das neue Herzogtum Kärnten (ab 976) etwa dem heutigen Bundesland mit Krain entsprochen hat. Zu eben dieser Zeit kamen die Babenberger in den Besitz der Ostmark: hier beginnt man die Anfänge Österreichs zu ahnen.[161]

Bei diesem politischen Hin und Her darf man nicht vergessen, daß im 10. Jahrhundert die Ungarn Mitteleuropa in Schrecken versetzten wie ehedem die Hunnen. Raubzüge führten die Reiterhorden mehrmals durch das nördliche Alpenvorland, und selbst über die Westalpen fielen sie, Oberitalien durcheilend, nach Frankreich ein. Die Ungarnstürme sind auch archäologisch eindrucksvoll dokumentiert, etwa bei Schäftlarn südlich München, wo riesige Wall- und Grabensysteme in Verbindung mit klug ausgedachten Annäherungshindernissen für die Reiter einen Rückzugsort der dortigen Bevölkerung schützen sollten.[162] Erst der Sieg Otto des Großen auf dem Lechfeld südlich Augsburg im Jahre 955 bannte diese Gefahr endgültig. Die Ungarn begannen, sich in die Staatengemeinschaft Mitteleuropas einzufügen. Nicht weniger schreckerregend waren die Sarazenen, islamische Scharen hauptsächlich aus Spanien, die sich seit dem Ende des 9. Jahrhunderts in Fréjus, dem alten *Forum Iulii* an der Côte d'Azur, festgesetzt hatten.[163] Bei ihren Streifzügen machten sie nicht einmal vor dem Gebirge halt, wie die Zerstörung des hochgelegenen und reichen Klosters Disentis im Vorderrheintal im Jahre 940 beweist; gleichzeitig ging Saint-Maurice im Wallis in Flammen auf. Erst im Jahre 972 konnte Fréjus mit vereinten Kräften wieder erobert werden, was dem westmediterranen Seehandel einen gewaltigen Aufschwung verlieh.

In den Zentralalpen hatten sich keine Änderungen ergeben. Der westliche Teil gehörte zum Herzogtum Schwaben, der östliche zum Herzogtum Bayern, das zeitweise seinen Einfluß bis Trient ausdehnen konnte. Im Zuge seiner Italienpolitik war das Deutsche Reich daran interessiert, auch die Westalpen in seine Hand zu bekommen. Dieses Ziel war erreicht, als 1033 das Königreich Burgund mit dem Kaiserreich vereinigt wurde. Deutschland – Burgund – Italien bildete nun die Herrschaftsbasis für den Kaiser. Wie wichtig dies war, zeigte sich 1076, als die Auseinandersetzung zwischen weltlicher und geistlicher Macht im Investiturstreit ihren Höhepunkt erreichte. Papst Gregor VII. hatte den deutschen König Heinrich IV. für abgesetzt und exkommuniziert erklärt, weil dieser dem kirchlichen Anspruch auf Einsetzung der Bischöfe allein durch die Kirche nicht willfahren wollte. Als der Fürstentag sich diesem Bann anschloß und den König zum Einlenken aufforderte, blieb diesem gar nichts anderes übrig, als sich dem zu fügen. Im Frühwinter des Jahres 1076 überquerte Heinrich IV. mit seinen Getreuen die Alpen über den Mont-Cenis, in einer Jahreszeit, die ein solches Unternehmen auch mit einheimischen Führern als eine Verzweiflungstat erscheinen lassen muß (S. 261 f.). Daß er den Mont-Cenis und nicht den viel bequemeren Reschen oder ostschweizerische Pässe wählte, hing damit zusammen, daß Schwaben seine Straßen und Pässe für ihn gesperrt hatte. So mußte er auch bei seiner Rückkehr einen Weg wählen, der diesen feindlichen Machtblock umging, nämlich über die Ostalpen nach Bayern.

Vom 25. bis 28. Januar 1077 hatte sich Heinrich in Canossa aufgehalten, einer Burg am Nordabhang des Apennin bei Reggio Emilia. Er unterwarf sich der Kirchenbuße des Papstes und erreichte dadurch die Aufhebung des Bannes, eine – damals so empfundene – demütigende Anerkennung des Anspruchs der Kirche auf das

36   Ein Sarazene zu Pferd hat einen langobardischen Priester gefangengenommen. Felszeichnung in 1700 m Höhe über Villar Focchiardo in der Valsusa (Piemont).

Recht, ihre eigenen Angelegenheiten selbst zu regeln – der Beginn einer Trennung, wenigstens ansatzweise, von Kirche und Staat und zugleich die Vorahnung einer bis heute andauernden Auseinandersetzung.

Savoyen, Habsburg und die Eidgenossenschaft

In den folgenden Jahrhunderten war es vor allem der Westen des Alpenraumes, in dem sich neue Staaten bildeten und neue Geschlechter an die Macht kamen, um größere Reiche zu errichten. Drei Namen sind hier wichtig: Savoyen, Habsburg und die schweizerische Eidgenossenschaft.

Als erste treten die Savoyer hervor. Als nach dem Tode des letzten burgundischen Königs Burgund im Jahre 1033 mit dem deutschen Reich vereinigt wurde, war es den Söhnen des Grafen Umberto gelungen, sich den Besitz des ehemaligen Königsklosters Saint-Maurice zwischen Genfer See und Großem St. Bernhard zu sichern, eines verkehrsgeografisch höchst wichtigen Punktes, der noch dazu von allen durchziehenden Rompilgern besucht wurde. Mitsamt den zugehörigen Ländereien brachte dies einen einträglichen Gewinn und Einflußmöglichkeiten auch auf die große Politik. Da diese Familie schon im 10. Jahrhundert am Westrand der Alpen ansässig war, hatte sie mit Weitblick diese günstige Gelegenheit ergriffen, um bei dem Kampf um die wichtigsten Alpenpässe eine gute Ausgangsposition zu erringen.

Zur Zeit der deutschen Stauferkönige geboten die Savoyer (benannt übrigens nach der „Sapaudia", der römischen Bezeichnung für die nördlichen Westalpen) im

13. Jahrhundert schon über ein größeres Gebiet im unteren Wallis mit dem Großen St. Bernhard, im heutigen Département Savoie und – durch Heirat dazuerworben – über die vorgelagerten Gebiete in Oberitalien, noch über Turin hinaus. Sie hatten also einen kleinen Alpenstaat geschaffen, der einerseits zum inzwischen eingerichteten burgundischen Königreich Arelat, andererseits zum Königreich Italien gehörte.

Sie kontrollierten damit die drei wichtigsten Alpenpässe zwischen dem westlichen Mitteleuropa und Italien: den Großen und den Kleinen St. Bernhard sowie den Mont-Cenis. Südlich davon war seit 1029 die Grafschaft Dauphiné selbständig geworden, doch waren die von ihr beherrschten Pässe weit weniger wichtig, die Wirtschaft bescheiden, die staatliche Organisation unentwickelt (selbst Grenoble konnte nicht als offizielle „Hauptstadt" gelten), so daß dieses Gebilde im Jahre 1349 ein unrühmliches Ende fand. Humbert II. („mit den leeren Händen", wie man ihn nannte) verkaufte seinen bankrotten Staat an den französischen König, der seinen Sohn und Thronfolger damit beschenkte: seitdem hieß der französische Thronfolger „Dauphin". Dabei wurde geflissentlich negiert, daß Dauphiné ebenso wie Savoyen und die an die Mittelmeerküste grenzende Grafschaft Provence (1246 an das Geschlecht der Anjou und erst 1481 an Frankreich) eigentlich zum deutschen Reich gehörten. Aber diese französisch bzw. provençalisch sprechenden Gebiete waren den deutschen Kaisern so fremd, daß sie – abgesehen von Savoyen – ihre Ansprüche nicht unbedingt durchsetzen mochten. Als Kaiser Karl IV. 1378 den französischen „Dauphin" als seinen „Stellvertreter" in den mittleren Westalpen anerkannte, war das angesichts der politischen Realität nur eine hilflose Geste, um das Gesicht zu wahren. Er war auch der letzte Deutsche, der zum König des längst nur noch auf den Karten der Hofkanzlei existierenden Arelats gekrönt wurde. Die Savoyer nämlich hatten sich schon 1310 mit den Habsburgern arrangiert und von Kaiser Heinrich VII. von Luxemburg den Fürstentitel erhalten.

Seit dieser Zeit gingen Savoyen und Habsburg ihre eigenen Wege, und erst Jahrhunderte später sollten sie sich im Kampf um die Unabhängigkeit Italiens wieder gegenüberstehen. Die Habsburger hatten ihre namengebende Burg bei Brugg an der Aare südlich des Hochrheins, Besitzungen in der näheren Umgebung, aber auch im elsässischen Sundgau und im badischen Breisgau. Ausschlaggebend für ihren raschen Aufstieg war der Er-

werb von Österreich (die alte Ostmark) mit der Steiermark (1282), Kärnten mit Krain (1335) und Tirol (1363). Rudolf von Habsburg (1273–1291) war der erste Kaiser aus ihrem Geschlecht, aber seine Stellung verdankte er nur der Tatsache, daß Ottokar III. von Böhmen, der nach 1251 die Länder von Österreich bis Krain unter seine Herrschaft brachte, ihm bei der Königswahl 1273 unterlag und 1278 in der entscheidenden Schlacht auf dem Marchfeld (jenseits der Donau nordöstlich Wien) fiel.

Am längsten hatte sich also Tirol, ein typischer Paßstaat wiederum, dem Zugriff von außen widersetzt. Nach dem Vorstoß der Bayern auf die Südalpenseite und dem Erwerb des Bistums Trient war dieses Gebiet Bestandteil des Herzogtums Bayern. Aber das sagte noch lange nichts darüber aus, wer in den einzelnen Landesteilen bei der damals so vielschichtig und dezentralisiert aufgebauten politischen Organisation die tatsächliche Macht ausübte. So war das Gebiet zwischen Innsbruck und der Veroneser Klause mit seinen Seitentälern in mehrere Grafschaften aufgeteilt, die zu Beginn des 11. Jahrhunderts an die Bischöfe von Brixen, Trient und Regensburg übergingen, hauptsächlich deswegen, weil der Kaiser zur Sicherung der Wege nach Italien an einer Zersplitterung und Aufteilung der Macht an verschiedene Herren interessiert war. Die Bischöfe mit dem ihnen zur Verfügung stehenden Verwaltungsapparat waren damals nicht imstande, auch den weltlichen Problemen eines solchen Staatsgebildes gerecht zu werden, und übertrugen die Grafengewalt an einheimische Adelsgeschlechter. Da aber auch die Bischöfe meist aus ebendenselben Geschlechtern stammten, wurden dadurch keine neuen Streitigkeiten provoziert, sondern Macht und Einfluß der ansässigen Familien gestärkt.

In diesem Zusammenhang treten die Grafen von Tirol, die sich nach ihrem Schloß oberhalb von Meran nannten (offensichtlich derselbe Wortstamm wie *Teriolis*/Zirl in Nordtirol, doch haben Spekulationen über die gegenseitigen Abhängigkeiten zu nichts Greifbarem geführt), zum ersten Male im Spiel der Großen auf. Der Vinschgau um das obere Etschtal (die Heimat der von den Römern unterworfenen *Venostes*, im Mittelalter als *pagus Venosta* und *pagus Finsgawe* überliefert) und die Vogtei über das Bistum Trient (Vogt aus lat. *advocatus*: jemand, der die Interessen einer anderen Person oder Grundherrschaft vertritt, die diese nicht selbst wahrnehmen kann) waren die Ausgangsbasis ihrer Macht. Im

Jahre 1248 beherrschten sie schon das ganze obere Etschtal bis kurz vor Verona samt dem mittleren Inntal im heutigen Nordtirol. Danach erwarben sie noch weitere Ländereien, vor allem im Westen und Osten, die die zukünftige Gestalt des Landes Tirol bestimmen sollten. Politisch allerdings dauerte die relative Selbständigkeit nicht lange, weil die Herrschaft der Grafen von Tirol 1363 in die Hand der Habsburger überging, die ihre inneralpinen Erwerbungen nur als Abrundung eines weitgestreuten Besitzes betrachteten. Denn ihre Interessen waren die einer Großmacht, die 1516 durch den Erwerb Spaniens mit seinen mittel- und südamerikanischen Besitzungen unter Karl V. von sich sagen konnte, daß in ihrem Reich „die Sonne nie untergeht".

Während es die Spanier und ihre habsburgischen Könige jenseits des Atlantik leicht hatten, sich mit gepanzerten Reitern und einigen Kanonen gegen Menschen, Stämme und Staaten durchzusetzen, die ganz anders lebten, anders dachten und technisch unterlegen waren, stießen die Habsburger ausgerechnet in ihrer Heimat auf den entschlossenen Widerstand der Bergbauern in den nördlichen Zentralalpen. Als nämlich 1218 das Geschlecht der Zähringer ausgestorben war, das im Herzogtum Schwaben die mächtigste Position innehatte und dem wir die Gründung so schöner Städte wie Freiburg im Breisgau, Bern und Freiburg im Üechtland sowie die Öffnung des Gotthardpasses durch die technisch ungemein schwierige Überwindung der Schöllenenschlucht verdanken, hatten sich im Gebirgsland zahlreiche kleine und kleinste politische Einheiten gebildet. Zukunftsweisend war dabei das Genossenschaftsprinzip, der Zusammenschluß gleichberechtigter Partner und die Ablehnung einer direkten Unterordnung unter einen Landesherrn. Als die Talschaften von Schwyz und Uri 1231 bzw. 1240 die Reichsunmittelbarkeit erlangten, unterstanden sie natürlich noch dem deutschen Kaiser, aber sonst hatte niemand mehr in ihre Angelegenheiten hineinzureden. Dies bekamen die Habsburger zu spüren, als sie gegen Ende des 13. Jahrhunderts versuchten, ihre Macht nach Osten und Süden auszudehnen. Die Bauern von Schwyz, Uri und Unterwalden (1291 als Urkantone zum „Ewigen Bund" zusammengeschlossen) schlugen 1315 bei Morgarten am Vierwaldstätter See das habsburgische Ritterheer, das dem draufgängerischen Mut des Landvolkes und den topografischen Schwierigkeiten des Gebirges nicht gewachsen war. Der Anschluß weiterer Gebiete und Städte sowie sogar die Eroberung habsburgischer Besitzungen festig-

ten den Bund der Eidgenossen, denen nach der Abwehr erneuter Annektierungsversuche von seiten Habsburgs im Jahre 1388 die Unabhängigkeit garantiert wurde. Danach setzte sogar eine Phase der aktiven Expansion ein, die 1536 durch den Anschluß der bis dahin zu Savoyen gehörigen Gebiete von Genf mit dem Waadtland und dem Chablais ihren Abschluß fand und – abgesehen von geringen Änderungen in späterer Zeit – die Schweiz in ihrer heutigen Gestalt schuf.

Der Ausgriff nach Süden wurde durch die politische Zerrissenheit Oberitaliens begünstigt. Allerdings konnte nur das Tessin mit dem Misox behauptet werden; das Veltlin zwischen Comer See und Stilfser Joch, 1512 zu Graubünden gekommen, wurde 1798 von Napoleon, der die Schweiz für einige Jahre ihrer Selbständigkeit beraubte und zur „Helvetischen Republik" machte, zu Italien geschlagen. Das Chablais südlich des Genfer Sees ging erst 1860 im Zuge der Abtretung der westlichen Teile Savoyens durch Italien an Frankreich über. Seit 1515 verfolgte die Schweiz eine strikte Neutralitätspolitik, und die volle Selbständigkeit im völkerrechtlichen Sinne, die endgültige Lösung vom Deutschen Reich wurde 1648 im Westfälischen Frieden bestätigt.

Napoleon und die Folgen

Obwohl die Interessen der Großmächte sich immer mehr auf das zersplitterte Italien konzentrierten, blieben die politischen und territorialen Verhältnisse im Alpenraum auch außerhalb der Schweiz bis zum Ende des 18. Jahrhunderts recht stabil. Die Westalpen gehörten zu Savoyen mit der Hauptstadt Turin; nur ganz im Süden besaß Frankreich größere Anteile. In die Täler südlich der Schweiz erstreckte sich die Herrschaft Mailands. Im Osten teilten sich das habsburgische Österreich und die Republik Venedig die Macht; nur das Erzbistum Salzburg hatte noch seine politische Selbständigkeit bewahrt. Savoyen war immer noch der alte Paßstaat, aber im Spanischen Erbfolgekrieg, als Spanien und seine Besitzungen aufgeteilt wurden, gelang es dem savoyischen Herrscherhaus, auch ein Stückchen zu ergattern: 1713 wurde ihm Sizilien zugesprochen, das es 1720 gegen das bis dahin österreichische Sardinien eintauschte. So wurden aus den Herzögen von Savoyen auf einmal Könige von Sardinien, wie denn auch das Gesamtreich hieß. Zur selben Zeit geriet Mailand mit seinem großen Territorium unter österreichische Herrschaft.

Die Zeit Napoleons brachte zwar radikale Veränderungen mit sich, aber sie wurden nach dessen Sturz fast alle wieder rückgängig gemacht. So war Savoyen von Frankreich annektiert, das restliche Oberitalien den Österreichern entrissen und zu einem neugeschaffenen Königreich Italien geschlagen worden. Die Schweiz war, wie erwähnt, als „Helvetische Republik" von Napoleon abhängig, und das Wallis wurde kurzzeitig sogar Frankreich einverleibt, damit der Große St. Bernhard unter Kontrolle war. Denn auch Napoleon reihte sich unter jene Männer ein, die durch eine Alpenüberquerung Geschichte machten. Im Mai 1800, also zu einer noch ziemlich ungünstigen Jahreszeit, führte er ein Heer von 30 000 Mann mitsamt der ganzen Artillerie über den Großen St. Bernhard nach Italien, um dort den Österreichern entgegenzutreten. In jenen Jahren versuchte sogar Bayern, das mit Napoleon sympathisierte, sich auf Kosten Österreichs auszudehnen. 1809 fielen das Erzbistum Salzburg, Nordtirol und das Innviertel an Bayern; Südtirol wurde Italien zugesprochen. Die Tiroler erhoben sich gegen die Bayern und Franzosen. Einige militärische Erfolge brachten gegen die Übermacht politisch nichts ein; 1810 wurde Andreas Hofer, der Anführer des Aufstandes, in Mantua hingerichtet – ein Kapitel bayerischer Geschichte, an das sich heute niemand mehr gern erinnert.

Als der napoleonische Spuk vorüber war, ordnete der Wiener Kongreß 1815 die politische Landschaft Europas wieder. Die Schweiz erhielt ihre Selbständigkeit und das Wallis zurück. Tirol und Salzburg gingen an Österreich, außerdem noch Venetien und der größte Teil der Lombardei. Die Savoyer geboten wieder über das Königreich Sardinien, das jetzt auch das ehemals genuesische Küstengebiet in Ligurien umfaßte. Damit war die Keimzelle für ein geeintes Italien geschaffen, aber noch war die Zeit dafür nicht reif. Erst im Gefolge der Ereignisse von 1848, die die Forderung nach Nationalstaaten laut werden ließen, kam die Einigung und Befreiung Italiens in Gang. Sardinien – Piemont verbündete sich mit Frankreich und besiegte Österreich 1859 in den Schlachten von Magenta und Solferino. Aber der Erfolg war nicht ganz der erhoffte: Österreich behielt Venetien, und Frankreich beanspruchte für seine Hilfe die Lombardei. Das letzte Problem wurde 1860 dadurch gelöst, daß Sardinien-Piemont seine überwiegend französisch sprechenden Provinzen um Nizza/Nice sowie in den heutigen Départements Savoie und Haute-Savoie an Frankreich abtrat und dafür die Lombardei erhielt. So entstand, abgesehen von geringfügigen Korrekturen nach dem 2. Weltkrieg, die heutige Grenze zwischen Frankreich und Italien auf den Pässen.

In demselben Jahr gelang Garibaldi und seinen Freischaren die Eroberung des bourbonischen Königreichs in Sizilien und Unteritalien, so daß nach dem Anschluß der mittelitalienischen Herzogtümer und großer Teile des Kirchenstaates der neue Staat Italien geschaffen war. 1861 nahm Victor Emanuel II. von Sardinien den Titel eines Königs von Italien an. Die Hauptstadt war daher auch zunächst Turin, dann Florenz und schließlich nach der endgültigen Besetzung des Kirchenstaates ab 1871 Rom. Zur Gewinnung Venetiens verbündete sich Italien sogar mit Preußen; militärische Erfolge führten zum Ziel: 1866 wurden Venetien und Istrien italienisch, doch Südtirol blieb bei Österreich. Der 1. Weltkrieg und die Auflösung der Habsburger Monarchie stellten dann endgültig die heute noch existierenden Grenzen im Zentral- und Ostalpenraum her. Im Friedensvertrag von 1919 erhielt Italien Südtirol bis zum Brenner; außerdem mußte Österreich Krain, Teile Kärntens und die Südsteiermark an das neugegründete Königreich der Serben, Kroaten und Slowenen, das nachmalige Jugoslawien, abgeben. Istrien allerdings kam erst nach dem 2. Weltkrieg an Jugoslawien.

Probleme mit den neuen Grenzen

Betrachten wir die Grenzziehungen des 19. und 20. Jahrhunderts, so ist ganz auffällig, daß sie von einem neuen geopolitischen Verständnis ausgehen. Ganz andere Bedürfnisse und Vorstellungen als früher prägen die neuen Grenzen. Sie verlaufen nicht mehr wie ehedem an den Engstellen der Täler, den schwer passierbaren und leicht zu verteidigenden Klausen, sondern auf den Gebirgskämmen und Wasserscheiden. Einst zusammenge-

37   Selbst die Paßhöhe des Großen St. Bernhard mit 2469 m lag zu manchen Zeiten innerhalb kulturell oder politisch zusammengehöriger Gebiete; über sie führt die kürzeste Verbindung zwischen Italien und dem westlichen Mitteleuropa. Im Vordergrund der in den Felsen gehaune Saumweg, der von den Römern bis in die Neuzeit benutzt wurde, darüber die Statue des Heiligen, im Hintergrund das Hospiz.

hörige Tallandschaften zu beiden Seiten der Pässe werden zerrissen, die Sprachgemeinschaften unter dem Blickwinkel des „Nationalstaates" mit seiner fiktiven kulturellen Einheit betrachtet und nach Prozentzahlen beurteilt. Dies gilt nicht nur für Südtirol, sondern auch für die Westalpen, wo man in den Piemonteser Bergen weitgehend französisch spricht und das Aostatal wenigstens eine gewisse Autonomie besitzt, ebenfalls für die Ostalpen, wo die Grenze auf dem Kamm der Karawanken ein Gebiet durchschneidet, in dem deutsche und slowenische Sprache und Kultur innig vermischt waren.

Eine solche Grenzziehung ist, obwohl natürlich selbst historisches Faktum, auf dem Hintergrund der vieltausendjährigen Geschichte des Alpenraumes nur als ahistorisch zu bezeichnen. Sie ist offenkundig das Produkt von Politikern, die als Flachlandbewohner im Gebirge nur das Trennende, das Abgelegene, das Unheimliche sehen. Nach ihrer Meinung, nach ihrem Gefühl muß ein Gebirgskamm als Trennlinie wirken, muß die Unwegsamkeit der Pässe im Winter die Kommunikation zwischen den Tälern erschweren, können die einst so hinderlichen Engpässe in den Tälern durch kühne Brücken und Tunnels überwunden werden. Aber weil früher die Herrschafts- und Territorialbildung auf eine viel natürlichere Weise erfolgte (die sogar die eher noch weniger interessierten Römer weitgehend respektierten) und die Sprachlandschaft davon bestimmt ist, haben die modernen Nationalstaaten mit ihren neuen Grenzen gerade im Alpenraum mehr Probleme des Zusammenlebens geschaffen, als sie zu lösen versprachen. Ihre Lösung wird erst dann gelingen, wenn neue Formen der staatlichen Organisation ein gleichberechtigtes und respektvolles Nebeneinander historisch gewachsener Räume, Kulturen und Gemeinschaften zum unabdingbaren Prinzip erheben. Es ist nicht einzusehen, warum Europa nicht eines Tages das gelingen sollte, was die Schweiz – wenn auch nicht ohne jede Schwierigkeit – seit Jahrhunderten mit großem Erfolg praktiziert.

Ein Anfang ist gemacht, denn seit einigen Jahren gibt es eine „Arbeitsgemeinschaft Alpenländer" mit regelmäßigen Konferenzen auf Ministerebene. Wenn man dabei allerdings nur über Fremdenverkehr und Autobahnbau redet, ist das entschieden zu wenig. Ob die Kenntnis der eigenen Vergangenheit Denkanstöße zur Bewältigung zukünftiger Aufgaben zu liefern vermag, muß sich zeigen.

38   Modell des römischen Gutshofes von Seeb, Gemeinde Winkel (Kanton Zürich) nach den Ausgrabungsbefunden (Abb. 58) und in Anlehnung an besser erhaltene Bauten in Italien. Im Vordergrund das weitläufige Herrenhaus mit langen Säulenhallen, einem von dort aus zugänglichen Badegebäude und mehreren Anbauten. Fast in der Mittelachse das turmartige Brunnenhaus. Rechts und links große Wirtschaftsgebäude mit bescheidenen Wohnungen für Bedienstete und Sklaven sowie Viehställen und Speichern. Das ganze Hofareal war von einer Mauer eingefaßt und von Kieswegen durchzogen.

III. Von der Laubhütte zum Palast –
Wie die Menschen wohnten

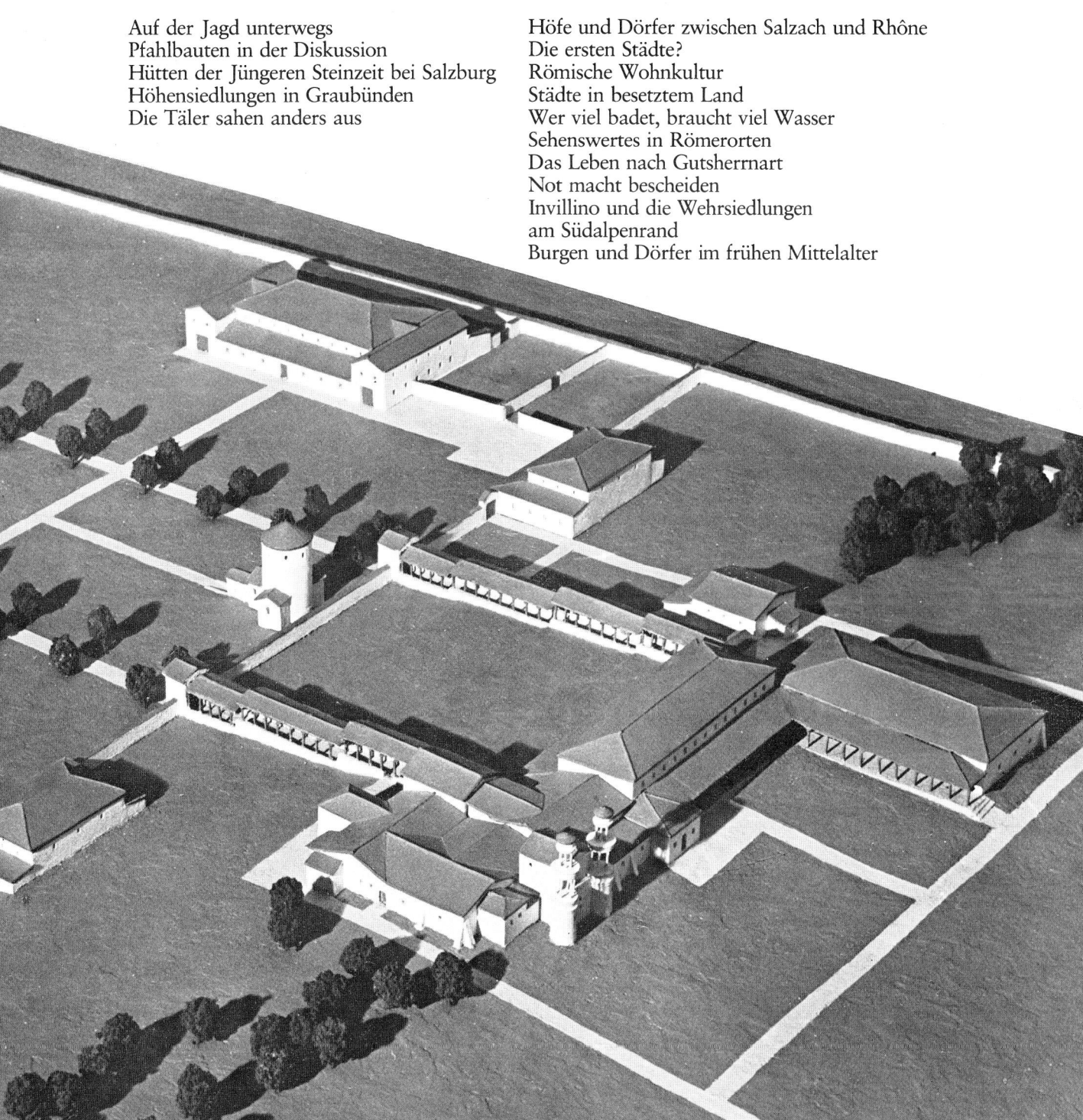

Nichts ist so dauerhaft wie ein Pfostenloch. Diese Erkenntnis aus den Anfängen der Ausgrabungstechnik, gewonnen an norddeutschen Ringwällen und römischen Lagern im Rheinland, ist ebenso genial wie für den Alpenraum unergiebig. Die geniale Idee besteht in der Beobachtung, daß jeder Pfosten, der einmal in die Erde gerammt oder eingegraben wurde, sich üblicherweise für immer vom umgebenden Erdreich abhebt. Der Pfosten selbst vermodert zwar, aber er zeichnet sich rund oder eckig als dunkle Verfärbung ab. In besonderen Fällen ist auch noch die ehemals ausgehobene Pfostengrube zu erkennen. Deckt der Archäologe eine größere Fläche innerhalb einer alten Siedlung auf, kann er aus der Verteilung der Pfostenlöcher die Grundrisse von Häusern und Hütten rekonstruieren (Abb. 47). Falls die Pfosten mit Steinen verkeilt waren, ist eine solche Rekonstruktion auch dann möglich, wenn Grube oder Pfosten selbst nicht mehr sichtbar sein sollten. Das ist besonders wichtig bei Siedlungen, in denen durch viele Jahrhunderte hindurch eine Generation nach der anderen ihre Häuser auf dem Schutt der vorhergehenden erbaut hat; denn in solchen Fällen sind die Schutt- und Abfallschichten schon so dunkel und humos, daß sich ein Pfostenloch oft nicht mehr abzeichnet.

Im Alpenraum jedoch läßt sich diese archäologische Beobachtung nur selten nutzbringend anwenden, am ehesten noch in den breiten Tälern der großen Flüsse, wo die Menschen ihre Siedlungen auf hochwasserfreien Hängen oder Kuppen errichteten. Sonst war das Eingraben von Pfosten oft wenig zweckmäßig. In felsigem Gelände kommt unter dem dünnen Humus gleich der Stein; ein Pfosten fand hier gar keinen Halt. Auch in Moränen mit den vielen Kieseln und Steinbrocken war eine Pfostengrube nur mühsam auszuheben. Hier wich der Mensch auf andere Konstruktionen für seine Häuser aus, und wir werden sehen, wie er die Schwierigkeiten meisterte.

Auf der Jagd unterwegs

Als die ersten Menschen des Alpengebietes Schutz vor Wind, Regen und Schnee suchten, sahen sie sich zunächst in der Natur um. Besonders willkommen waren Höhlen in günstiger Lage; denn dort waren die Temperaturunterschiede einfach auszugleichen. Schien die Sonne, konnte man sich an den Eingang setzen und sich wärmen. Pfiff ein kalter Wind, zog man sich einige Meter in die Höhle zurück; ein Feuer verbreitete dann behagliche Wärme. In der Grotte du Vallonnet bei Roquebrune – Cap-Martin (Alpes-Maritimes),[1] dem ältesten Fundplatz der Alpen, wurden allerdings keine Spuren von Feuer entdeckt. Es ist müßig, darüber zu streiten, ob die Menschen damals vor einer Million Jahren das Feuer noch nicht kannten oder ob sie es wegen des angenehmen Klimas der Côte d'Azur (im Winter kann es aber auch dort ziemlich kalt sein!) in diesem Falle nicht benötigten. Anscheinend war die Grotte du Vallonnet längere Zeit bewohnt worden, aber wir wissen nicht, ob es sich um eine Dauersiedlung oder nur um einen saisonalen Stützpunkt auf den Jagdzügen handelt. Die Steinwerkzeuge und die Abfälle von ihrer Herstellung lagen hauptsächlich im Inneren der Höhle. Die Knochen der verspeisten Säugetiere hatte man nach hinten gegen die Höhlenwand geworfen. Daß sie meist von alten Tieren stammen, zeigt den primitiven Stand der Jagd; denn offenbar brachten die Jäger hauptsächlich kranke oder schon verendete Tiere an. Einige abgeworfene Hirschgeweihe lagen noch herum, manche davon anscheinend mit einem Schneidewerkzeug bearbeitet, um sie als Gerät zuzurichten. All dies zeigt den urtümlichsten Stand menschlichen Lebens. Wie weit die Höhle darüber hinaus wohnlich hergerichtet war, wissen wir nicht, weil organische Materialien sich hier nicht erhalten haben. Vielleicht diente eine Schüttung aus Laub oder Seegras vom nahen Meer als Lager; vielleicht beherrschte man schon die Anfänge der Pelz- und Lederbearbeitung, um Unterlagen und Kleidung fertigen zu können; vielleicht besaß man Holzgeräte zu verschiedenen Zwecken, zurechtgehackt und geschnitzt mit den einfachen Steinwerkzeugen.

In den nächsten Jahrtausenden änderte sich nicht viel an den Lebensumständen der Menschen. Höhlen und überhängende Felsdächer dienten zwar immer noch als Rast- und Wohnplätze, aber jetzt können wir auch Freilandsiedlungen identifizieren und beurteilen. Dies sagt natürlich kaum etwas über den tatsächlichen Fortschritt in dieser Frühzeit aus, weil mit dem Anwachsen der Bevölkerung auch die Chance für den Archäologen, eine solche Wohnstelle zu finden, beträchtlich größer wird. Ohne Zweifel hat es seit dem ersten Auftreten des Menschen im Alpenraum, wie anderwärts auch, Freilandsiedlungen gegeben, einfache Windschirme aus Zweigen – dem schützenden Baum abgeschaut – oder kleine Hütten. Nur sind sie, weil – anders als die Höhlen – durch die nachfolgenden Eisvorstöße zerstört oder überschüttet, höchst selten zu entdecken (S. 28f.).

Einen besonderen Glücksfall stellt daher der Lagerplatz von „Terra Amata" in Nice dar, der etwa 400 000 Jahre alt ist und aufgrund seiner Lage an der Riviera nicht durch Eisvorstöße beseitigt wurde.[2] Dank der sehr sorgfältigen Ausgrabung von Henry de Lumley und seinen Mitarbeitern im Jahre 1966 können wir das Aussehen und die Bedeutung dieses Platzes einigermaßen rekonstruieren. Am Meeresufer, auf und hinter einer Düne, fanden sich die Grundrisse mehrerer Hütten. Die Ausgräber erkannten im Sand die „Pfostenlöcher" von Zweigen und dickeren Ästen (manchmal deutlich zugespitzt), und in dem dadurch markierten Innenraum lagen die Abfälle der Speisen und der Geräteherstellung herum. Die Hütten sind überraschend groß; sie messen zwischen 7 und 15 m in der Länge, zwischen 4 und 6 m in der Breite, ihr Grundriß ist nicht rechteckig, sondern oval. Sie bestanden also aus abgehackten Ästen und vielleicht einigen größeren Stützpfosten dazwischen, die man eng nebeneinander einrammte und miteinander verflocht. Einige Steine sollten dem Rand zusätzliche Festigkeit verleihen. Den Wind konnte diese Konstruktion nicht ganz abhalten, denn die Feuerstelle in der Mitte der Hütte (teils auf einer Kiesschüttung, teils eine flache Grube) war immer durch eine kleine Mauer aus aufgeschichteten Steinen gegen Nordwesten geschützt. In manchen Hütten war keine Feuerstelle zu entdecken, und die dort gefundenen zahlreichen verkohlten Holzstücke und Aschenreste hat vielleicht der Wind hereingeweht.

Der Fußboden war stellenweise mit Kieseln ausgelegt, manchmal konnte man sogar noch die Abdrücke von Fellen sehen. Aber dennoch haben die Bewohner alle ihre Abfälle in der Hütte liegen lassen; sie traten sich im Fußboden fest, auch die Splitter, die beim Zuschlagen von Steingeräten anfielen. Aufgrund der Ausgrabung, die jedes gefundene Objekt genau auf einem Plan vermerkte, ist es sogar möglich anzugeben, wo der Mensch saß, der ein größeres Steingerät zuschlug. Denn wo er Platz genommen hatte, fehlten die Steinsplitter, dagegen häuften sich die Abschläge um ihn herum. Der Mensch erscheint also auf dem Plan, der diese Steinabfälle kartiert, als leerer Fleck.

Dies ist aber nur möglich, wenn die Hütten nicht längere Zeit bewohnt waren und die Abfälle nicht zu einer dicken, homogenen Schicht anwuchsen. In der Tat sieht es so aus, als sei die Siedlung am Meer immer nur einige wenige Tage im Jahr benutzt worden. Denn bei der Ausgrabung stellte man bis zu 21 „Fußböden" über-

einander fest, und die Pfostenlöcher hielten sich immer an den einmal vorgegebenen Grundriß der jeweiligen Hütte. Zwischen den „Fußböden" lag stets eine Sandschicht, einige Zentimeter dick. So kann man sich ziemlich gut vorstellen, wie damals die Besiedlung des Platzes vor sich ging. Im Frühling oder Frühsommer kam eine kleine Gruppe von Menschen hierher und errichtete aus Ästen und Zweigen Laubhütten. In ihnen unterhielten sie ein Feuer und schlugen ihre Steinwerkzeuge zu. Die Jagd galt dem Elefanten, wie die Knochen beweisen. (Was dies für die Lebensweise der Jäger grundsätzlich bedeutete, illustrieren gut die Verhältnisse bei den Pygmäen in Afrika: „Erlegen sie einen Elefanten, so schleppen sie diesen nicht zum Dorf, sondern das Dorf wird nach dem Platz verlegt, wo der Leichnam des Riesen liegt. Kein Stückchen Fleisch bleibt unbenützt."[3]) War der Platz wieder verlassen, verdorrte das Laub, der Wind zerzauste die Zweige, die Winterstürme zerstörten die Anlagen weitgehend und deckten sie mit einer dünnen Sandschicht zu. Im folgenden Frühling kamen die Menschen wieder, anscheinend immer dieselbe Gruppe, denn sie erbauten über den Resten der alten Hütten neue, richteten das Schutzmäuerchen für die Feuerstelle wieder her, und alles begann von vorne.

Woher man weiß, daß sich dies jeweils im Frühling oder Frühsommer abspielte, sei auch nicht verschwiegen. Wenn die Jäger ein menschliches Bedürfnis überkam, verrichteten sie es auf einfache Weise: sie hockten sich neben ihre Hütte. Die Sonne trocknete die Exkremente bald aus, und so haben sich in dem sterilen Sand zahlreiche Häufchen erhalten, die die Wissenschaftler schamhaft-gelehrt „Coprolithen" (versteinerte Kotballen) nennt. Eine Analyse der darin enthaltenen Pflanzenreste erbrachte den Nachweis, daß die Menschen mit ihrer Nahrung auch Pollen, also umherfliegenden Blütenstaub aufgenommen hatten, und zwar von Bäumen und Sträuchern, die im Frühling oder Frühsommer blühen.

Nur wenige hundert Meter von dem luftigen Lagerplatz „Terra Amata" entfernt befindet sich in Nice eine Höhle, „Grotte du Lazaret" genannt.[4] Hier haben ebenso sorgfältige Ausgrabungen von Commandant Octoban und Henry de Lumley die winterliche Wohnung von Jägern zutage gefördert. Sie ist zwar 150 000 bis 100 000 Jahre jünger, aber die Lebensbedingungen unterschieden sich bis dahin so wenig von früher, daß wir die dortigen Befunde ohne weiteres als Ergänzung des Bildes heranziehen können.

Die Höhle ist etwa 40 m lang, an ihrer breitesten Stelle etwa 20 m breit und öffnet sich durch einen relativ schmalen Eingang nach Südwesten. Knapp hinter dem Eingang hatten die Jäger eine Hütte gebaut, 11 m lang und 3,5 m breit. Als eine Längswand und eine Querwand nutzten sie den natürlichen Fels. Die beiden anderen Wände wurden mittels einer Pfostenkonstruktion errichtet. Sieben Pfostenlöcher in regelmäßigen Abständen fand man, in denen die Holzpfosten mit Steinen verkeilt waren. Da sie senkrecht aufragten, wird es auch eine Art Dachkonstruktion durch Querträger gegeben haben. Dieses Holzgerüst wurde dann gegen den Wind und das herabtropfende Wasser mit Fellen behängt, die zu größeren Stücken zusammengenäht und am Boden durch einige Steine beschwert waren. Den Innenraum von etwa 35 m² teilten herabhängende Felle in zwei ungleich große Räume, von denen jeder einen Eingang in der Längswand besaß. Im großen Raum gab es zwei Feuerstellen in flachen Mulden. Die Querwand zum Höhleneingang hin hatte keine Öffnung, sondern war ganz im Gegenteil zum zusätzlichen Schutz gegen Wind und Kälte durch eine etwa 0,5 m hohe Mauer aus aufgeschichteten Steinen verstärkt.

Vor allem um die Feuerstellen gruppierten sich die Lager der Bewohner; etwa 10 Menschen hatten bequem Platz in dem Raum. Die Lager bestanden aus einer Schüttung von Seegras oder Tang, bedeckt mit Fellen von Wolf, Fuchs, Luchs und Panther. Auch hier ist es erwähnenswert, auf welch indirekte Weise die Ausgräber Lage und Material der Polster erschlossen. Ihnen fielen nämlich auf dem Bodenniveau Konzentrationen von kleinen Muscheln auf, die kaum zum Verzehr gedient haben können. Genau dieselben Konzentrationen zeigten Krallen und Knöchelchen von den Pfoten der genannten Tiere, während große Knochen von Fleischstücken wiederum mit der Verbreitung der Werkzeuge und Abfälle übereinstimmten. Also liegt der Schluß nahe, daß die kleinen Muscheln unbeabsichtigt mit dem getrockneten Seegras (bei uns noch vor wenigen Jahren neben Roßhaar das wichtigste Material für Matratzenfüllungen!) oder dem Tang in die Höhle gerieten, und daß die Felle, die ja in gewissem Sinne auch Trophäen des Jägers waren, wenigstens teilweise mitsamt den Pfoten gegerbt, also nicht zurechtgeschnitten und zusammengenäht worden waren. War ein solches Fell abgewetzt oder sonst schadhaft geworden, ließ der abziehende Besitzer es ganz zurück oder schnitt die schadhaften Stellen ab. Auf diese Weise verblieben Krallen und Knöchelchen in einiger Anzahl in der Höhle.

Denn die Höhle war nur den Winter über bewohnt. Dies beweist die Auswahl der Beutetiere. Fünf Monate alte Steinböcke deuten auf November als Einzugstermin, und die Murmeltiere hatten schon ihren Winterschlaf beendet, als die Jäger sich wieder auf die Wanderschaft machten. Ob sie im nächsten Winter oder noch öfter die Höhle wieder aufsuchten und ihre Hauskonstruktion neu herrichteten, die Felle über das Holzgestell legten und die Lager erneuerten, darüber kann uns die Ausgrabung direkt keine Auskunft geben. Da aber in einer geschützten Höhle – anders als bei den zugewehten Hütten von Terra Amata – normalerweise keine Sedimentbildung zu erwarten ist, die schon binnen eines Jahres sichtbar ist, scheint es durchaus denkbar, daß die Höhle über etliche Jahre hin immer wieder aufgesucht wurde. Wenn schon bei den windigen Laubhütten von Terra Amata, die nur wenige Tage im Jahr benutzt wurden, eine solche Kontinuität in der Wahl des Platzes (nahe einer Quelle!) zu beobachten ist, dann ist es doch erst recht wahrscheinlich, daß eine kleine Gemeinschaft die Vorteile, die ihr die Grotte du Lazaret mit der haltbaren Holzkonstruktion im Inneren bot, nach Möglichkeit immer wieder nutzte. Der größte Teil des Lebens wird sich ohnehin draußen vor der Höhle in Licht und Sonne abgespielt haben, so daß im Inneren der Hütte nicht übermäßig viele Abfälle von Essen und Geräteherstellung zu erwarten sind.

Die hier geschilderten Siedlungs- und Wohnverhältnisse, die ihren Detailreichtum nur den modernen Ausgrabungen der Franzosen, besonders Henry de Lumleys, verdanken, haben in großen Zügen gewiß auch Gültigkeit für den gesamten Alpenraum bis zum Beginn der Jüngeren Steinzeit. Da die Untersuchung der „epipaläolithischen" Siedlungen in den Paßregionen der Zentralalpen erst seit wenigen Jahren im Gange ist,[5] lassen sich bei ihnen noch keine genaueren Aussagen über das Aussehen der Unterkünfte machen. Es kann sich dabei nur um kurz aufgesuchte Sommerstationen von Jägern gehandelt haben, so daß nicht mit besonders haltbaren Konstruktionen zu rechnen ist.

Erst nachdem die letzte Eiszeit vorüber war, blieb die Landschaft im inneralpinen Raum so weit unverändert, daß sich auch in den Tälern Siedlungsreste erhalten haben. Als in der Jüngeren Steinzeit Ackerbau und Viehzucht aufkamen, brachte dies natürlich umwälzende

Konsequenzen für Lage und Aufbau der Siedlungen mit sich. Das unstete Leben des Jägers, der immer neue Jagdgründe suchen und dem Wild auch gemäß der Jahreszeit folgen mußte, wurde von der Seßhaftigkeit des Bauern abgelöst, der um sein Haus das Land rodete, bepflanzte und aberntete. Auch wenn vielleicht nach etlichen Jahren der Boden in der Nähe erschöpft war, so konnte der Bauer doch auf längere Zeit planen und sein Haus dementsprechend dauerhaft bauen und einrichten.

Die klassischen Beispiele bäuerlicher Lebensweise in Dörfern mit großen Holzhäusern, die uns die Kultur der Bandkeramik zu Beginn der Jüngeren Steinzeit vom Balkan bis zum Rhein bietet,[6] sind – wie schon erläutert (S. 31) – im Alpenraum nicht anzutreffen. Hier fehlten die wirtschaftlichen Voraussetzungen für jene Leute, die an gute Böden und weite Flächen gewöhnt waren. Der Ackerbau als bestimmende Lebensgrundlage scheint überhaupt erst sehr spät in den Alpen Eingang gefunden zu haben, obwohl Getreide schon in Fundverbänden nachgewiesen ist, die noch keine Tongefäße enthalten, also noch nicht der voll ausgeprägten Jüngeren Steinzeit angehören.[7] Wie dem auch sei, wenn wir etwas über die Siedlungen der Jüngeren Steinzeit erfahren wollen, müssen wir uns ganz an den Rand der Alpen begeben, um die neuen Errungenschaften kennenzulernen.

Pfahlbauten in der Diskussion

„Pfahlbauten" heißt das Stichwort, ein Begriff, der auch in die Lese- und Heimatkundebücher eindrang, so daß jeder weiß, was damit gemeint ist. Nicht umsonst ist das „Pfahlbaudorf" Unteruhldingen im Bodensee das gewinnträchtigste archäologische Unternehmen Europas. Die exotisch wirkende Siedlungsweise über dem Seespiegel, eine anmutige Lage und anheimelnde Holzhäuser mit urtümlicher Einrichtung faszinieren den modernen Menschen so, daß ein großer Parkplatz sonntags die Besucherströme kaum fassen kann.

Aber wie Unteruhldingen sahen solche Siedlungen nur zu jenen Zeiten aus, in denen Hochwasser die Seespiegel beträchtlich hatte ansteigen lassen. Der Streit, ob „Pfahlbauten" oder „Seeuferrandsiedlungen", ist inzwischen selbst schon Geschichte, nachdem im Jahre 1954 viele Forscher in einem ganzen Buch mit dem Titel „Das Pfahlbauproblem" ihre Stellungnahme abgegeben haben.[8] Danach sah es so aus, als wollte man alle „Pfahlbauten" aus dem offenen Wasser verbannen und zu

„Seeuferrandsiedlungen" degradieren, die nur wegen des sumpfigen oder moorigen Untergrunds eine Fundamentierung durch Holzpfosten benötigt hätten. Erst die neuesten Grabungen durch Christian Strahm am Neuenburger See (Auvernier und Yverdon) und Renato Perini am verlandeten See von Fiavè, rund 20 km nördlich des Gardasees, haben endgültig klargestellt, daß man mit allen Möglichkeiten rechnen muß, wie der Mensch das Problem löste, auf feuchtem Untergrund oder an Seeufern zu wohnen.

Grundsätzlich wurden die Häuser in Pfostenbauweise errichtet. Die Stützpfosten für das Dach, die zugleich das Gerüst für die Wände bildeten, wurden in den Boden eingegraben oder eingetrieben, bei instabilem Untergrund natürlich besonders tief. Verschiedene Querbalken erhöhten die Standfestigkeit der Konstruktion; die Wände bestanden aus dünnen Stangen, Brettern, Flechtwerk, vielleicht sogar mit Lehmbewurf. Was aber die „Pfahlbauten" von den gewöhnlichen Häusern unterscheidet, das ist die Notwendigkeit einer guten Bodenisolation gegen die aufsteigende Feuchtigkeit. Manchmal genügte ein dickes Polster aus Zweigen und Laub, gelegentlich stabilisiert durch untergelegte Holzstangen. Oft aber erwies es sich als nötig, den Fußboden des Hauses gänzlich vom Untergrund abzuheben. Dazu mußten Prügelroste oder Bretterböden eingezogen werden, die an das technische Geschick der Erbauer große Anforderungen stellten. Da diese Art von Siedlungen nur deswegen so gut erhalten ist, weil in den Jahrtausenden danach ein Moor emporgewachsen ist oder ein See seinen Wasserspiegel auf Dauer erhöhte, war man früher der selbstverständlichen Meinung, der ursprüngliche See habe auch die Stützbalken der Häuser umspült, eben so, wie es in Unteruhldingen rekonstruiert ist. Aber genaue Untersuchungen, etwa in Egolzwil im Wauwilermoos (Kanton Luzern), haben ergeben, daß es an den meisten Stellen keinerlei Anzeichen dafür gibt, daß die Häuser immer im Wasser standen. Eine der Siedlungen von Egolzwil läßt gut die Struktur eines solchen Dorfes erkennen.[9] Die Häuser mit Böden aus eng gelegten Stangen sind rechteckig, bis zu 6 m lang und 4,5 m breit, und besitzen normalerweise eine Herdstelle in der Mitte. Sie sind fast alle parallel ausgerichtet und zusammen mit zwei Viehställen durch einen Dorfzaun in Gestalt einer Palisade gegen die Landseite abgegrenzt. Durch das Tor führt ein befestigter Weg. Bei Siedlungen dieser Art handelt es sich also tatsächlich nur um solche, die am Rande eines Sees mit sumpfigen oder moorigen Ufern angelegt waren und bestenfalls einige Tage im Jahr bei lang andauernden Regenfällen und steigendem Seespiegel im Wasser standen. Schon allein das Vorhandensein von Viehställen (nachgewiesen durch Häufung von Fliegenlarven!) läßt die Vorstellung abwegig erscheinen, man hätte das Vieh mit dem Kahn auf die Weide gefahren.

Andererseits hat es auch Siedlungen gegeben, die längere Zeit im Wasser gestanden haben müssen. Dies haben die Ausgrabungen von Auvernier und Yverdon zweifelsfrei ergeben.[10] Aber auch sie wurden auf dem Ufer errichtet. Nur lagen sie an Seen mit sehr starken Wasserspiegelschwankungen. So wissen wir von den Seen im Schweizer Mittelland, daß noch nach der 1. Juragewässerkorrektion, die dem abhelfen sollte, Schwankungen bis zu 2 m vorkamen, wenn nämlich die Aare als einziger Abfluß die Schmelz- oder Regenwasser nicht mehr aufnehmen konnte.[11] Das Hochwasser schwemmte alles Mögliche an, was dann zwischen den Pfählen hängenblieb, lagerte auch Sedimente ab, die sich bei der Ausgrabung in der Abfolge der Erdschichten (= Profil) erkennen lassen. Die Perioden der Überschwemmung können also nicht nur einige Tage gedauert haben. Die technische Konstruktion der Häuser entsprach jedoch derjenigen bei den Seeuferrandsiedlungen auf instabilem Boden, so daß es offenbar nur von dem subjektiven Wunsch der Bewohner abhing, wie nahe sie am fischreichen Wasser wohnen wollten und wie oft sie dafür Überschwemmungen in Kauf nahmen, die ihnen jedoch nichts schadeten, wenn sie die Plattformen für die Fußböden entsprechend hoch anlegten. (Noch heute bauen die Indios an den großen Flüssen und im Regenwald Südamerikas auf diese Weise.) Wer lieber das ganze Jahr trockenen Fußes vor seine Hütte treten wollte, ließ sich dagegen einige hundert Meter weiter landeinwärts nieder. Im übrigen gibt es sogar Anzeichen dafür, daß man in den Perioden des Niedrigwassers auf dem trockenliegenden Uferstreifen Arbeitsplätze für kleinere Tätigkeiten errichtete.

Leuchtet diese Erklärung für die großen Seen des Schweizer Mittellandes mit ihren starken Seespiegelschwankungen ohne weiteres ein, so ist der Befund von Fiavè weniger eindeutig.[12] Auch hier gibt es genug Indizien, daß die Pfähle vom Wasser umspült wurden. So hatte während der mittleren Bronzezeit eine Brandkatastrophe stattgefunden. Die verkohlten Reste der Wände und Dächer waren zwischen die Pfähle gestürzt, aber die Pfähle selbst zeigten in ihrer erhaltenen Höhe von mehr

als 1 m keine Brandspuren. Wenn sie also im Wasser gestanden haben, so sagt das jedoch gar nichts darüber aus, ob dies auch das ganze Jahr über so war. Sie gehören nämlich zu einer Siedlung auf einer ehemaligen Insel im See (etwa 80 m lang und 60 m breit), auf der sich ebenfalls Reste von Häusern, aber eben ohne vergleichbare

39   Die bronzezeitlichen Siedler auf der Insel im See von Fiavè ließen sich einiges einfallen, als sie ihre Häuser in das flache Uferwasser hinausbauten. Zur Festigung des Untergrunds und gleichmäßigen Verteilung des Gewichts errichteten sie auf dem Seegrund ein rechtwinkliges Horizontalgerüst aus Längs- und doppelten Querträgern, an deren Kreuzungspunkten senkrechte Pfähle eingerammt waren. Diese besaßen eine Querdurchbohrung in einheitlicher Höhe. Ein hier durchgestecktes Hartholzstück verteilte den Druck der tragenden Pfosten auf die beiden Querträger und damit wiederum auf die Längsträger.

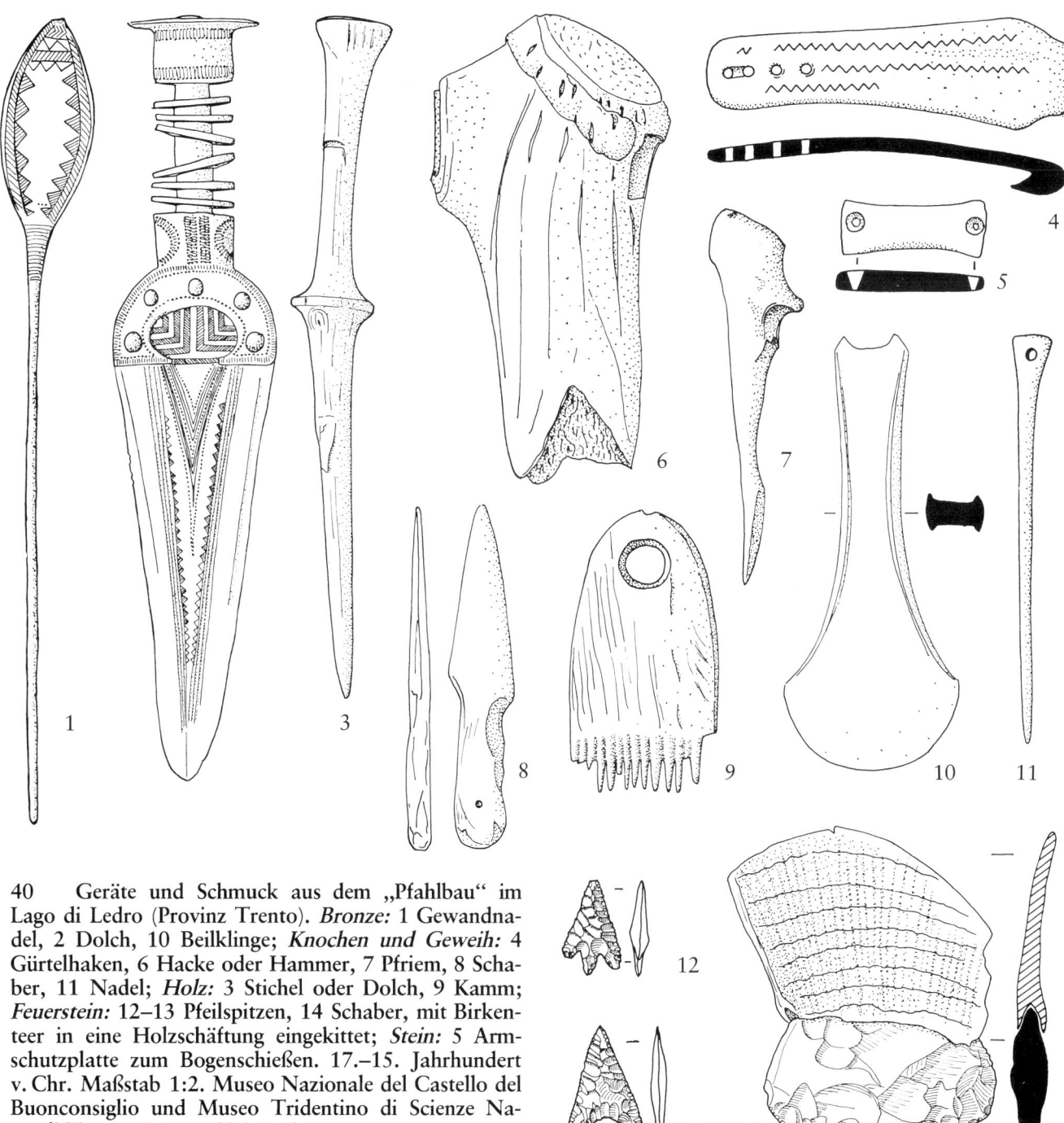

40   Geräte und Schmuck aus dem „Pfahlbau" im Lago di Ledro (Provinz Trento). *Bronze:* 1 Gewandnadel, 2 Dolch, 10 Beilklinge; *Knochen und Geweih:* 4 Gürtelhaken, 6 Hacke oder Hammer, 7 Pfriem, 8 Schaber, 11 Nadel; *Holz:* 3 Stichel oder Dolch, 9 Kamm; *Feuerstein:* 12–13 Pfeilspitzen, 14 Schaber, mit Birkenteer in eine Holzschäftung eingekittet; *Stein:* 5 Armschutzplatte zum Bogenschießen. 17.–15. Jahrhundert v. Chr. Maßstab 1:2. Museo Nazionale del Castello del Buonconsiglio und Museo Tridentino di Scienze Naturali Trento; Museo Civico Riva.

Pfahlkonstruktion, fanden. Die „Pfahlbauten" stellen somit nur die äußerste Häuserzeile dieser Inselsiedlung dar, die sich vielleicht aus Platzgründen in den See vorschob. Das Wasser kann hier auch nur höchstens 1 m tief gewesen sein, wie die Befunde bei der Ausgrabung ergaben. Bei tieferem Wasser wäre auch die sorgfältige und technisch durchdachte Konstruktion kaum möglich gewesen. Sie verhinderte das Einsinken der Pfosten, die das ganze Gewicht des Oberbaus trugen. Die Gesamtanlage dieser mittelbronzezeitlichen Siedlung (etwa 1700– 1400 v. Chr.) entspricht recht gut den geschilderten Befunden in der Schweiz.

Nur etwa 20 m weiter südöstlich gab es jedoch noch eine zweite Siedlung, die von der Frühbronzezeit bis in die Mittelbronzezeit dauerte. Sie liegt in einer ehemaligen Bucht des Sees und erbrachte bei der Ausgrabung ein dichtes Pfahlgewirr (Abb. 2) wie manche Schweizer Fundstellen an den Seen. Auch wenn die Seekreide, die hier den Untergrund bildet, eine ziemlich weiche Ablagerung ist, so ist doch die technische Leistung der Bronzezeit-Menschen staunenswert. Sie hantierten mit riesigen Stämmen und trieben sie gezielt in den See (wohl durch Drehbewegungen), um darauf ihre Wohnungen zu errichten. In diesem Fall scheinen die Häuser tatsächlich im offenen Wasser gestanden zu haben, wenn sich die ursprüngliche Oberfläche als echte und ungestörte Seekreide erweisen sollte. Nicht auszuschließen ist allerdings, daß der Seespiegel ebenfalls größeren Schwankungen unterworfen war, sei es jahreszeitlich bedingt, sei es durch geologische Veränderungen an den Zuflüssen oder dem Abfluß. Die zwei bisher bekannten Siedlungen im See von Fiavè haben anscheinend nicht gleichzeitig bestanden. Die Siedlung auf der Insel läßt bisher drei Phasen von der spätesten Jüngeren Steinzeit bis zur frühen Spätbronzezeit erkennen, wobei auf jeden Fall zwischen der ersten und der zweiten Phase eine Unterbrechung stattfand. Und genau in diese Lücke paßt das Fundmaterial aus der zweiten Siedlung weiter draußen im See, die übrigens ebenso groß gewesen sein dürfte. Die andersartige Konstruktion der Häuser deutet auf andere Voraussetzungen des Baugrundes, aber ob diese Siedlung tatsächlich immer im freien Wasser gestanden hat, das müssen erst noch die weiteren Ausgrabungen und Analysen (insbesondere ein Vergleich der Höhenlage der Wohnebenen) zeigen.

Pfahlbauten umsäumten auch noch andere Seen des Alpengebietes. Vor der Entdeckung von Fiavè war in Oberitalien die Siedlung vom Lago di Ledro die bedeutendste.[13] Der kleine See liegt westlich des oberen Endes des Gardasees, und bei der Absenkung des Wasserspiegels im Rahmen von Baumaßnahmen zur Elektrizitätsgewinnung kamen die Überreste von Pfahlbauten mit vielen Funden zutage. Eine Auswahl bilde ich hier ab, weil sie einen guten Querschnitt durch das Inventar einer bronzezeitlichen Siedlung gibt: Tongefäße verschiedener Form, Werkzeuge aus Stein, Knochen und Bronze, Schmuck aus Knochen und Bronze, Holzgeräte und -gefäße. Handwerker verarbeiteten am Ort Bronze, wie Tonlöffel zum Gießen des flüssigen Metalls und Tondüsen vom Gebläse beweisen. Ebenso stellten sie Geräte aus Stein, Knochen und Holz her, wie in wohl jeder nicht zu kleinen Siedlung. Ein kleines Museum am See mit informativen Darstellungen und vielen Funden bietet dem Besucher einen guten Einblick in die Welt der bronzezeitlichen Menschen am Lago di Ledro.[14] Von den österreichischen Seen haben der Mond-, der Atter- und der Traunsee im Salzkammergut „Pfahlbauten" an ihren Ufern besessen, ebenso unter anderen der Lac du Bourget und der Lac de Paladru in den Westalpen.[15] ✗

Es ist zu vermuten, daß an den meisten Seen des Alpen- und Voralpengebiets, soweit ihre Höhenlage und die Uferbeschaffenheit günstig waren, seit der Jüngeren Steinzeit Uferrandsiedlungen standen und sich bis in die Eisenzeit gehalten haben, da diese Siedlungsform – besaß der Mensch erst einmal die technischen Möglichkeiten für die Holzbearbeitung – durch die Zeiten gleich günstig blieb. Noch aus dem 9. Jahrhundert v. Chr., also der spätesten Bronzezeit, besitzen wir gute Zeugnisse für „Pfahlbauten" im Schweizer Mittelland, dessen Seen am besten erforscht sind. Daß bisher jüngere Siedlungsplätze fehlen, mag auf größere Seespiegelveränderungen zurückgehen. Denn im Murtensee hat man bei Ausbaggerungen der Schiffahrtsrinne weit draußen einen Pfahl herausgezogen, der in die ältere Eisenzeit zu datieren ist (nach der C^{14}-Methode: 650 ± 100 v. Chr.).[16] Anscheinend lagen zu dieser Zeit die Seeränder so weit draußen, daß die Überreste der Siedlungen nur durch Tauchaktionen zu lokalisieren und zu untersuchen sind. Auch im Neuenburger See kamen nämlich Pfahlsetzungen zutage, die aufgrund der gleichen absoluten Höhenlage, eines dendrochronologischen Datums und eines aus ihnen geborgenen Dolches in eben diese und noch jüngere Zeit gehören müßten.[17] Aber auch hier empfiehlt es sich, weitere Forschungen abzuwarten.

✗ vgl. auch: Schlichtherle, bezüglichtliche Feuchtbodensiedlungen in Baden-Württemberg, in Denkmalpflege in Bad.-Wttbg 1980 s. 18 ff.

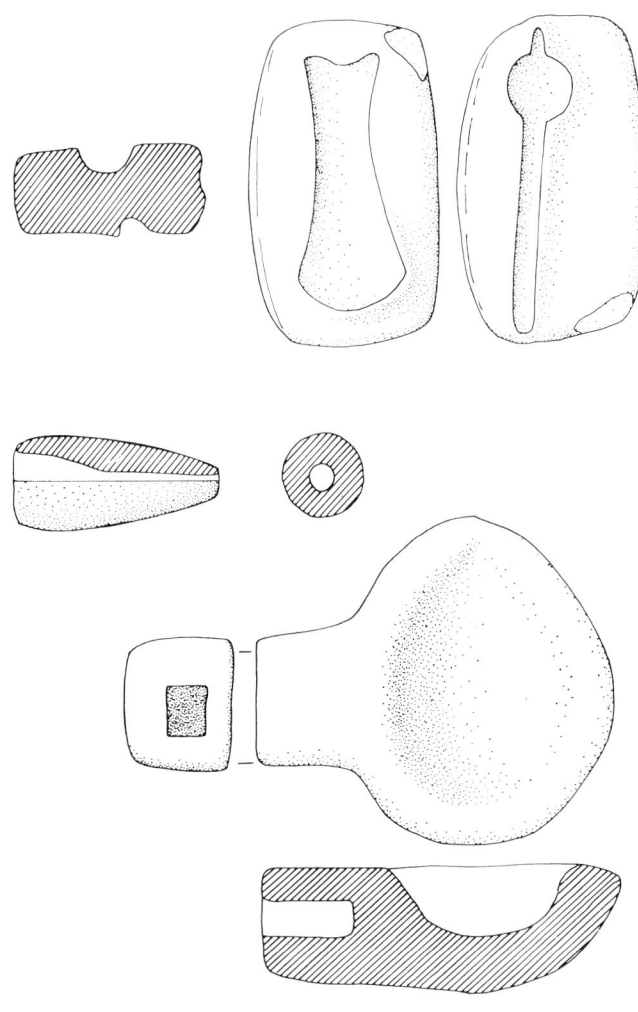

41   Bronzeverarbeitung im „Pfahlbau" im Lago di Ledro (Provinz Trento). Blasebälge mit Tondüsen erhöhten die Temperatur im Schmelzofen. Mit einem Tonlöffel (Holzstiel verloren) wurde die flüssige Bronze in die Gußform aus Ton gefüllt. Diese zeigt die rohen Umrisse für eine Beilklinge und für eine Nadel, die danach noch sorgfältig ausgeschmiedet wurden. 17.–15. Jahrhundert v. Chr. Maßstab 1:3.

42   Einige Gefäße aus Ton und Holz, gefunden im „Pfahlbau" im Lago di Ledro (Provinz Trento). 17.–15. Jahrhundert v. Chr. Maßstab 1:3.

Hütten der Jüngeren Steinzeit
bei Salzburg

Die Menschen der Jüngeren Steinzeit siedelten natürlich nicht nur an den Seeufern. Die Terrassen der Flußtäler im Inneren der Alpen boten ebenfalls gute Möglichkeiten. Außerdem begann man damals, herausragende Felskuppen oder -sporne als Wohnplätze zu wählen. Vielleicht war tatsächlich die Schutzlage dieser auffallenden Punkte wichtig geworden, auch wenn wir über die politischen und sozialen Hintergründe nichts als Vermutungen anstellen können. Für das Aussehen der dazugehörigen Häuser gibt es allerdings nur schwache Anhaltspunkte. Abgesehen davon, daß sich – anders als in den Seeuferrandsiedlungen – Pfosten, Bretter und anderes organisches Material nur höchst selten erhalten,[18] haben an solchen Punkten auch keine größeren Ausgrabungen stattgefunden, die mit modernen Beobachtungsmethoden vielleicht noch das eine oder andere Detail herausfinden könnten.[19] Normalerweise muß sich der Archäologe daher mit zufällig aufgelesenen Scherben oder Geräten begnügen, die nur zur Feststellung einer Besiedlung überhaupt berechtigen.

Wenigstens die Andeutung eines Hausgrundrisses aus der Jüngeren Steinzeit hat Martin Hell in Salzburg-Maxglan aufgedeckt.[20] Das Haus muß etwa 12 m lang und 3,3 m breit gewesen sein und besaß wohl etwas abgerundete Schmalseiten. An der nördlichen Längsseite erkannte Hell die Hauswand daran, daß sich die Kulturschicht in einer Art Stufe etwas in die Höhe zog. An der südlichen Längsseite gab überhaupt nur die Streuung der Funde einen Anhaltspunkt, weil sie eine scharfe Grenze bildete. Den einzigen Hinweis auf die Baukonstruktion bieten drei Pfostenlöcher in Längsrichtung des Gebäudes, die den Firstbalken getragen haben müssen. Da sie nicht genau in der Mittelachse lagen, sondern versetzt nach Norden, besaß das Haus wohl ein asymmetrisch geneigtes Dach. Die Konstruktion der Wände ist freilich unklar. Weil außer den genannten Firststützen sonst keine Pfosten mehr vorhanden waren, muß der Bau ohne weitere tragende Elemente ausgekommen sein. Dies ging nur, wenn sich das Dach schräg bis zum Boden herunterzog. Vielleicht haben dünne Stangen ein Flechtwerk aus Ruten gehalten, ohne sich im Boden abzuzeichnen. Im Inneren des schmalen Hauses befand sich eine Herdgrube; der Eingang wird an der Südseite gewesen sein, denn hier zog sich die Kulturschicht (allerdings nur mehr mit sehr wenigen Funden) noch 27 m weiter. Vielleicht gab es hier eine Art Vorplatz, auf dem sich bei gutem Wetter das Leben hauptsächlich abspielte. Ganz in der Nähe entdeckte Hell zwei weitere Wohnstellen mit gleichartigem Fundmaterial, so daß eine Siedlung mit mehreren Häusern anzunehmen ist. Diese beiden Häuser waren aber noch einfacher konstruiert. Sie besaßen nicht einmal Firstbalken und Stützpfosten, sondern gaben sich nur durch je eine eingetiefte Mulde zu erkennen (Haus A: 6 m Durchmesser und ursprünglich 1 m Tiefe; Haus C: 6,5 m Durchmesser und 0,9 m Tiefe). Wahrscheinlich bestanden die Wände aus demselben Material wie die des Langhauses, doch können sie hier nur zeltartig über den Mulden aufgestellt worden sein. Die Eintiefung brachte zwei Vorteile mit sich: erstens war es im Winter etwas wärmer, und zweitens konnte man die Wände wesentlich niedriger halten, so daß sie dem Wind weniger Angriffsfläche boten. Ohne Stützbalken in der Mitte mußte die Konstruktion sehr sorgfältig zusammengebunden werden (Nägel gab es noch nicht!); denn bei einer angenommenen Gesamthöhe von 3 m über dem Fußboden betrug die Länge der notwendigen Träger vom Rand der Mulde bis zur Mitte immerhin fast 4 m. Das Gerüst und die Wandverkleidung stellen demnach ein aufschlußreiches Beispiel einer „selbsttragenden" Konstruktion dar – vorausgesetzt, daß ein Mittelpfosten nicht doch bei der Grabung übersehen worden ist. Über die Lebensumstände der hier wohnenden Menschen weiß man nur, daß sie Tongefäße und Steingeräte benutzten; außerdem kannten sie schon das Kupfer, wie ein Gußtropfen beweist. Die Geräte aus Feuerstein stellten sie teilweise an Ort und Stelle her, nach den Abfällen zu urteilen. Zwei Tierknochen stammen vom Schaf, zeugen also von Viehhaltung, aber wo das Vieh stand, ist unbekannt, weil bei der Ausgrabung keine größeren zusammenhängenden Flächen aufgedeckt werden konnten.

Höhensiedlungen in
Graubünden

Bronzezeitliche Häuser in Pfostenbauweise sind mehrfach bei den neueren Grabungen der Schweizer Archäologen, vor allem in Graubünden, zutage gekommen.[21] Bei dieser Konstruktion wird ein tragendes Gerüst aus Holzpfosten errichtet. Notwendig sind vier Eckpfosten und üblich mindestens zwei Pfosten als Stützen des Firstbalkens. Je nach Größe gibt es dann noch Seitenpfosten, um die Stabilität der Wände zu erhöhen. Sie stehen oft in ziemlich unregelmäßigen Abständen. Bei der Aus-

43   Vielleicht absichtlich stehen auf dcm schlecht erhaltenen Bronzeeimer von Sanzeno (Provinz Trento) jene drei Szenen untereinander, die das Fortbestehen des Lebens in früher Zeit symbolisieren: Mann und Frau auf einem gedrechselten Bett in Liebe vereint, Landwirtschaft und Jagd. 5. Jahrhundert v. Chr. Höhe des oberen Frieses 7,6 cm. Tiroler Landesmuseum Innsbruck.

führung der Wände bieten sich mehrere Möglichkeiten an, die nur indirekt zu erschließen sind. Als erste ist das Fachwerk zu nennen, bei dem waagrechte oder schräg verkeilte kürzere Balken die Verbindung zwischen den tragenden Pfosten herstellen; die Zwischenräume werden mit Flechtwerk ausgefüllt und mit Lehm verstrichen. Oder man kann die Zwischenräume zwischen den Pfosten mit Brettern oder Stangen schließen. Dazu muß man aber wohl die Pfosten mit einer Art Nut versehen, weil Nägel fehlten. Die Ritzen sind mit Moos zu verstopfen oder mit Lehm zuzuschmieren. Eine Entscheidung, welches der beiden Verfahren vorliegt, ist nur dann zu treffen, wenn sich bei der Ausgrabung verbrannte oder wenigstens ausgetrocknete Stücke des Lehmverputzes finden, die auf ihrer Rückseite die Abdrücke des Rutengeflechts, der Bretter oder der Stangen bewahrten. Dasselbe gilt im übrigen für den Blockbau, bei dem die Ritzen

44   Den Zugang zum Berner Oberland mit Pässen ins Wallis kontrollierte eine bronzezeitliche Siedlung auf der „Bürg" bei Spiez, dem rechten Gipfel des bewaldeten Rückens am See in der Bildmitte. Eine solche Lage war für viele Siedlungszentren dieser Zeit charakteristisch, als der Kupferbergbau und der damit verbundene Handel eine wichtige Erwerbsquelle im Alpenraum bildeten.

zwischen den Stämmen ebenfalls abgedichtet werden müssen.[22] Er ist dann anzunehmen, wenn an einer Fundstelle, die eindeutig als Siedlungsplatz zu interpretieren ist und einen rechteckigen Umriß zeigt, keine Pfostenlöcher vorhanden sind. Ein Blockhaus braucht keine senkrechten Pfosten, weil die Wände aus miteinander verzahnten Balken stabil genug sind, auch das Dach zu tragen. Eindeutig handelt es sich um Blockhäuser oder Ständerbauten mit einem waagrechten Schwellbalken, wenn eine Art Fundament oder ein ganzer Sockel aus Steinen vorhanden sind, die das Holz gegen die aufsteigende Feuchtigkeit schützen sollen und dadurch den Grundriß genau angeben.

Die Fußböden bestanden früher entweder aus gestampftem Lehm, manchmal auf einer Kieselunterlage,

oder aus Brettern. Oft ist eine Entscheidung schwierig; daß sich Lehmfußböden durch Brandeinwirkung dauerhaft gehärtet oder Bretterlagen durch besondere Bodenverhältnisse oder Verkohlung erhalten haben, kommt nur selten vor. Über das Material der Dächer wissen wir noch weniger. Zur Auswahl standen Stroh, Ried, Bretter, Holzschindeln, Steinplatten, sogar Rinde. Bevorzugt war dabei Birkenrinde, weil sie mit einem Teergehalt von etwa 40% ausgesprochen wasserabweisend ist. (Erst die Römer haben die Ziegel in den Alpenraum und weiter nach Norden gebracht, ebenso den Mörtel.) Die Türen waren ziemlich schmal. Im noch steinzeitlichen „Pfahlbau" Robenhausen bei Wetzikon im Kanton Zürich hat sich sogar der Türflügel erhalten.[23] Er ist aus einem Stück gefertigt, vielleicht aus den Wänden einer hohlen Tanne, und war mit mindestens vier Stricken am Türpfosten festgebunden. Kann man bei den Türen manchmal die Breite wenigstens noch im Grundriß des Hauses rekonstruieren, so wissen wir über die Fenster überhaupt nichts. Bei größeren Häusern wird eine schmale Türe nur schwer als Lichtquelle ausgereicht haben. Nachts mußten das Herdfeuer, der Kienspan oder die Talglampe für Beleuchtung sorgen. Auch die Lampe aus Ton ist übrigens schon für die Jüngere Steinzeit bezeugt:[24] ein Schälchen wurde mit Talg gefüllt, der getränkte Docht mit dem Feuerstein entzündet. Als Herde dienten gewöhnlich nur einfache Feuerstellen mit einer Steinsetzung, mehr oder weniger sorgfältig angelegt.

Die sonstige Inneneinrichtung kann man sich nicht karg genug vorstellen. Manches mögen die Alpenvölker vom zivilisierten Süden übernommen haben: einfache Hocker, lange Bänke an den Wänden, die als Lager verwendet werden konnten, klobige Truhen. Das luxuriöse Bettgestell mit gedrechselten Pfosten und federnder Matratze, wie es auf dem Bronzeeimer des 5. Jahrhunderts v. Chr. aus Sanzeno zu sehen ist, war sicher eine große Ausnahme.[25]

Diese allgemeinen Bemerkungen wurden vorausgeschickt, weil sie die Grundzüge des Hausbaues von der Jüngeren Steinzeit bis zum Eindringen der römischen Zivilisation in die Alpen beschreiben. An Einzelbeispielen seien noch gewisse Details weiter verdeutlicht.

Ein Charakteristikum der inneralpinen Siedlungen während der Bronzezeit ist ihre Lage auf herausragenden Kuppen, seien es gerundete Moränenhügel, seien es schroffe Felsköpfe. Besonders gut sind diese Siedlungen in Graubünden erforscht, wo mehrere Grabungen

45   Manche Felszeichnungen der Valcamonica (Lombardei) geben Häuser wieder, die auf einem hohen Unterbau errichtet und nur über Leitern erreichbar waren. Wahrscheinlich handelt es sich dabei weniger um Wohnhäuser nach Art der „Pfahlbauten", sondern um Getreidespeicher. Noch heute ist diese Bauweise im Alpenraum üblich, und als zusätzlicher Schutz vor den gefräßigen Mäusen dienen unüberwindliche Steinplatten zwischen den Pfosten und dem Hausboden.

stattfanden und noch im Gange sind. Als erste wurde die Crestaulta bei Lumbrein im Lugnez (Abb. 129) von Walo Burkart untersucht.[26] Obwohl mehrere Siedlungsphasen unterscheidbar waren, konnte er nur einen einzigen Hausgrundriß sicher und vollständig identifizieren, einen einfachen Pfostenbau von etwa 6,5 m Länge und 4,6 m Breite, getragen von 15 Pfosten in drei Reihen. Am Hinterrhein vor der Via Mala, an der Einmündung der Albula, liegt die Cresta bei Cazis, die lange Jahre von Emil Vogt erforscht wurde.[27] Hier bestand eine Siedlung aus 15 gleichzeitig bewohnten Häusern, die zusammen etwa 120 Menschen beherbergten und sich in eine breite Felsspalte am Grat des Hügels duckten. Sie waren hintereinander in Längsrichtung aufgereiht und maßen 4–5 m in der Länge und 3–4 m in der Breite. Jedes dieser nicht unterteilten Häuser besaß eine sorgfältig konstruierte Feuerstelle in der Mitte. Die Eingänge erkannte man manchmal an großen Schwellsteinen. Die Siedlung ist mehrmals niedergebrannt, zahlreiche Um- und Neubauten haben dazu geführt, daß sie im Laufe der Jahre über 7 m in die Höhe gewachsen ist. Auch hier handelte es sich offenbar ganz überwiegend um Pfostenbauten.

Wie Lumbrein „Crestaulta" und Cazis „Cresta" liegen noch zwei markante Hügel mit bronzezeitlichen Siedlungen an wichtigen Verkehrswegen: der „Padnal" bei Savognin[28] zwischen Tiefencastel und dem Julier, der „Tummihügel" oberhalb von Chur, genau an der alten Straße ins Schanfigg und weiter ins Unterengadin. An beiden Plätzen sind die Ausgrabungen unter der Leitung von Jürg Rageth bzw. Arthur Gredig noch im Gange, und die bisherigen Berichte lassen auf höchst wichtige Ergebnisse hoffen. Ähnelt der Padnal von Lage und Gestalt her der Crestaulta, so bietet der „Tummihügel" eine besondere Überraschung.[29] Als zur Kiesgewinnung der steil aufragende Moränenhügel angebaggert werden sollte, ergaben Sondierschnitte auf dem Grat und der Südseite keine befriedigenden Befunde. Erst später entdeckte man, daß sich die Siedler der Bronzezeit entgegen aller Erwartung auf der sonnenabgewandten und noch dazu ungemein steil abfallenden Nordseite niedergelassen hatten. Dort finden jetzt die Ausgrabungen in beinahe schwindelerregender Situation statt. Die Häuser waren hinten in den Kies eingetieft und ruhten vorne auf einer Aufschüttung und Pfostenkonstruktionen. Dies setzte ihrer Größe natürlich Grenzen, aber sie lagen dicht nebeneinander, und die Um- und Neubauten ergaben allmählich wie in Cazis ebenfalls eine mächtige Kultur-

46   Hoch über Chur (im Hintergrund) bewacht der „Tummihügel" den alten Weg ins Schanfigg (rechts am Hügel vorbei; links die heutige Fahrstraße). Von der Bronzezeit bis ins Frühmittelalter diente er immer wieder als Siedlungsplatz und Beobachtungsposten. In wenigen Jahren wird er durch Kiesabbau völlig verschwunden sein. Bis dahin versuchen die Archäologen, durch Ausgrabungen die wechselvolle Geschichte dieses wichtigen Platzes zu klären. Auf der Südseite sind die schmalen Suchgräben zu erkennen, die Aufschluß geben sollen, wo sich eine großflächige Aufdeckung lohnt.

schicht, deren Lage am rutschgefährdeten Steilhang es sehr erschwert, die einzelnen Bauphasen und Konstruktionen auseinander zu halten. Dennoch wird hier deutlich, über welche technischen Fähigkeiten die Menschen der Bronzezeit verfügten, um sich den Naturgegebenheiten anzupassen.[30] Denn den Nordhang hatten sie wahrscheinlich deshalb gewählt, weil sie dort erstens windgeschützt wohnen (gegenüber steigt gleich wieder ein Berghang an) und zweitens bis hinunter ins Rheintal nach Chur blicken konnten. Außerdem führt hier auch der alte Weg ins Schanfigg vorbei.

Außer diesen vier genannten bronzezeitlichen Höhensiedlungen gibt es in der Schweiz natürlich noch zahlreiche andere, die aber nicht so gut erforscht sind. Gleichzeitige Siedlungen, fast alle ebenfalls auf Höhen gelegen, haben die Archäologen auch in Frankreich, Italien und Österreich lokalisiert. Doch sind sie so unzureichend untersucht, daß sie keine weiteren Informationen als die schon angedeuteten zu liefern vermögen. Oft ist gänzlich unklar, wann die Besiedlung beginnt und aufhört. An vielen Plätzen hat man sich immer wieder niedergelassen, wobei sie manchmal sogar noch in spätrömischer und frühmittelalterlicher Zeit aufgesucht wurden, als ihre Schutzlage in unruhigen Zeiten willkommen war, und sei es nur, daß dort ein kleiner Beobachtungsposten am Weg seine Augen offen hielt, wie etwa auf dem „Tummihügel" über Chur oder der „Rocca" über der Etsch bei Rivoli (S. 257).

Die Täler sahen anders aus

Es besteht kein Zweifel daran, daß die bronzezeitlichen Menschen die Höhenlage ihrer Siedlungen bewußt ausgewählt haben. Ebenso wenig rechtfertigt dies aber die Vermutung, sie hätten überhaupt nicht in den Tälern gewohnt. Enge Schluchten boten dazu natürlich keinen Anreiz, aber die breiten Flußtäler mit ihrem günstigen Klima auf höhergelegenen Terrassen mußten die Menschen geradezu anlocken. Doch genau da sind in späteren Jahrhunderten Veränderungen vor sich gegangen, die sich heute noch kaum abschätzen lassen. Zwar hat man schon immer damit gerechnet, daß an den Talrändern durch Schwemmkegel von Seitenflüssen, Vermurungen, Hangrutsche und Felsstürze Siedlungsspuren und Gräber so hoch überdeckt worden sein können, daß sie heute auch bei tiefgreifenden Baumaßnahmen nicht mehr erfaßt werden. Doch haben jüngste Forschungen ergeben, daß auch die Talböden und die Flußläufe selbst geologischen Einwirkungen unterworfen waren.

So hat beispielsweise eine intensive Forschung von Archäologen, Geologen, Physikern und Botanikern[31] die

Überraschung ans Licht gebracht, daß im Reichenhaller Becken, einer Weitung des Saalachtales kurz vor seinem Austritt aus dem Gebirge, der bronzezeitliche Talboden etwa 15 m unter dem heutigen Niveau gelegen haben muß. Noch in der Zeit um Christi Geburt bestand eine Differenz von etwa 4 m. Möglicherweise war auch die zunehmende Rodungstätigkeit für die starke Ab- und Anschwemmung mit verantwortlich.

Gewiß dürfen diese Befunde vom Reichenhaller Becken nicht ohne weiteres auf die West- oder gar die Südalpen übertragen werden. Aber es geht doch auf jeden Fall daraus hervor, daß auch noch in Jahrhunderten, die gar nicht einmal so weit zurückliegen, einschneidende Veränderungen der Bodenoberfläche in den größeren Tälern vor sich gegangen sein können, die dem suchenden Blick des Archäologen und dem zerstörenden Bagger dort ganze Perioden völlig oder weitgehend entziehen. Am Beispiel der eisenzeitlichen Uferrandsiedlungen des Schweizer Mittellandes wurde dieses Problem schon kurz angesprochen. Daß sie auch für die mittlere Bronzezeit fehlen, mag auf dieselben Zusammenhänge zurückgehen. Es bedarf noch umfangreicher Forschung der Archäologen in Verbindung mit den Naturwissenschaften, um diese Fragen einigermaßen zu klären.

Höfe und Dörfer zwischen Salzach und Rhône

Während der Eisenzeit ab etwa 700 v. Chr., als die Bevölkerung im Alpenraum anwuchs, wurden immer mehr Siedlungen gegründet oder vergrößert. An der Hauskonstruktion änderte sich gegenüber der Bronzezeit nichts. Das Nebeneinander der verschiedenen Möglichkeiten bezeugen am besten zwei Befunde am Rande von Salzburg, die nur etwa 700 m auseinander liegen und an den Übergang von der Hallstatt- zur Latènezeit gehören, also etwa ins 5. Jahrhundert v. Chr. Beide Ausgrabungen wurden von Martin Hell durchgeführt, dem unermüdlichen Erforscher der Frühgeschichte des Salzburger Landes.[32]

Als erstes entdeckte er 1941 anläßlich eines Wasserleitungsbaues beim Schloß Kleßheim eine Kulturschicht, die er vollständig freilegte. Sie zeigte auf allen Seiten eine scharfe Grenze. Verbrannter Lehmverputz bestätigte die Vermutung, daß es sich um eine Wohnstelle handelte, und zwar um ein Blockhaus, weil keine Pfosten gefunden wurden. Seine Maße waren mit etwa 3,8 × 3,55 m recht bescheiden, so daß Hell, auch wegen der zahlreichen Mahl- und Klopfsteine, eine Interpretation als „Mühle" erwog. Weil aber darin außerdem ungefähr 300 Scherben, ein Fibelfragment und Tonwirtel (von der Spindel) aufgelesen wurden, ist diese Interpretation gewiß zu einseitig. Auf jeden Fall hat dieses Gebäude als Wohnhaus gedient und nicht nur als zu einem bestimmten Zweck aufgesuchtes Wirtschaftsgebäude. Aber vielleicht haben seine Bewohner tatsächlich ihren Unterhalt zum Teil aus einer spezialisierten Tätigkeit als Müller oder Bäcker bezogen. Die Umgebung dieses Hauses konnte leider nicht untersucht werden, so daß weitere Spekulationen nutzlos sind.

47   Nur noch die dunkel verfärbten Pfostengruben hatten sich von den Holzhäusern einer Siedlung des 6.–5. Jahrhunderts v. Chr. in Salzburg-Liefering erhalten. Verbindet man jene, die in gerader Linie zueinander liegen, treten die Hausgrundrisse klar zutage. Einzelne Pfosten nahe den Querwänden deuten auf eine Walmdachkonstruktion.

Wegen der Entfernung von über 700 m gehört eine größere Siedlung derselben Zeit, entdeckt in einer Schottergrube, nicht zu diesem Blockhaus. Leider war – wohl im Rahmen des Eisenbahnbaus um 1942 – die alte Kulturschicht abgeräumt worden, so daß für die Datierung der Siedlung nur die spärlichen Funde aus den 136 eingemessenen Pfostengruben (noch 60–80 cm tief!) zur Verfügung stehen. Aufgrund der Umstände in der Kriegszeit ist gewiß nicht alles so gut beobachtet worden, wie es bei einer geruhsamen Plangrabung möglich gewesen wäre, manche Pfostengrube mag unerkannt zerstört worden sein, aber dennoch erlauben es die festgehaltenen Befunde, ein Bild vom Aufbau der Siedlung sowie der Konstruktion der Häuser zu gewinnen. Acht Häuser können ganz oder teilweise identifiziert werden. Da sich die Untersuchung auf die Schottergrube beschränken mußte, ist die ursprüngliche Größe der Siedlung nicht zu bestimmen.

Die Häuser waren in Pfostenbauweise errichtet. Sie maßen 10–13 m in der Länge und 3–5 m in der Breite und standen mit einer einheitlichen Orientierung dicht

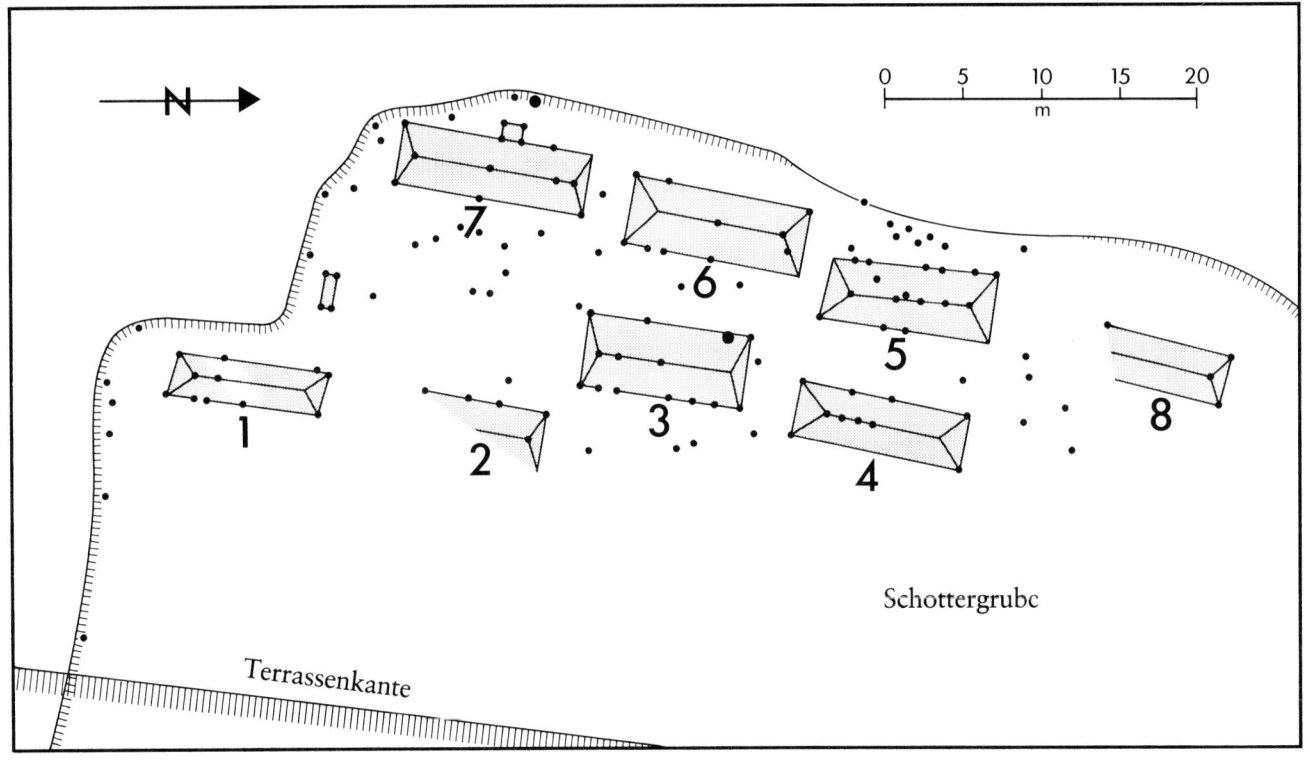

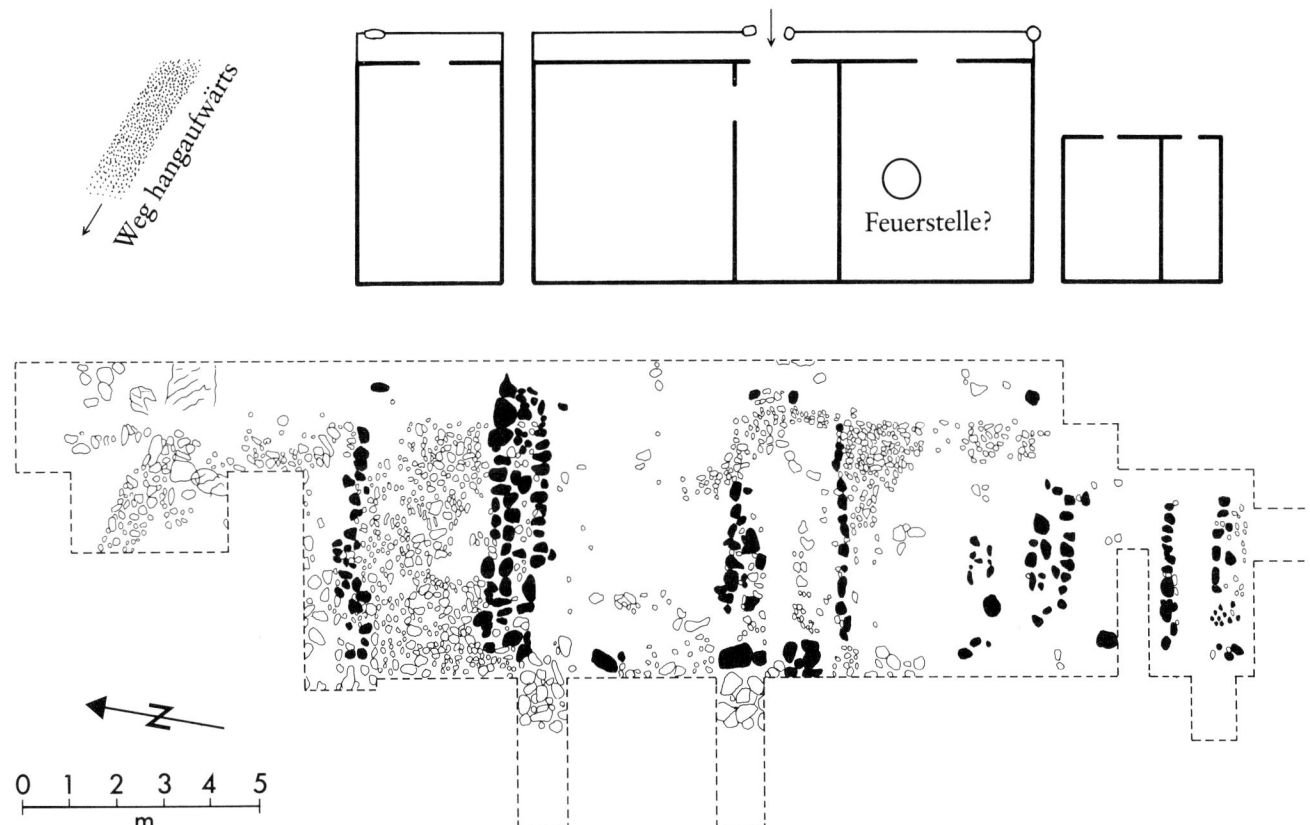

48   Von dem Gehöft aus Blockhäusern auf dem Dürrnberg über Hallein (Land Salzburg) sind nur die Fundamentlagen aus unbehauenen Steinen erhalten geblieben. Unten ist der Ausgrabungsbefund dargestellt; schwarz hervorgehobcn sind dic überdurchschnittlich großen Steine der Wandfluchten. Oben ein Vorschlag für die Rekonstruktion des Grundrisses. 4.–2. Jahrhundert v. Chr.

nebeneinander. Der beobachtete oder vorauszusetzende Abstand der Pfosten betrug zwischen 2,4 und 2 m. Bei den Häusern 1 und 6 standen je zwei Pfosten nur 0,8 m auseinander, dazwischen befand sich eine Vertiefung, die ursprünglich eine hölzerne Türschwelle aufgenommen haben wird. Die genau entsprechende Lage an der Ostwand nahe der SO-Ecke läßt ein Schema erkennen, das bei Haus 3 ebenfalls zugrundeliegt, auch wenn dort die Schwelle nicht beobachtet wurde. Bei den anderen Häusern war nichts dergleichen zu sehen, aber vielleicht lag bei den Häusern 5 und 7 der Eingang etwas rechts von der Mitte der Westwand, wo je zwei Pfosten ebenso dicht nebeneinander stehen; bei Haus 7 könnte er sogar durch einen kleinen Vorbau geschützt gewesen sein. Nebengebäude scheinen nicht vorhanden zu sein. Einzig ein winziger Rechteckbau zwischen den Häusern 1 und 7 käme dafür in Frage.

Wir haben hier also ein ganzes Dorf vor uns, das mindestens 200 Jahre bestand. Es spricht nichts dagegen, daß alle Häuser gleichzeitig errichtet worden sind, wenn auch eventuelle Um- oder Anbauten nicht auszuschließen sind. Auf jeden Fall gibt es keine Anzeichen von Zerstörungen, die zu einem völligen Neuaufbau der Siedlung geführt haben müßten. Die Pfostengruben außerhalb der rekonstruierten Hausgrundrisse lassen sich zu keiner älteren Bauphase mit abweichender Orientierung der Gebäude zusammenfügen.

Nur wenige Kilometer südlich der Siedlung von Salzburg-Liefering liegt Hallein mit seiner Bergbausiedlung auf dem Dürrnberg. Obwohl dort – im Gegensatz zu den reichen Gräbern – die Wohnstellen noch kaum erforscht sind, gibt es doch einen Hauskomplex, dessen Aussehen durch die Ausgrabungen von Fritz Moosleitner und Ernst Penninger einigermaßen klar vor Augen steht.[33] Er war auf einer kleinen, vorher etwas planierten

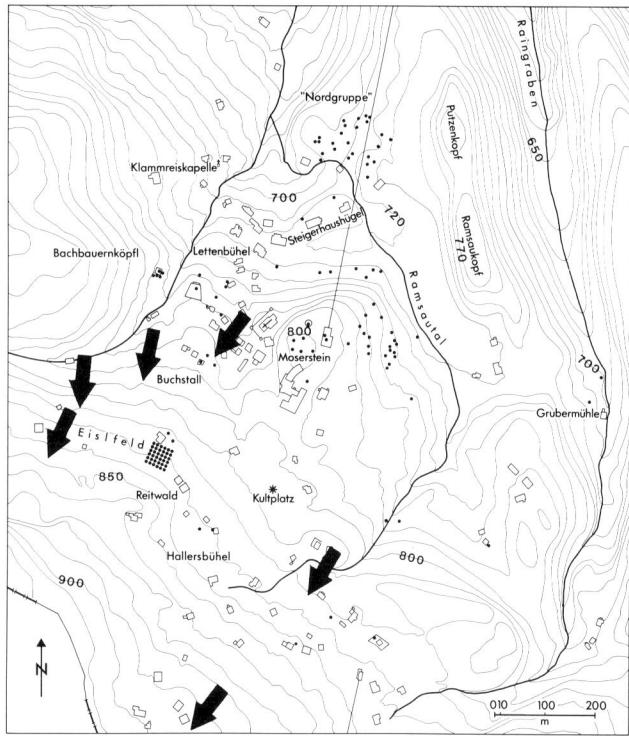

49   Höhenschichtenplan des Dürrnbergs über Hallein (Land Salzburg) mit der modernen Bebauung. Die Verteilung der eisenzeitlichen Gräber (kleine Punkte, Stand 1975) beweist, daß jede Familie ihren eigenen Bestattungsplatz in der Nähe des Hofes besaß. Die Pfeile in den höheren Regionen zeigen ungefähr an, wo der frühgeschichtliche Bergmann Stollen in den Salzberg getrieben hat. Auf dem allseits abfallenden Ramsaukopf befindet sich eine noch kaum erforschte Befestigung derselben Zeit, die über dem alten Zugang vom Salzachtal durch den Raingraben emporragt.

Terrasse an einem ziemlich steilen Hang errichtet. Der erste Bau war ein Blockhaus mit knapp 10 m Länge und 5,5 m Breite. Die Stämme besaßen einen Durchmesser von etwa 17–20 cm und waren in den Lagerfugen, vielleicht auch auf der Innenseite, sorgfältig zugehauen; die Ritzen waren mit Lehm verstrichen. Da die Stämme direkt auf dem Boden auflagen, gibt es keine Anhaltspunkte für eine Unterteilung des großen Komplexes; möglicherweise entsprach sie der des darüber liegenden Baues.

Der erste hatte nämlich keinen langen Bestand. Aufgeführt wurde er wohl um die Mitte des 5. Jahrhunderts v. Chr., und in der ersten Hälfte des 4. Jahrhunderts brannte er ab. Durch die Hitze verziegelten große Teile des Lehmfußbodens (daher kennt man die Grundfläche) und des Lehmverputzes der Wände. Verkohlte Trümmer und Asche blieben zurück. Aber bald machten sich seine Bewohner an den Wiederaufbau. Die Schuttschicht wurde weitgehend abgeräumt, ein neues Blockhaus entstand. Weil man dabei die Balken teilweise mit einem kleinen Steinfundament unterlegte, wissen wir besser über die Inneneinteilung Bescheid. Anscheinend handelt es sich dabei um einen größeren Baukomplex, der in einzelne Einheiten gegliedert war: im Norden ein kleinerer, freistehender Raum, mit einem geringen Abstand anschließend das Hauptgebäude, bestehend aus einem schmalen Korridor mit der Eingangstür zur Talseite, von dem eine Türe nach rechts in einen großen Raum führte. Weil die einzige entdeckte Feuerstelle nicht gut außerhalb des Hauses gebrannt haben kann, muß auch die Fläche südlich des Korridors überdacht gewesen sein, zumal die Fluchten der dünnen Kieselschüttung mit den Enden der Fundamente übereinstimmen. Der Zugang lag vielleicht ebenfalls auf der Talseite, und es hat den Anschein, als sei das Dach etwa 60 cm über die Vorderwand herausgezogen und durch Pfosten abgestützt gewesen, so daß auch bei schlechtem Wetter die verschiedenen Räume halbwegs trockenen Fußes aufgesucht werden konnten. Im Süden schlossen sich zwei winzige Räume an, wohl zum Abstellen von Geräten oder Vorräten. Wegen der Lage am Hang war es notwendig, die Entwässerung hinter dem Haus zu regulieren. Zur Sicherung der Rückwand zog man daher einen Graben, füllte ihn mit Rollsteinen und schichtete diese in einigen Lagen noch gegen die Wand.

Dieser Gebäudekomplex wurde nicht zerstört, sondern im 2. Jahrhundert v. Chr. einfach verlassen. Danach verfiel er. Dies ist merkwürdig, weil um diese Zeit die Besiedlung auf dem Dürrnberg noch recht intensiv war. Sie zeichnet sich dadurch aus, daß die einzelnen Höfe der Bergleute über die große Fläche des hügeligen Plateaus verstreut waren, wenn auch eine gewisse Konzentration im heutigen Ortsbereich und etwas oberhalb bestanden haben mag.

Auf jeden Fall unterscheidet sich die Situation am Dürrnberg deutlich von jenen Plätzen, wo sich die Bevölkerung auf engem Raume zusammendrängte. Aber auch dort weiß man im Grunde nur wenig über die tatsächliche Funktion befestigter Plätze im politischen und sozialen Sinn. Dies gilt etwa für die erst jüngst entdeckte Siedlung des 6. und 5. Jahrhunderts v. Chr. von Châtillon-sur-Glâne,[34] südlich von Fribourg, den reichen Handelsplatz auf einem Felssporn über dem Zusammenfluß von Sarine und Glâne (Abb. 131), durch einen mächtigen Wall gegen das Hinterland geschützt. Oder für die Höhensiedlung von Le Pègue[35] bei Valreas (Drôme) am Ostrand des Rhônetals, etwa 135 km nördlich von Marseille. Seit dem 8. oder 7. Jahrhundert v. Chr. wohnten hier Menschen in größerer Zahl, aber erst mit den Griechen, die sich an der Küste festsetzten, kam im späten 6. Jahrhundert der Wohlstand. Ein Getreidespeicher zeugt von der zentralörtlichen Funktion der Siedlung, die anscheinend Getreide und andere wichtige Güter an die Küste lieferte. Umgekehrt fand griechische Keramik hier Eingang, Wein und Öl wurden importiert, vielleicht hier selbst angebaut, die Töpferei blühte. Ein großer Brand machte alles zunichte. Es waren vielleicht die Kelten, die diese Siedlung zerstörten, wohl um die Mitte des 5. Jahrhunderts v. Chr. Danach erlangte Le Pègue nie mehr seine frühere Bedeutung. Um 30 v. Chr. gab die Bevölkerung den Platz auf und zog ins Tal. Aus römischer Zeit stammen nur noch wenige Scherben.

Der Brand des Getreidespeichers hat dazu geführt, daß man für seine Konstruktion gewisse Anhaltspunkte besitzt. Er war mindestens 7 m, möglicherweise über 9 m lang und bis zu 5 m breit. Weil keine zugehörigen Pfostengruben vorhanden waren, könnte es sich um einen Blockbau gehandelt haben; da aber verbrannte Lehmstücke (mit Stroh versetzt) Abdrücke von Flechtwerk zeigen, muß zumindest der obere Teil in dieser leichten Konstruktion aufgesetzt gewesen sein. Eher liegt hier aber sogar ein echter Ständerbau vor, bei dem die tragenden Pfosten nicht in die Erde eingegraben, sondern in stabilen Schwellbalken verzapft waren. Diese hätten

dann auf dem niedrigen Steinfundament aufgelegen. Womit das Dach gedeckt war, weiß man nicht. Wegen der großen Länge war das Gebäude einmal, vielleicht zweimal quer unterteilt. Außerdem besaß es eine schmale Vorhalle (gut 1 m tief) über die ganze Breite. Hier war auch der Eingang mit einer Tür.

Das Getreide lagerte, wie in der mediterranen Welt üblich, in riesigen Tongefäßen, die an Ort und Stelle in einer ziemlich luftdurchlässigen Machart getöpfert worden waren. Da zwischen den regulären Vorratsgefäßen noch kleinere und vor allem feinere Tongefäße standen, muß man annehmen, daß die Bewohner der Siedlung möglichst viel Getreide speichern wollten, um auch eine längere Belagerung zu überstehen – vergeblich, wie die mächtige Brandschicht beweist.

Die gleichzeitigen Wohnhäuser in Le Pègue werden sich vom Speicher in der Konstruktion nicht grundsätzlich unterschieden haben. In späterer Zeit bevorzugte man richtige Mauern aus großen, sorgfältig geschichteten Steinen, zusätzlich gefestigt durch kleine Kiesel und Lehm in den Zwischenräumen. Aber auch hier ist es wenig wahrscheinlich, daß die Häuserwände in ganzer Höhe aus Stein waren; wie in römischer Zeit wird man sich mit einem Aufbau aus Fachwerk mit lehmverputzter Strohfüllung begnügt haben.

Weiter drinnen in den Westalpen bestätigt die nur zu einem kleinen Teil aufgedeckte Siedlung von Sainte-Colombe bei Orpierre (Hautes-Alpes)[36] die allgemeine Gültigkeit der beschriebenen Konstruktionsprinzipien. Seit dem Ende des 8. Jahrhunderts v. Chr. siedelten hier Menschen in einer Höhe zwischen 900 und 960 m auf einem Berghang, den sie für ihre Häuser terrassieren mußten. Auf einer solchen Terrasse war um 500 v. Chr. ein Bau aus mächtigen, im Abstand von 2,4 m gesetzten Pfosten errichtet. Flechtwerk und Strohlehm bildeten die Wände; Länge und Breite sind nicht bekannt, aber wenn eine in gleicher Höhe gefundene Feuerstelle noch innerhalb des Gebäudes lag, dann muß dieses mindestens 7 m lang gewesen sein. Besonders bemerkenswert ist die Beobachtung mehrerer Lehmringe auf der Feuerstelle, halbwegs fest gebrannt; sie dienten wohl als Halterung für rundbodige Töpfe. Innerhalb des Hauses, dicht an der Wand zwischen zwei Pfosten, entdeckten die Ausgräber außerdem das Skelett eines Kleinkindes, etwa 20 cm unter dem Fußboden aus gestampftem Lehm, Zeugnis einer weiter verbreiteten Sitte, gelegentlich Kinder im Haus zu bestatten.

Griechische und etruskische Gefäße unter dem Scherbenmaterial sprechen für die Einbindung dieses Ortes in ein weitgespanntes Verkehrsnetz, obwohl er für heutige Begriffe ausgesprochen abgelegen wirkt. Die Menschen zogen wohl am ehesten wegen der dortigen Bodenschätze hierher: silberhaltiges Blei, Eisen und vielleicht Kupfer. Das Ende der unbefestigten Siedlung ist in die Mitte des 5. Jahrhunderts v. Chr. zu setzen. Obwohl es vorher dreimal gebrannt hat, was zu Neubauten führte, ist doch gerade eine Zerstörung für die letzte Schicht nicht nachzuweisen. Einige wenige Funde der jüngeren Eisenzeit dürften von höher am Hang gelegenen Wohnstellen stammen.

Als letztes Beispiel für die Architektur der älteren Eisenzeit sei das „Herrenhaus" von der Mottata bei Ramosch im Engadin vorgeführt.[37] Es handelt sich um einen quadratischen Bau von fast 12 m Innenlänge und etwa 2 m dicken, ungemörtelten Mauern. Vier ebenfalls quadratisch angeordnete Pfosten im Inneren stützten das Dach. Dieses mächtige Gebäude sprengt mit gut 140 m² alle sonst bekannten Maße im Alpenraum, so daß an einer besonderen Funktion kein Zweifel besteht. Leider geben die Funde in und vor dem Gebäude keinen weiteren Aufschluß. Die Deutung als „Herrenhaus" folgt bequemen Denkschemata, die im archäologischen Material vorerst keine Stütze finden.

Ähnliche Interpretationsschwierigkeiten bieten die großen Bauten auf dem Hügel von Vill,[38] heute Vorort von Innsbruck. Die Ausgräberin Helene Miltner hat das eine Gebäude wegen eines großen Steinblocks im Inneren, der keine konstruktive Funktion gehabt haben dürfte, als „Kultbau" angesprochen. In seiner Nähe gab es noch einen „Saalbau" und kleinere Wohnhäuser. Daß die Anlage des Komplexes nicht erst im 2. Jahrhundert v. Chr. erfolgte, sondern spätestens zwischen 400 und 350 v. Chr., sei hier nur am Rande vermerkt – ebenso, daß der Zeitpunkt des Brandes keineswegs gesichert ist. Umgekehrt scheint die Interpretation eines großen, in Längsrichtung unterteilten Baues mit zwei nebeneinanderliegenden Eingängen auf den Montesei di Serso[39] nahe Trient als Wohnhaus etwas zu profan. Denn die zahlreichen Fibeln, die jeweils konzentriert gefundenen Webgewichte(?) aus Ton und ritzverzierten Kiesel nehmen sich neben der häufigen Keramik seltsam aus und deuten eher auf eine kultische Nutzung hin.

Auf jeden Fall läßt sich während der letzten drei, vier Jahrhunderte v. Chr. im Alpenraum eine größere

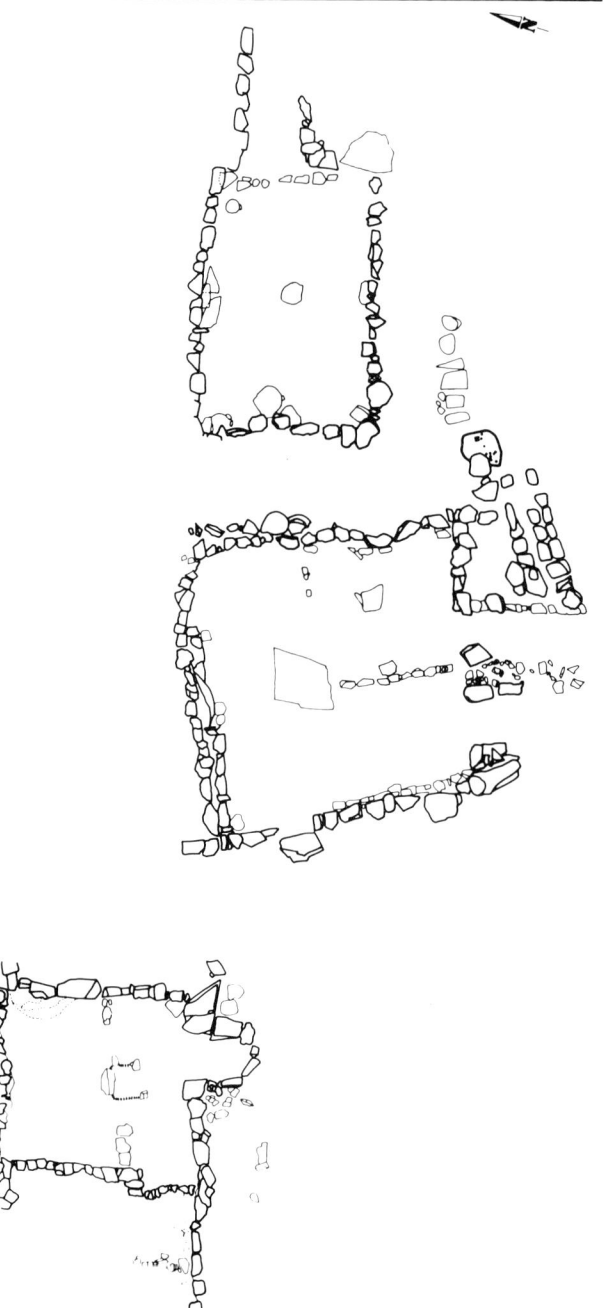

50   Grundrisse dreier Holzhäuser mit hohem Steinfundament auf den Montesei di Serso bei Trient. 5.–4. Jahrhundert v. Chr. Maßstab 1:200.

Vielfalt der Haustypen beobachten.[40] Neben den einfachen Pfosten- und Blockbauten werden Konstruktionen häufiger, bei denen regelrechte Steinmauern ohne Mörtel den unteren Teil der Wände bilden. Über die Siedlungsform, die Größe der Weiler oder Höfe, die Anordnung der einzelnen Gebäude weiß man dagegen wenig.[41]

Die ersten Städte?

Im keltischen Raum nördlich und westlich der Alpen hatte sich – gewiß unter südlichem Einfluß – etwa ab dem 2. Jahrhundert v. Chr. eine Vorliebe für stadtartige Großsiedlungen herausgebildet.[42] Natürlich zogen nicht auf einmal alle Menschen zusammen, aber eine gewisse Siedlungskonzentration scheint doch stattgefunden zu haben. Bei näherem Hinsehen unterscheiden sich diese Städte – die Römer nannten sie *oppida*, ein Terminus, den die Archäologen übernommen haben – untereinander beträchtlich, aber als Grundzüge lassen sich doch herausstellen: eine große Fläche an einem gut zu verteidigenden Platz, umschlossen von einer Mauer aus Steinen, Erde und Holzrahmenwerk; darin Handwerksbetriebe aller Art, vielleicht konzentriert in eigenen Vierteln; manchmal deutlich abgesetzt die Wohnungen der herrschenden Familien; ferner das zentrale Stammesheiligtum. Denn anscheinend bildeten solche Oppida zugleich den politischen und wirtschaftlichen Mittelpunkt kleinerer oder größerer Stämme. Als Caesar in Gallien Krieg führte, hatte er diese Oppida vor Augen – sei es als Sitz eines befreundeten oder verhandlungsbereiten Stammesfürsten, sei es als Ziel eines Feldzuges und einer Belagerung –, und an seinen Beschreibungen wiederum orientieren sich die Archäologen. Denn die archäologische Erforschung solcher Plätze ist bisher nur unbefriedigend gelungen, hauptsächlich wegen der riesigen Flächen, die dabei aufgedeckt werden müssen. Selbst in dem am sorgfältigsten erforschten Oppidum, Manching nahe Ingolstadt an der Donau, seit über 20 Jahren Ziel planmäßiger Ausgrabungen, ist bis heute erst ein Bruchteil der gesamten Innenfläche untersucht.[43] Dadurch ist es sehr schwer, Beurteilungskriterien für solche Siedlungen zu finden, die zwar einigermaßen groß und befestigt sowie in den letzten zwei Jahrhunderten v. Chr. bewohnt waren, aber bestenfalls durch einige Suchschnitte archäologisch angeritzt sind.

Dieses Problem wird besonders dann akut, wenn wir uns dem Alpenrand nähern. Im Westen pflegt die französische Forschung alle befestigten Höhensiedlungen dieser Zeit als Oppida zu bezeichnen. Das reicht vom griechisch-römisch geprägten Entremont[44] bei Aix-en-Provence über Le Pègue und Aime,[45] der zukünftigen römischen Provinzhauptstadt, bis nach Genf.[46] Im deut-

51   Das keltische Motiv des heiligen Hirsches und römisch beeinflußtes Formempfinden vereinen sich in dem Bronzehirsch vom Biberg bei Saalfelden (Land Salzburg). Er bezeugt die intensiven Kontakte des Königreichs Noricum mit dem Süden, von denen nicht nur Händler, sondern auch die Künstler in den Hauptorten der Stämme profitierten. 1. Jahrhundert v. Chr. Höhe 10,8 cm. Museum Carolino Augusteum Salzburg.

schen Sprachraum ist man nur wenig vorsichtiger. Die weitläufigen Wallanlagen auf dem über 1000 m hohen Auerberg im Allgäu zwischen Schongau und Füssen haben dazu verleitet, eine von dem antiken Geografen Strabon erwähnte keltische Stadt namens *Damasia* dort zu suchen. Die langjährigen Ausgrabungen von Günter Ulbert, die der römischen Ansiedlung an diesem Platz galten, haben inzwischen jedoch erwiesen, daß die Wallanlagen in frührömische Zeit gehören und auch unter den vielen Funden derzeit keine zwingenden Anzeichen für eine spätkeltische Vorgängersiedlung vorhanden sind (S. 112). Westlich vom Irschenberg, jedem Autofahrer geläufig, liegt die „Fentbachschanze", ein Plateau hoch über der Mangfall, gesichert durch einen mächtigen Wall.[47] Funde bezeugen die Anwesenheit von Menschen während der spätesten Eisenzeit, doch ist weder die Konstruktion und Datierung des Walles (frühmittelalterlich überhöht?) eindeutig noch der Umfang der Siedlung bekannt. Da das umliegende Land zu dieser Zeit kaum besiedelt war, ist eine Interpretation als Oppidum, als Mittelpunkt eines Stammes, zweifelhaft.

In einem Gebiet, für das spätkeltische Besiedlung gut nachgewiesen ist, liegen zwei andere wichtige Plätze. Als erster der Rainberg in Salzburg, seit vielen Jahrhunderten immer wieder besiedelt;[48] er wird als Zentralort des Stammes der Alaunen in Anspruch genommen. Die Saalach aufwärts und weiter drin im Gebirge erhebt sich der Biberg bei Saalfelden – erhob sich, muß man leider sagen, denn heute ist er durch Steinbruchbetrieb fast ganz abgetragen, und nur die von Martin Hell im Laufe der Jahre aufgesammelten Funde lassen seine ehemalige Bedeutung ahnen.[49] Auf dem Biberg vermutet man den Zentralort der *Ambisontes*, jenes norischen Stammes, der sich als einziger in die Eroberungskriege des Augustus verwickeln ließ (S. 55). Aber auf dem Rainberg wie auf dem Biberg hat man so wenig gegraben, daß über die Struktur der Siedlungen nichts ausgesagt werden kann. Die Interpretation als Stammesmittelpunkt stützt sich also allein auf einen Analogieschluß zu den gallischen Verhältnissen und auf die Tatsache, daß im weiten Umkreis dieser Plätze kein anderer bekannt ist, der eine entsprechende Stellung innegehabt haben könnte. Daß die Römer um die Mitte des 1. Jahrhunderts n. Chr. ihren Ort *Iuvavum* am Fuße des Rainberges gründeten, mag ein gewisser Hinweis sein. Doch auch der Dürrnberg über Hallein besaß durch die Salzsiedereien noch einige Bedeutung gleichzeitig mit dem Rainberg – ebenso ver-

mutlich die nicht weit entfernte Siedlung von Karlstein bei den Solequellen von Reichenhall.[50]

Der Magdalensberg bei Klagenfurt jedoch läßt keinen Raum für solche Zweifel. Schon seit den ersten Ausgrabungen des letzten Jahrhunderts bestand Gewißheit, daß man die Hauptstadt des Königreiches Noricum entdeckt hatte.[51] Die 1058 m hohe Spitze des Berges, die heute eine Kirche trägt (der Helena und der Magdalena geweiht), war mit einem Ringwall umgeben, den man heute noch im Gelände sieht. Die jüngst ausgegrabene Toranlage ist weitgehend konserviert. Innerhalb dieser Befestigung standen ein Tempel, also wohl das Zentralheiligtum des Stammes, und Wohnhäuser. Solche gab es auch außerhalb auf den Terrassen weiter unten, vor allem im klimatisch bevorzugten Süden und Westen. Hier machte sich schon früh der römische Einfluß geltend. Denn die Stadt war das Ziel römischer Kaufleute, die von Aquileia, der 183/181 v. Chr. gegründeten Kolonie an der Adria, heraufkamen, um vor allem das begehrte norische Eisen zu erwerben. Sie unterhielten hier regelrechte Kontore mit Lagerhäusern und Rechnungsbüchern (S. 292f.) Die Bauten wurden bald weitgehend aus Steinen errichtet, und zwar nunmehr gemörtelt, wie es der römischen Bauweise entsprach. Auch in den Grundrissen zeigen sich römische Einflüsse: Wandelgänge, Vorhallen, Innenhöfe bei besonders prunkvollen Gebäuden. Der steile Hang wurde geschickt durch Stützmauern terrassiert. Die Häuser besitzen auf der Talseite oft eine beträchtliche Höhe; auf der Rückseite sind sie teilweise in den Berg eingegraben. Sorgfältig angelegte Wege, fast Straßen, betonten den städtischen Charakter dieser keltisch-norischen Siedlung.

Als nach der friedlichen Übernahme des Königreichs Noricum in das römische Reich (um 15 v. Chr.) auch die römische Verwaltung ihren Sitz auf dem Magdalensberg nahm, brachte dies manche Umgestaltung mit sich. Nach römischer Sitte legte man für Versammlungen einen zentralen Platz an, das *forum*. Auf der einen Seite schloß sich der große Tempel mit mächtigen Mauern an, auf der anderen das *praetorium*, das Amtsgebäude des obersten römischen Beamten, der von dort aus seine Reden an die Menge hielt. Viele Häuser wurden renoviert oder noch mehr dem römischen Geschmack angepaßt, manche ganz neu gebaut, denn der Beamtenapparat benötigte viel Platz und verbesserte indirekt die Infrastruktur der Siedlung durch seine gesteigerten Ansprüche an Komfort und Luxus. Ein eindrucksvolles Zeugnis dafür

52 Luftaufnahme des Magdalensberges bei Klagenfurt (Kärnten) von Süden. Auf dem Gipfel die Kirche St. Helena und Magdalena über dem alten norischen Stammesheiligtum. In der Bildmitte die freigelegten Mauern der Stadt, in der die Kaufleute, Handwerker und Verwaltungsbeamten lebten. Rechts der Kamm des Lugbichl mit dem wichtigsten Gräberbezirk.

ist der palastartige Gebäudekomplex südlich des *praetoriums*, also unterhalb der heutigen (und römischen) Straße vom *forum* zum Berggipfel. Mächtige Stützmauern sorgten für einen Ausgleich des Niveauunterschieds, damit nicht mehr als zwei Hauptwohnebenen entstanden. Die Grundelemente eines großzügigen Haushalts waren hier vorhanden: ein großer Hof mit schattigem Laubengang, eine riesige Küche mit mehreren Herden und Bratofen, eine eigene Bäckerei und schließlich ein geheiztes Privatbad mit Räumen zum Aus- und Ankleiden, zum Warm- und Kaltbaden sowie zum Schwitzen. Die Wanne im Warmbad war sogar innen mit Mosaik ausgelegt.

Da die Siedlung auf dem Magdalensberg noch lange nicht vollständig ausgegraben ist, lassen sich über die Bereiche weiter weg vom Forum und den Amtsgebäuden nur wenige Aussagen machen. Es handelte sich hauptsächlich um Handwerksbetriebe und Läden; im oberen Stockwerk oder daneben wohnte der Besitzer mit seiner Familie. Für die vielen Durchreisenden wird es Unterkünfte in Form von einfachen Gasthäusern gegeben haben. Das ebenfalls zu erwartende öffentliche Bad wurde bisher noch nicht gefunden. Auch die Garnison der *cohors montanorum prima*, des 1. Gebirgsjägerbataillons, ist noch nicht bekannt. Daß sie hier in der Hauptstadt stationiert war, ist ziemlich sicher, zumal es in der Nähe mehrere Grabsteine für Angehörige dieser Truppe gibt (Abb. 23).[52] Einer der Friedhöfe lag auf dem Lugbichl, dem Kamm, der vom Gipfelmassiv nach Süden abzweigt; dort kann man heute noch Reste der Grabkammern sehen. Von weiteren Bestattungsplätzen entlang der Straßen, die zur Stadt führten, zeugt der zweite Soldatengrabstein der *cohors montanorum*, der auf halbem Hang des Magdalensberges bei einer kleinen Grabkammer zutage kam.

Römische Wohnkultur

Die römische Phase der Stadt auf dem Magdalensberg währte nur zwei Generationen. Denn als zur Zeit des Kaisers Claudius, etwa 45 n. Chr., Noricum seine politische Sonderstellung verlor und als eine offizielle Provinz nach dem üblichen Muster eingerichtet wurde, da sahen der Statthalter und seine Beamten nicht mehr ein, warum sie ausgerechnet im sonnigen Kärnten auf einem hohen und monatelang verschneiten Berg residieren sollten. Die kaiserliche Verwaltung in Rom hatte ein Einsehen und gab den Befehl, eine neue Stadt auf dem Reißbrett zu entwerfen und unten im Zollfeld am Fuße des Magdalensberges zu erbauen. Sie erhielt den Namen *Virunum*[53] (möglicherweise hieß die Vorgängersiedlung auf der Höhe ebenso[54]) und blieb Provinzhauptstadt bis zum Ende des 2. Jahrhunderts, als ein Großteil der Behörden nach *Ovilava*/Wels in die Nähe des Legionskommandeurs und zugleich Statthalters in *Lauriacum*/Lorch verlegt wurde. Nur die Finanzverwaltung blieb in *Virunum*. Um 300, als die Provinz Noricum geteilt wurde, erhielt *Virunum* wieder den Rang einer Hauptstadt, nämlich von Noricum mediterraneum, also „Binnennoricum". Einer Hauptstadt angemessen waren die großzügigen und repräsentativen Bauten. Zu den Wohnhäusern und Amtsgebäuden gesellten sich Tempel, Theater, Amphitheater, öffentliche Bäder, gepflasterte Straßen mit Gehsteigen, eine Wasserversorgung und andere Bequemlichkeiten mehr.

Architektonische Details riefen das Staunen der Provinzbevölkerung hervor, wenn sie die Hauptstadt besuchten: Mauer- und Dachziegel aus gebranntem Ton, gemauerte Bögen und Gewölbe, geschliffene Marmorplatten, Fußböden aus kunstvoll verlegtem Mosaik, dazu Wandmalereien, lebensgroße Bronze- und Steinstatuen der Kaiser oder hoher Beamter. Am erstaunlichsten aber war die Wärmetechnik, mit der Fußbodenheizung und Warmwasserbereitung nicht nur in den öffentlichen Bädern, sondern auch in Privathäusern funktionierten.

Die Ziegel wurden teils in staatlichen, teils in privaten Betrieben gebrannt; besonders das Militär an der Donaugrenze unterhielt eigene Ziegeleien, die ihre Erzeugnisse auch stempelten. Mit Hilfe von Ziegeln und Mörtel wurde außerdem der Bau von Bögen und Gewölben möglich. „Falsche" Gewölbe gab es im Mittelmeerraum schon früher, aber sie bestanden aus einer ungefügen Kuppel, die aus flachen, vorkragenden Platten erbaut war und nur durch deren Eigengewicht, das zu den Mau-

ern hin immer stärker wurde, zusammenhielt. Erst den Römern gelang auch die echte Bogen- und Gewölbekonstruktion aus Quadern mit dem Schlußstein. (Die eindrucksvollsten Beispiele sind die unterirdischen Gewölbe in Aosta – Substruktionen, Magazine? – und das Amphitheater in Verona.) Den Marmor haben die Römer natürlich kaum aus Italien bezogen, sondern in der Nähe zu brechen versucht. Die Geologie setzte dem gewisse Grenzen, aber etwa die Steinbrüche am Untersberg südlich Salzburg waren schon in römischer Zeit berühmt,[55] und plattigen Kalk gab es in den Nord- wie Südalpen an vielen Stellen.

Ein Fußboden mit Steinmosaik war erst recht eine Sache für wohlhabende Leute. Verschiedenfarbige Steinchen mußten zurechtgeschlagen, die geometrische oder figürliche Komposition entworfen und schließlich das Material dementsprechend verlegt werden. Daher trifft man Mosaikfußböden nur in reichen Stadtvillen oder in den großen Gutshöfen auf dem Lande an, und selbst da nur in einzelnen Räumen, die dem häufigen Aufenthalt oder der Repräsentation dienten. Nicht so kostspielig war die Wandmalerei auf glattem Putz, aber weil die Wände römischer Häuser nur selten erhalten und dann die Farben meist ausgelaugt sind, gelingt nur in Glücksfällen eine Rekonstruktion größerer Flächen. Die Wandmalereien von Pompeji, der wohlhabenden Kleinstadt bei Neapel, deuten an, wie reich und vielgestaltig die Ausmalung der Innenräume gewesen sein kann. Im Alpengebiet wird zwar alles etwas einfacher ausgefallen sein, aber es gibt doch einige schöne Beispiele, so das erst vor wenigen Jahren aufgedeckte Bad von Schwangau im Allgäu (an Ort und Stelle restauriert und zu besichtigen neben der Talstation der Tegelbergbahn).[56] Größere Flächen sind auch auf dem Magdalensberg[57] und in Schweizer Villen[58] erhalten geblieben.

Die Fußbodenheizung ist eine Erfindung der Römer, die erst in unseren Tagen wieder gewürdigt und nachgeahmt wird. In den öffentlichen und privaten Bädern war sie unabdingbar, in Privathäusern setzte sie eine gewisse Wohlhabenheit voraus, doch ging das Bestreben dahin, wenigstens einen oder zwei Räume damit auszustatten. Das Konstruktionsprinzip ist denkbar einfach. Der Fußboden des Erdgeschosses ruhte auf einer großen Zahl von 40–100 cm hohen Stützen, meist aus Ziegelplatten hochgemauert, ersatzweise auf Steinsäulen. Dadurch entstand unter dem Fußboden ein Hohlraum, in dem die warme Luft zirkulieren konnte (in der Spätan-

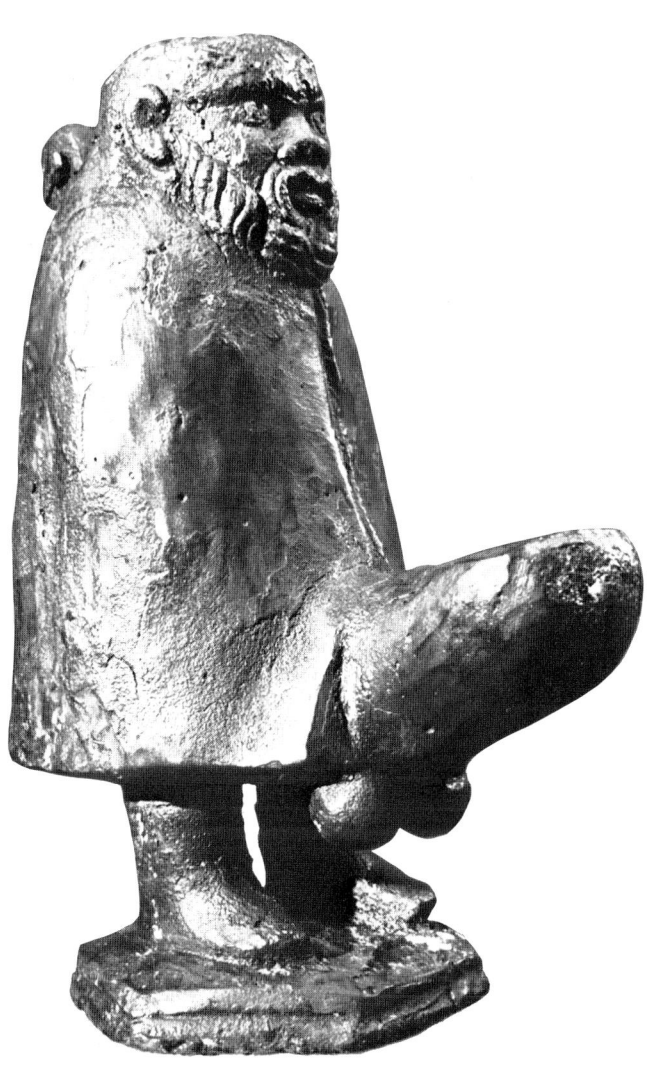

53 Schon die Römer liebten den Kitsch. Diese drollig-eindeutige Bronzefigur (ein ältlicher Silen aus dem Gefolge des Weingottes Dionysos) diente als Öllampe. Man füllte das Olivenöl durch den Kopf in den Körper ein und schloß die Öffnung mit einer heute verlorenen Kapuze, die an dem Scharnier auf der Schulter befestigt war. Das Ende des riesigen Penis besitzt oben eine Öffnung, aus der der Docht herausragte. 1. Jahrhundert n. Chr. Höhe 7,5 cm. Museum Carolino Augusteum Salzburg.

tike begnügte man sich mit einem oder zwei Heißluftkanälen unter dem Fußboden). Hohlziegel leiteten die Wärme auch in die Wände selbst. Die Beheizung erfolgte in einer kleinen, eingetieften Kammer außerhalb des Hauses oder der beheizten Zimmerfluchten. Ein Sklave sorgte dort mehrmals am Tage für das Feuer und den Nachschub an Scheiten oder Holzkohle. Der ärmere Bürger mußte sich mit einem Herd (mit oder ohne Abzug) begnügen, der zugleich den Raum heizte. In den anderen Zimmern behalf man sich mit Eisenpfannen, auf denen Holzscheite glühten, aber sie erwärmten höchstens die dicht danebensitzende Person.

Unter den Römern trat auch die Öllampe ihren Siegeszug an. Töpfereien produzierten sie mit Modeln in großen Serien, ohne die Zweckform mit dem runden Ölbehälter und der Schnauze für den Docht wesentlich zu variieren. Die Oberseite trägt meist eine Verzierung, entweder ornamental oder mit Szenen aus dem täglichen Leben oder der Mythologie. Aus *Flavia Solva*, der Römerstadt der Steiermark, gibt es im Landesmuseum Joanneum Graz eine Tonlampe mit dem sinnigen Spruch auf der Unterseite:

Accendet facellam qui lucernam non habet.
Wer keine Lampe hat, muß eben eine Fackel anzünden.

Das kann auch ein Kienspan gewesen sein, aber beides rauchte und rußte wohl ziemlich; dafür war man allerdings nicht auf das importierte Olivenöl aus dem Süden angewiesen. In keinem Haushalt jedoch, der sich römischer Lebensart verpflichtet fühlte, fehlte die Öllampe.

Städte in besetztem Land

Die römische Stadt auf dem Magdalensberg stellt einen Ausnahmefall dar, weil hier eine langsame und organische Entwicklung von der keltisch-norischen Hauptstadt über das keltisch-römische Handelszentrum bis hin zum behutsam eingerichteten Statthaltersitz vor sich ging. Normalerweise haben sich die Römer nicht in schon bestehenden Siedlungen niedergelassen oder vielmehr: die römischen Ortschaften und Städte waren meist so groß, daß der vorrömische Kern – vielleicht nur einige Bauernhöfe – später keine Rolle mehr spielte und meist auch archäologisch kaum nachweisbar ist. Nur in Oberitalien, das ja schon früh romanisiert wurde, ist die Kontinuität des Ortes einigermaßen häufig, aber hauptsächlich nur auf die Gunst der geografischen Lage zurückzuführen. Gerade das Beispiel *Comum*/Como zeigt den Wandel von gleichmäßig verteilten Streusiedlungen der vorrömischen Zeit zur Konzentration im Rahmen eines durchorganisierten Gemeinwesens, das nur als Stadt bezeichnet werden kann, wenn auch seine Erforschung bisher über Anfänge nicht hinausgekommen ist.[59]

Daß römische Städte keltische Namen tragen, sagt überhaupt nichts über Größe und Bedeutung einer Vorgängersiedlung aus, im Gegenteil: fast immer ist eine merkwürdige Diskontinuität festzustellen, wenn man von den Fällen der friedlichen Okkupation (Magdalensberg → *Virunum* und Salzburg-Rainberg → *Iuvavum* im Königreich Noricum; *Segusio*/Susa in den Alpes Cottiae) absieht. So trägt das römische *Cambodunum*/Kempten einen keltischen Namen, ebenso *Eburodunum*/Yverdon oder *Octodurus*/Martigny, aber über die keltischen Vorgängersiedlungen wissen wir so gut wie nichts, weil unter römischer Bebauung eine ältere Siedlungsphase nur schwer zu identifizieren und noch seltener zu rekonstruieren ist.

Ein Rätsel gibt in dieser Hinsicht der schon erwähnte Auerberg im Allgäu auf. Das Wallsystem umschließt mehrere gut besiedelbare Plateaus mit Quellen. Alte Grabungen zu Beginn unseres Jahrhunderts hatten ein „Holzhaus" mit frührömischen Funden ergeben, so daß die Archäologen und Lokalhistoriker ohne Bedenken eine Gleichsetzung mit der bei Strabon erwähnten keltischen Stadt *Damasia* erwogen. Sie sei – ähnlich wie der Magdalensberg – kurze Zeit auch von den Römern besetzt und dann aufgegeben worden. Aber die seit rund 10 Jahren laufenden Grabungen von Günter Ulbert[60] haben bisher nur Ergebnisse geliefert, die dieser Ansicht widersprechen. Erstens erwies sich der Wall nicht als keltisch, sondern als römisch, wie sein Verhältnis zu den Siedlungsschichten zeigt. Zweitens gibt es unter den Funden bisher keine, die man unbedingt für eine keltische Siedlung in Anspruch nehmen muß. Drittens hielten sich die Römer zwar nur kurz auf dem Berg auf, aber nicht schon in der Phase der Eroberung Raetiens, sondern erst ab etwa 12/15 n. Chr. bis etwa 40 n. Chr., als zur Zeit des Kaisers Claudius die Provinzorganisation vereinheitlicht und die Grenze an die Donau vorgeschoben wurde. Viertens handelt es sich bei der bisher ergrabenen Siedlung auf dem Auerberg um ein mächtiges Wirtschaftszentrum mit vielen Werkstätten und Werkhallen. Lange Holzbauten in Ständerbauweise reihten sich nach strengem Plan entlang einer Straße auf; die früher entdeckten „Holz-

häuser" waren, wie die jüngsten Grabungen zeigten, in Wirklichkeit große Wasserreservoirs,[61] bei den Quellen in den Boden eingetieft. Außerdem wurde die Siedlung nicht zerstört, sondern planmäßig aufgegeben. All dies fügt sich zu einem anschaulichen Bild des frührömischen Lebens auf dem Auerberg, aber obwohl zahlreiche militärische Funde gemacht wurden, paßt dieses Bild überhaupt nicht in den Rahmen, den man sich bisher von der römischen Okkupation des Alpenvorlandes gezimmert hat. Vor allem bleibt rätselhaft, warum die Römer, wenn es keine keltische Stadt auf dem Auerberg gegeben hat, sich auf einmal für fast 30 Jahre auf diese kalte und schneereiche Höhe setzten. Und was sollte der Wall, nicht aus Steinen, sondern aus Erde und Rasensoden aufgeschichtet, also gänzlich „unrömisch" für eine Dauersiedlung, noch 30 Jahre nach den siegreichen Feldzügen von Tiberius und Drusus? Nennenswerte Bodenschätze gibt es auf dem Auerberg nicht, das Rohmaterial für viele Werkstätten (Schmiede, Bronzegießer, Glasmacher) mußte vom Tal heraufgeschafft werden. Unten lief zwar die Straße nach Norden, die zukünftige Via Claudia, aber die Entfernung dahin beträgt 4 km, so daß eine Sicherungsfunktion auch nicht recht einleuchtet. Man wird also abwarten müssen, was die zukünftigen Grabungen für eine schlüssige Interpretation noch liefern werden. Am einfachsten wäre es, man fände tatsächlich einen spätkeltischen Vorläufer, denn dann wäre die Situation

54   In schwindelerregender Höhe von 52 m führt der Aquädukt von Pondel (oder Pont d'El) im Aostatal über eine tiefe Schlucht. Im Mauerwerk sind die Löcher für das Gerüst und die Lüftungsschlitze für die Wasserleitung zu erkennen, die über dem schmalen Gesims läuft. Die weniger sorgfältig gemauerte Brüstung stammt aus neuerer Zeit und macht dieses Bauwerk erst zur Brücke für Menschen, Esel, Kühe und Schafe. Wie viele Menschen bei der Errichtung dieses Wunderwerks römischer Bautechnik in die Tiefe gestürzt sind, wissen wir nicht. Die knappe Inschrift über dem Bogen mit 15 m Spannweite nennt nur die allernötigsten Fakten: das Datum der Vollendung (das Amtsjahr 3/2 v. Chr.), die Tatsache, daß es sich um eine Stiftung von Privatleuten handelt, und schließlich deren Namen: Gaius Avillius, Sohn des Gaius, sowie Gaius Aimus aus Padova. Sie gehörten zu jenen Familien in Aosta, die die Bergwerke in den Seitentälern besaßen oder gepachtet hatten.

55   Das Haupttor von Aosta, die *Porta Praetoria* zur Straße nach Rom, ist heute noch vorzüglich erhalten. Eine große Öffnung für den Wagenverkehr und zwei kleine für die Fußgänger geben ihm das Gepräge. Das antike Straßenniveau lag allerdings 2,5 m unter dem heutigen. Über den Durchgängen gab es mindestens noch einen Wehrgang, rechts und links davon ragten zwei vorspringende Rechtecktürme empor. Der Torbau umschließt einen Innenraum, in dem der eindringende Feind von allen Seiten dem Beschuß ausgesetzt war. Die Türme der Römermauer wurden im Mittelalter von den Adelsgeschlechtern der Stadt aus- und umgebaut, so daß sie kleinen Burgen glichen.

ohne weiteres der auf dem Magdalensberg vergleichbar, zumindest was die topografische Kontinuität betrifft.

Ganz eindeutig sind hingegen die Verhältnisse in *Augusta Praetoria*/Aosta zu beurteilen.[62] Nach der blutigen Unterwerfung der Salasser 25 v. Chr. gründeten die Römer eine Stadt auf der grünen Wiese für 3000 Kolonisten, nicht zufällig an der Gabelung der Wege zum Gro-

ßen und Kleinen St. Bernhard. Die Stadt war wie ein Lager in Feindesland konzipiert, umgeben von einer gewaltigen Mauer mit vier Toren nebst einigen Zwischentürmen und einem rechteckigen Grundriß von etwa 572 × 724 m (Abb. 22). Die Innenbebauung entsprach allerdings nicht dem üblichen Lagerschema mit den Kasernen und Stabsgebäuden, das auf militärische Bedürfnisse ausgerichtet war, sondern es gab ein *forum*, den Hauptplatz mit den schon erwähnten unterirdischen Gewölben, ein Amphitheater für Tierhetzen und Gladiatorenkämpfe (heute nur noch an den entsprechenden Straßenfluchten und einigen erhaltenen Bögen zu erkennen), ein Theater für Schauspiele und Possen mit einer großen Bühne und einem halbrunden Zuschauerraum und natürlich das öffentliche Bad in besonders prunkvoller Ausgestaltung.

Wer viel badet, braucht viel Wasser

Zu jeder größeren römischen Siedlung und erst recht zu jeder Stadt gehörte eine geregelte Wasserversorgung. Genügten bei Dörfern oder Gutshöfen noch Brunnen und Rinnen oder Röhren aus Holz,[63] so waren für die Versorgung der Städte gemauerte Quellfassungen und Leitungen nötig. Innerhalb der Häuserblöcke oder

Gebäude floß das Wasser in schmalen Kanälen zu Küche und Bad. In dem großen Gebäude am *forum* der Siedlung auf dem Magdalensberg gibt es ein Druckausgleichsbekken, das bei dem starken Gefälle erforderlich war. Für Gewerbebetriebe, die Wasser benötigten (Töpfer, Färber, Walker, Gerber, Bierbrauer), mußte ebenfalls gesorgt werden.

56 Stadtplan des römischen *Cambodunum*/Kempten, soweit er durch Ausgrabungen bekannt ist.

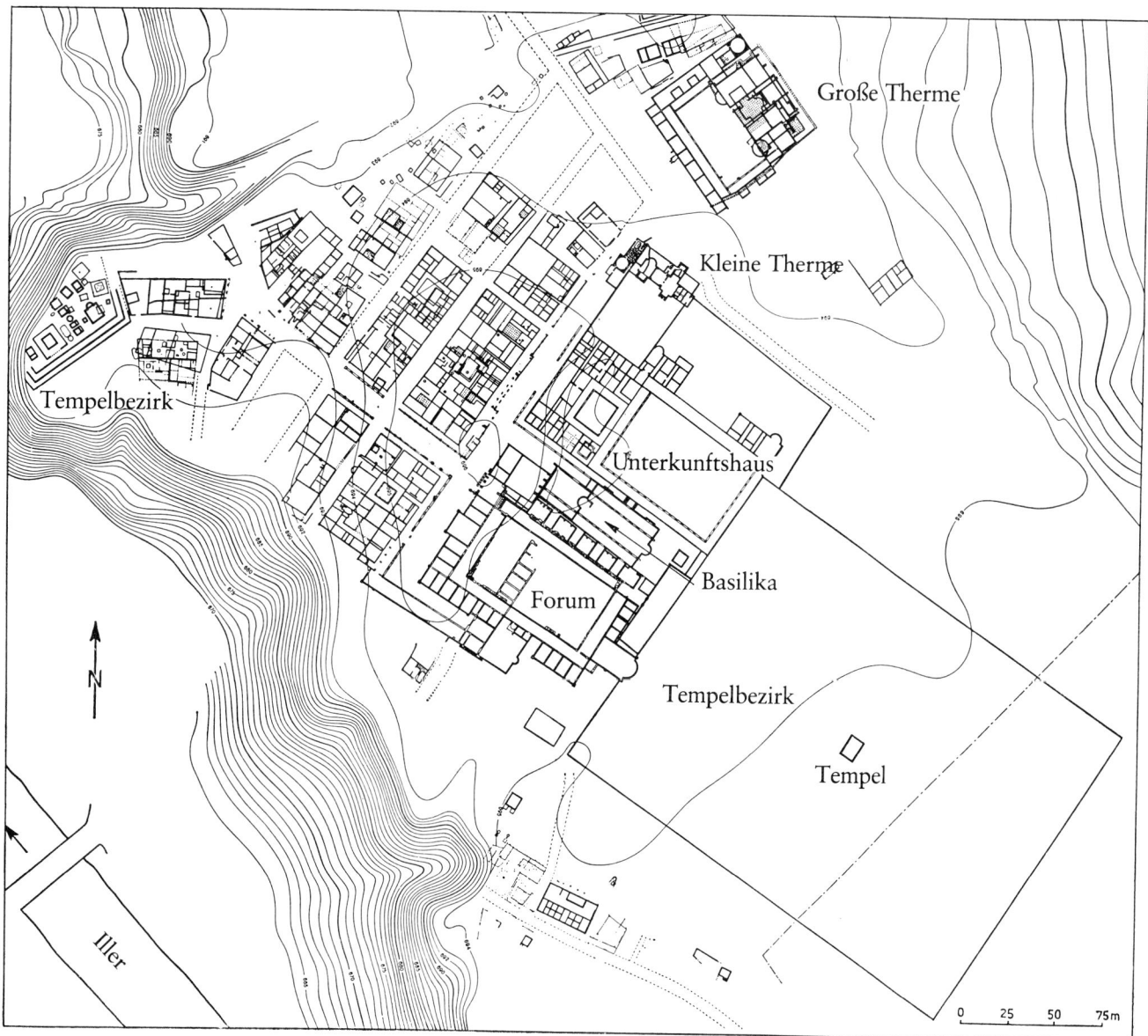

In der römischen Welt gibt es viele Zeugnisse für die Aufmerksamkeit, die die damaligen Städteplaner und Ingenieure der Wasserversorgung schenkten. Der Archäologe nennt sie vornehm Aquädukte, doch sind sie auch in wörtlicher Übersetzung nichts als „Wasserleitungen". Die Kunst der Ingenieure bestand darin, das Wasser von einer oft 10 bis 20 km weit entfernten Quelle ohne Pumpen in die Stadt zu leiten. Dazu war ein gleichmäßiges Gefälle nötig, so daß Täler und Schluchten, je nach den Verhältnissen, entweder an den Hängen zu beiden Seiten umfahren oder mit einer Brückenkonstruktion überwunden werden mußten. Andererseits waren bei Bergrücken, die nicht mit ausreichendem Gefälle umgangen werden konnten, eingetiefte Strecken oder gar Tunnel[64] erforderlich.

Das am besten erforschte Beispiel einer solchen großangelegten Wasserleitung in Mitteleuropa stellt die von Köln dar, die von den Bergen der Eifel in die Metropole am Rhein führte.[65] Das eindrucksvollste und am meisten von Touristen besuchte Monument ist der Pont du Gard in der Provence, wo eine dreistöckige Bogenkonstruktion von 49 m Höhe das Quellwasser zum römischen Nîmes über das Tal des Gard hinweg und durch Tunnel in die Hänge hinein leitete.[66] Nicht minder einen Abstecher wert ist allerdings die Brücke von Pondel (oder Pont d'El)[67] am Fuße des schneebedeckten Gran Paradiso mit seinem Nationalpark westlich von Aosta. Hier überspannt eine einbogige Steinbrücke eine schier unüberwindliche Schlucht. Und das nur für eine Wasserleitung nach Aosta, deren Kanal man noch staunend, ein wenig ängstlich begehen und am westlichen Talrand weiter verfolgen kann.

Noch ein anderer Platz vermittelt einen guten Eindruck von der Anlage der römischen Wasserleitungen. Wenn man *Forum Iulii*/Fréjus[68] landeinwärts verläßt, begleitet der Aquädukt aus Ziegeln rechts die Straße. Seine Höhe erklärt sich daraus, daß er die schützende Stadtmauer überqueren muß, bevor er in ein Verteilerbecken mündet. Wo er die heutige Straße passiert, ist er zerstört, aber links davon ist er in einem weitläufigen Privatpark sehr gut erhalten. Weiter oben am Hang werden die Bögen immer niedriger, und der Kanal ist schließlich als Rinne in den Fels eingehauen. Der weitere Verlauf der Wasserleitung über viele Kilometer ist zwar bekannt, aber für den normalen Touristen wegen der heutigen Grundstücksverhältnisse nur mühsam und mit einer genauen Karte nachzuvollziehen. Von der Stadtmauer hat

sich noch ein bemerkenswertes Zeugnis erhalten, das Tor nach Südwesten, durch Ausgrabungen freigelegt und mehrere Meter unter der heutigen Straßenoberfläche gelegen. Man sieht noch die Pflasterung der hineinführenden Römerstraße und die Reste der mächtigen Mauer. Fréjus war jedoch, was seine Bedeutung in römischer Zeit erklärt, auch Hafenstadt, obwohl man heute nichts mehr davon merkt. Nur wer mit dem Reiseführer in der Hand zu den ehemaligen Hafenmauern und dem dazugehörigen Leuchtturm hinausfährt (oder besser: hinausgeht), der glaubt angesichts der Schilfwälder und der sumpfigen Bachläufe gern, daß hier in römischer Zeit das Meer bis fast an den Rand der Stadt gereicht hat.

Sehenswertes in Römerorten

Einen Hafen besaßen nicht nur Städte am Meer, sondern z. B. auch Bregenz am Bodensee. Hier lag das Ufer ebenfalls weiter landeinwärts als heute, so daß die Kais bei der Anlage einer Fußgängerunterführung im heutigen Stadtzentrum zutage kamen. Dort sind sie auch in einer großen Vitrine erläutert und durch Fotos und Funde dokumentiert. In der Notitia dignitatum, als Truppen- und Ämterverzeichnis eine der wertvollsten Quellen zur Militärgeschichte der Spätantike, ist dementsprechend ein *praefectus barcariorum* – also der Flottenchef für den Bodensee – aufgeführt.[69] Denn der Bodensee

57   Das römische Amphitheater in Verona: „(Der Architekt) bereitet einen solchen Krater durch Kunst, so einfach als nur möglich, damit dessen Zierat das Volk selbst werde. Wenn es sich so beisammen sah, mußte es über sich selbst erstaunen, denn da es sonst nur gewohnt, sich auseinanderlaufen zu sehen, sich in einem Gewühle ohne Ordnung und sonderliche Zucht zu finden, so sieht das vielköpfige, vielsinnige, schwankende, hin und her irrende Tier sich zu einem edlen Körper vereinigt, zu einer Einheit bestimmt, in eine Masse verbunden und befestigt, als eine Gestalt, von einem Geiste belebt. Die Simplizität des Oval ist jedem Auge auf die angenehmste Weise fühlbar, und jeder Kopf dient zum Maße, wie ungeheuer das Ganze sei. Jetzt wenn man es leer sieht, hat man keinen Maßstab, man weiß nicht, ob es groß oder klein ist." (Goethe, Italienische Reise: 16. September 1786)

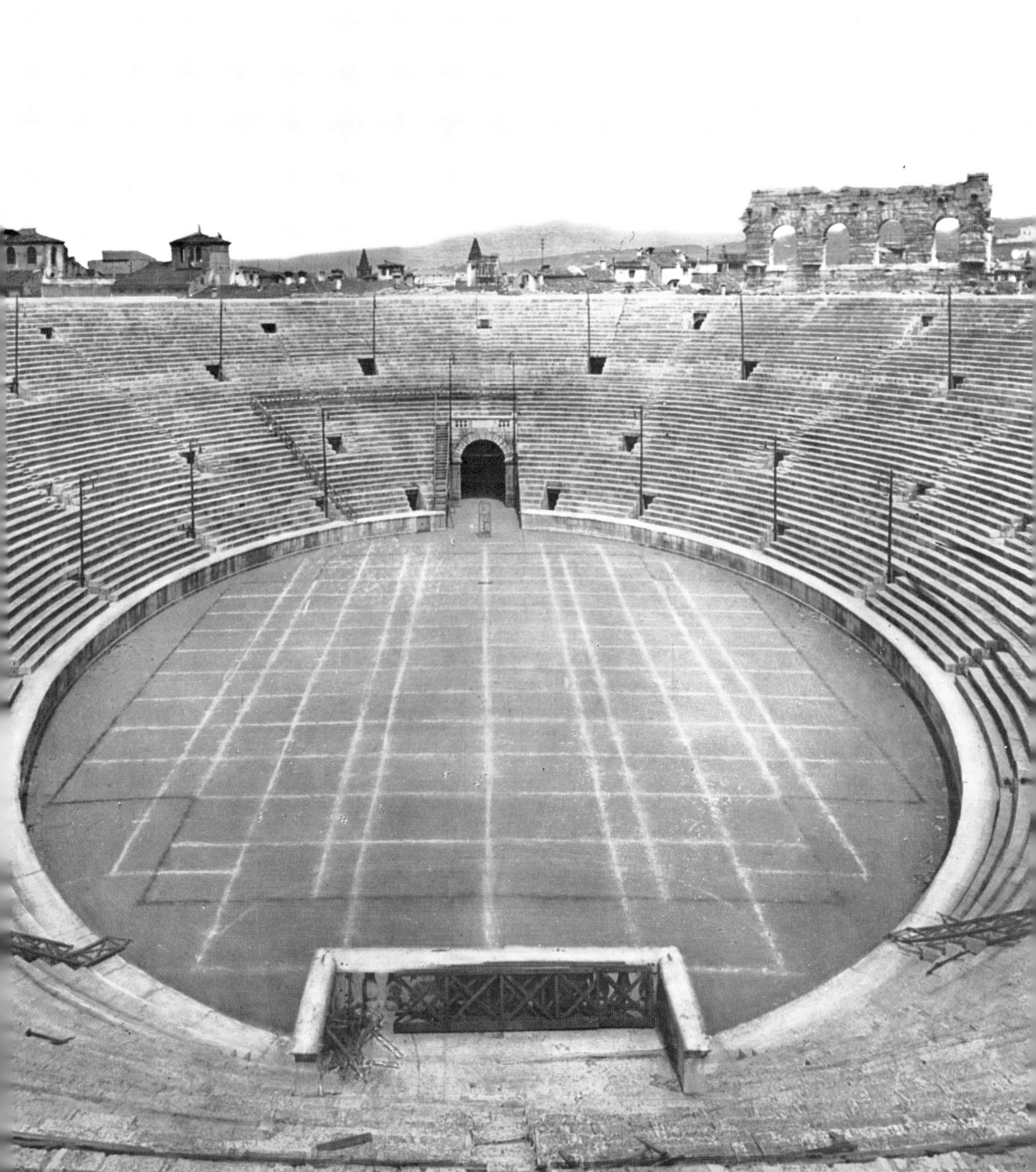

war zu dieser Zeit schon wieder Grenze gegen Norden und die Alamannen, so daß eine Verteidigung durch eine Einsatztruppe zu Schiff ratsam schien. Wichtiger noch war die Sicherung des Verkehrs allgemein, weil der Transport von Gütern auf dem Wasser wesentlich billiger war als zu Lande.

Während in Bregenz sonst nicht viel von der römischen Stadt zu sehen ist, wurden in Vidy, einem Ortsteil von Lausanne, mehrere Gebäudekomplexe ausgegraben und restauriert. Ihre Grundrisse sind heute zwischen der Ausfallstraße nach Westen und dem Freizeitpark am See zu besichtigen; ein kleines zugehöriges Museum befindet sich ganz in der Nähe.[70]

Konservierte Hausgrundrisse oder ganze Häuserblocks nebst öffentlichen Bauten bieten sich nur in wenigen Städten in größerem Umfang zur Besichtigung an. Denn meist erhebt sich die heutige Stadt auf der römischen, die unter hohen Schuttschichten oder Flußanschwemmungen verborgen sein kann. So stellt *Aguntum* bei Lienz[71] einen Glücksfall dar, denn schon in der Spätantike wurde die Stadt aufgegeben (die Bewohner zogen sich an den gegenüberliegenden Talrand hinauf nach Lavant zurück), und Lienz, der heutige Mittelpunkt Osttirols, wuchs weiter westlich empor. Die Ausgrabungen können hier also auf freiem Feld stattfinden, einer Erhaltung oder Rekonstruktion der Reste stehen allenfalls finanzielle Schwierigkeiten entgegen. Immerhin haben die Ausgräber über dem Innenhof eines einst luxuriösen Hauses ein schönes Museum eingerichtet, das man vor dem Rundgang durch die Ruinen besuchen sollte, um sich einen Überblick zu verschaffen. Besonders eindrucksvoll sind die Reste des öffentlichen Bades in der Nähe. Größtes Aufsehen erregte vor wenigen Jahren die Entdeckung einer Steinplatte, auf der eine Art Stadtplan von *Aguntum*[72] eingeritzt ist, wobei vor allem die öffentlichen Gebäude hervorgehoben sind. Sofort setzte eine heftige Diskussion ein, ob diese Platte tatsächlich römisch oder eine geschickte Fälschung sei. Es fiel nämlich auf, daß sie im wesentlichen nur das zeigt, was den Archäologen ebenfalls schon bekannt war. Außerdem sind solche Pläne im ganzen römischen Reich ausgesprochen selten. Wilhelm Alzinger, der Ausgrabungsleiter, schwört auf die Echtheit, und naturwissenschaftliche Untersuchungen der Verkrustung scheinen dies zu bestätigen, aber die Zweifler sind noch nicht verstummt.

Eine Überraschung brachten auch die jüngsten Ausgrabungen von François Wiblé in *Octodurus*/Marti-

gny, der Hauptstadt von Vallis Poenina.[73] Zwar wußte man schon länger, wo sich beispielsweise das Amphitheater befand, aber erst jetzt stieß man auf Spuren der allerältesten römischen Besiedlung, als ein großer Tempel mit einem Umgang nach gallischer Art entdeckt wurde. Hier hatten die Gläubigen seit der Zeit des Kaisers Augustus einem uns noch unbekannten Gott vor allem Fibeln, also Broschen, geopfert, eine auch in vorrömischer Zeit geübte Sitte (S. 180 ff.). Durch das Entgegenkommen des Grundeigentümers war es möglich, den gut erhaltenen Tempelgrundriß zu konservieren und gleichzeitig ein ganzes Museum darüber zu errichten, in dem die Funde von *Octodurus* endlich einen angemessenen Platz einnehmen.

Noch nicht ganz so weit ist es in Chur. Die Ausgrabungen am Markthallenplatz im Welschdörfli haben so gut und hoch erhaltene Gebäudereste erbracht, daß auch hier eine Konservierung und zusätzliche Einrichtung eines Museums geplant ist. Das Prunkstück wird dann eine Hauswand sein, die mit farbiger Malerei bedeckt ist. Sie war in voller Höhe umgestürzt und lag flach auf dem Boden. Als man bei der Ausgrabung bemerkte, daß sich auf der Unterseite ein dicker Putz mit Malerei befand, wurden die Ausgräber um den Grabungstechniker Alfons Defuns und den Museumsrestaurator Josmar Lengler der kniffligen Situation mit modernsten technischen Mitteln Herr.[74] Sie besprühten die Wand von hinten dick mit Polyurethanhartschaum, in den Holzbalken eingelegt wurden. Als er sich dann mit der Mauer verbunden hatte und selbst fest geworden war, konnte man die Mauer mitsamt der Malerei auf der Vorderseite in fünf großen Stücken hochheben und vorsichtig in die Restaurierungswerkstatt transportieren, wo sie gereinigt und ausgebessert wird.

Einen guten Eindruck vom Aussehen einer kleineren Stadt am Alpenrand und dem dortigen Leben vermitteln die Ruinen und das modern eingerichtete Museum von *Vasio Vocontiorum*/Vaison-la-Romaine[75] in der nordöstlichen Provence.

Das eindrucksvollste Zeugnis römischer Bautätigkeit stellt das Amphitheater in Verona dar, lassen wir die Bauten von Arles, Nîmes und Orange aus dem Spiel, weil sie nicht mehr dem eigentlichen Alpenraum zuzurechnen sind. Schon Goethe, der auf seiner Reise nach Italien den alten Denkmälern auf der Spur war, empfand es als erstes und vollkommenes Zeugnis der Römer für jeden, der von Norden kam (damals gab es nördlich der Alpen noch keine Archäologie als Wissenschaft und schon gar nicht das Bedürfnis, alte Mauern um ihrer selbst willen zu erhalten). Das ovale Rund in Verona hat keine schwerwiegenden Beschädigungen erdulden müssen, im Gegenteil: es wurde wieder hergerichtet, um einer neuen und zugleich alten Bestimmung zu dienen. Jetzt findet dort alljährlich im Sommer ein großes Spektakel statt, die Opernfestspiele. Wenn in einer Aufführung der „Aida" echte Elefanten einziehen und zu Verdis Musik die Rüssel vor den vollbesetzten Rängen wiegen, dann hat der Zuschauer wenigstens einen kleinen Eindruck davon, wie es in römischer Zeit zugegangen sein mag, als Gladiatoren einander umbrachten oder mit Tieren auf die perverseste Weise kämpften und die Menge dazu johlte. *Panem et circenses* – Brot und Spiele, das war der Ruf der Bevölkerung Roms im 2. und 3. Jahrhundert und gewiß auch in den anderen Großstädten des Reiches. Das Proletariat fand in den Städten kaum Arbeit und nur unzureichende Wohnverhältnisse vor. Der Staat und die Kaiser waren zu Fürsorgeeinrichtungen herabgesunken, die es mit den Massen nicht verderben konnten und wollten – die Kriege an den langen Grenzen beanspruchten alle Kräfte – und deshalb große Spiele und Schaustellungen veranstalteten.

Das Leben nach Gutsherrnart

Auf dem Lande ging es etwas ruhiger und gleichmäßiger zu. In den römischen Provinzen war die ländliche Siedlungsform nicht das Dorf, sondern der Einzelhof, der inmitten der zugehörigen Felder und Wälder lag und sogar seinen eigenen Friedhof besaß.[76] Die Größe solcher Wirtschaftseinheiten ist in gut erforschten Gebieten ungefähr zu bestimmen; sie betrug etwa 2–5 km². Dies wird aus den Abständen der Siedlungsspuren erschlossen,[77] doch ist dem Grundriß eines einfachen Hofes nicht anzusehen, ob darin ein freier Bauer wohnte oder ein Pächter für seinen Herrn arbeitete. Die Besitzverhältnisse bleiben also unklar, und es scheint unmöglich, Größe und Luxus der archäologisch nachweisbaren Baulichkeiten direkt als Maßstab für die dazugehörigen Ländereien zu nehmen. Gerade das Beispiel von *Sirmio* (S. 123) zeigt, daß

58   Plan des römischen Gutshofes von Seeb, Gemeinde Winkel (Kanton Zürich). Die erste Bauphase aus Stein ist kurz nach 30 n. Chr. anzusetzen; ihr folgten mehrere An- und Umbauten.

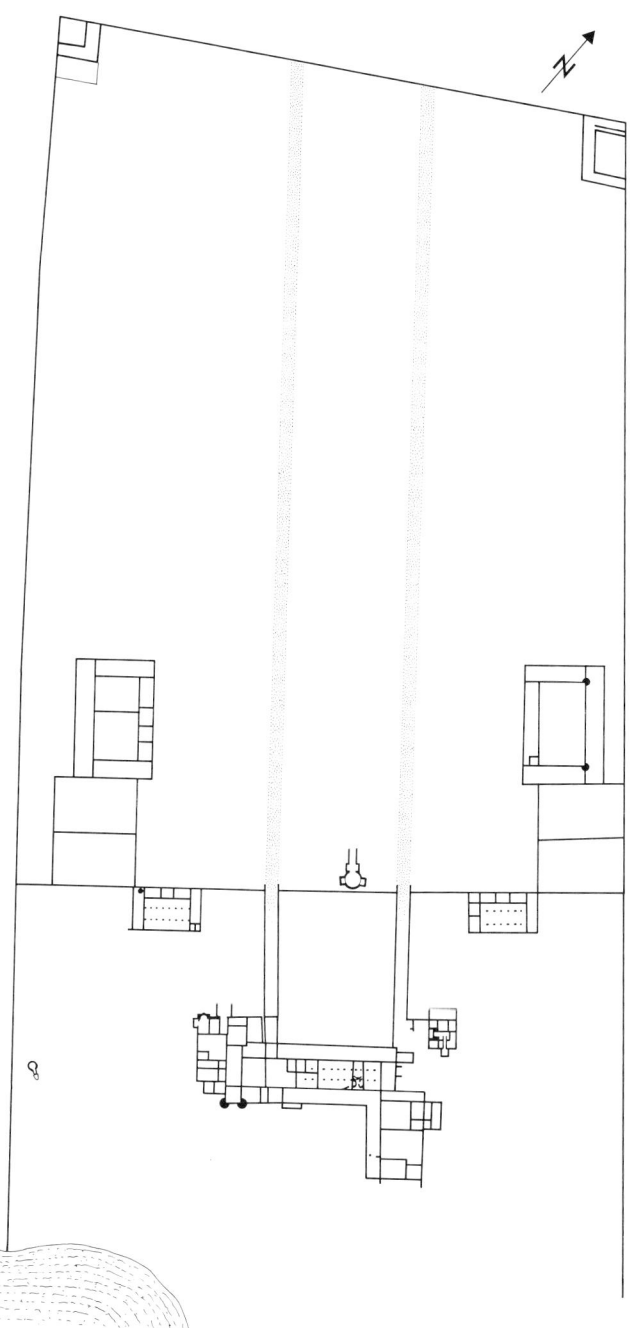

wohlhabende Römer, die ihren Reichtum aus verstreutem Grundbesitz und anderen Einkünften bezogen, ihr Landhaus an landschaftlich schönen Plätzen errichteten, ohne daß das umliegende Land hohen Ansprüchen an die Selbstversorgung durch Ackerbau, Viehzucht und Weinkultur genügte.

Die landwirtschaftlichen Großbetriebe italischen Zuschnitts rentierten sich nur am Gebirgsrand und in den breitesten Tälern. Die Römer nannten einen solchen Betrieb und seine ganze Anlage „villa". Dazu gehörte ein prunkvoll ausgestattetes Haupthaus mit allen Annehmlichkeiten der römischen Kultur, also selbstverständlich mit Fußbodenheizung und Bad (dieses konnte auch in einem eigenen Gebäude untergebracht sein). Meist stand es am Rande eines großen Areals, das von einer Mauer umzogen war. Auf dieser Fläche verteilten sich dann noch kleinere Gebäude: Wohnungen für Sklaven, Scheunen, Ställe, Schlachthaus, Räucherkammer, Dreschtenne, Backofen usw. In der Konstruktion und den Baumaterialien unterschieden sich die Landhäuser nicht von denen in der Stadt. Je repräsentativer der Bau, desto eher und vollständiger war er aus Stein errichtet und mit Ziegeln

gedeckt. Einfache Gebäude besaßen immer noch Fachwerk und Dächer aus Stroh oder Schindeln. Für Ställe und Scheunen hat man teilweise sicher noch die alte Blockbauweise herangezogen.

Nur wenige Plätze sind so vollständig ausgegraben, daß man den gesamten Plan der Anlage rekonstruieren kann. Außer einigen *villae* der Schweiz[78] ist es z. B. die in Liefering[79] bei Salzburg, der sich Martin Hell gewidmet hat. Aber schon bei der von Katsch an der Mur ist es fraglich, ob man alle Nebengebäude aufgedeckt hat, denn der Grundriß[80] zeigt nur ein Wirtschaftsgebäude neben dem Gehöft mit einem Innenhof. Er richtet sich immerhin schon gänzlich nach dem italischen Schema der *villa rustica*. Jedoch fehlt ein Bad, was die Zweifel an der Vollständigkeit der Ausgrabung bestärkt.

Solche kleineren Anlagen errichtete man gelegentlich auch auf einer Anhöhe außerhalb des eigentlich bewirtschafteten Landes. Dies trifft etwa für die Baukomplexe des 2. und 3. Jahrhunderts auf dem Inselberg von Invillino (Abb. 62)[81] im Tagliamentotal bei Tolmezzo zu. Ihre Grundrisse sind nicht vollständig erfaßt und auch ziemlich unregelmäßig, vielleicht aufgrund der vorgegebenen Geländeverhältnisse, aber nach der allgemeinen Situation kann es sich nur um zwei oder drei Bauernhöfe, keine standardisierten *villae rusticae* handeln, die die Felder im überschwemmungsgefährdeten Talgrund bewirtschafteten. Die schlichte architektonische Ausstattung gibt keinen Hinweis auf einen besonderen Reichtum der Besitzer; auch fehlt ein Bad. Erwähnenswert sind nur die in den Fels eingetieften und sorgfältig verputzten Zister-

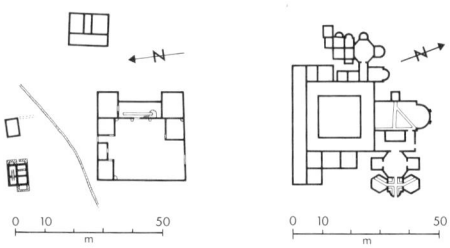

59   Zwei Pläne römischer *villae*, die die Variationsbreite der Landsitze aufzeigen. Links ein Gehöft bei Alpnach (Kanton Obwalden) mit einem kleinen Wohnhaus, einem anschließenden Hof, einem Badegebäude (links unten) und einigen Wirtschaftsgebäuden; erbaut in der zweiten Hälfte des 1. Jahrhunderts n. Chr. – Rechts das Landhaus von Löffelbach (Steiermark), das dem herrschaftlichen Wohnen diente. Die erste Bauphase mit den Räumen um den quadratischen Säulenhof und dem Bad (oben) ist um 100 n. Chr. zu datieren; auf kleinere Anbauten folgte im 3. Jahrhundert eine Erweiterung nach Nordosten durch eine große Repräsentationshalle mit anschließenden Räumen.

60   Der Bogen von Aosta gehört zu den ältesten in ganz Italien. Er überwölbte die Hauptstraße talabwärts in Richtung Rom, gleichzeitig mit der Stadt oder kurz danach errichtet, wohl am Schnittpunkt mit der unter religiösen Zeremonien festgelegten Stadtgrenze außerhalb der Mauern. 1716 wurde sein Oberbau mit der Inschrift, vielleicht auch mit bildlichen Darstellungen, abgetragen und durch ein Schieferdach ersetzt. Das Kruzifix in der Durchfahrt stammt aus der ersten Hälfte des 16. Jahrhunderts, als die Protestanten die Stadt verlassen mußten. Der Bogen über der Straße war damals also kein einladendes oder ehrendes Symbol für willkommene Gäste, sondern sollte Fremdlinge und Unruhestifter abwehren. Heute umgeben ihn Rasen und ein tosender Kreisverkehr. Breite der Durchfahrt 8,89 m.

nen; denn auf dem Felsrücken gibt es keine Quelle. Da der Weg vom Tal herauf nicht allzu lang und beschwerlich ist (auf der alten Route etwa 15 Minuten), haben die Erbauer dieser Höfe den Platz sicher nicht ungern gewählt. Er bietet einen grandiosen Rundblick über das ganze Tal, was ebenso dem Schönheitssinn der Hofbesitzer wie der Beaufsichtigung der landwirtschaftlichen Arbeiten dienlich war.

Daß die Römer einen Sinn für landschaftliche Schönheit bei der Anlage ihrer Städte, Dörfer und Gutshöfe besaßen (wenn nicht militärische, verkehrsgeografische oder geologische Aspekte wichtiger waren), wird oft zu wenig gewürdigt. So bietet auch die *villa* von Löffelbach[82] bei Hartberg einen weiten Blick über die ruhigen Hügel der Oststeiermark. Sie ist die am besten erforschte große *villa* des östlichen Alpenraumes, wenn auch nur der Wohnbau bekannt ist; die vorauszusetzenden Wirtschaftsgebäude sind in der Nähe zu vermuten. Walter Modrijan legte innerhalb von zwei Jahren den komplizierten Grundriß frei, der einen Hauptbau mit abgesetztem Bad (aus dem 2. Jahrhundert) und repräsentative Anbauten (wohl aus dem Ende des 3. Jahrhunderts) erkennen läßt. Die Mauern wurden konserviert und sind heute noch zu besichtigen; ein kleines Museum am Ortsrand von Löffelbach beherbergt einige Funde der Ausgrabung und ein Modell der *villa*.

Trotz ihrer Größe gehört die *villa* von Löffelbach nicht zur obersten Kategorie dieser Landsitze, die schon fast als Schlösser und Paläste im neuzeitlichen Sinne zu bezeichnen sind. Sie besitzt nämlich keine Fußbodenmosaiken. Dieses Kriterium ist allerdings etwas willkürlich gewählt, denn Mosaiken gibt es auch in kleineren Villen, etwa in Seeb oder Orbe in der Schweiz[83] und anderwärts. Die größten und schönsten Mosaiken Österreichs sind aus der *villa* von Loig[84] am Rande von Salzburg bekannt. Sie wurde zu Beginn des 19. Jahrhunderts, als Salzburg für wenige Jahre zu Bayern gehörte (S. 84), im Auftrag der Bayerischen Akademie der Wissenschaften untersucht, aber die dabei angewandten Methoden entsprachen natürlich der damaligen Zeit. Es wurden nur die Randbezirke der mit Mosaiken ausgelegten Räume erfaßt. Die Ausbeute gelangte aber nicht nach Bayern, sondern verblieb in Österreich. Auf dunklen Wegen sind diese Mosaiken dann verschollen und erst durch Zufall in einem Keller kürzlich wieder aufgetaucht. Ein Archäologenteam mit Norbert Heger, Fritz Moosleitner und Werner Jobst hat sich jetzt vorgenommen, die *villa* vor

der drohenden Überbauung zu retten und so weit wie möglich auszugraben. Die Begehung der Felder hat ergeben, daß die Ausdehnung des bebauten Areals noch größer sein muß, als bisher angenommen. Damit gehört die *villa* von Loig zu den großen Forschungsvorhaben der Römerzeit im Alpenraum, von denen man in den nächsten Jahren hoffentlich mehr hören wird.

Unübertroffen wird aber die *villa* von Sirmione bleiben, dem römischen *Sirmio* auf einer schmalen Halbinsel im Südende des Gardasees. Römisches Gefühl für die Landschaft und moderner Tourismus stehen sich hier in nichts nach: in der Sommersaison ist ein Besuch nicht zu empfehlen. Wer den Reiz dieses Platzes genießen will, der muß im späten Frühling kommen, wenn die Luft schon warm ist und noch Schnee die Berggipfel bedeckt, wenn die Campingplätze einsamen Parks ähneln, die Pizzerias im Ort Ruhetage einschieben, die Hotels aus der Jahrhundertwende noch keine Stühle und Tische auf die Vorplätze stellen und die Besitzer der Andenkenläden ihren Lebensunterhalt auf weniger leichte Weise bestreiten. Dann hat man keine Schwierigkeiten, Catullus, den ehrlichsten Poeten der römischen Republik, zu verstehen:[85]

Mein Sirmio, Juwel du aller Halbinseln
Und Inseln, die in klaren Seen und im Raume
Des weiten Meers Neptunus trägt, der Herr beider.
Wie gern ach! und wie fröhlich schau' ich dich wieder!
Verließ ich Thyniens und Bithyniens Land wirklich
Und seh' in Ruhe dich? Kann's kaum mir selbst glauben.
O was gibt's Schön'res als, der Sorgenpein ledig,
Sich frei zu fühlen, wenn das Herz die Last abwälzt
Und reisemüde wir in unser Haus kommen
Und im ersehnten Bette wieder ruhn können!
Das ist der einz'ge Lohn jetzt für soviel Mühsal.
Mein lieblich Sirmio, sei mir gegrüßt! Freu' dich
Des Herrn, freut euch auch ihr, des Lyd'schen Sees
Wellen,
Und plätschernd lacht, so sehr zu lachen euch möglich.

Catullus' Familie war in Verona beheimatet und besaß offensichtlich ein Landhaus auf Sirmione.[86] Aber da der Dichter, wie es sich für ungebärdige Poeten gehört, schon als Dreißigjähriger im Jahre 57 v. Chr. starb, ist es sehr zweifelhaft, ob er bei seinem Gedicht die heute zu besichtigende *villa* vor sich sah. Denn die neuesten Forschungen[87] datieren die Gesamtanlage in die ersten Jahrzehnte der römischen Kaiserzeit, also später als 30 v. Chr. Gleichzeitig bestreiten sie die – vielleicht nur unter dem Eindruck des Gedichts entstandene – Ansicht, Kern der Anlage sei ein kleiner Gebäudekomplex im Süden gewesen, der durchaus schon zur Zeit Catullus' bestanden haben könnte. Wie dem auch sei, die Halbinsel von Sirmione hat als Standort einer *villa* Eingang in die lateinische Literatur gefunden (wie übrigens auch Plinius der Jüngere in seinen Briefen zwei seiner *villae* am Comer

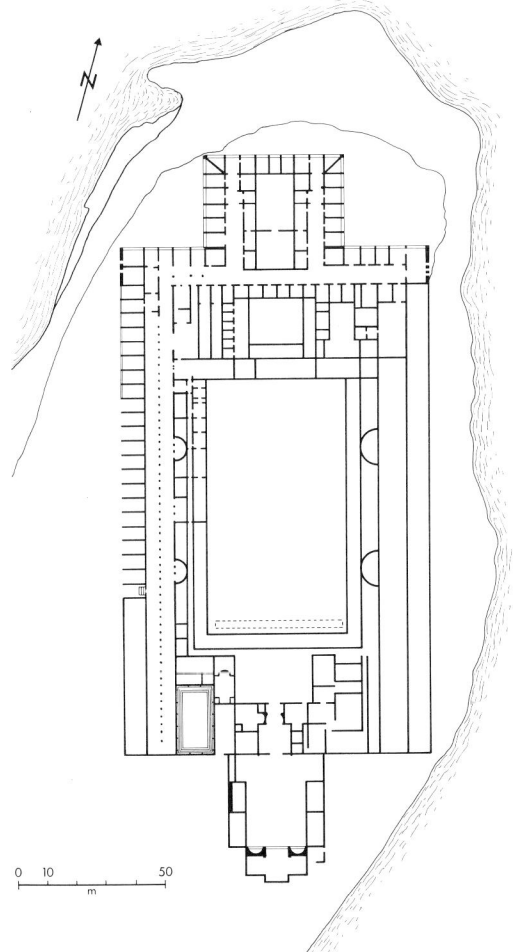

61   Plan der luxuriösen römischen Villa von Sirmione am Gardasee (Lombardei). Erbaut im letzten Drittel des 1. Jahrhunderts v. Chr.

See beschreibt).[88] Wer heute durch die weitläufigen Ruinen streift, kann sich nur mit einiger Mühe das Aussehen der um einen riesigen Innenhof gruppierten Gebäude vorstellen. Es war kein Herrenhaus eines Gutshofs, sondern ein Lustschloß, errichtet an einer einmaligen Stelle, an der Spitze einer steil abfallenden Landzunge in den See (Abb. 64). Für einen landwirtschaftlichen Betrieb wäre das dahinterliegende Gelände wenig geeignet. Es ist schmal, felsig und von Wasser umgeben, für Ackerbau und Viehzucht gleichermaßen kostenintensiv. Die Güter des Villenbesitzers lagen sicher in günstigeren Gegenden der nahen Poebene. Daß sie umfangreich waren, darf man getrost annehmen.

Not macht bescheiden

Im 4. Jahrhundert war es mit diesem Luxus nach Gutsherrnart vorbei. Im nördlichen Alpenvorland hatten sich jene, die es sich leisten konnten, nach Süden abgesetzt, als die Germanen im 3. Jahrhundert in zahlreichen Beutezügen das Land verwüsteten. Die Konsolidierung in der ersten Hälfte des 4. Jahrhunderts sicherte zwar die Grenze an der Donau, aber dennoch war der Bevölkerungsrückgang nicht mehr aufzuhalten. Gleichzeitig wurden viele einfache Siedlungen auf dem Lande aufgegeben; die Bevölkerung konzentrierte sich in den militärischen Stützpunkten und gut zu verteidigenden Plätzen auf sicheren Höhen oder abgelegenen Hügeln. Dasselbe geschah im eigentlichen Alpengebiet. Die *villa* von Löffelbach wurde einfach verlassen, die Mauern verfielen, das Land lag brach, und der Wald ergriff wieder von ihm Besitz. Die anderen *villae* erlitten das gleiche Schicksal; niemand war mehr da, der einen so großen Besitz verwalten und genießen konnte. Selbst Höhlen dienten jetzt als Wohnplätze.[89]

Auch in der Bautechnik dokumentiert sich der Rückschritt. Während die Kastelle an der Donaufront und an den Hauptstraßen in den Alpen mit mächtigen, fast betonharten Mauern versehen wurden (Abb. 33), errichtete man weniger wichtige Anlagen und vor allem die Privathäuser wieder in der urtümlichen Holzbauweise. (Das Brennen von Kalk erforderte Erfahrungen und Arbeitsorganisationen, die damals nur mehr sehr wichtigen Bauvorhaben zugute kommen konnten.)[90] Eine Steinlage auf dem Untergrund genügte zur Isolierung, und die Wände waren wohl aus Fachwerk erbaut, wobei – im Gegensatz zur vorrömischen Technik – Eisennägel reichlich Verwendung fanden. Ein gutes Beispiel bietet die befestigte Siedlung des 4. Jahrhunderts auf einem niedrigen Hügel bei Weßling südwestlich von München. Die Palisade bestand aus Holzbalken, und selbst das größte Gebäude, wohl ein Speicher für Getreide und sonstige wichtige Dinge, war aus Holz erbaut. Der Ausgräber Helmut Bender mißt jeden Eisennagel ein und kann auf diese Weise auch Baukomplexe und Inneneinteilungen rekonstruieren, die sich nicht im Boden abzeichnen.[91] Auch bei der von einem Mauerring umgebenen Siedlung auf dem Moosberg im Murnauer Moos bestand die Innenbebauung aus Holzhäusern mit Fachwerk.[92]

Im inneralpinen Raum gibt es bisher nur zwei Beispiele für spätrömisch/frühmittelalterliche Siedlungen, die planmäßig und weitgehend erforscht werden konnten. Der kleine Ort Castiel, im Schanfigg oberhalb Chur gelegen, läßt schon durch seinen Namen, der auf das lateinische *castellum* (befestigter Platz) zurückgeht, eine Vergangenheit erkennen, die man ihm heute nicht mehr ansieht. Als auf dem allseits isolierten Hügel „Carschlingg" mit der Kirche über der tief eingeschnittenen Plessur ein neues, großes Schulhaus errichtet werden sollte, nahm der Archäologische Dienst Graubündens unter Christian Zindel und Jürg Rageth eine mehrjährige Ausgrabung in Angriff, die das ganze Plateau von etwa 75 × 15 m Ausdehnung untersuchen sollte. Die Ergebnisse, soweit sie vor der umfassenden Auswertung sichtbar sind,[93] werfen wenigstens etwas Licht in die „dunklen Jahrhunderte" im Alpenraum.

Der Hügel wurde zwar in vorgeschichtlicher Zeit auch schon gelegentlich aufgesucht (dies bezeugt beispielsweise ein absichtlich vergrabener Bronzehelm aus der jüngeren Eisenzeit),[94] aber erst im 4. Jahrhundert n. Chr. erhielt er den Charakter eines befestigten Platzes. Eine gemörtelte Mauer umzog das schmale Plateau, bescheidene Holzhäuser mit Wänden aus Tannenreisig mit Lehmbewurf lehnten sich innen an sie an. Sie waren nicht sehr groß, selten über 5 m lang, und nicht alle besaßen eine Herdstelle. Wegen der Beschaffenheit des abfallenden Geländes waren sie auf der Rückseite in den Boden eingetieft, gegen die Mauer zu ruhten sie offenbar auf Holzsubstruktionen, um einen ebenen Fußboden zu erzielen. Verkohlte Balken und Bretter lassen eine Brandkatastrophe als Ende dieser Siedlungsphase erahnen.

Dabei muß auch die Mauer zerstört worden sein, denn die nachfolgende Siedlungsphase gibt sich nur durch mächtige Holzpfosten zu erkennen. Die dafür ausgehobenen Gruben waren bis zu 1 m tief und 0,8 m breit.

Ihre Spuren folgen ungefähr der spätrömischen Mauer und durchschlagen teilweise deren Fundamente. Es ist schwer zu sagen, ob sie außer einer sicher wieder hergestellten Befestigung des Hügels auch die Stützpfosten für eine Innenbebauung der Randbereiche markieren. Eindeutig dieser Spätphase zuzuschreibende Schichten im Innenraum fehlen jedenfalls, wahrscheinlich deshalb, weil sie durch die landwirtschaftliche Nutzung des Hügels zerstört worden sind. Besonders aufschlußreich sind die zahlreichen Funde. Die spätrömische und frühmittelalterliche Siedlungsphase (bis in die zweite Hälfte des 7. Jahrhunderts) sind durch gut datierbare Metallgegenstände (Fibeln, Gürtelzubehör, Schmuck) nachgewiesen; daß das 5. Jahrhundert praktisch ausfällt, ist auch anderwärts zu beobachten und liegt in der materiellen Armut jener Zeit begründet. Methodisch wichtig ist jedoch die Feststellung, daß es hier für die frühmittelalterliche Zeit keine Tonware gibt, die mit den Metallfunden gleichzeitig benutzt sein könnte oder müßte. Da schon für die spätrömische Zeit auffällt, daß der überwiegende Teil der Tonware aus importiertem Luxusgeschirr besteht, liegt der Schluß auf der Hand, daß nach dem Zusammenbruch des römischen Reiches und des damit verbundenen weiträumigen Handels auch die Versorgung mit Tongeschirr aufhörte. Die Leute von Castiel begnügten sich wieder mit jenen Materialien, die in den Zentralalpen schon immer und bis ins Mittelalter die wichtigsten waren: Holz und Lavez, also Speckstein. Holzgefäße erhalten sich in gewöhnlichem Boden höchst selten oder lassen sich nur durch Metallbeschläge identifizieren, und die Lavezgefäße wurden aus herstellungstechnischen Gründen durch die Jahrhunderte in so ähnlich schlichten Formen gefertigt, daß man römische und mittelalterliche Exemplare kaum auseinander halten kann (Abb. 173).

Invillino und die Wehrsiedlungen am Südalpenrand

Ein ebenso wichtiges Forschungsobjekt des Frühmittelalters war in den letzten Jahren der Colle Santino bei Invillino westlich Tolmezzo im Tagliamentotal. Wir haben schon erwähnt, daß im 2./3. Jahrhundert auf dem Inselberg römische Bauernhöfe standen (S. 120). Viel interessanter und auch das eigentliche Ziel der planmäßigen Ausgrabungen durch das Institut für Vor- und Frühgeschichte der Universität München waren jedoch die frühmittelalterlichen Bauten; denn *Ibligo* ist bei dem langobardischen Geschichtsschreiber Paulus Diaconus

als befestigter Platz in einer Reihe von Kastellen am Südalpenrand erwähnt. Die Untersuchungen, die weite Teile
des Plateaus umfaßten und demnächst von Volker Bierbrauer ausführlich veröffentlicht werden,[95] ergaben
überraschende Details zur Geschichte und Funktion dieser Siedlung.

In der ersten Hälfte des 5. Jahrhunderts erhielt der
Berg eine völlig neue Aufgabe. Die römischen Gebäude
mit ihren Mörtelmauern und Zisternen waren aufgegeben worden; sie verfielen und wurden teilweise eingeris-
sen, ihre Steine für den Wiederaufbau verwendet. Dieser
sah jedoch ganz anders aus. An die Stelle der verschach-
telten Gebäudekomplexe traten einfache Langhäuser mit
ziemlich einheitlicher Orientierung von West nach Ost,
deren Größe zwischen etwa 10 × 5 m und 15,8 × 8 m
schwankt (Abb. 146). In einem Fall ist ein Zugang an
einer Schmalseite zu erkennen. Die Fußböden bestanden
teils aus Steinplatten, meist aber wohl aus Brettern, die
auf einer isolierenden Kieselschicht ruhten. Da unter dem
dünnen Humus fast überall gleich der Fels kommt, sind
Pfostenlöcher und damit die Inneneinteilungen der Häuser nicht nachweisbar. Die Außenwände waren wohl in
Ständerbauweise errichtet; als Fundamente dienten eine
bis drei Lagen größerer Steinbrocken ohne Mörtelung.
Da der Siedlung eine Brandkatastrophe erspart blieb, haben die Ausgräber keine verziegelten Stücke des Wand-
verputzes gefunden, die nähere Aussagen über die Konstruktion der Wände erlauben würden. In den Häusern
gab es Feuerstellen, manchmal sorgfältig mit Steinplatten
ausgekleidet und umrandet. Das Material für die Dach-
bedeckung ist ebenfalls unbekannt; da Ziegel und Steinplatten fehlen, kommen Stroh oder eher Schindeln in
Frage.

Auch der Charakter der neuen Siedlung läßt sich
einigermaßen verläßlich bestimmen. Einerseits ist unter
den Funden die militärische Komponente gut vertreten,
andererseits besteht kein Zweifel daran, daß auch Frauen
und Kinder hier gewohnt haben müssen. Dies alles paßt
zu der historischen Überlieferung, daß im ersten Drittel
des 5. Jahrhunderts eine Grenzsicherung am Alpenrand
aufgebaut wurde, deren befestigte Plätze eine Art Miliz
bewachte. So berichtet Prokopios[96] für die ostgotische
Zeit, daß die Ostgoten „mit ihren Frauen und Kindern
die Grenzwacht versahen". Der Colle Santino von Invillino trug also keine spätrömische, gotische oder langobardische Kaserne, sondern eine Wehrsiedlung von etwa
10 Häusern, die bei einem konzentrierten Angriff von

Feinden auf die Unterstützung größerer militärischer
Verbände angewiesen war.

Solche militärisch wichtigen Wehrsiedlungen hat
es noch viel mehr gegeben. Paulus Diaconus[97] überliefert
für Friaul, das Grenzgebiet gegen die nachdrängenden
Awaren, fast zehn dieser Anlagen, von denen Osoppo südlich des Tagliamentoknies ebenfalls als imposanter Inselberg aus dem Tal emporragt. Auf dem Dos Trento über
Trient, heute mit einem monumentalen Denkmal für die
Alpini, die italienischen Gebirgsjäger, geschmückt, lag
das Kastell *Verruca*,[98] und am Westrand der Poebene hat
man kürzlich eine befestigte Anlage bei der Wallfahrtskirche Belmonte oberhalb Cuorgne am Orco[99] entdeckt,
rund 40 km nördlich von Turin. Werkzeuge, Waffen,
eine Waage, eine Maultiertrense, eine Gemme und Tonwirtel bezeugen eine Siedlung aus langobardischer Zeit,
die nicht allein von Militär besetzt war.

Als einzige ist aber Invillino so weit erforscht, daß
man nähere Aussagen machen kann. Die Bewohner des
Colle Santino hatten spätestens seit der spätrömischen
Zeit einen Friedhof angelegt, und zwar auf dem Colle di
Zuca, einige hundert Meter weiter talaufwärts, wo heute
die Brücke über den Fluß führt. Auch dieser Hügel, ob-
gleich beträchtlich niedriger, war hochwasserfrei. In dem
Friedhof erbaute man dann in der ersten Hälfte des
5. Jahrhunderts, spätestens um 450, eine ansehnliche
Kirche mit Mosaikfußboden (Abb. 122). Sie diente als
Gotteshaus für die kleine Gemeinde oben auf dem Colle
Santino, die ihre Toten immer noch hier bestattete, vielleicht auch für die Bauern der Umgebung. Diese Kirche
brannte vor der Mitte des 7. Jahrhunderts ab, und ein
Neubau entstand bald darauf, etwas verschoben. Auch
die Siedlung auf dem Colle Santino hatte nicht viel länger
Bestand; in der zweiten Hälfte des 7. Jahrhunderts, als
die unruhigen Zeiten im Grenzland vorbei waren, wurde
sie planmäßig geräumt und wahrscheinlich an den westlichen Hügelfuß verlegt, wo sich heute noch das Dorf Invillino befindet. Nur einige Leute blieben oben in der
Mulde zwischen dem Hauptplateau und der heutigen
Kirche wohnen, und sie bestatteten ihre Toten auf dem
nunmehr unbesiedelten Hauptplateau zwischen den Ruinen der verlassenen Häuser. Im 8. oder 9. Jahrhundert ist
auch die älteste Kirche dort oben erbaut worden, wo sie
jetzt noch steht, die erste der insgesamt sechs festgestellten Bauperioden, der Maria Maddalena geweiht
(Abb. 146). Aber erst als die Kirche auf dem Colle di
Zuca aufgelassen wurde (im 9. Jahrhundert), verlegten

62   Blick nach Nordwesten in das Tal des Taglia-
mento bei Villa Santina und Invillino (Provinz Udine,
Friaul). Auf dem steil abfallenden Inselberg rechts, dem
Colle Santino, lag die römische und frühmittelalterliche
Siedlung; auf der kleinen Kuppe links, dem Colle di
Zuca, erhoben sich die spätrömische und die frühmittel-
alterliche Kirche, umgeben von Gräbern.

die Bewohner von *Ibligo*/Invillino ihren Friedhof auch
auf den Colle Santino. Die zentralörtliche Funktion, die
Invillino im Frühmittelalter besaß, dokumentierte sich
noch viele Jahrhunderte lang darin, daß diese Kirche als
„pieve" (mit lat. *plebs* zusammenhängend), als Gotteshaus für einen großen Gemeindebezirk im Tal diente.
Heute ist sie nicht einmal mehr die Gemeindekirche von
Invillino (diese steht unten im Dorf), aber wenigstens der
Friedhof ist oben verblieben. Hier in Invillino dokumentiert sich dank der umfassenden Ausgrabungen und historischen Studien ein wichtiges Stück Geschichte im Alpenraum, ein Wechsel von Siedlung, Kirche und Friedhof, der in der jeweiligen historischen Situation seine Begründung findet.

Burgen und Dörfer im frühen Mittelalter

Steht in Invillino vom 5. bis 7. Jahrhundert der
militärische Charakter der Siedlung auf dem Colle Santino zweifelsfrei im Vordergrund, so scheint bei anderen
Plätzen nur ein Rückzug der umwohnenden Zivilbevölkerung auf besser zu verteidigende Höhen vorzuliegen.
Auch wenn dabei eine Mauer errichtet wurde, handelt es
sich hier doch weniger um militärisch notwendige Stützpunkte, die von der Zentralgewalt befohlen wurden, als
um bloße Verteidigungsmaßnahmen einer Gemeinschaft,
die sich durch die unruhigen Zeitläufte bedroht fühlte.
Im Ostalpenraum sind einige Orte mehr oder weniger gut
erforscht, aber nur unzureichend veröffentlicht, so der
Ulrichsberg[100] in Kärnten (mehrere Langhäuser, Kirchen,
aber keine Mauer), *Teurnia*/St. Peter in Holz an der
Drau,[101]✗die spätantike Hauptstadt von Noricum mediterraneum (Mauer mit innen angelehnten Häusern), der
Kirchbichl von Lavant,[102] die Nachfolgesiedlung von
Aguntum (Häuser, eine große Kirchenanlage und eine
Mauer, deren Datierung umstritten ist).

Im schweizerischen Alpenraum ist ebenfalls ein
Rückzug auf die Höhen zu beobachten. Außer dem
schon genannten Castiel im Schanfigg oberhalb Chur

✗ vgl. Hagenauer, Der Mosaik von Teurnia,
in Antike Welt 1980 S. 21 ff.

gibt es noch zahlreiche andere Plätze, die seit der spätrömischen Zeit als Fliehburgen befestigt worden waren.[103] Meist waren sie wohl nicht ständig bewohnt, aber die Häuser waren mit Vorräten gefüllt, und auch eine kleine Kirche sorgte für geistigen Beistand in der Bedrängnis. Von der Lage her besonders eindrucksvoll sind der St. Georgsberg über Berschis (Kanton St. Gallen), der Crap Sogn Parcazi bei Trins, der Hügel Grepault über dem Vorderrhein bei Trun, Hohenrätien bei Thusis, alle im Vorder- bzw. Hinterrheintal, sowie die mächtigen Talsperren von Bellinzona und Mesocco am Südalpenrand. Gerade bei den letzten Beispielen wird deutlich, wie sich in den folgenden Jahrhunderten aus den Fliehburgen für die Gesamtbevölkerung die Burgen der Feudalherren entwickelten; denn auch diesen war die fortifikatorisch günstige Lage sehr willkommen.

Die jüngsten Ausgrabungen auf dem Schiedberg bei Sagens in Graubünden vermitteln einen umfassenden Einblick in die Geschichte eines befestigten Platzes vom 4. Jahrhundert bis ins Hochmittelalter.[104] Sagens ist insofern erst recht ein Glücksfall, weil sogar eine Beschreibung der frühmittelalterlichen Bauten vorliegt. Als Bischof Tello von Chur in seinem Testament vom 15. Dezember 765 dem Kloster Disentis seine Güter im Bündner Oberland vermachte, zählte er – um spätere Streitigkeiten zu vermeiden – die Güter mitsamt ihren Häusern, Geräten, Fluren und sonstigen Besitzungen auf. Mittelpunkt der *curtis in Secanio* war ein zweigeschossiges Haupthaus mit teilweise heizbaren Wohn- und Vorratsräumen, Keller, Küche und Badestube. Dazu gehörten ein Gästehaus (oder mehrere?) mit Vorratsräumen, Ställe, Speicher und Heuscheunen. Nicht erwähnt werden eine Mühle und ein Backhaus, aber es ist denkbar, daß sie, weil nicht ständig in Betrieb, unten am Fuße des Hügels lagen und in der abschließenden Formel mit erfaßt sind: *et quidquid ad ipsam curtem pertinent, omnia ex integro* – und was immer zum Hof selbst gehört, alles ohne Ausnahme. Die größeren Gebäude waren aus Stein aufgeführt, in den oberen Stockwerken vielleicht manchmal mit Fachwerk versehen. Für die kleineren Wirtschaftsgebäude sind einfache Ständerbauten oder gar Blockhütten anzunehmen. Dieses Beispiel illustriert natürlich nur jene Höfe, die zu größeren Wirtschaftseinheiten gehörten und von der Oberschicht verwaltet wurden. Die einfachen Bauern mußten sich mit bescheideneren Bauten und kleinen Ställen für das Vieh begnügen, ein eigenes Gästehaus besaßen sie gewiß nicht.

63   Der Plan des weitgehend ausgegrabenen frühmittelalterlichen Weilers bei Berslingen (Kanton Schaffhausen) läßt zwei Gebäudegruppen erkennen, die je ein vierschiffiges Hallenhaus und ein kleineres Gebäude mit Seitenpfosten besitzen (durch Rasterung hervorgehoben). Um sie gruppieren sich zahlreiche Wirtschaftsgebäude geringer Größe. Etwas abgesetzt liegt im Norden die schlichte Kirche, der einzige Steinbau. An sie schließen sich über 200 Gräber an, die aufgrund ihrer Beigabenlosigkeit frühestens ins 8. Jahrhundert n. Chr. zu datieren sind. In dem Friedhof scheint sich die Aufteilung in zwei Familien ebenfalls widerzuspiegeln.

Für den Raum am Nordrand der Alpen geben uns die Alamannengesetze[105] in Verbindung mit den großflächigen Ausgrabungen von Berslingen[106] im Kanton Schaffhausen einen guten Aufschluß. Auch hier scheint sich die Beschreibung auf etwas wohlhabendere Güter zu beziehen. Danach bestand der Herrenhof aus einem großen Wohnhaus mit hohem Dach und einem kleineren Frauenhaus, in dem die weiblichen Familienmitglieder und die Mägde ihrer Arbeit nachgingen, also hauptsächlich spannen und webten. Eine *stuba*, übersetzt als *badehus*, war auch hier vorhanden, und an Wirtschaftsgebäuden werden Schweine- und Schafställe erwähnt, Kornspeicher, Heustadel, Keller und Scheunen. Besonders wichtig war der Zaun, der das Grundstück einfriedete – im wahrsten Sinne des Wortes, denn seine Zerstörung oder ein unbefugtes Eindringen in den Hof wurden streng geahndet. Die Häuser bestanden aus Pfostenkonstruktionen, gedeckt wohl mit Stroh oder Schindeln. Für die kleinen Wirtschaftsbauten genügten einfache Hütten mit vier Eckpfosten oder gar nur zwei Firststützen. Die Wände werden aus lehmverschmiertem Flechtwerk bestanden haben. Das einzige Steinbauwerk in Berslingen war eine kleine Kirche, etwa 30 m abseits der nächsten Hütten. Über 100 Gräber schließen sich daran an und bezeugen – anders als beispielsweise in Invillino – die räumliche Einheit von Siedlungs- und Bestattungsplatz einer kleinen Dorfgemeinschaft.

So stellt auch Berslingen einen besonderen Glücksfall dar, denn fast immer liegen die Anfänge der germanischen Besiedlung eines Ortes an den Rändern des Alpenraumes unter den heutigen Ortskernen und sind damit im Normalfall der archäologischen Erforschung nicht zugänglich. Nur dann, wenn ein Dorf aus irgendwelchen Gründen aufgelassen und der Platz später nicht wiederbesiedelt wurde, sind die notwendigen großflächigen Grabungen möglich.[107] Noch mehr trifft dies für jene Orte zu, vor allem im Inneren des Alpenraums, die seit der Römerzeit unterbrochen bewohnt sind. Kann man auch bei kleineren Grabungsflächen noch die römischen Mörtelmauern erfassen und gelegentlich zu größeren Komplexen ergänzen, so entziehen sich doch die frühmittelalterlichen Häuser mit ihrer ganz überwiegenden Holzbauweise fast immer dem archäologischen Nachweis, wenn nicht überhaupt jüngere Keller die älteren Schichten gänzlich zerstört haben.

Aus diesem Grund bilden gewöhnlich nur die Kirchen und die Friedhöfe die Bindeglieder zwischen den römischen und den hochmittelalterlichen Besiedlungsphasen der Städte und Dörfer. Fréjus am Meer, Genf im Westen, Sion, Chur und Trient im Inneren, Aosta, Como und Verona im Süden seien stellvertretend für jene Plätze genannt, die ihren Rang von der römischen Zeit ungebrochen durch die „dunklen Jahrhunderte" des Frühmittelalters bis heute bewahrt haben, dokumentiert durch archäologisch untersuchte oder sogar heute noch sichtbare Bauwerke aus dieser Zeit.

64   Meterhoch sind die gewaltigen Substruktionen und Gewölbe der luxuriösen römischen Villa auf der Halbinsel von Sirmione im Gardasee noch erhalten (Plan: Abb. 61). Eine der reichsten Familien Oberitaliens muß es gewesen sein, die den riesigen Gebäudekomplex im letzten Drittel des 1. Jahrhunderts v. Chr. erbaute – an einem Platz, der zu den schönsten und klimatisch günstigsten weit und breit zählt.

65 Schon vor den Römern gab es innerhalb des Gebirges Grabsteine mit dem Namen des Verstorbenen, allerdings fast nur im Tessin und im Misox. Sie sind gleichzeitig die wichtigsten Zeugnisse der lepontischen Sprache, geschrieben in einem vom nordetruskischen abgeleiteten Alphabet. Links aus Daversco-Soragno (Kanton Tessin): *slaniai uerkalai pala/tisiu piuotialui pala* = Grabmal für Slania, Tochter des Verkos, Grabmal für Tisios, Sohn des Pivotios. Rechts aus Stabio (Kanton Tessin): *minuku komoneos* = Minuku (und?) Komoneos (Sohn des Komonos?). 3.–2. Jahrhundert v. Chr. Höhe 1,87 und 1,32 m. Schweizerisches Landesmuseum Zürich und Rätisches Museum Chur.

IV. Die Lebenden und die Toten – Das Individuum und die Gemeinschaft

Der Archäologe befindet sich in einer seltsamen Lage. Sein Forschungsobjekt, den Menschen längst vergangener Jahrhunderte, lernt er erst richtig kennen, wenn dieser die Schwelle vom Leben zum Tod überschritten hat. Denn im Grab ist jeder Mensch als Individuum bestattet worden. Die Funde aus einer Siedlung hingegen bieten nichts als zusammengewürfelten Abfall einer menschlichen Gemeinschaft und erlauben es nur höchst selten, individuelles und sozialtypisches Geschehen nachzuvollziehen. Aus diesem Grund müssen Fragen, die beispielsweise die Sozialstruktur, die Lebenserwartung und -umstände der Menschen, die Fürsorge für die Toten und religiöse Vorstellungen allgemein betreffen, in fast allen frühgeschichtlichen Kulturen auf eine Analyse der Gräber zurückgreifen. Nur in römischer Zeit ist es anders. Hier gibt es ausreichend schriftliche Überlieferung, bildliche Darstellungen und Inschriften ganz verschiedenen Charakters, um dadurch einige Bereiche des öffentlichen Lebens und auch individuelle Schicksale in ausreichendem Maße rekonstruieren oder zumindest erschließen zu können.

Bestattungsart und Jenseitsvorstellungen

Die Gräber geben jedoch nicht nur Auskunft über das Individuum und seine Stellung in der Gemeinschaft, sondern auch über die Jenseitsvorstellungen seiner Zeit. Das Totenbrauchtum war früher – was man im 20. Jahrhundert fast nur noch auf dem Lande nachvollziehen kann – sehr stark genormt. Die Hinterbliebenen richteten das Begräbnis so aus, wie sie es im Interesse des Verstorbenen (und in ihrem eigenen!) für angemessen hielten. Dabei bleibt alles, was vor und außerhalb der eigentlichen Beerdigung geschah, dem Archäologen verborgen: Aufbahrung, Klagezeremonien, Auswahl der Trauergäste, Leichenschmaus, „Entsühnung" des Sterbehauses oder -zimmers. Nur was sich dinglich im Grab selbst manifestiert und über die Jahrhunderte erhalten hat, kann ausgewertet werden.

Rückschlüsse auf die Jenseitsvorstellungen sind mit Hilfe des Totenbrauchtums nur beschränkt möglich. In gewissen Zeiten wurden die Toten in ihrem Festtagsgewand mit allem Schmuck und Waffen bestattet, dazu mit Lebensmitteln und Getränken in Gefäßen ausgerüstet. Hier scheint der Schluß auf die Vorstellung eines körperlichen Weiterlebens nach dem Tode erlaubt, ein Weiterleben, in dem der Tote nicht nur Speise und Trank benötigte, sondern auch alle wichtigen Statussymbole, um seine persönliche oder soziale Stellung zu dokumentieren. Aber schon die Beigabe der Waffen war manchmal Regeln unterworfen, die direkte Rückschlüsse verhindern – so etwa bei den Goten, die auch ihre Krieger grundsätzlich ohne Waffen begruben.

Erst recht schwierig wird die Interpretation bei der Brandbestattung. Obwohl der Tote dabei seine Körperlichkeit verliert, erhielt er doch in vielen Perioden ebenfalls alle oder manche der bei Körpergräbern üblichen Beigaben mit ins Grab. Hier zu entscheiden, was ihm als persönliches Eigentum rechtlich zustand, was als Ausrüstung für das dennoch konkret vorgestellte Jenseits gedacht war, was mitgegeben wurde, weil es für die Hinterbliebenen „unrein" war, ist kaum möglich. Bestenfalls Einzelanalysen von Gräberfeldern können räumlich und zeitlich eng umgrenzte Interpretationsmodelle liefern, die nicht zu verallgemeinern sind. Welche Jenseits- und sonstigen geistigen Vorstellungen das Aufkommen der Brandbestattung ab der Bronzezeit hervorriefen und begleiteten, ist heute unklarer denn je (S. 142 ff.).

In seltenen Fällen entledigte man sich der Toten auf eine Weise, daß sie der Archäologe nicht mehr findet – der Phantasie, gestützt auf ethnografische Parallelen, sind hier keine Grenzen gesetzt. Dieses Phänomen beunruhigt die Forschung in mehreren Perioden. So gibt es zur frühbronzezeitlichen Polada-Kultur in Oberitalien trotz ihrer zahlreichen Siedlungen keine Gräber,[1] ebenso wenig zu den spätbronzezeitlichen „Pfahlbauten" des Schweizer Mittellandes;[2] in der Südschweiz fehlen sie zwischen dem 11. und 6. Jahrhundert v. Chr.,[3] im nördlichen Alpenvorland während des letzten Jahrhunderts vor der Eroberung durch die Römer.[4] Immer wieder einmal, aber in ganz verschiedenen Regionen bricht also diese Sitte durch, ohne daß ein einheitlicher Auslösefaktor und gleichartige Bedingungen der sozialen oder religiösen Umwelt zu erkennen sind.

Bei der Körperbestattung war zunächst die Lage des Toten in Hockerstellung, also auf der Seite liegend und mit angezogenen Beinen, üblich. Oft sind die Unterschenkel so eng an die Oberschenkel gepreßt, daß dies ohne Umschnürung nicht möglich gewesen sein kann. Haben aber die Hinterbliebenen den Toten an den Beinen und vielleicht auch an den Händen gefesselt, so ergab sich die Seitenlage von selbst. Früher dachte man an „Schlaf-"[5] oder „Embryonalhaltung", doch besteht inzwischen kein Zweifel, daß das grundlegende Motiv vielmehr die Furcht vor dem Toten war, die Furcht, er könne wiederkehren und die Lebenden behelligen durch böse Träume, Spuk, Krankheit oder Viehseuchen.[6] Andererseits aber zeugen die sorgfältige Herrichtung des Grabes und die Beigabe von Schmuck und Wegzehrung auch von einer gewissen Fürsorge der Hinterbliebenen, ebenso die Vereinigung ihrer Toten auf einem gemeinsamen Platz. Sie waren also nicht Ausgestoßene oder Vergessene, sondern ihre Gräber auf dem „Gräberfeld" (wie der Archäologe sagt), der „Nekropole" – d. h. der „Totenstadt" – (wie es bei den Griechen, Römern und in den romanischen Sprachen heißt) oder dem „Friedhof" (wie im christlichen Deutschland), bildeten einen Teil des Siedlungsareals, meist etwas entfernt liegend (Abb. 63), aber doch sichtbar und an die Vergänglichkeit menschlichen Lebens mahnend. Wo es zum Bestattungsbrauch gehörte, über dem Grab einen Hügel aus Steinen oder Erde aufzuschütten, ziehen sich die Gräberfelder oft entlang der Straßen und Wege hin, oder sie liegen an auffallenden Geländepunkten. Die Errichtung eines Hügels setzte eine bestimmte verfügbare Arbeitsleistung voraus, und je höher der Hügel, desto größer war auch das Ansehen oder die Macht der betreffenden Familie. In dieser Hinsicht stehen die Pyramiden Ägyptens, die bronze- und eisenzeitlichen Grabhügel Mitteleuropas und die aufwendigen Grabdenkmäler der Römer (je näher an der Straße, desto protziger) auf einer Linie, auch wenn sie heute wie damals einen gänzlich verschiedenen Anblick bieten.

Erst seit der Jüngeren Steinzeit ist die Fürsorge für den Toten, die Anlage eines gemeinsamen Begräbnisplatzes, die Ausbildung verbindlicher Bestattungsbräuche in Mitteleuropa zu beobachten. Der Gedanke an ein Weiterleben nach dem Tode, in welcher Form auch immer, hatte sich durchgesetzt. Die Bestattung in Hockerlage als Ausdruck der Furcht vor den Toten steht logischerweise am Anfang der geregelten Begräbnisriten in Mitteleuropa, und obwohl schon im Laufe der Bronzezeit die Bestattung des Toten in gestreckter Rückenlage und meist sogar die Verbrennung üblich wurden, hat sich die Erinnerung an den Sinn der Hockerlage noch lange gehalten. Immer wieder findet der Archäologe in Gräberfeldern auch vereinzelt Tote in dieser charakteristischen Haltung. Eine Analyse durch die Zeiten hindurch beweist,[7] daß es sich in diesen Fällen durchwegs um „Gefährliche Tote" handelte, um Menschen also, die entweder durch die Umstände ihres Lebens oder ihres Todes von den Hinterbliebenen verdächtigt wurden, sie könn-

ten sich rächen und irgendwelchen Schaden anrichten. Darunter fallen verschiedene Kategorien:[8] Selbstmörder, Geisteskranke und Epileptiker, Schamanen und Hexen, Verunglückte und heimtückisch Ermordete, im Kindbett verstorbene Frauen, nicht integrierte Fremdlinge, Kinder, Zwillinge …

Neben der Hockerlage ist auch die Bauchlage ein Indiz für die Sonderstellung des Individuums. In nachrömischer Zeit verschwindet die Bestattung in Hockerlage so gut wie vollständig, aber die Bestattung in Bauchlage als Maßnahme zur Bannung eines gefährlichen Toten hat sich bis in die Neuzeit hinein gehalten.[9] Selbst Beispiele für ein nachträgliches Umdrehen der Leiche sind bekannt: In diesen Fällen wurden dem Toten offenbar erst nach dem Begräbnis gefährliche Eigenschaften zugeschrieben. Zufälligkeiten mögen hier eine große Rolle gespielt haben, aber das Grundmotiv ist offenkundig: wenn ein Unglück, ein Brand, Krankheit, Viehseuche oder Dürre die Menschen beunruhigten, mußte ein Schuldiger gefunden werden. Und wirkte unter den Lebenden niemand verdächtig – was gewiß oft genug vorkam –, mußte eben ein noch nicht lange Verstorbener als Sündenbock herhalten: sein Grab wurde geöffnet, die Leiche auf den Bauch gedreht oder gar verstümmelt, vielleicht auch ein schwerer Stein auf sie gewälzt.

Allerdings kann der Archäologe nur in wenigen Fällen auch den tatsächlichen Grund für die Sonderbehandlung eines einzelnen Toten herausfinden. Die seltenen Beispiele, die eine generelle Interpretation der Sonderbestattungen erlauben, sind zwar über viele Regionen und Zeiten verstreut, aber in ihrer Gesamtheit doch überzeugend. Meistens kommt die Anthropologie zu Hilfe, die Anomalien am Skelett oder am Schädel feststellt.[10] Damit können schwere Krankheiten, äußerliche Auffälligkeiten, rassische Fremdheit, Verletzungen und Heilversuche identifiziert werden. Manchmal bieten auch Beigaben mit Amulettcharakter einen Anhaltspunkt: denn Amulette können sowohl im Leben zum Schutz vor Gefahren getragen als auch nachträglich ins Grab als Bannmittel gegen den gefährlichen Toten mitgegeben worden sein.[11]

Da sich all diese Phänomene durch die Zeiten hindurchziehen, sind sie hier im voraus abgehandelt worden. Im Alpengebiet treten sie ohnehin weniger zutage, weil hier – abgesehen von Kleinräumen und bestimmten Perioden – die Brandbestattung üblich war. Das macht eine anthropologische Hilfe bei der Interpretation von

Unregelmäßigkeiten so gut wie unmöglich. Bei der Verbrennung auf einem einfachen Scheiterhaufen zerspringen die Knochen zwar und glühen aus, doch bleiben normalerweise zahlreiche größere Stückchen übrig, die die Hinterbliebenen mehr oder weniger sorgfältig aus der Holzasche für das Begräbnis in der Erde aufsammelten. Aus diesem „Leichenbrand" kann der Anthropologe mit Hilfe erhaltener Schädelnähte, Beckenfragmente und Gelenkköpfe Anhaltspunkte für eine Alters- und (weniger sicher) Geschlechtsbestimmung des Toten gewinnen.

Auch bei der Brandbestattung gibt es mehrere Möglichkeiten, wie die Hinterbliebenen mit dem Toten und seiner persönlichen Habe umgehen. Der Archäologe ist natürlich besonders an jenen Fällen interessiert, in denen dem Verstorbenen möglichst viele Gegenstände aus Ton oder Metall ins Grab mitgegeben wurden. Aber

dies war keineswegs die Regel. So konnte man den Toten z. B. nur in seinem Leichenhemd verbrennen und die Asche in eine flache Grube schütten. Solche Gräber sind für den Archäologen nur in sehr seltenen Fällen auffindbar – welcher Baggerführer achtet schon auf kleine schwarze Stellen im Kies? Verbrannte man den Toten aber mitsamt seiner Habe, Kleidung und Ausrüstung für das Jenseits, dann litten die Gegenstände unter der Hitze des Feuers meist so, daß ihr früheres Aussehen nur teilweise rekonstruiert und für eine Analyse der Formen und ihrer Kombinationen genutzt werden kann: Tongefäße zerspringen, und die Scherben verziehen sich, Bronzeschmuck zerschmilzt zu undefinierbaren Klumpen, Eisen behält wegen des höheren Schmelzpunktes zwar wenigstens einigermaßen seine Form, doch die Oberfläche wird zerstört. Am meisten ist dem Archäologen gedient, wenn es Sitte war, den Verstorbenen in einem einfachen Gewand zu verbrennen und erst danach seine ganze Ausstattung auf die Asche oder neben die Urne zu legen. Dann sind zwar Aussagen über das Individuum, über sein Alter und Geschlecht nicht mehr so einfach zu gewinnen wie bei den Körpergräbern, aber wenigstens spiegeln die Beigaben die Intention der Hinterbliebenen und damit in gewisser Weise auch die Stellung des Toten wider.

Nur kurz war das Leben

Noch ein anderes Problem kann hier gleich am Anfang des Kapitels angesprochen werden, nämlich die Behandlung der Kinder im Bestattungsbrauch. Man weiß aus demografischen Untersuchungen des Mittelalters und der Neuzeit, daß früher die Kindersterblichkeit sehr viel höher lag als heute. Da die hygienischen Verhältnisse und die Kenntnisse in der Medizin im Altertum eher noch bescheidener waren (abgesehen vielleicht von der römischen Zeit mit ihren zivilisatorischen Errungenschaften), ist auch für diese Perioden mit einer sehr hohen Kindersterblichkeit zu rechnen.[12] Sie müßte archäologisch so zum Ausdruck kommen, daß ungefähr die Hälfte aller Gräber eines halbwegs vollständig aufgedeckten Gräberfeldes Kinder oder Jugendliche enthält. Dies trifft aber nur in Ausnahmefällen zu, etwa bei dem spätbronzezeitlichen Gräberfeld von Canegrate nördlich von Mailand, für das eine genaue anthropologische Analyse vorliegt.[13] Entsprechend gute Beobachtungen gibt es derzeit nur noch für die eisenzeitlichen Gräber vom Dürrnberg bei Hallein, und weil hier die Körperbestattung weit über-

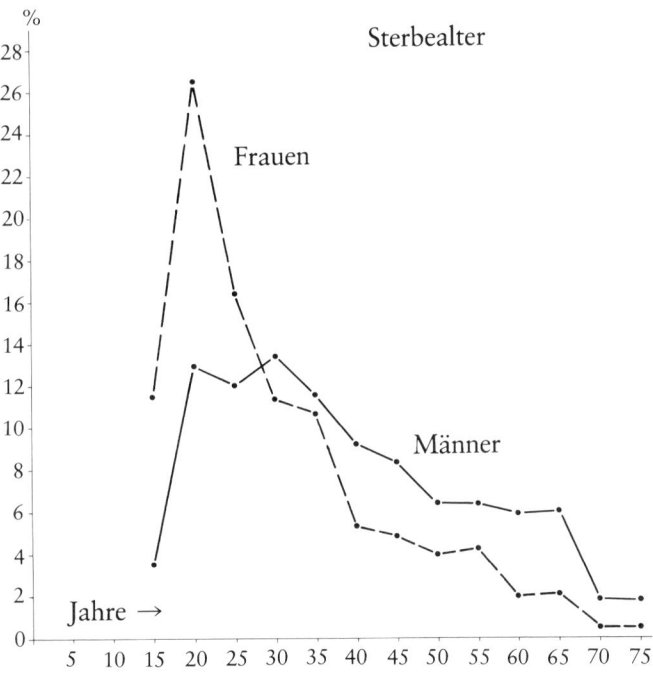

66   Altersverteilung der Erwachsenen in den eisenzeitlichen Gräbern vom Dürrnberg über Hallein (Land Salzburg). Deutlich kommt der Unterschied zwischen den Männern und den Frauen zum Ausdruck; über ein Viertel der Frauen ist im Alter zwischen 20 und 25 Jahren gestorben.

wiegt, sind sie besonders genau.[14] Dennoch gibt es unter den jetzt über 100 auswertbaren Gräbern keines, in dem ein Kind unter vier Jahren lag. Der Schluß drängt sich auf, daß man bei jünger verstorbenen Kindern auf eine Weise verfahren ist, die sie dem Archäologen entzieht. Hat man sie auf einem eigenen Gräberfeld bestattet, wie es zuweilen für römische Zeit überliefert ist, besteht die Chance, sie eines Tages durch Zufall zu entdecken. Wahrscheinlicher ist jedoch, daß man die kleinen Kinder noch nicht als vollgültige Menschen betrachtete und sich ihrer auf eine Weise entledigte, die sie für immer verschwinden ließ: in die Bäume gehängt, den Hunden zum Fraß vorgeworfen, in die Salzach versenkt ... Wir wissen es nicht. Vielleicht wurden sie innerhalb des Hauses oder unter der Dachtraufe bestattet (S. 105), aber selbst dann sind sie nur bei großflächigen Ausgrabungen zu entdecken.

Etwa zur gleichen Zeit wie die Einzelfriedhöfe des Dürrnbergs wurde das Brandgräberfeld von Tamins in Graubünden angelegt.[15] Unter den bestimmbaren Leichenbränden stehen 19 Erwachsenen nur 5 Kinder gegenüber.[16] Davon waren zwei sicher über 10 Jahre alt, eines unter 10 Jahren. Die restlichen zwei waren Kleinkinder, das eine vielleicht ein Neugeborenes, das andere zusammen mit einem Erwachsenen bestattet. Auch hier liegt also der Anteil der kleinen Kinder mit Sicherheit zu niedrig; die zwei Ausnahmen müssen auf besondere Ursachen zurückgehen, die wir nicht kennen.

Ergänzend sei hier angeschlossen, daß von den Römern Plinius[17] – sogar mit dem Anspruch auf allgemeine Gültigkeit – die Sitte überliefert, Kleinkinder, deren Milchzähne noch nicht durchgebrochen waren, seien im Gegensatz zu den übrigen Toten unverbrannt bestattet worden. Die neuen Ausgrabungen im römischen Gräberfeld von Kempten haben dies aufs genaueste bestätigt,[18] obschon auch hier Zweifel bestehen, ob alle verstorbenen Kinder dort begraben wurden.

Auf dieser unvollkommenen Basis sind Berechnungen der Lebenserwartung in frühgeschichtlicher Zeit nur schwer möglich. Die Lebenserwartung für Neugeborene ist nie anders als grob zu schätzen (am Dürrnberg z. B. höchstens 26 Jahre), eben weil man die Kindersterblichkeit mit den Gräbern normalerweise nicht vollständig erfaßt.[19] Anschaulicher und präziser sind daher Berechnungen, die angeben, wie lang ein Mensch noch zu leben hatte, wenn er erst einmal erwachsen (etwa 20 Jahre alt) geworden war. Für das Gräberfeld von Tamins ergibt

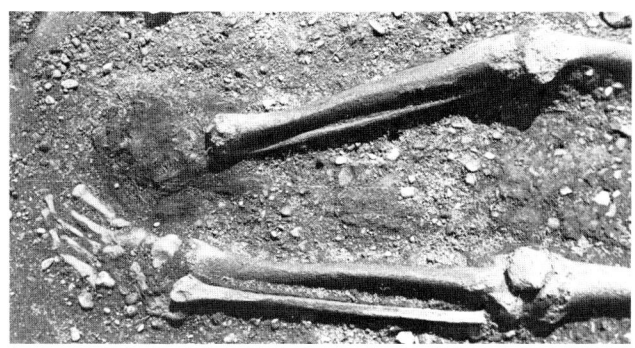

67   Auch in alter Zeit waren Unfälle und Kriegsverletzungen an der Tagesordnung. Der Mann im Grab 248 des frühmittelalterlichen Gräberfelds von Bonaduz (Graubünden) hatte seinen rechten Fuß verloren. Er trug eine an der dunklen Verfärbung kenntliche Prothese aus einer Eisenscheibe und einem Stoffbeutel, wohl mit Heu oder Wolle gefüllt. Sie war mit Bändern oder Riemen am Unterschenkel befestigt.

sich für diesen Personenkreis ein Durchschnittswert des Sterbealters von 36,5 Jahren, bei den Männern etwas höher, bei den Frauen etwas niedriger. Dies entspricht fast genau dem Wert von Bonaduz (Graubünden).[20] Die größere Anzahl von Gräbern vom Dürrnberg bei Hallein gestattet besser abgesicherte Zahlen. Danach wurden die Männer im Durchschnitt 41 Jahre, die Frauen 38 Jahre alt. Einzelne Personen konnten dabei jedoch durchaus ein Alter von 60–70 Jahren erreichen.

Bei größeren Serien von Skeletten oder Leichenbränden sind auch die Unterschiede zwischen den Männern und Frauen statistisch erfaßbar. So gut wie überall besitzen die Frauen eine deutlich geringere Lebenserwartung als die Männer. Dies ist auf die Gefährdung durch die Kindbettsterblichkeit zurückzuführen, die noch im letzten Jahrhundert nicht wenige junge Frauen dahingerafft hat.[21] Auch in römischer Zeit blieb – trotz der allgemein höheren Lebenserwartung – dieser Unterschied bestehen.[22]

Die Jäger der Steinzeit und die ersten Bergleute

Erst als die Menschen im Alpenraum zu einer seßhaften Lebensweise gefunden hatten, erhielten auch die Toten ihren festen Platz. Daher kommt es, daß die ältesten Phasen der Besiedlung an der Riviera und den anderen Alpenrändern fast nur durch Wohnstellen bekannt sind.[23] Liegengebliebene Steinwerkzeuge oder Abschläge, die bei ihrer Produktion entstanden, und wenige Gegenstände aus anderen Materialien, vor allem Knochen und Bein, bezeugen, mit welch bescheidenen Mitteln der frühe Mensch seine Bedürfnisse befriedigen mußte. Das erlegte Tier diente nicht nur zur Nahrung, sondern lieferte auch Felle für die Bekleidung, Knochen für Pfrieme und Nadeln, auffallende Zähne als Schmuck oder Jagdtrophäe.

Solcher Schmuck ist es auch, der uns in den Gräbern der jüngeren Steinzeit begegnet. Am ältesten sind einige Gräber in den Westalpen, die anscheinend in eine mittlere Phase dieses Zeitabschnitts gehören. Ein Hockergrab von Fontaine (Isère) enthielt Feuersteinwerkzeuge und Eberhauer, während eine Mehrfachbestattung (mindestens 10 Tote) von La Balme (Isère) nur durch die C[14] – Methode in diese Zeit zu datieren ist.[24] Sie verdient deshalb Aufmerksamkeit, weil alle Toten ohne Schädel bestattet worden waren – ein Brauch, der in späteren Zeiten nur noch sehr selten vorkommt.

Die Einzelbestattung wurde in der Spätphase der jüngeren Steinzeit und am Übergang zur Bronzezeit in den Westalpen fast zur Regel. Oft handelt es sich um kleinere Gruppen von eingetieften Steinkisten, die aus großen Platten errichtet wurden. Meist reichte ihre Größe gerade aus, um einen Toten in Hockerlage aufzunehmen. Kamen ausnahmsweise mehrere Tote gleichzeitig in eine Steinkiste, wurden sie entweder dicht nebeneinander gepackt oder sogar aufeinander gelegt. Bei späteren Bestattungen wurden die älteren Skelette häufig beiseitegeräumt oder zusammengeschoben, um neuen Platz zu schaffen, oder man überdeckte sie mit einer Schicht Erde, um eine zweite Ebene zu erhalten. Leider gibt es so gut wie keine genauen Analysen solcher Gräbergruppen, die Aussagen darüber zulassen würden, was die in ein und derselben Steinkiste Bestatteten sonst noch gemeinsam haben. Immerhin liegt die Vermutung nahe, daß es sich dabei um Angehörige einer einzigen Familie, vielleicht einer Generation handelt, die das Anrecht auf gemeinsame Bestattung, also auf die Gemeinschaft über den Tod hinaus besaßen. Das konnten Eltern und Kinder sein, Geschwister oder Mann und Frau.

Besonders auffällig ist in dieser Hinsicht der Befund des Gräberfelds von Lenzburg (Kanton Aargau) mit seinen zahlreichen Mehrfachbestattungen.[25] Die Regellosigkeit ihrer Zusammensetzung ordnet sich gleichwohl zu einer Bevölkerungsstruktur, die den Erwartungen für diese Frühzeit entspricht. 52,3% der Toten waren Kinder und Jugendliche, unter den Erwachsenen die Männer doppelt so häufig vertreten wie die Frauen – eine Folge der Tatsache, daß viele von ihnen schon in jugendlichem Alter Kinder geboren hatten und im ersten oder zweiten Kindbett verstarben? Um so mehr hebt sich ein etwa 35jähriger Mann heraus, der allein in einer ziemlich großen Steinkiste lag, eine Halskette aus fünf durchbohrten Tiereckzähnen (dazwischen Federn, Holzperlen usw.?) trug und Waffen (Pfeile – im Köcher?), Geräte sowie einen Knochenkamm bei sich hatte. Ohne Zweifel handelte es sich hier um eine wichtige Person der Gemeinschaft, vielleicht den Sippenältesten, der nicht nur kraft seines Alters, sondern auch durch seine Fähigkeiten als Krieger und Organisator das Schicksal seiner Sippe bestimmte. Entsprechende Beobachtungen wie in Lenzburg am nördlichen Alpenrand lassen sich im inneralpinen Gebiet derzeit nicht anstellen, weil keine der dortigen Gräbergruppen so sorgfältig untersucht und ausreichend veröffentlicht worden ist. Doch kann man immerhin erkennen, daß die Sitte, die Toten in Hockerlage und in Steinkisten zu bestatten, von den nördlichen Westalpen hinauf bis in das Aostatal übergreift.[26]

Außerordentlich bemerkenswert sind dabei die Gräber von Sion-„Petit Chasseur". Seit im Jahre 1961 bei Bauarbeiten die ersten Steinkisten zutage kamen, legten erst Olivier-Jean Bocksberger und dann Alain Gallay bis 1973 die Gräbergruppe frei.[27] Ihre Bedeutung erhalten die Steinkisten von Sion dadurch, daß ihre Erbauer als Material bevorzugt verzierte Platten verwendeten, die ursprünglich frei und aufrecht gestanden waren und Menschen, Heroen oder Götter darstellten. Sie besitzen eine grob menschenförmige Gestalt; der Archäologe bezeichnet solche freistehenden Platten aus Stein oder Holz, mit dem griechischen Wort „Stelen". Auf der Vorderseite gibt eine schwach plastisch eingemeißelte Verzierung die Arme, Waffen und Kleidung wieder. Dachte man zunächst daran, daß die Erbauer der Gräber ein vorher bestehendes Heiligtum zerstört und die dazugehörigen Stelen zweckentfremdet hätten, so bietet die letzte Interpretation von Gallay, gestützt auf seine minutiösen Beobachtungen über Schichtabfolgen, ein differenzierteres Bild.

Gallay unterscheidet zwei Typen von Stelen. Der ältere besitzt einen nur schwach angedeuteten Kopf,

68   Steinplatte aus Sion (Wallis) mit der kaum mehr sichtbaren Darstellung einer Frau in reich gemustertem Gewand mit zwei Taschen am Gürtel. 18.–17. Jahrhundert v. Chr. Höhe 1,64 m. Musée Valère Sion.

leicht gebogene Arme mit ziemlich naturalistischen Händen, nur spärlich angedeutete Kleidung und Dolche als Waffen. Der jüngere betont die Menschengestalt mehr, zeigt reich ornamentierte Kleidung und als Waffe Pfeil und Bogen. Letzterer ist in mindestens einem Fall deutlich zweifach gewölbt, entspräche also dem kompliziert zusammengesetzten Reflexbogen, wie er in späterer Zeit vor allem bei östlichen Reitervölkern üblich war.[28] Die Datierung der Stelen ist über die Inhalte der damit erbauten Gräber möglich. Danach ist der ältere Typ mit der Steinkiste VI in Verbindung zu bringen und an das Ende der jüngeren Steinzeit zu stellen. Kupferdolche und Anhänger aus Spiraldraht waren damals schon vereinzelt bekannt. Der jüngere Typ dagegen ist wahrscheinlich mit jenen Steinkisten zu verknüpfen, die von den „Glockenbecherleuten" (S. 36) während der Frühbronzezeit errichtet wurden. Bei den Ausgrabungen zeigte sich überraschenderweise, daß offenbar immer wieder alte Stelen für Gräber zweckentfremdet, dafür aber neue Stelen, teils figürlich verzierte, teils einfache Steinplatten, in der Nähe dieser Gräber errichtet wurden. So erklärt es sich beispielsweise auch, daß manche Stelen zweimal verziert wurden, ohne daß die ältere Darstellung vorher gelöscht wurde. Die Stelen verloren also nach einer bestimmten Zeitspanne oder nach einem gewissen Ereignis ihre kultische Bedeutung und waren damit frei für ein Zurechtschlagen und eine Wiederverwendung als Baumaterial für die Steinkisten. Ob ihre ursprüngliche Funktion, die sich ja noch in der erkennbaren Verzierung ausdrückte, dabei eine Rolle spielte, bleibt ungewiß. Auffallend ist jedenfalls, daß fast allen Stelen oben der „Kopf" abgeschlagen war.

Daß mit den „Glockenbecherleuten", wie in halb Europa,[29] tatsächlich auch neue Menschengruppen um 2000 v. Chr. in das obere Wallis vordrangen, beweist die anthropologische Untersuchung der Skelette aus den Steinkisten. In jenen mit „Glockenbecher"-Material fanden sich größere, kräftigere Menschen, charakterisiert außerdem durch ihren kurzen Schädel. Um so bemerkenswerter ist es, daß diese Neuankömmlinge, ganz entgegen ihrer sonstigen Gepflogenheit, nach dem Muster der damals schon bestehenden Steinkiste VI eigene Gräber errichteten und sogar die Sitte der figürlichen Stelen weiterführten, bereichert durch eine feinere Ornamentik, vor allem der Kleidung. Dies alles macht den Eindruck, als habe die ursprüngliche Bevölkerung ohne wesentliche Beeinträchtigung weitergelebt und ihre alten Kulte und

Grabsitten an die Neuankömmlinge weitergegeben, die vielleicht nur gering an Zahl waren, aber politisch das Geschehen bestimmten.

Die 28 aufgefundenen Stelen in verschiedenem Erhaltungszustand vermitteln zusammen mit den Beigaben aus den Gräbern ein ziemlich detailliertes äußeres Bild des damaligen Menschen. Kupferdolche wurden in den Gräbern zwar nicht gefunden (die nächsten gibt es zu dieser Zeit in Oberitalien); ihren Platz nehmen noch Dolche aus Feuerstein ein, die am oberen Ende mit Schnur oder Ruten umwickelt waren (Abb. 12), um der zupackenden Faust sicheren Halt und Schutz zu bieten. Da auch die Spiralanhänger aus Kupferdraht[30] zu dieser Zeit in Sion selbst noch nicht belegt sind, ist anzunehmen, daß diese Gegenstände entweder überhaupt nicht in die Gräber gelangten oder aber so selten waren, daß ihre Häufigkeit auf den Stelen nicht der damaligen Wirklichkeit entspricht. Vielleicht waren sie zu dieser frühen Zeit nur hochgestellten Persönlichkeiten vorbehalten und vererbten sich lange Jahre innerhalb der Siedlungsgemeinschaft von einem Sippenältesten auf den nächsten. Pfeil und Bogen der jüngeren Phase dokumentieren sich in den Gräbern dagegen durch die sorgfältig zugeschlagenen Pfeilspitzen aus Feuerstein oder Bergkristall. Sie bildeten die charakteristische Waffe der „Glockenbecherleute" in ganz Mittel- und Westeuropa, wobei oft noch kleine Platten aus Knochen oder Horn dazugehören, die den Unterarm vor der zurückschnellenden Sehne schützen sollten. Steinfragmente mit eingeschliffenen Rillen dienten wohl dazu, die Pfeilschäfte möglichst gleichmäßig und damit zielgenau herzustellen. Kennzeichnend für den Glockenbecherkomplex,[31] der seinen Namen, wie erwähnt, von der typischen Gefäßform hat, sind außerdem „Knöpfe", die von unten V-förmig angebohrt sind, und verzierte Miniaturbogen, die als Anhänger getragen wurden, beides aus Knochen geschnitzt. Beliebt waren auch Eberzähne als Schmuck und Trophäe.

Die Vielfalt der Muster auf der Kleidung deutet auf eine hochentwickelte Webtechnik: Rauten, Dreiecke, Zickzackbänder, Karos und Schachbrettmuster wechselnder Größe. Fast immer ist der Gürtel besonders betont, ebenso der Unterschied zwischen Obergewand und Schurz. Charakteristisch ist der runde Halsausschnitt, meist durch einen abgesetzten Rand hervorgehoben. Eine Stele ohne Waffen, anscheinend eine Frau, trägt eine Art Schärpe schräg über dem Oberkörper und zwei Taschen, die am Gürtel hängen. Gleichgültig, ob mit den Stelen

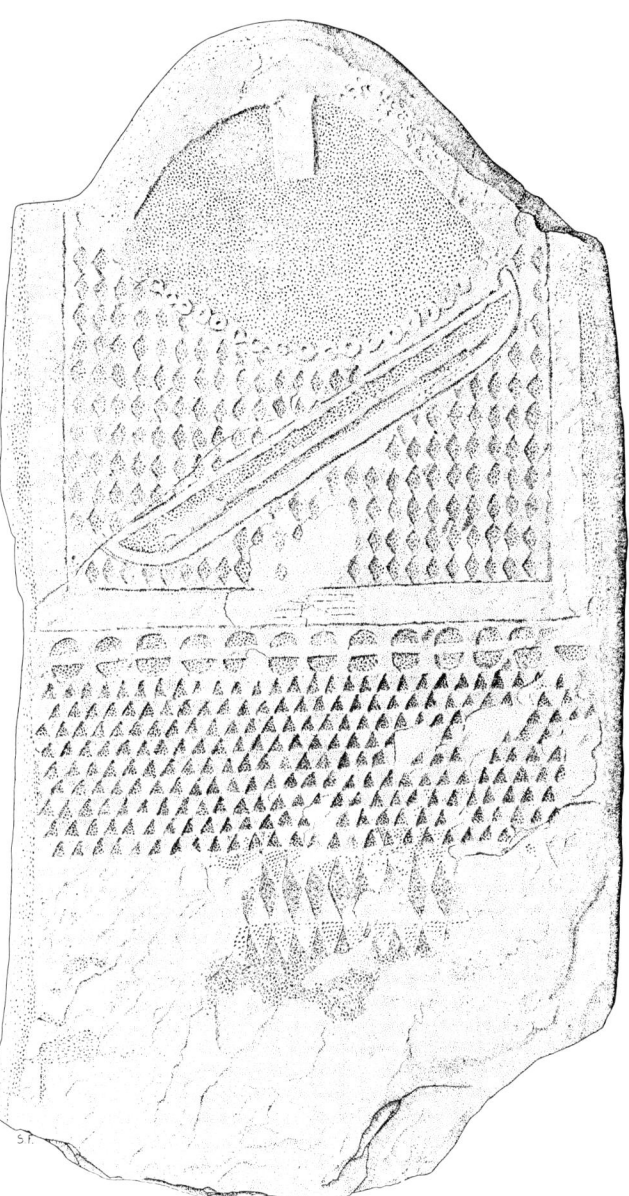

69   Steinplatte aus Sion (Wallis) mit der Darstellung eines Bogenschützen. Kopf und Gesicht sind nur angedeutet, die Hände über dem Gürtel aneinandergelegt, das Gewand vielfältig gemustert. 18.–17. Jahrhundert v. Chr. Höhe 1,70 m. Musée Valère Sion.

Lebende, Verstorbene oder göttliche Wesen dargestellt werden sollten, – die Details der Kleidung und Bewaffnung sind dem täglichen Leben der damaligen Zeit entnommen und ermöglichen dadurch eine dringend nötige Ergänzung der spärlichen Anhaltspunkte aus den Grab- und Siedlungsfunden. Die effektvolle Aufstellung im neuen Musée Valère in Sion läßt die ganze Ausdruckskraft dieser einzigartigen Bildwerke voll zur Geltung kommen.

70   Die wenigen bildlichen Darstellungen von Webstühlen, hier eine Felszeichnung aus der Valcamonica (Lombardei), geben Aufschluß über die Konstruktion. An einem senkrecht aufgestellten Holzgerüst waren die Fäden befestigt und unten mit Tongewichten beschwert. Solche Tongewichte findet man in Siedlungen häufiger. Die komplizierten Webmuster, belegt seit der Jüngeren Steinzeit, setzen eine Vorrichtung zum Heben und Senken der Kettfäden voraus.

Ein sehr viel weniger günstiges Schicksal war einigen Steinkisten in Südtirol beschieden. Nur noch wenige Fragmente zeugen davon, daß hier die sonst nordwestlich der Alpen verbreitete Sitte der Familiengräber Eingang gefunden hatte. Ausreichendes Indiz sind große Steinplatten mit je einem runden Loch von gut 20 cm Durchmesser (einem „Seelenloch") die einst als Giebel großer Grabkammern gedient hatten.[32] Diese waren von einem Erdhügel überdeckt und einem Steinkranz umgeben. Da alle Südtiroler Beispiele schon zerstört und die Platten verschleppt waren (im Falle von Gratsch bei Meran sogar anscheinend in ein spätantikes Grab verbaut), lassen sich keine weiteren Aussagen über Konstruktion, Inhalt und

Zeitstellung dieser Gräber machen. Nach ihren Parallelen am Alpenrand gehören sie in die Endphase der jüngeren Steinzeit.

Am Südrand der Zentralalpen herrschten damals ganz andere Bestattungsbräuche. Das Gräberfeld von Remedello di Sotto bei Brescia, das einer ganzen „Remedello-Kultur" den Namen gab, ist das bekannteste und mit über 119 Gräbern auch das derzeit größte dieser Art.[33] Die Toten wurden zwar ebenfalls meist noch in Hockerstellung beigesetzt, überwiegend mit dem Kopf nach Westen und auf der linken Seite liegend, doch bestanden die Gräber nur aus einfachen Erdgruben, fast immer nur für einen einzigen Toten und relativ flach eingetieft, so daß der Pflug bis zu den Ausgrabungen im 19. Jahrhundert schon viel zerstört hatte. Sie gingen leider auch nicht mit der heute zu fordernden Sorgfalt vor sich; beispielsweise ist nicht einmal ein genauer Plan des Gräberfeldes erhalten und nur etwa die Hälfte der Gräber einigermaßen auswertbar. Besonders stark vertreten unter den Beigaben sind Waffen und Geräte, also Gegenstände der männlichen Lebenssphäre: Pfeil (und Bogen) in 24, Feuersteindolche in 16, Steinbeile in 9 Gräbern. Dazu kommen zwei Kupferpfrieme, eine Nadel aus Silber und ein Kupferring. Selten ist Schmuck aus gelochten Muschelplättchen oder Steatitperlen, singulär ein Anhänger aus Marmor. Die weibliche Lebenssphäre ist also deutlich unterrepräsentiert, und wenn Kindern Feuersteindolche mitgegeben wurden, handelt es sich offenbar um Knaben. Allein die wenigen Tongefäße, zum Inventar des Haushalts gehörig, scheinen auf Frauengräber beschränkt zu sein. Angesichts der dürftigen Quellensituation, auch für die anschließenden Jahrhunderte vorher und nachher, hat es jedoch wenig Sinn, aus dieser Beigabenverteilung direkte Rückschlüsse auf die Sozialstruktur der hier bestatteten Bevölkerung zu ziehen. Denn erst auf der Basis eines Vergleichs mit räumlich wie zeitlich benachbarten Gräberfeldern wären weiterführende Aussagen möglich und erlaubt.[34]

So kann auch eine sehr interessante Gräbergruppe nahe Trient hier nur kurz vorgestellt werden, die in die beginnende Bronzezeit zu datieren ist. Die Ausgrabungen seit 1970 in Romagnano-Loc galten eigentlich einem mehrere Meter mächtigen Schichtpaket an einer Felswand (Abb. 5), das Siedlungshorizonte von der Mittleren Steinzeit bis in die Eisenzeit hinein enthielt. Bagger und Baumaschinen hatten es schon weitgehend abgetragen, so daß nur noch ein schmaler Streifen übrig geblieben war. Zur großen Überraschung stellte sich heraus, daß dieser Platz für kurze Zeit auch als Begräbnisstätte gedient hatte,[35] denn auf engem Raum lagen 15 Gräber beieinander, in der Nähe weitere drei, ohne daß noch zu klären war, ob es sich ursprünglich um einen einzigen Friedhof beträchtlicher Ausdehnung handelte. Das zuerst, nämlich schon 1969 aufgedeckte Grab einer jungen Frau war am reichsten mit Beigaben ausgestattet, und zwar ausschließlich mit Schmuck aus Knochen und Tierzähnen: 28 flache bis kugelige Knochenperlen, 22 Röhrchen aus fossilen Schneckengehäusen, drei aus Eberzähnen geschnitzten Platten, zwei tierische Eckzähne, ein (menschliches?) Fingerglied, zwei keulenförmige Knochenstäbchen und ein Knochenring, alles durchlocht, also zu einem Hals- und Kopfschmuck gehörig, wie auch die Fundlage bestätigt.

71   Nahaufnahme eines Frauengrabes mit reichen Beigaben im frühbronzezeitlichen Gräberfeld von Raisting südlich des Ammersees bei Weilheim (Oberbayern). Etwa 17. Jahrhundert v. Chr.

Leider erfüllten sich die durch das Grab von 1969 geweckten Hoffnungen nicht ganz, denn die anderen 17 boten nur sehr spärliche Beigaben, dafür aber gute Beobachtungen zur Bestattungssitte. Bei den Erwachsenen war die rechte Hockerlage die Regel, wenn nicht überhaupt nur der Schädel des Toten begraben worden war; ebenso bei den Kindern, wobei nur ein einziges Mal ein Doppelgrab mit einer jungen Frau und einem 6–7jährigen Kind aufgefunden wurde, die Gleichzeitigkeit aber nicht gesichert ist. Eine ganz besondere Bestattungsform war dagegen den Neugeborenen vorbehalten: Die Eltern steckten sie in große Tongefäße, meist anscheinend mit dem Kopf nach unten, und deponierten diese auf dem allgemeinen Begräbnisplatz nach der üblichen Sitte, nämlich mit ein paar Steinen umgeben und überdeckt. Diese Sitte hat im Vorderen Orient und auf dem Balkan schon eine längere Tradition,[36] und es steht offenbar das Motiv dahinter, das bei der Geburt oder kurz danach verstorbene Wesen in einer Art Mutterleib und in ganz entsprechender Stellung wieder der Erde anzuvertrauen, damit es vielleicht bald wiedergeboren werden könne. Im Verlauf der Bronzezeit verliert sich diese Sitte in Mitteleuropa fast vollständig.

Der Begräbnisplatz von Romagnano-Loc stieß auch auf der Talseite offenbar bald an natürliche Grenzen, weil einzelne Gräber regelrecht übereinander angelegt werden mußten und zahlreiche verstreute Reste zerstörter Bestattungen andeuten, daß die ursprüngliche Zahl noch wesentlich größer gewesen war. So kommen zu den 19 identifizierbaren Individuen in den 17 erhaltenen bzw. erschließbaren Gräbern noch Lang- oder Schädelknochen von weiteren 20 Individuen hinzu. Bemerkenswert ist die anthropologische Aufteilung, die den Verdacht aufkommen läßt, daß der aufgedeckte Teil des Begräbnisplatzes nicht unbedingt einen repräsentativen Querschnitt durch den Altersaufbau aller Verstorbenen darstellt. Es stehen nämlich 16 Kindern und 15 Neugeborenen nur 5 Frauen und 3 Männer gegenüber. Aufschlußreich ist die Verteilung der wenigen Beigaben: acht durchbohrte Hirschgrandeln (verkümmerte Eckzähne), ein durchbohrter Eckzahn vom Fuchs und sieben flache Perlen aus Steatit bzw. Perlmutt. Alle stammen sicher oder wahrscheinlich aus Gräbern von Kindern oder Neugeborenen, was angesichts des eindeutigen Amulettcharakters gerade der Hirschgrandeln[37] nicht weiter erstaunt; denn wenn etwa in Grab 13, dem eines Neugeborenen, eine einzige Hirschgrandel lag, dann handelt es

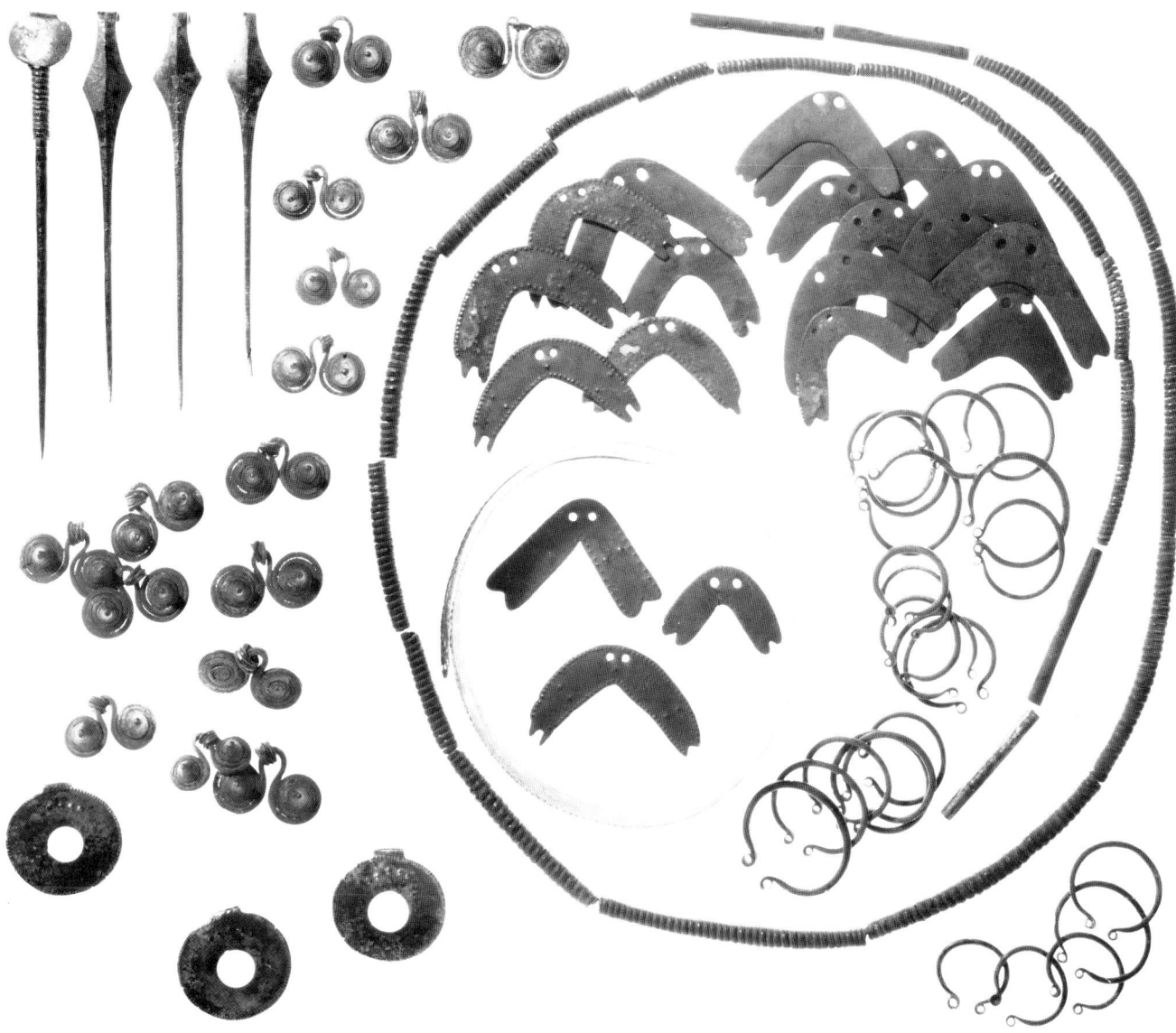

sich sicher nicht um „Schmuck", sondern um eine echte Grab-„Beigabe", die das kleine Wesen im Jenseits schützen sollte, – oder aber sie diente der Besänftigung oder Bannung seiner Seele, damit diese sich wegen des allzu kurzen Lebens nicht an den Hinterbliebenen räche.

Wie kompliziert die Bestattungs- und daraus rekonstruierten Trachtsitten sein können, lehren die Verhältnisse am Nordrand der Alpen. Die frühbronzezeitli-

72   Insgesamt 67 Gewandnadeln, verschiedene Anhänger, Drahtspiralen und Ösenringe umfaßt der Depotfund von Arbedo-Castione (Kanton Tessin). Er zeigt die Standardisierung des Schmucks am Südalpenrand während der frühen Bronzezeit; die Ösenringe besaßen neben der Schmuck- vielleicht auch eine Geldfunktion. 17.–16. Jahrhundert v. Chr. Länge der größten Nadel 16,8 cm. Schweizerisches Landesmuseum Zürich.

chen Kulturen Mitteleuropas schoben sich mit ihren Siedlungen und Gräberfeldern nur zögernd nach Süden gegen die Mauer des unwirtlichen Gebirges vor. Einen der Vorposten stellt das Gräberfeld von Raisting südlich des Ammersees dar, das zwar schon 1964/65 ausgegraben, aber bedauerlicherweise bisher nur in Andeutungen veröffentlicht wurde.[38] Die 44 Gräber enthielten eingetiefte Einzelbestattungen in Hockerlage, und zwar streng nach dem Geschlecht der Toten – auch der Kinder – unterschieden: die Männer lagen auf der linken Körperseite mit dem Kopf nach Norden, die Frauen auf der rechten Körperseite mit dem Kopf nach Süden – alle hatten das Gesicht also nach Osten gewandt. Weniger eindeutig gibt sich der Unterschied in der Zusammensetzung der Beigaben zu erkennen, doch hat es den Anschein, als seien Schmuck und Trachtzubehör aus den traditionellen Knochen, Zähnen, Geweih und Muscheln bei den Männern besonders häufig, während bei den Frauen das neumodische Metall überwiegt. Die Dolche der Männer und älteren Knaben waren natürlich ebenfalls aus Kupfer oder Bronze und werden gleichzeitig anhand der anthropologischen Auswertung der Skelette Rückschlüsse auf das Alter zulassen, ab dem ein Jugendlicher auch durch seine Kleidung und Ausrüstung als Erwachsener galt. Ähnliches läßt sich vielleicht für Mädchen und Frauen herausarbeiten. Mit dem Bestattungsbrauch oder Totenkult stehen zwei Holzhäuser am Ostrand des Gräberfeldes in Verbindung, knapp 10 m lang und mit je sechs Pfosten konstruiert, ohne daß jedoch zu sagen ist, welcher Art die darin vorgenommenen Handlungen waren.

Die Gräberfelder vom Typ Raisting gibt es im ganzen nördlichen Alpenvorland[39] bis hinüber nach Niederösterreich und Ungarn,[40] aber im Gebirge selbst sind sie, wie schon betont, nicht bekannt. In den Westalpen hielt sich die Sitte der Steinkisten bis an das Ende der Frühbronzezeit, zum Teil als Grabstätten für mehrere Tote, zum Teil auch mit Körperbestattungen in gestreckter Rückenlage. Mit der Zeit gewann Bronzeschmuck immer mehr die Oberhand über die vorher üblichen Materialien. Gerade die Gräber des Wallis und Graubündens lieferten viele Beispiele von Nadeln (Abb. 14), die mit breit ausgetriebenen, scheiben- oder flügelförmigen Köpfen das neue Material prunkvoll zur Schau stellen.[41] Emil Vogt hat dafür sogar den Begriff „Blechstil" geprägt,[42] da auch sonstige Schmuckgegenstände in dieser Technik hergestellt wurden: brillen- und bogenförmige oder runde Anhänger und Armbänder.

Nur ein Häufchen Asche bleibt

Die mitteleuropäische Sitte, seit der mittleren Bronzezeit die Gräber der nunmehr durchwegs gestreckt bestatteten Toten mit Hügeln aus Steinen und Erde zu überdecken, fand im Alpengebiet keinen Anklang – im Gegenteil: man ging hier rasch zur Brandbestattung über, was die Aussagemöglichkeiten über Ausstattung der Toten, Besitzabstufungen und Sozialstruktur beträchtlich einschränkte.

Seit den Anfängen der Archäologie messen die Forscher dem Unterschied zwischen der Körper- und der Brandbestattung große Bedeutung zu. Die ablehnende Haltung der römisch-katholischen Kirche gegenüber der Brandbestattung bis 1964 ließ – ungeachtet der historischen Hintergründe – die Vermutung als Selbstverständlichkeit erscheinen, daß sich darin grundlegende Unterschiede in der Auffassung über das Weiterleben nach dem Tode ausdrücken müßten. Aber in der Frühzeit können die damit verbundenen ideologischen und religiösen Gegensätze lange nicht so wichtig gewesen sein. So gibt es Gräberfelder, in denen Körper- und Brandbestattung gleichermaßen üblich war (etwa in Hallstatt), und auch „Übergangsformen" wie die Sitte, die ausgelesenen verbrannten Knochen nicht als Häufchen oder in einer Urne zu deponieren, sondern auf dem Boden des Grabes in voller Körperlänge des Toten zu verstreuen, ja sogar seinen Schmuck so hinzulegen, als ob er ihn tatsächlich noch trüge.[43] Noch wichtiger ist die Beobachtung, daß auch die Beigabe von Speise und Trank, erkennbar an Tongefäßen und Tierknochen im Grab, bei Brandgräbern vorkommt. In diesen Fällen glaubten die Lebenden nicht an ein schattenhaftes und bedürfnisloses Weiterexistieren nach dem Tode, sondern hielten eine konkrete Ausstattung für ein körperhaft vorgestelltes Jenseits auch dann für notwendig, wenn das Feuer den materiellen Leib des Toten verzehrt hatte. Selbst bei Gräberfeldern, in denen Körper- und Brandbestattung nicht gleichzeitig Brauch waren, sondern einander zeitlich ablösten, fällt es schwer zu erkennen, was diesen Wandel verursacht haben könnte, weil alle anderen Elemente des Grab- und Totenbrauches sich offenbar nicht änderten. Dies trifft vor allem für die Südalpentäler der Schweiz zu. Sie gehören zum Gebiet der Golasecca-Kultur mit ihren Vorläufern, in dem seit langen Jahrhunderten die Brandbestattung üblich war.[44] Plötzlich, gegen 500 v. Chr., wandten sich die Menschen in den Südalpentälern des Tessins und

73   Die Bestattung unter Grabhügeln fand nur am nördlichen Alpenrand Eingang. Die drei noch sichtbaren Hügel auf der Seeweid bei Plaffeien (Kanton Fribourg) überdecken vielleicht Gräber von wagemutigen Menschen, die unter schwierigen Bedingungen Salzvorkommen unterhalb der Kaiseregg (2186 m; links im Hintergrund) abbauten. Wohl 7.–5. Jahrhundert v. Chr.

der Moësa, der Körperbestatttung zu (vgl. Abb. 6), ohne daß ein Motiv oder eine Anregung von außen (etwa aus Bologna oder dem nördlichen Alpenvorland) ersichtlich ist, denn das südlich anschließende Hauptgebiet der Golasecca-Kultur und die inneren Alpentäler hielten weiter an der Brandbestattung fest. Ein Einfluß durch gegen 400 v. Chr. über die Alpen wandernde Kelten kann ebenfalls nicht vorliegen, weil die Entwicklung schon vorher einsetzt und gerade in diese Südalpentäler ohnehin kaum keltische Scharen eindrangen. In solchen Fällen bleibt dem Archäologen nichts weiter übrig, als das Faktum zu konstatieren.

Im übrigen war auch bei den Römern jede Erinnerung daran verschwunden, warum sie einst die Brandbestattung übernommen hatten. Die seltsame Erklärung, die Plinius[45] im 1. Jahrhundert n. Chr. dafür liefert, verrät sein Nichtwissen: „Die Tatsache der Leichenverbrennung selbst war bei den Römern nicht alte Sitte; man barg die Leiche in der Erde. Nachdem man aber in langwährenden Kriegen die Erfahrung gemacht hatte, daß die Begrabenen wieder herausgewühlt wurden, führte man die Verbrennung ein. Viele Familien folgten aber dennoch dem alten Brauch, vor allem die vornehmen Geschlechter." So können wir diesen Fragenkomplex vielleicht mit der Feststellung abschließen, daß wohl mit dem jeweils ersten Auftreten der Brandbestattung in einer Region gewisse Änderungen der Vorstellungen über das Weiterleben nach dem Tode und die Körperlichkeit im Jenseits verbunden waren, daß aber danach, als grundsätzlich beide Bestattungsmöglichkeiten zur Verfügung standen, vielfältige Gesichtspunkte für die Bevorzugung des einen oder anderen Ritus maßgeblich sein konnten – gewiß auch religiöse.

Im Alpengebiet fand die Leichenverbrennung zuerst im Osten und im zentralen Bereich Eingang. Schon in die mittlere Bronzezeit gehören die Brandgräber von Cresta Petschna bei der Siedlung auf der Crestaulta im Lugnez.[46] An einen Felsblock lehnten sich insgesamt elf Gräber an; nur in einem Falle war die Grabgrube mit Steinen ausgekleidet, sonst lagen Asche, Knochenbrand und verschmorte Bronzebeigaben frei in der Erde. Die Toten waren also mitsamt ihrem ganzen Schmuck verbrannt worden, einzelne Gegenstände kamen aber auch erst nachträglich ins Grab. Der Reichtum dieser kleinen Gemeinschaft dokumentiert sich nachdrücklich: Allein 56 Bronzenadeln sind vorhanden, dazu Schmuckscheiben aus Blech oder zusammengerolltem Draht sowie Armringe. Waffen fehlen ganz, so daß der Bestattungsplatz möglicherweise den Frauen vorbehalten blieb; wo die Männer und Kinder ihre letzte Ruhe fanden, weiß man nicht – auch dies wieder ein Beispiel für die Unvollständigkeit unserer Kenntnisse.

Während Siedlung und Gräberfeld von der Crestaulta sich nicht in die späte Bronzezeit fortsetzten, bilden in Nordtirol mittelbronzezeitliche Brandbestattungen mit wenigen oder überhaupt keinen Beigaben manchmal die lokalen Vorläufer großer Urnenfelder. Nur auf diese Weise lassen sie sich überhaupt einigermaßen datieren und in die Kulturabfolge einordnen. Allerdings hat es den Anschein, als sei zu Beginn der späten Bronzezeit, etwa im 13.–12. Jahrhundert v. Chr., ein größerer Bevölkerungszuwachs durch Zuzügler aus dem nördlichen Alpenvorland erfolgt. Diese brachten ihre eigenen Bestattungssitten mit und modifizierten die lokale Tradition, wie sie selbst auch wiederum von ihr beeinflußt wurden. Die eingehende Auswertung des Gräberfeldes von Volders durch Lothar Sperber[47] bietet verschiedene Hinweise, sogar einzelne Familien (zwei oder drei) zu unterscheiden, deren jede zunächst ihr eigenes Areal für die Gräber besaß, bis im Laufe der Zeit diese Trennung sich von selbst aufhob.

In dieser mittelbronzezeitlichen Tradition stehen noch jene Stammesgruppen, die sich im 13. Jahrhundert in und vor den Südalpentälern nördlich Mailand ansiedelten. Dort haben zwar schon vorher Menschen gewohnt, aber bisher gibt es zu den Siedlungen kaum entsprechende Gräber. Nur ganz wenige Brandbestattungen lassen sich diesem älteren Zeitabschnitt zuschreiben.[48] Erst die Neusiedler bringen die Sitte mit, alle oder die meisten Toten einer Gemeinschaft auf einem gemeinsamen Begräbnisplatz zu bestatten, wobei der ausgelesene Knochenbrand und die Beigaben, oft unverbrannt, einfach in eine Grube geschüttet oder in einer Urne geborgen wurden, gelegentlich noch mit Asche und Scheiterhaufenresten überdeckt oder vermischt. Daß jetzt auch Steinbrocken darum herumgestellt oder sogar kleine Steinkisten aus Platten gebaut wurden, erleichtert das Auffinden solcher Gräber und Grabgruppen. Das bekannteste und größte Gräberfeld ist das von Canegrate[49] nördlich Mailand, das auch der ganzen Kulturgruppe den Namen gegeben hat. In den Südalpentälern war dem neuen Impuls allerdings kein großer Erfolg beschieden, schon zwei Jahrhunderte später geht die Zahl der Gräber rapide zurück, obwohl nicht anzunehmen ist, daß damit ein tatsächlicher Bevölkerungsschwund verbunden war. Erst im 10. Jahrhundert setzen im südlichen Alpenvor-

74   Das Gräberfeld von Uttendorf im salzburgischen Pinzgau, ausgegraben in den letzten Jahren, veranschaulicht die frühheisenzeitliche Bestattungssitte im alpinen Raum. Das Grab bestand aus einer eingetieften Grube, die mit Steinplatten ausgekleidet und überdeckt wurde. Die sorgfältig ausgelesenen verbrannten Knochenstücke und die ebenfalls dem Feuer ausgesetzten Beigaben füllten die Hinterbliebenen in ein Säckchen oder ein Holzkästchen und stellten dieses auf eine dünne Schicht von Scheiterhaufenasche auf dem Boden der Steinkiste.

ten und zahlreichen Bronzegefäßen nebst anderen Gegenständen gehörten noch ein Brustpanzer und ein Helm aus Bronze zu seinem Besitz. Ganz außergewöhnlich und nur mit griechisch-balkanischen Vorbildern zu vergleichen ist die Beigabe einer Gesichtsmaske und zweier Hände aus Bronzeblech. Nach den konfusen Berichten über diesen Grabhügel, der insgesamt dreimal und immer nur teilweise untersucht wurde (1860, 1905, 1917), scheinen die Gesichtsmaske und wohl auch die Hände auf einem Holzsarg aufgenagelt gewesen zu sein, der die Asche des Toten enthielt. Bei dessen Aufbahrung waren die einzigen nicht bekleideten Körperpartien mit goldglänzenden Bronzemasken bedeckt, Zeichen seiner herrscherlichen und fast dem Menschlichen entrückten Würde. Als solche wurden sie vor der Verbrennung des Leichnams entfernt und auf der „Urne" befestigt – ein aufschlußreiches Beispiel für die Übernahme südlicher Vorbilder unter veränderten Bedingungen. 6. Jahrhundert v. Chr. Höhe des Panzers 51,2 cm; Breite der Gesichtsmaske 23 cm. Steiermärkisches Landesmuseum Joanneum Graz.

75   Ein mächtiger Mann muß es gewesen sein, der im „Kröll-Schmied-Kogel", einem von mehreren großen Grabhügeln bei Kleinklein im Sulmtal (Steiermark) bestattet war. Außer Schwert, sechs Lanzen, drei Streitäx-

land die großen Gräberfelder wieder ein, diesmal durchwegs mit Urnengräbern, meist in Steinsetzungen und nur flach in den Boden eingetieft. In den Südalpentälern dauerte die Unterbrechung noch länger, nämlich bis ins 6. Jahrhundert v. Chr. hinein. Erst dann legten die dortigen Bewohner wieder große Friedhöfe an (viele mit über

100 aufgefundenen Gräbern), die lange Jahrhunderte benutzt wurden.[50]

Während in Nordtirol klimatische oder wirtschaftliche Faktoren zu einem Rückgang der Besiedlung und damit zu einer Ausdünnung der Gräberfelder im 9. und 8. Jahrhundert v. Chr. führten, setzte in anderen Bereichen des Gebirges eine Bevölkerungszunahme ein, die sich auch in den Gräberfeldern niederschlägt, vor allem ab dem 7. Jahrhundert, der beginnenden Eisenzeit. Die üblichen Brandbestattungen, meist mit Steinschutz um die Urne oder den Knochenbrand, beherrschen das Bild. Gräberfelder wie die von Uttendorf[51] im Pinzgau (Salzburg), Welzelach[52] in Osttirol, Niederrasen[53] im Pustertal (Südtirol), Pfatten/Vadena[54] in Südtirol, Tamins[55] in Graubünden dokumentieren eine Einheitlichkeit des Bestattungsbrauches, der nur durch gewisse lokale Eigenheiten variiert wird. Waffen und Ringschmuck unterscheiden Männer- von Frauengräbern, Nadeln und Fibeln als Kleiderverschlüsse und Schmuck begegnen häufig, Anhänger und Glasperlen waren beliebt (Bernstein ist anscheinend meist dem Feuer zum Opfer gefallen), Bronzegefäße lassen eine gewisse Wohlhabenheit erkennen, und die Tongefäße, teils als Urnen, teils als zusätzliche Beigaben verwendet, bezeugen die lokalen Traditionen der Töpfer.

Seit der beginnenden Bronzezeit hat sich an Kleidung und Mode nicht viel verändert. Nadeln schlossen die Gewänder, dienten aber zugleich als Zier und lagen öfters in so großer Zahl in einem Grab, daß sie unmöglich alle von der Zweckfunktion her erforderlich gewesen sein können. Zahlreiche Formen lösten sich im Laufe der

76   Ein Neufund des Jahres 1978 aus einem Grab vom Dürrnberg über Hallein (Land Salzburg) gibt Aufschluß über die Männerkleidung. Die Brosche in Gestalt eines Mannes (unter der Schulter die Spirale mit Endknöpfen) läßt viele Einzelheiten erkennen: eine nicht recht deutbare Kopfbedeckung, ein Wams mit langen, abgerundeten Schößen, eine faltig fallende Hose und Schnabelschuhe nach etruskischer Mode. Auch wenn die Ähnlichkeit mit den Darstellungen auf der Hallstätter Schwertscheide (Abb. 79) offenkundig ist, so bleibt doch fraglich, ob eine solche Tracht allgemein üblich oder einem nicht bestimmbaren Personenkreis vorbehalten war. 400 – 350 v. Chr. Bronze; Länge 4,4 cm. Keltenmuseum Hallein.

Jahrhunderte ab, und der Archäologe ist froh darum, denn auf diese Weise kann er die einzelnen Zeithorizonte herausarbeiten und überregional verfolgen. Von allen Seiten drangen die modischen Einflüsse in das Alpengebiet ein, aber nicht wenige Formen waren auch auf einzelne Tallandschaften beschränkt, bezeugen also ein lokal gebundenes Handwerk. Tracht und viele Schmuckelemente dienten ja zu allen Zeiten auch als Mittel, eine Menschengruppe gegen eine andere abzusetzen, sei es regional (gegen die Nachbarn), sei es sozial (gegen Ärmere

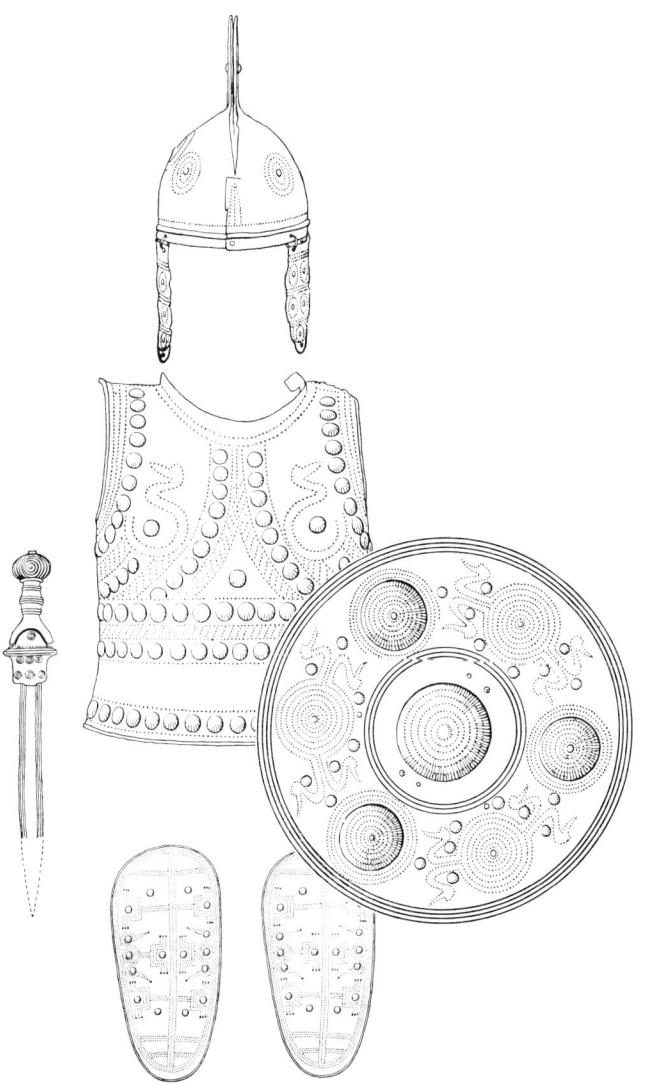

78   In der Älteren Eisenzeit war Klapperschmuck besonders beliebt. Die Fibel aus Hallstatt (Oberösterreich) schloß wie eine Sicherheitsnadel das Gewand (die Nadel ist an der Spirale abgebrochen), prunkte durch den großen, halbmondförmigen Blechbügel und schützte durch das Klirren und Klappern gleichzeitig die Besitzerin vor allen möglichen bösen Einflüssen. 6. Jahrhundert v. Chr. Breite 13,1 cm. Naturhistorisches Museum Wien.

77   Zusammenstellung einer bronzezeitlichen Prunkrüstung aus Waffen von verschiedenen Fundorten: Helm vom Paß Lueg (Land Salzburg), Panzer aus Fillinges (Dép. Haute-Savoie), Schild von einem unbekannten Fundort in Dänemark, Schwert aus Škocjan (Slowenien), Beinschienen aus Pergine (Prov. Trento). Maßstab etwa 1:9.

oder Niedrigerstehende). Im Kapitel über den Verkehr wird näher darauf eingegangen, daß man aufgrund dieser menschlichen Verhaltensweise gelegentlich auch Fremdpersonen identifizieren kann, wenn sie nämlich ihre alte Tracht ganz oder teilweise in der neuen Umgebung beibehalten haben (S. 231). Jedenfalls stellt sich bei einer genauen Analyse von Schmuckformen heraus, daß zunächst unwichtig erscheinende Details der Herstellungstechnik, der Form oder der Verzierung häufig eine sehr enge Verbreitung besitzen und dadurch um so besser versprengte Stücke hervortreten lassen. Dies gilt nicht nur für die Nadeln und die seit dem 13. Jahrhundert v. Chr. auftauchenden Fibeln (Broschen), sondern ebenso für Gürtelzubehör (Haken und Besatzknöpfe), Halsschmuck (Bronze-, Knochen-, Glas-, Bernsteinperlen, Anhänger), Ohrschmuck, Haarschmuck sowie Arm- und Beinringe. Die Männer trugen generell weniger Schmuck, vor allem keinen im Haar und nur selten Ringe; bei den Waffen und Geräten mit ihren Zweckformen sind lokale Eigenheiten weniger zu entdecken (und zu erwarten). Dennoch lassen sich wenigstens grobe Unterschiede zwischen Ost und West herausarbeiten. Am augenfälligsten sind sie bei der Bewaffnung. Seit der Erfindung des Bronzegusses waren Hieb- und Stichwaffen gleichermaßen in Gebrauch: die Streitaxt und das Schwert oder der Dolch. Im Alpenraum ist das Schwert nie recht heimisch geworden,[56] vor allem nicht im Osten. Dort war seit der frühen Eisenzeit die Streitaxt neben den Lanzen (meist in der Zweizahl) die Hauptwaffe. Diese Kombination ist es auch, die in der eisenzeitlichen Situlenkunst des Ostalpenraums begegnet (Abb. 17). Im Westalpenraum wurden Waffen den Toten überhaupt nur selten mitgegeben, so daß hier kein rechter Überblick zu gewinnen ist. Doch am nördlichen und westlichen Alpenrand kämpfte der vornehme Krieger mit Schwert oder Dolch, und auch im dort angrenzenden inneralpinen Gebiet stellen sie die wenigen überlieferten Waffen in Gräbern und sonstigen Fund-

79   Ein hervorragender Künstler, der mit der südostalpinen Situlenkunst vertraut war, hat die Schauseite einer Schwertscheide aus Hallstatt (Oberösterreich) verziert. Für die detailreiche Wiedergabe der Personen, Kleidung und Waffen hatte er einheimische Vorbilder vor Augen. Das Langschwert war die Waffe der Kelten und bezeugt frühen keltischen Einfluß auch in Hallstatt. 400–350 v. Chr. Länge der Scheide 67 cm. Naturhistorisches Museum Wien.

komplexen, abgesehen von den überall gebräuchlichen Lanzen.

Erst unter dem Einfluß der keltischen Latènekultur setzte sich fast überall das lange Schwert durch, nicht weil es grundsätzlich der Streitaxt als Nahkampfwaffe überlegen war, sondern weil immer und überall der Unterlegene die Kampftaktik und die Waffen des drohenden oder überlegenen Gegners übernimmt oder zu kopieren versucht. Um so bemerkenswerter es ist, daß noch der Dichter Quintus Horatius Flaccus anläßlich der Eroberung der Zentralalpen durch die Römer 15 v. Chr. – also Jahrhunderte später – die Streitaxt als Kuriosität herausstellt:[57]

So, fern am Fuß des rätischen Abhangs,
sah Vindelicien Drusus im Kampf stehn; –
woher der altgewohnte Brauch stammt,
der mit dem Beile der Amazonen
dies Volk bewehrt, nicht wollt' ich's erforschen jetzt,
auch ist's nicht möglich, alles zu wissen ...

Die Bewaffnung des Mannes in vorrömischer Zeit ist einigermaßen vollständig zu rekonstruieren, wenn es die lokale Sitte erforderte, dem toten Krieger seine Waffen ins Grab mitzugeben. Daß dennoch nicht in jedem Männergrab Waffen liegen, hat Gründe, die nicht überall dieselben gewesen sein müssen. So ist es zum ersten denk-

bar, daß ärmere Familien es sich einfach nicht leisten konnten, die dringend benötigten Waffen unwiederbringlich der Erde anzuvertrauen. Die Archäologen schließen in solchen Fällen gerne gleich auf einen sozial niedrigen Status des einzelnen oder der Sippe, aber den materiellen Gesichtspunkt sollte man doch nicht ganz außer Acht lassen. (Denken wir daran, wie in der schweren Zeit des Niedergangs des römischen Reiches fast überall die materielle Ausstattung der Gräber auffällig zurückgeht: S. 160). Als zweite Erklärungsmöglichkeit bietet sich aufgrund neuerer anthropologischer Analysen an, daß waffenlos bestattete Männer vielfach tatsächlich nicht mehr kampffähig waren, vor allem durch Krankheit oder altersbedingte Gelenkversteifungen.[58]

Während also die Waffen so sehr zum Mann gehörten, daß sie seinen Stand in der Gesellschaft bestimmten und zugleich widerspiegelten, sind Berufe und sonstige Tätigkeiten nur sehr selten aus den Grabbeigaben zu erschließen. Ganz offensichtlich waren Werkzeuge und Geräte für das Leben nach dem Tode nicht erforderlich, vielleicht wurden Berufe und besondere Fähigkeiten in einer noch kaum arbeitsteilig organisierten Welt nicht als bestimmende Komponente einer Person angesehen. Allein im früheisenzeitlichen Gräberfeld von Hallstatt, der „Industriesiedlung" bei einem Salzbergwerk,[59] finden sich in den – immerhin über 1000 – Gräbern einige Werkzeuge in nennenswerter Anzahl. Bei den Äxten und Beilen ist zwar nur in Einzelfällen zwischen Werkzeug und Waffe zu unterscheiden (Hallstatt mit seinen vielfältigen Fernbeziehungen liegt in der Grenzzone zwischen der Schwert-/Dolch- und der Streitaxtbewaffnung), doch kommen etliche Raspeln oder Feilen vor, die zur Holzbearbeitung dienten. Alles andere, etwa ein kleiner Amboß oder einige Angelhaken, kann vernachlässigt werden. Daher ist auch rätselhaft, warum ausgerechnet die Raspeln in die Gräber gelangten, während beispielsweise die Bronze- und Eisenpickel der Bergleute (die wir aus den

Funden aus dem Bergwerk selbst kennen [Abb. 165]) völlig fehlen.

Allein der Schmied scheint seit der Erfindung der Metallbearbeitung eine gewisse Sonderstellung einzunehmen. Seine Kunst war so begehrt und bewundert, daß ihn – wie auch Beobachtungen bei Naturvölkern noch des letzten Jahrhunderts lehren[60] – eine ehrfürchtige Scheu umgab: teils hatte er eine hohe gesellschaftliche Stellung inne und war Berater der Könige, teils stand er außerhalb der Gemeinschaft und durfte das Dorf nur unter Beachtung genauer ritueller Vorschriften betreten. Auf diesem Hintergrund erstaunt es nicht, daß es gerade Schmiedegräber sind, die sich vereinzelt aus der Masse der üblichen Ausstattungen abheben. Im engeren Alpenraum gibt es anscheinend keine eindeutigen derartigen Fälle, doch seien wenigstens zwei Gräber aus Niederösterreich genannt, die aus keltisch geprägten Gräberfeldern des 4.–2. Jahrhunderts v. Chr. stammen. In diesen Gräbern von Au am Leithagebirge und St. Georgen am Steinfeld[61] lagen charakteristische Werkzeuge: Hammer, Zange, Feile und ein kleiner Amboß, dazu anscheinend auch einige Proben des Könnens dieser Schmiede: Schwerter, Lanzenspitzen, Scheren, Messer, Fibeln.

Noch bemerkenswerter ist allerdings das Grab eines Mannes von München-Obermenzing,[62] datiert zwischen 320 und 150 v. Chr., dessen medizinische Kenntnisse durch zwei Geräte für eine Schädeloperation ausgewiesen sind. Für die damit ausgeführten Trepanationen, also eine Öffnung der Schädeldecke zu therapeutischen oder magischen Zwecken, gibt es durch alle frühgeschichtlichen Perioden genügend Beispiele.[63] Daß nicht wenige Menschen diesen Eingriff überlebt haben, beweisen die verheilten Ränder der etwa münzgroßen Öffnungen an vielen Schädeln. Ob jedoch der gewünschte Effekt eintrat (etwa Heilung von Geisteskrankheit, Epilepsie oder Migräne), entzieht sich der Kenntnis des Archäologen wie des Mediziners.

80   Die Schlagmarke mit dem ursprünglich orientalischen Motiv der Steinböcke am Lebensbaum kennzeichnet das Schwert von Port (Kanton Bern) als Produkt eines guten und selbstbewußten Waffenschmiedes, der auch noch seinen Namen Korisios in griechischen Buchstaben einritzte. 2. Jahrhundert v. Chr. Länge des Schwertes 96 cm. Historisches Museum Bern.

Berufe, Laufbahnen und Stammbäume

Nachdem der Alpenraum dem römischen Reich einverleibt worden war, änderte sich manches. Für den Archäologen entreißt die bald weit verbreitete Kenntnis des Lesens und Schreibens viele Menschen der Anonymität. Dies verleiht der römischen Epoche eine Lebendigkeit, wie sie vorher und nachher zwangsläufig fehlt. Die Konzentrierung darauf hat allerdings auch dazu geführt, daß Sachgebiete und Probleme vernachlässigt wurden, die anderen Perioden wichtige Ergebnisse liefern. Insbesondere ist die Bearbeitung der römischen Gräber bisher nur ungenügend vorangetrieben worden. Die Veröffentlichung des schon im 19. Jahrhundert und nur teilweise aufgedeckten Gräberfeldes von Salurn im Etschtal durch Rudolf Noll[64] blieb lange der einzige Ansatz, wenn man von der Zusammenstellung der römischen Gräber im Tessin durch Christoph Simonett[65] absieht. Erst die modern ausgegrabenen und kürzlich veröffentlichten Gräberfelder von Solduno[66] bei Locarno und vor allem von *Cambodunum*/Kempten[67] geben wichtige Aufschlüsse über Bestattungsbräuche und Beigabensitte der Bevölkerung des Alpenraumes zur Römerzeit.[68]

81   Die römischen Grabmäler zeichneten sich durch eine große Vielfalt der Formen und Konstruktionen aus. Der prunkvolle Bau von Donawitz, Stadt Leoben (Steiermark), ahmt italische Vorbilder nach, in denen die Urnen oder Sarkophage und Büsten der Verstorbenen zu stehen pflegten. In Donawitz ist nichts davon erhalten geblieben, auch keine Inschrift, die Auskunft über Namen und Stand der einst hier Bestatteten geben könnte. Ihren Reichtum verdankten sie gewiß den Eisenbergwerken der Umgebung. 3. Jahrhundert n. Chr. Höhe 3,15 m. Steiermärkisches Landesmuseum Joanneum Graz.

Eine Neuerung gegenüber früher fällt besonders auf, nämlich die Sitte, manchen Toten eine oder mehrere Münzen ins Grab mitzugeben. Hier handelt es sich um den sprichwörtlich gewordenen Obolus, mit dem der Tote den Fährmann bezahlen sollte, der ihn über den Fluß Styx hinüber ins Totenreich brachte. Der Ursprung dieses Brauches liegt in Griechenland, aber die Römer haben ihn – wie so vieles – übernommen, ohne daß in ihrer eigenen Vorstellungswelt ursprünglich etwas Entsprechendes vorhanden war. Die Münzen sind für die Datierung der Gräber nur wenig hilfreich, weil viele schon abgegriffen und lange Jahrzehnte in Umlauf gewesen sind. So kann es durchaus vorkommen, daß in ein und demselben Grab Münzen gefunden werden, deren Prägezeit über 100 Jahre auseinanderliegt; denn ausschlaggebend für den Wert war damals der Metallgehalt, nicht das Herrscherbildnis oder das Münzsystem.

Bei Städten und größeren Siedlungen war es üblich, daß sich die Gräber außerhalb des Wohngebietes entlang den Straßen hinzogen. Der Friedhof war damals also kein abgelegener oder durch eine hohe Mauer abgeschirmter Bezirk, sondern selbstverständlicher Teil des täglichen Lebens. Jeder Reisende erblickte, kaum daß er die Stadt verließ, die Ruhestätten der Verstorbenen: einfache Gräber, von einem Mäuerchen oder einer Hecke umgeben, Grabmäler aus Holz oder Stein, bemalt oder mit eingemeißelter Inschrift versehen, luxuriöse Grabbauten oder Mausoleen der wohlhabenden Familien mit Reliefschmuck und Statuen. Reichtum, regionale Besonderheiten und Einflüsse aus der Hauptstadt Rom bestimmten das vielfältige Bild, so daß kein römischer Friedhof dem anderen glich. Die kleinen Dörfer und die Gutshöfe besaßen ihre eigenen Begräbnisplätze, meist einige hundert Meter von den Wohngebäuden entfernt.[69] Die Unterschiede in der Ausstattung waren hier ebenso groß wie in den Städten. Von den schmucklosen Gräbern armer Pächter, die nur ein kleiner Erdhügel kenntlich machte, bis hin zu prunkvollen Grabdenkmälern der großen Gutsbesitzer reicht die Variationsbreite.

Allen gemeinsam war jedoch die Sitte der Brandbestattung, die erst ab der zweiten Hälfte des 2. Jahrhunderts allmählich von der Körperbestattung abgelöst wurde. Die aus den Rückständen des Scheiterhaufens ausgelesene Asche des Toten konnte auf verschiedene Weise aufbewahrt werden. Als Urnen dienten Gefäße aus Ton, Glas oder Bronze, aber auch Holzkästchen und Stoffsäckchen; in zahlreichen Fällen scheinen die Hinterbliebenen die Asche einfach in eine flach ausgehobene Grube geschüttet zu haben. Auch die Urnen stellte man gewöhnlich in kleine Gruben, manchmal schützend mit Steinen umstellt, von Felsplatten oder Dachziegeln bedeckt. Als Beigaben erhielt der Tote vor allem Gefäße ins Grab: einfache Töpfe mit Eßvorräten, Krüge und Schalen vom Eßservice, Trinkbecher, Glasflaschen mit Getränken. Gerade bei den Gefäßen gab es vielfältige Möglichkeiten des Grabbrauches: zum Beispiel konnten sie ganz auf den Scheiterhaufen gestellt, im Rahmen der Zeremonie hinaufgeworfen oder erst hinterher in das Grab gelegt werden. Auch kleine Glasfläschchen mit wohlriechenden Wässerchen warfen die Trauernden auf den Scheiterhaufen, wie überhaupt der Duft hier und bei den späteren Feiern am Grab eine wichtige Rolle spielte. Sonstige Gegenstände des täglichen Lebens sind selten: Messer als Eßbesteck oder Werkzeug, Kästchen mit Kleidern oder Toilettengerät, Beile, Hacken, Rebmesser und Jagdspeere als Zeugnisse ländlicher Lebensform. Die relativ häufigen Tonlampen hängen dagegen eher mit den Vorstellungen über das Jenseits zusammen; sie sollten dem Toten auf seinem Weg ins Schattenreich leuchten.[70]

Von der Kleidung des Toten erhielten sich nur die Bestandteile aus Metall, oft genug bis zur Unkenntlichkeit verschmort. Meist handelt es sich um Fibeln, die das Gewand oder einen Mantel verschlossen. Seltener sind Schnallen und sonstige Beschläge vom Gürtel, als Standesabzeichen fast nur von Soldaten getragen, sowie Eisenreste der genagelten Schuhsohlen. Gerade diese beweisen, bei Männern wie Frauen, daß die Toten tatsächlich in voller Kleidung verbrannt wurden. Unterschiedlich wurde die Beigabe des Schmucks gehandhabt. Halsringe und -ketten, Finger- und Armringe, Glasperlen und sonstige Anhänger kamen teils mit ins Feuer, teils erst nachträglich in das Grab. Eine Rekonstruktion der Tracht zur Römerzeit wäre daher schwierig, stünden uns nur die Funde aus den Gräbern zur Verfügung.[71] Glücklicherweise gibt es jedoch auch zahlreiche Grabsteine, auf denen die Verstorbenen dargestellt sind. Sie lassen oft genaue Details von Kleidung und Schmuck erkennen und machen außerdem eines deutlich: Die stadtrömische Tracht, vor allem die unbequeme und zeitraubend zu drapierende *toga* des Mannes, spielte im täglichen Leben der Provinz keine Rolle. Sie blieb der Oberschicht in den Städten vorbehalten, die sich am Vorbild der Hauptstadt orientierte, aber auch nur insoweit, als diese feierliche Kleidung bei öffentlichen Veranstaltungen oder Kulthandlungen erforderlich war. Selbst für Italien gilt dies, wie der Satiriker Iuvenal im frühen 2. Jahrhundert bezeugt: „Ein großer Teil Italiens ist's, wo niemand mehr die Toga anlegt, außer auf der Bahre."[72]

Der einfache Mann trug ein hemdartiges Gewand, die *tunica*, oder sogar nach keltischer Sitte Hosen, darüber ein kurzes Mäntelchen oder einen langen Umhang, auch mit Kapuze.[73] Die langen Kleider der Frauen waren verschieden geschnitten und durch Umhänge ergänzt. Die regionalen Eigenheiten im Schnitt oder im Zubehör sind bisher noch nicht eingehend erforscht, nur für die charakteristische norisch-pannonische Frauentracht der Ostalpen liegt eine umfassende Arbeit vor.[74] Sie zeigt sogar die kleinen Unterschiede zwischen der Salzburger Gegend, der Umgebung von Wien und der Hauptstadt *Virunum* in Kärnten: ein auffallender Gürtel hier, eine besondere Haube dort, ganz so, wie es uns auch die Volkskunde bis in die Neuzeit hinein lehrt.

Die Grabmäler bieten aber nicht nur bildliche Darstellungen, sondern – was noch wichtiger ist – oft auch Inschriften,[75] die Auskunft über deren Herkunft, Beruf und Lebensweg der Verstorbenen geben. Zugleich verraten sie manchmal etwas über die persönliche Haltung zu Leben und Tod, in der sich zeitgenössische Philosophie oder einheimische Vorstellungen widerspiegeln.

So tröstet auf einem Grabstein von *Lugdunum*/ Lyon ein Vater seine Kinder mit einem Distichon:[76]

Functus honorato senio plenusque dierum
evocor ad superos: pignora, quid gemitis?
Nach einem Alter voll Ehre und reich an irdischen Tagen
komm zu den Seligen ich: Kinder, was klaget ihr da?

Im benachbarten *Vienna*/Vienne lassen die bekümmerten Eltern ihr verstorbenes Kind in demselben Versmaß sprechen:[77]

Ne doleas genitor, genetrix quoque flere desiste.
Aeterna vitae gaudia proles habit.
Vater, gräme dich nicht, hör auf, Mutter, zu weinen!
Freuden der Ewigkeit sind dem Kind ja geschenkt.

Trotz der Vorstellung, daß das Leben im Jenseits nur schattenhaft sei, war für die Römer ein ordnungsgemäßes Begräbnis unerläßlich, sollte der Tote nicht als ruheloses Gespenst umherirren und die Hinterbliebenen in Schrecken versetzen. Der Familienvater sorgte rechtzeitig für den Kauf eines angemessenen Begräbnisplatzes

82   Auf den Seiten vieler Grabsteine in den Ostalpen sind Diener und Dienerinnen dargestellt, die für das Totenopfer sorgten. Die Dienerinnen sind meist junge Mädchen, sie halten für die Zeremonie notwendige Geräte in den Händen, hier ein Kästchen und einen Spiegel. Die norische Tracht ist sorgfältig wiedergegeben: kurzes Haar, ein gefälteltes Untergewand, ein ärmelloses Kleid aus schwerem Stoff, an den Schultern mit zwei großen Fibeln verschlossen, ein breiter Gürtel mit herabhängenden Zierriemen, Filzsocken. Gefunden in Klagenfurt. 1. Jahrhundert n. Chr. Höhe 88 cm. Kärntner Landesmuseum Klagenfurt.

auf dem Friedhof. Ärmere Leute konnten Bestattungsvereinen beitreten, und Soldaten ohne Familie hinterließen Kameraden größere Summen, die diese getreulich für den Kauf des Begräbnisplatzes und des Grabsteines verwendeten.

Die Fürsorge für den Toten und dessen geregelte Bestattung bezeugt ein Grabstein aus *Axima*/Aime, der Hauptstadt der Alpes Graiae; nach seiner Inschrift muß er ursprünglich in einem benachbarten Dorf *Brigantio* aufgestellt gewesen sein:[78]

D(is) M(anibus) L(ucii) Exomni Macrini, Rustici fili, hic Brigantione geniti annorum XVI in studis Valle Poenina vita functi reliquis eius [huc] delatis Nigria Marca fili [o car] issimo et sibi viva faciendum curavit.
Den Totengeistern des Lucius Exomnius Marcrinus, des Rusticus Sohn! Hier in Brigantio geboren, starb er 16 Jahre alt während seiner Studienzeit im Wallis. Seine Mutter Nigria Marca ließ seine Gebeine hierher überführen und dem heißgeliebten Sohn und sich zu Lebzeiten (das Grab) errichten.

Den Grabstein konnte man also schon zu Lebzeiten kaufen und beschriften lassen; oft aber waren es die Erben, die ihn bezahlten (und dann manchmal dazuschrieben, was er kostete). Einer aus *Axima*/Aime gab seiner Dankbarkeit auch schriftlich Ausdruck:[79]

D(is) M(anibus). Laudio Montanio Cassiano Vireius Maximianus filius adoptatus (h)erens Cassiani supra scripti. Ago gratias tue (h)eredetati.
Den Totengöttern! Dem Claudius Montanius Cassianus der Adoptivsohn Vireius Maximianus, Erbe des oben genannten Cassianus. Ich sage Dank für deine Erbschaft.

Zum Andenken an den Verstorbenen und zum Opfer an die Totengötter trafen sich die Hinterbliebenen an Feiertagen am Grabe, und es ging dabei durchaus gesellig zu. Denn der Tod wurde nicht – wie heute – als etwas Bedrohliches und Tabuisiertes empfunden, dem man nur mit „Tod-Ernst" begegnen durfte. Besonders fürsorgliche Leute setzten in ihrem Testament eine Summe für diese Gedenkfeiern aus, wie etwa Claudia Severa aus Riva am Gardasee, die auf ihr Familiengrab schreiben ließ:[80]

… et in memoriam eor(um) et sui coll(egio) n(autarum) B(rixianorum) ad rosas et profusiones q(uot) a(nnis) fac(iendas) HS n(ummum) LX mil(ia) dedit.

… und zu deren (ihres Mannes und ihrer Söhne) und ihrem eigenen Gedenken vermachte sie der Berufsgenossenschaft der Schiffer von Brescia für die jährlichen Rosen- und Trankopferspenden (am Grab) eine Summe von 60 000 Sesterzen.

Demnach wird die Familie Einkünfte aus der Schiffahrt auf dem Gardasee bezogen haben – anscheinend ein einträgliches Geschäft (wegen der Umgehung des oft überschwemmten unteren Etschtales?),[81] betrug doch – zum Vergleich – das Jahresgehalt eines kaiserlichen Statthalters in Raetia und Noricum im 1. und 2. Jahrhundert „nur" 200 000 Sesterzen.

Die öffentliche Zugänglichkeit der Gräberbezirke an den Straßen und die ausgedehnten Feiern bei Begräbnissen oder Jahrestagen boten jedoch auch Anlaß zu Ärger und Verdruß, so daß sich mancher schon vor seinem Tode mit derben Worten dagegen verwahrte. Auf einem berühmten Grabstein in Rom steht kurz und bündig:[82]

Qui hic mixerit aut cacarit, habet deos superos et inferos iratos.
Wer hier pißt oder scheißt, über den komme der Zorn der ober- und unterirdischen Götter!

Etwas gewählter, aber immer noch nicht im Stile heutiger Friedhofsordnungen drückte sich jemand in Verona aus:[83]

Stercus intra cippos qui fecerit aut violarit, nei luminibus fruatur.
Wer Unrat zwischen die Grabsteine bringt oder sie beschädigt, der soll sich des Augenlichts nicht freuen!

Normalerweise begnügte man sich jedoch auf den Grabsteinen mit der Angabe des Namens des oder der Verstorbenen und ihres Alters, manchmal ergänzt durch einige charakterisierende Eigenschaften und einen frommen Wunsch. Weil Familiengräber nicht selten waren, sind gelegentlich weitläufige Verwandtschaftsverhältnisse zu rekonstruieren. Ein erschütterndes Dokument ist ein im letzten Krieg zerstörter Grabstein, der einst in der Kirche von Eggstädt nahe der Römerstraße Salzburg – Augsburg westlich des Chiemsees eingemauert war:[84]

Den Totengöttern geweiht!
Iulius Victor, des Martialis Sohn,
gestorben mit 55 Jahren;
Bessa, des Iuvenis Tochter, seine Gattin, gestorben mit 45 Jahren;

Novella, des Essionus Tochter, gestorben mit 18 Jahren.
Victorinus hat den Eltern
und der Gattin und Victorina,
seiner Tochter, (den Grabstein) gesetzt,
die durch die Pest dahingerafft wurden unter den Konsuln Mamertinus und Rufus,
und für Aurelius Iustinus, seinen Bruder, Soldat der II. italischen Legion, nach 10 Dienstjahren gestorben mit 30 Jahren.

Eltern, Gattin und Tochter hatte der unglückliche Victorinus im Jahre 182 durch jene Pest, die 166 aus dem Orient eingeschleppt worden war, verloren, und kurz danach noch seinen Bruder, der bei der II. Legion in ihrem ersten Lager Albing an der Donau bei Enns diente (S. 60).

Einmalig in Gallien und im ganzen römischen Reich ist ein Grabmonument in Form eines Ehrenbogens in Aix-les-Bains,[85] 9,15 m hoch und 6,7 m breit, auf dem ein gewisser Lucius Pompeius Campanus seinen Stammbaum bis zu den Großeltern einmeißeln ließ. Korrekt sind die Verwandtschaftsgrade angegeben: *avus* und *avia a patre* (Großeltern väterlicherseits) und entsprechend *avus* und *avia a matre,* dazu noch *amita* (Tante väterlicherseits). In den Nischen oberhalb der Bogenöffnung standen wohl Büsten der Verstorbenen; wo und wie die eigentlichen Gräber angelegt oder die Urnen aufgestellt waren, weiß man nicht.

Solche monumentalen Grabmäler konnten sich natürlich nur ganz wenige Familien leisten, und gerade ihnen kam es ja auf die Abstammung und den Stand an, um ihre Honorigkeit zu beweisen. Der finanziell weniger begüterte Bürger begnügte sich mit einfachen Grabplatten, die außer der Inschrift vielleicht noch die Porträts seiner Familie darstellten (Abb. 172). Erwähnenswert, weil der Nachwelt zu überliefern, waren der Beruf, öffentliche Ämter und die damit verbundene Laufbahn; die Grabsteine mit mehr privaten Details werden zwar – wie hier auch – gern als Illustration für Einzelschicksale herangezogen, sind jedoch weit in der Minderzahl.

So geben uns die Grabsteine eine ziemlich vollständige Übersicht über die Berufe zur römischen Zeit, vor allem natürlich in den Städten, und über herausragende Fähigkeiten einzelner Personen. Da die größeren Ansiedlungen fast nur am Rande des Alpengebiets bestanden, müssen die folgenden Beispiele weitgehend von dort genommen werden:[86] ein Wollkrempler aus Brescia, ein Arzt aus Lyon, ein Schauspieler aus Vienne, ein Zir-

kuskämpfer aus Die, ein schauspielernder Knabe aus Antibes, ein Arbeiter in einer Pfeilfabrik aus Concordia, ein Kommandant einer Reitertruppe aus *Virunum*, ein Zöllner aus Reisach im Gailtal,[87] ein Schuhhändler aus Mailand, Händler verschiedener Sparten aus Augsburg,[88] ein Fährtensucher im Dienst eines Jagdunternehmers aus Salzburg, der wohl Bären für die Tierhetzen in den Amphitheatern fing.[89] An vielen Orten ließen sich auch Soldaten nieder; entweder kehrten sie nach ihrer Dienstzeit in ihre Heimatstadt zurück oder sie legten die Abfindung in Landbesitz oder einem kleinen Unternehmen an, wo es ihnen gerade gefiel.[90] Auf ihren Grabsteinen steht dann der zuletzt erreichte Dienstgrad verzeichnet.

Die Einzelheiten der Laufbahn im militärischen und zivilen Bereich verdanken wir weniger den Grabsteinen als den fast ebenso häufigen Ehreninschriften und vor allem der römischen Eigenheit, auf letzteren immer die gesamte bis zum entsprechenden Zeitpunkt durchlaufene Karriere aufzuführen. Ehreninschriften wurden bei allen möglichen Gelegenheiten aufgestellt oder in Gebäude eingemauert; sie betreffen hauptsächlich städtische Beamte oder kaiserliche Statthalter, die sich um ein Gemeinwesen verdient gemacht haben.

Als Beispiel für die Laufbahn eines städtischen Beamten sei Quintus Severius Marcianus aus *Colonia Iulia Equestris*/Nyon am Genfer See vorgestellt.[91] Voraussetzung war zunächst die Zugehörigkeit zum Gemeinderat als *decurio*. In seinem ersten Amt war er *aedilis*, zuständig für die öffentliche Ordnung und die Gewerbeaufsicht. Danach war er *praefectus pro duobusviris*, Stellvertreter eines der beiden Bürgermeister, entweder nach einer Vakanz oder wenn die Stelle einer höheren Persönlichkeit (von auswärts) nur ehrenhalber übertragen war. Entschlossenes Handeln forderte die dritte Position als *praefectus arcendis latrociniis*, in der er das Räuberunwesen auf dem großen zur Stadt gehörenden Territorium bekämpfen mußte.[92] Schließlich wurde er zum *duumvir* und *flamen Augusti* gewählt, also zum Bürgermeister und obersten Priester des Kaiserkultes. Damit war der höchste Rang innerhalb eines städtischen Gemeinwesens erreicht.

Eine solche Ämterlaufbahn ist jedoch mit den heutigen Politikerkarrieren nicht zu vergleichen. Erstens war die Amtszeit jeweils auf ein Jahr beschränkt, zweitens erhielt der Beamte keine Besoldung, sondern er war drittens sogar zur Übernahme der Finanzierung öffentlicher Aufgaben verpflichtet: Straßenpflasterung (S. 239),

Renovierung von Bädern,[93] Tempeln und Stadtmauern,[94] Bau von Wasserleitungen (Abb. 54) oder Theatern. Der römische Staat kannte nämlich keine Steuern, die direkt der Gemeinde zuflossen, und wenn nicht der Statthalter oder der Kaiser selbst in ihre Kassen griffen, blieb alles der Eigeninitiative der Bürger überlassen. Zahlreiche Inschriften geben Kunde von Baumaßnahmen verschiedenster Art, denn wenn jemand schon dafür zahlen mußte, wollte er seinen Namen auch in Stein eingemeißelt sehen. In der Literatur eingegangen ist die Großzügigkeit Plinius' des Jüngeren durch seine Briefe. Als Sohn einer begüterten Familie ritterlichen Standes war er Anwalt, Offizier und Staatsbeamter bis hinauf zum kaiserlichen Statthalter in Bithynien (Kleinasien).[95] Er ließ um das Jahr 102 in seiner Heimatstadt *Comum*/Como eine öffentliche Bibliothek einrichten und rief zwei Stiftungen ins Leben, die zum Unterhalt einer Schule und zur Unterstützung armer Kinder dienen sollten.[96] Die moralische Verpflichtung für wohlhabende Bürger zu einer gewissen Sozialisierung ihres Vermögens mag manchen Geizhals verdrossen haben, aber eine echte Belastung wurde sie erst im 3. und 4. Jahrhundert, als der allgemeine Niedergang der Wirtschaft und staatliche Zwangsmaßnahmen dieses indirekte Besteuerungssystem ad absurdum führten, weil kaum jemand mehr freiwillig die öffentlichen Ämter mit ihren finanziellen Konsequenzen übernehmen wollte und konnte.[97]

Voraussetzung für die Wahl in den Gemeinderat als *decurio* (Stadtrat) war daher nicht nur das Bürgerrecht, sondern auch ein größeres Vermögen. Um aber, vor allem in den kleineren Gemeinden mit wenigen Vollbürgern, die Geldquellen voll auszuschöpfen, wurden besondere Ämter und Kollegien für Neureiche, wohlhabende Händler oder Gutsbesitzer ohne volles Bürgerrecht, eingerichtet, die für weniger wichtige Aufgaben, etwa öffentliche Spiele oder Veranstaltungen im Rahmen des Kaiserkultes, zuständig waren. Sie durften zahlen und dafür ihren Namen irgendwo auf einer Tafel verewigt sehen, aber politische Befugnisse blieben ihnen vorenthalten.

Nur selten bezeugt ist, daß jemand ehrenhalber zum Stadtrat ernannt wurde. Auch damit waren nur äußerliche Ehren verknüpft, nicht jedoch offizielle Ämter und Einflußmöglichkeiten. Außer für Leute ohne volles Bürgerrecht oder freigelassene Sklaven kam diese Ehrung auch für auswärtige Bürger in Frage, die sich Verdienste um die betreffende Gemeinde erworben hatten. Als Beispiel sei Claudius Decrianus[98] genannt, ein römischer Bürger aus der Gegend des Chiemsees, der auf seinem Grabstein als *decurio ornatus aput municipium Altinatium* (Ehrenmitglied des Stadtrates von *Altinum*) bezeichnet wird. *Altinum* an der Mündung des Piave in die Adria nordöstlich Venedig war der Ausgangspunkt der Via Claudia, der transalpinen Hauptverbindungsstraße zwischen Oberitalien und Raetien, die auch eine Abzweigung das Inntal abwärts ins westliche Noricum besaß. Claudius Decrianus war also wohl ein Kaufmann und Händler mit engen und direkten Beziehungen zum nächstgelegenen Mittelmeerhafen, besaß dort vielleicht eine kleine Niederlassung und gute Geschäftsfreunde, die ihm aufgrund seiner wohl kaum selbstlosen Freigebigkeit die Ehrung verschafften – das inzwischen aus vergleichbaren Gründen etwas in Mißkredit geratene Amt eines Wahlkonsuls exotischer Staaten heutzutage mag die Zusammenhänge zwischen materiellem und ideellem Verdienst, Einsatzbereitschaft und persönlicher Geltungssucht verdeutlichen. Bisher noch nicht geklärt ist die Frage, ob solche Ehrungen eine reine Formalität bedeuteten oder sogar erst nach dem Tode des betreffenden Mannes erfolgten (in unserem Falle steht der Titel in auffallender Weise ganz am Ende der sonst normal abgefaßten Grabinschrift) oder ob damit – analog dem heutigen Wahlkonsul – auch gewisse Aufgaben im Rahmen der repräsentativen und aktiven Betreuung hochgestellter Personen aus der befreundeten Handelsstadt verbunden waren. *Bedaium*/Seebruck am Nordufer des Chiemsee war eine wichtige Zwischenstation an der Hauptstraße zwischen *Augusta Vindelicum*/Augsburg und *Iuvavum*/Salzburg.[99] Zahlreiche Grabdenkmäler und Weiheinschriften aus Stein dokumentieren die Wohlhabenheit der dortigen Bevölkerung; auch ein Straßenposten der Provinzverwaltung für die nahe Grenze am Inn wird dort bestanden haben. Es könnte also durchaus sein, daß Claudius Decrianus zum Ehrenstadtrat von *Altinum* ernannt wurde, weil er nicht nur persönliche und geschäftliche Beziehungen zu dieser Stadt unterhielt, sondern auch in seiner Heimat sich für die Belange der Kaufleute aus dem Süden tatkräftig einsetzte.[100]

Während die Gemeindebeamten ihre Laufbahn innerhalb ihrer Heimatgemeinde absolvierten, wenn sie nicht, wie manche Kaufleute, sich auch anderwärts niederließen, vermitteln die Karrieren der höheren Staatsbeamten einen guten Eindruck von den Eigenheiten der römischen Reichsverwaltung und den damit verbundenen

Anforderungen. Charakteristisch ist zunächst, daß die Zugehörigkeit zum höchsten (senatorischen) oder zum niederen (ritterlichen) Adel Voraussetzung für die Laufbahn als Offizier und Verwaltungsbeamter war. Dazu war ein Mindestvermögen nachzuweisen, doch erhielten die staatlichen Beamten – im Gegensatz zu denen in der Gemeinde – ein gutes, nach der Bedeutung der Aufgabe abgestuftes Gehalt. Zweitens gab es zwischen dem militärischen und zivilen Bereich keine strenge Trennung, im Gegenteil: in der Regel wechselte ein Beamter, hatte er nicht besonders ausgeprägte Fähigkeiten auf dem einen oder anderen Gebiet, öfters hin und her. Drittens mußte jeder darauf gefaßt sein, auch in den entferntesten Provinzen des Reiches Dienst zu tun.[101]

Aus dem Alpenraum gibt es zwei sehr anschauliche Beispiele für die Karriere von Männern aus dem Ritterstand, die es bis zum Provinzstatthalter im 1. bzw. 2. Jahrhundert brachten. Da sie nicht dem Senatorenstand angehörten, blieben ihnen die allerhöchsten Ämter verschlossen: Statthalter und Legionskommandeur in einer der reicheren oder militärisch wichtigeren Provinzen, Konsul und die anderen Spitzenämter in der Hauptstadt Rom. Den Beginn der seit dem 1. Jahrhundert weitgehend normierten ritterlichen Laufbahn[102] bildete ein etwa zehnjähriger Militärdienst als Offizier bei mehreren Truppeneinheiten. Danach folgte bei Eignung der Einsatz in verschiedenen zivilen und wieder militärischen Stellen. Endpunkt der Karriere war der Statthalterposten in einer Provinz ohne Legion, wozu aber das Oberkommando über die dortigen Hilfstruppen gehörte[103] (vgl. S. 158).

Gaius Baebius Atticus kennen wir aus zwei Ehreninschriften, die in seiner Heimatstadt *Iulium Carnicum*/ Zuglio, der nördlichsten Stadt von Italia am Fuße des Plöcken, aufgestellt waren.[104] Er war hier schon einer der zwei für die Rechtsprechung zuständigen Gemeindebeamten, bevor er noch unter Kaiser Augustus in das Heer eintrat. Dort begann er gleich als ranghöchster Offizier der mittleren Laufbahn bei der 5. Makedonischen Legion, die damals in Moesien an der unteren Donau (heute Rumänien) stationiert war. Diese Stellung hatte er wohl, wie es üblich war, nur ein Jahr inne, um dann – offenbar aufgrund besonderer organisatorischer Fähigkeiten – zu einer Art Militärgouverneur in eben jenem neu besetzten Gebiet aufzusteigen, wo er am Aufbau der Zivilverwaltung mitwirkte. Allerdings erhielt Moesia erst unter Kaiser Tiberius den Status einer Provinz, so daß Baebius Atticus als *praefectus* noch dem zuständigen Legions-

kommandeur unterstellt gewesen sein wird, wie es auch in Raetien nach der Eroberung der Fall gewesen zu sein scheint.[105] Als selbständiger Statthalter, wenn auch noch mit dem Titel *praefectus* und nicht *procurator,* kehrte er in seine alpine Heimat zurück, und zwar in die Provinz Alpes Maritimae. Dort konnte er sich fast ausschließlich der Zivilverwaltung widmen, denn in dieser kleinen und friedlichen Provinz waren nur wenige Truppeneinheiten mit Garde- und Polizeifunktion stationiert. Der weitere Aufstieg führte wieder über zwei Militärkommandos, das erste in der kaiserlichen Garde zu Rom, das zweite in einem Rang, der nicht eindeutig geklärt ist und möglicherweise einem Generalstabsoberst entspricht, der vom Kaiser zur Unterstützung eines Legionskommandeurs abgestellt war.[106] Seine Laufbahn beschloß Baebius Atticus dann fast in seiner Heimat, nämlich als kaiserlicher Statthalter der Provinz Noricum mit dem Sitz in *Virunum.* Vieles spricht dafür, daß er sogar der erste Statthalter nach der Einrichtung der Provinz unter Kaiser Claudius war und die Ernennung seinen vielfältigen Erfahrungen gerade in Okkupationsgebieten verdankte. Wir wissen nichts darüber, wie er sein Amt ausfüllte und wie seine Untertanen mit ihm zufrieden waren; denn die Aufstellung der Ehreninschriften in seinem Heimatort, wohin er nach seiner Dienstzeit zurückgekehrt war, brauchte nicht viel mehr als eine Formalität zu sein. Auf der einen ist der Stifter noch lesbar, nämlich die Stammesgemeinde der *Saevates* und *Laianci* im oberen Pustertal und im Lienzer Becken.

Für die Sitte, scheidenden Statthaltern in ihrem Heimatort eine Ehreninschrift zu widmen, gibt es aus *Celeia*/Celje am Ostalpenrand aufschlußreiche Beispiele. Sie betreffen Titus Varius Clemens, der in mehreren Provinzen Statthalter war, darunter auch um 155/157 in Raetia.[107] Drei Inschriften nennen die Stifter genau:[108] erstens zwei *decuriones alarum* (Führer einer Reitereinheit) aus dem nordafrikanischen Mauretanien, zweitens die *cives Romani ex Italia et aliis provinciis in Raetia consistentes,* also die nach Raetien zugezogenen Bürger aus Italien und anderen Provinzen, und drittens die *civitas Treverorum,* die Stammesgemeinde der Treveri um Trier, die den Geehrten als „allerbesten Statthalter" rühmt. Demnach waren es Einzelpersonen, Verbände und ganze Verwaltungsbezirke, die mit solchen Ehrungen ihre Dankbarkeit ausdrücken wollten. Die Inschriften standen natürlich nicht allein, sondern es gehörten Büsten oder Standbilder des Geehrten dazu.

Gaius Baebius Atticus

primuspilus *legionis V Macedoniae*	ranghöchster Hauptmann (Kommandant über 800 Soldaten) einer Legion	untere Donau
praefectus civitatium *Moesiae et Triballiae*	Militärgouverneur eines Besatzungsgebietes: Zivilverwaltung und Kommando über Hilfstruppen	untere Donau
praefectus civitatium *in Alpibus maritumis*	Statthalter in einer Provinz ohne Legion	Alpes Maritimae
tribunus militum *cohortis VIII praetoriae*	Kommandant einer Kohorte der kaiserlichen Garde	Rom
primuspilus iterum	Offizier im Generalstab mit Sonderaufgaben	Rom oder zu einer Legion abkommandiert
procurator Augusti	Statthalter	Noricum

Claudius Paternus Clementianus

praefectus cohortis *I classicae*	Kommandant einer Hilfstruppenkohorte (500 oder 1000 Soldaten)	Germania inferior
tribunus militum *legionis XI Claudiae*	Stabsoffizier (einer von sechs) in einer Legion	Pannonia superior
praefectus alae *Silianae torquatae* *civium Romanorum*	Kommandant eines Reiterregiments aus römischen Bürgern (500 oder 1000 Soldaten)	Dacia
procurator Augusti	oberster Finanzbeamter	Iudea
procurator Augusti	oberster Finanzbeamter	Sardinia
procurator Augusti	oberster Finanzbeamter	Africa
procurator Augusti	Statthalter	Noricum

Eine Mamorbüste aus dem Heiligtum der Noreia in Hohenstein nahe der Hauptstadt *Virunum* stellt mit großer Wahrscheinlichkeit Claudius Paternus Clementianus dar, die zweite Person, deren Karriere wir betrachten wollen.[109] Wichtig sind vor allem zwei Bauinschriften aus seiner rätischen Heimatgemeinde *Abodiacum*/Epfach am Lech, wo er auch seiner Mutter den Grabstein errichten ließ. Die Familie muß zu den vornehmsten im Lande gezählt haben – der Großvater mütterlicherseits trug noch den keltischen Namen Indutus –, denn die Eltern dieses

Mannes besaßen schon das Bürgerrecht (verliehen wohl unter Kaiser Claudius nach der Einrichtung der Provinz), und er selbst konnte ohne weiteres die ritterliche Laufbahn einschlagen. Daß er vorher Ämter in der Gemeinde bekleidet hat, ist anzunehmen, weil er erst relativ spät, etwa zwischen 100 und 110, die obligatorischen Militärkommandos innehatte. Da er spätestens um 70 geboren wurde, war er zu diesem Zeitpunkt schon über 30 Jahre alt. Nach dem Militärdienst als Kohortenkommandant, Stabsoffizier in einer Legion und Befehlshaber eines Reiterregiments trat er ganz in die Zivilverwaltung über. In Iudaea, Sardinia und Africa (Libyen), kaiserlichen bzw. senatorischen Provinzen, war er dem jeweiligen Statthalter als Verwalter der Finanzen unterstellt. Um 125 krönte die Statthalterschaft in Noricum seine Laufbahn. Danach kehrte er wieder in das kleine rätische Städtchen *Abodiacum* zurück, um seinen Lebensabend dort zu verbringen. Vermutlich besaß er in der Umgebung einen größeren Landsitz, wie es sich für vornehme und reiche Bürger gehörte.

Daß ein so weit herumgekommener Mann Anregungen auf allen möglichen Gebieten empfangen hat, versteht sich von selbst. Diese Mobilität der Oberschicht war eine wesentliche Voraussetzung für die rasche Ausbreitung neuer Moden, Ideen und Erfindungen. In Verbindung mit den zahlreichen Truppenverschiebungen von einem Kriegsschauplatz zum anderen und den weitgespannten Handelskontakten schuf sie jene Einheitlichkeit der reichsrömischen Kultur, die es erlaubt, Ausgrabungsergebnisse in Schottland mit solchen in Mesopotamien zu vergleichen. Reizvoll wäre es, genauer zu untersuchen, welche Lebensbereiche jeweils besonders durch diese drei Personengruppen (Adel im Staatsdienst, Soldaten und Händler) beeinflußt wurden. Kundige Handwerker und Künstler brachten Neuerungen bis in die letzten Winkel des Reiches, wenn reiche Auftraggeber oder genügend Absatz lockten. Der aufwendige Villenbau und die daran angelegten Maßstäbe betrafen vor allem die Oberschicht, während neue Religionen und Kulte hauptsächlich durch Soldaten und Händler verbreitet wurden.

Die persönlichen Unannehmlichkeiten, die mit der ständig geforderten Einsatzbereitschaft und dem häufigen Ortswechsel verbunden sein konnten, seien dabei nicht vergessen. Davon zeugt in amüsanter Weise eine Inschrift in *Axima*/Aime.[110] Titus Pomponius Victor, um 165 Statthalter der Provinz Alpes Graiae et Poeninae, gewann dem Aufenthalt in seiner kleinen Hauptstadt in-

mitten der schneebedeckten Berge keinen Geschmack ab. In wohlgesetzten Versen wandte er sich an Silvanus, den Gott des Waldes und Gebirges:

O Silvanus, halb versteckt inmitten der heiligen Eschen, oberster Beschützer dieser Bergfluren, dir widme ich diese Verse in Dankbarkeit.

Denn während ich hier Recht spreche und das kaiserliche Amt verwalte, wachst du mit deiner schützenden Macht über uns alle: über mich, wenn ich über Land und durch die Berge reise, über die Meinen, die in deinem heiligen Wald die süßesten Düfte genießen.

Mögest du uns doch nach Rom zurückführen, mich und die Meinen, und zu unseren Ländereien in Italien, um sie unter deinem Schutze zu bebauen; ich für meine Person werde dir dafür 1000 hohe Bäume weihen.

Dies ist das Gelübde des Titus Pomponius Victor, des kaiserlichen Statthalters.

Auch in *Brigantium*/Bregenz hat sich jemand schriftlich verewigt, der das Ende seines Aufenthaltes in dem unwirtlichen Lande herbeisehnte. Er war allerdings kein kaiserlicher Statthalter, der seinen Wunsch in Stein meißeln lassen konnte, sondern er kritzelte ihn auf eine Wand.[111] Dafür erweist er sich als sehr gebildet, denn er wählte zwei Verse aus Vergils *Aeneis* (XII, 59 f.), dem großen Epos über die Anfänge Roms:

te penes, in te omnis domus inclita recumbit),
unum oro: desiste manum committere Teucris.

..., auf dir allein ruht das ganze zusammensinkende Haus).
Eines nur erflehe ich: Hör auf, dich mit den Teukrern herumzuschlagen!

Dazu muß man wissen, daß diesen Satz die sagenhafte Königin Amata der einheimischen Italiker zu ihrem Sohne sagte, als dieser mit Aeneas, dem Anführer der Troier = Teukrer, dem zukünftigen Stammvater Roms, einen Zweikampf ausfechten wollte (und dabei umkam!). Es ist durchaus möglich, daß der literaturbeflissene Römer diese Worte zur Zeit der langjährigen Alamanneneinfälle des 3. Jahrhunderts niederschrieb – er scheint nichts davon gehalten zu haben, daß Rom mit militärischer Macht Länder behaupten wollte, in denen ohnehin nur Barbaren saßen und die jetzt erst recht unsicher geworden waren. Wünschen wir ihm, daß er tatsächlich auch rechtzeitig nach Süden zurückkehren konnte!

Römisches Erbe
und Christentum

Auch im Zuge der Romanisierung des Alpenraumes hatte sich die Brandbestattung nicht überall durchgesetzt. So war etwa in der Südschweiz, wo seit dem 5. Jahrhundert v. Chr. die Körperbestattung üblich war, der alte Ritus weitgehend beibehalten worden. Auch in den Seealpen scheint er häufig gewesen zu sein. In den übrigen Gebieten wurden ab dem 2. Jahrhundert n. Chr. vereinzelt Körperbestattungen angelegt, die dann seit der zweiten Hälfte des 3. Jahrhunderts endgültig die Oberhand gewannen. Über die Gründe dieser Änderung haben sich die Archäologen viele Gedanken gemacht, aber obschon für die römische Zeit die schriftlichen Quellen in ausreichendem Maße fließen, bleibt es nur Vermutung, daß Änderungen im Jenseitsglauben dafür verantwortlich seien. Der Einfluß orientalischer Religionen, darunter natürlich auch des Christentums, wird betont, weil den meisten von ihnen der Glaube an ein körperhaftes Weiterleben nach dem Tode eigen war. Der Körper mußte daher in seiner äußeren Gestalt erhalten bleiben.

Erinnern wir uns aber an die einführenden Bemerkungen über den vielfältigen und im Grunde nur selten erklärbaren Wandel der beiden Hauptbestattungsarten durch die Jahrtausende (S. 133 f.), dann braucht auch für die römische Zeit nicht allein ein einziger Grund für die Änderung in Betracht gezogen zu werden. Überlegenswert ist beispielsweise der Gedanke, daß eine Brandbestattung wegen der nötigen Holzmenge einen größeren Aufwand erforderte als das Ausheben einer Erdgrube für den Toten. Dieser Gesichtspunkt erscheint deswegen angebracht, weil in weiten Teilen des Alpenraumes und seines Vorlandes der endgültige Wechsel von der Brand- zur Körperbestattung mit einer Zeit zusammenfällt, in der Angriffe durch die Germanen von außen und darauf folgende Zwangsmaßnahmen im Reich zur Aufrechterhaltung der Verteidigung einerseits und einer halbwegs geregelten Wirtschaft andererseits den Lebensstandard der Provinzbevölkerung senkten und kaum mehr als das Existenzminimum gewährleisteten. Es waren dies die Einfälle der Alamannen und anderer germanischer Stämme, die seit 213 nicht mehr abrissen und auch zum Verlust größerer Gebiete führten. Die allgemeine Armut, der Zusammenbruch der Wirtschaft auf der Basis des gesicherten Grundbesitzes kleinen oder großen Umfangs, die Aufgabe zerstörter Städte und Siedlungen zugunsten kleiner, aber besser zu verteidigender Befestigungen in ge-

schützter bis abseitiger Lage bieten genügend Erklärungsmöglichkeiten für die Tatsache, daß im Alpenraum nur wenige Bestattungsplätze eine Kontinuität von der Blüte des römischen Reiches im 1. und 2. Jahrhundert bis ins 3. oder gar 4. Jahrhundert erkennen lassen.[112] Der wichtigste Einschnitt scheint in der Tat im späten 3. oder frühen 4. Jahrhundert zu liegen, denn die spätrömischen Siedlungen und Gräberfelder sind es, die oft ohne Bruch ins Frühmittelalter überleiten.

Das am besten erforschte Beispiel bietet das Gräberfeld von Bonaduz am Zusammenfluß von Vorder- und Hinterrhein in Graubünden.[113] Rund 700 Gräber wurden aufgedeckt, etwa 1000 mögen es einst gewesen sein, die sich auf die Zeitspanne vom 4. bis 7. Jahrhundert verteilen. Einer kleinen Gruppe von Gräbern, in denen die Toten mit dem Kopf nach Osten bestattet waren, steht eine Vielzahl von solchen gegenüber, die nach Norden und vor allem nach Westen orientiert waren. Die spärlichen Beigaben verweisen die erste Gruppe in die spätrömische Zeit, in der noch die Mitgabe von Gefäßen aus Lavez (Speckstein) und von Fleisch Sitte war. Davon setzt sich die zweite Gruppe klar ab, deren Gräber nur noch gelegentlich Trachtbestandteile oder etwas Schmuck enthalten, überwiegend aber beigabenlos sind. Da sie in das 6. und 7. Jahrhundert gehören, eine Unterbrechung in der Belegung des Friedhofs aber weder erkennbar noch wahrscheinlich ist, liegt der Schluß auf der Hand, daß die Lücke im 5. Jahrhundert durch beigabenlose Bestattungen ausgefüllt werden kann und muß. In dieser Zeit scheint auch die Umkehrung der Orientierung des Toten (jetzt mit dem Kopf im Westen und dem Blick nach Osten) vor sich gegangen zu sein, und zwar wahrscheinlich im Zusammenhang mit dem erstarkenden Christentum. Ebenfalls dem Christentum ist es zuzuschreiben, daß fortan die Beigabe von Geschirr und Fleisch für das Jenseits unterblieb. Daß die germanische Bevölkerung am Alpenrand erst allmählich diese Sitte aufgab, beleuchtet die Zähigkeit alter Traditionen, die – solange nur möglich – mit dem neuen Glauben verknüpft wurden. Mit dieser archäologischen Beobachtung stimmt überein, daß im Jahre 451 zum ersten Mal ein Bischof von Chur erwähnt wird, also das Christentum und die kirchliche Organisation sich tatsächlich wohl erst im 5. Jahrhundert durchsetzten. Einzelne oder sogar größere Gruppen von Christen hat es gewiß schon vorher gegeben, doch war ihr Einfluß auf Jenseitsglaube und Bestattungsbrauch der übrigen Bevölkerung nur gering.

83   Blick in die kleinere der zwei Grabkammern von Bonaduz (Graubünden) während der Ausgrabung. Sie war ursprünglich für einen einzigen Toten gedacht und später zur Aufnahme eines zweiten umgebaut worden. Danach wurden noch längere Zeit 34 weitere Tote in mehreren Schichten übereinander darin bestattet, nach der anthropologischen Analyse wohl ausschließlich Knaben und Männer. Erbaut um 400 n. Chr., benutzt bis ins 7. Jahrhundert. Innenmaße 2,7 × 2,0 m.

Am Rande des Gräberfelds von Bonaduz lagen zwei gemauerte Rechteckbauten, in die zahlreiche Tote eingebracht worden waren. Es handelt sich dabei um sogenannte Memorien, also kleine Grabgebäude für einen oder mehrere besonders herausragende Tote, um die sich weitere Bestattungen gruppierten. Aus der christlichen

Überlieferung wissen wir, daß dies oft bei Gräbern von Märtyrern der Fall war, die dann den Mittelpunkt neuer Friedhofsteile bildeten, zumal wenn eine kleine Kirche über dem Grab errichtet worden war. Solche Memorien kennt man aus mehreren Gräberfeldern des Alpenraumes oder als Vorläufer von Kirchen, ohne daß wir eigentlich genau wissen, welche Rolle sie im Totenbrauch oder christlichen Kult spielten. Als Beispiele seien noch Saint-Maurice d'Agaune,[114] La Madeleine in Genf[115] und Biel-Mett[116] genannt. Drei kostbare Glasgefäße und eine vergoldete Fibel weisen den in der Memoria von Mett bestatteten Mann als hohen Würdenträger aus und datieren

84   Glas- und Tongefäße als Beigaben aus einem Grab von Bern-Rossfeld. Um 200 n. Chr. Höhe des verzierten Bechers 14,3 cm. Historisches Museum Bern.

sie in die erste Hälfte des 4. Jahrhunderts.[117] Später brachte man drei weitere Tote in die Memoria ein, bis im 6. Jahrhundert die erste Kirche erbaut wurde. Als Apsis diente die Nordosthälfte der Memoria. Zahlreiche frühmittelalterliche Gräber gruppierten sich dann um diese Kirche.

So bildeten seit dem 5. Jahrhundert im Normalfall der Friedhof und die Friedhofskirche die geläufige Einheit. Der private Umgang mit dem Toten, wie er den Römern selbstverständlich war, wurde von der Eingliederung in eine größere Gemeinschaft abgelöst. Die Gedenkfeiern fanden nicht mehr am Grabe statt, sondern in der Kirche, Ausführender war nicht mehr die Familie, sondern der Geistliche, der sich als Mittler zwischen dem Diesseits und dem himmlischen Jenseits verstand. In denselben Zusammenhang gehört es, daß als Kristallisationskerne der christlichen Friedhöfe auch einfache Kirchen mit Heiligenreliquien dienen konnten.

Dafür blieb es noch lange das Vorrecht des Adels, sich innerhalb des Kirchenraumes, also in besonderer Nähe des Märtyrers oder der Reliquie, bestatten zu lassen, während die Gräber der einfachen Leute den Friedhof außerhalb bildeten. Archäologisch läßt sich dies bis in die Zeit um 800 nachweisen; denn die Gräber innerhalb der Kirchen, oft nur ein einziges oder ein paar, pflegen sich durch ihren Reichtum von den übrigen deutlich abzusetzen.[118] Aus der schriftlichen Überlieferung wissen wir, daß zu dieser Zeit Kirchen (und damit Pfarrstellen!) vom Adel errichtet und unterhalten wurden, weil eine wirtschaftlich selbständige Kirchenorganisation noch fehlte. Solche „Stiftergräber" kamen bei den Ausgrabungen in den bis ins Frühmittelalter zurückreichenden Kirchen zutage. Wenn sie derzeit in der Schweiz besonders häufig sind, so ist dies hauptsächlich auf den heutigen Wohlstand dieses Landes zurückzuführen, der es erlaubt, auch in kleinen Kirchen Fußbodenheizungen einzubauen und die vorhergehende archäologische Untersuchung zu fördern. Bekannte Beispiele sind ein reiches Frauengrab von Bülach (Kanton Zürich),[119] drei Kriegergräber von Tuggen (Schwyz),[120] ein Reitergrab dicht neben der Pfarrkirche von Spiez (Kanton Bern),[121] ein Männergrab in der Kirche von Spiez-Einigen (Kanton Bern),[122] ein Männergrab von Schiers (Graubünden),[123] zwei beigabenlose Gräber im Vorraum der Kirche von Rhäzüns am Hinterrhein (Graubünden)[124] und ein Männergrab in Stabio (Kanton Tessin).[125] Aus Nordtirol gibt es immerhin Gräber in der Kirche von Pfaffenhofen.[126]

Der Unterschied etwa zwischen dem prunkvollen Reitergrab von Spiez (Gürtelgarnitur, Schwert mit verzierter Scheide und ein Sporn mit Befestigungsriemen) und den zwei beigabenlosen Gräbern von Rhäzüns macht am besten deutlich, daß andere Gründe als bloßer Reichtum für die Ausstattung des Grabes verantwortlich waren; denn jede dieser Familien besaß genügend Mittel, um eine Kirche bauen und unterhalten zu können. Ohne Zweifel führen die inneralpinen „Stiftergräber" die spätrömische Tradition des Bestattungsbrauches und auch gewisser Äußerlichkeiten der Tracht fort, während überall am Alpenrand – außer ganz im Osten, wo seit etwa 600 die Slawen und Awaren saßen – sich germanischer Einfluß bemerkbar machte. Auch in den Gräbern der ärmeren Bevölkerung sind diese Unterschiede meist sehr gut festzustellen, so daß – dank der wachsenden Genauigkeit der Datierungsmöglichkeiten für den Archäologen – das allmähliche Vordringen der Germanen und ihrer Kultur in den Alpenraum beobachtet werden kann.

Die inneralpine Bevölkerung des Frühmittelalters, die man gern als „Romanen" bezeichnet, bestattete ihre Toten zwar noch in vollständiger Kleidung, aber die Beigabe von Waffen, Gerät und Geschirr war nicht mehr üblich. Dies lehrt nicht nur das große Gräberfeld von Bonaduz (dort spielen allein Kämme aus Knochen eine schwer erklärbare Rolle im Grabbrauch), sondern auch der Friedhof von *Teurnia*/St. Peter in Holz im Drautal.[127] Bis 1975 sind dort 111 Gräber der Zeit zwischen 540 und 600 zum Vorschein gekommen (später noch einige weitere).[128] Nur 32 von ihnen enthielten Beigaben, offenbar ausschließlich Frauenschmuck: Ohrringe, Glasperlenketten, Gewandnadeln, Fibeln, Arm- und Fingerringe. Sie sind ziemlich regellos kombiniert und lassen jene Einheitlichkeit vermissen, die für die germanischen Frauentrachten charakteristisch ist. Die Auswahl aus dem bescheidenen Formenvorrat erfolgte wohl mehr nach dem materiellen Vermögen des einzelnen. So kommt es, daß Metallschmuck recht selten ist und manchmal aus dem außeralpinen Raum stammt. Dabei ist, wie für das Bündner Gebiet genauer untersucht, festzustellen, daß fränkische oder langobardische Gürtelgarnituren gelegentlich in ihre Bestandteile zerlegt und die Beschläge von mehreren Frauen als Einzelstücke getragen wurden. Bei den Fibeln gibt es eine nicht nur inneralpine, sondern letztlich romanische Sonderform, die gleicharmige Fibel, aber auch importierte oder eingetauschte Stücke aus dem Alpenvorland oder von weiter her sind nicht selten.

Daß für die Metallarmut der romanischen Gräber jedoch nicht allein die beschränkten Mittel, sondern auch Trachteigentümlichkeiten verantwortlich sind, zeigt Grab 46 bei St. Stephan in Chur, in dem eine sonst beigabenlose Frau mit einem golddurchwirkten Schleier bestattet war.[129] Zu ihrer sonstigen Kleidung, deren Kostbarkeit man nur ahnen kann, gehörten eben keine Bestandteile aus Metall, die sich im Grab erhalten hätten. Die zeitliche Verteilung der wenigen Schmuckgegenstände aus der Siedlung Carschlingg bei Castiel oberhalb von Chur bestätigt diese „Metall-Lücke" (und auch das Fehlen anderer wertvoller Gegenstände des täglichen Gebrauchs: S. 125) für das 5. und weitgehend auch das 6. Jahrhundert. Erst mit dem politisch begründeten fränkischen Einfluß im Nordwesten des Alpenraumes finden ab etwa 550 vereinzelt wieder Schmuckstücke und Trachtzubehör den Weg in das Gebirgsinnere, ohne jedoch die dortigen Traditionen zu beeinflussen. Deshalb sind in gewissen Fällen Personen fremder Herkunft gut zu identifizieren, wie etwa ein Krieger mit fränkisch-alamannischer Tracht und Bewaffnung in Tamins,[130] der wohl zu einem fränkischen Wachposten am Zusammenfluß von Vorder- und Hinterrhein zu Füßen des Kunkelspasses gehörte.

In ähnlicher Weise ist das Wechselspiel zwischen der romanischen Bevölkerung und den Langobarden zu verfolgen. Zwischen 527 und 568, als die Langobarden in Pannonien saßen,[131] beeinflußten sie das Ostalpengebiet, wobei die Gräberfelder von Kranj[132] und Bled[133] in Slowenien sowie das von *Teurnia* die unterschiedliche Situation und Bedeutung der Siedlungen widerspiegeln. Mit zunehmender Randlage wird der langobardische Einfluß immer stärker, und in Kranj haben wohl auch Langobarden selbst gewohnt, um diesen strategisch wichtigen Punkt unter Kontrolle zu halten. Nach 568, als die Langobarden nach Italien gezogen waren, geriet der Südalpenrand in den Bereich ihrer kulturellen Ausstrah-

85   Beigaben aus einem bajuwarischen Frauengrab zwischen Garmisch und Partenkirchen (Oberbayern): zwei Silberohrringe, Halskette aus farbigen Glasperlen, zwei massive Bronzearmringe, eiserne Gürtelschnalle, Reste eines Eisenkettchens, Eisenmesser. 650–700 n. Chr. Verschiedene Maßstäbe. Prähistorische Staatssammlung München.

lung. Ein reiches Kriegergrab von Civezzano[134] bei Trient bezeugt die Anwesenheit einer langobardischen Gruppe weit im Inneren des Gebirges. Der bajuwarische Einfluß erreichte lange Jahrzehnte kaum das inneralpine Gebiet, weil – anders als im Süden – die Besiedlung des weitgehend entvölkerten Alpenvorlandes nur langsam vor sich ging. Allein die wirtschaftlich ungemein wichtige Salzquelle von Reichenhall lockte bajuwarische Siedler schon im 6. Jahrhundert an, und in ihren Gräbern[135] sind dementsprechend auch keine Indizien erkennbar, die auf eine einheimisch-alpine Bevölkerungsgruppe am Ort deuten würde. Wenn es eine solche gegeben hat, wie es für das benachbarte Salzachtal und sogar für das nur 4 km nördlich gelegene Marzoll (als *Marciolae* gegen Ende des 8. Jahrhunderts genannt)[136] zwar noch nicht durch Gräber, aber durch schriftliche Überlieferung und Ortsnamen offenkundig ist (S. 78), dann hat sie ihre Toten vielleicht auf einem separaten Platz bestattet – und wenn diese kaum Beigaben ins Grab bekamen, war und ist die Chance, sie aufzufinden, nur gering.[137]

Grabsitte
und Tracht der Germanen

Franken, Alamannen, Bajuwaren und Langobarden unterschieden sich, jedenfalls im Vergleich zu den Romanen, untereinander nur geringfügig in der Tracht, der Bewaffnung und dem Grabbrauch. Selbstverständlich gab es regionale Eigenheiten, die sich manchmal sogar an den Stammesgrenzen hielten. So trugen die langobardischen Männer weiße Wadenwickel, was ihnen einen Vergleich mit Stuten einbrachte. Im Norden waren Wadenbinden nur bei Frauen üblich, und zwar meist zusätzlich mit Riemen befestigt. Dabei zeichnet sich bei den verzierten Garnituren die Grenze zwischen Alamannen und Bajuwaren ab: silberne aus Preßblech westlich des Lechs, eiserne mit Tauschierung im Osten.[138] Meist jedoch verbergen sich hinter Verbreitungsschwerpunkten einzelner Formen oder Kombinationen eher die Absatzgebiete von Metallhandwerkern[139] oder Töpfern und Einflüsse von außen.

Grundsätzlich war die germanische Tracht der Männer und erst recht der Frauen reich mit Zubehör aus Metall und anderem archäologisch erfaßbarem Material ausgestattet.[140] Fibeln schlossen das Gewand, oft paarig getragen; Halsketten aus Glas-, Bernstein- und Halbedelsteinperlen waren sehr beliebt, Armringe dagegen seltener; reich verzierte Beschläge erhöhten die magische

Kraft des Gürtels, die Frauen befestigten an herabhängenden Bändern noch Amulette und kleine Geräte des täglichen Lebens; außer den Wadenbinden waren auch die Schuhriemen mit Beschlägen besetzt. Die Bewaffnung des freien Kriegers bestand aus Schwert, Kampfmesser, Lanze, Schild, manchmal auch Wurfaxt oder Pfeil und Bogen; den Reichen war die Reiterausrüstung vorbehalten, kenntlich an Pferdetrensen, Sätteln, Steigbügeln (eine östliche Erfindung!) oder Sporen im Grab. Während die Beigabe von Tongefäßen in den einzelnen Regionen sehr unterschiedlich gehandhabt wurde, stellen wertvolle Bronze- und Glasgefäße überall ein Indiz für eine gehobene soziale Stellung dar.[141] Durch die vielfältigen Abstufungen der Beigabenkombinationen kann der Archäologe daher in den germanischen Gräberfeldern eher den Versuch wagen, die schriftlich überlieferte Sozialordnung mit den drei großen Gruppen der Adligen, der Freien und der Unfreien in den Bestattungen wiederzufinden. Aber schon bei den Stiftergräbern in den Kirchen haben wir gesehen, wie unsicher solche Gleichsetzungen von materieller Ausstattung des Grabes und sozialer Stellung des Individuums sind und immer bleiben müssen.

Die Sitte, den Toten unverbrannt, mit voller Kleidung und mit persönlicher Habe zu bestatten, läßt sich auch bei den Germanen nicht sehr lange zurückverfolgen. Im späten 3. Jahrhundert taucht sie zum ersten Mal bei der Oberschicht in Mitteldeutschland auf, die engen Kontakt zum römischen Reich besaß.[142] Nur wenig später sind Körpergräber im frühalamannischen Gebiet Südwestdeutschlands vor der an Rhein, Iller und Donau zurückgenommenen römischen Grenze zu datieren; aber auch hier handelt es sich nicht um einen für die gesamte Bevölkerung verbindlichen Brauch.[143] Ab dem späten 4. Jahrhundert ist die Körperbestattung (jetzt mit Waffen) westlich des Niederrheins bei germanischen Bevölkerungsgruppen nachweisbar.[144] Daß hier „neu angekommene Germanen, die erstmals mit den Römern in engeren Kontakt kamen und sich ihres Kriegertums und ihrer gehobenen Stellung in Gallien bewußt waren",[145] die Sitte der Waffenbeigabe aufgebracht und diese wiederum an die verwandten Stämme im freien Germanien weitergegeben hätten, ist eine Hypothese,[146] deren sozialpsychologische und religiöse Hintergründe (Körperbestattung – Waffenbeigabe – Oberschicht) noch genauer untersucht werden müßten. Denkbar ist jedenfalls, daß das Vorbild des fränkischen Königshofes in Belgien und Nordfrankreich ab der zweiten Hälfte des 5. Jahrhunderts rasch zu

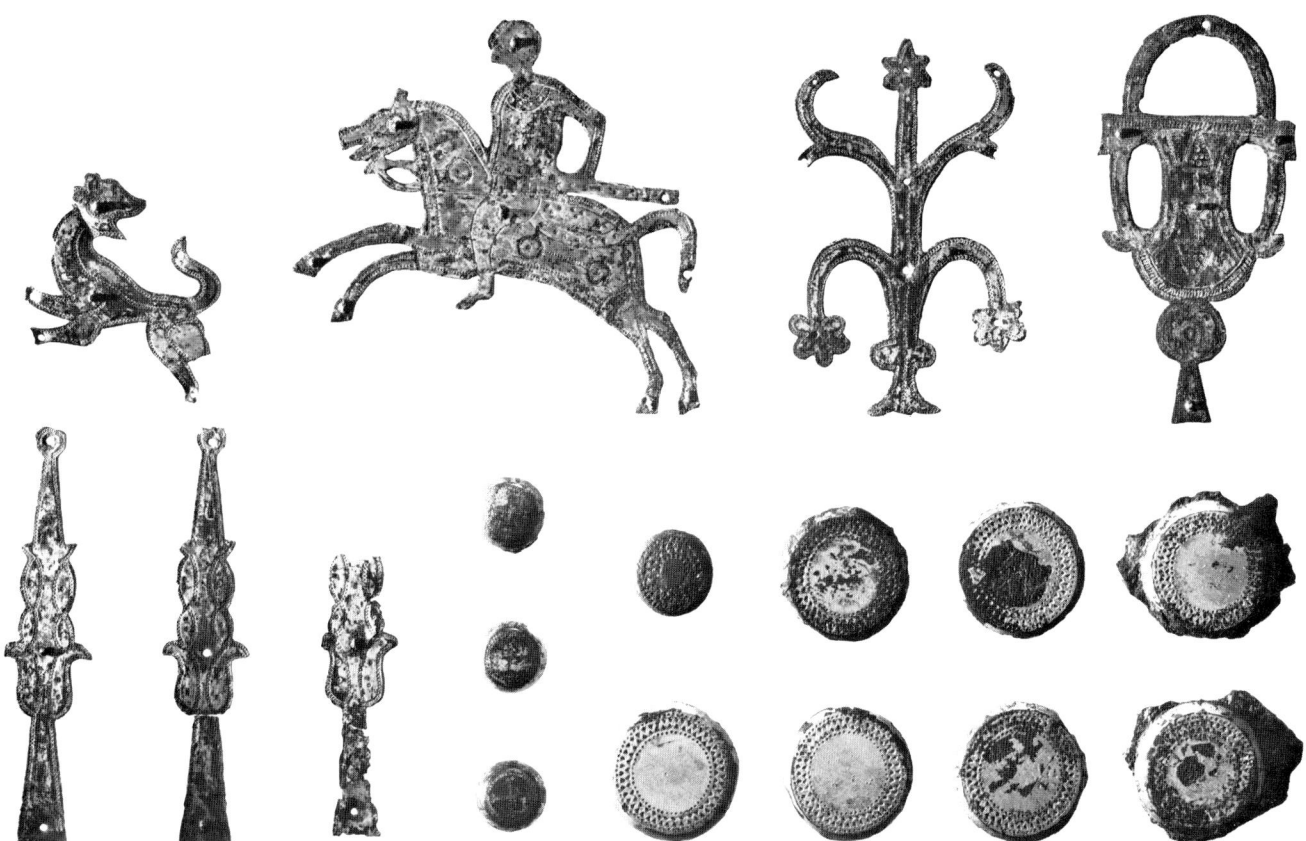

86   Nach germanischer Sitte gaben die Langobarden auch in Italien den verstorbenen Kriegern ihre Waffen mit ins Grab. Vermutlich aus demselben Grab wie das Goldblattkreuz (Abb. 125) stammen die vergoldeten Bronzebeschläge von einem prunkvollen Rundschild, gefunden in Stabio (Kanton Tessin). Um 600 n. Chr. Länge des Reiters 10 cm. Historisches Museum Bern.

einer großräumigen Vereinheitlichung der Bestattungsbräuche bei den Germanen aller sozialen Schichten nördlich der Alpen führte.[147]

Auf diesem Hintergrund wird verständlich, warum die ethnischen Probleme in den Westalpen besonders schwierig zu beurteilen sind und immer noch zu Diskussionen herausfordern. Wir wissen zwar, daß in diesem Gebiet die germanischen Burgunder saßen, seit sie im Jahre 443 dort auf noch reichsrömischem Boden angesiedelt wurden. Dies geschah jedoch zu einer Zeit, als die beschriebene germanische Tracht- und Bestattungssitte noch kaum ausgebildet war. Damit fehlen die wichtigsten Kriterien, Gräber von Romanen und Burgundern rein archäologisch zu unterscheiden. Und einige Jahrzehnte danach, als sich in den Sachtypen, vor allem im Gürtelschmuck, gewisse Eigentümlichkeiten auf – politisch gesehen – burgundischem Gebiet herauskristallisierten, spiegelt sich darin vor allem fränkischer und alamannischer Einfluß wider. Doch ist nicht anzunehmen, es hätten nur „germanische", nicht aber „romanische" Burgunder die neuen Moden mitgemacht[148]; wir wissen nämlich aus den Schriftquellen, wie rasch gerade hier die Verschmelzung der einheimischen und der zugewanderten Bevölkerung vor sich ging. Eine Rolle für diese Sonderstellung in Tracht und Bestattungssitte mag auch gespielt haben, daß die Burgunder als einzige der bisher genannten Stämme zu den Ostgermanen zählten, bei de-

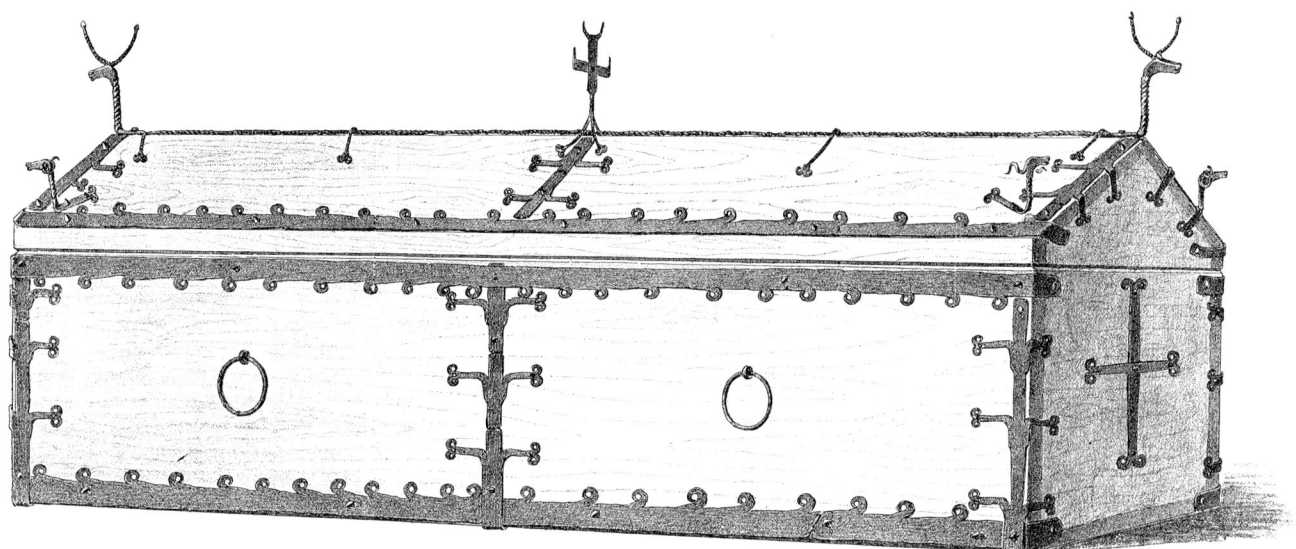

87   Rekonstruktion eines Holzsarges anhand der im Grab erhaltenen Eisenbeschläge. In ihm ruhte ein mächtiger langobardischer Krieger in Civezzano (Provinz Trento). 7. Jahrhundert n. Chr. Länge 2,36 m. Tiroler Landesmuseum Innsbruck.

nen – wie bei den Goten noch in Italien und in Spanien – Waffenbeigabe in Männergräbern ohnehin nicht üblich war. Daß die Burgunder vor ihrer Ansiedlung erst am Rhein und dann am Rand der Westalpen engen Kontakt mit den Hunnen hatten, beweisen anthropologische Details. So gibt es aus burgundischen Gräberfeldern einige künstlich deformierte Schädel.[149] Kann dies noch – wie vereinzelt bei anderen, vor allem ostgermanischen Stämmen – als bewußte Anlehnung an ein hunnisches Schönheitsideal interpretiert werden, so müssen doch auch etliche Menschen mongolischer Abstammung in den Stammesverband eingeheiratet haben. Sie (und noch einige ihrer Nachkommen?) sind daran zu erkennen, daß bei ihnen der Zahnschmelz bis zur Wurzel reicht.[150]

Aus alledem geht hervor, wie intensiv gerade im Westen (wie im ganzen linksrheinischen Gallien) das alte römische Erbe und die germanischen Einflüsse sich durchdrangen. Hier lebte auch, obgleich in bescheidenem Maße die Sitte weiter, besonders wichtigen Personen einen Grabstein mit Inschrift zu errichten;[151] hier findet sich schon früh christliche Symbolik auf Gegenständen des täglichen Lebens, vor allem auf Gürtelschnallen[152] (Abb. 117 und 159); hier errichtete König Sigismund bereits im Jahre 515 das Kloster Saint-Maurice im Wallis, und weiter im Nordwesten, jenseits des Jura in Nordburgund, blühten jene Klöster auf, von denen zu Beginn des 7. Jahrhunderts die Missionare am nördlichen Alpenrand entlang bis zu den Bajuwaren zogen.

In den Westalpen südlich des Burgunderreiches war der germanische Einfluß noch weit geringer. In dem Gräberfeld von Beaulieu-sur-Mer[153] an der Côte d'Azur, das vom 2. bis zum 8. Jahrhundert belegt wurde, ist davon überhaupt nichts zu spüren, zumal sogar schon das römisch-italische Element im Bestattungsbrauch kaum Niederschlag fand. Die Toten wurden nämlich so gut wie alle unverbrannt und ohne Beigaben beigesetzt, wobei allein die Sitte, manchen eine Scherbe (kein ganzes Gefäß!), Muscheln, Schnecken oder kleine Steine ins Grab zu werfen, auf eine bescheidene Art von Totenbrauchtum hinweist. Tracht- und Schmuckgegenstände fehlen gänzlich, so daß auch die Datierung der Gräber fast nur über die Art ihrer Konstruktion erfolgen kann:[154] hausförmige Gräber aus Ziegelplatten, Steinkisten aus Kalkplatten, Umrandung der Grabgrube mit Steinen und nach alter Sitte ein Säugling in einer Amphore. Eingeritzte Kreuzzeichen auf manchen Ziegelplatten bezeugen das Christentum der hier bestattenden Gemeinschaft, aber ab welchem Zeitpunkt und für wie viele Menschen dies gilt, das muß ungewiß bleiben.

Es liegt auf der Hand, daß hier der Archäologe kaum mehr Anhaltspunkte findet, die Lebensumstände und die Sozialstruktur einer Gemeinschaft zu erforschen, wenn ihm nicht Schriftquellen zu Hilfe kommen. In diesem Sinne bieten die Zentral- und Westalpen mit ihren Randzonen ein ergiebiges Betätigungsfeld besonders für die Frage, wie sich das römische Erbe im Milieu der Romanen mit den neuen germanischen Einflüssen auseinandersetzt. Da wir über die politischen Verhältnisse wenigstens in groben Zügen Bescheid wissen, ergeben sich aus den Beobachtungen außerdem auch Möglichkeiten, entsprechende Vorgänge in weiter zurückliegenden Zeiten – etwa bei den Wanderungen und Eroberungen der Kelten im circumalpinen Raum – zu beurteilen. Außer den ethnischen Problemen verdienen noch jene der sozialen Differenzierung Aufmerksamkeit, doch sind sie im romanischen Milieu wegen der geringen Aussagefähigkeit der Gräber weitgehend nur über die schriftlichen Quellen anzugehen. Die Herausbildung eines Adels mit wohldefinierten Rechten und Pflichten, mit Landbesitz und Gefolgsleuten setzte nach dem dunklen, unruhigen und wirtschaftlich schwierigen 5. Jahrundert langsam ein, bis sich im Laufe des 7. Jahrhunderts jene mächtigen Familien herauskristallisierten, die teilweise jahrhundertelang die Geschicke vieler Menschen und ganzer Landschaften bestimmten. Nur die schon erwähnten Stiftergräber in den Kirchen erlauben es, diese Vorgänge im alpinen Raum auch archäologisch zu fassen. Denn gegen Ende des 7. Jahrhunderts läuft die Beigabensitte bei Romanen wie Germanen aus – schriftliche Urkunden und Lebensschilderungen von Heiligen bilden nun die Grundlagen für eine Beschreibung der Geschichte der nächsten Jahrhunderte.

Anders steht es jedoch am Rande der Ostalpen. Gegen Ende des 6. Jahrhunderts hatten Awaren und dann Slawen das römische Erbe bis in die Täler hinein vernichtet, die Bevölkerung weitgehend vertrieben oder umgebracht. Die Begräbnisplätze der Neuankömmlinge kennen wir nicht (die ältesten slawischen Gräber auf dem Balkan, in der Slowakei, Böhmen und Polen enthalten grundsätzlich Brandbestattungen); erst viel später, im Laufe des 8. Jahrhunderts, setzen auf einmal wieder Friedhöfe ein, die aus Körpergräbern mit Beigaben bestehen. Das am besten erforschte ist Villach-Judendorf mit einigen Dutzend Gräbern dieser Zeit zwischen dem 8. und 10. Jahrhundert.[155] Die Funde bezeugen eine gewisse Wohlhabenheit und bestehen fast ausschließlich aus

88 „Unter diesem Grabstein ruht seligen Gedenkens Rusticus, der Mönch." – Schlichte Worte in schlechtem Latein auf einem der schönsten frühmittelalterlichen Grabsteine des Westens, erst 1974 bei Ausgrabungen in der 515 gegründeten Abtei Saint-Maurice d'Agaune im Wallis gefunden. Die aus einem Kelch trinkenden Tauben symbolisieren die menschliche Seele, die sich an der ewigen Seligkeit erquickt. 6. Jahrhundert n. Chr. Höhe 68 cm. Abtei Saint-Maurice d'Agaune.

Frauenschmuck:[156] Ohrgehänge verschiedener Form, Schläfenringe aus Draht, Perlenketten aus Glas, Bergkristall und Karneol, nur selten Schnallen, Fingerringe (einmal aus Gold), eine Halskette aus Silberdraht, eine Scheibenfibel mit Emaileinlage. Besonders auffallend sind mehrere Hauben oder Haarnetze, von denen sich Goldfäden oder -bänder und runde Anhänger erhalten haben. Männer lassen sich anhand der Schmuckstücke überhaupt nicht identifizieren, und die Beigabe von Waffen war nicht üblich. Nur in einem einzigen Grab könnten Eisenreste als Sporen interpretiert werden. Die Verhältnisse ähneln also durchaus denen im romanischen Gebiet, doch weisen die Formen der Gegenstände in ganz andere Richtungen:[157] nach Südosten auf den Balkan und nach Byzanz, nach Norden in den awarisch-großmährischen Bereich, und einiges dürfte mitteleuropäisches Allgemeingut karolingisch-ottonischer Zeit gewesen sein, obwohl Entsprechungen (wegen der Aufgabe der Beigabensitte in den Gräbern) nur selten vorliegen. Die Forschungen von Jochen Giesler[158] werden diese Probleme ausführlich beleuchten und auch die Beziehungen zu den nicht weit entfernten Gräberfeldern Sloweniens, etwa in Bled,[159] diskutieren. Bemerkenswert bleibt auf jeden Fall, daß diese unvermittelt einsetzenden Gräberfelder der nach einem wichtigen Fundort so benannten Köttlacher Kultur zeitlich mit der Expansion des Frankenreichs in den Ostalpenraum und der Slawenmission von Innichen und Kremsmünster aus zusammenfallen. Hier reagiert also eine Bevölkerung auf neue politische und religiöse Verhältnisse in einer Weise, die im eigentlichen Ausgangsgebiet überhaupt nicht mehr abzuschauen war und als Vorbild dienen konnte. Denn im Frankenreich bestattete man im Sinne der christlichen Lehre die Toten längst ohne Beigaben auf dem Friedhof neben der Kirche – ein Beispiel mehr für den Archäologen, wie differenziert die Beziehungen zwischen Jenseitsglaube und Bestattungsbrauch, politischer Einflußnahme und kultureller Ausstrahlung zu sehen sind. Die Gräber, die Welt der Toten, geben trotz aller Aussagekraft nur in eingeschränktem Maße Aufschluß über die Welt der Lebenden.

89   Die bedeutendste antike Bronzeplastik nördlich Italiens pflügte im Jahre 1502 ein Bauer auf dem Magdalensberg bei Klagenfurt (Kärnten) aus: die römische Kopie einer Jünglingsstatue aus der Schule des Griechen Polyklet. Sie kam als Weihegeschenk von Kaufleuten aus Aquileia an den norischen Stammesgott Mars Latobius nach Norden, wie die Inschriften verraten. Anscheinend wurde sie dort durch Hinzufügen von Schild, Schwert und Lanze zu einer Kultstatue des Gottes selbst umfunktioniert. Auf dem rechten Oberschenkel sind die Stifter eingeritzt: „Aulus Poblicius Antiocus, Freigelassener des Decimus, und Barbius Tiberinus, Freigelassener des Quintus und des Publius." Der heute verlorene Rundschild gab weiteren Aufschluß: „Für Mars! Gallicinus, Sohn des Vindilus, Lucius Barbius Philetaerus, Freigelassener des Lucius, Geschäftsführer, und Craxsantus, Sklave des Barbius Publius." Frühes 1. Jahrhundert v. Chr. nach einem Original des 5. Jahrhunderts v. Chr. Höhe 1,83 m. Kunsthistorisches Museum Wien.

V. Religion und Kunst

Die im Laufe der Jahrhunderttausende entwik-kelte Fähigkeit des Menschen, Geräte zu verwenden und selbst herzustellen, das Feuer zu nutzen und sich aktiv mit seiner Umwelt auseinanderzusetzen, hob den Einklang mit der Natur auf. Der Mensch machte eine Erfahrung, die ihn über das Tier hinaushob. Jeder Fortschritt, jedes Gefühl des Lernens, Könnens und Beherrschens produzierte gleichzeitig und unvermeidlich die Einsicht, daß viele Lebensbereiche dem direkten menschlichen Einfluß entzogen waren.

Diese Konfliktsituation bedurfte einer Bewältigung, nicht durch den einzelnen, sondern durch die Gruppe, außerhalb derer keiner leben konnte: die Errichtung einer schützenden Behausung, die Aufzucht der Kinder, die Jagd auf Großtiere – alles geschah gemeinsam im Verband der Großfamilie oder Sippe. So waren auch die Erlebnisse und Erfahrungen gemeinsames Gut: die Unbilden des Wetters und der Lauf der Gestirne, Leben und Tod, die Unwägbarkeiten der Jagd. Sie mußten zu einem Weltbild integriert werden, in dem der Mensch selbst seinen Platz fand und in dem er das Unbeeinflußbare durch Regeln band, um ihm seine Schrecken zu nehmen. So entstand gleichzeitig mit dem Menschen die Religion. Unser Wort „Religion" geht auf das lateinische *religio* zurück, und in seiner ursprünglichen Bedeutung kommt noch das bestimmende Element des Geregelten, des Bindenden zum Ausdruck.[1] *Religio* besaß die „objektive Bedeutung einer bindenden Macht, eines Tabus, das bestimmten Orten, Tagen und Handlungen anhaftet und auf den Menschen hindernd wirkt." Erst später gewann die subjektive Bedeutung die Oberhand als „religiöse Scheu, Frömmigkeit", die sich in einer sorgfältigen Beobachtung der rituellen Vorschriften niederschlägt.

Archäologisch-dinglich läßt sich Religion nur dort fassen, wo Einzelaktionen und wiederholte Rituale Spuren hinterlassen haben, die Schlüsse auf zielgerichtete Handlungen außerhalb des produktiven Lebensbereiches erlauben. In diesem Sinne hängt auch die Kunst eng mit der Religion zusammen. Bis in die Neuzeit hinein war sie nur zu bestimmten Zeiten und auch dann nur teilweise individuelles Vergnügen eines Künstlers, Ausdruck einer ungebundenen Kreativität. Wesentlich war ihre Einbindung in die Religion und die Kulte, die die Themen, die Einzelmotive sowie Art und Umfang der Abstraktion bestimmten. Ganz verschiedene Möglichkeiten gab es, „Wirklichkeit" zu sehen und abzubilden. Eine Übertragung des abendländischen Begriffs von Kunst, der vom

Spätmittelalter bis in das frühe 20. Jahrhundert Gültigkeit hatte, auf die Frühzeit des Menschen würde den Blick für das Wesentliche und Andersartige verstellen. Die moderne Kunst der letzten Jahrzehnte, nicht unwesentlich geprägt auch durch die Auseinandersetzung mit der außereuropäischen „primitiven" Kunst, hat das Verständnis für alternative Sehweisen stark gefördert.[2]

Bärenkult
und erste Menschenbilder

Wer die eindrucksvollen Höhlenmalereien in Westfrankreich und Spanien kennt, der wird im Alpenraum vergebens nach ähnlichem Ausschau halten. Hier griff der Jäger der Frühzeit zu anderen Mitteln, um denselben Zweck, nämlich die Herbeibeschwörung einer glücklichen und erfolgreichen Jagd, zu erreichen. Aber diese Mittel kennen wir nicht, weil sie sich nicht gegenständlich manifestiert haben. Allein aus den Beobachtungen bei den Naturvölkern jüngerer Zeiten ist ungefähr ein Rahmen für die verschiedenen Möglichkeiten abzustecken. Tänze und das Nach- oder besser: Vor-Erleben von Jagdszenen, die Darstellung des zu erlegenden Tieres und die Verkleidung mit seinem Fell stellen eine innige Verbindung zwischen dem Menschen und dem Tier, seinem Mitlebewesen in der Natur und zugleich Jagdziel, her. Ob Schamanen, die als Priester Zugang zur Welt der Geister und Totemtiere hatten, schon in der Frühzeit das religiöse Leben der umherziehenden Jäger prägten, ist sehr umstritten, ebenso die Frage, ob es Tieropfer gegeben hat, die einem höheren Wesen, einem Gott galten.

Nur der letzte Punkt ließe sich klären, wenn sorgfältig durchgeführte und genau dokumentierte Ausgrabungen eindeutige Beweise lieferten. Dies aber ist nicht der Fall, denn die Befunde vom Drachenloch bei Vättis (Kanton St. Gallen)[3] genügen den Ansprüchen der Skeptiker nicht. Hier hatte Emil Bächler 1917 bis 1923 in den inneren Höhlenbereichen Schädel und Langknochen von Höhlenbären entdeckt, die in einigen Fällen den Gedanken an eine absichtliche Niederlegung aufkommen ließen, zumal sie auch mit Steinen umstellt oder bedeckt gewesen sein sollen. Da im altsteinzeitlichen Mitteleuropa ähnliche „Beisetzungen" von Höhlenbärenschädeln an mehreren Orten bezeugt sind,[4] besteht kein grundsätzlicher Anlaß, auch für das Drachenloch einen Bärenkult zu bezweifeln,[5] zumal im Wildenmannlisloch im Gebiet der Churfirsten (Kanton St. Gallen)[6] vergleichbare Beob-

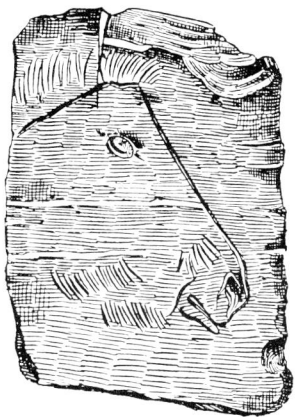 

90   Eingravierte Pferdeköpfe auf einem Gagatplättchen, gefunden im Kesslerloch bei Thayngen (Kanton Schaffhausen). Etwa 10000–8000 v. Chr. Länge 5,9 cm. Museum Allerheiligen Schaffhausen.

achtungen gemacht wurden. Welcher Art allerdings die damit verbundenen religiösen Vorstellungen waren, das ist auch durch das Studium der Naturvölker, die ja selbst viele Jahrtausende Geschichte hinter sich haben, nicht sicher herauszufinden: ob es die Verehrung des Bären als des lebensspendenden und lebensnotwendigen Jagdtieres war oder der Glaube an ein höheres Wesen, dem man Anteil an seinem Reichtum gab.[7]

Zu einer bildlichen Darstellung von Tieren fand der Mensch erst in jüngeren Abschnitten der Altsteinzeit, also in den Spätphasen der letzten Eiszeit. Die Fertigkeit des Jägers hatte sich weiter entwickelt: Pfeil und Bogen, Speere, Harpunen und feine Steingeräte sind dem Archäologen erhalten geblieben. Die Jagd muß auch das ganze Leben und Denken der Menschen bestimmt haben, ihr Verhältnis zum Tier, die religiösen Vorstellungen, die Sozialstruktur. So erstaunt es nicht, daß das Tier bald das Kunstschaffen beherrscht.[8] Höhlenmalereien fehlen zwar, wie erwähnt, gänzlich, aber einige Erzeugnisse der Kleinkunst aus Knochen, Geweih oder eingeritzt in Steinplatten,[9] machen eines deutlich: die Skulpturen und Zeichnungen sind nicht „primitiv", es sind keine „Kinderzeichnungen". Von Anfang an besaß der Mensch (freilich, wie heute noch, nur der besonders dafür begabte) die Fähigkeit, das Wesentliche in Gestalt und Gehabe eines Tieres zu erfassen und wiederzugeben. Darge

stellt wurden Rentiere, Wildpferde, Wildesel, Moschusochsen, also die großen Jagdtiere, die hohe Anforderungen an Mut, Flinkheit und Treffsicherheit der Jäger stellten. Diese drangen kaum in den eigentlichen Alpenraum vor, sondern machten am Rande halt: an der Rhône im Westen, am Hochrhein und in den Ebenen Niederösterreichs im Norden, in der Poebene im Süden. Auch die zweite Kunstgattung, die kleinen Frauenfigürchen aus Bein oder leicht zu bearbeitendem Stein, deren bekannteste die „Venus von Willendorf"[10] in Niederösterreich ist, ist auf diese circumalpine Region beschränkt. Einige Funde aus den Balzi Rossi[11] bei Ventimiglia an der Riviera bezeugen die Sonderstellung dieses klimatisch begünstigten Raumes. Wenn der Künstler bei ihnen die typischen weiblichen Körpermerkmale hervorhob, so diente dies der Charakterisierung des Geschlechts, der Eigenschaft als Mutter, selbst wenn er – wie manchmal möglich – eine ganz bestimmte Person vor Augen hatte. Diese Kunstwerke aus der jüngeren Altsteinzeit dokumentieren eine neue Stufe in der geistigen Entwicklung des Menschen, die Fähigkeit, seine Mitmenschen und letztlich sich selbst von außen zu betrachten und in ein Bild umzusetzen, das vom Betrachter wiedererkannt und verstanden wurde.

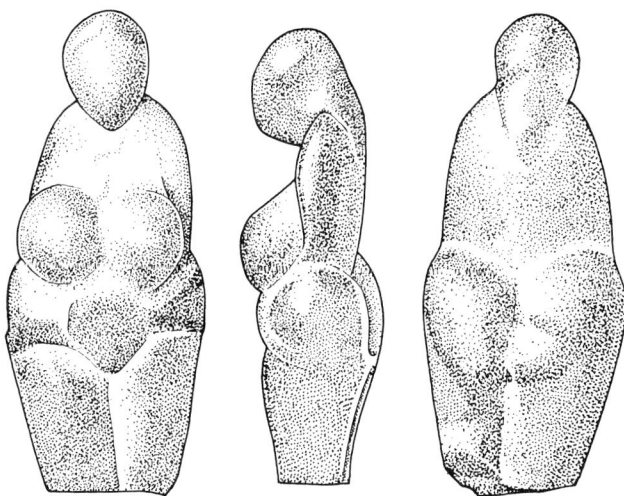

91   Frauenfigur aus Speckstein, gefunden mit fünf ähnlichen in der „Barma Grande", einer Höhle am Meer bei Ventimiglia (Ligurien), vielleicht auch in der benachbarten „Grotta del Principe". 30000–20000 v. Chr. Höhe 4,8 cm.

Der Hausaltar unter dem Felsendach

Funde, die über die Religion und geistigen Vorstellungen der Jüngeren Steinzeit Auskunft geben, sind im Alpenraum sehr selten. Da die Besiedlung nach dem Ende der Eiszeit nur zögernd einsetzte und die ersten Bauern ohnehin nicht in das Gebirge vordrangen, sind auch kaum Hinweise auf die anderwärts damit verbundenen Fruchtbarkeitskulte zu erwarten. Einige Tierfigürchen aus Ton, die aus einer Siedlung von Seeberg-Burgäschi (Kanton Bern)[12] stammen, stehen ganz vereinzelt da und geben nur mit Mühe zu erkennen, welche Tiere damit gemeint sein könnten (Widder, Hund, Wisent?). Denn ebenso dürftig sind die künstlerischen Äußerungen dieser Zeit. Die Zeichnungen und Plastiken der Älteren Steinzeit hören auf, ein Weiterleben ist nirgends sicher bezeugt. Was diesen Umschwung bewirkte und welche Änderungen auf religiösem, wirtschaftlichem oder sozialem Gebiet kausal damit verknüpft waren, bleibt uns verborgen.

Auf diesem Hintergrund erhält ein neuer Befund aus der Gegend von Trient besondere Bedeutung. Bei Martignano in der Val Sugana ergaben Ausgrabungen unter einem Felsendach, Riparo Gaban genannt, ein dickes Schichtpaket, das eine Besiedlung des Platzes vom Übergang Alt-/Jungsteinzeit bis in die Bronzezeit anzeigt. Die Ergebnisse sind bisher zwar nur andeutungsweise veröffentlicht,[13] doch läßt sich schon ein grobes Bild gewinnen. Danach gehörte zu einer Schicht der Jüngeren Steinzeit eine kleine Nische in der Felswand, großenteils (wohl sekundär) verdeckt und versperrt durch einen Felsblock. In dieser Nische und im nächsten Umkreis von höchstens 1 m entdeckten die Ausgräber vier Gegenstände, deren Gestalt und Verzierung sie in den religiösen Bereich verweist: eine Knochenplatte in Gestalt einer Frau, deren Scham besonders hervorgehoben ist; eine rechteckige Knochenplatte mit einfacher Ritzverzierung, zweimal durchlocht; einen abgebrochenen Knochen (wahrscheinlich ein Humerus vom Schwein) mit abwechslungsreicher Ritzverzierung und vielleicht der stilisierten Gestalt eines Menschen; schließlich einen langovalen Kiesel, durch Ritzlinien in einen Menschenkopf verwandelt. Erinnert die Frauengestalt noch an die altsteinzeitlichen Skulpturen mit ihren kleinen Köpfen, betonten Geschlechtsmerkmalen und nur angedeuteten Beinen, so stellt der Kopf etwas Fremdes und Neuartiges dar. Die aufgerissenen Augen, die lange Nase und der

geöffnete Mund lassen sofort an die steinernen Köpfe von Lepenski Vir am Eisernen Tor in Jugoslawien denken.[14] Eine direkte Verbindung mit dem Südosten ist aber derzeit nicht möglich. Erstens sind die Steinköpfe von Lepenski Vir richtig plastisch gearbeitet, nicht nur durch Ritzlinien erzeugt, zweitens sind sie viel größer (meist 20–60 cm) und drittens das Entscheidende: sie sind rund 1500 Jahre älter als der Kiesel vom Riparo Gaban. Er ist durch die Steinwerkzeuge und Tonscherben in die mittlere Phase der Jüngeren Steinzeit Oberitaliens zu datieren. Dagegen stammen die Steinköpfe von Lepenski Vir aus den beiden ältesten Siedlungsphasen dieses Platzes, die überhaupt noch keine Tongefäße enthalten haben und somit noch vor dem Beginn der Jüngeren Steinzeit im vollen Sinne erbaut wurden. Die C^{14}-Datierungen, korrigiert nach den derzeitigen Vorschlägen (S. 13), ergeben die genannten 1500 Jahre Differenz.

Etwas Neues gegenüber den altsteinzeitlichen Skulpturen kommt in dem kleinen Kunstwerk jedenfalls zum Ausdruck. Der Körper der Person spielt überhaupt keine Rolle mehr, er wird nur durch einige Striche angedeutet. Beherrschend ist das Gesicht mit seinen klaren Konturen, in das der moderne Betrachter leicht einen Ausdruck von Schrecken oder Entsetzen hineinliest. Bemerkenswert ist der Bart, der in zwei Zipfeln auf die Brust herunterhängt (dafür gibt es in Lepenski Vir keine Entsprechung).

Durch die genauen Ausgrabungen in Lepenski Vir wissen wir, daß die dortigen Köpfe und ornamental oder überhaupt nicht verzierten Steine gleicher Form ihren festen Platz innerhalb der Häuser hatten: hinter dem Herd auf dem Fußboden, genau in der Mitte des Raumes und etwas eingetieft, damit sie Halt bekamen. Erst die umfassende Auswertung der Grabung vom Riparo Gaban wird Auskunft darüber geben, ob hier etwas Ähnliches vorlag, ob die vier so verschiedenen Objekte zu einer einzigen Siedlungsphase gehören oder möglicherweise verschiedene Zeitstadien repräsentieren, in denen der Wohnplatz unter dem Felsendach mehrmals umgestaltet wurde. Bei den derzeitigen, sehr bescheidenen Kenntnissen über die frühe Kunst wäre es zu gewagt, allein aus den stilistischen Unterschieden zwischen den vier Objekten auch gleich auf einen zeitlichen Unterschied zu schließen. Denn es ist ebenso gut möglich, daß Form und Verzierung jeweils ganz verschiedenen Vorstellungswelten und religiösen Zielen zugeordnet, aber gleichzeitig in Gebrauch waren. Die Kleinheit der Objekte läßt daran den-

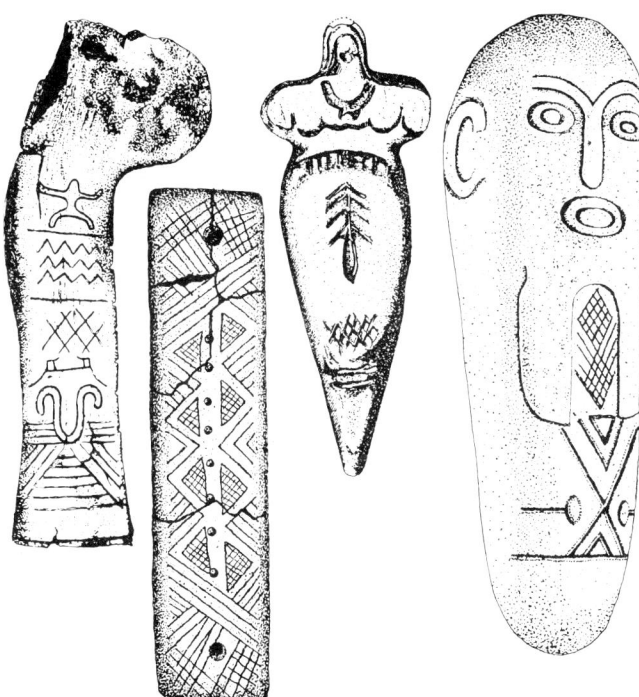

92   Andachtsbilder aus Stein und Knochen, gefunden unter dem Felsdach „Riparo Gaban" bei Martignano (Provinz Trento), wo Menschen mehrere Jahrtausende lang wohnten. 4500–3500 v. Chr. Verschiedene Maßstäbe. Museo di Scienze Naturali Trento.

ken, daß sie nicht einfach auf dem Fußboden niedergelegt waren, sondern auf einer erhöhten Unterlage standen, vielleicht – wie der Befund andeuten könnte – in einer Nische in der Rückwand des Hauses, dessen Feuerstellen immer wieder erneuert wurden.

Tieropfer und Weihegaben an unbekannte Mächte

Ab der Bronzezeit sind die verschiedenen Kategorien von Opfern zu fassen, die erst im Laufe des Frühmittelalters durch das Christentum zurückgedrängt und verboten (aber nicht beseitigt) wurden. Die große Zahl der Beispiele eröffnet die Möglichkeit zu untersuchen, welcher Art die Opfer waren, welche Plätze dafür bevorzugt und welche Gegenstände dafür ausgesucht wurden. Wem aber die Opfer galten, welchen Namen die Götter trugen, das herauszufinden ist vor der römischen Zeit mit ihren schriftlichen Quellen nur selten möglich.

Schon seit der frühen Bronzezeit opferten die Menschen an Plätzen, die sie immer wieder aufsuchten, oft über Jahrhunderte hinweg. Sie geben sich durch Massen von verbrannten Tierknochen, Asche und zerbrochenen Tongefäßen zu erkennen.[15] Der „Knochenhügel" im Langackertal bei Reichenhall soll vor der Ausgrabung (die ihn dann endgültig beseitigte!) noch 4 m hoch gewesen sein; die Scherben daraus füllen Dutzende großer Kisten.[16] Denn die Heiligkeit des Ortes verbot es, die Asche und sonstige Überreste des Opfers nach dem Ende der Zeremonie beiseite zu schaffen. So wuchsen die Hügel immer höher empor, bis die Kontinuität des Kultes unterbrochen oder die Zeremonie an einen anderen Ort verlegt wurde.[17]

Solche Brandopferplätze gibt es im Alpenraum zwischen dem Thuner See und der Salzach ziemlich viele, und immer noch werden neue entdeckt, die nur durch Überpflügen völlig verschleift waren.[18] Nach Zeitstellung und topografischer Lage sind sie ganz verschieden. Da gibt es beispielsweise einen Kultplatz am 2510 m hohen Burgstall auf der Höhe des Schlern über Bozen, datiert in die späte Bronze- und frühe Eisenzeit.[19] Wer hier opfern wollte, mußte einen beschwerlichen Weg auf sich nehmen, war aber dem Berggott, dem das Opfer vielleicht galt, besonders nahe. Die Lage solcher Kultplätze dicht unter dem Gipfel ist mehrmals zu beobachten, etwa auch bei dem von La Chalp unterhalb des Monte Genevris (2536 m) in den Piemonteser Alpen.[20] Die dortigen Funde (vor allem Scherben und Münzen) gehören in spätkeltische und römische Zeit; einige Ruinen deuten auf Bauten am heiligen Ort, vielleicht kleine Tempel oder Unterkünfte für die Pilger. Die auf vielen Scherben eingeritzten Inschriften geben Aufschluß darüber, daß man hier in erster Linie einen Gott Albiorix verehrte, einen Berggott mit keltischem Namen, der in anderen Inschriften der Westalpen mit dem römischen Mars, dem Gott des Krieges, gleichgesetzt wird. Dies bestätigt der römische Name des kleinen Städtchens Oulx am Fuße des Berges, das in den spätantiken Straßenkarten als „Ad Martis" verzeichnet ist. Als zweiten verehrte man den Gott Apollo, der bei den Kelten mit den einheimischen Heilgöttern verschmolz. Das Fehlen von Asche und verbrannten Tierknochen verbindet diesen Platz mit anderen älteren, bei denen ebenfalls nur zerbrochene Gefäße in eine Grube gefüllt worden waren.[21]

93   Unzweifelhaft als Weihegabe an einen unbekannten Gott hat der Fund aus Spiez-Obergut (Kanton Bern)
zu gelten. Auf die zusammengebogene Gewandnadel sind
fünf Armringe und ursprünglich drei kleinere Ringe auf-
gefädelt. Entdeckt wurden sie am Fuße eines Granit-
blocks zusammen mit Asche und verkohltem Holz. Hier
hat also ein Brandopfer stattgefunden, dem danach die
Bronzegegenstände hinzugefügt wurden. 14. Jahrhundert v. Chr. Länge der Nadel 60 cm. Historisches Museum Bern.

Brandopferplätze befanden sich jedoch nicht nur
auf einsamer Bergeshöhe, sondern auch mitten in besiedelten Arealen, etwa auf dem Dürrnberg bei Hallein
(Abb. 49: „Kultplatz") in der Späteisenzeit[22] und auf
dem Auerberg bei Schongau in frührömischer Zeit.[23]
Schließlich scheint es Brandopferplätze auch bei und
über Gräbern gegeben zu haben, wie die Befunde von
Reichenhall in Zusammenhang mit denen von Pula in
Istrien andeuten könnten.[24] Daß allerdings der Friedhof
noch in Benutzung war, ist nach den nicht sehr klaren
Befunden wenig wahrscheinlich.

Opferten die Menschen an diesen Plätzen vornehmlich Tiere, Getränke, Speisen und die zugehörigen
Tongefäße, so sind bei einer zweiten Kategorie Metallgegenstände weitaus im Übergewicht. Schon seit der jüngeren Steinzeit verehrte der Mensch Götter oder höhere
Wesen, indem er ihnen an Plätzen, die durch eine besondere Eigenschaft ihre Heiligkeit erhielten, wertvolle Gegenstände weihte. Er konnte eine Lanze in den Boden
rammen, einen Pfeil in die Luft schießen, ein Beil in einen
Baumstamm schlagen, Ringe an Ästen aufhängen oder
bei einem Stein niederlegen, ein Schwert in einer Felsspalte verbergen, Münzen in einen Riß einer Holzstatue
klemmen,[25] Nadeln ins Moor werfen und Waffen in flie-
ßende Gewässer versenken. Während bei einer Versen-
kung in Moor oder Wasser die Absicht klar erkennbar
ist, den geweihten Gegenstand für immer aus der Hand
zu geben, so zögerten und zögern sehr viele Archäologen
bei Funden vom festen Land oftmals, an eine absichtliche
Niederlegung zu glauben, sondern denken lieber an einen
zufälligen Verlust oder an ein Versteck in Gefahrensitua-
tionen. Die Vorstellung vom Jäger jedoch, der seine
Lanze nach einem flüchtenden Tier wirft und sie nicht
wiederfindet, läßt sich erstens auf die meisten anderen
Funde nicht übertragen. Zweitens ist sogar schriftlich
überliefert, daß die Heiligkeit solcher Plätze jedem Vorübergehenden wenn nicht bekannt, so doch wohl erkennbar war und daß für den frühen Menschen ein sichtbar
dargebrachtes Weiheopfer ebenso unantastbar war wie
ein im Wasser verschwundenes. So berichtet Diodoros[26]
im 1. Jahrhundert v. Chr. von den Kelten: „In den Tempeln und an den heiligen Stätten, die man hin und wieder
antrifft, liegt viel Gold umher, das den Göttern geweiht
ist. Die Furcht vor diesen ist aber so groß, daß niemand
dieses Gold anrührt, obgleich die Kelten sonst äußerst
geldgierig sind." Wer hätte es riskieren wollen, den Zorn
und die Rache der Götter auf sich zu lenken, indem er
geweihte Waffen an sich nahm? Wir dürfen nicht verges-

94   Weihegaben aus einem Heiligtum auf dem Gutenberg bei Balzers (Liechtenstein). Hirsch und Eber als heilige Tiere der Kelten, die Klapperbleche in einheimisch-
hallstättischer Tradition und der große Krieger mit seinem italisch anmutenden Lederpanzer bezeugen die verschiedenen kulturellen Einflüsse in diesem Durchgangsland. Die Figürchen waren einst auf einer heute verlorenen Unterlage befestigt. Namen und Aufgabenbereiche
der hier verehrten Götter sind unbekannt. 3.–1. Jahrhundert v. Chr. Höhe des großen Kriegers (ohne Zapfen)
12,8 cm. Liechtensteinisches Landesmuseum Vaduz.

sen, daß wir ja nur die Metallteile dieser Gegenstände besitzen und gar keine Ahnung davon haben, auf welche vielfältige Weise der heilige Ort sonst noch gekennzeichnet war.

Um diesen Zusammenhang zu verdeutlichen, seien zuerst die Gewässerfunde vorgestellt. Das Wasser[27] galt bei vielen Völkern als der Zugang zur Unterwelt, zu den Totengeistern. Die Quelle verkörperte darüber hinaus vielleicht den Beginn eines Seins, des nie versiegenden Ursprungs aller und besonders der lebensnotwendigen Dinge. Wenn dann die Quelle noch heilkräftig war, was dem frühen Menschen auch ohne chemische Analysen nicht verborgen blieb (Geruch, Geschmack, Temperatur, Beliebtheit bei Tieren), genoß sie um so höhere Verehrung. Das bekannteste Beispiel ist die Mineralquelle von St. Moritz im Engadin, bei deren Neufassung im Jahre

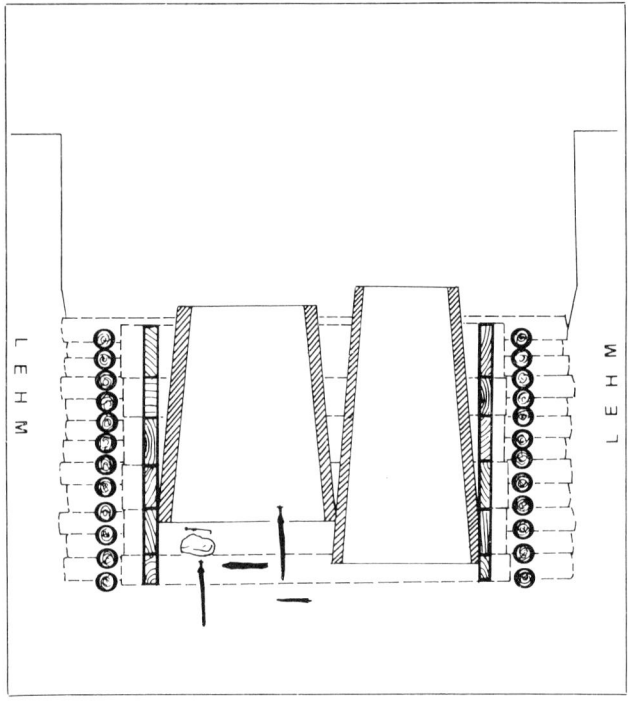

95   Querschnitt durch die hölzerne Quellfassung von St. Moritz (Graubünden) mit den Weihegaben der Bronzezeit: ein fragmentiertes und zwei ganze Schwerter, ein Dolch, eine Gewandnadel. 13. Jahrhundert v. Chr. Durchmesser des Kastens aus Holzstämmen etwa 4,3 m.

1907 eine alte Quellfassung entdeckt wurde, dazu bronzezeitliche Weihefunde.[28] Schon in die frühe Bronzezeit ist ein Beil aus dem Bereich der Solequellen von Bad Reichenhall[29] zu verweisen. Es besitzt noch den vorzüglich erhaltenen Holzstiel, den das Salz – wie in den Bergwerken von Hallein und Hallstatt – konservierte.

In späterer Zeit entstanden auch Heiligtümer an Quellen, ohne daß in diesen Opfergaben versenkt wurden. Außerhalb Italiens wenig bekannt ist Calalzo „Làgole" im obersten Piavetal, wo seit 1914 immer wieder Funde und schließlich kleinere Grabungen in den Fünfziger Jahren durch Giulia de' Fogolari die Existenz eines Heiligtums bei schwefelhaltigen Quellen nachwiesen.[30] Eine Unmenge von Gegenständen mit fast 100 Inschriften erlauben es, zusammen mit den Beobachtungen bei der Ausgrabung, die wesentlichen Züge der Kulthandlungen am Ort zu rekonstruieren. Als erstes ist sehr bemerkenswert, daß nach den entzifferbaren Namen der venetischen und lateinischen Inschriften[31] nur Männer am Kult beteiligt waren. Zweitens wurde dieser über viele Jahrhunderte hinweg ausgeübt, etwa vom 3./ 2. Jahrhundert v. Chr. bis gegen die Mitte des 4. Jahrhunderts n. Chr., als offenbar das Christentum ihm ein Ende setzte. Ob und wie sich die Zeremonien im Laufe dieser langen Zeit geändert haben, bleibt unklar.

Im Mittelpunkt stand jedoch immer die Verehrung eines Heilgottes, dem eine gezielte Auswahl an Gegenständen geweiht wurde: Bronzetafeln mit und ohne bildliche Darstellungen, kleine Figürchen aus Bronze, meist Krieger, aber auch Götter der männlichen Sphäre (Hercules, Jupiter, Victoria, Mercur) und der Heilgott „Apollo" selbst, größere Gefäße, Schöpfkellen, Gürtelhaken, Fibeln und Votivbilder aus Bronze in Form jener Körperteile, für die Heilung erhofft wurde, aus Eisen geschmiedete Schwerter, Messer, Dolche und sogar eine Sense; in römischer Zeit auch Münzen (etwa 80 v. Chr. bis 340 n. Chr.). Die Inschriften befinden sich vor allem auf den Bronzetafeln, -figürchen und -schöpfkellen. Letztere dienten zum Schöpfen und Trinken des heilkräftigen Wassers, trugen auf dem Stiel meist eine Weihinschrift und wurden nach dem Gebrauch zerbrochen und als Opfer am heiligen Ort niedergelegt, wie die anderen Gegenstände auch. Zum Kult gehörten auch große Feuer, an denen vielleicht geschmaust und getrunken, sicherlich aber geopfert wurde; die Massen von verbrannten Tierknochen und zerschlagenen Tongefäßen sind nur mit den schon beschriebenen Brandopferplätzen zu vergleichen.

96   Votivtafel aus Bronzeblech vom Quellheiligtum bei Làgole, Gemeinde Calalzo (Provinz Belluno, Veneto). Die Inschrift lautet: *Kellos Pittammnikos toler Trumusijatei donum d(onasto) a(isum)* – Cellus Pittamnicus hat dieses Geschenk (der Gottheit) Trumusiati(s) gegeben. 2.–1. Jahrhundert v. Chr. Größe 19 × 17 cm. Museo della Comunità Pieve di Cadore.

Der Gott, dem die Verehrung galt, läßt sich aus den Weihinschriften erschließen. Die venetischen folgen einem recht einheitlichen Schema.

Eskaiva libertos Arsletijakos donasto Śainatei Trumusijatei.
[Scaeva Arsleti libertus donavit Sainati Trumusiati.]

Die Übersetzung aus dem Venetischen ins Lateinische macht die lexikalischen und grammatikalischen Zusammenhänge deutlicher und hat sich deshalb bewährt, weil solche Weiheformeln in den Sprachen Altitaliens – und sogar im nichtindoeuropäischen Etruskischen – sehr ähnlich aufgebaut waren. Die Übersetzung lautet dann etwa:

Scaeva Arsleti, freigelassener Sklave, hat (dieses der Gottheit) Sainat(is) Trumusiat(is) gegeben.

Der Hauptname oder -beiname der Gottheit war – nach der Häufigkeit zu urteilen – *Trumusijat(is),* während *Sainat(is)* ein weiterer Beiname (vielleicht „der Heilende"; vgl. lat. *sanare*) oder eine zweite Gottheit sein kann.

Einfachere Fassungen der Weiheformel lauten etwa:

Auf einer kleinen Bronzekanne
Kśutavikos doto donom Śainatei.
[C(o)ssutavicus (?) dedit donum Sainati.]
C(o)ssutavicus hat (dieses) Geschenk (der Gottheit) Sainat(is) gegeben.

Auf dem Griff einer Schöpfkelle
Suros Resunkos tonasto Trumusiatin.
[Surus Resun(i)cus donavit Trumusiatem.]
Sures Resun(i)cus hat (dies der Gottheit) Trumusiat(is) gegeben.

Daß nicht nur Einzelpersonen Weihegaben stifteten, lehrt ein Votivblech mit Pferdedarstellung (ähnlich Abb. 96) mit der kurzen Inschrift:

teuta toler.
[Civitas obtuli.]
Die Gemeinde hat (dieses) gegeben.

Und besonders sicher wollte jener Mann gehen, der auf dem Griff seiner Schöpfkelle den abgekürzten Namen der Gottheit gleich zweimal einritzte: *Trumu Trumu.*

Als allmählich römische Kultur und Sprache den venetischen Alpenraum eroberten, paßten sich die Weihinschriften dem bald an. Zunächst wurde der alte Name der Gottheit noch beibehalten, obwohl schon die lateinische Weiheformel verwendet wurde:

L(ucius) Apinius L(ucii) f(ilius) Trum[sia]tei v(otum) s(olvit) l(ibens) m(erito).
Lucius Apinius, Sohn des Lucius, hat (der Gottheit) Trumsiat(is) sein Gelübde eingelöst, gern und nach Gebühr.

Schließlich ersetzte der griechisch-römische Apollo, in vielen Gegenden des Reiches als Heilgott verehrt, die einheimische Gottheit:

Firmus Vettius Apolini v(otum) s(olvit) l(ibens) m(erito)

Auch die beiden letzten Inschriften waren auf Griffen von Schöpfkellen eingeritzt, die dem jeweiligen Zeitgeschmack entsprachen, und dokumentieren so am besten, wie trotz der Latinisierung und Romanisierung der Alpen die Grundstruktur alter Gebräuche und Verhaltensweisen erhalten blieb, ebenso der Glaube der dort wohnenden Menschen an die Heiligkeit eines Ortes und die Hilfe eines dort verehrten Gottes. Der Name des Gottes wurde der neuen Welt offiziell angepaßt, sonst nichts.

Nördlich des Alpenkauptkammes galt ebenfalls eine Quelle in der jüngeren Eisenzeit als besonders heilig; jedenfalls sind dort, bei Steinberg am Achensee in etwa 1400 m Höhe, die einzigen vorrömischen Inschriften im Norden überliefert.[32] Sie sind in die Wand einer Felsspalte eingeritzt, aus der eine kleine Quelle entspringt. Im Gegensatz zu Làgole haben sich hier hauptsächlich Frauen verewigt:

Wasser ist da
Dem Kastor hat hier Frau Etuni geopfert
Hier hat Frau Mnesi dem Kastor geopfert
Usipe der Gefangene hat geopfert
Hier hat Elvas Wasser geschöpft
Gestiftet hat Estas das Votivbild

Quellen und feuchte Stellen sind in der Umgebung genügend vorhanden, und ein Mineralgehalt des Wassers ist nicht nachgewiesen, so daß der Grund für die besondere Heiligkeit dieser Quelle unbekannt bleibt. Erst kürzlich entdeckte man bei Telfes im Stubai eine Felsspalte, in der spärlich rinnendes Wasser mit hohem Mineralgehalt aufgefangen wurde.[33] Zahlreiche Schalen und auch Krüge aus Ton datieren die Nutzung und Verehrung dieser Quelle ebenfalls in die jüngere Eisenzeit. Die Sitte, die verwendeten Schöpf- und Trinkgefäße der Gottheit zu weihen, entspricht – natürlich in bescheidenerem Maße – der in Làgole beobachteten.

Die den Bächen und Flüssen übergebenen Opfer sind uns nur zu einem winzigen Teil bekannt. Denn die Chance der Auffindung ist sehr gering. Die Ausbaggerung von Flüssen und Kiesgruben, die alte Flußarme anschneiden, bietet die besten Möglichkeiten, doch seit der fast totalen Mechanisierung gehen auch hier die Fundquoten zurück. Sicher dürfte immerhin sein, daß besonders auffallende Orte bevorzugt wurden, nicht nur die Quellen, sondern auch Engstellen, Stromschnellen und Mündungen von Nebenflüssen, selbst von kleinen Bächen, die sich durch ihre Wasserfarbe unterscheiden. Die umfassende Arbeit von Walter Torbrügge[34] über die Flußfunde hat die damit verbundene Problematik hinreichend geklärt. Die folgenden Beispiele mögen unter anderem veranschaulichen, daß Waffen in der Überzahl

sind, und das nicht nur deshalb, weil sie wegen ihrer Größe leichter entdeckt werden. Denn zu bestimmten Zeiten und in gewissen Regionen war stattdessen das Opfern von Nadeln üblich[35] (also auch ein Gegenstand, dem das Spitze, das Durchdringende anhaftet; Ringe sind so gut wie nie vertreten), und die sind fast alle kleiner als Schwerter, Äxte und Lanzenspitzen.

Die Sitte der Flußopfer reicht von der Jüngeren Steinzeit bis ins Frühmittelalter und darüber hinaus: Steinbeile aus der Salzach und ihren Nebenflüssen;[36] frühe Bronzebeile aus Salzach und Saalach;[37] bronzene Prunkbeile der Eisenzeit aus der Mündung der Alm (= Königssee-Ache) in die Salzach und der Ache bei Dornbirn in Vorarlberg;[38] getriebene Helme der Eisenzeit aus dem Po;[39] sogar zwei Brustpanzer der älteren Eisenzeit aus einem Bach bei Véria im französischen Jura.[40] In römischer Zeit ging die Sitte zurück – möglicherweise nur scheinbar –, weil neu normierte Formen der Religionsausübung die Oberhand gewannen. Aber wo größere Fundmengen in einem kleinen Areal überliefert sind, ist auch die römische Zeit durchaus vertreten; so etwa im wasser- und moorreichen Alpenrheintal um Lustenau kurz vor der Mündung in den Bodensee.[41] Da die Germanen eine ganz ähnliche Tradition mitbrachten, nehmen die Gewässerfunde im Frühmittelalter im alpinen und circumalpinen Raum wieder zu. Prunkvolle Helme des 6. Jahrhunderts stammen aus der Mündung der Rhône in den Genfer See und einem Moor bei Vézeronce (Dép. Isère).[42] Noch jünger sind Lanzenspitzen des 8./9. Jahrhunderts, deren Häufigkeit im Schweizer Mittelland durch die umfangreichen Ausbaggerungen im Rahmen der Juragewässerkorrektion bedingt ist.[43] Der Donaustrudel bei Grein in Oberösterreich hat Funde aus allen Zeiten geliefert;[44] ein etruskischer Bronzeeimer – bisher singulär im Norden – aus der Salzach bei Laufen,[45] wo Stromschnellen die Schiffahrt behinderten, bestätigt zusammen mit anderen Gegenständen die Sonderstellung solcher Plätze.

Der zahlenmäßige Rückgang während der römischen Zeit kommt vermutlich durch die andersartigen Fundbedingungen zustande. Wenn nämlich, wie etwa bei den Opfern auf Höhen oder Pässen, damals vorwicgend Münzen ins Wasser geworfen wurden, ist die Wahrscheinlichkeit der Entdeckung durch aufmerksame Baggerführer ungleich geringer als für Waffen oder sonstige große Gegenstände. Münzopfer an Quellen sind nicht selten belegt,[46] wie umgekehrt schon in der jüngeren Eisenzeit Flußopfer von „Geld" vorkommen.[47] Es handelt sich dabei um Eisenbarren in Doppelpyramiden- und Schwertform, wie die aus der Bregenzer Ache oder der Limmat in Zürich.[48] Sogar aus der frühen Bronzezeit, als nördlich der Ostalpen kurzfristig so etwas wie genormtes Geld umlief (S. 288), ist dafür ein Beispiel aus der Gegend von Rosenheim anzuführen.[49]

Ein endlich weitgehend gelöstes Rätsel gab der Befund von La Tène am Ausfluß der Zihl aus dem Neuenburger See auf. Tausende von Funden, vor allem aus den letzten zwei Jahrhunderten v. Chr., wurden dort geborgen. Dabei sind Waffen und Fibeln überproportional vertreten. Gleichzeitig stellte man die Überreste einer Holzbrücke fest und Bebauungsspuren am Ufer. Die Interpretation schwankte im Laufe des vergangenen Jahrhunderts zwischen „Handelsplatz" und „Opferplatz".[50] Neuerdings wurde – analog zu einem Befund im nahen Cornans – der Einsturz einer Brücke bei Hochwasser in die Diskussion gebracht.[51] Diese Uneinigkeit beweist am besten, daß sich die genannten Möglichkeiten überhaupt nicht ausschließen. Wenn, wie in La Tène, ein wichtiger Handelsweg an einer auch kultisch bedeutsamen Stelle (Ausfluß aus dem See)[52] über den Fluß führt, dann können ohne weiteres alle drei Faktoren zusammentreffen. Unmöglich ist es aber demnach, bei jedem Gegenstand entscheiden zu wollen, ob er zufällig verloren wurde, bei dem für den Brückeneinsturz verantwortlichen Hochwasser aus den Häusern und Lagerräumen hinausgespült wurde, mit einer Wagenladung von der einstürzenden Brücke hinunterfiel oder als Opfer an die hier bei Furt und Brücke verehrte Gottheit ins Wasser versenkt wurde.[53] Aus Frankreich gibt es Beispiele dafür, daß sich Flußfunde an Furten häufen, ohne daß dies allein damit erklärt werden kann, hier seien besonders viele Menschen oder Transporte verunglückt: die Auswahl der Objektkategorien entspricht nämlich nicht dem, was man bei einer solchen profanen Interpretation erwarten müßte.[54]

Die Götter der Berge

Mehr als anderwärts spielten im Denken und Fühlen der alpinen Menschen jene Mächte eine Rolle, die ihrer Meinung nach die Berge beherrschten. Trotz aller Vertrautheit mit ihrer Umgebung blieb den Menschen der Alpen die Bergwelt mit ihrer letztlich nicht berechenbaren Wirklichkeit unheimlich. Götter verkörperten für

sie die hohen Gipfel, Götter fürchteten sie im Wetter, Göttern dankten sie auf Pässen für glückliche Reise und auf Almen für den unbeschadeten Aufenthalt von Mensch und Vieh. Aus der griechischen und römischen Welt wissen wir, daß es unzählige solcher Lokalgottheiten gab, die im Laufe der Zeit mit den wenigen Vertre-

97   Archäologisches Zeugnis einer Kultstätte an den heißen Quellen von Bormio (Lombardei) am Fuße des Stilfser Jochs ist das Fragment eines einzigartigen Steinreliefs. Der erhaltene Teil zeigt eine überlebensgroße Götterstatue mit einem Hörnerhelm, einem Schild in Gestalt eines Tierfelles und einer Art Standarte. Ihr nähert sich ein Mann mit kurzem Rock und einem Messer am Gürtel; er bläst in ein großes, halbrund gebogenes Horn. Zwischen ihm und der Statue steht noch eine Lanze mit einem daran aufgehängten Rundschild, vielleicht eine Weihegabe an den Gott. Von einem zweiten Bildfries darunter ist nur der Rest eines Helmes sichtbar. 5.–4. Jahrhundert v. Chr. Höhe 34 cm. Museo Civico Como.

98   Votivtafel aus Bronzeblech vom Großen St. Bernhard: *Iovi op(timo) m(aximo) Poenino T(iberius) Cl(audius) Severus fr(umentarius) leg(ionis) III italic(ae) v(otum) s(olvit) l(ibens) m(erito)* – Für Iuppiter, den Besten und Größten, mit dem Beinamen Poeninus. Tiberius Claudius Severus, *frumentarius* der 3. italischen Legion, hat dieses Gelübde gern und nach Gebühr eingelöst. – Die genannte Legion war in *Castra Regina*/Regensburg stationiert, und wenn T. Claudius Severus diesen Paß so weit im Westen überschritt, war er wohl in offizieller Mission unterwegs. Die *frumentarii* waren ursprünglich für die Getreideversorgung der Truppen zuständig, erhielten aber dann immer mehr Spezialaufgaben, unter anderem auch als Kuriere. Um 200 n. Chr. Breite 20,3 cm. Hospiz auf dem Großen St. Bernhard.

tern des kanonisierten Götterhimmels verschmolzen und nur in einem der vielen Beinamen der Hauptgötter weiterlebten.

So ist auch Iuppiter Poeninus zu erklären, der einheimische Schutzgott des Großen St. Bernhard, gleichgesetzt mit dem obersten römischen Gott. Das Wallis bewahrte in römischer Zeit als *Vallis Poenina* seinen Namen als „Tal des Poeninus"; der heidnische Gott war später tabuisiert, so daß der im alpinen Raum letztlich nichtssagende Namensbestandteil, das „Tal", im heutigen Namen fortlebt. Knapp neben der italienischen Zollstation auf dem Großen St. Bernhard erhob sich das wichtigste Paßheiligtum der Alpen, vielleicht der ganzen römischen Welt. Ausgrabungen am Ende des letzten Jahrhunderts[55] förderten die Grundrisse von Tempeln und unzählige Weihegaben der Reisenden zutage. Die frühesten Gegenstände gehören in die ältere Eisenzeit, und von da an reißt die Kontinuität des Heiligtums bis in spätrömische Zeit nicht mehr ab. Leider sind diese Funde nie zusammenfassend veröffentlicht worden, und weil im kleinen Museum im Hospiz auch solche aus Martigny und Umgebung aufbewahrt werden, ist durch ein bloßes Studium der ausgestellten Gegenstände kein sicherer Überblick zu gewinnen, was tatsächlich als Weihegabe zu gelten hat und was nicht. Kein Zweifel besteht indes daran, daß die vielen römischen Münzen und Inschriften in dem Heiligtum niedergelegt wurden. Die Inschriften,[56] anscheinend auf Bestellung von einem auf der Paßhöhe ansässigen Bronzeschmied und Graveur gefertigt (manche sogar mit Schreibfehlern), bieten einen sehr aufschlußreichen Überblick über den Personenkreis, der auf dem Weg von Italien nach Gallien den Paß überschritt. Die uns schon bekannte Formel *v(otum) s(olvit) l(ibens) m(erito)* verrät, mit welchen Stoßgebeten die Flachländer aus aller Herren Länder die Reise über den manchmal schon verschneiten oder lawinengefährdeten Paß angetreten und mit welcher Erleichterung und Hoffnung sie oben dem Gott eine kleine Gabe verehrt haben. Reiche leisteten sich ein Gold- oder Silberblech, Normalbürger ein Bronzeblech in Form der üblichen Votivtäfelchen mit den zwei „Henkeln", und wer nicht viel Geld übrig hatte, stiftete wenigstens ein ganz kleines Blech mit einer kurzen Inschrift oder eine Münze.

Die nachfolgenden Beispiele aus etwa fünfzig mögen die Uniformität und doch zugleich Individualität der Weihinschriften andeuten:

1. *T(itus) Annius Cissus.*
2. *M(arcus) Papirius Eunus ex voto.*
   Marcus Papirius Eunus, wegen einem Gelübde.
3. *Poenino sacrum P(ublius) Blattius Creticus.*
   Dem Poeninus als heiliges Opfer,
   Publius Blattius Creticus.
4. *Poenino pro itu et reditu C(aius) Iulius Primus v(otum) s(olvit) l(ibens) m(erito).*
   Dem Poeninus für glückliche Hin- und Rückreise. Gaius Iulius Primus hat sein Gelübde gern und nach Gebühr erfüllt.
5. *I(ovi) O(ptimo) M(aximo) Poenino C(aius) Domitius Carassounus Hel(vetius) Mango v(otum) s(olvit) l(ibens) m(erito).*
   Für Iuppiter, den besten und größten, mit dem Beina-

men Poeninus. Gaius Domitius Carassounus, Helvetier, Sklavenhändler, hat sein Gelübde gern und nach Gebühr erfüllt.
6. *Numinib(us) Augg(ustorum) Iovi Poenino Sabineiius Censor Ambianus v(otum) s(olvit) l(ibens) m(erito).*
   Den göttlichen Majestäten der Kaiser und Iuppiter Poeninus! Sabinius Censor aus Amiens hat sein Gelübde gern und nach Gebühr erfüllt.

Wer etwas auf sich hielt, zählte auch noch seinen Beruf oder militärischen Rang auf. Rührend ist das Gedicht eines Gaius Iulius Rufus:[57]

Bei deinem Tempel habe ich gern
die getanen Gelübde erfüllt.
Daß sie dir genehm sein mögen,
flehe ich deine Gottheit an.
An Kosten zwar nicht hoch;
dich, Heiliger, bitten wir,
Du mögest unsere Gesinnung höher achten
als unseren Geldbeutel.

Während auf dem Großen St. Bernhard die Votivtäfelchen das Bild beherrschen, haben die Ausgrabungen und sonstigen Bodenaufschlüsse auf dem Julier fast nur Münzen geliefert, dazu den Grundriß eines etwa 5 × 5 m großen Tempelchens.[58] Die zwei schon immer sichtbaren Säulenstümpfe zu beiden Seiten der Straße gehörten ursprünglich zu ein und derselben Säule, die wegen ihrer Mindesthöhe von über 4 m am ehesten als alleinstehendes Mal zu deuten ist. (Eine 4,03 m hohe Säule aus Gneis steht auf dem Kleinen St. Bernhard noch aufrecht; sie trägt heute eine Statue des namengebenden Heiligen). Nach der umfangreichen Münzreihe begann die kontinuierliche Verehrung der zuständigen Gottheit, deren Namen wir nicht kennen, gegen die Mitte des 1. Jahrhunderts n. Chr. und endete zur Zeit des Kaisers Valentinianus kurz nach der Mitte des 4. Jahrhunderts. Eine Münze des Vandalenkönigs Geiserich, geprägt zwischen 439 und 477, bezeugt als Nachzügler die frühmittelalterliche Bedeutung des Platzes und die Kenntnis von der Existenz des vielleicht schon verfallenen Heiligtums und der dort geübten Opfersitte.

In vorrömischer Zeit ist keine so klare Konzentrierung der Weihegaben auf die Paßhöhe selbst zu beobachten. In der Mehrzahl stammen die Funde von Stellen unterhalb des eigentlichen Übergangs, von Almen zwischen 1500 und 2000 m Höhe, manchmal in der Nähe einer Quelle, oder überhaupt von unscheinbaren Plätzen,

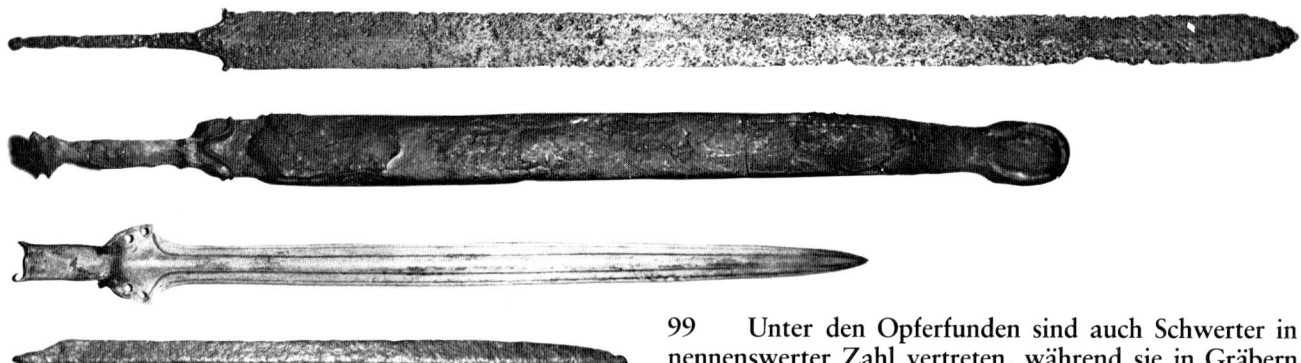

deren Bedeutung sich nur dadurch erklärt, daß dort ein alter Abkürzungs- oder Verbindungsweg verlief, der heute keine Rolle mehr spielt. Der Versuch, für jeden einzelnen Fund zu klären, welcher Gesichtspunkt für seine Niederlegung verantwortlich war, ist von vornherein zum Scheitern verurteilt. Mehr als ein abwägendes Raten unter Beachtung der geografischen Gegebenheiten ist nicht möglich. Damals scheint die Bindung des Opfers an einen bestimmten Platz nicht so wichtig gewesen zu sein wie in römischer Zeit, in der alles stärker normiert war. Da aber einzelne Münzen viel schwerer zufällig zu entdecken sind als Lanzenspitzen oder Beile, könnte auch dieser Schluß – wie bei den Flußopfern – irrig und nur auf die unterschiedlichen Fundbedingungen zurückzuführen sein.[59]

Aus Österreich, Italien und der Schweiz kennt man von fast jedem wichtigen Paß und seinen Zugangswegen Funde, die als Opfer an Götter der Wege, der Berge und vielleicht auch der Herden zu interpretieren sind. Eine zusammenfassende Bearbeitung existiert nicht, obschon sie ebenso wichtig wäre wie jene der Flußfunde. Die folgenden Beispiele mögen nur andeuten, welche Kategorien überhaupt vertreten sind. Ein früher Bronzedolch wurde beim Bau der Glocknerstraße entdeckt.[60] Für die späte Bronzezeit sind ein Fund vom Paß Lueg an der Salzach südlich Golling (Helm sowie Tüllenpickel und Beil in Fragmenten, dazu zwei Bruchstücke von Gußfladen aus Kupfer)[61] und einer vom Paß Luftenstein an der Saalach (Lanzenspitze, Messer und Fleischgabel)[62] zu erwähnen, beides schwierig zu überwindende Engstellen der Täler kurz vor ihrem Austritt aus dem Gebirge. Einzelfunde dieser Zeit von hochgelegenen Almen und

99   Unter den Opferfunden sind auch Schwerter in nennenswerter Zahl vertreten, während sie in Gräbern nur selten vorkommen. Die vier Schwerter aus Graubünden zeigen zugleich die Formentwicklung dieser Waffe. Von unten: Felsberg am Vorderrhein (wohl 13. Jahrhundert v. Chr.; Einzelfund) – Davos (13. Jahrhundert v. Chr.; aus dem See) – Castaneda im Misox (4.–3. Jahrhundert v. Chr.; aus einem Grab; Klinge noch in der Scheide aus Eisenblech) – Splügen, am Fuße des Passes (2.–1. Jahrhundert v. Chr.; Einzelfund). Länge des obersten Schwertes 97,6 cm. Rätisches Museum Chur.

Wegen haben in letzter Zeit René Wyss[63] für die Schweiz und Elmar Vonbank[64] für Vorarlberg zusammengestellt. Aus den höheren Regionen des Splügen sind ein spätbronzezeitliches Messer und ein Eisenbarren (Abb. 169), weiter unten ein Schwert der jüngeren Eisenzeit bekannt geworden.[65] Sie bezeugen gleichzeitig, wie lückenhaft unsere Kenntnis der tatsächlichen Opferfunde ist, denn am Splügen wird man in den dazwischen liegenden 1000 Jahren ebenfalls dem Berggott – je nach den Gebräuchen der Zeit – geopfert haben.

In der jüngeren Eisenzeit, nach etwa 450 v. Chr., gewannen neben den traditionellen Waffen[66] und primitiven Geldformen (Barren) die Ringe an Bedeutung.[67] Ein Goldhalsring von der Maschlalm[68] am Weg vom Rauriser Tal zum Hochtor am Glockner ist sicher als Weihefund zu werten, ebenso ein Silberhalsring von Pallon (Hautes-Alpes)[69] und wohl auch ein Goldarmring aus Schalunen[70] zwischen Bern und Solothurn. Das für diese Ringformen ungewöhnliche Material deutet darauf hin, daß es sich hier um die Weihung besonders kostbarer und vielleicht sogar eigens dafür hergestellter Einzelstücke handelt.

Nur in diesem Zusammenhang ist der sensationelle Fund von Erstfeld[71] im Kanton Uri einzuordnen.

Am 20. August 1962 stießen Arbeiter bei der Entfernung eines großen Felsblockes am Hang über dem Tal der Reuss auf vier Hals- und drei Armringe aus Gold. Die Fundstelle war über 9 m hoch mit später angeschwemmtem und herabgerutschtem Schutt überdeckt – ein Beweis dafür, wie wenig die heutigen Talhänge den älteren Zuständen entsprechen und auf welche Zufälligkeiten die Kenntnis von Siedlungs-, Grab- und Weihefunden dort angewiesen ist. Die Ringe von Erstfeld wurden ohne Zweifel nördlich der Alpen, vermutlich im Rheinland, hergestellt, und irgendjemand hatte sie auf dem Wege nach Süden in seinem Gepäck. Nach allem, was wir über das Verhältnis zwischen Herrscher und Handwerker, zwischen Materialbesitz und Kunstfertigkeit bis ins Mittelalter wissen (S. 297), ist es ausgeschlossen, daß ein reisender Händler seinen Musterkoffer angesichts einer drohenden Gefahr vergrub – ein berühmter Goldschmied verkaufte sein Können und nicht eine Kollektion von be-

reits produzierten Stücken. Die kostbaren Ringe wurden also von jemandem der Erde anvertraut, der entweder selbst zu den Reichen und Mächtigen gehörte oder aber in deren Auftrag auf dem Weg nach Süden war, um ein offizielles Geschenk zu überbringen. Am ehesten bietet sich als Interpretation an, daß die Ringe im Zuge der großen Keltenwanderungen ab dem späten 5. Jahrhundert v. Chr. von einem der Anführer den unbekannten und unberechenbaren Berggöttern als Opfer geweiht wurden, um einen glücklichen Übergang über die Alpen zu erwirken. Die Fundstelle im Tal der Reuss zwischen Vierwaldstätter See und St. Gotthard, über den nur schmale und gefährliche Steige führten (S. 221), paßt gut dazu. Die Situation im oberen Tal der Durance ist sehr ähnlich. Pallon, wo der Silberhalsring, in seiner Art auch ein Unikum, zutage kam, liegt kurz unterhalb der schwer zu überwindenden Schlucht vor Briançon und rund 30 km, also einen Tagesmarsch vom Mont-Genèvre ent-

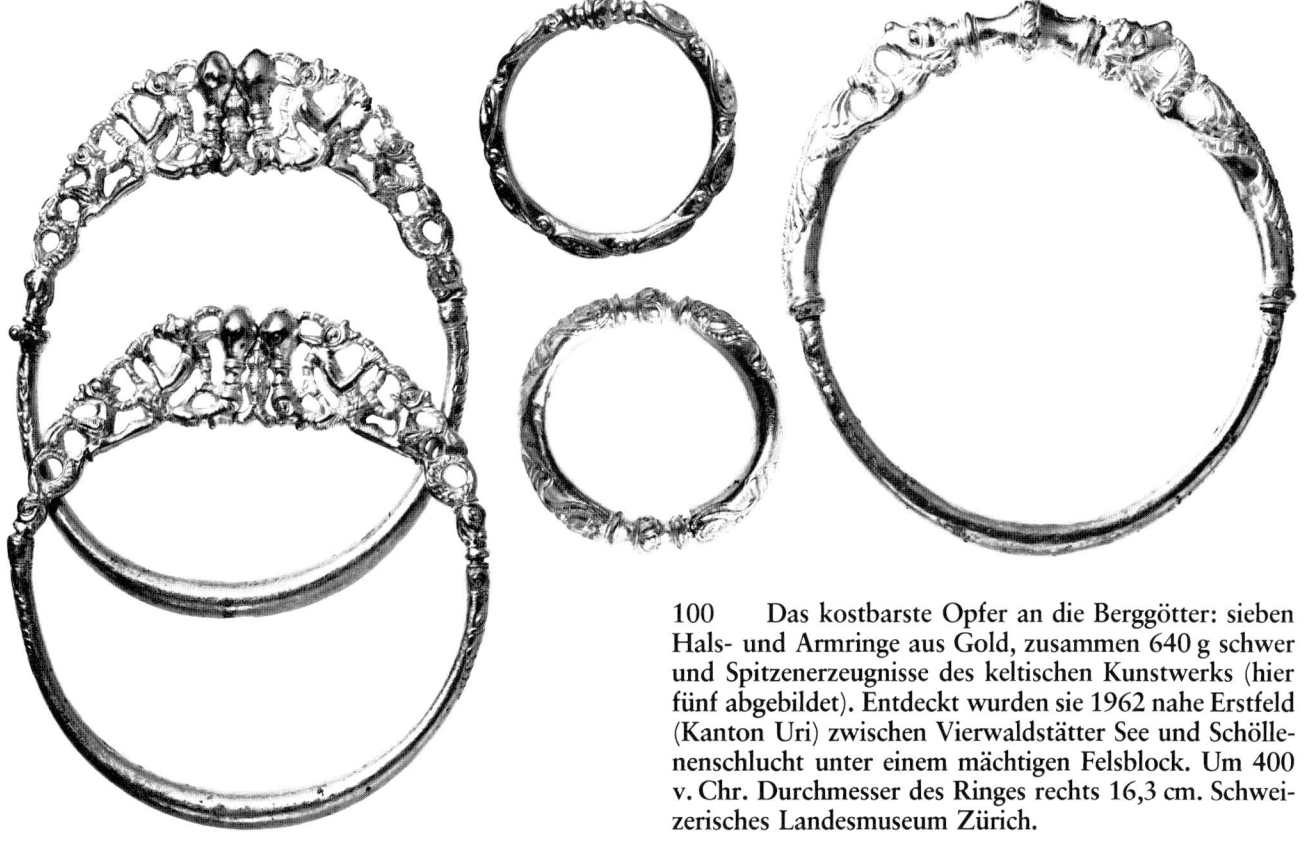

100   Das kostbarste Opfer an die Berggötter: sieben Hals- und Armringe aus Gold, zusammen 640 g schwer und Spitzenerzeugnisse des keltischen Kunstwerks (hier fünf abgebildet). Entdeckt wurden sie 1962 nahe Erstfeld (Kanton Uri) zwischen Vierwaldstätter See und Schöllenenschlucht unter einem mächtigen Felsblock. Um 400 v. Chr. Durchmesser des Ringes rechts 16,3 cm. Schweizerisches Landesmuseum Zürich.

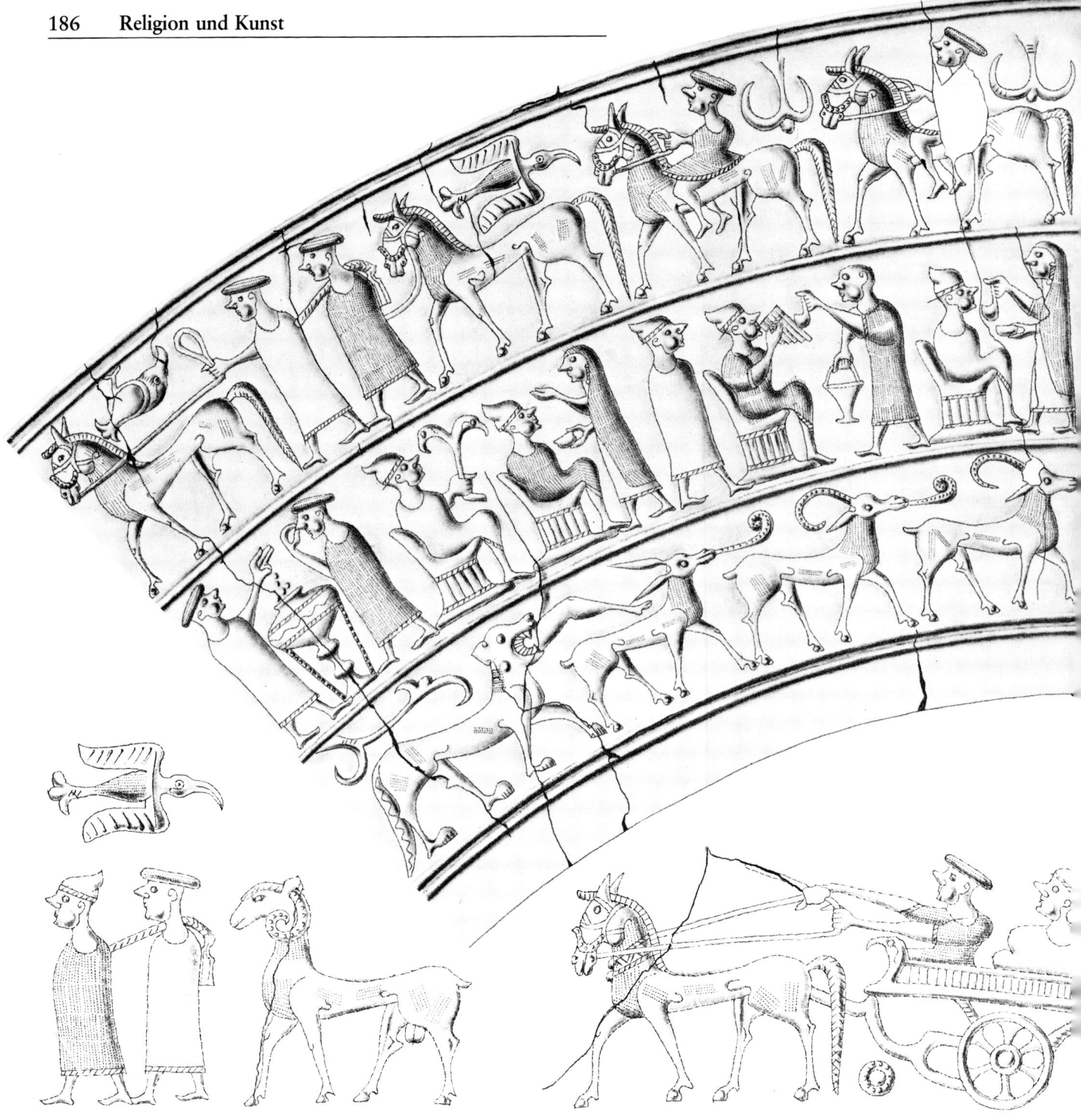

101   Die wichtigsten Themen des „Großen Festes" sind auf dem Bronzeeimer von Vače (Slowenien) dargestellt. Die Abrollung der Wandung zeigt Umzüge von Reitern und Wagen, Wettkämpfe, Trinkszenen mit Musik auf der Panflöte, dazu nach mittelmeerischer Tradition einen Tierfries, ganz links ein Raubtier, das ein menschliches Bein verschlingt. 6. Jahrhundert v. Chr. Höhe 23,8 cm. Narodni muzej Ljubljana.

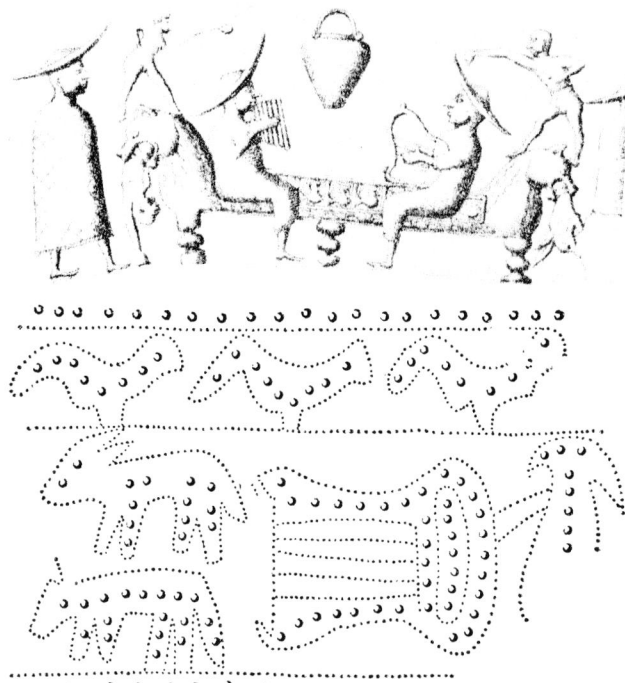

102   Die Szenen auf den Werken der „Situlenkunst"
geben Aufschluß über die frühen Musikinstrumente, die
aus organischem Material bestanden und sich deshalb
nicht im Boden erhalten haben. Am häufigsten begegnen
die Panflöte und eine kleine Harfe, von den Griechen
„Kithara" genannt – ein Wort, das in der alpenländischen „Zither" nachlebt.

fernt, möglicherweise sogar an der Marschroute Hannibals.[72]

Noch fremder und auffallender in seiner Umgebung ist ein ägyptisches Skarabäus-Amulett aus Ton, das
1954 in der Nähe der Rojacher Hütte im Rauriser Tal
gefunden wurde.[73] Es stammt aus ptolemäischer (ab
3. Jahrhundert v. Chr.) oder gar erst römischer Zeit.
Wann es verloren ging oder dem Boden als Opfer anvertraut wurde, ist also nicht genau zu sagen. Da die Gold-
vorkommen im Rauriser Tal auch in römischer Zeit nicht
bergmännisch ausgebeutet wurden (S. 277f.), ist der
Fund wohl eher im Zusammenhang mit einem Tauern-
übergang zu sehen.

In nachrömischer Zeit lebte in gewisser Weise die
alte Sitte der Weihegaben auf Höhen und Pässen wieder

auf. Jedenfalls hat für die Ost- und Südschweiz eine Zusammenstellung von Gudrun Schneider-Schnekenburger[74] ein Dutzend einzeln gefundener Lanzenspitzen aus
Eisen erbracht, die ins 6. bis 8. Jahrhundert zu datieren
sind. Um einen Zufall und sorglos im Stich gelassene
Jagdwaffen kann es sich nicht handeln, auch wenn nicht
klar ist, warum gerade diese Region den alten Brauch
wieder aufnahm. Vielleicht hängt es damit zusammen,
daß hier – im Gegensatz zu anderen Gegenden – die
einheimische romanische Bevölkerung ohne große Verluste die Wirren der Spätantike überstanden hatte und nur
geringen germanischen Einflüssen unterworfen war. Sie
war mit der Bergwelt und dem Leben dort nach wie vor
eng verbunden, und wenn die Männer nach römischer
Tradition auch keine Waffen mit ins Grab bekamen, so
besaßen sie solche natürlich im Leben und konnten den
heimischen Göttern der Berge Lanzen (und Pfeile?[75]) weihen. Daß seit dem 5. Jahrhundert das Christentum die
herrschende Religion war, scheint den alten Bergkult zunächst nicht weiter beeinträchtigt zu haben. Für die
Westalpen wären vielleicht ähnliche Verhältnisse zu erwarten, doch ist dort der Forschungsstand gerade für das
Frühmittelalter gänzlich ungenügend. Immerhin ist speziell im Burgunderreich die Sitte bezeugt, kostbare Helme
des 6. Jahrhunderts nicht in die Gräber mitzugeben, sondern in Flüssen und Mooren zu opfern.[76]

Das große Fest

Während die bisher geschilderten Bräuche nur indirekt über die Überreste der Opferhandlungen oder die
aufgefundenen Objekte der Weihung selbst erschlossen
werden können, bietet eine besondere Denkmälergattung
des 6. und 5. Jahrhunderts v. Chr. Einblick in vielfältige
Zeremonien, deren Kombination auf ein großes Fest

103   Die Verbreitungskarte der Werke der „Situlenkunst" im 6. und 5. Jahrhundert v. Chr. umschreibt ein
Gebiet, in dem bestimmte Zeremonien durch ihre bildliche Umsetzung archäologisch faßbar werden. Die Schaf-
fung einer eigenständigen Kunst setzt eine gewisse Zusammengehörigkeit der beteiligten Völker und Stämme
voraus, eine übereinstimmende Vorstellungswelt, ein
ähnliches Bedürfnis nach künstlerischem Ausdruck. Wie
weit eine lockere politische Organisation damit verbunden war, ist für diese frühen Zeiten nic mit Sicherheit
herauszufinden.

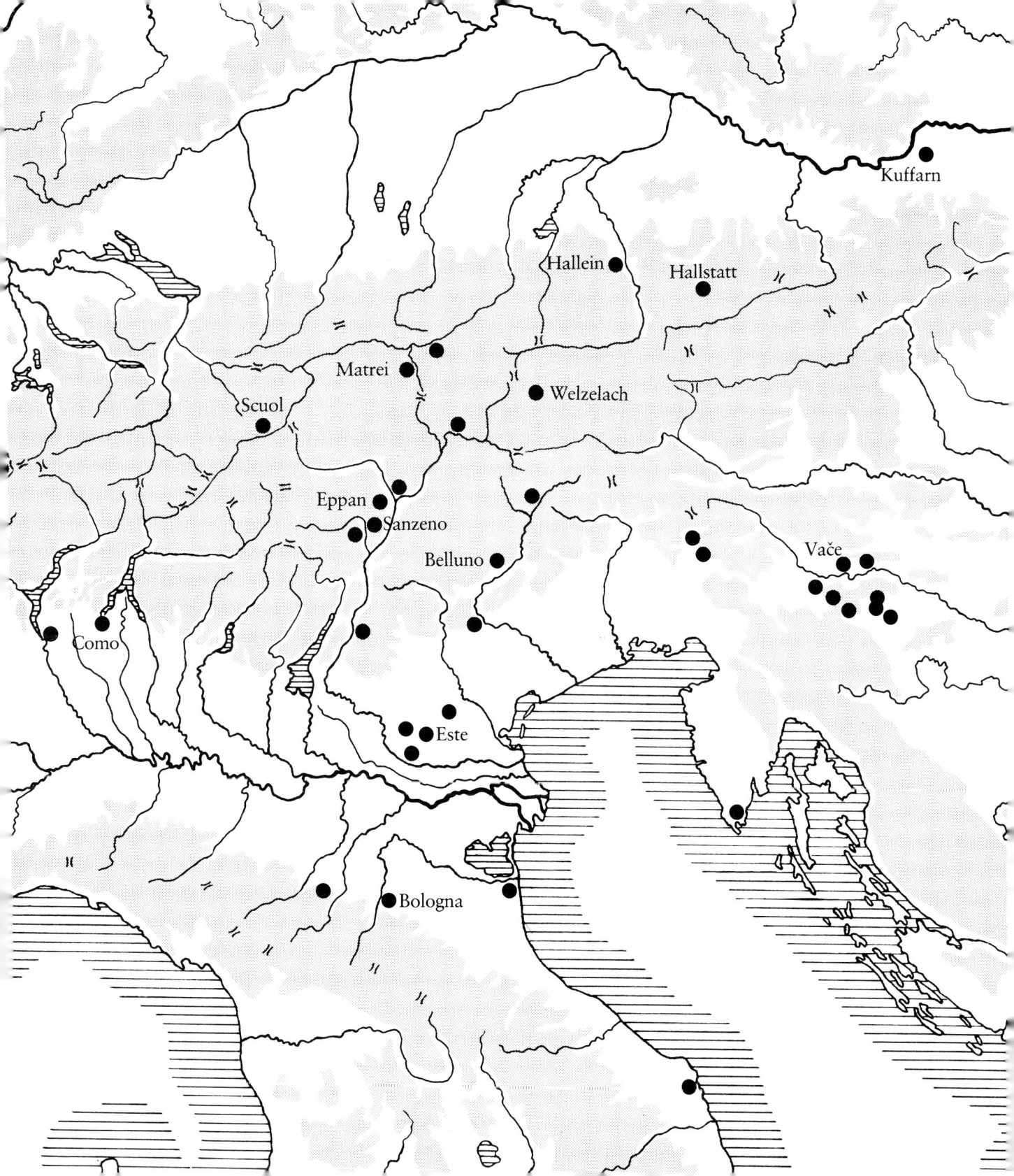

Kuffarn

Hallein

Hallstatt

Matrei

Welzelach

Scuol

Eppan

Sanzeno

Belluno

Vače

Como

Este

Bologna

weist. Große Eimer aus Bronzeblech – sogenannte „Situlen" nach dem lateinischen Wort dafür –, nur selten andere Gegenstände,[77] zeigen in Treibtechnik Szenen einer festlichen Männerwelt, in der Frauen nur als Dienerinnen Platz haben. Zu dem Fest gehörten feierliche Umzüge von Kriegern oder Männern in langen Gewändern, Pferderennen, Wettfahrten der Gespanne mit zweirädrigen Wagen und Wettkämpfe im Boxen, wobei die Männer Handschützer (?) tragen und der Kampfpreis (ein Helm oder ein Bronzegefäß) zwischen ihnen dargestellt ist. Schiedsrichter achten auf die Einhaltung der Regeln. Auf einer Situla aus Bologna findet sich ein langer Zug von Männern und Frauen, die zum Opfer schreiten. Sie führen ein Rind und ein Schaf mit sich, tragen Eimer und sonstige Gefäße in der Hand oder auf dem Kopf und bringen auch einige andere Gegenstände mit, die geopfert werden sollen: ein Schwert, eine Truhe, gebündeltes Holz. Eine wichtige Rolle spielte bei diesen Festen das Trinken. Aus großen Kesseln schöpften Diener mit gehenkelten Kellen das Getränk und reichten es statuarisch auf Sesseln sitzenden Männern, aber auch Musikanten, die auf der Panflöte oder der Harfe spielten. Wir wissen nicht, welcher Personenkreis an diesem Fest teilnehmen durfte, aber eines scheint doch sicher zu sein: dargestellt ist nicht ein beliebiges Gelage eines Fürsten im Kreise seiner wohlhabenden Nachbarn und Günstlinge, sondern ein Fest, das als Gemeinschaftshandlung offiziellen Charakter trug und vielleicht noch einen religiösen Hintergrund besaß.[78] Anders wäre es nicht zu erklären, daß unter dem doch recht beschränkten Motivschatz sechsmal auch die geschlechtliche Vereinigung von Mann und Frau auftaucht, liebevoll und detailreich geschildert (Abb. 37).[79] Ihre Einbindung in den Rahmen der Festszenen läßt daran denken, daß vielleicht eine Art Fruchtbarkeitskult an der Ausgestaltung der Zeremonien Anteil hatte. In diesem Zusammenhang könnten mehrere Darstellungen von pflügenden Bauern und Jägern passen, weil man diese Tätigkeiten – und es sind die einzigen „alltäglichen" innerhalb des Bildprogramms – ebenfalls als notwendig für die Sicherung der Existenz einer Gemeinschaft klassifizieren könnte.[80]

Die „Situlenkunst", charakteristisch für den ostalpinen und venetischen Raum, ist trotz aller Originalität ihrer Szenen, der Details und des künstlerischen Stils keine eigenständige Schöpfung. Die etruskischen und letztlich orientalischen Anregungen[81] des 7. und 6. Jahrhunderts v. Chr. kommen am besten in den vielen Tier-

friesen zum Ausdruck, die realistisch wiedergegebene Tiere und Fabelwesen in sich vereinen. Diese Friese sind es auch, die auf den ältesten Werken der Situlenkunst dominieren, obschon auf den Gefäßen von Kleinklein in der Steiermark mit ihrer urtümlichen Punkt-Buckel-Technik bereits Kampf- und Jagdszenen vorhanden sind.[82] Eine Gruppe von Metallarbeiten mit dem Zentrum im venetischen Este blieb ihrer Vorliebe für Tierfriese treu, während auf den Werken der „Situlenkunst" im engeren Sinne die Figurenfriese und Festszenen überwiegen. Ihr Verbreitungsschwerpunkt liegt im inner- und südostalpinen Raum, und die Künstler haben sich alle Mühe gegeben, die Details der Kleidung, Bewaffnung und sonstigen Gegenstände möglichst genau ihrer täglichen Umwelt zu entnehmen. Sie klammerten sich also nicht an die südlichen Vorbilder, sondern gestalteten diese in ihrer Formensprache frei um. Insofern hat die Situlenkunst dann doch als eigenständige Leistung des Ostalpenraumes zu gelten, als Produkt des intensiven Südkontakts mit der expandierenden Welt der Etrusker und Griechen ab dem 6. Jahrhundert v. Chr.

Gegen 400 v. Chr. sind die letzten Werke dieser Kunst geschaffen worden. Sie geben zwar die alten Motive wieder, fallen jedoch in Stil und künstlerischem Vermögen gegen die früheren Meisterwerke ab. Die Zeit der Feste war vorbei, die Unruhen der Keltenwanderungen setzten auch im zunächst nicht direkt betroffenen ostalpinen und venetischen Raum der heilen Welt und den sinnenfrohen Festen ein Ende. Nichts verdeutlicht dies mehr als die Schwertscheide von Hallstatt Grab 994 (Abb. 79), geschaffen am Nordrand der Alpen im späten 5. Jahrhundert v. Chr. von einem Künstler, der mit der Situlenkunst vertraut war. Aus dem festlichen Umzug der Krieger ist bitterer Ernst geworden: einer der Reiter tötet mit der Lanze einen schon niedergestürzten Gegner, und zwei Männer wälzen sich ringend am Boden, ganz anders als jene Boxer, die nach strengen Regeln und in gravitätischer Haltung um einen kostbaren Siegespreis kämpften.

Die Welt der Felsbilder

Zwei Landschaften in den Alpen sind bei den Archäologen durch ihre Felsbilder berühmt und laden ein zum Herumspazieren, zum Suchen und Schauen. Der große Tourismus hat sie noch nicht entdeckt, und das wird hoffentlich so bleiben. Denn nichts paßt zu der Schlichtheit und Aufmerksamkeit heischenden Unauffälligkeit vieler Zeichnungen und Plätze weniger als mehrere Omnibusladungen von Besuchern, die sich um die bekanntesten Bilder drängeln wie vor dem Goldenen Dachl in Innsbruck.

Nahe der italienischen Grenze und dem Col de Tende in den Seealpen erhebt sich der Mont Bego oder Monte Bego, wie er früher hieß. Mit 2873 m Höhe überragt er eine hochalpine Landschaft mit vielen kleinen Seen und rund 40 000 Felszeichnungen.[83] Sie befinden sich auf einer Höhe zwischen 2100 und 2500 m auf Felshängen und alleinstehenden Blöcken, nicht eingeritzt, sondern Punkt für Punkt flächig eingeschlagen mit harten Stein- und Metallwerkzeugen in die von den Gletschern der Eiszeit glattgeschliffenen Flächen.

Wer diese Landschaft in sich aufnehmen will, muß auf einige Strapazen gefaßt sein. Ausgangspunkt ist die Ortschaft Saint-Dalmas-de-Tende südlich des Passes. Von dort führt eine Fahrstraße zum Lac de Mesce in 1375 m Höhe. Ein Weg, der nur für Geländewagen zu empfehlen ist (Gehzeit etwa 2,5 Stunden), endet nach der Überwindung des Val de l'Enfer, des Höllentales, bei der kleinen Schutzhütte am Eingang der Vallée des Merveilles, des Tales der Wunder. Diese Schutzhütte in etwa 2100 m Höhe bietet in den kurzen Sommermonaten Matratzenlager und – außer dem Zelt – die einzige Möglichkeit, mehrere Tage in dieser unwirtlichen und doch faszinierenden Landschaft zu verbringen. Die Felsbilder sind vor allem in zwei Zonen zu finden: in der Vallée des Merveilles selbst und dann im Nordosten des Mont Bego in der Talmulde, der die Fontanalba entspringt, zwischen 5 und 8 km von der Schutzhütte entfernt. Sie sind von sehr unterschiedlicher Größe – wenige Zentimeter bis um 3 m – und setzen sich oft aus vielen verschiedenen Darstellungen zusammen: geometrische Formen, Waffen und Geräte sowie Menschenfiguren. Man erkennt Rinder, die einen Pflug ziehen, Dolche und Hellebarden, Lanzen und Beile, Köpfe von Rindern und Hirschen, dazu Menschen unterschiedlicher Körperhaltung und Stilisierung.

Die Abgelegenheit dieser Region, fern von den landwirtschaftlich nutzbaren Tälern und auch für Hirten wenig anziehend, läßt nur den Schluß zu, daß wir hier einen heiligen Bezirk vor uns haben, der allein zur Verehrung eines Gottes aufgesucht wurde. Nach der Häufigkeit der dargestellten Motive scheinen der Gott und der Stier eine enge Beziehung zueinander besessen zu haben.[84] So mögen die Unberechenbarkeit des Wetters im

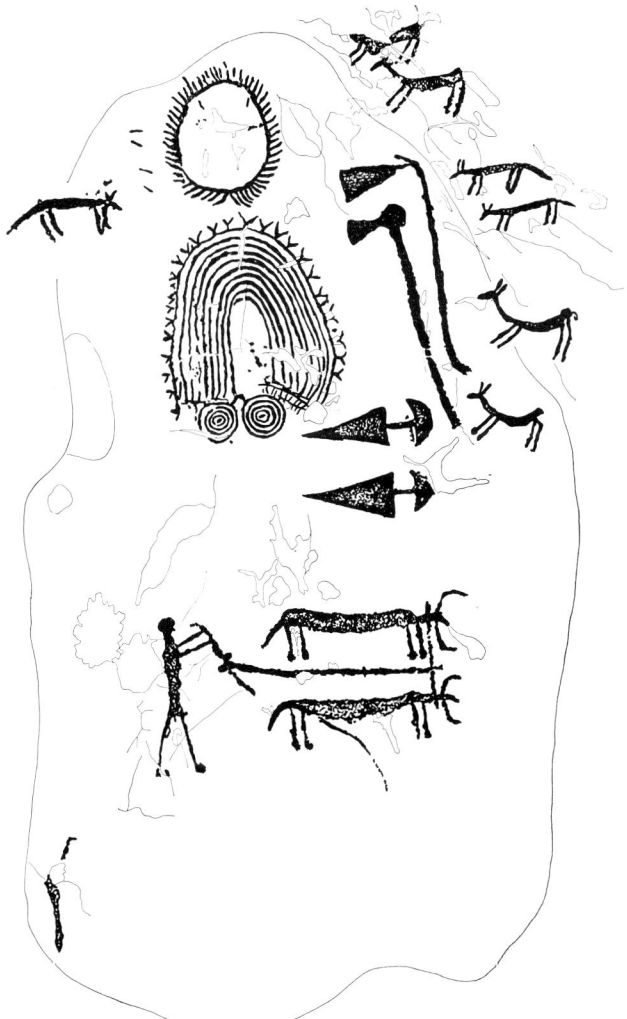

104   Zeichnung auf einem Felsblock von Bagnolo, Gemeinde Malegno in der Valcamonica (Lombardei): ein Sonnensymbol, eine Art Brustschmuck mit einem Doppelspiralanhänger, zwei Äxte, zwei Dolche, ein pflügender Bauer mit dem Ochsengespann und sieben weitere Tiere. Diese Motive begegnen auf vielen Felszeichnungen, ohne daß der eigentliche Sinngehalt der einzelnen Bestandteile oder der ganzen Komposition zu ergründen ist; außerdem scheint nicht alles gleichzeitig eingeritzt worden zu sein. 2500–1500 v. Chr. Höhe 1,2 m.

Gebirge, der markante Berg, umtobt von Stürmen und Regenschauern, verborgen in Nebel und Wolken, und die unbezähmbare Wildheit des Stieres sich zu einem Bild verdichtet haben, das in den Felszeichnungen seinen Niederschlag fand. Wenn der Stier (oder allgemeiner das Rind) öfters als Zugtier für den Pflug dargestellt wurde, dann nicht so sehr als einfache Abbildung einer lebensspendenden Tätigkeit,[85] sondern wahrscheinlich eher als Versuch, die Urgewalten symbolisch unter das Joch zu zwingen und in den Dienst des Menschen zu stellen. Der Gott vom Mont Bego war also der Herr des Wetters und des Sturmes, ein Gott, den die bronzezeitlichen Bewohner der Seealpen angstvoll verehrten und für den sie ihre Wünsche und Gebete in Stein verewigten. Vielleicht haben sie – wie später die Römer und die Gläubigen in den Wallfahrtskirchen – manches erst dann eingemeißelt, wenn ihr Wunsch in Erfüllung gegangen war, doch das können wir heute nicht mehr unterscheiden.

Aus der zeitlichen Einordnung der abgebildeten Waffen geht hervor, daß der Kult auf die frühe und mittlere Bronzezeit (etwa 1800–1400 v. Chr.) beschränkt war. Indizien für ein Weiterleben in der Eisenzeit fehlen gänzlich. Dafür ist die römische Zeit wieder vertreten, und zwar durch eine gut lesbare Inschrift:

Hoc qui scripsit patri(s) mei filium pedicavit.
Der das schrieb, hat mit dem Sohn meines Vaters Unzucht getrieben.

So eindeutig der beschriebene Sachverhalt ist (in Pompeji sind mehrere Inschriften ähnlichen homosexuellen Inhalts bekannt[86]), so sehr rätseln die Archäologen, warum der Schreibende sich ausgerechnet hier verewigt hat. Jedenfalls paßt es gut zu der manischen Kritzelsucht und Unbefangenheit der Römer, daß diese Zeit gerade durch eine solche Inschrift hier vertreten ist.

Jüngeren Datums sind eingeritzte Zeichen aus dünnen Strichen: baumartige und geometrische Figuren, Zickzacklinien, Menschen und Vögel bestimmen das Bild. Sie dürften am ehesten ebenfalls in römische Zeit gehören, und noch jüngere Inschriften und Bilder verschiedener Art (zum Teil mit Datum versehen) lassen die suggestive Anregung ahnen, die die alten Bilder auf Hirten, Deserteure und Räuber ausübten, wenn diese hier oben eine Zeitlang hausten. Seltsamerweise sind darunter etliche Segelschiffdarstellungen vertreten, offensichtlich von Leuten eingeritzt, die die Details wirklichkeitsgetreu wiedergeben konnten.

Wenn die Hochtäler um den Mont Bego aufgrund ihrer Lage als heilige Bezirke anzusprechen sind, die zu bestimmten Zeiten aufgesucht wurden, so drängt sich diese Interpretation auf den ersten Blick für die Valcamonica weniger auf. Denn das Tal des Oglio, das mit dem Lago d'Iseo nördlich Brescia abschließt und in die Poebene mündet, bietet ganz andere klimatische und ökonomische Bedingungen. Eine Reihe von Siedlungsfunden und auch Gräbern bezeugt die dauernde Anwesenheit von Menschen in dem Tal.[87] Dabei spiegeln sie bei der dortigen geringen Bautätigkeit und der lange Zeit ungenügenden archäologischen Betreuung mit Sicherheit nur zu einem kleinen Teil die tatsächlichen Verhältnisse wider. Dennoch besteht kein Grund anzunehmen, die über 100 000 Felszeichnungen seien allein einer bildfreudigen Laune der Talbewohner entsprungen, die ihr tägliches Leben auf den glattgeschliffenen Felsen verewigen wollten. Andererseits gibt es keinen Anhaltspunkt dafür, warum die Valcamonica – verglichen mit benachbarten Tälern – eine besondere Anziehungskraft auf die Menschen der näheren und weiteren Umgebung ausgeübt haben soll, damit sie dort mit Votivbildern – und nicht viel anderes waren die Felszeichnungen – einer oder mehreren Gottheiten ihre Verehrung erwiesen.[88]

Die Erforschung dieses Gebietes ist das Verdienst von Emmanuel Anati, der seit 1956 dort arbeitet, inzwischen ein eigenes Institut mit internationalem Ruf errichtet[89] und zahlreiche Studenten in die Problematik der Felsbilder eingeführt hat. 1929 war man zwar schon auf einzelne Bilder aufmerksam geworden, doch die planmäßige Suche und Dokumentation kam erst 30 Jahre später in Gang, und heute umfaßt ein Nationalpark bei Capo di Ponte die am besten zugängliche Konzentration von Felsbildern. Es ist ratsam, das Auto unten an der Hauptstraße oder etwas östlich davon beim Friedhof stehen zu lassen und in etwa 15 Minuten auf dem schmalen Fahrweg (oben nur ein winziger Parkplatz) oder auf dem kür-

105   Zur genauen Dokumentation werden die Felsbilder der Valcamonica (Lombardei) in natürlicher Größe nachgezeichnet. Studenten aus vielen Ländern legen die Figuren säuberlich frei und ziehen sie mit Filzstift auf einer durchsichtigen Folie nach. Aufbewahrt und wissenschaftlich ausgewertet wird die Dokumentation im Centro camuno di studi preistorici in Capo di Ponte (Provinz Brescia, Lombardei).

zeren Fußsteig hinauf zum eingezäunten Park zu gehen. Auf der gegenüberliegenden Talseite oberhalb von Capo di Ponte liegt die kleine Ortschaft Cemmo, in deren Nähe zwei Felsblöcke mit umfangreichen Bildszenen freigelegt sind[90] (eingezäunt; nach dem Schlüssel am besten im Centro Camuno di Studi Preistorici links der Straße zwischen Capo di Ponte und Cemmo fragen). In der Umgebung von Capo di Ponte kann jeder auf Entdeckungsreise gehen und nach Felszeichnungen Ausschau halten. Überall gibt es die glattgeschliffenen Felsen, und durch die Arbeit des Centro Camuno sind viele Bilder von Moos und sonstigem Bewuchs befreit worden. Manche zeigen noch weiße Farbspuren, aufgetragen zur besseren Sichtbarmachung im Zuge der Inventarisation.

Anders als am am Mont Bego verteilen sich die Felszeichnungen der Valcamonica auf viele Jahrhunderte, und zwar anscheinend auf die gesamte Periode von der Jüngeren Steinzeit bis zum Beginn der Römerherrschaft. Anhand von Überschneidungen und durch die Analyse der dargestellten Gegenstände haben die Archäologen die Felsbilder in stilistische Gruppen eingeteilt, die sich großenteils auch zeitlich ablösten. Eine so feine Unterteilung auch noch in „Phasen", wie sie Anati zu erkennen meint, führt dieses Prinzip jedoch ad absurdum und wird der Beharrung des Menschen in künstlerischen Ausdrucksformen nicht gerecht.

Die ältesten Felszeichnungen beschränken sich auf stark schematisierte Menschenfiguren, Stierköpfe und primitive Pflüge in einfachen Kompositionen. In der Bronzezeit kamen dann größere Szenen auf, Gruppen von Tieren und vor allem die Darstellung von Waffen, Geräten, Wagen und Häusern (Abb. 45). Im 1. Jahrtausend v. Chr. nahmen die Kampfszenen zu; man erkennt auch Männer mit Hund auf der Jagd und Frauen am Webstuhl (Abb. 70).

Gewisse Ähnlichkeiten mit der Situlenkunst[91] gehen einerseits auf die zeitliche Parallelität zurück und fallen andererseits um so mehr auf, als hier wie dort die Zahl der verwendeten Bildmotive sehr gering ist. Die Übereinstimmungen sind jedoch nicht so häufig und in entsprechendem Sinnzusammenhang kombiniert, daß man daraus schließen müßte, in der Valcamonica hätten die Menschen keine Bronzeeimer, sondern ihre natürlichen Felswände benutzt, um einen um das „Große Fest" verankerten Themenkreis darzustellen. So fällt auf, daß Kampfszenen hier viel häufiger vorkommen, dafür aber der feierliche Kriegerzug in eindeutiger Ausprägung fehlt.

Bei dieser Frage können vielleicht quantitative Analysen ganzer Zonen von Felsbildern weiterhelfen, bei denen eine gewisse Einheitlichkeit der Intention und Komposition zu vermuten ist. Das grundsätzliche Rätsel jedoch, warum die Valcamonica durch viele Jahrhunderte das wichtigste Zentrum alpenländischer Felsbilderkunst war,[92] wird sich dadurch wohl kaum lösen. Aber das erhöht den Reiz dieses Tales noch mehr.

Bei den Felsbildern in Österreich nämlich, um deren Erforschung sich Ernst Burgstaller[93] verdient gemacht hat, steht die Unheimlichkeit und Abgelegenheit des Ortes wieder im Vordergrund. Der Name „Höll" im Toten Gebirge Oberösterreichs, die kaum zugängliche Kienbachklamm bei Bad Ischl und sogar die „Hexenwand" am Dürrnberg bei Hallein (Salzburg) sprechen für sich selbst. Die vielen Ritzungen aus mittelalterlicher und noch jüngerer Zeit erschweren es, den frühgeschichtlichen Charakter jeder einzelnen Darstellung abzusichern. Denn viele Bilder bieten nur rein geometrische und andere zeitlose Formen. Nur wenige stellen Menschen, Tiere oder ansprechbare Gegenstände dar. Sie fügen sich in die Welt der alpinen Felsbilder gut ein und scheinen meist im 1. Jahrtausend v. Chr. entstanden zu sein. Bemerkenswert sind einige Inschriften in der Kienbachklamm, von denen eine lateinische entziffert werden konnte:

Dem Mars Latobius geweiht!
Dem Latobius hat das Gelübde eingelöst, gern und nach Gebühr
Sextus Flavius.

Mars Latobius war der Stammesgott der Noriker und besaß sein Hauptheiligtum auf dem Magdalensberg in Kärnten (Abb. 89). Diese Inschrift in Verbindung mit den christlich geprägten Einritzungen späterer Jahrhunderte verstärkt die Vermutung, daß auch die vorrömischen Felszeichnungen weniger allgemeine Sinnbilder oder Szenen des täglichen Lebens wiedergeben wollten, sondern im Zusammenhang mit der Anrufung und Verehrung einer Gottheit zu sehen sind. Die Bilder können dabei die Gottheit in ihrem „Erscheinungsbild" als Krieger, als Tier, als Symbol sichtbar machen, etwa den „Stiergott" vom Mont Bego, oder aber Tätigkeiten und Ereignisse abbilden, die einen direkten Bezug zur Gottheit oder ihrer Verehrung besaßen, wie die Situlenkunst wahrscheinlich auch. Mit dem Eindringen römischer Kultur und Denkungsart hörte zwar nicht die Verehrung und Achtung der heimischen Götter auf, doch nahm sie andere Formen an. Die Fähigkeit, sich schriftlich auszudrücken, drängte die bildlichen und gegenständlichen Opfer stark zurück. Dasselbe geschah nämlich, wie oben schon angedeutet, im Rahmen der Höhen- und Quellkulte, bei denen auf einmal das beschriebene Bronzetäfel-

chen und vor allem die rasch aus der Tasche gezogenen Münzen als Wertobjekt an die Stelle der früher geopferten Waffen und sonstigen Gegenstände traten.

Der Vollständigkeit halber seien zum Schluß dieses Kapitels noch die Felsen von Carschenna bei Sils im Domleschg (Graubünden) erwähnt, die abstrakte und ein

106   Die mächtige Gestalt mit Hirschgeweih, eine Felszeichnung bei Zurla in der Valcamonica (Lombardei), stellt den keltischen Gott Cernunnos dar. An seinen erhobenen Armen hängen Ringe, und auch die Schlange gehört zu seinen Attributen. Er dokumentiert das Vordringen keltischer Glaubens- und Göttervorstellungen von der Poebene aus in die Südalpentäler ab dem 4. Jahrhundert v. Chr.

107   Erst im Jahre 1965 wurden die Felszeichnungen in dem Hochtal Carschenna über Sils im Domleschg (Graubünden) entdeckt. Sie sind auf vom Gletscher blankgeschliffenen Flächen eingepickt. Außer schälchenartigen Vertiefungen, Kreisen, Spiralen und einfachen Linien treten nur selten Tierfiguren und einmal ein stark stilisierter Reiter auf. Eine genaue Datierung dieser Zeichnungen ist daher unmöglich. Abgüsse im Rätischen Museum Chur und im Schweizerischen Landesmuseum Zürich.

paar figürliche Darstellungen bieten.[94] Einige Felsbilder gibt es auch aus dem Wallis.[95] Die Stelen und Menhire mit figürlichen Darstellungen aus Sion und dem übrigen Wallis, den französischen Alpen[96] und Südtirol[97] gehören zum großen Teil in den Rahmen des Grabbrauchs und sind dort behandelt (S. 136ff.). Dagegen hängen die verzierten Felsblöcke im Veltlin[98] eng mit den frühen Felsbildern der Valcamonica zusammen.

Ein Kapitel für sich sind die Schalensteine, Felsen oder isolierte Blöcke, in die kleine Vertiefungen eingearbeitet sind, fast immer in gänzlich unregelmäßiger Anordnung.[99] Da sie aus sich selbst heraus nicht zu datieren sind, schwanken die zeitlichen Ansätze zwischen der Jüngeren Steinzeit und dem Mittelalter, zumal diese Steine wegen ihrer merkwürdigen Bearbeitung nicht selten tatsächlich durch alle Zeiten die Aufmerksamkeit und Verehrung der umwohnenden Menschen auf sich zogen. Auch die Deutung der näpfchenartigen Vertiefungen ist umstritten und letztlich nicht zu klären,[100] weil die aus Mittelalter und Neuzeit überlieferten Bräuche (für Kerzen, zur Aufnahme von Milch usw.)[101] nichts über die ursprüngliche Verwendung aussagen. Versuche, auf bestimmten Schalensteinen ein System in die Anordnung der Näpfchen zu bringen und sie mit jahreszeitlich wichtigen Himmelsrichtungen aufgrund astronomischer Beobachtungen zu verbinden,[102] überzeugen trotz aller Bemühtheit nach wie vor nicht.

108   Kultwagen aus Bronze von Strettweg, Gemeinde Judenburg (Steiermark). In der Mitte eine große weibliche Gestalt mit erhobenen Armen, einer flachen Kopfbedeckung und einem breiten Gürtel. Darüber, gestützt durch tordierte Stäbe, eine flache Schale. In symmetrischer Anordnung folgen davor und dahinter zwei gleich aufgebaute Figurengruppen: ein Menschenpaar (der Mann schwingt die Streitaxt, die Frau hat den rechten Arm in einer Art Grußgestus etwas erhoben und trägt Ohrringe), zwei geschlechtslose Menschen, die einen unproportionierten Hirsch mit kleinem Körper und großem Kopf an seinem riesigen Geweih führen. Am Rand Reiter mit Lanze, Helm und Schild. Die Bodenplatte ist strahlenförmig durchbrochen; vor den Achsen sitzen Rinderköpfe. 6. Jahrhundert v. Chr. Höhe der großen Schalenträgerin 22,6 cm. Steiermärkisches Landesmuseum Joanneum Graz.

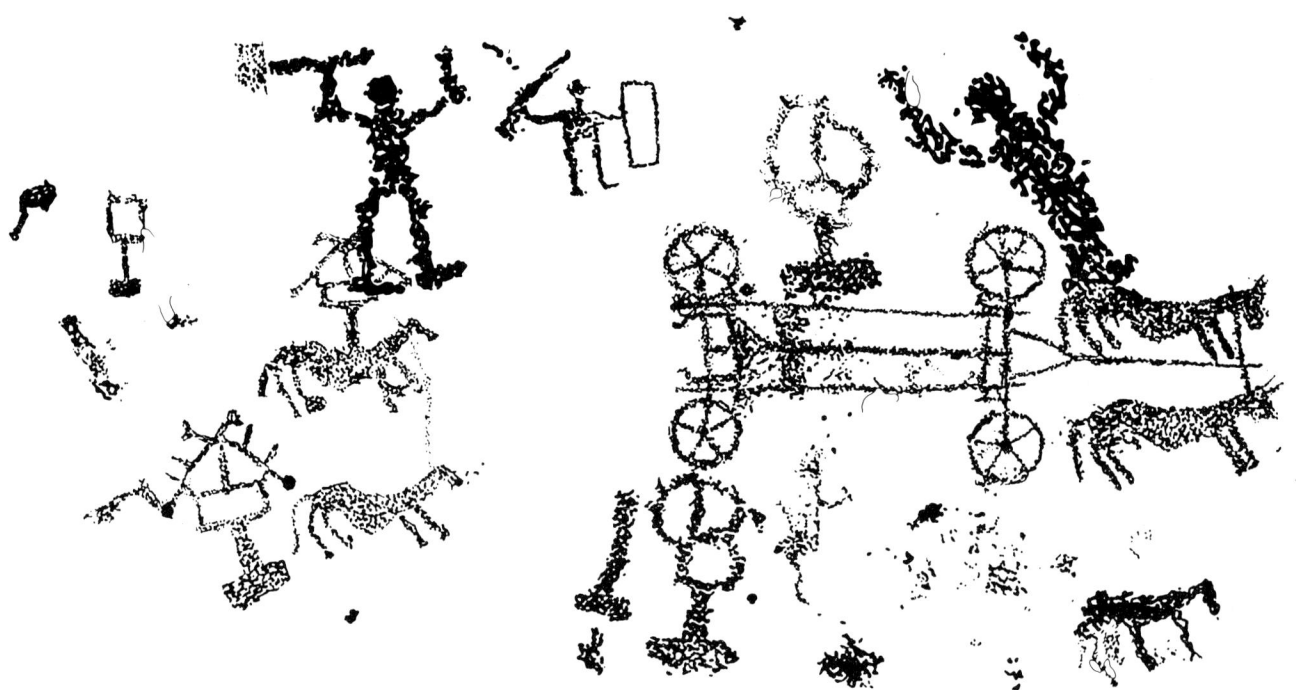

109   Auch unter den Felszeichnungen der Valcamonica (Lombardei) ist der „Kesselwagen" vertreten, wie ihn der „Kultwagen" von Strettweg in extrem ausgestalteter Form verkörpert. Die kleinen „Kesselwagen" waren offensichtlich nur Abbilder und zugleich konzentrierter Ausdruck einer Zeremonie, bei der große Bronzekessel auf richtigen Wagen mit Zugtieren umhergefahren wurden. 8.–5. Jahrhundert v. Chr.

Sonne, Vogel, Pferd und andere Götter

Wie sehr man damit rechnen muß, daß auf den ersten Blick willkürlich kombinierte Figuren und Symbole auf Felsbildern eine thematische Einheit bilden können, lehrt am anschaulichsten der Kultwagen von Strettweg in der Steiermark.[103] Der Begriff „Kultwagen" stammt natürlich von den Archäologen, und sie streiten sich noch heute, fast 130 Jahre nach der Auffindung, über Sinn und Zweck des merkwürdigen Gegenstands. Einig gehen sie nur in wenigen Punkten: Erstens stammt der „Kultwagen" aus dem Grab eines reichen Mannes, bestattet im 6. Jahrhundert v. Chr. Zweitens gibt es in

vergleichbar reichen Gräbern dieser Zeit auch anderwärts kleine Wägelchen mit aufgesetzten Schalen oder Kesseln;[104] der zusätzliche Figurenschmuck erklärt also nicht notwendig den Hauptzweck des Geräts. Drittens deutet die strahlenförmig durchbrochene Bodenplatte auf einen Zusammenhang mit dem Sonnenkult. Viertens spricht nichts zwingend dagegen, daß der Strettweger Wagen auch im Ostalpenraum konzipiert und hergestellt wurde (allgemeine Zweifel an der Kunstfertigkeit der dortigen Handwerker sind kein Gegenargument). Was sich aber hinter der Kombination von weiblicher Hauptfigur, Reiterkrieger, Mann und Frau, geschlechtslosen Wesen, Hirschen, Rinderköpfen und Sonnensymbol verbirgt, ist nicht mehr schlüssig aufzulösen. Eine Interpretation im Sinne eines Fruchtbarkeitskultes wäre auch nichts weiter als eine höchst allgemeine Vermutung und im Grunde unbefriedigend, weil wir eben überhaupt nicht wissen, was der Verfertiger und die Benutzer dieses Gerätes sich dabei gedacht haben. Daß es sich aber nur um eine künstlerisch besonders ausgeschmückte Tafelzier bei Gelagen gehandelt haben soll, wie Volkskundler mit einem Seitenblick auf sinnentleerte Parallelen der Neuzeit vermuten[105], ist gänzlich abzulehnen.

Den Menschen der Frühzeit war stets bewußt, was die Symbole, mit denen sie sich umgaben, bedeuteten. Manches mag im Laufe der Jahrhunderte abgeschwächt oder verändert worden sein, aber nur in fernen Randgebieten einer Kultur kann man möglicherweise mit unverstandener Übernahme fremder und damit inhaltsloser Symbole rechnen. Dies läßt sich gut an der spätbronze-/früheisenzeitlichen Symbolik in Mitteleuropa verfolgen.[106] Hier spielte die Vogelbarke eine Rolle, ein Boot oder allgemeiner: Gefährt mit zwei Vogelköpfen an den Enden. Die Vögel sind fast immer eindeutig als Wasservögel gekennzeichnet. In erweiterter Form trägt die Barke das Sonnenrad, und wenn dieses in den Vordergrund tritt, dann paßt sich die „Barke" der Rundung an, aber dem Betrachter war selbstverständlich klar, daß damit immer noch die „Vogelsonnenbarke" gemeint war.

110   Hallstättische und über Oberitalien vermittelte orientalische Motive verbinden sich auf dem bronzenen Gürtelhaken von Hölzelsau bei Kufstein (Tirol): die traditionellen Wasservögel und der „Herr der Tiere", verkümmert zu einem kleinen Männchen zwischen zwei S-förmigen Tierleibern mit doppelten Pferdeköpfen. Der Ledergürtel bestand aus zwei Lagen, war auf die schmale Lasche aufgeschoben, vorne mit dem rinnenförmigen Beschlag zusammengeklemmt und zusätzlich durch den runden Zierniet befestigt. Um 400 v. Chr. Länge 16 cm. Prähistorische Staatssammlung München.

In einer zweiten Version konnte die Sonne durch eine Menschenfigur, die Verkörperung eines Gottes, ersetzt werden.

Im frühgriechischen Apollokult tauchen dieselben Symbole auf: die Sonne und die Schwäne, die den Wagen ziehen. Hier sind noch Anklänge an das mitteleuropäisch-balkanische Vorstellungsmuster von einem Sonnengott spürbar.[107] Etwas später kommt das Pferd als neues und gleich sehr wichtiges Symbol hinzu, doch sind Vermischungen mit der Vogelsonnenbarke selten und auf die Spätzeit beschränkt. Wie sehr diese religiöse Welt der Vogelsonnenbarke und des Pferdebildes an ein zugehöriges Bild von „Gott und der Welt" gebunden war, zeigt die Beobachtung, daß sie im 5. Jahrhundert v. Chr. schlagartig verschwand. Damals kam nördlich der Alpen eine neue religiöse Strömung auf, deren künstlerischer Ausdruck der für die Kelten so typische Latènestil war.[108] Dieser fand im Alpenraum nur wenig Eingang (abgesehen von den Salzbergbauzentren im Norden mit ihren weitgespannten Beziehungen), so daß hier in dieser Spätzeit an einzelnen Objekten noch die alten Wasservögel weiterlebten (Abb. 110–111).

Einige einheimische Götter, deren Namen wir aus lateinischen Inschriften kennen, in denen sie zum Teil mit römischen Göttern gleichgesetzt sind, sind uns schon begegnet. Am Quellheiligtum von Steinberg am Achensee wurde ein Gott Kastor verehrt, in Este eine Heilgöttin Reitia, die möglicherweise der ganzen Stammesgruppe der Räter den Namen gegeben hat,[109] auf dem Magda-

lensberg in Kärnten ein Latobius. Eine Weihinschrift auf einem Bronzeeimer aus dem Piavetal nennt eine Göttin Loudera,[110] die latinisiert als Libera begegnet und das weibliche Pendant zu Dionysos, dem Weingott, ist. Auf Bronzescheiben von Montebelluna, ebenfalls im Piavetal, ist eine langberockte Göttin (?) dargestellt, deren Attribut ein großer Schlüssel ist.[111] Die zahlreichen venetischen Inschriften und die ebenfalls hier vorhandene Fähigkeit, sich bildlich auszudrücken, bieten wenigstens für den Osten des Alpenraumes ein paar Informationen über einheimische Götter, ihre Attribute, ihren „Aufgabenbereich" und manchmal sogar auch über ihren Namen.[112] Im Westen dagegen ist der Quellenstand sehr viel dürftiger; außer keltischen oder ligurischen Beinamen römischer Götter ist hier nichts überliefert.

Iuppiter
und sein Gefolge

Mit den Römern kamen ihre Götter in die Alpen. Altitalische Gottheiten waren in Rom starken griechischen Einflüssen unterworfen, was zu vielerlei Angleichungen führte. Aber im Gegensatz zu den Griechen hatten sich die Römer so gut wie keine Mythologie bewahrt, keine Geschichten von der Erschaffung der Welt und dem Wirken der Götter. Wichtiger war die Funktion eines Gottes, sein Zuständigkeitsbereich. Wichtig war zu wissen, an wen man sich für bestimmte Zwecke wenden konnte und welche Opfer oder Riten vorgeschrieben waren. Dadurch ähnelt das Verhältnis der Römer zu ihren Göttern einem Rechtsgeschäft und wirkt unpersönlich,

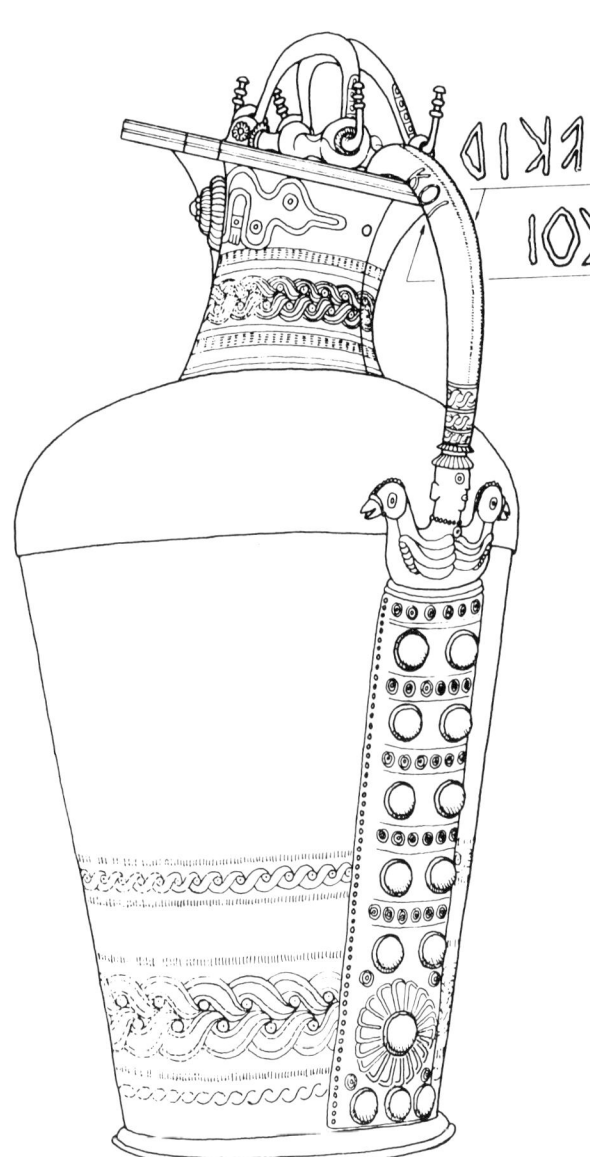

111   Schon in den Schweizer Südalpentälern gingen die einheimischen Bronzehandwerker recht frei mit den etruskischen Vorlagen um. Bei einigen Kannen sind am Übergang vom Henkel zur Befestigungsplatte die südlichen Motive durch Wasservögel ersetzt, die in ihrer Anordnung letztlich auf die mitteleuropäische „Vogelsonnenbarke" der Spätbronzezeit zurückgehen. Die lepontischen Inschriften auf der Kanne von Giubiasco (Kanton Tessin) sind zwar lesbar, aber nicht sicher zu deuten. Daß die Kanne im Tessin hergestellt wurde, geht daraus hervor, daß ihr Körper aus einzelnen Teilen zusammengesetzt und nicht in einem Stück getrieben ist, wie die Etrusker es konnten. 470–430 v. Chr. Höhe 38 cm. Schweizerisches Landesmuseum Zürich.

112   Zu allen Zeiten schrieben die Menschen Glas und Bernstein eine übelabwehrende Kraft zu. Das kleinwüchsige Kind (Abb. 115) in einem Grab vom Dürrnberg über Hallein (Land Salzburg) war besonders schutzbedürftig und besaß eine große Zahl vielfältiger Amulette. 430–400 v. Chr. Durchmesser der Halsringe um 14 cm. Keltenmuseum Hallein.

113   Auf dem schmalen Fries des Ehrenbogens von Susa (Abb. 21) ist ein Opferzug nach römischer Sitte dargestellt: Reiter, Hornbläser, Diener, die Kessel tragen und die Opfertiere zum Altar führen, zwei Stiere, einen Widder und ein Schwein. Der Gegensatz zu den zahlreichen „Triumphbögen" aus späterer Zeit ist unverkennbar, denn diese verherrlichen mit ihrem Bildprogramm vor allem die Kriegserfolge der Kaiser.

ganz anders als bei den Griechen, deren Götter auf dem Olymp mit all ihren „menschlichen" Eigenschaften wohnten wie eine große Familie, die sich ihre Zeit hauptsächlich mit Schabernack vertrieb.

Die römischen Götter waren alle sehr ernsthaft, angefangen bei Iuppiter, dem höchsten (ursprünglich ein Wettergott), seiner Gemahlin Iuno (zuständig für Frauen und Familie) und Minerva (Schutzgöttin Roms, später wie Athene die Beschützerin des Handwerks und der Künste) bis hin zum Kriegsgott Mars, der Fruchtbarkeitsgöttin Ceres und der Jagdgöttin Diana. Bacchus, der Fruchtbarkeits- und Weingott, genoß ob seines anregenden Aufgabengebiets etwas mehr persönliche Verehrung, aber am beliebtesten war offenbar Merkur, dem griechischen Götterboten Hermes gleichgesetzt. Er war der Beschützer der Reisenden, und das waren in der Frühzeit meist Händler. So wurde er zum Patron des Geldverdienens überhaupt, dargestellt nicht nur mit den Flügelschuhen, sondern auch mit dem Geldsack in der Hand. Dem pragmatischen Denken der Römer entsprach es, daß ihn auch die Diebe anriefen, denn schließlich zählte Stehlen auch zum Gelderwerb (oder anders her-

um: gar mancher Bürger sah zwischen habgierigen Kaufleuten und Dieben nur einen graduellen Unterschied).

Iuppiter, Iuno und Minerva als Hauptgötter bildeten die „kapitolinische Trias", und ihnen war in jeder
Stadt ein Tempel oder ein dreifach gegliederter Tempel-
komplex geweiht.[113] Hierin dokumentierte sich die Allge-
genwart der Stadtgötter Roms und damit des Staates
selbst. Diese Tempel standen daher wohl meist am
forum, dem Hauptplatz, und waren Mittelpunkt der offiziellen Kulte. Sie dienten nicht als Versammlungsräume
für die Gläubigen, sondern nur als Haus für die Statue
des Gottes. Die Opfer fanden auf Altären vor dem Gebäude statt, die manchmal auch in ummauerten heiligen
Bezirken standen, wie etwa in *Cambodunum*/Kempten
(Abb. 56). Meist erhielten die Götter nur einen Teil des
Fleisches (wenn nicht gar bloß die Eingeweide), den Rest
verspeisten die Teilnehmer oder verteilten ihn an Arme.
Dargebracht wurden auch Opfer von Brot, Früchten, Getreide, Milch, Öl, Wein und Weihrauch, alles Dinge, die
sich in der Regel dem archäologischen Nachweis entziehen. Für den Bürger zuhause galten dieselben Regeln,
wenn auch im Kleinformat. Ein Hausaltar beherbergte
Götterstatuetten aus Bronze oder Ton, vor wichtigen Anlässen verrichtete der Hausherr dort Gebete und opferte
eine Kleinigkeit. Jedes Haus besaß außerdem seinen eigenen Lar, einen gütigen Hausgeist; daher wurde der Altar
als *lararium* bezeichnet.

Außer den genannten Göttern gab es noch viele
andere, minder wichtige, deren Beliebtheit von Ort zu
Ort, Region zu Region, Beruf zu Beruf wechselte: Vulca-
nus, der Gott der Schmiede, des Feuers und der Brände,
Silvanus, der Gott der Herden und des Waldes, Neptun,
der Wassergott. Sie begegnen auf vielen Inschriften, die
auf Altären, Ehrentafeln, geweihten Täfelchen und Gegenständen angebracht waren. Denn wenn ein Gott eine
Bitte erfüllt hatte, stand ihm die versprochene Gabe zu,
wie die schon erwähnte Formel *v(otum) s(olvit) l(ibens)
m(erito)* immer wieder betont: der Weihende „erfüllte
sein Gelübde gern und nach Gebühr".

Eine entscheidende Neuerung in der offiziellen
Religion geschah unter Kaiser Augustus, der dem *genius*
Caesars, der unsterblichen Seele des großen Vorgängers,
göttliche Eigenschaften zusprach und göttliche Verehrung zukommen ließ. Damit begann der Kaiserkult in
Rom, der schließlich zu einer Vergöttlichung der Kaiser
noch zu Lebzeiten führte. Die Formen des Kultes waren
die gewohnten, und es wurden eigene Priesterschaften

dafür eingerichtet, die *flamines Augusti.* Als Ehrenämter,
die für reiche Leute nicht schwer zu erreichen waren,
tauchen sie häufig in Grab- und Ehreninschriften des Alpenraumes auf.

Doch mit dem Kaiserkult war die römische Religion nur um einen Aspekt erweitert worden, dem der
Bürger aufgrund der ideologischen Fixierung, Starrheit
und letztlich Ziel- wie Inhaltslosigkeit wenig Vertrauen
entgegenbrachte. In den Provinzen wie in Rom deckten
offizielle Orakel und Wahrsagungen teilweise den irra-
tionalen Bereich des Lebens und Denkens ab, und daneben blühten überall die vielfältigsten Formen des Aberglaubens.

114 Viele einheimische Götter, keltische oder inneralpine, erhalten für uns erst in römischer Zeit eine konkrete Gestalt, weil vorher normierte Darstellungen weitgehend fehlen und nicht mit Namen auf Inschriften zu
verknüpfen sind. Die keltische Pferdegöttin Epona war
zwischen Loire und Neckar sehr beliebt; meist reitet sie
auf einem Pferd. Eines der seltenen Zeugnisse weiter östlich ist ein Kalksteinrelief aus Bregenz. 2.–3. Jahrhundert
n. Chr. Länge 1,03 m. Vorarlberger Landesmuseum
Bregenz.

Volksglaube und Magie

Durch alle Zeiten war eine Vorstellungswelt lebendig, die man wenn nicht gleich als „Aberglaube", so doch wenigstens als „Volksglaube" bezeichnet.[114] Auch in diesem Ausdruck schwingt natürlich die mißbilligende Überheblichkeit jener städtischen und gebildeten Kreise mit, die sich der jeweils herrschenden Religion oder einer Philosophie verpflichtet und über die magischen Praktiken der einfachen Leute erhaben dünkten. Schon die Römer der Spätzeit, in der das Christentum Staatsreligion war, nannten diejenigen, die keine oder keine rechten Christen waren, *pagani,* also Landbewohner, ein Wort, das sich in den meisten romanischen Sprachen erhalten hat. Trotzdem hingen auch viele Mitglieder der Oberschicht dem Volksglauben und seinen Praktiken an.

Insbesondere der Glaube an Dämonen, Wesen, die zwischen den Göttern und den Menschen stehen, war in der Antike Gemeingut und wurde selbst vom Christentum in der Form des Teufels und seiner Gehilfen übernommen – in der katholischen Kirche bis heute. Die Welt der Dämonen entsprang der Tendenz des Menschen, alles, was ihn betraf, zu personifizieren und sich als lebendes Wesen vorzustellen: die Sonne und den Regen, die das Getreide wachsen ließen (oder auch nicht), den Hagel, der es vernichtete, die Krankheit, die den Menschen quälte und zerstörte, die Irrlichter im Moor, die Halluzinationen nach einem Tagesmarsch über verschneite Wege und Pässe, den heulenden Wind um das Haus. Aber auch gute Dämonen gab es, die in den Heilpflanzen wohnten, das Haus vor Blitzschlag schützten, das Vieh auf den Almen behüteten.

Eine Sondergruppe bildeten jene Dämonen, die sich aus verstorbenen Menschen rekrutierten. Besonders im antiken Griechenland war der Glaube verbreitet, daß jedem Menschen eine bestimmte Lebensspanne zugemessen sei,[115] und wer unvorhergesehen sterbe, durch Unfall, durch Mord oder schon als Kind (auch der Unverheiratete oder Kinderlose galt als „unvollendet"), der mußte die ihm noch fehlende Zeit als Geist umherirren. Auch Tote, die nicht oder nicht nach den entsprechenden Regeln bestattet worden waren, behelligten die Hinterbliebenen, wenn diese nicht durch geeignete Maßnahmen das Versäumnis wettmachten.

Nicht nur an Dämonen glaubten die Menschen, sondern auch an die Wirksamkeit von besonderen Materialien und Formen, um Geschehnisse in beschwörender oder abwehrender Weise zu beeinflussen. In vielen Fällen steckt die Vorstellung einer direkten Analogie dahinter, etwa wenn man Kleinkindern Tierzähne umhing, damit sie leichter zahnten; prähistorische Steinbeile, die man für vom Himmel gefallen hielt, sollten als „Donnerkeile" gegen Blitzschlag helfen, ein roter Stein Blutungen stillen können. Gleichzeitig war man davon überzeugt, daß Flüche anderen tatsächlich schaden könnten, wenn sie nur in besonders wirkungsvoller Weise vorgebracht würden. Zauberformeln mit mehr oder minder verständlichem Inhalt waren jedem geläufig, und überhaupt fühlte sich der Mensch beständig irgendwelchen Einflüssen ausgesetzt, die es zu bannen galt.

Für all dies gibt es unzählige Belege aus der schriftlichen Überlieferung der Griechen und Römer. Für jene Zeiten, in denen Schriftzeugnisse fehlen, dürfen wir gewisse Rückschlüsse wagen, aber die Auswahl an Befunden ist doch wesentlich kleiner, weil im Grunde nur die Gräber Aussagen zulassen. In ihnen finden wir öfters Gegenstände, die bis in die Neuzeit als Amulette gedient haben,[116] und manchmal gelingt es sogar herauszufinden, warum der betreffende Mensch den Schutz durch Amulette nötig hatte.

So gibt es vom Dürrnberg bei Hallein, der reichen Salzmetropole, ein Kindergrab, das durch die Fülle der darin enthaltenen Amulette aus dem Rahmen des in Mitteleuropa zu dieser Zeit Üblichen fällt.[117] Von den drei Halsringen sind zwei mit aufgefädelten Glasperlen und Bronzeringfragmenten geschmückt. Auf den Körper des Kindes hatte man zwei große Kolliers gelegt. Sie bestehen, außer aus normalen und kostbaren Glasperlen (etliche mit dem „Urmotiv Auge", einem der wichtigsten Abwehrsymbole, versehen), aus zwei großen Bernsteinringen und fünf Bronzeanhängern, deren Gestalt den magischen Gehalt verrät: ein Rad, zwei Dreiecke, ein Beil, ein Schnabelschuh. Neben dem Kopf befand sich dann noch eine lange Kette aus Bernsteinperlen; denn auch Bernstein und Glas besaßen einen magischen Charakter, der weit über den äußerlichen „Schmuck" hinausging, ebenso übrigens die Koralle. Was aber war für die Schutzbedürftigkeit dieses Kindes verantwortlich? Die anthropologische Bestimmung der Zähne (alle übrigen Knochen waren fast völlig vergangen) brachte es an den Tag. Obwohl das Mädchen 7–10 Jahre alt war, kann es doch aufgrund der Lage der Hals-, Arm- und Beinringe kaum größer als 80 cm gewesen sein. Es war also zwergwüchsig, und es ist anzunehmen, daß es auch im Leben schon einen Großteil der Amulette, entsprechend seiner

Schutzbedürftigkeit, getragen hatte. Daß die Eltern auch noch für die Zeit nach dem Tode vorsorgten, indem sie ihm die Bernsteinkette danebenlegten und vielleicht die

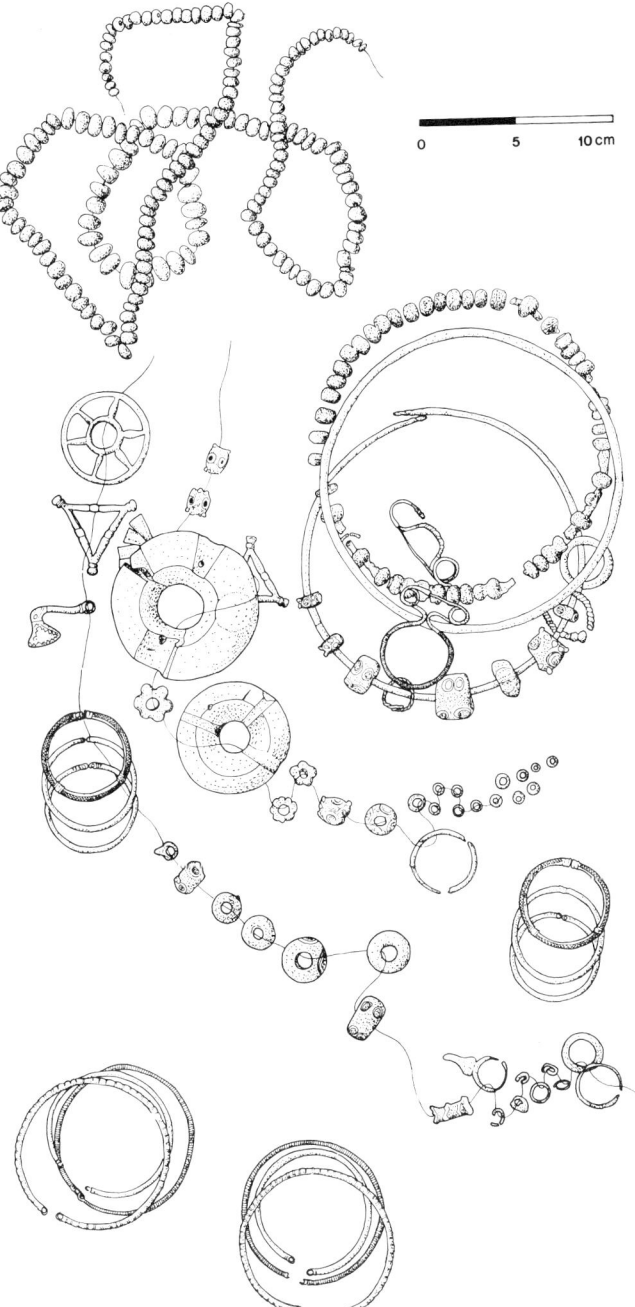

Halsketten noch zusätzlich reich ausstatteten, zeigt ihre liebevolle Fürsorge, aber vielleicht auch eine gewisse Vorsicht gegenüber diesem Wesen, das sich für sein trauriges Schicksal und seinen frühen Tod rächen könnte.[118]

Durch alle Zeiten blieben sich die Kategorien der Amulette gleich. Bei den einen war die Form wichtig: Schuh, Beil, Menschen- und Tierfigürchen, körbchenförmige Anhänger, Dreipässe (aus drei Ringen zusammengesetzt). Die ungenierte Verwendung von Sexualsymbolen fällt besonders bei den Römern auf. Bei anderen Amuletten kam es auf das Material an, dem besondere Wirkungen zugeschrieben wurde: Eisen galt als besonders dämonenabwehrend; die Römer schrieben ihre Flüche auf Blei;[119] Glas, Bernstein und Koralle wurden schon erwähnt, seltenes Gestein kommt hinzu (Jaspis, Meteorsteine, Marmor). Sinnfällige Form und auffallendes Material gehen hauptsächlich bei Objekten aus dem tierischen Bereich zusammen: Zähne von Bär und Hirsch, Eberhauer, Muscheln und Schnecken, Hirschhornrosen, aber auch natürlich durchlochte Kiesel. Das Auffallende kommt ferner darin zum Ausdruck, daß man unter Amulettsammlungen häufig Gegenstände findet, die eigentlich aus einer anderen Gegend stammen und nun ganz oder in fragmentiertem Zustand als exotisches Objekt eine magische Wirkung zugeschrieben erhielten. Dasselbe trifft für Gegenstände aus älteren Perioden zu, die der Mensch zufällig aufgelesen hatte und als Erzeugnisse menschlichen Schaffens in uralter Zeit erkannte und erfühlte: Feuersteinpfeilspitzen, Steinbeile, Bronzeringe, Anhänger, Bruchstücke von Glasarmringen, Münzen.

Auch in römischer Zeit bekannten sich die Menschen offen zu ihrem Glauben an Abwehrzauber. Zahllose Amulette aus ihren Siedlungen und Gräbern[120] belegen dies ebenso wie ihre Vorliebe für Masken, Fratzen und Tierköpfe an Haustüren,[121] Wagen, Möbeln und Geräten. Im Frühmittelalter war es dann bei den germani-

115   Die genau festgehaltene Lage der Funde in Grab 71/2 vom Dürrnberg über Hallein (Land Salzburg) ermöglicht die ungefähre Rekonstruktion der Körpergröße des bestatteten Kindes, obwohl die Knochen bis auf einige Zähne vergangen waren. Die Ringgarnitur aus Hals-, Arm- und Fußringen wird ergänzt durch zwei Kolliers aus Glasperlen und Amuletten sowie eine neben dem Kopf niedergelegte Bernsteinkette. 430–400 v. Chr. Keltenmuseum Hallein.

schen Frauen lange Zeit Sitte, am Gürtel eine Tasche an einem Band zu tragen, in der sie kleine Geräte des täglichen Bedarfs und einige Amulette aufbewahrten.[122] Denn auch diese benötigten die Frauen im täglichen Leben und wollten sie stets mit sich führen, oft sogar sichtbar auf das Band oder den Lederriemen aufgenäht. Das Vordringen des Christentums im Raum nördlich der Alpen während des 6. und 7. Jahrhunderts änderte daran wenig; man ersetzte einfach die „heidnischen" Amulette allmählich durch christliche Heilszeichen.[123] Im romanischen Gebiet, speziell bei den schon früh christianisierten Burgundern, wurde dagegen der sichtbare Gürtel zum bevorzugten Träger des Schutzgedankens; er wurde gern mit

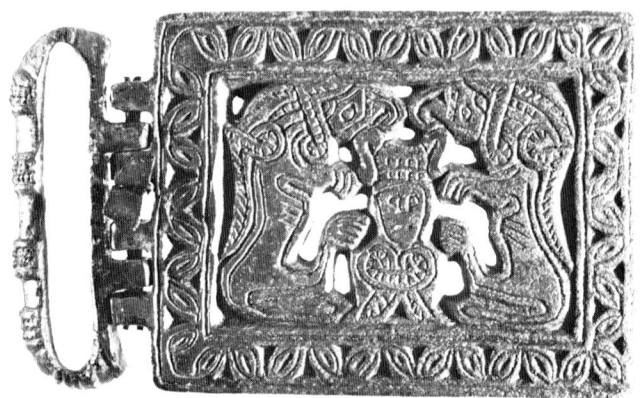

117   Christliche Motive begegnen häufig auf den Gürtelschnallen des Burgunderreiches. Besonders beliebt war die Geschichte von Daniel in der Löwengrube, weil man darin den Sieg des gläubigen Menschen über die bösen Mächte symbolisiert sah. So erwartete sich auch der Besitzer der Schnalle aus Riaz (Kanton Fribourg) mit den mächtigen Löwen, die den etwas kümmerlich geratenen Daniel überragen, statt ihm – wie es richtig wäre – die Füße zu lecken, einen wirksamen Schutz gegen die Gefahren des täglichen Lebens. Mitte des 6. Jahrhunderts n. Chr. Bronze; Länge 10 cm. Service archéologique cantonale Fribourg.

116   Phallische Amulette waren bei den Römern sehr beliebt. Die Wirkung des Anhängers vom Auerberg bei Schongau (Allgäu) steigern das Symbol des Halbmondes und vor allem die obszöne Geste der „Feige", die in den Mittelmeerländern noch heute im Schwange ist. Erste Hälfte des 1. Jahrhunderts n. Chr. Bronze; Höhe 5,8 cm. Prähistorische Staatssammlung München.

christlichen Szenen und Symbolen ausgeschmückt. Dafür enthielten die Gürtelgehänge so gut wie keine Amulette mehr.[124] Aufgrund dieses Zusammenhangs darf man gespannt sein, ob sich bei der Auswertung der zahlreichen erst kürzlich freigelegten Gräberfelder des burgundischen Raumes ein Unterschied in der Symbolik auf Männer- und Frauengürteln abzeichnet. Schon jetzt läßt sich absehen, daß zumindest die breiten Bronzeschnallen, auf denen die christlichen Szenen besonders häufig sind, Bestandteil der Frauentracht zu sein scheinen.[125]

Weil die Römer meist der Schrift mächtig waren, finden wir bei ihnen auch die anderen Praktiken der Magie. Bei den Ausgrabungen in der Zivilstadt von *Cambodunum*/Kempten entdeckte man ein Täfelchen aus Blei,[126] das wegen der anhaftenden Mörtelspuren irgendwo eingemauert gewesen sein muß. In gut lesbarer Kursivschrift wünscht ein Ungenannter einem Manne namens Quartus Stummheit, am besten gleich den Tod. Es handelt sich hier offensichtlich um ein Dokument, das mit einem Rechtsstreit in Verbindung steht: wer stumm ist, kann sich vor Gericht nicht verteidigen, er muß den Prozeß verlieren. Als zuständige Dämonen werden die *Mutae Tacitae,* die Stummen, die Schweigenden, angerufen:

Mutae Tacitae!
ut mutus sit Quartus,
agitatus erret ut mus fugiens aut avis adversus basy-
    liscum
ut eius os mutum sit, Mutae!
Mutae (d)irae sint.
Mutae! Quartus ut insaniat,
ut Eriniis rutus sit Quartus et Orco.
ut Mutae tacitae
ut mutae sint ad portas aureas.

O Mutae Tacitae!
Quartus soll stumm sein,
er soll gehetzt herumirren wie eine flüchtige Maus oder
    ein Vogel angesichts des Basilisken.
Sein Mund soll stumm sein, o Mutae!
Die Mutae sollen grausam sein,
die Mutae sollen schweigend sein.
O Mutae! Quartus soll den Verstand verlieren,
Quartus soll zu den Erinnyen verstoßen sein und zum
    Orkus.
Die Mutae sollen schweigend sein,
sie sollen stumm sein bei den goldenen Toren.

   Dieses Dokument, einer Litanei nicht unähnlich, spricht für sich, wenn auch einige Kleinigkeiten, wie etwa die „goldenen Tore" (des Elysiums, des Paradieses?), nicht ganz klar sind. Wahrscheinlich war es nicht damit getan, nur den Text aufzuschreiben und an einer geeigneten Stelle zu verstecken, sondern es waren auch noch begleitende Zeremonien nötig, etwa ein Opfer. So gibt es aus Karthago ein Fluchtäfelchen, auf dem geschildert ist, was der Auftraggeber oder der Zauberer noch gemacht haben.[127] Es handelt sich um dasselbe Problem wie bei dem Fluchtäfelchen aus Kempten, nämlich darum, einen Widersacher mundtot zu machen. Angesprochen waren dabei die Geister der Vorfahren: „Wie ich dem Hahn bei lebendigem Leibe die Zunge ausgerissen und sie festgenagelt habe, so mögen sie die Zungen meiner Gegner stumm machen, wenn diese etwas gegen mich sagen wollen." Bei einem Fund in einem kleinen Heiligtum von Mautern (Niederösterreich) ist archäologisch der Zusammenhang zwischen Fluch und Opfer bezeugt, weil

118   Magische Inschrift auf einem Bleitäfelchen von *Cambodunum*/Kempten (Allgäu). Die römische Schreibschrift mit ihrem kursiven Schwung ist viel schwieriger zu entziffern als die klaren Großbuchstaben auf den Steindenkmälern. Maßstab etwa 3:4.

das Bleitäfelchen einen kleinen Topf verschloß, in dem die Asche des Brandopfers aufbewahrt worden war.[128]
   Solche Täfelchen benutzte man nicht nur, um jemanden zu verfluchen, sondern auch im Gegenteil, um jemanden für sich zu gewinnen.[129] Dies verrät uns ein schmales Bleitäfelchen aus Peiting bei Schongau,[130] gefunden in einer *villa,* und zwar im Fundament einer Hausecke. Die Lesung ist nicht ganz so sicher[131] wie bei dem Fluchtäfelchen aus Kempten, so daß hier der Text nicht wiedergegeben zu werden braucht. Auf jeden Fall handelt es sich um einen Liebeszauber, mit dem ein Mann namens Clemens eine gewisse Gemella an sich binden wollte. Insbesondere ermahnt er sie, ihn auch zu lieben, wenn er nicht in Sichtweite sei, und die ganze Wortwahl läßt erkennen, daß er nicht nur auf platonische Liebe aus war. Die magische Wirkung suchte der Schreiber noch dadurch zu steigern, daß er von rechts unten nach links oben schrieb und die Buchstaben so verdrehte, wie es ihm gerade in den Sinn kam.

Erlösungshoffnung aus
dem Osten

   Die mangelnden Identifikationsmöglichkeiten des Bürgers mit der offiziellen römischen Religion, die wach-

senden politischen und sozialen Spannungen im Reich
sowie die daraus entspringende Existenzangst der einzelnen bereiteten den Weg für neue Religionen aus dem
Osten.[132] Sie waren „Erlösungsreligionen", versprachen
also dem Gläubigen statt einem Schattendasein ein glück-
liches Leben und leibhaftige Wiederauferstehung nach
dem Tode. Sie führten zur Bildung geschlossener Gemeinschaften, in die aufgenommen zu werden große Belehrung und Zeremonien erforderte, was das Zusammengehörigkeitsgefühl sehr stärkte. Gefördert wurde die

119   Der Mithrasglaube war eng mit einer festgefügten Mythologie verbunden, die auf den Altarsteinen immer wiederkehrt, auch auf dem, der 1559 bei Mauls gefunden wurde und heute am Hauptplatz neben der Kirche von Sterzing (Südtirol) steht. Mithras, der Sonnengott aus dem Osten, tötet in einer Grotte den weißen
Stier. Aus dessen Blut, das Hund und Schlange begierig
auflecken, entspringt neues Leben. Die zwei Gestalten
daneben mit der Fackel symbolisieren Ost und West,
Morgen und Abend, Frühling und Herbst. Darüber stehen Sonne und Mond als Himmelsgestirne; kleine Szenen
umrahmen das Hauptmotiv und erzählen weitere Bege-
benheiten aus dem Leben des Gottes. 2.–3. Jahrhundert
n. Chr. Höhe 1,20 m.

Ausbreitung vor allem durch Händler, Soldaten und
Sklaven, die – jeder auf seine Weise – oft in die äußersten
Teile des Reiches verschlagen wurden.[133]

Am wichtigsten unter den neuen Göttern war zunächst Mithras[134] aus Persien, der Kämpfer gegen alles
Böse. Seine Kultbilder zeigen ihn, wie er einem Stier auf
den Rücken springt und ihn mit einem Dolch ersticht.
Wie weit der Kult im 2. und 3. Jahrhundert verbreitet
war, zeigt die Existenz eines kleinen Mithräums selbst bei
der hochalpinen Raststation *Immurium* an der Tauern-
straße (Abb. 142). Aus Ägypten kam der Apisstier, Symbol der Fruchtbarkeit, des Lebens, Sterbens und der Auferstehung; dazu Isis, Osiris und Serapis. Eine phrygisch-
kleinasiatische Version des griechisch-römischen Diony-
soskultes galt dem Sabazios. Er kann aus bronzenen Votiven erschlossen werden, die eine Hand mit allerlei Symbolen und Tieren darstellen, unter denen die Kriechtiere
wie Schlange, Kröte und Eidechse die Mächte der Unterwelt verkörpern. Zwei Exemplare sind aus *Aventicum/*
Avenche und vom Großen St. Bernhard bekannt.[135] Soldaten brachten aus Syrien den Kult des Dolichenus
mit,[136] den Baal von Dolichene, der mit Iuppiter gleichgesetzt wurde. Der wichtigste Fund stammt aus Mauer
a. d. Url (Niederösterreich),[137] wo bei einem Germanen-
einfall des 3. Jahrhunderts die Dolichenuspriester das gesamte Inventar eines Heiligtums bei dem Donaukastell
verbargen: Votivbleche aus Bronze und Silber, aus
Bronze ferner Statuetten des Iuppiter Dolichenus und der
Victoria, Lampen, Kessel, Siebe, Kannen, sogar ein Tin-
tenfäßchen und als besondere Merkwürdigkeit mehrere
Schnellwaagen (Opfer von Händlern?), dazu etliche Ei-
sengeräte (aus dem Priesterhaushalt?), alles zusammen
88 Gegenstände, die über 1600 Jahre im Boden blieben,
weil niemand mehr das Versteck kannte.

All diese Religionen waren vom römischen Staat
geduldet, teilweise sogar durch einige Kaiser wohlwollend gefördert worden, weil sie nicht mit dem Kaiserkult
in Konflikt kamen. Anders jedoch das Christentum, das
ebenfalls – wie das Judentum – in den Kreis der orientalischen Erlösungsreligionen gehört. Nach christlicher
Lehre war es dem Gläubigen unmöglich, außer Gott die
Vergöttlichung eines verstorbenen Menschen anzuerken-
nen. Dies führte schon im Jahre 64 zur ersten Christen-
verfolgung unter Kaiser Nero. Sie wiederholten sich in
wechselndem Umfang und gipfelten in den rigorosen
Maßnahmen des Kaisers Diokletianius um und nach
300. Zunächst wurden alle Soldaten des Heeres, die nicht

dem Glauben der ansässigen Untertanen, der Romanen,
an, denn sie mußten und wollten einer Konfrontation mit
der einflußreichen Kirche aus dem Wege gehen. (Am
Rande sei hier noch darauf verwiesen, daß mit dem Eintritt der verschiedenen germanischen Völker in das römische Reichsgebiet sich auch deren Stammesstrukturen
veränderten, und zwar in Richtung auf ein territoriales
Staatssystem. Dem entsprach auf religiösem Gebiet die
relativ schnelle Aufgabe der alten Stammesreligion
zugunsten des Christentums mit seiner umfassenderen
göttlichen Ordnung, so daß eine intensive Missionierung
hier kaum nötig war.[171]) Damit setzte die Verflechtung
von weltlicher und kirchlicher Macht auch in den germanischen Reichen ein, ebenso die Annäherung zwischen
den Franken und dem Papst in Rom (S. 73 ff.). Die Krönung Karls des Großen durch Papst Leo III. im Jahre 800
bildete den Höhepunkt und vorläufigen Abschluß einer
Entwicklung, die dann zum „Heiligen Römischen Reich
Deutscher Nation" führte.

128   Viele Wege durchquerten die Alpen als Grenzscheide zwischen Süd- und Mitteleuropa. Manche davon
bauten die Römer als Straßen für Wagen aus. Steilhänge
und vor allem Schluchten erforderten dazu kühne Stützkonstruktionen, die erst durch Erfahrungen im Gewölbe-
bau und in der Mörteltechnik möglich waren. Besonders
eindrucksvoll ist das Straßenstück über der Schlucht des
Bouthier zwischen Aosta und dem Kleinen St. Bernhard
(siehe auch Abb. 137).

VI. Saumpfade, Pässe und Rasthäuser –
Der Verkehr über die Alpen

Die Geologie und ihre Folgen:
Pässe und Klausen

Die Alpen sind ein Faltengebirge. Vorher wogte hier ein Meer (von den Geologen aus unerfindlichen Gründen benannt nach Thetis, der Mutter des griechischen Helden Achilleus), in dem sich in Jahrmillionen Sedimentschichten verschiedenster Art abgelagert hatten. Als ungeheure Kräfte Erdschollen von Norden und Süden aufeinander zuschoben, gab der dazwischen liegende Meeresgrund nach und faltete sich wie ein Tuch in die Höhe. Die Falten legten sich dabei natürlich vor allem quer zur Schubrichtung. Lange Bergketten entstanden, die von Ost nach West streichen und dann nach Süden zum Mittelmeer abbiegen. Die dazwischen liegenden Täler wurden durch die Gletscher weiter ausgehobelt und durch die Flüsse vertieft.

Wer die Alpen auf möglichst direktem Weg überqueren will, muß sich mit diesen Bedingungen auseinandersetzen, die die Natur geschaffen hat. Und entsprechend den Gegebenheiten findet er ganz unterschiedliche Schwierigkeiten vor.

Da gibt es den Weg das Inntal von Kufstein an aufwärts in einer breiten Talsohle, die fast unmerklich ansteigt und nur in der Finstermünzenge, wo heute die Grenze zwischen Österreich und der Schweiz verläuft, eine gewisse Schwierigkeit bietet. Das Tal ist von Nordost nach Südwest gerichtet, wie die meisten der großen Längstäler in den Alpen. Eine letzte kleine Talstufe führt hinauf nach St. Moritz, und der Reisende findet sich in einer bergumrahmten Ebene wieder, in der grüne Seen die waldbestandenen Hänge widerspiegeln. Nur die klare Luft und die spürbar niedrigere Temperatur lassen ahnen, daß eine Höhe von 1800 m erreicht ist. Hinter dem letzten, dem Silser See aber bietet sich ein einmaliges Bild. Das Tal setzt sich zwar in der alten Richtung fort, aber in einer fast lotrechten Stufe fällt es etwa 250 m ab: das ist der Maloja. 13 Haarnadelkurven führen heute hinab in den Talkessel von Casaccia, aus dem die Mera fast nach Westen fließt. Ihr Tal ist viel schmäler als das des Inns, denn die Kraft der Gletscher hat hier im Süden nicht so stark eingewirkt, um so mehr aber die Erosion des schnell fließenden Wassers. (Sie war es auch – dies zur Erklärung des überraschenden Anblicks –, die das Tal der Mera von Westen her immer weiter rückwärts in das Trogtal des ehemaligen Inngletschers vorschob; der ursprüngliche „Inn"-Gletscher hat heute also gar keine Verbindung mehr zum Inntal, sondern liegt über der Mera.) Nach wenigen Kilometern bildet die Enge von La Porta eine natürliche Sperre im Tal, die schon die Römer befestigten und mit einer Straßenstation versahen.[1] Kurz dahinter verläuft dann auch die Grenze zwischen der Schweiz und Italien. Bald ist Chiavenna erreicht, wo sich der Weg mit dem vom Splügen vereinigt und nach Süden wendet. Das Tal weitet sich dann etwas, bis der Comer See die Hänge umspült. Vor dem Bau der Uferstraßen benutzte man hier den bequemen Wasserweg bis Como, dem Ort, an dem die Hügel des Voralpenlandes in die ersten Fünfzehnhunderter übergehen.

Aber dieser bequemste aller Wege über die Alpen mit seinem fast abrupten Übergang von der alpinen Region des Engadin zur mediterranen Tallandschaft des Bergell hat in der Geschichte nie eine Rolle gespielt. Die Bequemlichkeit stand in keinem Verhältnis zu der Länge und der Richtung des Weges. Wenn der Reisende einen oder gar zwei Tagesmärsche sparen konnte, nahm er gerne größere Strapazen auf sich, vor allem höhere Pässe. Denn die Pässe waren nicht das eigentliche Hindernis bei einer Alpenüberquerung, obschon sie in der kalten Jahreszeit verschneit waren und dann auch wenig begangen wurden. Viel schwieriger waren die Schluchten zu meistern, die die Flüsse eingegraben hatten, als sie sich den Weg von einer Längsfurche zur anderen und schließlich ins Alpenvorland bahnten. Für diese Engstellen gebrauchte man im Deutschen ursprünglich den Begriff „Paß", für den eigentlichen Übergang auf der Höhe gab es kein eigenes Wort für den ganzen deutschen Sprachraum. Im Salzburgischen nannte man die Übergänge „Tauern", was schließlich dem ganzen Gebirgszug seinen Namen gab. Und vor allem im Österreichischen haftet der „Paß"-Name noch an etlichen Engstellen, die im heutigen Sinne gar keine „Pässe" sind. Jedem, der die Salzachtalstraße nach Süden fährt, bleibt der Paß Lueg im Gedächtnis, wo sich die Salzach tief unten eine Schlucht zwischen dem Hagen- und dem Tennengebirge gesägt hat, die der Weg schon seit vorrömischer Zeit kühn auf halber Höhe umgeht. Erst die moderne Autobahn löst dieses Problem radikal mit einem Tunnel. Im südtirolischen Raum ist für diese Engstellen der Name „Klause" üblich (von lat. *claudere* – absperren); der Ort „Klausen" im Eisacktal markiert den Nordeingang zu einer der schwierigsten Passagen im ganzen Alpenraum.

Die Bewältigung dieser Engstellen war entscheidend für die Benutzbarkeit eines Alpenübergangs, ist der eigentliche Paß auch noch so niedrig und bequem. Am besten illustrieren dies der Brenner und der Gotthard. Nördlich von Bozen bildete die Kuntersschlucht ein lange Zeit unüberwindliches Hindernis für den Reisenden auf dem Weg zum Brenner. Sie nötigte ihn zu einem Umweg über den Ritten oberhalb Bozen, was fast einer zweiten Paßüberquerung gleichkam, oder gar durch das Passeiertal über den Jaufen (2094 m). Frühestens im 2. Jahrhundert n. Chr. schafften es die Römer, die Schlucht durch eine Straße zu erschließen,[2] aber nach dem Ende der Römerherrschaft ist diese bald wieder verfallen; denn bis ins Hochmittelalter mußten die Reisenden bis hinauf zum Kaiser mit seinem Gefolge die alten Umwege wieder in Kauf nehmen. Erst im 14. Jahrhundert besaß man erneut die technischen Möglichkeiten, die Schlucht zu bezwingen. Am 24. September 1314 gestattete es Kaiser Heinrich VII. dem Bozener Kaufmann und Unternehmer Heinrich Kunter, auf seine Kosten den Weg auszubauen und dafür Wegzoll zu verlangen.[3] Von diesem Zeitpunkt an rückte die Brennerstraße wieder auf zum wichtigsten Alpenübergang in großräumiger Hinsicht.

Noch schwieriger war das Problem der Schöllenenschlucht nördlich des Gotthard zu lösen. In vorrömischer und römischer Zeit kann dieser Weg nur ganz vereinzelt auf Pfaden über den Bätzberg im Westen begangen worden sein, eher zufällig oder von Einheimischen, die direkt ins nächste Tal wechseln wollten. Trotz seiner zentralen Lage im Alpengebiet und der relativ kurzen Anmarschwege von Süden und Norden wurde die Erschließung des Passes erst im späten 12. Jahrhundert in Angriff genommen. Zu den neuen technischen Möglichkeiten kamen natürlich auch noch politische Erfordernisse oder Konstellationen, die die Erschließung solch schwieriger Passagen nützlich oder gar notwendig machten; im Falle des Gotthard waren es die Zähringer in der Zentralschweiz, die sich einen direkten Weg nach Italien schaffen wollten.[4] Kühne Brückenkonstruktionen, darunter die erst später in Stein ausgebaute „Teufelsbrücke", ermöglichten nun eine Durchquerung der langen Schöllenenschlucht zwischen der Talweitung von Andermatt und Göschenen. Von diesem Wegstück berichteten alle Reisenden bis in die Neuzeit nur mit Schaudern, so auch im Jahre 1763 Hans Rudolf Schinz, später Pfarrer in Zürich:[5]

„Über eine hohe steinerne Brugg (bei Gestinen) kamen wir in die Gegend der Straß, welche in die Schöllinen heist; sie ist allerorten 8 und 9 Schuhe breit und mit breiten Felssteinen wohl besetzt, nahmlich so, daß die Steine an den meisten Orten wie an einer Stägen aufeinander liegen. Rechter Hand erheben sich die steilsten und höchsten durchgängigen Felsenwände, die aber oft überhangen und diesen Teil des Weges sehr gefehrlich machen, indem im Frühjahr die im Winter gespaltenen und verfrornen Felsenstüke sich losreißen und den Vorbeyreisenden traurig ihr Leben endigen, wie dan von Gestinen bis zur Teufelsbrugg 23 Kreyz zum Andenken der Erschlagenen aufgestellt sind ...

Auf linker Seite hat man die scheuslichsten Aussichten in die tiefen praecipicen (= Abgründe) und beständig über Felsen abfallende grausam brausende Reuß; wann je ein Ort förchterlich ist, so ists gewiß dieser, dann das enge Felsental, das nicht über 200 Schritt breit ist, die förchterliche Reuß, die alle Augenblick einzustürzen drohenden Felsen und die nebenstehenden Todeserinnerungen machen gewiß auch den Rohesten nachdenkend und schüchtern; doch ist für einen Liebhaber der Natur diese Gegend nicht so öde, indem sie für ihn reiche Gegenstände enthält: oft trifft man schöne Chrystallen und andere in den harten Felsen sonst verborgene Seltenheiten an, unter deren Betrachtung man die scheuslichen Gegenstände vergist.

Wann man endlich diesen sehr mühsamen Weg zurückgelegt, so komt man an den gefährlichsten Ort der ganzen Gothardischen Landstraß: zu der *Teufelsbrugg*, sie verknüpfet 2 steile sonst weit von einander abstehende Felsen. Ihre senkelrechte Höhe von dem Schlußstein des großen Bogens bis in die Reuß hinab hab ich nur 65, die Breite der liegenden Oberfläche 9, die größte Breite des Bogens 66 und ihre ganze Länge über 200 Schuhe gefunden. Oberhalb dieser Brugg falt die Reuß mit förchterlichem Getöse über Felsen 5 bis 6 Klafter tief herab und wird durch diesen Fall und oftmahlige Brüche des Wassers ein großer Teil derselben in Staub und Nebel verwandelt, desnahen um die Brugg herum eine ganze Wolke von diesem Gestöber sizet und die ganze umligende Gegend beständig davon naß ist."

Ähnlich eindrucksvoll ist die Schlucht oberhalb von Gondo (wieder Grenzstation zwischen Italien und der Schweiz) südlich des Simplon, doch war sie, bevor die moderne Straße durch napoleonische Truppen hineingesprengt wurde, einigermaßen bequem über die benachbarten Berge zu umgehen. Noch berühmter ist die Via Mala, der „schlimme Weg" mit seinem vielsagenden Namen, die Schlucht des Hinterrheins, die jeder passieren mußte, der von Chur über Splügen oder S. Bernardino nach Süden wollte. Und besonders bemerkenswert ist der Umstand, daß beispielsweise das Schnalstal, ein enges Seitental der Etsch westlich von Meran, nicht vom Vinschgau aus besiedelt wurde, sondern über ausgesprochen hohe Pässe im Norden vom Ötztal aus, weil die Schlucht am Talausgang praktisch unpassierbar war. Noch heute gültige Weiderechte der Schnalstaler Hirten im Ötztal und der alljährliche Schaftrieb über die verschneiten Pässe im Frühsommer und Herbst bezeugen die alten Verbindungen über die heutigen Staatsgrenzen hinweg.[6]

Auf der anderen Seite – damit sei diese allgemeine Einführung in die verkehrsgeografischen Probleme abgeschlossen – scheute sich der frühgeschichtliche Mensch nicht, einen zusätzlichen Paß zu überqueren, wenn die Straße im Tal durch Versumpfung der Auen, Überschwemmungsgefahr oder Erdrutsche beschwerlich zu begehen oder schwierig instand zu halten war. Wenn dann damit sogar noch eine Abkürzung verbunden war, brauchte er nicht lange zu überlegen, welcher Weg der Jahreszeit entsprechend der vorteilhaftere war. Dies trifft etwa für den heute nur durch ein Sträßchen erschlossenen Kunkelspaß (1361 m) zu, der das Rheinknie bei Chur auf einem direkten Weg zwischen Bad Ragaz und Tamins am Zusammenfluß von Vorder- und Hinterrhein umgehen hilft. Wichtiger war im Westen der Col des Mosses, weil die Straße entlang dem Genfer See, dort wo Schloß Chillon die Straße sperrt, erst in römischer Zeit in die Felshänge eingehauen wurde und das Delta der Rhône wohl noch ziemlich versumpft war. Der vorrömische Verkehr, soweit er nach Norden zielte, verließ bei Aigle das Rhônetal und wich nach Nordosten über den Col des Mosses (1445 m) aus.

Solche Wege, die heute nur noch eine untergeordnete Rolle spielen, lassen sich jedoch bestenfalls auf indirekte Weise erschließen; denn einem grasüberwachsenen Felssteig sieht niemand sein Alter an. Bestenfalls sind Sprenglöcher ein Indiz für jüngere Zeitstellung. Am eindeutigsten sind jene Fälle, in denen Reichtum und Bedeutung einer Siedlung nur dadurch erklärlich sind, daß sie an einem wichtigen Verkehrsweg und nicht in einem abgelegenen Seitental gelegen haben muß. Das frühmittelalterliche Kloster Pfäfers beispielsweise, hoch über der Mündung des Vättisertales ins Rheintal,[7] und die eisenzeitliche Befestigung Châtillon-sur-Glâne[8] bei Fribourg (Abb. 131) sind in diesem Sinne als wichtige Zeugen der genannten Verbindungen zu werten.

Aus Zeiten mit schriftlicher Überlieferung wissen wir, daß auch politische Verhältnisse durchaus eine Rolle für die Wahl bestimmter Wege und Pässe spielten. So gehörte seit der Spätantike der Vinschgau im heutigen Südtirol zum Bistum Chur und lange auch politisch zu Churrätien. Wenn der Bischof zur Visitation dorthin reiste, wählte er einen Weg, der zwar über drei Pässe führte, aber erstens der kürzeste war und zweitens weitestgehend durch bischöflichen Besitz führte: von Chur (587 m) durch das Schanfigg über den Strelapaß (2353 m) nach Davos (etwa 1500 m), dann über den Flüela (2383 m) ins Unterengadin nach Zernez (1472 m) und schließlich über den Ofenpaß (2149 m) ins Münstertal und in den Vinschgau. Die Graubündner und damit Schweizer Grenze gegen Italien verläuft auch nach dem Verlust des Vinschgaus heute noch in typischer Weise nicht auf dem Paß, sondern erst unterhalb des karolingischen Klosters Müstair in etwa 1200 m Höhe. Auf diesem Hintergrund wird erst verständlich, daß es hinter der nur weit oben am Hang zu umgehenden Schlucht am Eingang zum Schanfigg zwei befestigte Siedlungen der spätrömischen und frühmittelalterlichen Zeit gegeben hat, die eher als planmäßiger Stützpunkt an einem wichtigen Weg denn als hastig errichtetes Notquartier in einem abgelegenen Tal für die Bevölkerung Churs anzusehen sind (S. 124f. und 256).

Die ersten Saumpfade

Vor den Römern gab es keine Straßen über die Alpen. Man war froh, schmale Pfade zu kennen, auf denen man zu Fuß oder mit einem Saumtier am Zügel die Pässe bezwingen konnte. Holzbrücken über reißende Bäche, hölzerne Prügelwege oder notdürftige Schotterung in feuchten Moorflächen und Sicherung von Pfaden an steilen Hängen bildeten den Anfang eines Wegenetzes, das auf kontinuierliche Benutzung angelegt war. Dies wiederum setzte Organisationen voraus, Dorfgemeinschaften oder Genossenschaften, die für die Instandhaltung der Wege sorgten und davon natürlich auch profitierten. Am Anfang jedoch stand die Neugier des Menschen, zu erkunden, was hinter seinem eigenen Tal kam, wer dort lebte. Die ersten waren die Hirten, die sich auf ihren Sommerweiden in der Höhe begegneten und Informationen austauschten. Erst die Begegnung der inneralpinen Menschen mit ihren Nachbarn, die Kenntnis der Wege dorthin, der Zustände der Wege zu den verschiedenen Jahreszeiten ermöglichten es ihnen, dieses Wissen auf eine Weise zu verwerten, die ihnen zu einem zusätzlichen Einkommen verhalf und zugleich neue Anregungen vermittelte.

Solche Überlegungen stellte schon Aegidius Tschudi an, Politiker und Historiker aus dem Kanton Glarus, als er sein großes Werk (gedruckt 1758) verfaßte: „Haupt-Schlüssel zu zerschidenen Alterthumen. Oder Gründliche – theils Historische – theils Topographische Beschreibung von dem Ursprung – Landmarchen – Alten Namen – und Mutter-Sprachen Galliae Comatae, auch Aller darinnen theils gelegenen – theils benachbarten – und theils daher entsprossenen Land- und Völckerschafften." Ihm wollte es nicht in den Sinn, daß vor den Keltenwanderungen nach Süden tatsächlich niemand die Alpen überschritten haben sollte. So setzt er sich ausführlich damit auseinander:[9]

„Titus Livius Lib. 5 und andere Römische Geschichtschreiber melden, das die Alp-Gebürg zwischen Gallia und Italia zu des Römischen Königs Prisci Tarquinii Zeiten, ehe die Gallier Ihre erste Reiß in Italiam gethan, unwandelbar gewesen, und noch nie einige Strassen darüber zu wandlen damahlen aufgethan worden, und haben dieselbige Alpen Galliam und Italiam, gleich als ob es zwey Welten wären, von einander unterzäunet- und abgesöndert; es seyen auch dero Zeiten die Gallier, von Ihrer weiten Entlegenheit wegen, denen Römern gar unbekannt gewesen, und haltet Livius die Sag, das Hercules zuvor solte über diese Alpen gewandlet seyn, für eine Fabel. Diese Geschicht-Schreiber, dieweil sie die Alp-Gebürg so grausam gemacht, haben Polybium, der viel älter als Livius, und diese Alp-Gebürg selbsten besehen, überhupft zu lesen, da Er libro 3 hiervon schreibt, und die Geschicht-Schreiber, so vor Ihme gewesen, Lügen bestraffet, als sie von unwegsame gemeldter Alp-Gebürgen (deren Livius und andere gefolget) fürgegeben." (Hier referiert er Polybios, nach dem Hannibal im Rhônetal Boten aus Italien empfangen hat, die ihm über die Gangbarkeit der Alpen berichten sollten.) „Wiewohl nun die erste Gallische Reiß in Italiam viele Jahr vor Annibalis Zeiten geschehen, wer wolte aber glauben, das die Strassen nicht damahlen – und lange Zeit darvor über die Alp-Gebürg solten offen- und wandelbar gewesen seyn? Es hätte Bellovesus der Gallische Herzog nicht mögen mit seinem ganzen Heerzug zumahl über solche Gebürg ziehen, wann nicht zuvor Steg und Weeg gebahnet gewesen wären. Es seynd ohne Zweiffel von Königs Prisci Tarquinii Zeiten beyderseits in Italia und Gallia Völcker bis

nächst an die Alp-Gebürg wohnhaft gewesen, die werden wohl bis in die obersten Firsten der Alpen, von wegen der Vieh-Weidungen zu Sommers-Zeiten, Steg und Weeg gemacht haben, mit dem Vieh auf- und ab-zufahren, dieweilen doch grosser Genuß an Fleisch und Molchen allda zu gewünnen, dardurch viel Strassen über alle Alpen mithin gemacht- und aufgethan worden, ohne Zweiffel vor viel hundert Jahren, ehe Rom je gebauen. Es mag wohl die erste Gallische Reiß in Italiam zu Tarquinii Prisci des Königs Zeiten geschehen seyn, jedoch die offene Strassen über die Alp-Gebürg, längst darvor zu wandlen, in Übung gewesen.

Wer wolte doch gedencken, daß nicht mehr als einer eintzigen (und offt kleinen) Tagreiß weite, da die wohnhaffte Völcker, beyderseits an denen Füssen der Alp-Gebürgen gesessen, ihr Trieb und Tratt mit Vieh-Weidungen in die obersten Höchenen der Alpen an einandern weiden – und anstossen, nicht solten Wandlung und Kundschafft zusammen gehabt haben? dieweil doch Sommers-Zeiten kein Schnee allda verhindert; so seynd auch an etlichen Orthen die Firsten der Alpen so niderträchtig, als die Alpes Maritimae, von Antipoli aus Gallia gen Nicaeam, auch von Tarentasia centronum Galliae über Alpes Graias (jetzt der klein- oder minder St. Bernhart genant) in Salassos das Augstal, daß man zu allen Zeiten Winters- und Sommers ohne Sorg sicher hinüberwandlet. Die wilderen Alpen, als über Alpes Cottias (Mont Genever) genant, auch der Montaniso, Mons Jovis, vor Zeiten Alpes Poeninae (jetzt der groß St. Bernhardt) genant, deßgleichen Summae Alpes, der Gotthart genant, und andere mehr, die man auch Sommers- und Winters Zeiten gebraucht aus Gallia in Italiam, ist aus fruchtbarem Geländ, von einem Land in das andere fruchtbahr nicht über eine Tagreiß."

Mehr direkte Quellen als Aegidius Tschudi besitzen wir heute auch nicht: die sagenhafte Alpenüberquerung des Herakles, den keltischen Handwerker Helico, der in Rom gearbeitet und nach seiner Rückkehr die Keltenwanderung nach Süden eingeleitet haben soll, schließlich die Beschreibung dieses Zuges selbst sowie das staunenswerte Unternehmen Hannibals. Alles andere kann die Archäologie nur indirekt erschließen, und an den daraus gewonnenen Ergebnissen sieht man zum Glück dann doch den Unterschied zu Aegidius Tschudi.

Obwohl schon in der mittleren Steinzeit saisonale Höhensiedlungen in großer Höhe, etwa in Südtirol um die Sellagruppe, bestanden,[10] ist nicht anzunehmen, daß es eine Art gezielten und geregelten Verkehr über die Alpen gegeben hat. Auch in der jüngeren Steinzeit sind die Kontakte zwischen den Gebieten südlich und nördlich der Alpen so schwach entwickelt, daß höchstens gelegentlich direkte Begegnungen zwischen diesen beiden Welten bestanden haben werden.

Erst mit der Bronzezeit setzte ein lebhafter Verkehr im Alpengebiet ein. Das begehrte Kupfer wurde an vielen Stellen gewonnen. Besonders die wichtigsten Lagerstätten, die im Lande Salzburg, belieferten weite Landstriche des nördlichen Alpenvorlandes. Kundige Männer hatten sich auf der Suche nach dem Kupfer ins Gebirge hineingewagt. Was sie dort gewannen, verhandelten sie auf Wegen, die sich nach den natürlichen Gegebenheiten, vor allem aber nach den Abnehmern richteten. Zu dieser Zeit entstanden auch kleinere Siedlungen an solchen Wegen, wie etwa die auf der Crestaulta gegenüber von Vrin[11] im Lugnez (Graubünden). Ihre scheinbar so abgelegene Situation ist dadurch erklärlich, daß die heute völlig unbekannten Pässe am Ende des Tales regelmäßig begangen wurden. In der Tat: es ist der kürzeste Weg vom Vorderrheintal ins Tessin, wenn man wegen der Schwierigkeiten der Via Mala und der Roflaschlucht den Splügen und den S. Bernardino nicht benutzen wollte oder konnte. Die Paßhöhen Diesrut (2424 m) und Greina (2360 m) sind nicht so schwierig, daß sie zu einer einigermaßen günstigen Jahreszeit für einen Wegekundigen Probleme aufgeworfen hätten.

Die Weihefunde auf Paßhöhen oder hochgelegenen Almen, die eine Begehung unmittelbar bezeugen, setzen schon in der jüngeren Steinzeit ein, auch wenn sie erst in der Bronzezeit häufig werden (S. 181 ff.); damit spiegeln sie nur die allgemeinen Siedlungsverhältnisse wider. Da die Gründe ihrer Niederlegung nur sehr allgemein zu vermuten und individuelle Anlässe nicht zu erfassen sind, ist es unzulässig, aus der Häufigkeit solcher Funde an bestimmten Übergängen direkte Rückschlüsse auf deren Bedeutung zu ziehen.

Griechen und Etrusker entdecken den Norden

Mit der Eisenzeit begann der wirtschaftliche Niedergang der einstigen Zentren des Kupferbergbaus, und die Alpen wurden zum Durchgangsland. Der Aufstieg mächtiger Adelsfamilien im Norden von Ostfrankreich bis nach Böhmen und wohlhabender Stadtstaaten im Süden bei Griechen und Etruskern führte seit dem 6. Jahrhundert v. Chr. zu einem intensiven Handelsverkehr. Weil damit auch kostbare Güter, etwa Bronzegefäße (Abb. 19) und griechisch-attische Tonware, nach Mitteleuropa gelangten, hat sich die Forschung intensiv mit den damit verbundenen Problemen beschäftigt – etwas zu ausführlich und zu dogmatisch, wie immer, wenn die Faszination des Fremdländischen und des Kostbaren überhand nimmt.

Am Anfang stand die Vorstellung, daß zunächst die um 600 v. Chr. gegründete griechische Kolonie *Massilia*/Marseille den Handel nach Norden betrieben und dazu den außerordentlich bequemen Weg das Rhône- und Saônetal aufwärts benutzt habe. Im 5. Jahrhundert hätten dann die politischen Veränderungen im westlichen Mittelmeerraum zu einer Vorrangstellung der Etrusker geführt, die inzwischen in der Poebene siedelten und den Handel über die Alpen aufgebaut und beherrscht hätten, bis gegen 400 v. Chr. die Keltenstürme das wohlkonstruierte Vertriebssystem für die Waren aus dem Süden zerstörten.

Diese Vorstellung von den zwei konkurrierenden und sich ablösenden „Handelsströmen" ist durch neuere Untersuchungen auf breiter Basis berichtigt worden.[12] Sie zeigen, daß die Wege über die Alpen schon immer gleichzeitig mit dem Rhôneweg benutzt wurden, wobei dem Großen St. Bernhard die herausragende Bedeutung zukam. Denn für jeden, der von der Poebene nach Nordwesten in das Schweizer Mittelland und von da über den Jura nach Frankreich oder in das Oberrheintal weiterwollte, war dieser Paß trotz seiner Höhe (2469 m) der weitaus vorteilhafteste Weg. Hier kann man auf einer Strecke von nur 84 km (heutige Straßenkilometer) von Aosta (583 m) nach Martigny am Rhôneknie im Wallis (417 m) den Alpenhauptkamm am schnellsten überqueren und in breite, gefahrlose Täler mit freundlichem Klima gelangen, die bald in die Ebene führen. Schon in der frühen Eisenzeit setzen die Funde im Heiligtum auf der Paßhöhe ein, in dem bis weit in römische Zeit hinein geopfert wurde.[13]

Für den direkten Weg nach Süddeutschland standen die Pässe zur Verfügung, die vom Lago Maggiore oder vom Comer See ausgingen: darunter am wichtigsten S. Bernardino (2065 m), Splügen (2113 m), Septimer (2300 m) und Maloja mit Julier (2284 m). Da das Seengebiet während der Eisenzeit dicht besiedelt war und auch das Vorderrheintal, zumal am Rheinknie um Chur, zahlreiche Fundstellen aufweist, ist nicht daran zu zwei-

129   Weit hinten im Lugnez, einem Seitental des Vorderrheins, lag bei dem Dörfchen Surin eine bronzezeitliche Siedlung auf dem Hügel „Crestaulta", der (in der Bildmitte) das tief eingeschnittene Flußtal überragt. Auf seiner oben abgeplatteten Kuppe wohnten Menschen, die von der Viehzucht und gelegentlichem Handel nach Süden über die hohen Pässe lebten.

feln, daß diese Pässe auf jeden Fall vom inneralpinen Verkehr benutzt wurden. Ob sich allerdings auch der Fernhandel ihrer in größerem Ausmaß bediente, ist sehr zweifelhaft. Allein die Besiedlungsdichte im Süden und die relative Wohlhabenheit der dortigen Menschen als Beweis für eine Beteiligung am Zwischenhandel anzuführen, verführt leicht zu voreiligen Schlüssen.

Wir müssen uns nämlich vor Augen halten, welche forschungsgeschichtlichen Faktoren das Siedlungsbild der vorrömischen Zeit im Aostatal einerseits und in den Südalpentälern um Lago Maggiore und Comer See andererseits bestimmen. Es ist offenkundig, daß hauptsächlich die moderne Bautätigkeit für die Auffindung von Gräbern und Siedlungsstellen verantwortlich ist. Beim Bau der Gotthardbahn wurden im Tessin die bisher größten Gräberfelder entdeckt, die Kiesgruben in den Moränen rund um Como liefern reiche Funde, und die allgemein große Baulust in diesem klimatisch begünstigten Gebiet führte zu zahlreichen Bodenaufschlüssen. Die Häufigkeit der Funde rief wiederum ein größeres Interesse der Einheimischen hervor, das sich in Como schon 1872 in der Gründung einer heute noch sehr rührigen archäologischen Gesellschaft manifestierte und wiederum seits sorgfältigere Beobachtungen aller Bodenbewegungen und gezielte Grabungen durch geschulte Mitarbeiter nach sich zog. All dies trifft für das Aostatal in viel geringerem Maß zu. Noch dazu hat das römische Aosta die Aufmerksamkeit der lokalen Forschung so sehr gebunden, daß für vorrömische Perioden nur mehr wenig Interesse übrig blieb. Erst in den letzten Jahren hat sich das geändert, und die Erfolge sind auch nicht ausgeblieben.[14] So zeichnet sich immer mehr die innige kulturelle Verwandtschaft des vorrömischen Aostatales mit dem Wallis ab – ganz im Einklang mit der allgemeinen Beobachtung, daß Pässe – auch sehr hohe – eher Verbindungen schaffen als behindern.

Einen ungewöhnlichen Beweis für die Begehung des Aostatales und damit des Großen St. Bernhard in der Spätbronzezeit liefert eine steinerne Gußform für ein Bronzeschwert, die am Lago di Viverone zwischen Ivrea und Santhià zutage kam. Der Typ des Schwertes ist nämlich nördlich der Alpen beheimatet; in Oberitalien gibt es dafür kein einziges Beispiel.[15] Da andere Schwertformen dieser Zeit hier durchaus bekannt sind, kann es sich also nicht um eine Überlieferungslücke handeln. In diesem Fall muß also ein Händler oder gar Handwerker mit der Gußform im Gepäck nach Süden gezogen sein, um dort seine Produkte herzustellen, und knapp hinter dem Ausgang des Aostatales ist er hängengeblieben. Mag sein, daß auch die Gußform selbst erst südlich der Alpen angefertigt wurde, aber der Mann kam auf jeden Fall von Norden, das Vorbild für das Schwert muß er gesehen haben. Die umgekehrte Richtung nahmen – ebenfalls in der späten Bronzezeit – nicht wenige Fibeln italischen Typs, die man in den Seeuferrandsiedlungen der Schweiz gefunden hat. Zu dieser Zeit gab es dort nämlich noch keine Fibeln, die nach der Art heutiger Sicherheitsnadeln und Broschen konstruiert waren, sondern Männer wie Frauen schlossen und schmückten ihre Gewänder mit Bronzenadeln. In diesem Falle hatte also eine neue Mode Eingang gefunden, und zwar in solchem Ausmaß, daß man vereinzelt solche Fibeln in etwas ungekonnter Weise

nachahmte.[16] Auch für diesen Kontakt kommt nur der Große St. Bernhard in Frage. Gleichzeitig bezeugen sie ziemlich intensive und regelmäßige Verbindungen, denn die Übernahme einer doch recht auffallenden technischen Neuerung kann kaum dadurch zustande gekommen sein, daß irgendjemand zufällig aus Italien eine Fibel mit nach Hause gebracht hat.

Nachdem der Weg über den Großen St. Bernhard das Rhônetal bei Martigny erreicht, folgt er diesem zwar zunächst in nordwestlicher Richtung, doch war die Passage entlang dem Ostende des Genfer Sees, wie schon erwähnt, in vorrömischer Zeit äußerst unbequem und gefährlich. Die große Bedeutung des Umgehungsweges über den Col des Mosses in das Üechtland und weiter nach Norden bezeugt die erst jüngst entdeckte Siedlung von Châtillon-sur-Glâne[17] südwestlich Fribourg, sozusagen die Vorläuferin der heutigen Kantonshauptstadt. Auf einem steil abfallenden Felssporn über dem Zusammenfluß von Saane und Glaane, wie die Flüsse auf Deutsch heißen, haben sich Menschen von der jüngeren Steinzeit bis ins frühe Mittelalter niedergelassen; durch eine Befestigung aus Wall und Graben auf der leichter zugänglichen „Landseite" war der Platz gut zu sichern. Ihre größte Blüte erlebte die Siedlung nach dem, was wir bis jetzt wissen, in der jüngeren Eisenzeit vor den Keltenwanderungen, also im 6. und vor allem im 5. Jahrhundert v. Chr., als der Weg über den Großen St. Bernhard die Hauptverkehrsader zwischen Oberitalien und dem westlichen Mitteleuropa darstellte. Obwohl die Kantonsarchäologin Hanni Schwab bisher nur kleine Flächen

130   Schon immer war die Kleidermode als einer der ersten Bereiche menschlichen Lebens fremden Einflüssen offen. Obwohl zur Spätbronzezeit nördlich der Alpen Männer wie Frauen ihr Gewand mit Nadeln schlossen, haben doch einzelne Personen nach italischer Mode einfache Fibeln verwendet, die ganz nach der Art heutiger Sicherheitsnadeln konstruiert waren. Abgesehen vom Wallis, wurden sie alle in Siedlungen gefunden, nie in Gräbern; denn im streng geregelten Totenbrauchtum hatten diese individuellen Vorlieben keinen Platz. Die Verbreitung dieser frühen Fibeln aus Italien und ihrer lokalen Imitationen zeigt den kulturellen Einfluß Oberitaliens über viele Pässe nach Norden. Schraffiert ist das dicht besiedelte Gebiet der „Protogolasecca-Kultur", aus dem zahlreiche Fibeln bekannt sind.

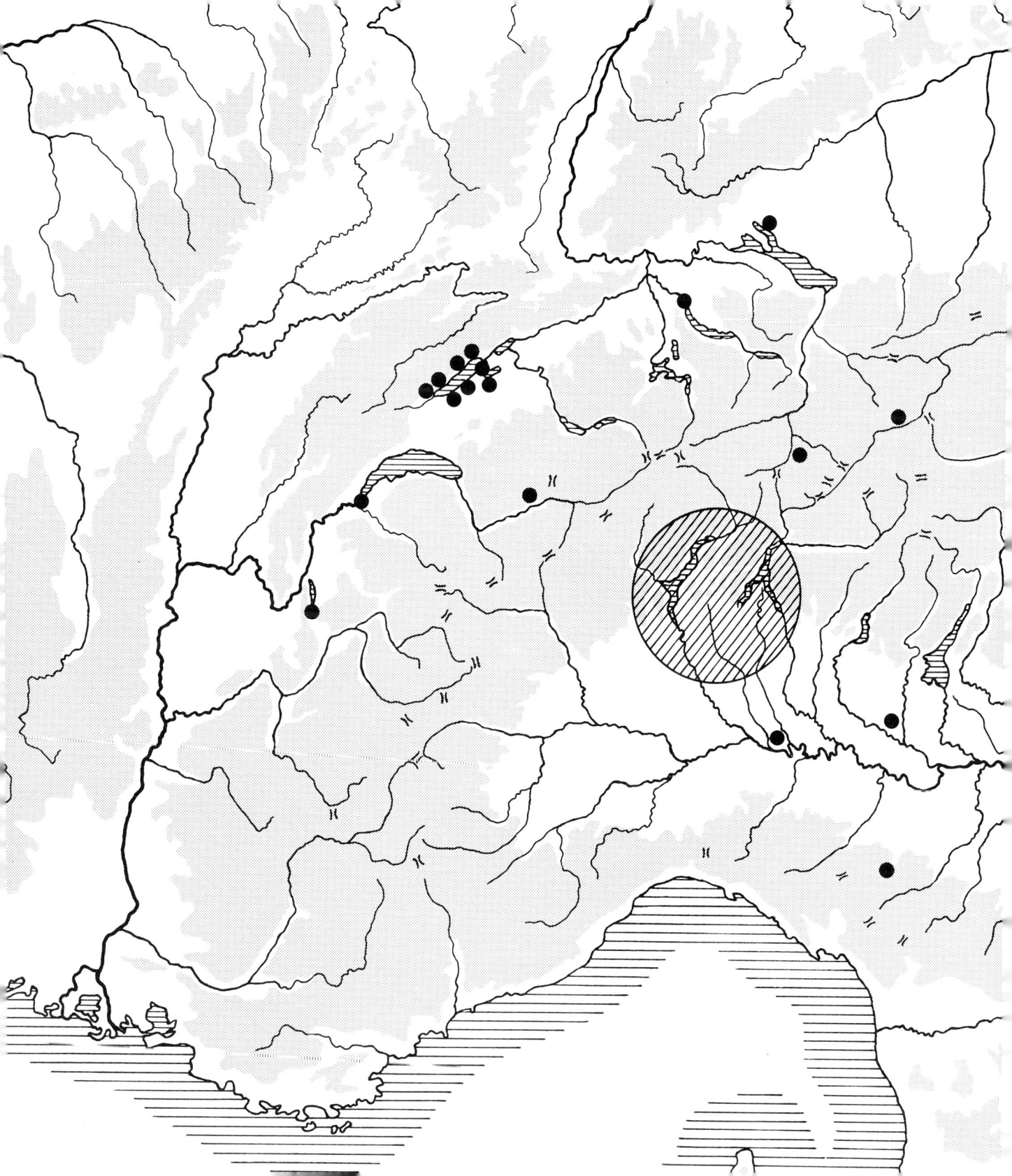

planmäßig aufdecken konnte, ist der Reichtum der einst an dieser exponierten Stelle wohnenden Menschen unübersehbar. Besonders an der Tonware lassen sich die Fernbeziehungen ablesen: schwarzfigurig bemalte Ware aus Athen, graue Ware mit Wellenbandverzierung aus Marseille, Scherben eines Gefäßes und eine Fibel aus Oberitalien, dazu auf der gerade neu eingeführten Töpferscheibe hergestellte Gefäße, die man zu dieser Zeit nördlich der Alpen nur an „Fürstensitzen" findet, und sogar ein Glasfläschlein aus Ägypten. Kurzum: Châtillon muß schon heute, trotz der noch recht geringen Ausgrabungstätigkeit auf diesem derzeit nicht durch Baumaßnahmen gefährdeten Platz, als eine damals höchst wichtige Station auf dem Weg über die Westalpen angesehen werden.

Es ist nicht allein die gut zu verteidigende Lage auf einem Felssporn, die ihre Bedeutung ausmacht, sondern vielmehr die Tatsache, daß ab hier die Saane (Sarine) für flache Kähne schiffbar ist. Die Saane mündet in die Aare, diese wiederum in den Rhein. Wenn man bedenkt, welch wichtige Rolle selbst kleinste Wasserläufe noch im Mittelalter für Reisen und Gütertransport gespielt haben (Man erinnere sich an den Plan Karls des Großen, durch einen Kanal zwischen Rezat und Altmühl in Mittelfranken den heute noch in Bau befindlichen Rhein-Main-Donau-Kanal vorwegzunehmen!),[18] dann liegt der Schluß nahe, daß Châtillon als Umladestation vom Land- auf den Wasserweg zu seiner überragenden Bedeutung kam. Die Schiffer, die auf den zunächst noch recht kleinen und unregulierten Flußläufen die Güter unversehrt ans Ziel brachten,[19] genossen gewiß ein nicht minder hohes Ansehen als jene Bergführer, die die südländischen Händler und andere Reisende sicher übers Gebirge gebracht hatten. Die Schiffer mußten sogar mehr investieren, denn das Treideln eines Kahnes flußaufwärts war – auch auf kurze Strecken – mühsamer als das Zurückführen eines mit Rückfracht beladenen Tragtieres. Schiffahrt war allerdings auch in späteren Zeiten auf die Flüsse außerhalb des Gebirges oder die Seen an seinem Rande beschränkt, denn innerhalb waren die immer wechselnden Schwierigkeiten durch Felsen, Schnellen, Sandbänke und Flußbettverlagerungen doch zu groß, als daß sie viel mehr als Holztransport in Form von Flößen zugelassen hätten (vgl. die Beschreibung des *Druentia*, S. 233).[20]

Die erläuterten Schwierigkeiten, die Bedeutung eines Weges über die Alpen allein aus den Siedlungsverhältnissen in den Tälern zu erschließen, gelten erst recht für die Zentral- und Ostalpen. Die rege Forschung in Südtirol hat eine fast unübersehbare Menge vorrömischer Fundstellen entdeckt, hauptsächlich aus der Bronze- und Eisenzeit,[21] aber die dort mündenden Pässe haben vor den Römern kaum eine Rolle gespielt. Das bayerische Alpenvorland war nämlich vergleichsweise dünn besiedelt und nicht mit Reichtümern gesegnet, so daß es keinen Anziehungspunkt für einen gezielten Fernhandel aus dem Süden bildete.[22] Gewiß gab es Kontakte nach hüben und drüben, gewiß hat manches Fremdstück den Weg über die Berge gefunden, aber mit dem regen Verkehr über den Großen St. Bernhard ist dies alles nicht zu vergleichen, obwohl die geografischen Bedingungen günstiger zu sein scheinen (man denke jedoch an die unpassierbare Kuntersschlucht auf dem Weg zum Brenner).

131   Am Zusammenfluß von Glâne und Sarine lag der wichtige Umschlagplatz vom Land- auf den Wasserweg bei Châtillon-sur-Glâne im Kanton Fribourg. Steile Felswände und ein hoher Wall boten der wohlhabenden Bevölkerung im 6. und 5. Jahrhundert v. Chr. Schutz.

Salz- und Bernsteinstraßen der Ostalpen

Genau umgekehrt steht es in den Ostalpen. Gerade im italienischen Teil ist die archäologische Forschung immer nur sehr spärlich betrieben worden. Am

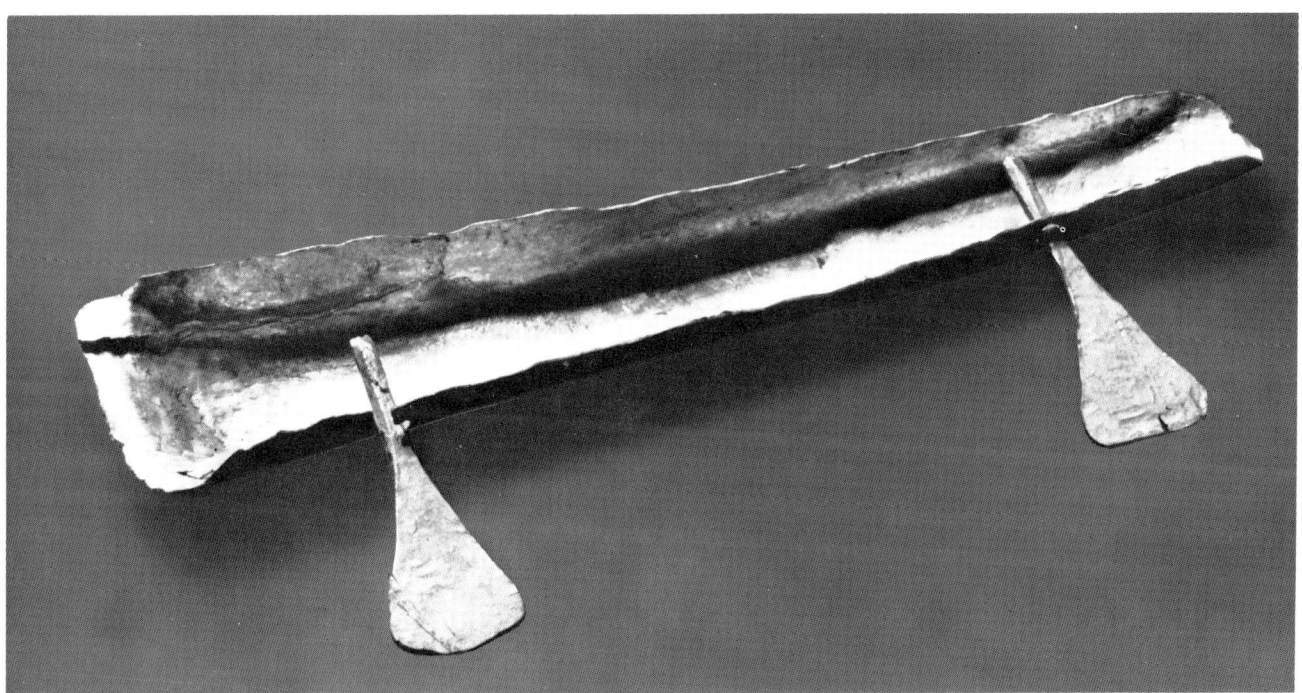

132   Das Schiffchen aus Goldblech, gefunden in einem Grab auf dem Dürrnberg über Hallein (Land Salzburg) entspricht in allen Einzelheiten einem Bootstyp, der bis in die jüngste Zeit auf den Seen und Flüssen des nördlichen Alpenrandes in Gebrauch war. Männer, die mit den Gefahren der Alpenflüsse vertraut waren, transportierten damit Güter aller Art talabwärts. 400–350 v. Chr. Länge 6,6 cm. Keltenmuseum Hallein.

besten illustriert dies die Tatsache, daß im Jahre 1976 unter dem Titel „I Paleoveneti alpini" ein Buch erschien, das nichts als den Wiederabdruck alter Fundberichte aus den Jahren zwischen 1871 und 1899 enthält. Es ist also sehr fraglich, ob die geringe Zahl der vorrömischen Fundplätze am Südrand der Ostalpen[23] die tatsächlichen Siedlungsverhältnisse widerspiegelt. Auf jeden Fall müssen die Übergänge, die von dort nach Norden führten, eine wichtige Rolle gespielt haben. Dies beweisen die Verhältnisse am Nordrand der Alpen. In den Gräberfeldern der Salzmetropolen Hallstatt und Hallein-Dürrnberg lassen sich so viele Beziehungen nach Oberitalien feststellen, daß enge Kontakte bestanden haben müssen,

und zwar nicht nur auf Handel und Importe beschränkt, sondern auch auf religiösem und künstlerischem Gebiet.[24] Besonders der Weg entlang von Salzach und Inn bis hinein nach Böhmen läßt sich an der Verbreitung etruskischer Bronzegefäße und sogar der etruskischen Schnabelschuhmode ablesen.[25]

Wo die Reisenden und die Händler die Ostalpen tatsächlich überquerten, ist weniger sicher zu bestimmen. Wer von Este, der Hauptstadt der Veneter bei Padova, nach Norden reiste, mußte über mindestens zwei Pässe, wollte er nicht einen weiten Umweg über Villach und das Drautal machen. Da gibt es zum ersten den Weg durch das Piavetal bis hinauf zum Misurinasee (Col S. Angelo, 1756 m), wieder hinunter ins Pustertal und über den Kreuzbergsattel (1336 m) nach Osten ins Lienzer Becken und von dort über den Felber Tauern (2545 m) ins breite Tal der Salzach. Die Variante weiter östlich, nämlich von Lienz über den Iselsberg (1204 m) und das Hochtor (2575 m) am Großglockner, bringt demgegenüber keine Vorteile. Als zweite Möglichkeit bietet sich an, dem Fuß der Berge nach Nordosten in Richtung Udine und dann dem Tagliamento zu folgen, bis eine Abzweigung nach Norden über den Plöcken (1362 m) ins Lesachtal und gleich wieder über den Gailbergsattel (982 m) das Drautal unterhalb von Lienz erreicht. Von hier aus standen wieder die genannten Tauern-Pässe zur Wahl. Wegen der geringen Höhe des Plöckens war dieser Weg im Frühjahr und Herbst sicher vorteilhafter als das Piavetal, zumal er auch nicht länger ist.

Für den Verkehr zwischen Slowenien und dem Nordalpenrand standen die östlichen Tauern zur Verfügung: der Mallnitzer Tauern (2446 m), den heute ein Eisenbahntunnel unterquert, und der Radstädter Tauern (1739 m), der aber nur über den Katschberg (1641 m) oder die Turracher Höhe (1763 m) vom Drautal her zu erreichen ist. Außer diesen Tauern, die auch heute durch Straßen oder Tunnel erschlossen sind, waren sicher, wie es bis in die Neuzeit hinein der Fall war, noch etliche kleinere Übergänge in Gebrauch, so etwa der Rauriser Tauern und sogar das Hochtor (2575 m) am Großglockner; davon zeugen der Fund eines Goldhalsringes der jüngeren Eisenzeit auf der Maschlalm im Seidlwinkltal, das von Rauris hinauf zum Hochtor führt, und eines späteisen- oder römerzeitlichen Skarabäus nahe der Rojacher Hütte (2718 m).[26] Die Pässe weiter östlich, auf denen Hallstatt direkt angestrebt werden konnte, sind alle niedriger und boten dementsprechend weniger Schwierigkeiten. Eine zentrale Lage besitzt das Talbecken der Mur bei Judenburg in der Steiermark, denn hier laufen viele Täler und Straßen zusammen. Nur so ist es zu erklären, daß aus Strettweg jener berühmte Kultwagen der älteren Eisenzeit (Abb. 108) stammt.[27] Auch die reichen Gräber aus dem scheinbar so abgelegenen Kleinklein[28] im Sulmtal (Abb. 75) sind – da dort nennenswerte Bodenschätze fehlen – am ehesten aus der Lage an einem wichtigen Verkehrsweg von der Tiefebene Ungarns durch das südsteirische Hügelland über den Radlpaß (670 m) ins Drautal, ins Klagenfurter Becken und weiter nach Friaul zu verstehen. Den Eingang zum Sulmtal sperrte eine vorgeschichtliche Befestigung auf dem Frauenberg über Leibnitz,[29] und möglicherweise verdankt auch die römische Stadt *Flavia Solva* ganz in der Nähe ihre Bedeutung derselben verkehrsgeografischen Konstellation. Denn hier am Ostrand der Alpen entlang zogen sich jene Wege hin, die seit der Antike unter dem Begriff „Bernsteinstraße" zusammengefaßt werden. Man mißt ihnen gewöhnlich eine größere Bedeutung zu, als sie einst gehabt haben, aber an einer weiträumigen Fernhandelsverbindung von der Ostsee an die obere Adria ist nicht zu zweifeln.[30]

Träger und Säumer, Künstler und Kaufleute

Aller Verkehr in vorrömischer Zeit über die Pässe ging zu Fuß oder mit Saumtieren vor sich. Wagen waren natürlich bekannt, aber im Gebirge hätte es gut ausgebauter Straßen bedurft, um die zwei- oder vierrädrige Wagen außerhalb der flachen Talböden auch zu nutzen. Was auf diese Weise transportiert wurde, durfte nicht zu groß, zu schwer oder zu sperrig sein. Ein kräftiger Träger konnte bis zu 50 kg schleppen, ein Saumpferd etwa das Dreifache. Ob auch Esel aus dem Süden dafür verwendet wurden, läßt sich archäologisch nicht entscheiden, weil bisher keine Eselsknochen in Siedlungen nördlich der Alpen entdeckt wurden. Wie immer bei solchen technischen Beschränkungen und wenig entwickelten Wirtschaftsformen kam kein Handel mit Massengütern in Frage, sondern lohnend war allein der Transport von gewinnbringenden Luxuswaren oder wichtigen Bedarfsartikeln. Von Süden nach Norden verfrachtete man hauptsächlich Wein und vielleicht auch Olivenöl, handlich abgefüllt in Amphoren aus Ton, in Lederschläuchen oder Holzfäßchen. Dazu lieferte man den süddeutschen Potentaten das zugehörige Tongeschirr aus Griechenland oder Bronzegeschirr aus Etrurien. Ein riesiges Mischgefäß aus Bronze, gefunden in dem prunkvoll ausgestatteten Grab von Vix[31] bei Châtillon an der oberen Seine und hergestellt in Unteritalien, hat man wohl nicht über die Alpen geschafft. Mit einer Höhe von 1,64 m und einem Gewicht von 208,6 kg, das auch durch die Möglichkeit, die massiv gegossenen Henkel und andere Verzierungen erst nachträglich anzulöten, nur wenig reduziert wurde, konnte man es keinem Tier aufladen, und ein Wagentransport kam im Gebirge nicht in Frage. Also ist nicht daran zu zweifeln, daß dieses monströse Stück auf dem Wasserweg die Rhône und Saône aufwärts verschifft wurde, bis es auf einem Karren an den Oberlauf der Seine transportiert werden konnte.

Womit die Bewohner des nördlichen Alpenvorlandes die Luxusgüter bezahlten, ist nur zu vermuten, weil es sich dabei überwiegend um vergängliche Materialien gehandelt hat, die sich dem archäologischen Nachweis entziehen. In einigen vielzitierten Stellen zählt der Geograf Strabon auf, was die Barbaren in der römischen Kolonie Aquileia am nördlichen Ende der Adria anboten:[32] Häute, Felle, Honig, Bernstein und Sklaven. In den Ostalpen spielten jedoch auch Eisen, Gold und Salz eine größere Rolle.

Aber nicht nur Güter umfaßte der Verkehr, sondern auf den Wegen herrschte ein stetes Kommen und Gehen von Menschen, die aus irgendwelchen Gründen unterwegs waren. Das betraf nicht nur den inneralpinen Nahverkehr zwischen den Talschaften, sondern läßt sich indirekt auch an Kunstwerken außerhalb der Alpen ablesen. So besteht kein Zweifel daran, daß der Bildhauer, der gegen 500 v. Chr. die lebensgroße Kriegerstatue von Hirschlanden[33] bei Stuttgart aus Stein gehauen hat, selbst im Süden gewesen sein und die griechischen oder etruskischen Vorbilder gesehen haben muß. Ebenso verräterisch sind kleine Schmuck- oder Trachtgegenstände, wenn sie außerhalb ihres Herstellungsgebietes gefunden werden. Hier ist wohl kaum an „Handel" zu denken, sondern sie sind mit den Menschen, die sie getragen haben, in die Ferne gelangt und dort verloren oder weitergegeben worden. Sie belegen damit die Mobilität von Personen, vielleicht von umherziehenden Handwerkern, Kesselflickern und Händlern, von Söldnern, von Hirten und Viehtreibern, von abenteuerlustigen Männern und Frauen, die nach auswärts geheiratet haben. So markieren zwei „Certosafibeln", Gewandspangen des 5. Jahrhunderts v. Chr. aus Oberitalien, in Martigny und Châtillon-sur-Glâne den Weg über den Großen St. Bernhard ins Schweizer Mittelland.[34] Ein Gürtelhaken von Illnau[35] bei Zürich stammt aus der Gegend um Lago Maggiore und Comer See; eine Bronzenadel des 7./6. Jahrhunderts v. Chr. hat es von den Ostalpen bis nach Tamins[36] in Graubünden verschlagen. In der Keltenstadt Manching bei Ingolstadt an der Donau fand man Schmuck, der im inneralpinen Raum heimisch war.[37] Selbst an zerbrechlichen Tongefäßen läßt sich gelegentlich mit Sicherheit ihre fremde Herkunft erkennen. Wenn es nämlich auf dem Dürrnberg über Hallein im Bereich der nördlichen Kalkalpen etliche Gefäße gibt, deren Ton mit kristallinem Urgestein und Glimmer gemagert ist, dann müssen entweder die Rohmaterialien aus über 50 km Entfernung, nämlich aus den Zentralalpen, herbeigeschafft oder die ganzen Gefäße importiert worden sein,[38] am ehesten aus Nordtirol. Auf dieselbe Weise kann man feststellen, daß einige Jahrhunderte vorher Tongefäße aus der Umgebung von Bozen in das Engadin gelangten; denn der Ton ist mit vulkanischen Partikeln versetzt, die nur um Bozen vorkommen.[39]

Im Grunde sind solche Beobachtungen keine Überraschung und eigentlich selbstverständlich; denn jede Ausbreitung von Formen, Moden, Techniken usw.

beruht auf dem persönlichen Kontakt von Menschen und Gruppen. Und der notwendige Handel mit seltenen Rohstoffen hat zu allen Zeiten diesen Kontakt geschaffen und gefördert. Wenn man für schriftlose Zeiten den etwas umständlichen Weg über die Interpretation einzelner Fundgegenstände wählt, so dient dies dem Wissenschaftler nur zur eigenen Beruhigung, daß sich die theoretisch vorauszusetzenden Kontakte und Fernbeziehungen auch tatsächlich im archäologischen Material niederschlagen.

Die Kelten auf der Wanderschaft nach Süden

Über die Pässe und durch die Täler kamen jedoch nicht nur gute Nachbarn, geschwätzige Hausierer und eilige Fernkaufleute, sondern auch bewaffnete Scharen, begierig nach Beute oder einfach auf dem Weg in den lockenden Süden. Sie wird es zu allen Zeiten gegeben haben, doch sind die archäologischen Quellen normalerweise so schwierig in dieser Richtung zu interpretieren, daß es unmöglich scheint, vor dem Einsetzen schriftlicher Quellen einigermaßen sichere Aussagen zu wagen. Wer will unterscheiden, ob eine Siedlung abgebrannt ist, weil ein Kind mit dem Feuer spielte oder weil ein Feind sie anzündete? Wie will man herausbekommen, ob drei benachbarte Siedlungen innerhalb von 50 Jahren oder von 10 Tagen zerstört oder verlassen wurden? Die Möglichkeiten und Methoden der Archäologie reichen für die Beantwortung dieser Fragen nicht aus.

Aus Zeiten mit schriftlicher Überlieferung, und sogar noch aus dem letzten Weltkrieg weiß man, daß angesichts drohender Gefahr Wertgegenstände versteckt wurden, um sie dem Zugriff plündernder Feinde zu entziehen. Wenn diejenigen, die das Versteck kannten, umkamen, vertrieben oder verschleppt wurden, blieb der Schatz in der Erde. Auf diese Weise gerät die Archäologie in den Besitz von „Schatzfunden", die – immer im Rahmen der jeweils möglichen Datierungsgenauigkeit – sich manchmal zeitlich eng zusammenschließen lassen und damit vielleicht auf eine einschneidende Bedrohung des betreffenden Lebensraumes hinweisen (vgl. S. 15 f.).

Als erste Möglichkeit für eine Probe aufs Exempel bieten sich die Einfälle der Kelten nach Oberitalien gegen Ende des 5. Jahrhunderts v. Chr. an. Die Kelten müssen über die Alpen gekommen sein, wie es die Geografie nahelegt und die römischen Schriftsteller überliefern (S. 46). Im Bereich der westlichen Zentralalpen gibt es allerdings nur drei Schatzfunde, die in etwa diese Zeit gehören. Zwei davon kamen auf der Südseite des Gebirges zutage und stellen offensichtlich Altmetallsammlungen dar – in Zeiten ohne Münzen die einzige Möglichkeit, auf relativ kleinem Raum Werte zu horten. Gesichert ist diese Interpretation für den Fund aus Arbedo[40] nördlich Bellinzona, am Zusammenfluß von Ticino und Moësa, wo sich die Paßwege vereinen. Der andere, der neben zerbrochenen Bronzegegenständen auffallend viele Amulette enthält, wurde in Menaggio-Plesio[41] gefunden, also dort, wo man vom Luganer See in Richtung Osten auf den Comer See stößt, eine Stelle, die eigentlich nicht an einer großen Durchgangsstraße liegt. Als dritter Schatzfund ist der von Erstfeld im Kanton Uri zu nennen, am Weg zum Gotthard zwischen Vierwaldstätter See und der damals unpassierbaren Schöllenenschlucht nördlich Andermatt. Seine Interpretation eröffnet wieder andere Aspekte. Mit Sicherheit handelt es sich nicht um das hastige Versteck eines durch irgendwelche Gefahren überraschten Händlers, sondern um das ehrfürchtige Opfer an eine uns unbekannte Gottheit (Abb. 100). Seine im ganzen Alpenraum beispiellose Kostbarkeit (sieben reich verzierte Hals- und Armringe aus Gold) und zugleich Fremdheit ist nur durch einen ganz besonderen Anlaß zu erklären. Die Verlockung, an ein Bittopfer bergungewohnter Kelten aus dem Norden zu denken, liegt angesichts der Fundstelle vor der schwierigsten Passage des Weges nahe. Diese Verschiedenheit der Zusammensetzung macht es vorerst schwer, die drei „Schatzfunde" untereinander und mit dem Abbrechen der großen Gräberfelder am Südende des Lago Maggiore (nicht dagegen in den Schweizer Südalpentälern)[42] zu verknüpfen. Außerdem gibt es auch „Schatzfunde" dieser Zeit aus Südtirol, wie den von Obervintl[43] im Pustertal, der kaum an einem Einfallsweg der Kelten lag.

Wie unheimlich den Kelten das Gebirge war, überliefert der römische Historiker Livius[44] in seinem Bericht, so sagenhaft er auch sein mag. Unter der Führung des Bellovesus brachen jene Scharen, die sich als Ziel den Süden auserwählt hatten, „zu Fuß und zu Pferd" auf. „Nun lagen die Alpen vor ihm. Es wundert mich gar nicht, daß die Berge ihnen unübersteigbar schienen, denn noch niemand war darüber gezogen, soweit uns die Geschichte davon berichtet, falls wir nicht gerade den Sagen des Herkules glauben wollen. Die Höhe des Gebirges hielt die Gallier wie eine Umklammerung fest. Sie konnten sich nicht entscheiden, auf welchem Weg sie über die Bergrücken, die mit dem Himmel zusammenhingen, in

133   Rekonstruktion eines keltischen Pferdegeschirrs nach Funden aus La Tène, Gemeinde Marin-Epagnier (Kanton Neuchâtel). 2.–1. Jahrhundert v. Chr. Schweizerisches Landesmuseum Zürich.

einen anderen Teil der Welt hinübergehen sollten ... Die Gallier selbst zogen durch das Land der Taurier und durch schwierige Bergschluchten über die Alpen. Nicht weit vom Fluß Ticinus besiegten sie die Etrusker ..." Die Taurier saßen übrigens im heutigen Piemont – Turin/ *Augusta Taurinorum* hat noch heute seinen Namen davon –, und der *Ticinus* ist der Ticino, dessen Oberlauf dem Kanton Tessin den Namen gegeben hat; mit dieser Lokalisierung des Weges stimmt überein, daß für etwas später kommende Stämme als Übergang der *P(o)eninus*, also der Große St. Bernhard, genannt wird.

Natürlich schmückte Livius seinen Bericht – rund 400 Jahre später – für die Gebildeten der Stadt Rom aus, aber er selbst stammte aus Padova und kannte die Alpen sicher aus eigener Anschauung. Den Römern der Apenninhalbinsel waren die Alpen ebenso fremd wie den Kelten, und Polybios, ursprünglich griechische Geisel in Rom und später Geschichtsschreiber der Römer (im 2. Jahrhundert v. Chr.) reiste eigens nach Oberitalien, um jene Gegend zu besichtigen, wo Hannibal mit seinem Heer im Jahre 218 v. Chr. über die Alpen gezogen war.

Hannibal und seine Elefanten

Hannibal, der Heerführer Karthagos, war nämlich die zweite Gefahr, die den Römern von Norden her drohte. Wie der Alpenübergang vor sich ging, überliefert außer Polybios[45] wieder Livius,[46] ein Kapitel, das heute noch gern in der Schule gelesen wird, weil es Farbe in den Lateinunterricht bringt.

Hannibal hatte sich mit den Römern in Spanien herumgestritten und war dann über die Pyrenäen nach Südfrankreich vorgestoßen. Die dortigen gallischen Stämme verhielten sich teils freundlich, teils schicksalsergeben, teils feindlich, doch Hannibal wußte mit allen fertig zu werden. Vor einem römischen Heer, das ihm den Weg an der Küste entlang verlegen wollte, wich er nach Norden aus. Nach einem dramatischen Übergang über die Rhône, behindert durch feindliche Gallier, zog er das Tal weiter aufwärts und folgte dann der Isère, wobei die dort ansässigen Allobroger ihm sachkundig Unterstützung boten „mit Proviant und allem anderen Vorrat, am meisten mit Kleidung; die Kälte der Alpen war berüchtigt, und man mußte Vorsorge treffen".

Weil uns für die folgenden Jahrhunderte kein Alpenübergang so ausführlich und plastisch überliefert ist, soll Livius hier selbst zu Wort kommen. Er als Römer sah keinen Grund, Hannibals Leistung zu schmälern, ganz im Gegenteil: je größer die Leistung Hannibals und seines Heeres, desto größer letztlich der Ruhm für die Römer nach dem endgültigen Sieg – allerdings erst Jahre später! So hat Livius die Schilderung eher etwas ausgeschmückt, und gerade die anfeuernde Rede, die Hannibal am Fuße des Gebirges an seine zaghafte Mannschaft richtet, verrät die rhetorische Kunst und die historischen Kenntnisse des Geschichtsschreibers: „... was glauben

sie denn, seien die Alpen anderes als Berghöhen? Wenn sie sich diese auch höher vorstellen müßten als die Bergzüge der Pyrenäen, so reiche doch tatsächlich kein Land bis an den Himmel, unersteigbar für die Menschen. Die Alpen würden ja sogar bewohnt und bebaut; sie erzeugten und ernährten lebende Geschöpfe. Die Pässe seien auch für ein Heer zu überschreiten. Die Gesandten, die sie hier sähen, seien ja schließlich nicht auf Flügeln über die Alpen geflogen. Nicht einmal die Vorfahren dieser Gallier seien Eingeborene, sondern als Bauern über die Alpen gekommen und hätten in oft gewaltigen Zügen mit Weib und Kind nach Art wandernder Völker das Gebirge ohne Gefahr überschritten. Was sei denn schon einem bewaffneten Krieger, der außer dem Kriegsgerät nichts mit sich trägt, unwegsam und unübersteigbar?"

Hannibal besaß also keltische Führer aus Oberitalien, die ihm entgegengekommen waren. Die einheimischen Bergstämme dagegen bereiteten ihm beträchtliche Schwierigkeiten durch blitzschnelle Überfälle an unwegsamen Stellen; einzig die Elefanten jagten ihnen Schrecken ein. Aber außer den Bergen waren es auch die Flußtäler, die einen geregelten Vormarsch erschwerten, so das von Hannibal wohl nicht passierte Tal der *Druentia/Durance*: „Sie ist ebenfalls ein Alpenstrom, aber von allen gallischen Flüssen am schwersten zu überschreiten. Obwohl sie ungeheure Wassermassen mit sich führt, ist sie trotzdem mit Schiffen nicht zu befahren, weil sie sich nicht in feste Ufer einzwängen läßt, zugleich in mehreren, oft ungleichen Flußbetten fließt und immer neue Untiefen und Strudel bildet; gerade deswegen ist auch der Weg zu Fuß immer gefährlich, zudem ist sie voller Kies und bietet dem Wanderer nirgends eine feste und sichere Grundlage. Auch damals war sie von Regengüssen angeschwollen und machte denen, die sie überqueren wollten, gewaltige Schwierigkeiten."

Überhaupt blickten die Karthager und ihre Hilfstruppen aus Nordafrika und Spanien nur mit Schrecken und Abscheu auf das Ungewohnte, das sich ihren Augen bot. Die Wirklichkeit übertraf alle vorausgeeilten Gerüchte: „Aber die Höhe der Berge, die man jetzt aus der Nähe sah, die Schneemassen, die sich beinahe mit dem Himmel vermischten, die häßlichen auf Felsvorsprüngen gebauten Hütten, die Herdentiere und das Zugvieh, das vor Kälte verkümmert aussah, erneuerten die Schrecken; die ungeschorenen und verwilderten Menschen, die ganze lebende und leblose Natur, vor Frost erstarrt, und alle diese Erscheinungen, die aus der Nähe noch abscheulicher wirkten als in der Schilderung, trugen mit dazu bei."

Die letzte Phase des Aufstiegs und den besonders schwierigen Abstieg lassen wir uns in aller Ausführlichkeit schildern:

„Am neunten Tage kam man auf die Gipfel der Alpen, meist auf Irrwegen und durch schwieriges Gelände; dies lag an der Tücke der Führer oder daran, daß man gutgläubig auf Leute hörte, die dort einen Weg vermuteten; man konnte den Bergführern durchaus nicht immer trauen. Zwei Tage hielten sie auf der Höhe ein Standlager; so lange wurde den Soldaten Ruhe gegönnt, die von der Anstrengung und vom Kampf erschöpft waren; einige Zugtiere, die in den Felsen abgestürzt waren, folgten der Spur des Zuges und gelangten ins Lager. Zu allem Übermaß an Widerwärtigkeiten versetzte sie auch noch Schneefall – das Siebengestirn[64] begann bereits zu sinken – in großen Schrecken. Das Heer brach beim Morgengrauen auf und zog verdrossen durch den hohen Schnee; Unlust und Verzweiflung sprach aus aller Blicke; da ritt Hannibal an die Spitze des Zuges und ließ die Soldaten auf einem Felsvorsprung anhalten, von wo aus man eine gute Fernsicht hatte. Er zeigte ihnen Italien und zu Füßen der Alpen die Poebene und wies darauf hin, daß sie jetzt nicht nur die Mauern Italiens, sondern auch die der Stadt Rom überstiegen. Von jetzt an führe der Weg durch Ebenen, ja er gehe sogar bergab; nach einer, höchstens zwei Schlachten würden sie die Burg und die Hauptstadt Italiens in ihrer Gewalt haben.

Da begann der Zug den Weitermarsch; die Feinde belästigten die Punier höchstens in kleinen Raubüberfällen. Aber der Weg war viel beschwerlicher als beim Aufstieg, weil die Alpen auf der italienischen Seite zwar kürzer, dafür aber um so steiler sind. Fast der ganze Weg war abschüssig, eng und glatt, so daß Stürze nicht zu vermeiden waren, wenn sie erst einmal strauchelten; wenn sie aber gefallen waren, blieben sie auf der Stelle liegen; und so stürzten Menschen und Tiere übereinander.

Danach kam man zu einer noch viel engeren Klippe; ihre Felswände standen ganz steil, so daß nicht einmal ein unbewaffneter Soldat sich herablassen konnte, wenn er sich auch mit den Händen an den herausragenden Büschen und Stämmen festzuhalten versuchte; diese schon von Natur steile Stelle war erst kürzlich durch einen Erdrutsch beinahe 1000 Fuß abgestürzt. Als Hannibal sich wunderte, was den Zug hier aufhielt,

weil die Reiterei wie am Ende eines Weges stehenblieb, meldete man ihm, auf diesem Felsen sei ein Weiterkommen unmöglich. Sofort ritt er selbst nach vorn, um sich das Gelände anzusehen. Tatsächlich mußte er das Heer auf einem Umwege – wäre er auch noch so lang – durch die unwegsamen, nie betretenen Gegenden führen. Jetzt aber war der Weg völlig ungangbar. Denn solange der Neuschnee nicht zu hoch auf dem alten lag, konnten sie festen Fuß fassen, wenn sie darauf traten. Nun war aber der Schnee durch den Zug so vieler Menschen und Tiere auseinandergetreten, und sie gingen auf dem bloßen Eise darunter und im fast weggetauten Schnee dahin. Sie hatten eine schreckliche Not mit dem schlüpfrigen Eise, auf dem kein Fußtritt haftete; und die abschüssige Fläche der Anhöhe ließ den Fuß noch viel eher ausgleiten. Wenn sie sich auf Händen oder Knien aufrichten wollten, verloren sie selbst diese Stützen und fielen von neuem hin. Es gab auch im Umkreis weder Stämme noch Wurzeln, an die man sich mit dem Fuß oder der Hand stemmen konnte. So schoben sie sich nun auf lauter glattem Eis und geschmolzenem Schnee vorwärts. Die Lasttiere traten oft durch, weil sie ohnehin schon auf der untersten Schneeschicht gingen; und wenn· sie kräftiger mit den Hufen aufschlugen, um nach dem Fallen wieder aufzustehen, sanken sie völlig ein, so daß die meisten in dem harten, tiefen Eise steckenblieben wie in einem Fangeisen.

Als sich Menschen und Tiere vergeblich mühten, schlug man endlich auf der Höhe des Bergzuges ein Lager auf. Vorher wurde das Gelände unter größter Anstrengung vom Schnee gesäubert. Man mußte eine Menge Schnee weggraben und ausschachten. Nun wurden die Soldaten an diesen Felsen geführt, um ihn gangbar zu machen; hier allein nur war der Weg möglich; der Stein mußte gebrochen werden; dazu fällte man die ringsum stehenden gewaltigen Bäume und schichtete einen riesigen Stoß auf; man zündete ihn an, als sich ein günstiger Wind erhoben hatte, der das Feuer anfachte; dann machte man den erhitzten Stein durch Aufgießen von Essig mürbe. Sie zerschlugen den so durch das Feuer spröde gewordenen Stein mit bestimmten Werkzeugen und machten seine Hänge durch kleinere Krümmungen gangbar; nun konnte man nicht nur die Zugtiere, sondern auch die Elefanten hinabführen. Vier Tage brachte man auf dieser Klippe zu und die Zugtiere verhungerten beinahe; denn die Anhöhen waren fast kahl, und der Schnee bedeckte das vorhandene Futter. Am Fuße der Berge gab es Täler und sonnige Hügel, auch Bäche in der

Nähe der Wälder und Plätze, die einer menschlichen Kultur schon mehr entsprachen. Hier schickte man die Zugtiere auf die Weide, und den vom Straßenbau ermatteten Menschen gönnte man endlich Ruhe. Nach drei Tagen ging es von da in die Ebene hinab, wo Gegend und Menschen milder waren."

Die Verluste müssen – jedenfalls nach den antiken Quellen – ungeheuer gewesen sein. Mit 50 000 Fußsoldaten, 9000 Reitern, 37 Elefanten und einem großen Troß war Hannibal aus Spanien aufgebrochen. 20 000 Fußsoldaten, 6000 Reiter und eine unbekannte Zahl Elefanten erreichten Oberitalien. Dabei sollen die Alpen 18 000 Fußsoldaten und 2000 Reiter sowie einen Großteil vom Troß als Opfer gefordert haben. Viele Leute haben sich seither den Kopf zerbrochen, welchen Weg Hannibal auf Anraten der einheimischen Führer gewählt haben mag.[47] Eindeutig ist zunächst, daß er das Tal der Isère hinaufzog. Uneinigkeit besteht darüber, ob er dem Arc weiter folgte und den Alpenhauptkamm über einen kleinen Paß südlich des Mont-Cenis querte (wohl über den Col du Clapier mit 2482 m)[48] oder ob – weit weniger wahrscheinlich – er im Becken von Grenoble nach Süden abbog, um über den Col Bayard (1248 m) oder den benachbarten Col de Manse bei Gap das Durancetal zu erreichen.[49] Dieses hätte ihn dann zum Mont-Genèvre (1854 m) mit dem Übergang nach Susa geführt, wo er – im Lande der Tauriner – die Ebene erreichte.

Der Bericht von Livius schildert schon alle Schwierigkeiten, mit denen sämtliche Feldherren zu kämpfen hatten, die mit einem ganzen Heer die Alpen überqueren wollten. Die Elefanten Hannibals stellten ebenso große Anforderungen an die Begehbarkeit der Wege wie fast 2000 Jahre später die Kanonen Napoleons, die zerlegt über den verschneiten Großen St. Bernhard geschafft wurden.[50] Doch Hannibal fand nur schmale Steige vor, die verbreitert werden mußten, während Napoleon immerhin alte und gut instandgehaltene Saumwege benutzen konnte.

Die ersten Straßenbauingenieure

Bis die Römer selbst mit einem Heer die Alpen überquerten, dauerte es noch eine Weile. Im Jahre 125 v. Chr. wählte M. Fulvius Flaccus den Mont-Genèvre, um bei der Eroberung Südgalliens einen Überraschungsangriff aus unvermuteter Richtung zu starten. Aber Italien drohte nach wie vor von Norden her Gefahr. Die

Kimbern und Teutonen, anscheinend germanische Stämme mit keltischen Anteilen, brachen gegen Ende des 2. Jahrhunderts v. Chr. über die Alpen nach Süden herein. Ihr Weg ist, wie alle, die in der schriftlichen Überlieferung nicht oder nur undeutlich beschrieben werden, Streitobjekt der Forschung bis heute. Zudem waren sie dauernd unterwegs und haben mehrmals auf der Suche nach Siedlungsland ihre Richtung gewechselt. In den Zentral- und den Ostalpen sind sie auf jeden Fall herumgezogen.[51]

Danach schweigen die schriftlichen Quellen für eine Weile. Im 1. Jahrhundert v. Chr. waren die Kelten nämlich zu sehr damit beschäftigt, sich mit den südwärts drängenden Germanen auseinanderzusetzen, und die Römer andererseits zunächst nur daran interessiert, die Verbindungen zur neuen Provinz Gallia Narbonensis in Südfrankreich zu sichern. Außer dem Meer stand dafür nur der ziemlich unbequeme Weg durch die südlichen Seealpen zur Verfügung, den schließlich Augustus als Via Iulia Augusta ausbauen ließ. Weil alle Täler sich zum Meer hin öffnen, mußte die Straße möglichst weit oben auf dem Hang angelegt werden und zahlreiche Schluchten auf Brücken überqueren. Wo sie die Grenze zwischen Italia und der Provinz Alpes Maritimae passiert, erhebt sich das Denkmal, das die Unterwerfung der Alpenvölker feiert (Abb. 25–26).

Dieses Ereignis, das die Alpen vom abschreckenden Grenzgebirge zum störenden Verkehrshindernis für eine großräumige Reichspolitik degradierte, leitete eine neue Epoche ein. Die Römer, das von seinen Straßen begeisterte Volk, setzten ihren Ehrgeiz darein, auch die Alpen für ihre Ansprüche an einen geregelten Verkehr zu erschließen. Ausschlaggebend waren dabei vor allem die Bedürfnisse des Militärs und der nachfolgenden Verwaltung. Die Fernstraßen der Römer wurden von Anfang an als Aufmarschlinien und Nachschubwege für das Heer konzipiert, ihre Konstruktion leitete die Inbesitznahme und Durchdringung eines neu erworbenen Gebietes ein.

Deshalb beginnt die Geschichte des römischen Straßenbaus nach Norden über die Alpen mit den Feldzügen von Drusus und Tiberius, den Generälen aus der Familie des Augustus. Nach der Unterwerfung der Alpenvölker und der Eroberung des nördlichen Alpenvorlandes im Jahre 15 v. Chr. mußten Straßen gebaut werden, die einen Verkehr über die Alpen möglichst auch im Winter zuließen. Zwei Routen wurden schon damals in Angriff genommen: erstens das Etschtal aufwärts über den Reschen ins Inntal und weiter über den Fernpaß an den Lech bis zum Legionslager und der zukünftigen Provinzhauptstadt Raetiens, *Augusta Vindelicum*/Augsburg; zweitens der Weg von *Augusta Praetoria*/Aosta über den Großen St. Bernhard ins Wallis und weiter ins Schweizer Mittelland bis hinauf nach *Augusta Raurica*/Augst bei Basel. Dies alles konnte natürlich nicht in wenigen Wochen bewältigt werden, und so dauerte es Jahrzehnte, bis der Ausbau vollendet war. Unter Kaiser Claudius war es so weit: die Inschriften auf den Meilensteinen verkündeten es stolz.

Ti(berius) Claudius Drusi f(ilius) Caesar Aug(ustus)
Germanicus pontifex maximus, tribunicia potestate VI,
cos(ul) IV, imp(erator) XI, p(ater) p(atriae), censor,
viam Claudiam Augustam,
quam Drusus pater Alpibus bello
patefactis derex[e]rat, munit ab Altino usque ad flumen
Danuvium. M(ilia) p(assuum) CCCL.

Tiberius Claudius, Sohn des Drusus, mit den Titeln Caesar, Augustus, Germanenbezwinger und Oberster Priester, im 6. Jahr seines tribunizischen Amtes, im 4. Jahr Konsul, zum 11. Mal zum Imperator ausgerufen, Vater des Vaterlandes, Censor, hat die nach Claudius Augustus benannte Straße, die schon sein Vater Drusus nach der kriegerischen Öffnung der Alpenwege eingerichtet hatte, von Altinum bis zur Donau ausgebaut. Sie ist 350 Meilen lang.

Diese Via Claudia ist eine der letzten Fernstraßen, die nach alter Sitte ihren Namen nach dem Erbauer erhielt; die aufgezählten Titel erlauben eine Datierung in das Amtsjahr 46/47 n. Chr. Die zitierte Inschrift stammt von einem Meilenstein nördlich von Feltre im Piavetal, eine ganz ähnliche kennen wir aus Rabland bei Meran.[52] Die neuere Straßenforschung[53] hat tatsächlich ergeben, daß die Via Claudia eigentlich aus zwei Straßenzügen bestand, und zwar deshalb, weil die Kuntersschlucht oberhalb von Bozen nicht passierbar war. Der erste und wohl wichtigere folgte von Verona aus dem Etschtal bis zum Reschen und weiter nach Augsburg und zur Donau. Der zweite hielt sich an das Piavetal, bog dann im Pustertal nach Westen und erreichte über den Brenner das Inntal, das er über den Seefelder Sattel nach Norden verließ; eine Abzweigung führte das Inntal abwärts. Anscheinend hatten sich zunächst auch die Provinzgrenzen zwischen Raetia und Noricum nach diesen Verbindungen gerichtet;[54] denn als im 2. Jahrhundert die Kuntersschlucht

durch eine Straße erschlossen wurde und der Brenner als direkteste Verbindung an Bedeutung gewann, wurde die Grenze weiter nach Osten verlegt: gehörten früher das Eisack- und das Wipptal bis Innsbruck zu Noricum, so wurden sie später zu Raetia geschlagen. Immer stand dahinter das Bestreben, solche Straßen nicht unnötig über Provinzgrenzen verlaufen zu lassen, weil diese oftmals Zollgrenzen waren und die Straßenverwaltung den Provinzstatthaltern unterstellt waren. Im Gebirge mußte sich eben die Provinzgrenze nach dem Straßenverlauf richten, nicht umgekehrt.

Über die Einrichtung der frühen Straßen im Westen wissen wir nicht so gut Bescheid. Durchgehend befahrbar war der Kleine St. Bernhard, während über die Paßhöhe des Großen St. Bernhard nur ein Saumweg führte.[55] Schon unter Augustus war eine Via Iulia Augusta über den Plöcken ins befreundete Noricum gebaut worden. Die Weiterführung dieser Straße über die Tauern wurde anscheinend erst später in Angriff genommen. Überhaupt bestehen für viele Straßen noch manche Unsicherheiten über das Datum ihrer Konstruktion, ob oder wie weit sie für den durchgängigen Wagenverkehr ausgebaut waren und wo sie im einzelnen genau verliefen. Außerdem kamen im Laufe der Zeit neue Routen oder Querverbindungen hinzu. Weil die Straßenverzeichnisse und Karten erst aus der Spätantike stammen, bieten sie uns ein Bild, das nicht notwendig mit dem der ersten zwei Jahrhunderte der Römerherrschaft in den Alpen übereinstimmen muß. So wurde erst in späterer Zeit die Querverbindung vom Piavetal durch die Val Sugana nach Trient erbaut,[56] ebenso die Abkürzung vom Radstädter Tauern über die Lausnitzhöhe (knapp östlich des heute ausgebauten Katschbergs)[57] ins Liesertal bis nach *Teurnia* im Drautal und *Virunum* nördlich Klagenfurt.

In den Alpen mußten die Römer von ihrem Prinzip abgehen, für Fernverbindungen feste Fahrstraßen zu bauen; die Schwierigkeiten des Geländes waren meist einfach zu groß. So gab es nur relativ wenige echte Fahrstraßen zur Römerzeit über die Pässe (und noch das Mittelalter profitierte von ihnen): etwa Reschen und Brenner, Radstädter Tauern, Septimer und Maloja mit Julier, in den Westalpen der Mont-Genèvre und der Kleine St. Bernhard. Über die anderen Pässe führten mehr oder minder ausgebaute Saumpfade, die natürlich ebenfalls eine sorgfältige Trassierung und Brücken erforderten. Und weil hochmittelalterliche und noch jüngere Straßen oft diesen alten Saumwegen folgten, ist manchmal eine

134   Seit römischer Zeit hat der Bouthier (auf italienisch: Dora Baltea) sein Bett gut 200 m nach Westen verlegt. So steht die Brücke, über die einst die Hauptstraße nach *Augusta Praetoria*/Aosta hineinführte, heute im Trockenen, neuerdings wieder freigelegt bis auf das antike Niveau. Die Spannweite beträgt 17 m, die Breite 6 m. Die Brüstungen sind immer wieder repariert und erneuert worden.

Entscheidung über Art und Alter eines Straßenzuges schwierig, zumal auch einfache Bogenbrücken aus Stein durch die Zeiten in gleicher Art konstruiert wurden. So stammen auf jeden Fall nicht alle „Römerbrücken" im Alpengebiet auch tatsächlich aus dieser Zeit. Die Diskussion um das Alter der Straße über den S. Bernardino[58] beleuchtet diese Schwierigkeit eindringlich.

Im Flachland und in den breiten Tälern legten die römischen Ingenieure Schotterstraßen an. Auf eine mehrere Dezimeter hohe Grundlage aus größeren Steinen folgte eine Schotter- oder Kiesschicht. Bei geeignetem Untergrund konnte die Basis wegfallen, bei der Durchquerung von Mooren oder nassen Böden waren Bohlenwege erforderlich. Nur in größeren Ortschaften und deren nächstem Umkreis erhielten die Straßen darüber hinaus noch eine Pflasterung aus Steinplatten, wie sie jeder Besucher von Pompeji in Erinnerung hat.

Die Beobachtungen von Wolfgang Titze an der Via Claudia nördlich von Füssen (heute im Forggensee verschwunden) geben einen guten Eindruck von Konstruktion und Benützung:[59] „Die Untersuchung ergab, daß der Straßenkörper unter Ausnutzung eines erhöhten natürlichen Untergrundes ohne Abtragung der hier spärlichen Humusdecke in 2–3 Phasen bis auf 50–60 cm Höhe aufgeschüttet worden war. Nachdem diese lose Aufschüttung, vielleicht durch Stampfen, sich genügend verfestigt hatte, wurde durch die Benützung der Straße

Ivenca	Wien – Inzersdorf	Schwechat bei Wien
6 Meilen von *Celeia*/Celje an der Straße nach *Virunum*	4 Meilen von *Vindobona*/Wien an der Straße nach *Scarbantia*/Sopron	21 Meilen von *Carnuntum*/ (Deutsch Altenburg) an der Straße nach *Vindobona*/Wien
1. Trajan 101/102		
2. Hadrian 131/132		
3. Antoninus Pius 142/143	1. Antoninus Pius 142/143	1. Antoninus Pius 142/143
4. Septimius Severus 199/200 erneuert 213/214	2. Septimius Severus 200/201	2. Septimius Severus 198
5. Macrinus 217/218		
		3. Maximinus Thrax 235/238
		4. Gordianus III. 239/240
	3. Decius 249	5. Decius 249
	4. Valerianus 253	
	5. Valerianus 256/258	6. Valerianus 256/258

eine schlickige, innig-verfestigte Fahrbahn erzielt, die sich bei der Ausgrabung für jede Phase gut erkennen ließ. Durch Spurfahren entstanden tief eingeschnittene Geleise, so daß eine neue Schüttung notwendig wurde. Vorher wurde jedoch die alte Straßendecke nicht aufgerissen, wodurch sich bei der Untersuchung Schüttung für Schüttung von der darunterliegenden Straßendecke trennen ließ … Die noch im Früh- und Hochmittelalter benutzte Straße wurde nicht mehr weiter gepflegt, sondern hohlwegartig ausgefahren. Durch den immer schlechteren Zustand ergab es sich zwangsläufig, daß der Damm an besonders schlechten Stellen verlassen wurde. So finden sich heute Auffahrten auf den Damm, der von zahlreichen Spurrinnen wechselnder Breite begleitet wird."

Inschriften verraten Reparaturen

Besonders interessant an dieser Schilderung ist, daß es trotz 350 Jahre römischen Verkehrs auf der Via Claudia offenbar nur höchstens zwei größere Reparaturmaßnahmen gegeben hat. Die so einfach scheinende Straßenkonstruktion war also in der Tat außerordentlich vorteilhaft, jedenfalls bei dem Umfang des Verkehrs und dem Gewicht der Lasten zur Römerzeit. Auf diesem Hintergrund ist es auch verständlich, daß sich jene Kaiser, die die Generalüberholung einer Straße anordneten und finanzierten, ebenso stolz auf neuen Meilensteinen verewigen ließen wie der Erbauer der Straße selbst. Auf diese Weise konnte es geschehen, daß neben einer Straße an ein und derselben Stelle mehrere Meilensteine aus verschiedenen Zeiten standen. Vom östlichen Alpenrand gibt es dafür drei Beispiele (siehe oben).[60]

Aus dem Vergleich mit dem Befund von der Via Claudia geht ferner hervor, daß – auch wenn sich der Kaiser der Wiederherstellung der Straße und der Brücken rühmt (*vias et pontes restituit*) – dies keineswegs immer den ganzen Straßenzug betroffen haben muß. In der Spätantike errichtete man sogar Meilensteine einzig zu dem Zweck, dem einen oder anderen der kurzlebigen Kaiser seine Ergebenheit zu bekunden (vgl. Valerianus auf zwei Meilensteinen von Wien-Inzersdorf). Antoninus Pius und Septimius Severus aber haben sich in der Blütezeit des römischen Reiches tatsächlich als Straßenbauer hervorgetan, und sogar unter Decius wurde noch eine neue Querverbindung, die Via Decia, von der Brennerstraße entlang dem Alpennordrand nach Bregenz erbaut.[61] Sie zweigte bei Seefeld von der in Richtung *Parthanum*/Partenkirchen weiterlaufenden Straße nach Westen ab, fiel zwischen Ehrwald und Reutte mit der Via Claudia zusammen und behielt dann ihre Richtung nach

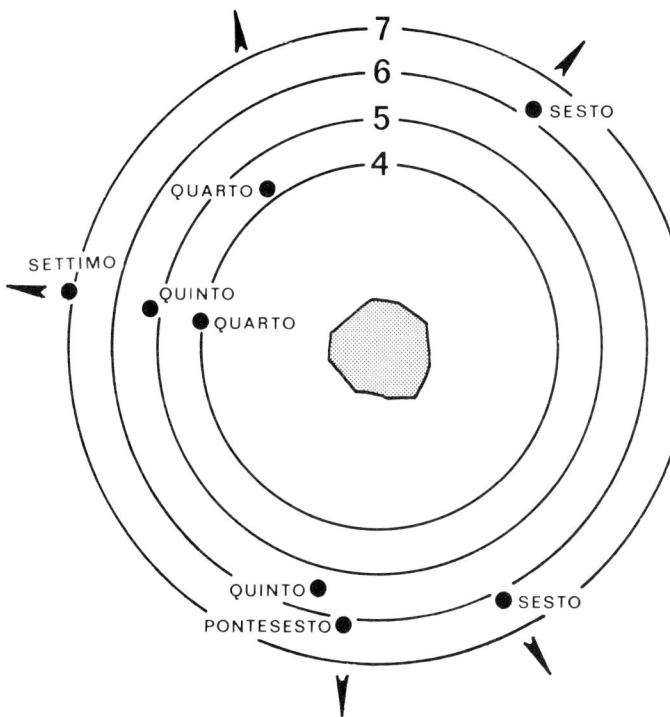

135 Rund um *Mediolanum*/Mailand, der bedeutendsten Stadt Oberitaliens in der Spätzeit, weisen besonders viele Namen darauf hin, daß kleine Ansiedlungen an den Straßen oft einfach nach den Meilensteinen in der Nähe benannt wurden. Die Entfernungen wurden von Mailand aus gezählt; eine Meile entspricht 1480 m (gerastert ist der frühneuzeitliche Stadtkern). Heute tragen diese Orte zur notwendigen Unterscheidung zu vielen anderen in Italien einen erläuternden Zusatz, die an der Hauptstraße nach Westen z. B. Quarto Cagnino, Quinto Romano und Settimo Milanese. Zugleich ist an dem schematischen Kärtchen (Maßstab etwa 1:250000) zu erkennen, wohin die wichtigen Straßen führten: über *Novaria*/Novara und *Vercellae*/Vercelli zu den Alpenpässen im Westen, über *Comum*/Como zu den Alpenpässen im Norden, über *Laus Pompeia*/Lodi nach *Placentia*/Piacenza und *Cremona* im Südosten sowie nach *Ticinum*/Pavia im Süden. Solche sprechenden Ortsnamen gibt es in der Nähe fast aller großen Römerstädte Oberitaliens. Im Dialekt des Aostatales sind sie allerdings schwer wiederzuerkennen: Quart *(ad quartum)*, Chettoz *(ad sextum)*, Nus *(ad nonum)*, Diémoz *(ad decimum)*.

Nordwesten bei, um über Sonthofen, Immenstadt und südlich an Isny vorbei Bregenz zu erreichen. Zwei Meilensteine dieser neuen Straße gibt es aus *Veldidena*/Wilten b. Innsbruck (zunächst Straßenstation, dann sogar Kastell) und aus *Teriolis*/Zirl, das in spätrömischer Zeit ebenfalls als befestigte Straßenstation ausgebaut wurde. Von Wilten bis Bregenz mußte man laut dem Meilenstein 112 Meilen zurücklegen. Diese Verbindung erfüllte damit in spätrömischer Zeit die Funktion der späteren Arlbergroute, die von den Römern niemals ausgebaut worden ist. Neuen militärischen und politischen Erfordernissen trugen die Römer durch neue Straßen Rechnung; aber in der Spätantike konnte der Staat sich eine neue Straße nur leisten, wenn sie unbedingt erforderlich war.

Denn der Bau und der Unterhalt einer solchen Fernstraße müssen Unsummen verschlungen haben. Auch wenn die Kaiser, wie es überliefert ist, aus ihrer Privatschatulle gelegentlich Zuschüsse leisteten, wurden doch hauptsächlich die Anrainer für diese Aufgabe herangezogen.[62] In einer Stadt mochte es noch angehen, daß man reiche Bürger zur Verschönerung und Ausbesserung der Straßen verpflichtete. So gibt es aus Treviso eine Inschrift,[63] auf der sich ein Kollegium hoher Gemeindebeamter rühmt, „den Weg mit den Gehsteigen von der Kreuzung bis zur Stadtmauer gepflastert" zu haben *(viam cum crepidinibus a quadruvio ad murum straverunt), ob honorem* – zu ihrer eigenen Ehre, zur Ehre des Kaisers oder zur Zierde der Stadt? Sie ließen es eben auf ihre Kosten erledigen.

Die Landbevölkerung jedoch mußte Hand- und Spanndienste leisten und war in gewissem Maße auch noch danach für den Unterhalt der Straße zuständig. Denn gerade im Alpenraum war man vor Überschwemmungen und Erdrutschen nicht sicher. Dies bezeugt eine Inschrift[64] des Jahres 163 aus *Bergintrum*/Bourg-St.-Maurice zwischen der Provinzhauptstadt *Axima*/Aime und dem Kleinen St. Bernhard. Allerdings hatten die Leute Glück im Unglück, denn der Kaiser kam für die Kosten der Reparatur auf:

Der Imperator und Caesar Lucius Aurelius Verus, Augustus, zum 3. Mal Inhaber der tribunizischen Gewalt, zum 2. Mal Konsul, hat im Gebiet der *Ceutrones* die Straßen, die durch die Gewalt der Sturzbäche davongetragen waren, durch die Regulierung der Flüsse und eine Uferverbauung an vielen Stellen, ebenso die Brücken (?), Tempel und Bäder aus seinem Vermögen wiederherstellen lassen.

136   Römischer Meilenstein von der nicht vollständig als Fahrweg ausgebauten Straße über den Großen St. Bernhard, aufgestellt an der Kirche von Bourg-Saint-Pierre (Wallis). Der quadratische Sockel diente einst zum Eingraben in die Erde; die Messingtafel mit der rekonstruierten Inschrift ist eine neuere Zutat.

Von der Südseite des Aufstiegs zum Plöcken gibt es drei in den Fels gemeißelte Inschriften der Spätantike, die sich in wahren Lobpreisungen über die Kaiser Valentinian und Valens samt den zuständigen Beamten aus *Iulium Carnicum*/Zuglio ergehen, weil sie die gefährlichen Passagen entschärfen bzw. instandsetzen ließen.[65] Wenn dagegen Kaiser Septimius Severus auf dem Meilenstein, der die Paßhöhe des Radstädter Tauern anzeigte, nur angibt, er und seine beiden Söhne Caracalla und Geta hätten im Jahre 201 die „altershalber verfallenen Meilensteine wieder aufgerichtet" *(miliaria v[etustate c]onlapsa restituer[unt])*,[66] dann war dies gewiß eine Untertreibung, zumal der Provinzstatthalter persönlich dafür verantwortlich war. Septimius Severus hat, wie schon erwähnt, die gründliche Instandsetzung der Straßen nicht nur im Alpengebiet betrieben; aber er war einer der letzten Kaiser Roms, die sich eine solche Bescheidenheit leisteten.

Meisterleistungen römischer Straßenbaukunst

Doch kehren wir zu den römischen Straßenbauingenieuren zurück, denn das Aufstellen der Meilensteine, Säulen bis zu 3 m Höhe (Abb. 136), bildete erst den propagandistischen Schlußpunkt. Als erstes mußte die Streckenführung festgelegt werden. Die Römer hielten, geradlinig und praktisch, wie sie zu denken pflegten, auch bei ihren Straßen nicht viel von Kurven. In der Ebene oder in leichtem Hügelland war diese Maxime leicht zu verwirklichen. Die schnurgerade Römerstraße Salzburg – Augsburg in den Wäldern der Schotterebene südlich von München ist das beste Beispiel, das man sich auch zu Fuß erwandern kann; der Straßendamm ist im Hochwald nicht zu übersehen.

Im Gebirge mußten sich die Ingenieure dem vorgegebenen Gelände anpassen. Überschwemmungsgefährdete Täler waren zu passieren, Schluchten zu überwinden, tiefe Quertäler zu überbrücken und Steilhänge zu erklimmen. Vier Bedingungen waren dabei zu erfüllen. Erstens mußte die Straße so breit sein, daß sie ein Wagen mit der anscheinend üblichen Spurweite von 107–110 cm befahren konnte, wenn genügend Ausweichstellen für den Gegenverkehr vorhanden waren. Zweitens durfte die Straße nur so stark ansteigen, daß die Kraft der Zugtiere noch ausreichte, den Wagen mit der Fracht zu ziehen. Drittens waren enge Serpentinen zu vermeiden, weil die großen vierrädrigen Wagen trotz ein-

137   Drei Straßentrassen aus zwei Jahrtausenden im Aostatal über einer Schlucht auf dem Weg zum Kleinen St. Bernhard: oben die Römerstraße auf Bogenkonstruktionen unter dem ausgehöhlten Fels (Abb. 128) mit einem Stützpfeiler (rechts eine daraufgesetzte Gefechtsstellung aus dem Zweiten Weltkrieg), unten die neuzeitliche Straße mit einem kurzen Tunnel, rechts die Betonwand der heutigen Tunnelröhre, die den Bergsporn gerade durchbohrt.

schlagbarer Vorderachse einen ziemlich großen Kurvenradius benötigten. Viertens kamen, obwohl es in Mittelitalien drei Beispiele gibt,[67] Tunnel nicht in Frage, wenn sie länger als wenige Meter sein mußten.

Betrachtet man unter Berücksichtigung all dessen den Verlauf der Römerstraßen in den Alpen, so ist es manchmal geradezu faszinierend, die Leistungen der Römer mit denen der späteren und heutigen Straßenbauer zu vergleichen. Ein einzigartiges Beispiel ist in den Westalpen zwischen Aosta und dem Kleinen St. Bernhard zu bestaunen, in den Karten als „Défilé de Pierre-Taillée" eingetragen. Zwischen den Ortschaften Runaz und Derby hat sich die Dora Baltea eine tiefe Schlucht eingesägt; die Straßenverbindung zwischen den etwas breiteren Talabschnitten, in denen die Dörfer liegen, muß zwangsläufig am Hang erfolgen. Die Römer bewältigten dieses Problem, indem sie möglichst weit oben die Straße anlegten und zusätzliche Steigungen in Kauf nahmen. Dort brauchten sie keinen Tunnel, dafür aber kühne Bogenkonstruktionen zur Stützung der Trasse, für die sie über der Straße auf etliche Meter die Felswand aushöhlten, so daß die Straße dort unter einem künstlichen Felsdach verläuft. Die neuzeitliche Straße dagegen umfährt auf gleichbleibender Höhe den störenden Bergsporn und benötigt nur einen relativ kurzen, innen nicht einmal verkleideten Tunnel, um aufwendige Stützkonstruktionen auf der Talseite zu vermeiden. Seit einigen Jahren gibt es im Zuge des Straßenausbaus für den Mont-Blanc-Tunnel eine dritte Version der Trassenführung: eine breite Autostraße durchquert den Bergsporn in einem mächtigen und gut beleuchteten Tunnel; gegen Steinschlag ist die Betonröhre noch weit ins Freie herausgezogen. Daß dadurch eines der hervorragendsten Denkmäler römischer Straßenbaukunst weitgehend zerstört wurde (die Reste sind nur durch einige Kletterei überhaupt noch zugänglich), scheint dabei niemanden gestört zu haben – ein trauriges Beispiel brutaler Verkehrsplanung und versagender Denkmalpflegebehörden. Demgegenüber sind die Schäden, die eine Gefechtsstellung des zweiten Weltkriegs – ein Beweis für die strategische Bedeutung dieser Engstelle – an der Römerstraße anrichtete, fast harmlos zu nennen.

An derselben Straße, aber einige Kilometer unterhalb von Aosta, ist bei Donnaz eine weitere Meisterleistung römischer[68] Ingenieurkunst erhalten: ein Straßenstück, das 221 m lang in den Fels eingesprengt ist, wobei der Steilhang beträchtlich unterschnitten werden mußte. Die Ingenieure und Bauarbeiter haben sich selbst ein Denkmal gesetzt, indem sie eine Art Felsbogen über der Straße stehen ließen, der von der Konstruktion her nicht nötig gewesen wäre.

Besonders gut ist neuerdings die Maloja-Julier-Route von Armon Planta untersucht worden.[69] Auch hier zeigte sich, daß Straßenforschung nur etwas für jemanden ist, der gut zu Fuß und mit einem sicheren Blick für die Gegebenheiten und Erfordernisse des Geländes begabt ist; denn oft müssen mehrere Kilometer Straßentrasse intuitiv vorausgesehen und rekonstruiert werden, weil sie durch Erdrutsche oder Steinschlag verschwunden sind. Der Maloja besteht eigentlich, wie erwähnt, nur aus einer hohen Talstufe. Die heutige Straße (seit 1839) schwingt sich von Casaccia in 22 Kurven, darunter etwa die Hälfte richtige Spitzkehren, hinauf nach dem Dorf Maloja. Vor ihrer Erbauung waren es nur neun Kurven, und der mittelalterliche Weg benötigte sogar nur drei. Der Zusammenhang zwischen Zahl der Kurven und Steilheit der Straße ist evident. So erstaunt es nicht, daß auch die Römerstraße nur zwei, vielleicht drei Kurven aufwies; denn sie zielte auf dem kürzesten und fast geraden Weg von Casaccia auf der nordwestlichen Talseite nach oben. Ein Wanderweg, die auch heute kürzeste Verbindung, folgt ungefähr dieser Trasse. Einzigartig ist eine Passage, die mit einer Steigung von 30° eine 8 m lange Felsplatte überwindet. Die Spurrillen sind relativ flach, aber für die Zugtiere und die Fuhrleute mußte man Trittstufen dazwischen einschlagen, damit sie nicht abrutschten, zumal bei Regen oder Schnee. Außerdem befinden sich in der felsigen Seitenwand vier tiefe Löcher in je 1,5 m Entfernung, die zum Einsetzen von Hebelstangen dienten, mit denen die Fuhrleute die Arbeit der Zugtiere unterstützen konnten.

Spurrillen findet man auf den Alpenstraßen der Römer an vielen Stellen.[70] Besonders eindrucksvoll sind außer denen am Julier jene in den Hohlwegen oberhalb von Warmbad Villach, am Paß Lueg oder die bei Klais nahe Mittenwald. Sie treten fast nur an Steilstrecken auf, wo die Straße auf dem nackten Fels verläuft und eine Kiesschotterung überhaupt nicht gehalten hätte. Auffällig ist ferner, daß sie eine sehr einheitliche Spurbreite bezeugen, etwa 107–110 cm. Es ist daher zu vermuten, daß die Spurrillen schon bei der Anlage der felsigen Steilstrecken einige Zentimeter eingetieft wurden; denn sie boten auch einen gewissen Schutz gegen ein seitliches Abrutschen der Wagen.[71] Erst im Laufe der Jahrzehnte und Jahrhunderte wurden sie dann zu ihrer oft ansehnlichen Tiefe (bis zu 45 cm) ausgeschliffen. Auf Steilstrecken, wo die Zugtiere einen beladenen Wagen bergab

138   Die römische Fahrstraße vom Brenner nach *Augusta Vindelicum*/Augsburg in einem Hohlweg bei Klais nahe Mittenwald (Oberbayern). An ihr wurde im Jahre 763 das Kloster „in der Scharnitz" erbaut.

139   Römischer Reisewagen. Relief von einem Grabmal aus *Virunum*, der Hauptstadt Noricums, eingemauert außen in der Kirche von Maria Saal bei Klagenfurt
(Kärnten).

nicht halten konnten, pflegten die Fuhrleute die Räder
mit kräftigen Prügeln zwischen den Speichen zu blockie-
ren. Auf diese Weise scheinen die tiefen Spurrillen am
ehesten zustande gekommen zu sein, nämlich durch eine
erhöhte Reibung. Daß sie dann den Fuhrleuten eher hin-
derlich waren, ist zu vermuten; eine möglicherweise vor-
genommene Auffüllung durch Schotter ist inzwischen natürlich längst wieder ausgewaschen worden.

Die Römer kannten eine Vielzahl von Wagenty-
pen, vom einfachen knarrenden Lastkarren über zwei-
rädrige Eilwagen der kaiserlichen Post bis hin zur
schwerfälligen Luxuskutsche, einer Art vierrädriger Plan-
wagen, wie sie uns das Relief aus Maria Saal so schön
zeigt. In ihnen konnte man – wenn es nicht allzu sehr
rumpelte – ruhen, sich unterhalten, Briefe diktieren oder
philosophische Werke schreiben, wie es uns beispielsweise von Caesar anläßlich einer Reise über die Alpen
überliefert ist.[72]

Spätestens in römischer Zeit, als die Anforderungen an die Zug- und Reittiere auf den oftmals felsigen
Straßen der Alpen größer wurden, kamen die eisernen
Hufeisen in Gebrauch. Hielt man bis vor kurzem ihre
Datierung in römische Zeit noch für unbewiesen, so ist
sie heute doch durch Funde von Hufeisen auch in römischen Lagern nördlich der Alpen gesichert. Sogar die
These von Martin Hell, sie seien bereits vor den Römern
im Ostalpengebiet bekannt gewesen, gewinnt immer
mehr an Wahrscheinlichkeit. Die Verbreitung der römi-

schen und vielleicht schon vorrömischen Hufeisen hält sich dort an die altbekannten und bis in die frühe Neuzeit benutzten Saumwege.[73]

Rasthäuser, Zollstationen und Tempel

Zur Versorgung der dienstlich oder privat Reisenden standen Rasthäuser in angemessenen Abständen entlang der Straßen.[74] Zu ihnen gehörten normalerweise ein Bad, eine Station der kaiserlichen Post und ein Straßenposten, der den Verkehr überwachte. Einen solchen Komplex hat man kürzlich weitgehend ausgraben können (Abb. 142), und man weiß aus spätantiken Straßenkarten auch seinen Namen: *Immurium*[75] bei Moosham im Land Salzburg, an der erwähnten Straßengabelung südöstlich unterhalb des Radstädter Tauern. Die Station hat aber schon bestanden, bevor im Jahre 201 die Abkürzung nach Süden über die Lausnitzhöhe erbaut wurde, denn die ältesten Funde gehen in die erste Hälfte des 1. Jahrhunderts n. Chr. zurück, in eine Zeit also, als Noricum offiziell noch gar nicht Provinz, sondern nur ein angegliederter Klientelstaat war.

Die Straßenstation *Immurium* befand sich nicht direkt an der Fernstraße, sondern etwas abseits an einer siedlungsgünstigeren Stelle, gewiß durch einen Feldweg erreichbar (an der Abzweigung ist wahrscheinlich der Straßenposten zu suchen). Im Laufe der Zeit waren mehrere Gebäude errichtet worden. Von Anfang an bestand der Komplex A + B: zwei kleine Gebäude (etwa 12 × 15 m) zu beiden Seiten einer Durchfahrt, die in einen großen, ummauerten Hof mündete; dieser war auch von der Seite her zugänglich. Aufgrund entsprechender Beispiele an den Einfallstraßen größerer Siedlungen handelt es sich dabei um ein Rasthaus mit Unterkünften für die Reisenden und Stellplatz für Wagen und Tiere. Dasselbe gilt für den nicht vollständig ausgegrabenen Komplex J, bei dem auf der Südostseite wohl symmetrisch zum Erhaltenen weitere kleinere Räume zu ergänzen sind. Damit ähnelt er noch mehr einem Gebäude auf der Paßhöhe des Kleinen St. Bernhard (Abb. 143), das ohne weiteres ebenfalls als Rasthaus anzusprechen ist.

Eine solche Straßenstation bot aber auch weitere Verdienstmöglichkeiten außerhalb der eigentlichen Rasthäuser. In *Immurium*, mit etwa 1100 m Höhe klimatisch nicht allzu ungünstig gelegen, haben sich jedenfalls noch mehr Gebäude dazugesellt, deren Funktion durch ihre Konstruktion oder Funde darin erschlossen werden

kann. Am einfachsten ist dies beim Bad, einem eigens errichteten kleinen Gebäude, auf das kein Römer oder einer, der sich römischer Lebensweise befleißigte, verzichten wollte. Daß es auch von den Durchreisenden benutzt werden konnte, scheint nach der überlieferten Anlage der Straßenstationen sicher; wann es genau erbaut wurde, weiß man nicht. Da die daneben liegenden Wohngebäude E und G Funde ab dem späten 1. Jahrhundert geliefert haben, mag das Bad auch spätestens zu dieser Zeit entstanden sein.

Im Gebäude C waren metallverarbeitende Werkstätten untergebracht, wie Werkzeuge und Schlacken beweisen, und aus dem Gebäude F stammt ein Bleietikett, das an der Umschnürung eines Ballens aus drei Mänteln befestigt war, wie die Inschrift zeigt.[76] Ob die Weberei selbst in diesem Hause war oder ob dort nur Ware gesammelt und gelagert wurde, ist schwer zu entscheiden. Als letztes ist noch ein kleines Heiligtum für den orientalischen Gott Mithras zu erwähnen, dessen Kult sich seit dem 2. Jahrhundert im römischen Reich ausbreitete, und zwar besonders durch die Soldaten und Kaufleute.[77] So wirkt ein Heiligtum in Verbindung mit einer Straßenstation auch im innersten Alpengebiet nicht mehr so überraschend. Auch den zum Ort gehörigen Friedhof hat man in der Nähe entdeckt.

So stellt sich *Immurium* als eine kleine Streusiedlung dar, die durch ihre Lage an der Fernverkehrsstraße auch für die umliegenden Gehöfte eine gewisse zentralörtliche Funktion besessen haben muß. Hier lieferten die Bauern und Hirten Schafwolle oder schon fertige Textilien zum Weiterverkauf an, hier konnten sie Eisenwaren und vielleicht auch Schmuck erwerben, möglicherweise im Tausch gegen Eisenerz oder sonstige Metalle, die sie in diesem mineralreichen Gebiet gewannen. Diejenigen, die am Ort selbst wohnten, hatten am Luxus eines Bade-

140   Ausschnitt aus der Tabula Peutingeriana, der mittelalterlichen Kopie einer römischen Straßenkarte in Rollenform. Deren hohes Alter geht daraus hervor, daß die Brennerstraße, die im 2. Jahrhundert n. Chr. als Direktverbindung zwischen Italien und dem nördlichen Alpenvorland eröffnet wurde, offenbar nachgetragen wurde, ohne auf die vorher bestehenden Verbindungen Rücksicht zu nehmen. Daher erscheint das römische Straßendorf Epfach am wichtigen Lechübergang zweimal als *Abodiaco* und *Avodiaco*.

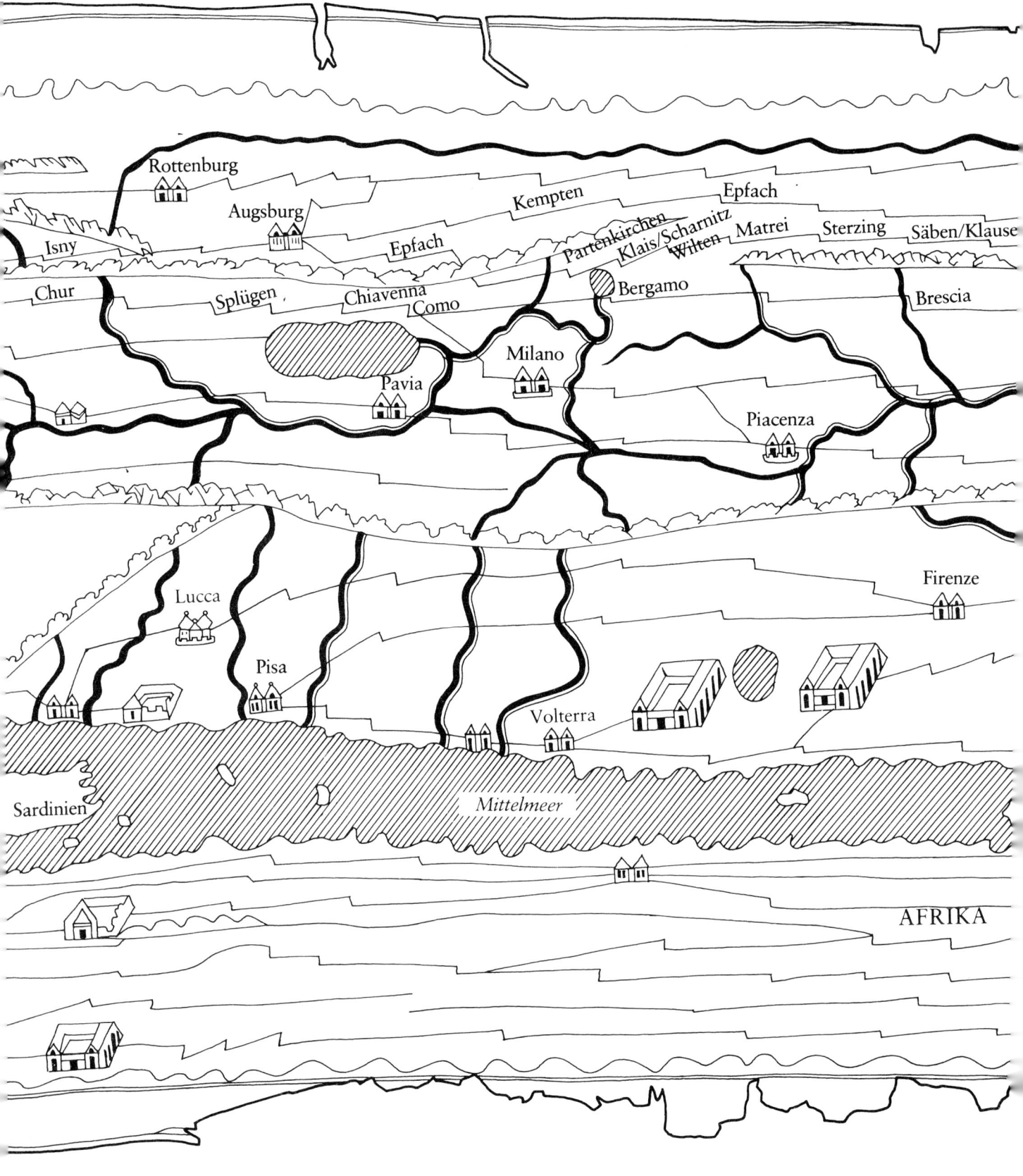

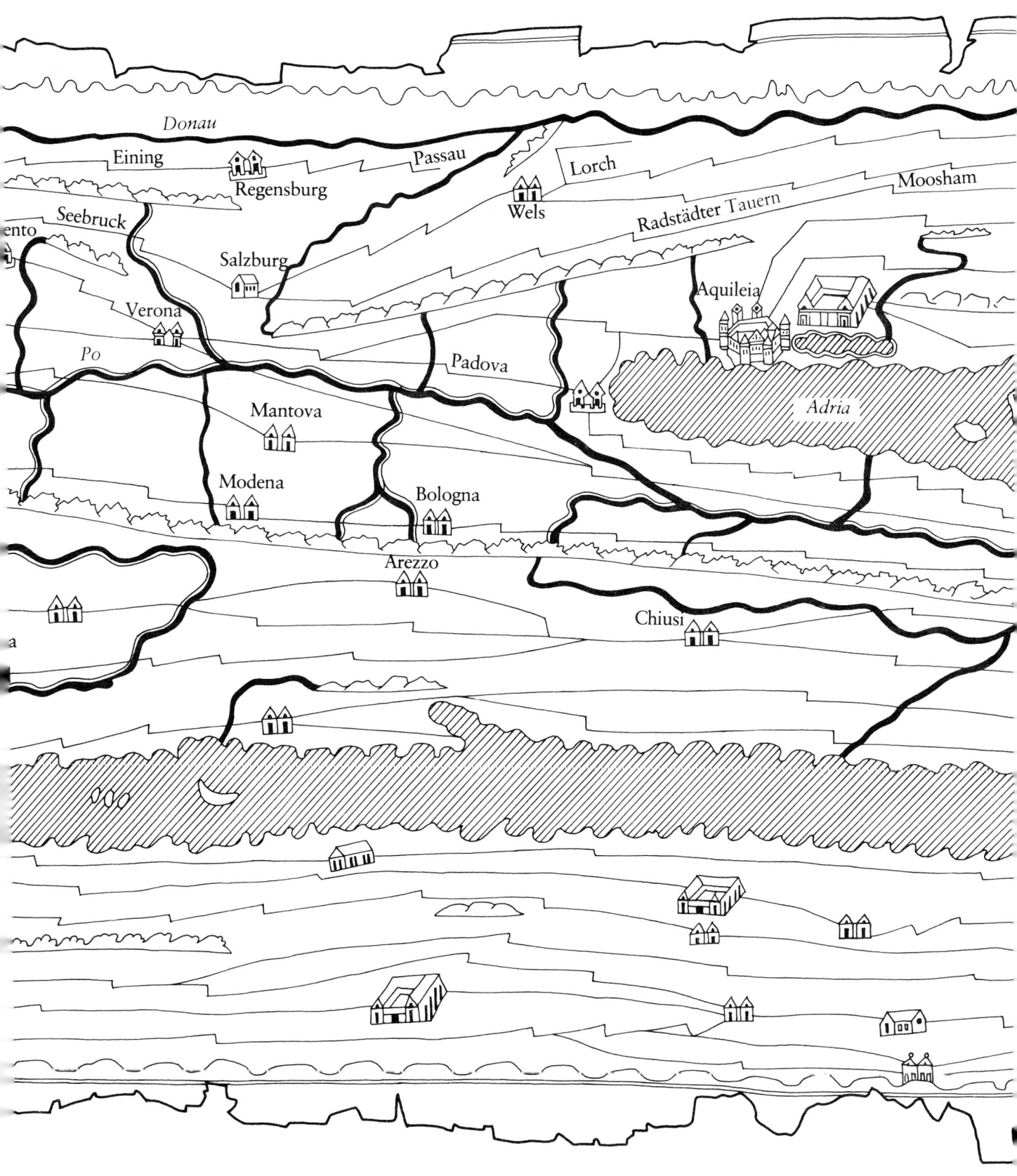

141 Umzeichnung des Ausschnitts aus der Tabula Peutingeriana (Abb. 140) mit dem Alpenübergang von Verona nach Augsburg über den Brenner. Rechts ist noch der Radstädter Tauern mit der Straßenstation *Immurium* bei Moosham zu sehen, links der Splügen mit der Route von Como nach Chur. Das Mittelmeer und die Adria erscheinen, da für den Straßenverkehr nicht wichtig, als schmale Wasserflächen.

142 Plan der römischen Straßenstation *Immurium* bei Moosham südlich des Radstädter Tauern (Land Salzburg). A/B und J waren die eigentlichen Rasthäuser mit großem Hof zum Einstellen von Wagen und Tieren. C und F enthielten Wohnräume und Werkstätten.

gebäudes teil; ob sie das Heiligtum für den fremden Gott nur als Service für die Durchreisenden oder auch für sich selbst erbauten, mag offenbleiben. Auf jeden Fall ist *Immurium* dank seiner weitgehenden Aufdeckung durch die Archäologen ein instruktives Beispiel dafür, wie durch die Straßen die Romanisierung auch abgelegener Gegenden in sehr direkter Weise gefördert wurde.

Aber nicht nur Rasthäuser gab es an den Straßen, die für die Bequemlichkeit der Reisenden sorgten, und Straßenposten, deren Besatzung *(beneficiarii)* vom Militär abkommandiert war und den Verkehr überwachte, meist in unmittelbarer Nähe der Rasthäuser an besonders wichtigen Stellen,[78] sondern auch Zollstationen, die den Kaufleuten weniger angenehm waren. Normaler-

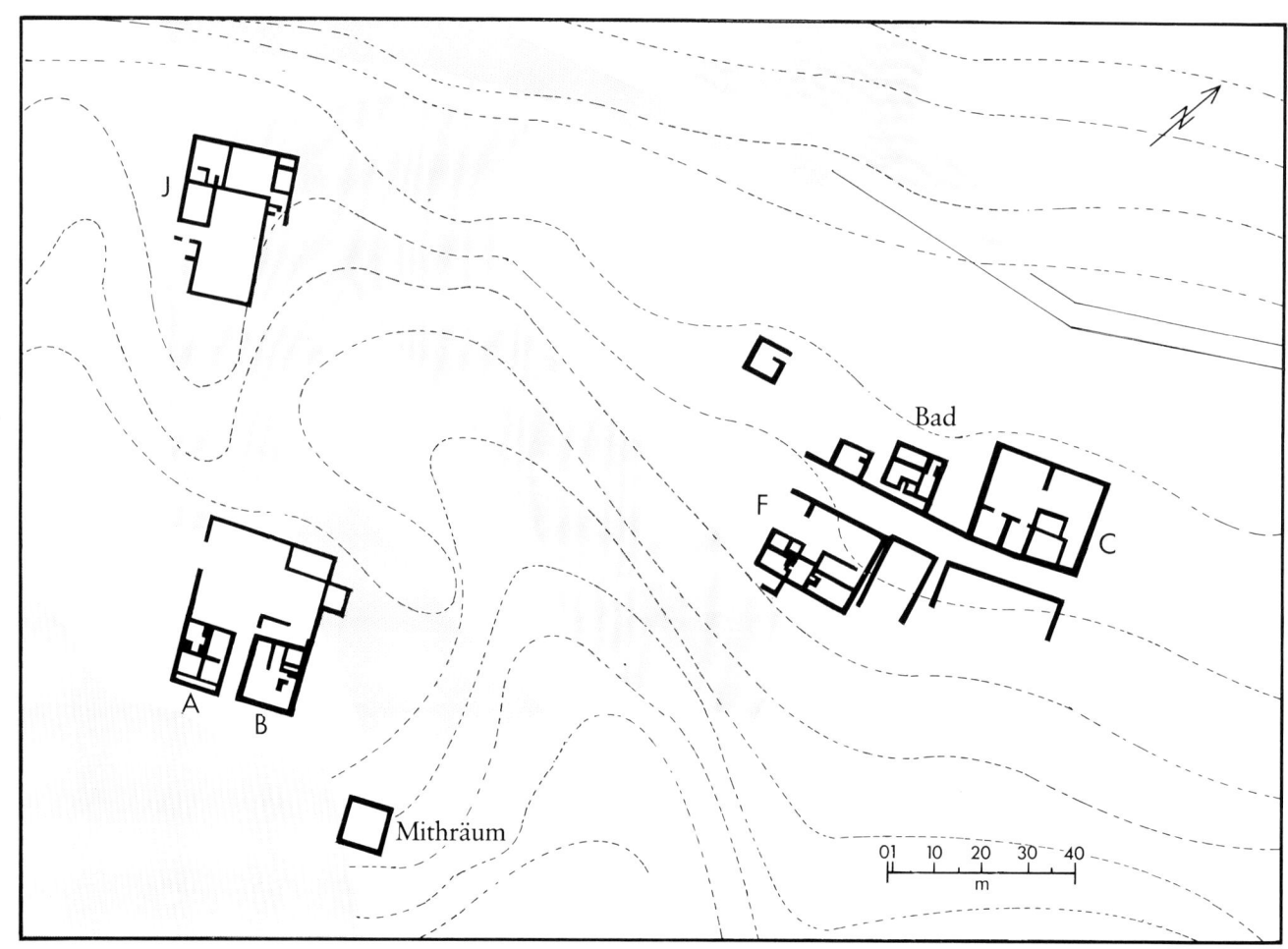

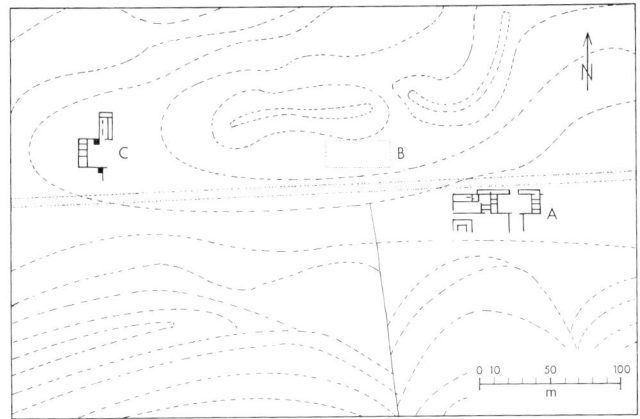

143 *In Alpia Graia* nannten die Römer die Paßhöhe des Kleinen St. Bernhard, über die eine Fahrstraße vom Aostatal ins Tal der Isère und weiter zur Provinzhauptstadt *Lugdunum*/Lyon führte. A = Rasthaus mit Innenhof; B = Straßenposten(?); C = Heiligtum mit Anbauten.

weise waren mehrere Provinzen des Reiches zu einem Zollbezirk zusammengeschlossen, an dessen Grenzen dann der Zoll entrichtet werden mußte. Solche Zollstationen befanden sich auch im Alpengebiet, und zwar an der Grenze zwischen Italia und Raetia bzw. Noricum, aber auch zu den anderen angrenzenden Provinzen. So gibt es eine Inschrift, gefunden im Zieltal oberhalb Partschins westlich Meran, wonach ein Zolleinnehmer der Göttin Diana einen Altar weihte:[79]

In h(onorem) d(omus) d(ivinae) sanct(ae) Dianae
aram cum signo Aetetus Aug(ustorum) n(ostrorum)
lib(ertus) p(rae)p(ositus) stat(ioni) Maiens(i)
quadragesimae Gall(iarum) dedic(avit) id(ibus)
Aug(ustis) Praesent(e) cos(ule).

Zu Ehren des göttlichen (Kaiser)hauses hat diesen Altar der Diana mit ihrem Bild Aetetus, kaiserlicher Freigelassener, Vorsteher der Zollstation Maia, geweiht am 13. August unter dem Konsulat des Praeses.

Nach dieser Datumsangabe stammt der Altar aus dem Jahre 217 oder 246, als Raetia zum „gallischen" Zollbezirk gehörte. Die Zollstation *Maia* identifiziert man gewöhnlich mit Meran-Obermais; sie sollte die Via Claudia das Etschtal aufwärts und den Weg durch das

Passeiertal über den Jaufen kontrollieren. Der Zoll betrug hier den vierzigsten Teil des Warenwertes, also 2,5%; man nannte ihn einfach „das gallische Vierzigstel" *(quadragesima [provinciarum] Galliarum).* Die Zöllner hießen – wie die Steuereinnehmer – *publicani* und arbeiteten auf der Basis eines Pachtvertrages mit dem Staat. In den Westalpen gibt es einen Ort, der nach der Zollstation

144 Wallendes Haupt- und Barthaar sowie das Blitzbündel auf der rechten Schulter kennzeichnen Iuppiter, den obersten römischen Gott. Als einstiger Wettergott genoß er auch auf den Pässen die ängstliche Verehrung der Reisenden; mit seiner Gestalt verschmolzen bald die einheimischen Berggötter der Alpen. Aus dem Heiligtum auf dem Kleinen St. Bernhard stammt eine Iuppiterbüste aus getriebenem Silberblech: ein Kultbild oder eine besonders kostbare Weihegabe? 2.–3. Jahrhundert n. Chr. Höhe 25 cm. Musée archéologique Aosta.

an der Grenze zwischen Alpes Graiae und Gallia Narbonensis schlicht *Ad Publicanos* (Bei den Zöllnern) hieß, heute Conflans am Zusammenfluß von Isère und Arly.

Die Diskussion um die Lokalisierung von Maia und der Zollstation erhielt in letzten Jahren neuen Auftrieb.[80] Aus Partschins gibt es nämlich noch einen zweiten Weihealtar mit ziemlich unvollständiger Inschrift, der aller Wahrscheinlichkeit nach mit einem *beneficiarius* zusammenhängt. Damit wäre auch der im Meraner Becken mit seiner Grenzlage zu erwartende Straßenposten nachgewiesen. Daß die beiden Steindenkmäler von Meran-Obermais nach Partschins verschleppt worden sein sollen, ist ausgesprochen unwahrscheinlich. In diesem Zusammenhang gewinnt die Tatsache an Gewicht, daß die Töllschlucht, durch die sich die Etsch gegenüber von Partschins hindurchzwängt, bis ins Mittelalter die Ostgrenze Churrätiens und wenigstens des Bistums Chur bildete.[81] Außerdem haben neueste Forschungen ergeben, daß die Via Claudia – anders als die heutige Hauptstraße – südlich von Meran am westlichen Talrand verlief, etwa bei Marling ins Tal hinabstieg und bei Algund die Etsch auf einer Steinbrücke[82] überquerte. Danach umging sie die Töllschlucht auf dem Nordhang des nunmehr nach Westen umbiegenden Etschtales, bis sie wohl ab Rabland (Meilenstein!) etwa wieder dem Verlauf der heutigen Straße folgte. Angesichts dieser neuen Erkenntnisse wirkt eine Zollstation in Meran-Obermais ziemlich unmotiviert, zumal im 3. Jahrhundert die Brennerstraße schon durchgehend befahrbar war und dadurch der Jaufenpaß nur mehr lokale Bedeutung besaß. Selbst wenn also *Maia* tatsächlich mit Obermais zu identifizieren ist (dort gibt es römische Funde), so hat die zugehörige Zollstation nebst dem Straßenposten doch viel eher bei Partschins gelegen. Die Konsequenz wäre dann allerdings, daß die Grenze zwischen Italia und Raetia vom Bozner bis zum Meraner Becken dem Laufe der Etsch folgte oder gar nordöstlich davon auf der Berghöhe verlief.[83] Dazu würde neben der erwähnten Bistumsgrenze auch die Beobachtung passen, daß noch im Frühmittelalter ähnliche Verhältnisse herrschten: die Etsch selbst bildete zwischen Bozen und Meran die Grenze zwischen den Langobarden im Süden und den Baiern im Norden. – Dieses etwas ausführlicher dargestellte Beispiel führt vor Augen, auf welch unsicheren Füßen die Lokalisierung und Interpretation von nur inschriftlich überlieferten Einrichtungen steht, wenn nicht die Archäologie durch gezielte oder zufällig notwendige Grabungen zu Hilfe kommt.

Hatte der Reisende auf staubiger Straße die Täler durchquert, auf schwindelnden Brücken – meist aus Holz – reißende Bäche überschritten, sich an tiefen Abgründen entlanggetastet und war er sogar den habgierigen Zolleinnehmern glimpflich entronnen, so konnte es ihm immer noch passieren, daß er Straßenräubern in die Hände fiel. Aus Nyon am Genfer See kennt man inzwischen zwei Inschriften, die einen Beamten zur Bekämpfung des Räuberunwesens *(praefectus arcendis latrociniis)* erwähnen.[84] Blieb dem Reisenden auch dies erspart, dann war es nur recht und billig, daß er auf der Paßhöhe den Göttern ein gebührendes Opfer brachte, dankbar, erleichtert und voller Hoffnung, daß der Abstieg ebenso gut vonstatten gehen möchte. Das größte und berühmteste Paßheiligtum befand sich auf dem Großen St. Bernhard, der höchstgelegene Tempelbezirk des römischen Reiches überhaupt (S. 182f.). Durch die Sitte, Bronzetäfelchen mit einer kurzen Inschrift persönlichen Inhalts (Abb. 98) dem *Iuppiter Poeninus* zu weihen, gewinnen wir einen guten Einblick in den Personenkreis, der den Paß überquerte. Es waren hauptsächlich Soldaten, vom einfachen Legionär über Offiziere der im Norden stationierten Truppen bis hinauf zu den Generälen, sowie Händler aller Art bis hin zum Sklavenhändler.

Ein kleines Heiligtum gab es auch auf dem Kleinen St. Bernhard nahe dem erwähnten Rasthaus, ebenso auf dem Julier (S. 183). Hier bestanden die Opfer hauptsächlich aus Münzen; die Reisenden bleiben für uns anonym.

Straßenkarten und Reiseführer

Um größere Reisen planen zu können, war es ratsam, nicht nur mündliche Auskünfte weitgereister Leute einzuholen, sondern auch Straßenkarten zu benutzen. Eine von ihnen ist uns in einer Kopie des 12. oder 13. Jahrhunderts erhalten. Die Nationalbibliothek in Wien bewahrt sie als einen ihrer größten Schätze auf; nach dem Augsburger Humanisten Konrad Peutinger, der sie eine Zeit lang besaß, heißt sie *Tabula Peutingeriana* (Abb. 140–141).[85]

Wer heutige Straßenkarten gewohnt ist, steht ihr zunächst ratlos, dann vielleicht aber mit Entdeckerfreude gegenüber. Der antike Kartograph sah sich nämlich vor eine große Schwierigkeit gestellt: er mußte das ganze römische Reich von Spanien bis zum Euphrat, von Schottland bis Nordafrika auf eine einzige Karte bringen, die handlich und detailreich zugleich sein sollte. Und weil die Römer kaum Bücher wie wir heute kannten und auch von Faltkarten nichts hielten, mußte sich der arme Kartograph jener Methode bedienen, die damals für Schriftstücke und ganze Bücher üblich war: er mußte das römische Reich auf eine Pergamentrolle mit der bequemen Breite von höchstens 35 cm quetschen. Dafür ist es fast 7 m lang geworden. Man kann sich vorstellen, daß das Ergebnis mit dem heutigen Kartenbild nur wenig gemein hat. Alle Küstenlinien und Gebirge sind verzerrt, verschoben, gegeneinander verdreht. Aber eines stimmt: der schematisch angegebene Verlauf der Straßen mit Kreuzungen, Stationen, Entfernungsangaben und Ortsnamen. Die Proportionen der Entfernungen sind zwar je nach Bedarf verändert, aber wegen der dazugeschriebenen Entfernung in Meilen spielte dies für den Benutzer keine Rolle.

Zur Illustration wird hier ein Ausschnitt abgebildet, der den zentralen Alpenbereich um die Brennerstraße erfaßt. In der Umzeichnung sind einige moderne Ortsnamen eingetragen. Manche Stationen, um die sich später keine Ortschaften bildeten, kann man nur ungefähr lokalisieren, wobei die Entfernungsangaben auf der Karte eine Hilfe bieten. So wird die Station *Scarbia* zwischen Innsbruck-Wilten und Partenkirchen in der Nähe von Mittenwald gelegen sein, wo im Frühmittelalter das Kloster „in der Scharnitz" gegründet wurde (S. 257). Die dortigen Ausgrabungen haben zwar keine römischen Spuren entdeckt, aber die Station kann nicht sehr weit entfernt gewesen sein.

Der mittelalterliche Kopist scheint gewisse Schwierigkeiten mit seiner Vorlage gehabt zu haben. So gibt es bei den Ortsnamen offenkundige Schreibfehler (etwa *Tarteno* statt richtig *Partano*). Vor allem bei den Entfernungsangaben in Meilen bestand die Gefahr, daß er etwas nicht genau lesen konnte und nach Gutdünken verfuhr. Bei den römischen Ziffern war es ja leicht möglich, bei einer flüchtig geschriebenen Vorlage ein „V" mit einem „II" zu verwechseln oder sich gar ein X für ein V vormachen zu lassen (zur Ehrenrettung unseres Kopisten sei allerdings hinzugefügt, daß diese letztere Verwechslung nur selten vorkam, dafür aber bei betrügerischen Schankwirten um so häufiger). Jedenfalls trägt die Tatsache, daß es unzweifelhafte Verschreibungen gibt, ungemein zur Belebung der Römerstraßenforschung bei. Denn wenn jemand unbedingt beweisen will, daß eine Straße ganz anders verlief, als man bisher glaubte, wer-

den damit etliche Ortsnamen und alle Entfernungen beliebig manipulierbar. Im Gebirge sind dem zwar natürliche Grenzen gesetzt, aber im Alpenvorland erfreut sich diese Freizeitbeschäftigung einer großen Beliebtheit.[86]

Zum Glück ist uns nicht nur die *Tabula Peutingeriana* überliefert, sondern es gibt auch noch ein entsprechendes Reisehandbuch in Tabellenform, für das keine Karte erhalten ist, nämlich die *Antonini Augusti itineraria provinciarum et maritimum,* das „Handbuch des Antoninus Augustus für Reisen durch die Provinzen und über das Meer", entstanden in seiner Urform wohl zu Beginn des 3. Jahrhunderts n. Chr. In ihm sind nur die Namen der Ortschaften und Raststationen sowie die Entfernungen in Meilen angegeben, gelegentlich mit kleinen erläuternden Zusätzen. Ein Vergleich mit der *Tabula Peutingeriana* zeigt die enge Verwandtschaft der beiden Verzeichnisse – kein Wunder, denn sie beschreiben ja letztlich dasselbe, nämlich das voll ausgebaute Straßensystem des römischen Reiches. Wie es aber Abweichungen in der Schreibweise und Vollständigkeit der Namen gibt, so auch in den Entfernungsangaben. Der Vergleich der Angaben für die Brennerstraße mag dies verdeutlichen.

ANTONINI ITINERARIA	TABULA PEUTINGERIANA
Augusta Vindelicum	Augusta Vindelicum …
XXXVI	Ad Novas …
Abuzaco	Avodiaco …
XXX	Coveliacas XX
Parthano	Tarteno XI
XXX	Scarbia XVIIII
Veldidena	Vetonina XVIII
XXXVI	Matreio XX
Vipiteno XXXII	Vepiteno XXXV
Sublavione XXIIII	Sublabione XIII
Endidae XXIIII	Ponte Drusi XL
Tridento	Tredente

Noch ein drittes Werk der Antike gibt Aufschluß über das römische Fernstraßennetz, das *Itinerarium Burdigalense* oder *Hierosolymitanum,* das auf das Jahr 333 datiert ist und die Route für eine Pilgerreise nach Jerusalem beschreibt. Der Weg führt den Pilger von *Burdigale/*Bordeaux über *Arelate/*Arles und den Mont-Genèvre (erwähnt als *Matronam*) nach *Segusio/*Susa und *Mediolanum/*Mailand, von dort weiter auf dem Landweg nach Konstantinopel.

Germanische Völker
auf römischen Straßen

Die Feinde Roms, die über die Alpen stürmten, besaßen natürlich keine Straßenkarten, aber sie fanden auch so nach Italien, wo sie reiche Beute zu machen hofften. Sie hinterließen Tod und Zerstörung an den Durchgangsstraßen; hastig versteckte Münzschätze zeigen die betroffenen Gebiete an. Dies ist in größerem Umfang zum ersten Mal beim Einfall der Markomannen im Jahre 170 festzustellen (Abb. 28).[87] Sie drangen von Nordosten her über die Alpen nach Oberitalien vor; dazu mögen die Schatzfunde von Ostriach und Gummern im Drautal oberhalb Villach gehören. Daß es auch Einfälle jener Scharen, die aus dem böhmischen Kessel direkt nach Raetien und Westnoricum gekommen waren, nach Süden gegeben hat, bezeugen die Zerstörungen in Linz, Salzburg und dem in einem Seitental gelegenen Gutshof Wimsbach bei Wels. Den Weg nach Süden zeigen dann die Schatzfunde vom Veitlbruch am Untersberg bei Salzburg, von Spital am Pyhrn und Althofen nördlich Klagenfurt sowie die Zerstörung der *villa* von Katsch an der Mur an. Diese Punkte markieren genau die beiden Paßstraßen des 2. Jahrhunderts in Noricum: die eine von Salzburg über den Radstädter Tauern nach *Virunum,* die andere von der Ennsmündung über den Pyhrn (945 m) und den Hohentauern (1245 m) ebenfalls nach *Virunum.*

Im Westen folgten die Alamannen in ähnlicher Weise den bequemen römischen Straßen. Begnügten sie sich in der ersten Hälfte des 3. Jahrhunderts noch mit der Eroberung des nordwestlichen Alpenvorlandes, so stürmten sie 270 und 288 – außer über die Westalpen – auch durch das Alpenrheintal bis nach Oberitalien vor.[88] Mehrere Münzschätze säumen diesen Weg, wobei besonders erwähnt sei, daß ein Schatzfund von Vättis zwischen der Taminaschlucht und dem Kunkelspaß die Benutzung dieses Abkürzungsweges nahelegt und ein Schatzfund von Malvaglia im Bleniotal nur durch einen Einfall über den Lukmanier oder durch das Lugnez über Diesrut und Greina erklärlich ist. Alle genannten Wege aber waren in römischer Zeit nicht als Fahrstraßen ausgebaut, wenn

auch sicherlich als Saumpfade unterhalten. Daraus zu schließen, die Alamannen hätten mit Absicht die besser bewachten Fahrstraßen über Splügen, Julier oder Septimer gemieden, wäre bei der kleinen Zahl der bekannten Funde zu gewagt.

Auf jeden Fall hatten die Römer jetzt die Wichtigkeit einer Sicherung der Alpenpässe erkannt.[89] In der Spätantike schützten die Kastelle von Bregenz, Schaan und Chur die Rheinstraße, und die Kastelle *Foetes/*Füssen und *Veldidena/*Innsbruck-Wilten sollten die Reschen- und Brennerstraße sperren. Daß dies letztlich nicht möglich war, wissen wir. In der Völkerwanderungszeit überschritten die Heere der Germanen die Alpen, wo und wann sie wollten. Vor allem der Zugang im Südosten der Alpenkette über den Birnbaumer Wald *(Ad pirum)* war nie vollständig zu sichern. Hier marschierten dann auch die Goten und die Langobarden ein, um sich in Italien niederzulassen.

Der Verfall
im Frühmittelalter

Mit dem römischen Reich verfiel das römische Straßensystem. Die militärische Notwendigkeit seiner Pflege bestand nicht mehr, der Fernhandel lag darnieder, und für die einheimische Bevölkerung im Alpenraum genügte wie eh und je ein schmaler Pfad, auf dem man zu Fuß gehen oder ein Saumpferd mit sich führen konnte. Wurde eine Brücke vom Hochwasser fortgerissen, fehlte es an Mitteln, Leuten und technischen Fähigkeiten, sie in der alten Form wieder aufzubauen; ein wackeliger Steg mußte fortan genügen. Hatte ein Erdrutsch ein Stück Straße unter sich begraben, schaufelte man ihn notdürftig beiseite oder führte den Weg einfach darüber hinweg. War die Straße über mehrere Meter den Hang hinuntergerutscht, war eine sachgemäße Reparatur kaum möglich. Die Rasthäuser standen leer und verfielen. Daß einmal ein heizbares Bad dazugehört hatte, lebte nur in der

145   Sankt Peter in Mistail über der Schlucht der Albula (Graubünden), einst Klosterkirche, verkörpert einen in Graubünden häufigen Kirchentypus. Charakteristisch sind die drei Apsiden und die kleinen Fenster an der Wind und Wetter ausgesetzten Nordseite; im Süden sind eine kleine Sakristei und ein Beinhaus angebaut. Das Innere wurde kürzlich renoviert; die Fresken aus karolingischer Zeit sind nur in kleinen Flächen erhalten.

Erinnerung der Bergbevölkerung als Kuriosum fort. Manche Wegstrecke, die die Römer erschlossen hatten, mußte sogar wieder aufgegeben werden, weil der Unterhalt die technischen Möglichkeiten dieser Zeit überforderte. Dies traf z. B. für die Kuntersschlucht nördlich Bozen zu, die erst wieder im 14. Jahrhundert für den Durchgangsverkehr geöffnet werden konnte.

Kurzum, in verkehrstechnischer und -geografischer Hinsicht sah sich das frühe Mittelalter auf den Stand der vorrömischen Zeit zurückgeworfen. Die Reisenden, Kaufleute und Kriegerscharen folgten zwar immer noch, soweit möglich, den Trassen der Römerstraßen, und die ehemalige Via Claudia über den Reschen avancierte wieder zur Hauptverbindung über die Zentralalpen, aber die alten, selbst von den Römern nie ausgebauten Saumpfade gewannen erneut an Bedeutung.

An einen geregelten Wagenverkehr war nicht mehr zu denken, und mit der Sicherheit auf den Straßen war es ebenfalls schlecht bestellt. Als sich einige der letzten römischen Soldaten in Passau zur Zeit Severins auf den Weg nach Italien machten, um persönlich noch etwas Sold herbeizuschaffen, wurden sie nach kurzer Strecke von umherstreifenden „Barbaren" ermordet; ihre Leichen fand man angespült am Ufer des Inns.[90] Um diese Zeit, im späten 5. Jahrhundert, fielen auch die Franken häufig in Italien ein, und erst unter dem Ostgotenkönig Theoderich stabilisierten sich die Verhältnisse im Alpenraum wieder. Nachdem in der ersten Hälfte des 6. Jahrhunderts die Franken ihre Herrschaft bis an den Alpenrand ausgedehnt und sogar noch das inneralpine Raetien hinzugewonnen hatten, waren die Wege wieder für einen geregelten Verkehr gebahnt.

Erst zu dieser Zeit war eine Reise wie die des Venantius Fortunatus einigermaßen gefahrlos möglich. Er begab sich als junger Mann, etwa 25 Jahre alt, im Jahre 565 zu Fuß auf den Weg von Ravenna zum Grab des Heiligen Martin nach Tours. Seiner kaum zu bändigenden Schreiblust verdanken wir eine recht genaue Schilderung seiner Reise: eine Kurzfassung im Vorwort zu seinen „Carmina" und 59 Verszeilen in seiner „Vita Sancti Martini", wo die Reise allerdings in umgekehrter Richtung aufgerollt wird.[91] Sein Weg führte ihn von Aquileia über den Plöcken und den Gailbergsattel nach *Aguntum* im Lienzer Becken, dann durch das Pustertal über den Brenner und den Seefelder Sattel weiter nach Augsburg. Diese Route gehörte nicht eigentlich zu den wichtigsten, aber wenn jemand von der Adria nach Augsburg und weiter nach Nordwesten wollte, war sie in der Tat die kürzeste und bequemste Verbindung. Venantius Fortunatus muß also recht genaue Kenntnisse über ihren Verlauf gehabt haben. Daß er die Flüsse im Alpenraum und im nördlichen Vorland durchschwimmen mußte, wie er schreibt, wirft ein bezeichnendes Licht auf die Zustände der Straßen.

Nach der Errichtung des Langobardenreiches in Italien (568) und dessen Eintritt in das Kräftespiel Mitteleuropas zogen wieder Kaufleute in zunehmender Zahl über die Alpen. Der Süden gewann seine Bedeutung als Lieferant von exotischen Waren und künstlerischen Anregungen zurück.[92] Gesandte reisten hin und her, Verhandlungen lösten sich mit Scharmützeln und Kriegen ab. Aber auch in friedlicher Mission überquerten selbst Könige die Alpen, so der langobardische König Authari, als er 589 inkognito mit ein paar Begleitern nach Regensburg ritt, um die als Gemahlin in Aussicht genommene bayerische Herzogstochter Theudelinde zu begutachten.[93] Als er sich auf dem Rückweg an der Grenze (damals wohl noch nördlich des Brenner) von seinem bayerischen Geleite verabschiedete, gab er sich – offenbar mit seiner Zukünftigen zufrieden – zu erkennen: Hoch reckte er sich auf seinem Roß empor und schleuderte die Streitaxt gegen einen Baum mit den Worten: „Solche Hiebe führt Authari!"

Man könnte daran denken, daß die im Frühmittelalter wieder auflebende Sitte, Lanzen auf Pässen und hochgelegenen Plätzen als Weihung an einen Berg- oder sonstigen Gott niederzulegen oder aufzupflanzen,[94] mit den allgemein kriegerischen Zeitläuften zusammenhängt. Doch wissen wir noch zu wenig über die Hintergründe dieser Opfer, wer sie gebracht hat und welche Gegenstände zu welcher Zeit bevorzugt wurden (S. 188). Historisch wichtig ist auf jeden Fall eine Lanzenspitze vom Lukmanier, aufgrund ihrer Form in das 6. Jahrhundert datiert, weil sie die Benutzung dieses Passes schon (oder vielmehr: wieder) zu dieser Zeit beweist.[95] Einziges Zeugnis des Paßopfers und damit des Paßverkehrs im 5. Jahrhundert ist eine Münze des Vandalenkönigs Geiserich auf dem Julier (S. 183). Aber sie zeigt nur, wie vorsichtig der Archäologe den durch vielerlei Faktoren beeinflußten Fundbestand interpretieren muß. Diese kleine Münze spiegelt auf keinen Fall den ganzen Umfang des Hin und Her über die Alpen wider.

Von den Ostgoten, den Byzantinern und später den Langobarden wissen wir nämlich aus schriftlichen

Quellen, daß sie die Alpenübergänge durch Befestigungen nach Norden gegen die Franken zu sichern suchten. Ein solches Kastell, das seit der 1. Hälfte des 5. Jahrhunderts bestand, hat man in Invillino[96] ausgegraben, wenige Kilometer westlich Tolmezzo, wo die Straße zum Plök-

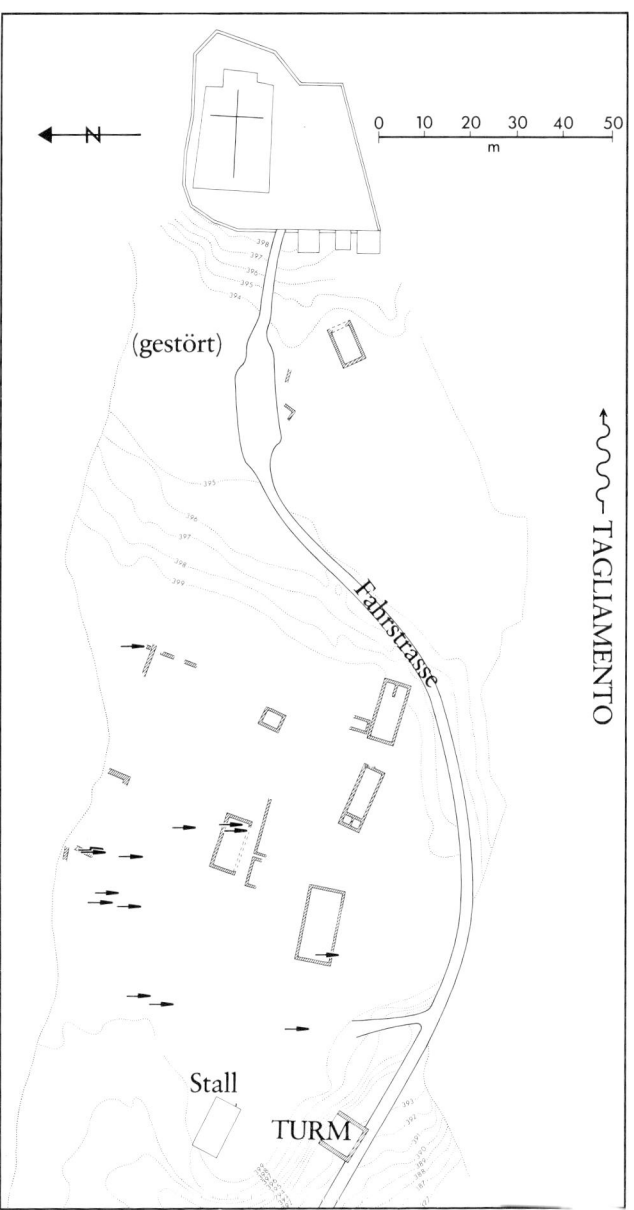

(gestört)

Fahrstrasse

Stall

TURM

N

0 10 20 30 40 50
m

TAGLIAMENTO

ken vom Tagliamentotal nach Norden abzweigt. Auch das Castel Grande von Bellinzona spielte schon damals eine wichtige Rolle als Sperrfestung im Tal des Tessin.[97]

Germanisch geprägte Kriegergräber mit Waffen, Gürteln und sonstigem Trachtzubehör treffen wir vorzugsweise an verkehrsgeographisch wichtigen Punkten an, so daß der Schluß auf eine Art Wachtposten an Kontrollpunkten naheliegt. Dies trifft etwa für ein „fränkisches" Kriegergrab des 6. Jahrhunderts in Tamins am Zusammenfluß von Vorder- und Hinterrhein zu, ebenso für ein „langobardisches" Kriegergrab in Civezzano (Abb. 87) nordöstlich Trient an der Querverbindung vom Piave- zum Etschtal, der Val Sugana.[98]

Einzelne Funde des 6. und 7. Jahrhunderts an exponierten Stellen sind auch ohne Kenntnis der genauen Siedlungsstruktur ebenfalls als Indizien für solche Wachtposten zu werten: fränkisch-alamannische auf dem Tummihügel über Chur (Abb. 46) am Eingang ins Schanfigg, langobardische auf der „Rocca" von Rivoli hoch über der Etsch in der Veroneser Klause.

Die Klöster und das Straßennetz

Aber nicht nur militärische Wachtposten gab es, sondern auch Klöster wurden in zunehmendem Maße in eine Art Kontrollsystem einbezogen. Sie boten an den Fernstraßen den Reisenden Unterkunft und Hilfe in Notfällen und dienten der Umgebung als geistlicher Mittelpunkt. Doch gerade in der Frühzeit steckten fast immer handfeste politische Motive hinter Klostergründungen, die ja normalerweise durch den Adel, den Herzog oder den König vorgenommen wurden (damit die neue Gemeinschaft genügend Grundbesitz und sonstige Einkünfte für den Lebensunterhalt besaß), – und sei es nur, daß man genau im Bilde war, wer wann auf dem nahen Weg vorbeizog.

146 Zahlreiche Bolzen- und Pfeilspitzen wurden bei den Ausgrabungen in dem Kastell auf dem Inselberg von Invillino in Friaul (Abb. 62) gefunden. Ihre Kartierung bezeugt einen Beschuß von Norden, also von der Talebene aus; im Süden fließt der Tagliamento am Steilabfall des Hügels. Die eingezeichneten Häuser des 5./ 6. Jahrhunderts vermitteln nur ein unvollkommenes Bild von der Besiedlung, weil vor allem im Norden der Fels bis unter die Oberfläche reicht und daher Mauerfundamente kaum mehr erhalten sind.

Als erste Klostergründung des frühen Mittelalters im Alpenraum ist St.-Maurice d'Agaune im unteren Wallis überliefert,[100] ein königliches Eigenkloster des burgundischen Herrscherhauses aus dem Jahre 515. An derselben Stelle befanden sich zwar schon römische Gebäude unklarer Funktion und ein Friedhof mit frühchristlichen Bestattungen, aber eben diese Stelle war es auch, an der man die Straße von Martigny zum Genfer See sehr einfach sperren konnte, weil hier zwischen der Rhône und der felsigen Talwand nur ein schmaler Durchlaß vorhanden ist. Die Mönche hatten zwar gewiß nicht solche Absichten, aber dem König waren ein paar Steinhäuser und eine gemauerte Kirche als Befestigung für den Notfall genug.

Im 8. Jahrhundert ist eine regelrechte Welle von Klostergründungen im Alpenraum zu beobachten. Die Initiative ging von Norden aus, vom merowingisch-karolingischen Frankenreich und auch von Bayern. In die Patrozinien teilen sich fast ausschließlich St. Peter und St. Martin, beides Heilige, die eng mit Rom bzw. dem Frankenreich verknüpft waren. Zu den ältesten Klöstern am nördlichen Alpenrand gehören St. Gallen und die auf der Reichenau im Bodensee aus dem beginnenden 8. Jahrhundert. Sie entsprechen, nach der columbanisch-benediktinischen Mischregel gegründet, eher der Vorstellung vom *locus amoenus,* dem einsamen und lieblichen Ort für eine Klosteranlage. Anders steht es mit den Klöstern im inneralpinen Raum: hier ist der Bezug zum Fernstraßennetz unverkennbar.[101] Am ältesten (um 720) scheint Disentis[102] an der Weggabelung zu Füßen von Oberalp und Lukmanier zu sein; durch die erwähnte Lanzenspitze vom Lukmanier ist eine gewisse Bedeutung dieses Passes schon für das 6. Jahrhundert bezeugt. Pfäfers (735/40)[103] liegt hoch über dem Rheintal am Eingang zum Vättisertal, dem Abkürzungsweg über den Kunkelspaß nach Süden. Das Kloster „in der Scharnitz" bei Klais nahe Mittenwald, neuerdings durch Ausgrabungen genau untersucht,[104] wurde am 29. Juni 763 an der Römerstraße von Partenkirchen zum Brenner gegründet (in der Funktion wohl der Nachfolger der spätrömischen Straßenstation *Scarbia*), aber schon 772 nach Schlehdorf am Kochelsee verlegt. Denn trotz umfangreicher Schenkungen des bayerischen Hochadels reichte die Lebensgrundlage – Forst- und Landwirtschaft in fast 1000 m Höhe und bescheidene Einkünfte durch Spenden der Reisenden und Pilger – nicht aus. Besser war das nur sechs Jahre später gegründete Kloster Innichen hinten im

Pustertal gestellt, weil es, wie Kremsmünster am Nordrand des Gebirges, als Stützpunkt für die Slawenmission konzipiert war und dementsprechend selbst Unterstützung erfuhr.[105]

Von den weiteren Klostergründungen in Graubünden gegen 800 hat nur Müstair (vorher als Hospiz eingerichtet)[106] zwischen Ofenpaß und Vinschgau überlebt. Mistail bei Tiefencastel dagegen, nahe der Straße nach Chur gelegen – von Julier und Septimer über Lenzerheide (1549 m) oder auf dem beschwerlichen Weg entlang der Albula über Thusis – wurde bald als Kloster aufgegeben[107] (angeblich wegen unsittlichen Betragens der Nonnen). Heute zählt die einsam über der Albulaschlucht gelegene Kirche St. Peter zu jenen Punkten der Schweiz, wo grandiose Landschaft und geschichtsträchtiges Baudenkmal eine eindrucksvolle Einheit bilden.

Die günstige Lage der Klöster kam aber nicht nur den Kaufleuten zugute, sondern auch den Pilgern, die in immer größerer Zahl die Alpen überquerten. Rom als kirchliches Zentrum wurde das Ziel vieler Gläubiger aus dem Norden. Mit welchen Gefahren solche Unternehmen verbunden waren, schildert eine Legende um den Heiligen Korbinian, einen der Missionsbischöfe in Bayern, der zu Beginn des 8. Jahrhunderts zweimal nach Rom reiste. Die Legende erfreut sich beim bayerischen Volk großer Beliebtheit, und so ist es nur recht und billig, wenn sie hier in der Fassung von A. Forsteneichner[108] aus dem Jahre 1893, bestimmt für die bayerische Schuljugend, wiedergegeben wird:

„Zur Zeit, als der hl. Korbinian in unserem Bayerlande die christliche Lehre ausbreitete, sah es da noch nicht gar einladend aus. Große Wälder und Sümpfe und undurchdringliches Gestrüpp deckten einen Teil des Bodens. Der Auerochs stampfte die Büsche nieder, der Eber wühlte Löcher am Fuße hundertjähriger Eichen, und Wolf und Bär machten ihre unheimlichen Rundgänge.

Da war eine Reise nach Rom noch ein gefährliches Unternehmen. Aber der hl. Korbinian kannte keine Furcht; voll Gottvertrauen trat er die Wanderschaft nach jener Stadt an.

Einmal hielt er in einer wilden Gebirgsgegend Nachtherberge. Er schlief mit seinen Begleitern, und rings war alles still. Da brach aus seinem Verstecke ein zottiger Bär hervor und stürzte sich auf das Pferd des Heiligen. Das Todesgestöhn weckte die Gefährten, und als sie sich umsehen, finden sie Korbinians Saumroß zerrissen unter den Tatzen des grimmen Tieres. Erschrocken

147   Ruschein bei Ilanz liegt an der Gabelung zweier wichtiger Wege vom Vorderrheintal nach Süden, nämlich durch das Lugnez über die hohen Pässe Diesrut und Greina oder – länger, aber bequemer – über den Lukmanier. Bei Straßenarbeiten unterhalb der Ruine Grüneck wurde 1904 ein Schatzfund entdeckt, der aus 70 Gold- und 53 Silbermünzen besteht, dazu Ohrgehänge mit eingelegten Steinen in Kreuzform auf der Schauseite, fünf Anhänger vom Halsschmuck und zwei Klümpchen aus Gold. Ganz überwiegend handelt es sich um langobardische und fränkische Münzen. Besonders hervorzuheben sind die fünf auswärtigen Prägungen: drei Pennies der angelsächsischen Könige Offa von Mercia und Egcberth von Kent (zweite und dritte Münze der zweiten Reihe) sowie zwei Dirhems der Kalifen al-Mahdi und Harun-al-Raschid (zweite und dritte Münze der untersten Reihe). Ende des 8. Jahrhunderts n. Chr. Länge der Ohrgehänge 5,0 und 5,3 cm. Rätisches Museum Chur.

klagten sie dem Gottesmanne, was geschehen war. Doch ruhig sprach er zu Anserich, einem seiner Reisegenossen: „Nimm diese Geißel, geh' hin und züchtige den Brummer wacker für den zugefügten Schaden." Dieser zögerte, da wiederholte Korbinian: „Gehe und fürchte nichts! Hast du den Bären gestraft, dann lege ihm den Sattel, den das Pferd getragen, auf den Rücken und halte ihn bereit zur Weiterreise." Anserich faßte Mut, züchtigte den Bären und siehe! der blutdürstige Geselle nimmt die Schläge und den Sattel geduldig auf sich und versieht die Dienste des Pferdes auf der ganzen Reise."

Daß es damals Bären gab, die dem einsamen Reisenden gefährlich werden konnten, erstaunt nicht weiter; denn der letzte Bär in den Zentralalpen wurde erst 1904 erlegt, der letzte bayerische sogar erst 1935. Wichtiger ist die Beobachtung – und sie stimmt mit dem überein, was wir über mittelalterliches Reisen wissen –, daß nämlich der Gottesmann nicht ritt, sondern nur ein Saumpferd mit sich führte, das sein Gepäck trug. Der Begriff selbst kommt übrigens aus dem Lateinischen: *sagma* = Last und dann Packsattel.

In dieser frühen Zeit sind nicht nur Pilger, Priester und Bischöfe nach Rom gezogen, sondern es ist auch überliefert, daß Päpste die Alpen überquert haben, gewiß nicht viel anders als Korbinian. Am folgenschwersten war die Reise des Papstes Zacharias zur fränkischen Königspfalz in Ponthion an der Marne im Jahre 754, um Pippin gegen die Langobarden zu Hilfe zu rufen. Daß er dabei den Großen St. Bernhard, die kürzeste Verbindung nach Nordwesten, benutzte, ist zwar nicht ausdrücklich gesagt, liegt aber nahe.

Nachdem die Franken 774 das langobardische Königreich erobert hatten, nahm der transalpine Verkehr noch mehr zu; denn die Verbindungen innerhalb des nun vergrößerten Frankenreiches mußten gut geknüpft werden. Und wenn wir hören, daß etwa das Kloster St. Denis bei Paris Besitzungen im Veltlin zugesprochen erhielt, dann muß es zwischen dem Kloster und seinen Gütern doch einen Kontakt gegeben haben, der durch Boten, Delegationen oder Visitationen seinen Teil zur allgemeinen Steigerung des Verkehrsaufkommens (wie es im heutigen Behördendeutsch heißt) beigetragen haben. Reichen Besitz am Gardasee und in der Valcamonica hatte auch St. Martin in Tours.[109]

Das eindrucksvollste Zeugnis für die weitgespannten Verbindungen dieser Zeit (Harun-al-Raschid schickte eine Delegation zu Karl dem Großen nach Aachen!) stellt im Alpenraum der Schatzfund von Ruschein bei Ilanz[110] am Vorderrhein dar. Er wurde zu Füßen der Ruine Grüneck gefunden, dicht neben der alten Straße. Hier gabelt sich der Weg: entweder geradeaus zum Kloster Disentis und über den Lukmanier nach Süden oder gleich hinein ins Lugnez und über die Pässe Diesrut und Greina ins Bleniotal, ein Weg, der uns schon seit der Bronzezeit bekannt ist. Der Schatzfund enthielt nicht nur 123 Münzen, sondern auch einigen Goldschmuck, dazu zwei geschmolzene Goldklümpchen. Seine Interpretation ist fraglich: einerseits wird es sich nach der Zusammensetzung kaum um die Barschaft eines reisenden Kaufmanns gehandelt haben, der einen Überfall fürchtete, andererseits sind für diese Zeit (die jüngste datierbare Münze wurde im Jahre 790 geprägt) keine größeren kriegerischen Ereignisse in Graubünden überliefert, die ein Verstecken dieses kostbaren Schatzes durch eine ansässige Person erklären würde. (Dieselbe Schwierigkeit der Interpretation ergibt sich übrigens bei einem zerstörenden Brand um 800 im Castel Grande von Bellinzona.[111]) Während der Goldschmuck wohl aus Oberitalien stammt, lassen die Münzen weiterreichende Verbindungen erkennen. Vorhanden sind langobardische Goldmünzen aus der Zeit vor der Eroberung durch die Franken, Goldmünzen Karls des Großen, die 774–781 in Oberitalien umliefen, fränkische Silbermünzen aus dem Reich (die ältesten noch von Pippin dem Jüngeren geprägt) und einige Neuprägungen aus Oberitalien. Alle waren jedoch durch Änderungen des Münzsystems außer Kurs gesetzt worden, so daß sie zur Zeit ihrer Vergrabung nur noch den reinen Metallwert besaßen. Dies gilt noch mehr für die ausländischen Münzen, denn wer in Mittel- und Südeuropa hätte schon einen Penny des Königs Egcberth von Kent oder einen Dirhem des Kalifen Harun-al-Raschid aus Nordafrika ohne Wiegen und Metallprobe in Zahlung genommen?

In diese Zeit, da das karolingische Herrscherhaus die Straßenverbindungen nach Italien ausbaute, gehört auch eine Entdeckung, die erst 1978 dem Archäologischen Dienst von Graubünden glückte.[112] Bei der Untersuchung einer karolingischen Kapelle in Domat/Ems, auf halbem Wege zwischen Chur und dem Zusammenfluß von Vorder- und Hinterrhein, stellte sich nicht nur heraus, daß ursprünglich zur Kapelle auch ein winziges Kloster gehörte, sondern daß alles zusammen über einem Vorgängerbau lag, dessen aufwendige Architektur und sorgfältige Ausführung an einen Repräsentativbau denken lassen. Er wurde durch Brand zerstört, der aufgrund zweier Münzen Karls des Großen, geprägt in Oberitalien, nach 774 stattgefunden hat. Da der Bau anscheinend nur wenige Jahre bestand, bietet sich die Erklärung an, daß er als eine Art Raststation für Reisende in offiziell-fränkischem Auftrag, wenn nicht gar für den Kaiser selbst, gedient hat. Da in Chur der Bischof residierte und zugleich die weltliche Macht über Churrätien bis 806 in Händen hielt, ist es durchaus denkbar, daß die Franken keine Lust hatten, die Gastfreundschaft des auf Autonomie bedachten und mißmutigen Bischofs in Anspruch zu nehmen. Als aber ab 806 ein fränkischer Graf in Chur die Politik bestimmte, verlor die Station in Domat/Ems ihre verkehrsgeographische Bedeutung, und auf dem Grundstück wurde ein kleines Kloster errichtet, das wenigstens den durchreisenden Pilgern als Stützpunkt zur Verfügung stand; der Adel logierte bei dem Grafen in Chur und trug ihm die neuesten Nachrichten aus dem Reich zu.

Pilger und Hospize

Weil ein Großteil der Reisenden über die Alpen von den Rompilgern gestellt wurde, übernahmen immer mehr die kleinen und großen Klöster und eigens eingerichtete Hospize die Rolle, die ehedem die römischen *mansiones* und *mutationes,* die Raststationen, gespielt hatten. Aber zunächst befanden sich die Hospize noch in den Tälern oder am Fuß der Paßhöhen. So gab es in Splügen eine Mönchszelle, wo auch Reisende unterkommen konnten, und für S. Gaudenzio bei Casaccia am Fuße von Septimer und Maloja ist in der ersten Hälfte des 9. Jahrhunderts ein Hospiz bezeugt. Die Erforschung des frühmittelalterlichen Verkehrswesens[113] kann mit den Kenntnissen über die römische Zeit nicht mithalten, so daß wir über die Abstände solcher einfachen Unterkünfte, über ihren Unterhalt und den Benutzerkreis nur wenig wissen. Die Legende über die Romreise Korbinians gibt Zustände wieder, die auch in den zwei, drei Jahrhunderten danach geherrscht haben müssen: Der Reisende war auf sich allein gestellt und mußte meist unter freiem Himmel nächtigen. Die Brandschatzung von Klöstern (z. B. Disentis und St.-Maurice) und Hospizen (z. B. Bourg-St.-Pierre am Nordaufstieg zum Großen St. Bernhard) durch die Sarazenen in der ersten Hälfte des 10. Jahrhunderts weist auf eine zusätzliche Gefährdung und Erschwerung der Reisen über die Alpen hin.

Doch die große Politik war auf die Sicherung der Wege nach Süden angewiesen. Selbst König Knut der

Große von Dänemark und England mischte sich ein. Im Jahre 1027 führte er in Rom Verhandlungen mit Kaiser Heinrich II. und dem burgundischen König Rudolf III. Er beschwerte sich über Willkür und Schikanen, von denen seine Untertanen berichtet hatten. In einem Brief an den englischen Klerus faßt er das Ergebnis seiner Verhandlungen zusammen:[114]

„Ich habe deshalb mit dem Kaiser selbst, dem Papst und den dort anwesenden Fürsten über die Bedürfnisse aller meiner Untertanen gesprochen, Angeln wie Dänen, daß ihnen nämlich eine gerechtere Behandlung und eine größere Sicherheit zugestanden werde, wenn sie nach Rom reisen, daß sie nicht durch so viele Sperren auf ihrem Weg behindert und bei den Zollabgaben ungerecht behandelt würden.

Diesen Forderungen hat der Kaiser zugestimmt und auch König Rudolf, der über die meisten dieser Sperren gebietet. Und alle Fürsten unterzeichneten Erlässe, daß meine Untertanen, seien es Kaufleute oder Pilger, ohne allen Zwang durch Sperren und Zöllner eines sicheren Friedens und einer gerechten Behandlung gewiß nach Rom und zurück reisen können."

Es ist klar, daß damit hauptsächlich der Weg über den Großen St. Bernhard angesprochen war. Dort wurde dann auch durch Bernhard von Menthon das erste Hospiz auf der eigentlichen Paßhöhe erbaut, das uns für die Zentralalpen überliefert ist, und zwar irgendwann in der zweiten Hälfte des 11. Jahrhunderts. Seit dieser Zeit besteht also das ehrwürdige Hospiz auf dem Großen St. Bernhard, das die Tradition des uralten Paßheiligtums und der römischen Raststation *In summo Poenino* in sich vereinigt. Die erste Beschreibung aus dem Jahre 1125 und baugeschichtliche Untersuchungen an den heutigen Hospizgebäuden erlauben eine Rekonstruktion des ältesten Baues.[115] Er maß 18 × 13,5 m und besaß zwei Stockwerke. Zwei Eingänge führten in das Erdgeschoß mit einem Korridor, dem heizbaren Pilgerraum und der Küche, die zugleich als Refektorium für die Mönche diente. Deren Schlafsaal, Wohnraum und Kapelle (mit Glockenturm) befanden sich im Obergeschoß. Die dikken Steinmauern trotzten allen Unbilden des Wetters.

Die Mönche gibt es dort wie eh und je, aber seit der Erbauung des Straßentunnels fahren nur noch zwei Kategorien von Touristen über die Paßhöhe. Zum einen jene – wohl die wenigeren –, die bei einer Alpenreise das elementare Erlebnis einer hochalpinen Paßüberquerung nicht missen möchten; zum anderen jene, die auf die Bernhardinerhunde neugierig sind, deren Bild mit dem legendären Schnapsfäßchen um den Hals heute die Ansichtskarten ziert, während sie selbst in engen Zwingern gegen Eintritt zu besichtigen sind. – Nichts illustriert die Wandlung einer lebensrettenden Institution zur Touristenattraktion besser als das Hospiz auf dem Großen St. Bernhard.

Gänzlich versunken sind die zwei alten Hospize auf dem Lukmanier. Sie liegen rund 60 m tief unter Wasser, wenn der Stausee nördlich der Paßhöhe bis zur Krone des Dammes gefüllt ist. Das Gründungsdatum des ersten Hospizes ist aus den Urkunden bekannt, der 28. Januar 1374. Aber das war natürlich nur das Datum der rechtlichen Existenz, zu der die lebensnotwendigen Güter auf der Paßhöhe und weiter unten im Bleniotal gehörten. Den Bau selbst kann man kaum vor Juni desselben Jahres begonnen haben. Ihn haben die Ausgrabungen des Rätischen Museums Chur freigelegt und damit wenigstens dokumentarisch erhalten.[116]

Die zwischen 0,6 und 1 m dicken Mörtelmauern umschlossen eine Fläche von 17,5 × 10,1 m. Sie war unterteilt in einen großen Hauptraum mit breitem Eingang (wohl auch für die Pferde gedacht) und einer eingetieften Herdgrube, an den sich mit gleicher Breite ein etwas kleinerer Raum anschloß, der vielleicht als Schlafstätte diente. Zu beiden Seiten der Eingangsrampe befanden sich noch zwei wesentlich kleinere Räume, von denen der eine vielleicht als Stall, der andere ziemlich sicher als Werkstatt Verwendung fand. An der Nordecke gab es noch zwei Anbauten: eine winzige Kapelle mit Altar (der Maria geweiht), die vom Hauptraum aus zugänglich war, und einen Abort, dessen Türe aus begreiflichen Gründen nicht in den Hauptraum führte, sondern nur über einige Stufen entlang der bergseitigen Außenwand zu erreichen war.

Ob das Gebäude ein Obergeschoß besaß und wieviele Mönche hier ihren entsagungsvollen Dienst versahen, ist unbekannt, denn die Mauern waren nirgends höher als 2 m erhalten und für das jüngere Hospiz etwas weiter oben im 16./17. Jahrhundert teilweise abgetragen worden. Glasscherben lassen immerhin auf Fenster mit Butzenscheiben schließen. Überhaupt sind die zahlreichen Funde von dieser Stelle ein wichtiges Material für die Mittelalterarchäologie der Schweiz. Ihre Zeitstellung zwischen 1374 und dem 16./17. Jahrhundert gibt gute Anhaltspunkte für die Datierung anderer Fundkomplexe, für die keine ausreichende urkundliche Überlieferung vorliegt. Allerdings gibt ihre Zusammensetzung einige Rätsel auf. So hat man allein 35 Messer, fast alle im Hauptraum und nordwestlich vor der Außenmauer, gefunden. Es fällt schwer zu glauben, sie seien alle zufällig verloren gegangen oder als unbrauchbar weggeworfen, wie eben auch Ton-, Lavez- und Glasscherben, kleine Metallgegenstände oder Werkzeuge. Deren Anzahl und Verteilung entspricht nämlich durchaus den auch bei frühgeschichtlichen Siedlungen zu erwartenden Verhältnissen. Die kiloweise aufgelesenen Bergkristallsplitter mit Schlagspuren lassen dagegen auf einen Nebenerwerb der frommen Brüder schließen: Bergkristall war in den Städten der Poebene, wo Feuerstein fehlt, zum Feuerschlagen mit Zunder sehr willkommen. Zahlreiche Eisenschlacken im Bereich der Werkstatt bezeugen weitere handwerkliche Aktivitäten, doch muß die Verhüttung an anderer Stelle stattgefunden haben.

Das Marienhospiz auf dem Lukmanier besaß wahrscheinlich einige Vorläufer in Gestalt bescheidener Schutzhütten, die auch den Almhirten als Unterschlupf dienten. Darauf deuten einige Funde hin, die älter sein müßten als 1374. Ein solches Hospiz mit kirchlicher oder klösterlicher Unterstützung wurde ja nur eingerichtet, wenn der Verkehr so stark angewachsen war, daß eine Betreuung auch bergunerfahrener Reisender und Pilger auf der Paßhöhe selbst immer nötiger und Christenpflicht wurde. Die Gründung von Kloster Disentis im Vorderrheintal ist nur auf dem Hintergrund eines halbwegs regelmäßigen Verkehrs über den Lukmanier zu verstehen (S. 254). Im Hospiz auf dem Gotthard haben die jüngsten Untersuchungen einen vorromanischen Bau zutage gefördert, der älter ist als die 1226 geweihte Kapelle des Heiligen.[117] Eine lokale Bedeutung als Verbindung ins Ursener Tal mit Andermatt hat der Gotthard also schon vor der Öffnung der Schöllenenschlucht durch die Zähringer besessen, obschon erst diese Tat den Gotthard zu einem der wichtigsten Pässe des Mittelalters machte. So einfach diese hochmittelalterlichen Unterkünfte auch gewesen sein müssen: jeder Reisende, den die Nacht, die Erschöpfung oder ein Unwetter überfielen, war dankbar für ein Dach über dem Kopf und das wärmende Feuer.

Kaiser Heinrich IV. jedenfalls wäre froh gewesen, hätte er in einem der genannten Hospize übernachten können. Aber weil ihm aus politischen Gründen die Pässe zwischen dem Aostatal und dem Brenner versperrt waren, mußte er den Mont-Cenis für seinen „Gang nach Canossa" wählen. Im Januar 1077 überquerte er mit sei-

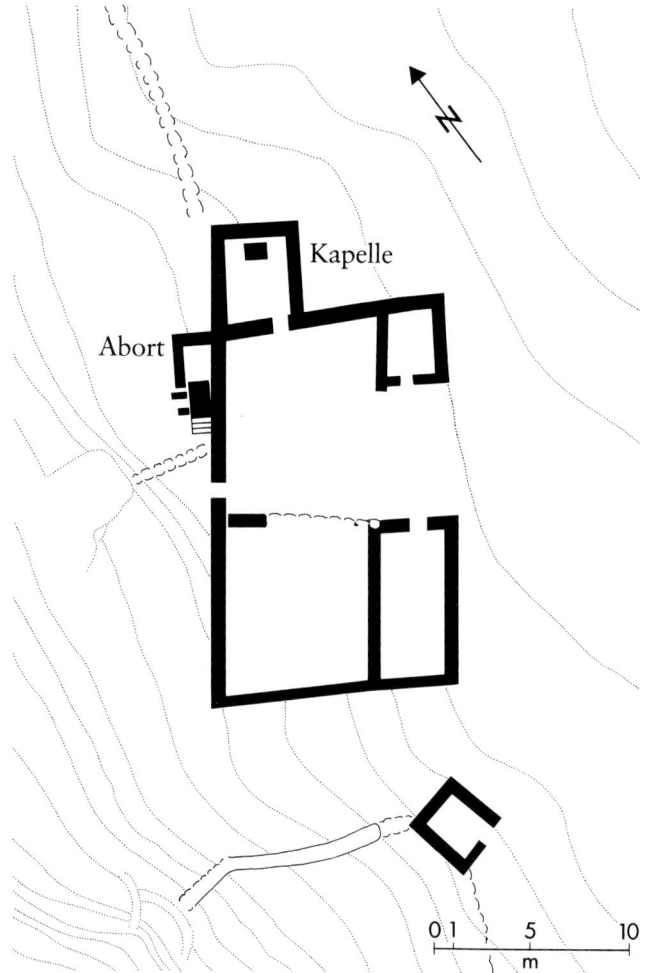

148   Grundriß des im Jahre 1374 erbauten Hospizes auf dem Lukmanier (Graubünden). Die Unterkunfts- und Werkräume sowie die kleine Kapelle gruppieren sich um einen großen Aufenthaltsraum mit der Feuerstelle.

nen Getreuen den Paß. Der Mönch Lambert von Hersfeld gibt uns eine Schilderung,[118] die in ihrer Anschaulichkeit wohl kaum übertrieben ist:

„Der König dingte am Fuß der unheimlichen Berge für Lohn einige der Eingeborenen, die der Gegend kundig und an die steilen Abhänge der Alpen gewohnt waren, damit sie seinem Zuge an den steilen Bergwänden und durch die Schneemassen hindurch vorausgingen und auf jede mögliche Weise den Nachfolgenden die Schwierigkeiten des Weges erleichterten. Als man unter ihrer Führung den Gipfel erreicht hatte, zeigte sich keine Möglichkeit, jenseits weiter fortzukommen. Denn jäh war die Bergwand und glatt durch die eisige Kälte, so daß sich jedes Hinabsteigen zu verbieten schien. Da versuchten die Männer mit allen Kräften, die Gefahr zu überwinden, und indem sie bald auf Händen und Füßen weiterkrochen, bald sich auf die Schultern ihrer Führer stützten, dann und wann, wenn ihr Fuß ausglitt, fielen und weiterrollten, gelangten sie endlich unter schwerer Lebensgefahr in die Ebene. Die Königin und die Frauen, welche in ihrem Gefolge waren, legten die Führer auf Ochsenhäute der mitgenommenen Zelte und zogen sie darauf hinab. Von den Pferden ließen sie einige durch allerlei Vorrichtungen hinab, andere zogen sie mit gebundenen Beinen fort, und von diesen kamen beim Ziehen viele um; die meisten entgingen nur in elendem Zustand, wenige heil und unverletzt der Gefahr."

Von der Postkutsche zur Eisenbahn

Eine einschneidende Verbesserung der Verkehrsverhältnisse[119] trat im 13. und 14. Jahrhundert ein, als nicht nur der Gotthard für den Fernverkehr erschlossen, sondern auch auf Initiative von Großkaufleuten einige gute Fahrstraßen angelegt wurden: durch Heinrich Kunter in der Eisackschlucht nördlich Bozen, durch Jacob von Castelmur über den Septimer (auf einem römischen Vorläufer?), im 17. Jahrhundert dann durch Jodokus Stockalper aus Brig über den Simplon. Die große Zeit des Straßenbaus aber war die erste Hälfte des 19. Jahrhunderts. Auf sie geht die Routenführung der meisten Paßstraßen – abgesehen von den Neukonstruktionen der letzten Jahre – zurück. Der Ausbau des Simplon in den Jahren 1801 bis 1805 geschah im militärischen Interesse Napoleons. Bald folgten Mont-Cenis, Gotthard, Splügen, Arlberg und sogar das Stilfser Joch, mit 2757 heute noch die zweithöchste Alpenstraße, die eine Verbindung zwischen Tirol und der damals ebenfalls zu Österreich gehörigen Lombardei herstellen sollte.

Erst damit waren die Voraussetzungen für einen geregelten Postkutschendienst erfüllt. So benötigte der Eilwagen über den Gotthard von Altdorf am Vierwaldstätter See (Abfahrt 8.30 Uhr) bis nach Bellinzona (Ankunft 24.00 Uhr) nur 15,5 Stunden. Nach einem kurzen Aufenthalt ging es in aller Frühe weiter, und der Reisende war bereits um 12.30 Uhr in Mailand. Vorher konnte man diese Reisen nur zu Pferd unternehmen, und auch da schloß man sich gern größeren Gesellschaften an. Schon 1627 wurde der „Mailänder Bote" empfohlen, der den Reisenden von Lindau nach Mailand geleitete (dort hieß

149   Erst Mitte Juni bahnen sich heute die Schneefräsen den Weg über den Großen St. Bernhard, und selbst noch Wochen später zaubern kalte Stürme Eisnadeln an das Treppengeländer des Hospizes, wo die Reisenden bis zur Erfindung des Automobils dankbar Schutz und Wärme suchten.

er Corriere de Lindò). Man startete Montagnachmittag in Lindau zu Schiff bis Fussach, ritt dann weiter bis Feldkirch und übernachtete zum zweiten Mal in Chur. Auf besonders trittsicheren Pferden ging es durch die Via Mala nach Splügen. Am Morgen begann der Aufstieg zum Paß, wo sich Mensch und Tier gleichermaßen an Brot labten, das in Veltliner Wein getaucht war. Nach der Übernachtung in Chiavenna bestieg man in Novate das Schiff, das nach 20 Stunden Fahrt über den See Como erreichte. Nach einem Ritt durch die Nacht war man am Sonntag früh in Mailand. Fünfeinhalb Tage beschwerlichen Wegs lagen hinter dem müden Reisenden, denn auch die Schiffahrt über den Comer See war in den meisten Fällen wohl keine Erholung; allzu oft brachten Stürme oder Fallwinde die Boote in Bedrängnis, wie es sehr anschaulich für den Vierwaldstätter See in der Tell-Sage geschildert ist. Einzelreisende waren außerdem noch von Räubern bedroht. In keiner Anleitung für die Ausrüstung fehlt in diesen Zeiten der Hinweis auf die Notwendigkeit der Waffen; zwei Pistolen wurden dringend angeraten. Eine Anweisung aus der Zeit um 1820 geht sogar ziemlich ins Detail: „Wenn man schießt, dann nie zu weit, sondern erst, wenn man das Weiße im Auge des Räubers erkennen kann."

Viel schneller war die reitende Post der Thurn und Taxis, die im Sommer von Brüssel nach Rom nur 10,5 Tage benötigte (im Winter 12 Tage), und das bei einer Gesamtstrecke von 1570 km. Dies war selbstverständlich nur bei einem exakt funktionierenden System möglich, das Pferde und Reiter bereitstellen und jeden Aufenthalt vermeiden konnte.

Aber die Zeiten der reitenden Post und der Kutsche waren, kaum daß die Straßen einigermaßen gut ausgebaut waren, bald vorbei. Doch war es noch nicht das Automobil, das die alten Straßen hinankeuchte, sondern als Konkurrenz erwuchs in unerwarteter Weise die Eisenbahn. Für sie benötigte man ganz neue Trassen; enge Kurven und größere Steigungen waren unmöglich. Ein neues Zeitalter der Verkehrserschließung in den Alpen brach an. Die beiden ältesten Alpenbahnen (Semmering 1854 und Brenner 1867) überqueren die niedrigsten Nord-Süd-Pässe noch ohne oder mit einem nur kurzen Tunnel unter der Paßhöhe, nachdem sie sich in vielen Schleifen emporwinden. Die unbedingt erforderlichen Tunnel an Steilhängen oder durch Felsnasen wurden in herkömmlicher Weise von Hand geschlagen oder mit Schießpulver gesprengt, wie es schon beim Bau der napo-

leonischen Simplonstraße geschehen war, wo man für 180 m Tunnel in der Gondoschlucht 18 Monate Arbeitszeit (von vier Arbeitsstellen aus!) benötigt hatte.

Erst die Erfindung des Dynamits durch Alfred Nobel im Jahre 1867 revolutionierte den Eisenbahnbau in den Alpen. Nun war es vergleichsweise einfach, auch höhere Pässe durch Tunnel zu unterfahren, wenn die Talstrecken bequem zu bewältigen waren. Schon 1871 wurde die 13,5 km lange Strecke unter dem Col-de-Fréjus eröffnet (südlich der entsprechenden Straße über den Mont-Cenis), 1882 folgte der Arlberg-Tunnel (10,25 km) und in demselben Jahr der Gotthard-Tunnel, mit fast 15 km heute noch der zweitlängste Alpentunnel überhaupt. Als letzter wurde der Lötschberg-Tunnel (14,61 km) im Jahre 1913 eröffnet, der in Verbindung mit dem Simplon-Tunnel (mit 19,8 km der längste Alpentunnel, 1906 eröffnet) die rascheste Verbindung von Mailand in die Nordschweiz und ins Rheinland bietet. Die kürzeste ist nach wie vor die Gotthardstrecke, aber die vielen Kurven und Kehren lassen keine hohe Geschwindigkeit der Züge zu. So plant man seit einigen Jahren einen viel längeren „Basistunnel", dessen Scheitelhöhe weit unter der heutigen von 1150 m liegen wird. Auch für den Brenner wird in jüngster Zeit ein Basistunnel diskutiert, doch scheint es, als seien die politischen Verhältnisse hier komplizierter als die geografischen. Auf jeden Fall ist abzusehen, daß der Wunsch nach größerer Geschwindigkeit im transalpinen Eisenbahnverkehr noch weitere Projekte dieser Art ins Blickfeld rücken wird.

Der erste Alpenflug und das Automobilverbot in Graubünden

Weniger das Bedürfnis nach Geschwindigkeit, sondern das prickelnde Gefühl einer Pioniertat bestimmte ein Unternehmen, das am 23. September 1910 stattfand. Erst im Jahre 1903 hatten die Gebrüder Wright in Amerika das steuerbare Motorflugzeug entwickelt, und schon sieben Jahre später gelang die erste Überquerung des Alpenhauptkammes im Flugzeug. Aber sie ging nicht glücklich aus. Jorge Chávez, ein 27jähriger Peruaner, weitgereisten Leuten als Namenspatron des Flughafens von Lima bekannt, hatte sich wohlbedacht eine günstige Strecke ausgesucht, nämlich die von Brig nach Domodossola über den Simplon, also einen relativ niedrigen Paß, der zu beiden Seiten in geringer Entfernung gute Start- und Landemöglichkeiten in breiten Tälern bot. Der Start im Wallis war geglückt, der Höhengewinn zwischen den Bergen war kein Problem und der Simplon bald überflogen, aber die Landung in Domodossola war – wie Landungen heute noch – der schwierigste Punkt des fliegerischen Unternehmens. Schon nahte das Flugzeug, in dem der junge Pilot ungeschützt unter den Tragflächen kauerte, schon brauste der Jubel der Italiener und der zahlreich versammelten Reporter auf, aber dann geschah es: die Maschine verlor zu rasch an Geschwindigkeit, geriet ins Trudeln und stürzte aus wenigen Metern Höhe auf den Boden. Rasch herbeigeeilte Helfer zogen den Piloten aus den Trümmern, aber er erlag bald seinen Verletzungen. Die Zeitungen der ganzen Welt feierten die Pioniertat und beklagten ihren tragischen Ausgang.

Das Museum der Fondazione Galetti in Domodossola bewahrt die Erinnerung an dieses Geschehen: Trümmer des Flugzeugs, Ausrüstungsgegenstände und Kleidung des Piloten (mit Blutspuren!), Zeitungsausschnitte, alte Fotografien von Start und Landung – für den Besucher, der sich über die Archäologie des Toce-Tales informieren will, ein unverhoffter Sprung ins 20. Jahrhundert, in die Archäologie der Luftfahrt. Der alte, etwas heruntergekommene Palast mit dem großen Treppenaufgang, den hohen, dunklen Räumen, den verblichenen Vorhängen bildet dafür einen eigenartigen Rahmen und verstärkt die Unmittelbarkeit des Miterlebens, die stolze Traurigkeit über das Schicksal des jungen Piloten aus dem fernen Land. Auch in Peru ist die Erinnerung an diese wagemutige Tat noch lebendig. Als vor einigen Jahren der italienische Staatspräsident dort einen Besuch abstattete, waren es einige Gegenstände aus dem Museum in Domodossola, die er als wertvolle Gastgeschenke überreichte. Und wer auf einer Alpenreise durch Domodossola fährt – abgelegen genug ist es im heutigen Verkehrsnetz –, der sollte sich eine Stunde Zeit nehmen und von einer Stimmung einfangen lassen, die etwas von der rasenden Schnelligkeit des technischen Fortschritts unserer Zeit zum Bewußtsein bringt. Zwischen jenem 23. September 1910 und den Düsenriesen, die heute in mehreren tausend Meter Höhe die Alpen in Minutenschnelle überqueren, liegen ganze 70 Jahre.

Der technische Fortschritt war allerdings nicht überall gern gesehen. Als das Automobil just zur selben Zeit die Alpen zu erobern begann, traf der Kanton Graubünden am 11. Mai 1911 eine bemerkenswerte Entscheidung: er verbot auf seinem Gebiet den Betrieb dieser rasenden, krachenden und Staub aufwirbelnden Unge-

heuer, die Fußgänger gefährdeten, Pferde scheu machten und Hühner überfuhren. Nach 12 Jahren waren die Bündner jedoch dahintergekommen, daß sie mit diesem Verbot beträchtliche wirtschaftliche Nachteile in Kauf nehmen mußten, weil der wachsende Verkehr auf die benachbarten Kantone und Länder auswich. Dennoch stimmte nur eine Mehrheit von 11 422 gegen 9066 Stimmen am 24. Juni 1923 für die Öffnung einiger Straßen auf Probe. Es waren die Hauptdurchgangsrouten, und der Autofahrer mußte dafür einen Wegzoll errichten. Als die Folgen offensichtlich doch nicht so schwerwiegend waren, wie die Bündner befürchtet hatten, wurde im Juni 1925 auch diese Einschränkung aufgehoben. Das Automobil hatte endgültig gesiegt.

Aber auch nicht überall; denn wo es die Umstände erfordern, greift der Mensch auf das zurück, was ihm von Anfang an zur Verfügung stand, auf seine eigene Kraft. Im August 1976 wurde auf dem Monte-Moro-Paß (2868 m), der vom italienischen Anzasca-Tal hinüber ins schweizerische Saas-Fee führt, ein Gedenkstein für Schmuggler eingeweiht, die Opfer ihres gefährlichen Berufes geworden waren; als Stifter trat ein etwas mysteriöses „Komitee aus dem Anzasca-Tal" auf. Über den Paß verlief ein beliebter Schmugglerpfad, über den, als es sich noch rentierte, Tonnen von Zigaretten nach Italien transportiert worden waren (heute schmuggelt man nach Italien Wegwerf-Feuerzeuge, die hoch besteuert sind!). Dabei kam es immer wieder vor, daß mit 30 bis 40 kg Zigaretten beladene illegale Grenzgänger abstürzten oder von Lawinen verschüttet wurden. Bei der Denkmalseinweihung lasen drei Pfarrer aus dem Anzasca-Tal eine Messe für die Toten.[120]

Wir Heutigen, die wir in unseren Blechkästen oder im geheizten Zugabteil die Alpen überqueren, vergessen allzu leicht, daß das Gebirge auch heute noch nicht vollständig von den Verkehrsstrategen und Autobahnplanern beherrscht wird. Wenn die Brennerbahn durch Lawinen für drei Tage gesperrt ist, bedeutet dies einen in Riesenzahlen ausdrückbaren Verlust für die Wirtschaft beiderseits der Alpen. Und niemand erinnert sich mehr daran, mit wie viel größeren Schwierigkeiten der Reisende, der Händler, der Säumer, der Krieger, der Pilger noch vor 150 Jahren zu kämpfen hatten.

Detail von der rechts abgebildeten Bronzekanne.

150   Eleganz der Form und meisterliche Beherrschung aller Techniken des Bronzehandwerks vereinen
sich in der Bronzekanne vom Dürrnberg über Hallein
(Land Salzburg). Ihr Körper ist aus einem einzigen Stück
Blech ohne Vernietung oder erkennbare Verschweißung
getrieben, die plastische Verzierung mit Hilfe von Modeln. Nur der Boden ist getrennt eingesetzt. Schwer zu
ergründende religiöse Vorstellungen kommen in dem Figurenschmuck des gegossenen und angenieteten Henkels
zum Ausdruck. Er endet unten in einem menschlichen
Kopf, umgeben von Ranken, oben in einem Ungeheuer,
das einen Menschenkopf im Maul trägt. Auf dem Mün-
dungsrand stehen zwei langschwänzige Fabeltiere, die gerade ein anderes Tier verschlingen, ein letztlich orientali-
sches Motiv. Nichts spricht dagegen, daß dieses Prunkstück auch auf dem Dürrnberg hergestellt wurde.
400–350 v. Chr. Höhe 45,8 cm. Museum Carolino Augusteum Salzburg.

VII. Die Lebensgrundlagen – Wirtschaft, Bergbau, Handwerk

Wenig Angst vor großen Tieren
Getreide, Vieh und Tongefäße
Reichtum aus der Erde
Gießer, Schmiede, Drechsler und Glasmacher
Salz – das weiße Gold
Das liebe Geld
Delikatessen in Luxusgeschirr,
Brei in Steintöpfen
Arme Bauern, volle Schatzkammern

**Wenig Angst
vor großen Tieren**

Der Mensch, biologisch gesehen ein Allesfresser, nährt sich von Pflanzen und Tieren. Schon an den allerältesten Fundstellen des Alpengebietes haben die Archäologen Tierknochen ausgegraben, die Reste und Abfälle der Mahlzeiten. Darunter sind alle jagdbaren Tiere der Umgebung und des jeweiligen Klimas vertreten. Das größte Jagdtier war der Elefant, der damals noch an den Gestaden des Mittelmeeres lebte. Er lieferte so viel Fleisch, daß eine ganze Sippe etliche Tage davon satt wurde. Da eine Konservierung des Vorrates nicht möglich war und das Fleisch sich selbst an einem kühlen Ort nur wenige Tage hielt, stopften sich alle die Bäuche voll, bis sie nicht mehr konnten; denn niemand wußte im voraus, wann es wieder so ein Fest geben würde. Oft mußten Muscheln, Beeren, Pilze und Honig als Nahrung genügen, wenn nicht kleinere Tiere erlegt werden konnten.

Die Jäger traten den Großtieren wohl kaum gegenüber, sondern trieben oder lockten sie in Fallgruben und an steile Felswände, wo sie dann abstürzten und gefahrlos zu töten waren. Einfache Holzspeere und Hiebe mit scharfkantigen Steinen reichten dafür aus. Wichtig waren die Steinwerkzeuge vor allem für das Zerlegen der Tiere, das Abschaben der Innenseite des Fells, das Zerschlagen der Knochen zur Markgewinnung. Hierfür waren Schneidekanten und besondere Formen erforderlich, die durch kunstvolles Zuschlagen der Steine erzielt wurden (Abb. 10). Am leichtesten ging dies bei frisch gewonnenem Feuerstein. Wo dieser aus geologischen Gründen nicht zur Verfügung stand (die Knollen finden sich nur in Kalk oder Kreide eingelagert), mußte weniger gut bearbeitbares Material herhalten.

Gegen Ende der Älteren Steinzeit, als die letzte Eiszeit vorüber war, hatten die Jagdmethoden schon einen hohen Stand an Perfektion erreicht. Es gab jetzt Speere mit Stein- und Knochenspitzen, Pfeil und Bogen sowie Harpunen für den Fischfang.[1] Schlingen und Leimruten darf man ebenfalls annehmen, auch wenn sie sich archäologisch nicht nachweisen lassen. Nach den bildlichen Darstellungen dieser Zeit gehörten Wildpferd (Abb. 93), Urrind und Ren zu den begehrten Jagdtieren. In den Zentralalpen zogen Jäger im kurzen Sommer bis über 2000 m hinauf, um besonders gesuchten Wildarten zu folgen.[2] Wo die Menschen sich längere Zeit aufhielten, hinterließen sie auch Werkzeuge zur Fellbearbeitung und zum Nähen, zum Bäumefällen und Entrinden.

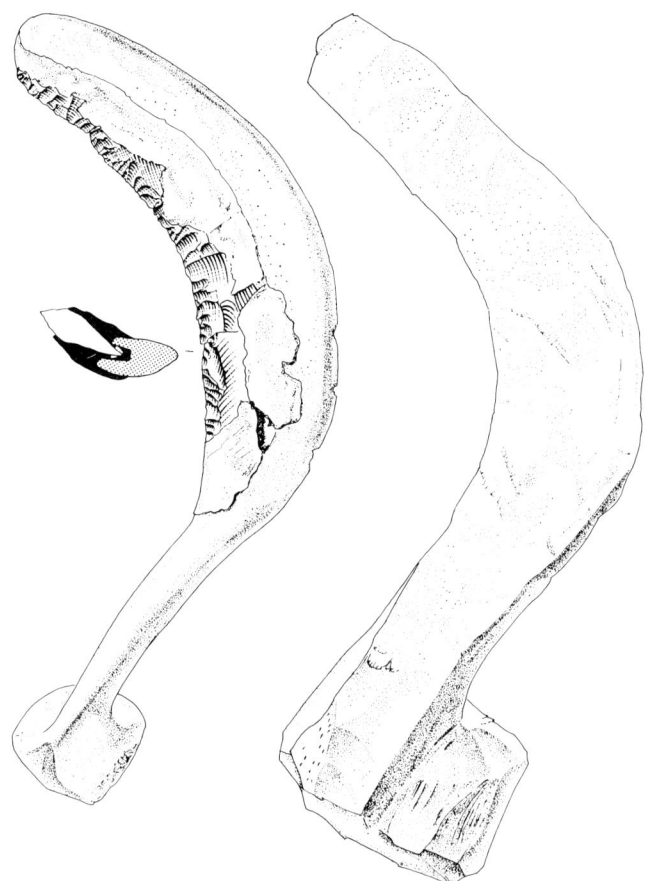

151   Mit dem Getreideanbau ist die Sichel untrennbar verbunden. Vor der Erfindung der Bronzesicheln, einer Errungenschaft des 16. Jahrhunderts v. Chr., die nur zögernd im landwirtschaftlich rückständigen Alpenraum Eingang fand, taten kleine Feuersteinklingen, mit Birkenteer in eine Holzfassung eingeklebt, ebenso gut ihren Dienst. Mit ihnen schnitt man das Getreide dicht unter den Ähren ab. Dadurch erhielten die Klingen bei längerem Gebrauch einen „Sichelglanz", an dem viele Feuersteine gut zu erkennen sind, die als Sicheleinsätze verwendet wurden. Zwei Funde aus den „Pfahlbauten" von Fiavè (Provinz Trento) geben Aufschluß über das zeitlose Aussehen solcher Sicheln und ihre Konstruktion. Rechts ein grob zugeschnitztes Rohstück für die Holzfassung, links eine fertige Sichel mit den eingesetzten Klingen. 2. Jahrtausend v. Chr. Länge des Rohstückes 34 cm. Museo di scienze naturali Trento.

Getreide, Vieh und Tongefäße

Viele Jahrzehnte lang definierten die Archäologen die Jüngere Steinzeit durch das gemeinsame Auftreten von Ackerbau und Viehzucht sowie der ersten Tongefäße. Seit einiger Zeit deuten jedoch immer mehr Beobachtungen darauf hin, daß nicht nur im Nahen Osten,

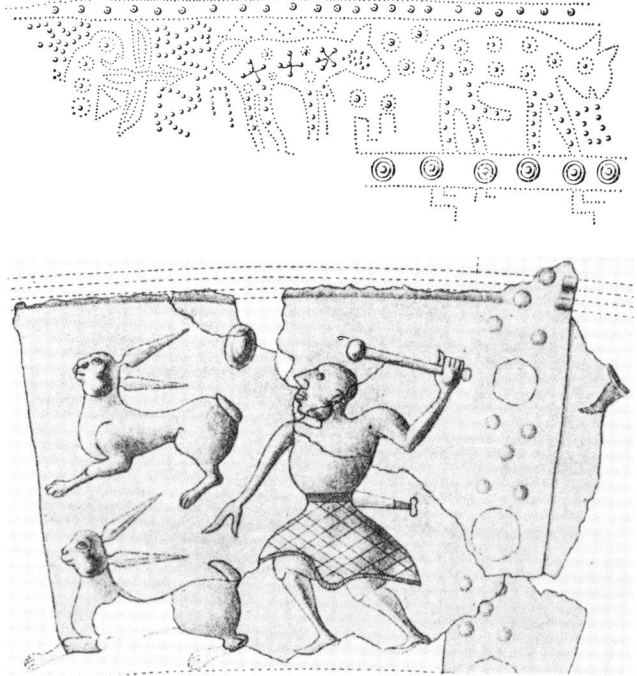

152   Obwohl auf den bildlichen Darstellungen aller Zeiten Jagdszenen häufiger vertreten sind als solche aus der Landwirtschaft, beweist die Analyse der Tierknochen aus den Siedlungen, daß seit der Jüngeren Steinzeit die Jagd für die Ernährung kaum mehr eine Rolle spielte. Schon damals entwickelte sich also die Jagd immer mehr zum sportlichen Vergnügen solcher Menschen, die sich aufgrund ihrer sozialen Stellung die Zeit dafür nehmen konnten. Gewisse Tiere scheinen auch für religiöse Zeremonien wichtig gewesen zu sein. Beides erklärt die Häufigkeit der Jagdszenen auf den Werken der „Situlenkunst" des 6. und 5. Jahrhunderts. Vor allem die Bronzegefäße standen bei offiziellen Anlässen im Mittelpunkt des Interesses, denn sie enthielten entweder alkoholische Getränke oder eine kräftige Fleischsuppe.

sondern auch in Mitteleuropa und im Alpenraum selbst mit einem Nacheinander dieser Kulturmerkmale zu rechnen ist. So haben botanisch-archäologische Untersuchungen im süddeutschen Alpenvorland und im Gebirgsinneren ergeben, daß die ersten Getreidepollen (von den Wildformen durch ihre Größe zu unterscheiden) und charakteristische Unkräuter von Getreidefeldern schon in der ersten Hälfte des 5. Jahrtausends v. Chr. auftauchen, also etliche Jahrhunderte vor den ältesten datierten Wohnplätzen mit Tongefäßen.[3] Die Kenntnis des Getreideanbaus und der Züchtung ertragreicher Sorten hat sich vom Vorderen Orient nach Nordwesten ausgebreitet. Nachgewiesen sind vor allem das urtümliche Einkorn und Hirse, Zwergweizen und Gerste. Ackerbau, auch in primitiver Form, erfordert eine gewisse Seßhaftigkeit der Menschen, und diese wiederum ermöglicht und fördert die Domestizierung von Tieren.

Wann in Mitteleuropa die Tierhaltung und Viehzucht im Vergleich zum Getreideanbau einsetzte, ist nicht genau zu sagen, weil die unterschiedlichen Fundbedingungen eine Verknüpfung der Einzelergebnisse sehr erschweren. Während die Getreidepollen sich fast nur in Mooren erhalten und durch naturwissenschaftliche Schichtbeobachtungen datiert werden, stammen die Tierknochen aus Wohnplätzen, deren zeitliche Einordnung auf dem Geräte- und Tongefäßinventar beruht. Die wirtschaftliche Bedeutung der Tierhaltung liegt auf der Hand. Der Mensch war nicht mehr darauf angewiesen, durch die Jagd mit all ihren Unwägbarkeiten seinen Eiweißbedarf zu decken, sondern das Vieh stand ihm als „lebende Konserve" stets zur Verfügung, ganz abgesehen von der Milch, die Schaf, Ziege und Kuh lieferten. Als weitere Tiere hielt man Schweine und Hunde, letztere nicht nur als treue Gefährten und Hüter des Viehs, sondern auch als Fleischlieferanten. Sobald die Tierhaltung eingeführt war, trat die Jagd fast völlig in den Hintergrund; der Prozentsatz von Wildtierknochen in den Siedlungen ab der Jüngeren Steinzeit übersteigt nur selten 10%. Um so mehr fällt eine leider nur unvollkommen ausgegrabene Seeufersiedlung von Polling bei Weilheim (Oberbayern) auf, die ein Verhältnis von etwa 86% Wildtieren zu 14% Haustieren ergab (berechnet nach der Mindestindividuenzahl), obwohl sie an das Ende der Jüngeren Steinzeit zu datieren ist.[4] In Verbindung mit anderen Beobachtungen und dem umfangreichen Steingeräteinventar könnte man daran denken, daß die dort (nur saisonweise?) lebenden Menschen auf die Gerberei spezialisiert waren und deswegen dem zu dieser Zeit üblichen Kulturmuster nicht entsprechen. Sie tauschten ihre Produkte gegen diejenigen benachbarter Ansiedlungen ein und waren dadurch von anderen Tätigkeiten, etwa dem Ackerbau, entlastet.

Einen guten Überblick über eine der Wirtschaftsweisen im Alpenraum vermittelt die vorläufige Analyse der Tier- und Pflanzenfunde aus der bronzezeitlichen Siedlung von Fiavè oberhalb des Gardasees (S. 92 ff.).[5] Sie lag in einem kleinen Becken mit einem See und größeren Moorflächen, umgeben von hohen, steilen Bergen. Durch Ackerbau und Viehhaltung deckten die dort wohnenden Menschen ihren Bedarf an Lebensmitteln selbst. Hauptgetreide war der Emmer, der sich besonders gut für diese Lage eignete. Daneben wurden Weizen und Hülsenfrüchte angebaut, vielleicht schon im Fruchtwechsel und wohl überwiegend zur Viehfütterung im Winter. Dazu nahm man ferner das Heu von den Moorwiesen, die auch im Frühjahr schon bald nutzbar waren. Im Sommer wurde das Vieh auf die Weide in die Berge getrieben, die Rinder nicht weit weg, die Schafe und Ziegen in größere Höhen. Schaf und Ziege stellen mit 51,9% der bestimmbaren Tierknochen das Hauptkontingent, wohl etwa im Verhältnis von 3 : 1 bis 4 : 1 (ihre Knochen sind nur selten sicher zu unterscheiden). Gut die Hälfte von ihnen wurde im ersten oder zweiten Lebensjahr geschlachtet, vor allem die männlichen Tiere, die für die Zucht nur in geringer Zahl erforderlich waren. Die Rinder stellen 23,5% der Knochen. Fast ein Fünftel wurde geschlachtet, bevor das Kalb ein halbes Jahr alt war. Dies deutet auf eine gezielte Dezimierung vor dem Winter mit seinen Futterschwierigkeiten. Das Schwein fällt mit 6,5% kaum ins Gewicht; Klima und Umwelt (überwiegend Nadelbäume) waren ihm wohl nicht günstig. Nur ein Viertel von ihnen wurde älter als zwei Jahre. Hirsch, Gemse und andere Wildtiere sind nur durch ganz wenige Knochen vertreten, ebenso Fische und Vögel. Der Speisezettel der Hirten und Bauern von Fiavè war also, was die tierische Nahrung betraf, ganz einseitig auf das Fleisch der Haustiere ausgerichtet und gewiß ergänzt durch Milch und Käse. Wegen seiner Größe und des höheren Gewichts war dabei das Rind eindeutig das wichtigste Wirtschaftstier. Der Ackerbau scheint eine untergeordnete Rolle gespielt zu haben und diente wohl überwiegend zur Beschaffung von Winterfutter für das Vieh; die maximale Anbaufläche in dem Becken wird auf 17,5% des überhaupt nutzbaren Bodens um die Siedlung geschätzt.

Der Nachweis einer regelrechten Almwirtschaft[6] ist nur indirekt zu führen.[7] Im Alpengebiet gibt es ab der Jüngeren Steinzeit vereinzelte, ab der Bronzezeit zahlreiche Opferfunde an hochgelegenen Plätzen (S. 184). Zum Teil kamen sie an Paßwegen zutage, sind also kein Indiz für länger andauernde Anwesenheit. Andere Funde wiederum entsprechen nach Höhenlage und Umgebung so sehr den Bedingungen für die Almwirtschaft neuerer Zeit, daß an einer Verknüpfung kaum zu zweifeln ist:[8] es sind Opfer von Hirten und Sennen, den Berg-, Wetter- oder Fruchtbarkeitsgöttern dargebracht.[9] Periodisch aufgesuchte Siedlungsstellen der Bronzezeit in Höhlen oder unter Felsdächern sind in diesen Höhenlagen vor allem aus dem Simmental (Kanton Bern) bekannt, entdeckt auf der gezielten Suche nach Funden der Altsteinzeit.[10] Sie lieferten sogar, ganz im Gegensatz zu den ausgesprochen fundarmen Almhütten des Mittelalters,[11] Tongefäßscherben. Zugehörige Ställe oder Pferche für das Vieh sind anscheinend nicht identifiziert worden, doch wurden verfallene Mauern durch die Jahrhunderte immer wieder demoliert, solange im näheren Umkreis Almwirtschaft herrschte. Die sommerliche Viehhaltung auf Almen vergrößerte das nutzbare Land einer Siedlungsgemeinschaft ohne schwere Rodungsarbeit; denn oft stehen schon unterhalb der generellen Baumgrenze größere Freiflächen zur Verfügung. In der Bronzezeit waren die klimatischen Bedingungen durch Wärme und Trockenheit besonders günstig, und die Unzahl der Höhenfunde aus dieser Periode bestätigt dies. Ob sich die Klimaverschlechterung um das 8. und 7. Jahrhundert v. Chr.[12] negativ auf die Almwirtschaft auswirkte, ist rein archäologisch nicht zu beurteilen. Denn die Tatsache, daß die Höhenfunde genau zu dieser Zeit fast völlig aussetzen und erst wieder in den letzten beiden Jahrhunderten v. Chr. häufiger werden, ist nicht als Argument geeignet: die Opfer in den Flüssen und Seen der Ebene zeigen genau dieselbe Tendenz.[13] Hier liegt also in erster Linie ein Wandel im religiösen Verhalten vor.[14] Legt man einen außerordentlich strengen Maßstab an, reichen die genannten Indizien nicht für einen unumstößlichen Nachweis der vormittelalterlichen Almwirtschaft aus.[15] Weil jedoch alle anderen Erklärungsmöglichkeiten noch weniger befriedigen – ohne dies hier im einzelnen durchzudiskutieren –, sei die Vermutung aufrechterhalten, daß es zumindest seit der frühen Bronzezeit, als der Mensch Nahrungs- und Erwerbsquellen im Gebirge extensiv zu nutzen begann, auch eine Art Almwirtschaft gegeben hat.

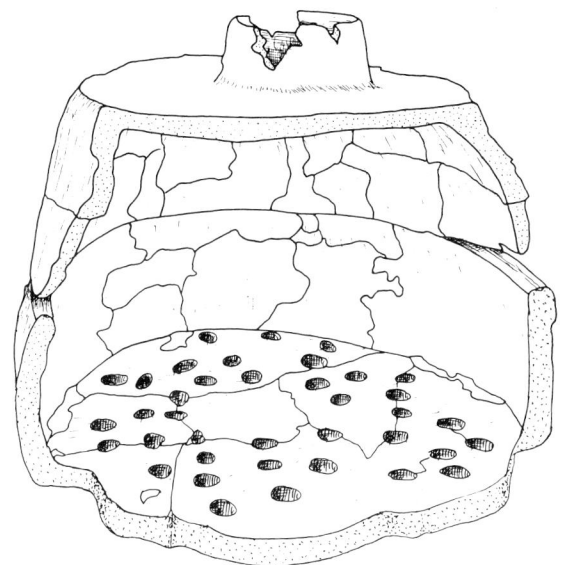

153 Rekonstruktion eines spätbronzezeitlichen Töpferofens aus Sévrier (Dép. Haute-Savoie). Unter der durchlochten Bodenplatte befand sich die Feuerkammer, von der aus die Hitze nach oben stieg. Die Zweiteiligkeit der Brennkammer ermöglichte ein bequemes Beschicken mit Tongefäßen und zeugt von einem schon hoch entwickelten Töpfergewerbe. Frühes 1. Jahrtausend v. Chr. Höhe etwa 60 cm.

Die wirtschaftliche Selbständigkeit kleiner Gemeinschaften hatte da ihre Grenzen, wo sie auf Rohmaterialien fremder Herkunft angewiesen waren, etwa auf Metall. Alle anderen Gegenstände des täglichen Bedarfs entstanden normalerweise am Ort oder wenigstens innerhalb einer kleinen Talschaft,[16] vor allem die Unmenge von Tongefäßen, die im Laufe der Jahre gebraucht wurden und immer wieder zerbrachen. Die Töpfer waren wohl noch keine spezialisierten Handwerker, sondern nur besonders dafür begabte Frauen (und auch Männer?), die vielleicht teilweise von der Feldarbeit oder dem Viehhüten freigestellt waren.[17] Sie bauten die Gefäße aus Tonwülsten auf und brannten sie in sinnvoll konstruierten Öfen.[18] Geeigneten Ton gab es sicher in der Nähe; er wurde gereinigt und in einer Grube geschlämmt, dann mit Sand, Grus oder sonst verfügbarem Material gemagert, damit die Gefäße beim Trocknen nicht rissen oder

sich verzogen. Hoch entwickelt war auch das Holzhandwerk.[19] Man besaß genaue Kenntnisse über die Eigenschaften der verschiedenen Holzarten und suchte sie für den entsprechenden Zweck aus: für Axtstiele und Holzhämmer, Sicheln und Quirle, Schalen und Schöpflöffel. Man berücksichtigte „mit der Auswahl bestimmter Arten das Raumgewicht, die Druck-, Knick- und Biegefestigkeit, die Schwindungseigenschaften und die Verwitterungsresistenz. Zur Herstellung von Artefakten wurden hauptsächlich die häufigsten Hartholzarten wie Eiche, Esche, Buche, Ahorn, Kernobstgewächse und Eibe verwendet. Eschenholz zeichnet sich durch hohe Schlagbiegefestigkeit, Kernobstholz durch gute Bearbeitungsfähigkeit der Oberflächen und Eibenholz durch die extrem gute Biegsamkeit aus".[20] Für die Bearbeitung des Holzes benötigte man brauchbare Werkzeuge; allein die Herrichtung der vielen hundert Pfähle und Stangen für die Häuser und Substruktionen von Fiavè (Abb. 2 und 39) erforderte eine Riesenarbeit und immer neu geschärfte Werkzeuge. Gewiß genügten in der Steinzeit die durchaus nicht primitiven Steingeräte, doch brachte erst die Kenntnis des Kupfers und seiner Verarbeitung den entscheidenden technischen Fortschritt.

Reichtum aus der Erde

Als der Sachse Georg Bauer, der sich nach humanistischer Manier Georg Agricola nannte, im Jahre 1556 sein umfassendes Werk *„De re metallica libri XII"* (ein Jahr später in deutscher Übersetzung unter dem Titel „Vom Bergkwerck" erschienen) veröffentlichte, war noch gänzlich unbekannt, daß einst der Mensch mit Stein- und Holzgeräten hantiert hatte und damit einen Ausgleich zwischen der Umwelt und seinen eignen Bedürfnissen schaffen konnte. Daher war für Agricola das wahrhaft menschliche Leben vor der Entdeckung und Verwertung des Metalls undenkbar:[21]

„Wenn die Metalle aus dem Gebrauche der Menschen verschwinden, so wird damit jede Möglichkeit genommen, sowohl die Gesundheit zu schützen und zu erhalten als auch ein unserer Kultur entsprechendes Leben zu führen. Denn wenn die Metalle nicht wären, so würden die Menschen das abscheulichste und elendeste Leben unter wilden Tieren führen; sie würden zu den Eicheln und dem Waldobst zurückkehren, würden Kräuter und Wurzeln herausziehen und essen, würden mit den Nägeln Höhlen graben, in denen sie nachts lägen, würden tagsüber in den Wäldern und Feldern nach der Sitte

154   Zeichnerische Rekonstruktion des bronzezeitlichen Bergbaus von Mitterberg (Land Salzburg) nach den Ausgrabungsergebnissen und Beobachtungen der Jahre um 1900. Neueste Forschungen haben zwar gewisse Änderungen ergeben und weitere Methoden des Abbaus wahrscheinlich gemacht, aber in ihrer Anschaulichkeit ist die Skizze von J. Pirchl unerreicht.

der wilden Tiere umherschweifen. Da solches der Vernunft des Menschen, der schönsten und besten Mitgift der Natur, gänzlich unwürdig ist, wird da überhaupt jemand so töricht oder hartnäckig sein, nicht zuzugeben, daß zur Nahrung und Kleidung die Metalle notwendig

sind und daß sie dazu dienen, das menschliche Leben zu erhalten?"

Den Menschen am Übergang von der Stein- zur Bronzezeit war alles sicherlich viel weniger dramatisch erschienen. Erst im Laufe von Jahrzehnten, ja Jahrhunderten setzte sich der neue Werkstoff durch, die Erfahrungen kumulierten sich nur langsam. Damals lebten nicht viele Menschen im Alpenraum, und die oftmals nur kurze Lebensspanne erschwerte das Sammeln und Weitergeben von Erfahrungen und Kenntnissen.[22]

Am Anfang standen wagemutige Männer, die auf dem Balkan Kenntnisse in der Kupferverhüttung erworben hatten und in Mitteleuropa nach verwertbaren Erzen suchten.[23] Sie wußten, daß diese nur im Gebirge zu erwarten waren und unternahmen Streifzüge in die Berge nahe dem Alpenrand. In der Grauwackenzone, die von Salzburg bis hinein nach Nordtirol streicht, wurden sie fündig. Hier ist Kupfer in schmalen Gängen, ehemaligen tektonisch bedingten Spalten, vorhanden, und zwar in Form von schwefelhaltigem Kupferkies.[24] Wo die Gänge an die Oberfläche treten, sind sie teils als schwache Buckel in den Hängen zu erkennen (weil sie aus härterem Gestein als die Umgebung bestehen), teils verraten sie sich durch einen etwas anderen Pflanzenbewuchs (infolge des leichten Schwefelgehaltes). Am besten erforscht ist der urzeitliche Kupferbergbau im Revier des Mitterberges oberhalb Mühlbach westlich Bischofshofen.[25] Schon im 19. Jahrhundert stießen die modernen Bergleute auf Spuren der alten Stollen und Abbauräume, und die Salzburger Urgeschichtsforscher interessierten sich von Anfang an für die Probleme des alten Bergbaus. Georg Kyrle und Olivier Klose lieferten die erste brauchbare Zusammenfassung[26] als Grundlage für die intensiven Arbeiten von Karl Zschocke und Ernst Preuschen;[27] in den letzten Jahren untersuchte Clemens Eibner dort das Aufbereitungsgelände über Tage.[28] Heute kann nur der kundige Besucher noch erkennen, wo der frühe Bergbau in die Tiefe ging, wo Abraumhalden und eingesunkene Stollenmundlöcher vorhanden sind. Sie konzentrieren sich am „Mitterberger Hauptgang", der etwa vom Arthur-Haus (1502 m) zwischen den eindrucksvollen Felswänden des Hochkönigs (2941 m) und dem Nordhang des Hochkeils (1783 m) nach Osten streicht. Wer heute an einem sonnigen Sommertag das mautpflichtige Sträßchen zum Arthur-Haus hinauffährt und oben eine kleine Wanderung unternimmt, genießt zwar die Schönheit der Landschaft, kann sich jedoch nur schwer vorstellen, welche Mühen und Risiken die alten Bergleute dort auf sich genommen haben.

Der Bergbau am Mitterberg setzte schon in der frühen Bronzezeit ein, erlebte seine Blüte in der späten

155   Depotfund von 250 Ringbarren und 62 Bruchstücken mit einem Gesamtgewicht von 56,3 kg, entdeckt 1970 an einem Steilhang bei Piding-Mauthausen nahe Reichenhall (Oberbayern). In dieser und ähnlicher Form wurde Kupfer, seltener auch Bronze verhandelt und als primitives Geld verwendet. 18.–17. Jahrhundert v. Chr. Durchmesser der Barren um 14 cm. Städtisches Museum Reichenhall.

Bronzezeit und scheint ab der frühen Eisenzeit kaum mehr betrieben worden zu sein. Der Archäologe liest diese gut 1000 Jahre während Zeitspanne an den Funden aus den Stollen, den Aufbereitungsplätzen und den dazugehörigen Siedlungen ab. Der Abbau erfolgte durch Stollen, mit denen die Bergleute den kupferhaltigen Gängen in die Tiefe folgten. Wo diese durch Verwerfungen unterbrochen oder verschoben waren, suchten die erfahrenen Männer mit schmalen Querstollen nach dem Anschluß. Als Hauwerkzeuge dienten Bronzepickel und Steinschlegel mit Holzkeilen, aber sie traten erst in Aktion, wenn das Gestein durch Feuer und Abschrecken mit Wasser mürbe gemacht worden war (vgl. die Methode Hannibals beim Wegebau: S. 234). Die Kupfererzgänge

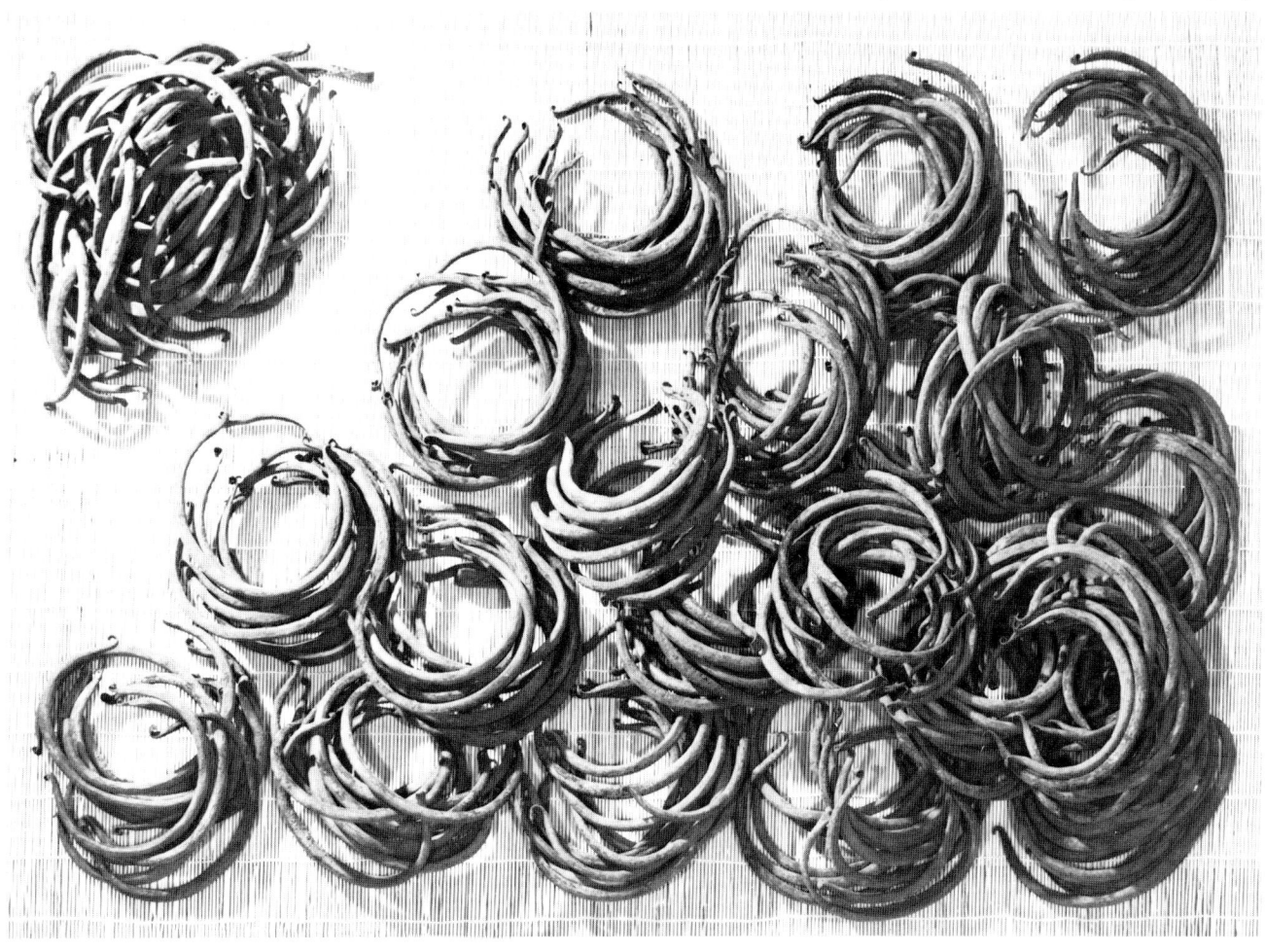

156   Zu einem kleinen Depotfund in einem spätbronzezeitlichen Haus bei Cunter/Caschligns (Graubünden) gehört als Rarität eine bronzene Gußform aus zwei Teilen und eine Axt, die darin gegossen worden sein kann. Dazwischen liegt – modern ausgegossen – der Rohling, der durch Aushämmern seine endgültige Gestalt erhält. 13. Jahrhundert v. Chr. Länge der Gußform 23,8 cm. Rätisches Museum Chur.

erreichten oft eine Höhe von vielen Metern, so daß der Bergmann hohe Stollen oder große Räume anlegen mußte. Dann errichteten Zimmerleute Bühnen aus Holzbalken, auf denen die Feuer zur Erhitzung des Gesteins an der Decke brannten. Die neuesten Forschungen haben ferner bestätigt, daß es auch einen Abbau ohne Feuersetzen gegeben hat, wenn das Gestein schiefrig, also allein durch Hauen zu bearbeiten war oder wenn die Stollenführung Luftzufuhr und Rauchabzug nicht ausreichend gewährleistete. Die Stollen wurden, wo es nötig war, mit Holzbalken verzimmert oder wenigstens abgestützt, Steigbäume mit eingehauenen Trittkerben halfen besonders steile Strecken zu überwinden. Die tiefsten Zeugnisse urzeitlichen Bergbaus fanden sich etwa 100 m unter der heutigen Oberfläche – ein Beweis für das Können und die Unerschrockenheit der Bergleute.

157   Die Innenseite der runden Bronzeflasche vom Dürrnberg über Hallein (Land Salzburg) (Abb. 18) zeigt noch deutlich außer den Spuren des Treibhammers auch mit dem Zirkel vorgeritzte Linien. Sie dienten als Orientierungshilfe für eine gleichmäßige Wölbung und die getriebenen konzentrischen Rippen. 400–350 v. Chr. Etwa natürliche Größe. Keltenmuseum Hallein.

Was die Träger aus den Stollen herausbeförderten, war jedoch kein gediegenes Kupfer, sondern das Erz war innig mit dem umgebenden Gestein verwachsen. Daher erforderte die weitere Aufbereitung einen großen Aufwand.[29] Das Gestein mußte mit schweren Steinschlegeln bis auf Nußgröße, teilweise bis auf Stecknadelkopfgröße zerkleinert werden, damit die Erzpartikel ausgelesen werden konnten. Um auch das letzte Körnchen Kupfer zu gewinnen, zerrieb man in besonderen Fällen das Gestein auf schweren Handmühlen mit künstlich gerauhter Oberfläche. Den mehlfeinen Staub schwemmte man dann durch Holzkästen, in denen die Kupferkörner rascher zu Boden sanken als der Sand und sich in dort ausgelegten Tüchern oder Fellen fingen – ein Verfahren, das bei der Goldgewinnung aus Flüssen zu allen Zeiten üblich war.

Die Weiterverarbeitung des Erzkonzentrats erfolgte unten im Tal, wo die klimatischen Bedingungen günstiger waren und genügend Holz zur Verfügung stand. Zunächst wurde das Erz mit den noch anhaftenden Gesteinspartikeln mit Holzkohle vermischt und durchgeglüht, um die störenden Schwefelanteile zu entfernen. Danach kam es in die eigentlichen Schmelzöfen, die in ihrer primitiven Form nur aus einer Grube bestanden, in die das geröstete Erz und Holzkohle geschichtet wurden. Wichtig war allerdings eine kräftige Luftzufuhr, um eine ausreichend hohe Temperatur zu erzielen (Kupfer schmilzt bei etwa 1083° C). Wo die natürlichen Aufwinde an einem Hang nicht genügten, waren Blasebälge aus Tierhäuten erforderlich. Bei diesem einfachen Verfahren, das durch die Beifügung bestimmter Mineralien, die die Fließfähigkeit steigerten, verbessert werden konnte, sammelte sich das ausgeschmolzene Metall am Boden der Grube, während die übrigen Beimengungen (vor allem das damals nicht verwertbare Eisen in Form von Schlacke und die Gesteinsreste) sich wegen ihres geringeren spezifischen Gewichts darüber ablagerten. Es waren wohl mehrere dieser Schmelzprozesse nötig, um Kupfer in halbwegs reinem Zustand zu gewinnen; insbesondere die Beseitigung der am Mitterberg vorhandenen Eisenanteile scheint Schwierigkeiten bereitet zu haben. Das erste Produkt waren die „Gußkuchen" in fladen- oder brotlaibförmiger Gestalt, wie sie im Grubenofen entstanden. Sie wogen ein bis mehrere Kilogramm und waren für weite Transportwege nicht sehr geeignet. So kam bald die Sitte auf, das Kupfer in handliche und genormte Formen zu gießen, sei es als Ringe oder schwach gebogene Stangen von rund 200 g, sei es als Beile mit einem Gewicht bis zu 3,7 kg (Abb. 169). Solche Gegenstände dienten in gewissem Sinne als „Geld".

Das Revier am Mitterberg war keineswegs das einzige im Alpenraum, das der frühe Mensch entdeckte und ausbeutete. Vielleicht war es tatsächlich das wichtigste, aber in jenen Zeiten, als der Transport von Gütern schwierig und teuer war, erschienen auch viele kleinere Kupfervorkommen abbauwürdig. Am besten erforscht sind die auf der Kelchalpe bei Kitzbühel,[30] die durch ihre Kerbhölzer berühmt wurden – kleine Holzstäbchen mit eingeritzten Zeichen,[31] die wohl als Eigentumsmarken zu deuten sind und bei Abrechnungen und Zuteilungen Verwendung fanden.[32] In Osttirol ist Kupferbergbau durch die abgelegenen Gräberfelder einer wohlhabenden Bevölkerung in Welzelach und Zedlach bis in die jüngere Eisenzeit belegt,[33] und auch in der Schweiz und in den Südalpen gibt es genügend Indizien für die Ausbeutung kleiner Kupfervorkommen.[34] Die naturwissenschaftliche Analyse der einzelnen Lagerstätten zur Herkunftsbestimmung des jeweiligen Rohkupfers ist trotz aller Bemühungen von Heinz Neuninger und Richard Pittioni noch nicht zu allseits befriedigenden Ergebnissen gelangt.[35] Es ist nämlich nicht hinreichend geklärt, wie weit der Handwerker durch gezieltes Zufügen kleiner Anteile anderen Erzes die Gieß- und Bearbeitbarkeit von Kupfer und Bronze verbessern konnte und wollte.[36]

Der Niedergang des Kupferbergbaus setzte mit dem Aufkommen des Eisens im 8. Jahrhundert v. Chr. ein. Zwar gibt es Eisenlager auch im Alpenraum, aber die Rasen- und Bohnerze der umliegenden Gebiete waren viel einfacher zu gewinnen, weil sie keinen Bergbau unter Tage erforderten.[37] So hat sich die Eisenverhüttung im Gebirge gewöhnlich auf die Ausbeutung kleiner Vorkommen für den lokalen Bedarf beschränkt. Wichtig waren allein die Erze der Ostalpen von der Steiermark über Kärnten bis nach Slowenien; ihnen verdankte dieses Gebiet seinen wirtschaftlichen und kulturellen Aufschwung in der Eisenzeit. Der Magdalensberg bei Klagenfurt, die Hauptstadt des norischen Königreichs, war schon im 2. Jahrhundert v. Chr. Ziel römischer Kaufleute, die dort das begehrte norische Eisen erwarben. Denn eine besondere Zusammensetzung der Lagerstätten und darauf aufbauende Versuche und Erfahrungen der dortigen Hüttenleute ermöglichten schon damals die Herstellung eines Eisens, das in seiner Qualität dem heutigen Stahl nur wenig nachstand.[38]

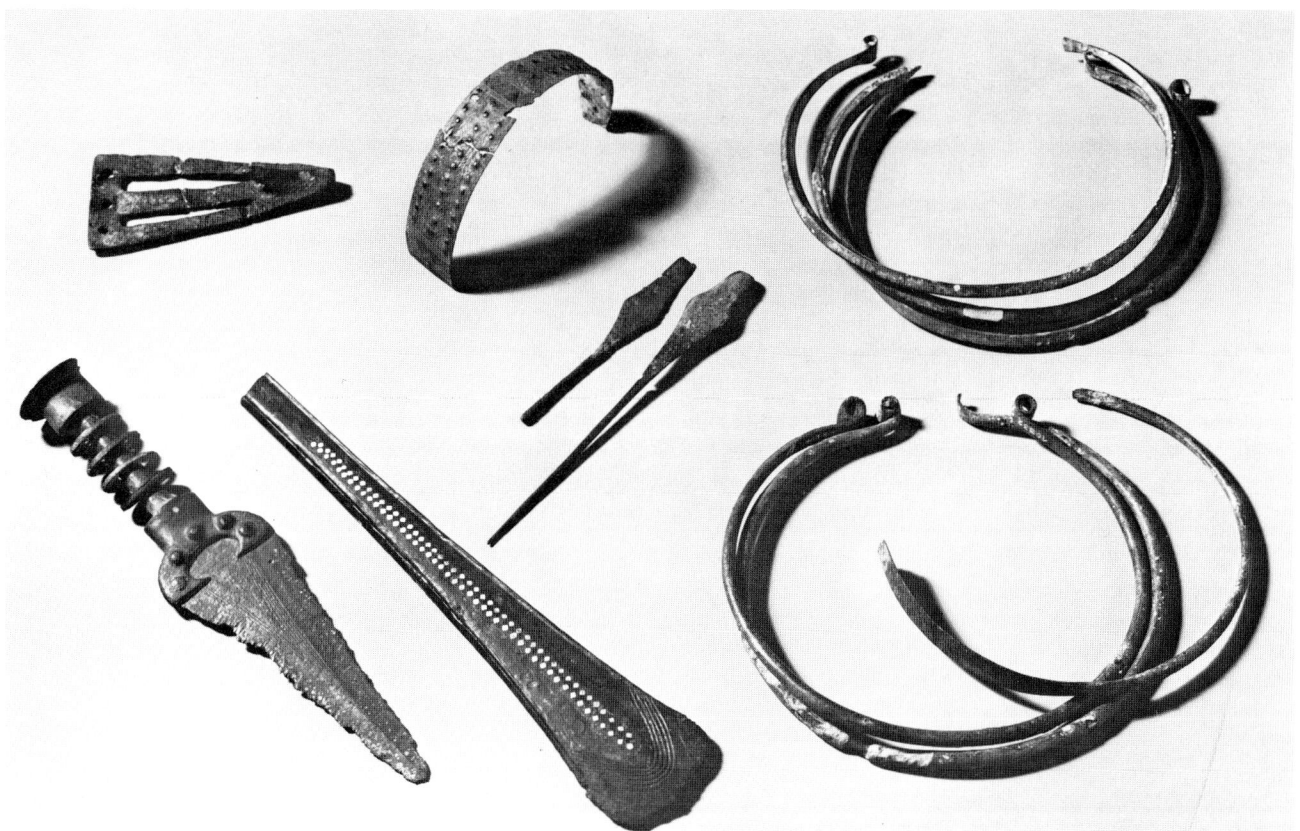

158   Schon die ersten Bronzehandwerker hatten vom Balkan die Technik der Tauschierung übernommen. Zu den Funden aus frühbronzezeitlichen Gräbern von Thun-Strättlingen (Kanton Bern) zählt ein langstieliges Beil, das auf besondere Weise verziert ist. In einem schmalen Kupferband, das in die Klinge eingelassen ist, sitzen viereckige Nägel aus Gold, die wegen ihres hohen Silbergehalts farblich von dem mehr rötlichen Kupfer abstechen. Ein solches Prunkbeil mit zweifelhaftem praktischem Wert stand nur einer hochgestellten Person zu. 17. Jahrhundert v. Chr. Länge des Beiles noch 13,8 cm. Historisches Museum Bern.

Von geringerer wirtschaftlicher Bedeutung waren die Bleivorkommen in Kärnten, die seit der späten Bronzezeit ausgebeutet wurden.[39] Blei benötigte man in vorrömischer Zeit nur für wenige handwerkliche Zwecke (etwa als Füllung der umgebogenen Ränder von Bronzeblecheimern[40] oder als Zuschlag für bestimmte Bronzelegierungen[41]) und als Material mit magischen Eigenschaften (S. 206f.).[42]

Der Silberbergbau spielte in vorrömischer Zeit keine Rolle, denn erst im Laufe der letzten drei Jahrhunderte v. Chr. tauchen Schmuckstücke aus Silber in nennenswerter Zahl auf. Den Römern bekannt waren die Vorkommen in Kärnten, die oft an andere Nichteisenmetalle (Blei, Zink, Kupfer) gebunden sind und dementsprechende Erfahrung bei der Verhüttung erfordern.[43] Auch in den Westalpen mögen kleine und leicht erreichbare Adern abbauwürdig gewesen sein,[44] doch scheint es, als hätten die berühmten spanischen Silberbergwerke schon vor dem 2. Jahrhundert v. Chr. die Kelten in Frankreich beliefert – und die Römer dann natürlich erst recht.

Goldbergbau ist auch für die wichtigen Lager um Rauris in den Tauern nicht anzunehmen, selbst nicht un-

159   Eiserne Gürtelschnalle aus Riaz (Kanton Fribourg), verziert in der Technik der Tauschierung. Dünne Silberfäden sind in eingeritzte Rillen eingehämmert und kontrastieren farblich mit dem Eisen. Das auffallende Kreuzmotiv bezeugt den Glauben des Kriegers, der diesen Gürtel trug, an die beschützende Wirkung dieses christlichen Heilszeichens. 6. Jahrhundert n. Chr. Länge 9,4 cm. Service archéologique cantonal Fribourg.

ter den Römern.[45] Viel leichter war Gold aus den Flüssen zu gewinnen,[46] und die Analysen der Goldfunde vom Dürrnberg bei Hallein haben gezeigt, daß hier mit Sicherheit kein mitteleuropäisches Berggold verwendet wurde, sondern bestenfalls in beschränktem Umfange Waschgold aus der Salzach, das diese aus den inneralpinen Regionen mit sich führt.[47] Strabon[48] überliefert die Nachricht, daß zur Zeit des Geschichtsschreibers Polybios, etwa zwischen 147 und 132 v. Chr., bei den „norischen Tauriskern" in der Nähe von Aquileia eine Goldader entdeckt worden sei, die bald auch römische Kaufleute angelockt und den Goldpreis in Italien um ein Drittel gedrückt habe. Sie sei nur zwei Fuß tief unter der Erde gelegen und nirgends mehr als 15 Fuß hoch gewesen. Hier war also ebenfalls kein Untertagebau erforderlich. Die von Hermann Vetters[49] und Jaroslav Šašel[50] vorgeschlagene Lokalisierung dieser Geschichte in die Julischen Alpen südlich der Karawanken überzeugt aus geologischen Gründen wenig, denn Goldadern sind in Kalkgestein nicht zu erwarten. Man wird nach wie vor an das

inneralpine Gebiet aus Urgestein denken müssen. Überhaupt ist es zweifelhaft, ob die Bewohner der Alpen in vorrömischer Zeit schon die komplizierten Verfahren beherrschten, mit denen das Gold auf chemischem Wege aus dem anhaftenden Gestein gelöst wurde,[51] wenn es nicht in dicken Adern herausgebrochen werden konnte. Flußgold dagegen bedurfte keiner weiteren Behandlung und Raffinierung vor der Weiterbehandlung zu Schmuck oder Münzen.

Gießer, Schmiede, Drechsler und Glasmacher

Am Anfang war das Kupfer noch sehr kostbar, und die Handwerker probierten lange herum, bis sie mit dem neuen Material vertraut waren.[52] Das allererste Stadium, in dem das Kupfer nur durch Hämmern in die gewünschte Form einer Nadel oder einer Beilklinge gebracht wurde, ging zu Ende, als man das Gießen beherrschte. Allerdings war reines Kupfer nur sehr schwierig zu gießen, doch kamen findige Leute auf die Idee – angeregt wohl durch natürliche Verunreinigungen in einigen Lagerstätten –, durch die Zulegierung von anderen Metallen dem abzuhelfen. Nahm man zunächst Arsen oder Antimon, so stellte sich doch bald Zinn als das geeignetste Material heraus,[53] weil es auch nicht allzu teuer zu erwerben war. Der Alpenraum bezog es aus Spanien oder aus Cornwall. Die Legierung aus Kupfer und Zinn ist die Bronze, und für die allermeisten Zwecke erwies sich ein Zinnanteil von etwa 10% als vorteilhaft. Zwar war die Bronze bei einem Zinnanteil von über 7% kaum mehr kalt zu hämmern, aber eine Nacharbeitung des gegossenen Rohfabrikats war ohne weiteres noch möglich.[54]

Für den Guß gab es verschiedene Methoden. Einfache Objekte in großer Serie (etwa Beile, Schwerter und Messer) stellte der Handwerker in Gußformen aus Stein, Bronze oder Ton her. Sie waren immer wieder verwendbar. Kompliziertere Gegenstände, besonders solche mit plastischer Verzierung, erforderten die Technik des Gusses in verlorener Form. Dazu wurde der gewünschte Gegenstand aus Wachs geknetet und ganz mit einem Mantel aus Ton umgeben, durch den der Eingußkanal und Luft-

160   Geräte für die Land- und Viehwirtschaft sowie den Fischfang aus Schweizer Siedlungen der Jüngeren Eisenzeit. 3.–1. Jahrhundert v. Chr. Verschiedene Maßstäbe.

abzugslöcher führten. Bei der Erhitzung über dem Herdfeuer erhärtete der Tonmantel, das Wachs schmolz und floß heraus. In die so entstandene Höhlung wurde die in einem kleinen Tontiegelchen[55] verflüssigte Bronze gegossen. Nach dem Erkalten zerschlug der Meister die Form und überarbeitete die rauhe Oberfläche des Gußstückes. In vielen Fällen wurde das Gerät oder Schmuckstück nur im groben Umriß gegossen und nachträglich durch Aushämmern einzelner Partien oder eingeschlagene Verzierungen vollendet.

Bronzegefäße konnten wegen ihrer Dünnwandigkeit in vorrömischer Zeit nicht gegossen, sondern nur getrieben werden.[56] Zuerst war das Blech aus einem Rohstück auszuhämmern und immer wieder im Feuer zu glühen, weil es sonst zu spröde wurde. Nach dem Zuschneiden (etwa für einen Eimer oder eine Schale) brachte es der Treibhammer in die gewünschte Rundung. Henkel und Füße wurden meist angenietet; erst seit der Eisenzeit kam allmählich die Lötung mit Zinn auf. Verzierungen wurden mit dem Stichel eingraviert, manchmal auch mit dem Zirkel angebracht.[57]

Das Eisen erforderte eine ganz andere Behandlung. Die zum Gießen nötige Temperatur von 1400° C lag bis in die Neuzeit außerhalb der Möglichkeiten. So blieb nur das Schmieden in glühendem Zustand übrig. Das bereitete bei großen und einfachen Gegenständen keine Schwierigkeit, während kleinteiliger Schmuck und komplizierte Konstruktionen (etwa Ketten) erst in der Jüngeren Eisenzeit aus Eisen gefertigt werden konnten. Daß sich bis ins Frühmittelalter die Bronze als bevorzugtes Metall gerade für den persönlichen Schmuck hielt, hängt nicht nur mit ihrer vielleicht als schöner empfundenen Farbe und ihrem Glanz zusammen, sondern auch mit den Vorteilen des rationellen Gußverfahrens. Zusätzliche Verzierungseffekte waren bei beiden Metallen zu erzielen. Ab dem 4. Jahrhundert v. Chr. beherrschte man die Technik der Emaillierung, wobei farbiger Glasfluß kleine Vertiefungen auf Bronzeringen oder -fibeln ausfüllte. Die Tauschierung, das Einlegen von Gold- oder Silberfäden in Eisen, erreichte erst im Frühmittelalter ihren Höhepunkt, obwohl die Technik als solche schon seit der Frühbronzezeit bekannt war. Als wichtiges Hilfsmittel des Metallhandwerkers ist schließlich noch die Drehbank zu erwähnen, die in Mitteleuropa seit dem 6. Jahrhundert v. Chr. nachweisbar ist, wenn auch nur indirekt, nämlich durch die Drehrillen an den überarbeiteten Gegenständen (etwa an Armbändern oder Eintiefungen für

Einlagen in Schmuck).[58] Auch das Holzhandwerk nutzte sie für gedrechselte Schalen, Kannen und Möbelfüße (Abb. 43).

Slowenien bildete seit dem 7. Jahrhundert v. Chr., der frühen Eisenzeit, ein Zentrum der Glasherstellung.[59] Spitzenprodukt waren Glasschälchen nach Metallvorbildern; als kostbare Geschenke fanden nur ganz wenige Exemplare den Weg nach Norden: drei nach Hallstatt, eines auf den „Fürstensitz" des Hellbrunner Bergs zwischen Hallein und Salzburg.[60] Die Frauen in Slowenien trugen oft Hunderte von Glasperlen als Schmuck, nicht selten anscheinend auch die Männer; vielfältige Formen und Farben boten einen reizvollen Anblick. Diese Perlen konnten wegen ihrer Kleinheit leicht verhandelt und verschenkt werden, aber es ist durchaus wahrscheinlich, daß es auch an anderen wichtigen Orten, etwa auf dem Dürrnberg bei Hallein, einen erfahrenen und weitgereisten Mann gab, der das Geheimnis der Glasverarbeitung kannte (zur Verarbeitung benötigte er wesentlich geringere Temperaturen als zur Herstellung der Glasmasse selbst und natürlich nicht mehr die erforderlichen Rohmaterialien). Besonders kostbare Stücke sind nach ihrer Herkunft zu bestimmen, so etwa zwei „Gesichtsperlen" in einem Mädchengrab des 4. Jahrhunderts v. Chr. in Saint-Sulpice am Genfer See, die aus Karthago stammen. Eine Glasperle mit kompliziert zusammengesetzten Augen aus demselben Grab ist ebenfalls eine Rarität in Mitteleuropa, in Einzelstücken verbreitet bis hinüber nach China.[61]

Salz –
das weiße Gold

Der Metallreichtum der Alpen war zwar eine wichtige Grundlage für alles Handwerk und für die wirtschaftliche Blüte dieses Raumes seit der Bronzezeit, doch ebenso notwendig war ein unscheinbarer Stoff, das Salz. Hallstatt im Salzkammergut und Hallein südlich Salzburg verdankten ihm ihren überwältigenden Reichtum während der Eisenzeit, der in den zahlreichen Funden zum Ausdruck kommt. Die Erforschung ihrer Bergwerke ist am übersichtlichsten in zwei Arbeiten von Othmar Schauberger, einem selbst im Salzbergbau tätigen Inge-

161   Geräte für das Holz-, Leder- und Textilhandwerk von der reichen Fundstelle La Tène in Marin-Epagnier (Kanton Neuchâtel). 3.–1. Jahrhundert v. Chr. Verschiedene Maßstäbe.

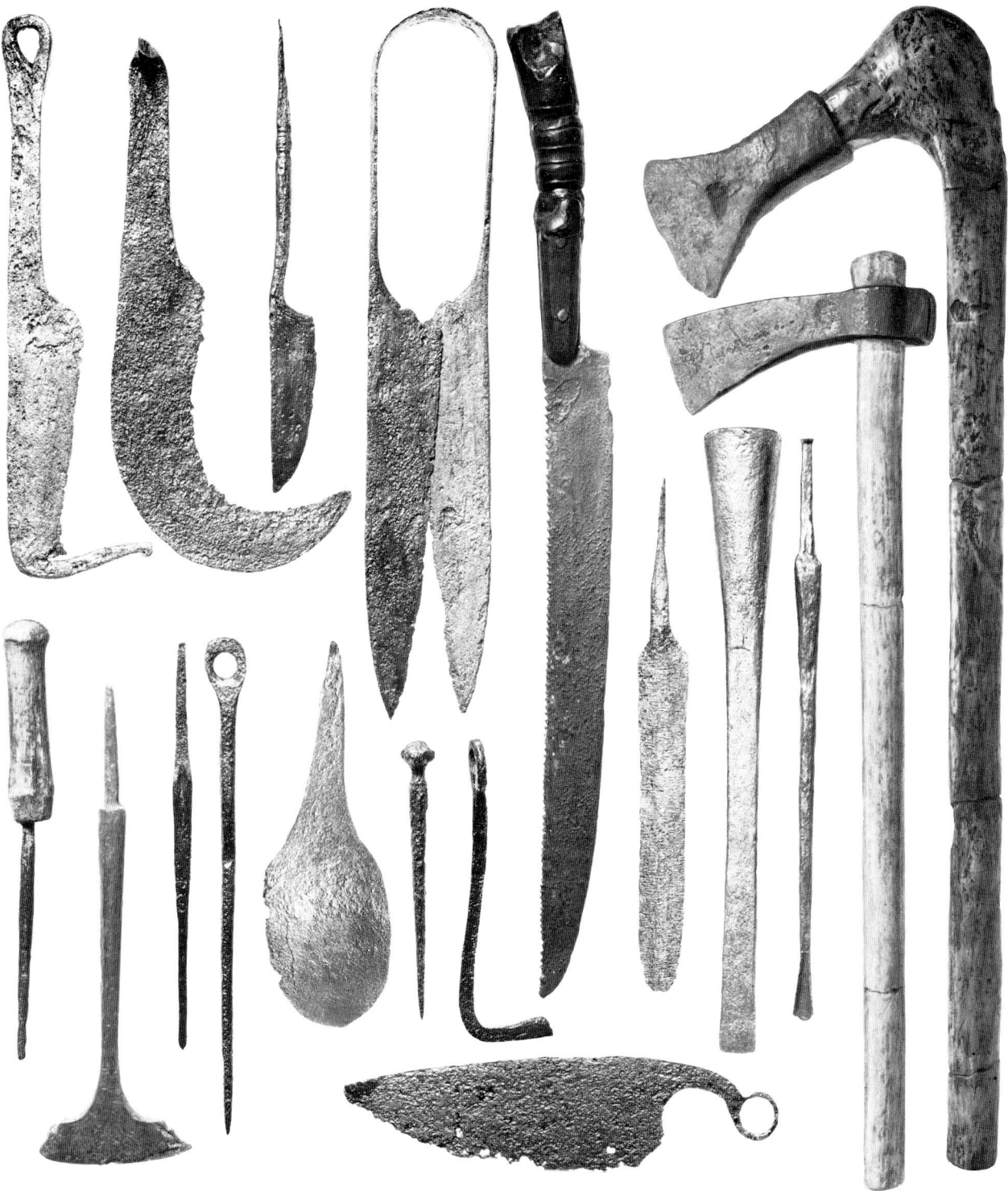

nier, zusammengefaßt.[62] Neue Untersuchungen führt seit mehreren Jahren Fritz Eckart Barth in Hallstatt durch,[63] während innerhalb des Bergwerkes von Hallein gezielte Forschungen von der zuständigen Verwaltung leider nicht unterstützt werden. Nach dem derzeitigen Stand der Kenntnisse[64] begann in Hallstatt der Salzbergbau zwischen 1000 und 800 v. Chr. und hielt bis in römische Zeit an. Bemerkenswert ist dabei, daß die ältesten Funde aus dem großen Gräberfeld in dem Hochtal über dem See erst aus dem 8. Jahrhundert v. Chr. stammen,[65] die Bergleute also mindestens 100 Jahre ihre Toten an anderer Stelle bestattet haben müssen. Eine etwas geringere Diskrepanz ergeben die Datierungen vom Dürrnberg über Hallein. Das älteste Datum aus dem Bergwerk lautet 720 ± 80 v. Chr., während man mit den bisher bekannten Gräbern nicht über 600 v. Chr. zurückkommt.[66] Hier hört der Bergbau schon vor der römischen Zeit auf, denn die Besiedlungsspuren werden dann so spärlich, daß die geringe Zahl der dort wohnenden Menschen schwerlich ausgereicht hat, den Bergwerksbetrieb in Gang zu halten.[67]

Ein solches Bergwerk erforderte eine straffe Organisation und zunächst auch Bereitschaft zur Investition. In Hallstatt wie in Hallein mußte der Bergmann mit seinen Stollen erst einmal 30–65 m Moräne und ausgelaugten Ton durchstoßen, bis er ans Ziel kam. In den Salzstöcken ist das Salz mit „taubem" Gestein vermengt. Dieses sogenannte Haselgebirge enthält 40–70% Salz und ist manchmal auch von fast reinen Salzzügen durchsetzt, denen der Bergmann natürlich bevorzugt folgte. In engen Stollen arbeitete sich der Häuer mit Pickeln vorwärts, der Träger förderte die Brocken in Ledertragsäcken ans Ta-

162   Lederner Tragesack aus dem Salzbergwerk Hallstatt (Oberösterreich). Die sinnreiche Konstruktion ermöglichte ein bequemes Entleeren: der Bergmann hing den Sack mit dem Riemen über die rechte Schulter und führte den Holzknüppel über die linke. Ließ er diesen los, kippte der Sack nach rechts hinten weg. Wohl 7.–5. Jahrhundert v. Chr. Höhe 72 cm. Museum Hallstatt.

163   Die lebensgroße Rekonstruktion im Museum Hallstatt zeigt einen Bergmann mit Tragesack, gebündelten Leuchtspänen, Fellmütze und -stiefeln in einem Blockhaus. Alle Details stützen sich auf Originalfunde aus dem Salzbergwerk und seiner Umgebung.

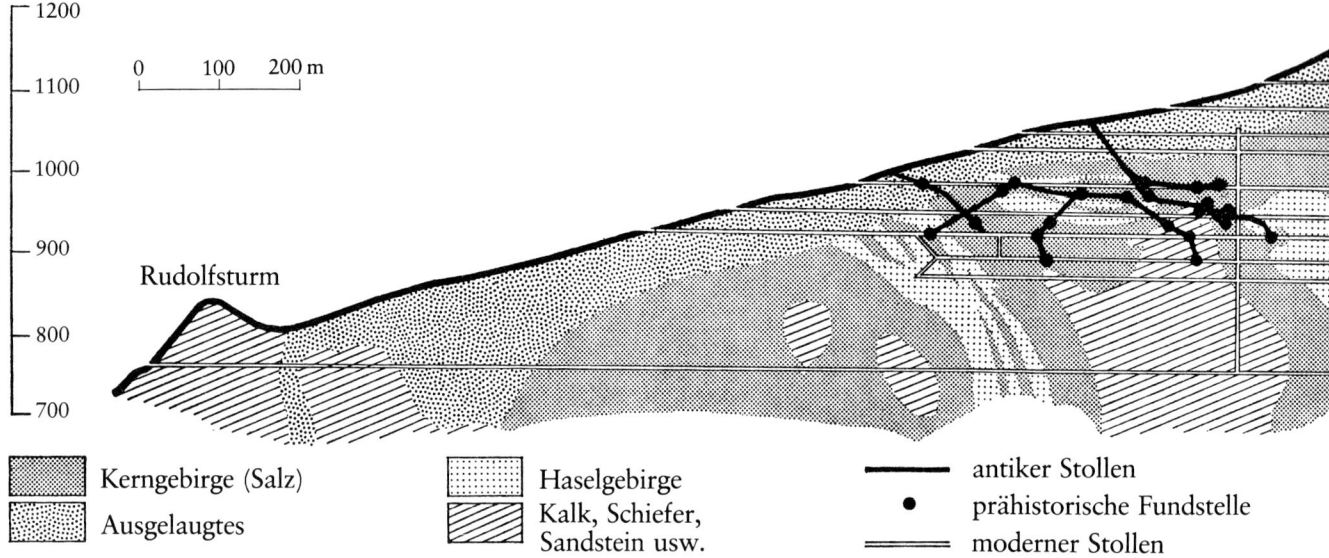

Kerngebirge (Salz)
Ausgelaugtes
Haselgebirge
Kalk, Schiefer, Sandstein usw.
antiker Stollen
prähistorische Fundstelle
moderner Stollen

164   Idealisierter Querschnitt durch den Salzberg von Hallstatt mit den zu erschließenden Stollen der frühgeschichtlichen Bergleute.

geslicht, lange Kienspäne sicherten die Beleuchtung. Othmar Schauberger errechnete als Arbeitsleistung etwa 1 m Streckenvortrieb pro Monat, was Abbauversuche mit nachgebauten Werkzeugen kürzlich gut bestätigten.[68] Im Sommer, wenn die Sonne auf die Mundlöcher der Stollen schien, war eine Arbeit wegen der Schwierigkeiten der Luftzufuhr (Bewetterung) wohl kaum möglich. Denn 330 m unter der Oberfläche liegt in Hallstatt der tiefste Punkt, an dem Spuren des urzeitlichen Bergbaus entdeckt wurden; im Dürrnberg sind es immerhin rund 200 m. Es handelt sich dabei um Werkzeuge samt ihren Holzstielen, sonstige Holzstücke und Kienspäne, Gewebe-,[69] Leder- und Fellreste, Wetzsteine und Ledertaschen, sogar menschliche Exkremente.[70] Auch die organischen Materialien werden durch das Salz konserviert, und obwohl der Bergdruck die Stollen im plastisch reagierenden Gebirge nach einigen Jahrzehnten wieder schließt, konnte doch der mittelalterliche und neuzeitliche Bergmann sehr wohl erkennen, daß er in solchen Fällen auf Zeugnisse eines uralten Bergbaues gestoßen war. Diese Stellen nannte er ehrfurchtsvoll-ängstlich „Heidengebirge“.

Gefährlich war die Arbeit unter Tage sicherlich zu allen Zeiten. Der Stollen konnte einstürzen und den

Rückweg abschneiden; Wasser konnte von oben einbrechen und die Bergleute ertränken. Ein Signalhorn aus Hallstatt zeugt von der Notwendigkeit, die Bergleute rasch vor drohenden Gefahren zu warnen.[71] So hat man tatsächlich auch insgesamt drei mumifizierte Bergmannsleichen gefunden, von denen leider keine so aufbewahrt wurde, daß sie der Nachwelt und der Forschung erhalten blieb. Eine kam 1734 in Hallstatt zum Vorschein, zwei im Dürrnberg.[72] Über letztere gibt es einen aufschlußreichen Bericht aus dem Jahre 1666 von Franz Dückher von Haslau in seiner „Saltzburgischen Chronica“:[73]

„Anno 1573. hat man auss dem Dürnberg in dem Saltzberg 6300. Schuch tieff auß einem gantzen harten Saltzstein ein vollkommen Mann mit Fleisch, Haut und Haar, so 9. Spannen lang gewesen, außgehauen, so etwan vor langer Zeit allda verfallen gewesen. Er ist an Haut und Fleisch gelb, wie ein geselchter Stockfisch gewesen, und im haissen Sommer etlich Wochen lang bey der Kirchen gelegen, ehe er zu faulen angefangen. Deßgleichen auch einer Anno 1616 allda gefunden unnd etlich Jahr unverwesen behalten worden.“

Aber auch über Tage können die Lebensumstände nicht sehr erfreulich gewesen sein. Abgesehen davon, daß Hallstatt am Fuße des Dachsteins lange Winter hat (der Dürrnberg am Alpenrand mit dem Siedlungsareal in 700–850 m Höhe liegt etwas günstiger), waren die hygienischen Bedingungen sehr schlecht. Jedenfalls fanden sich auf den im Bergwerk erhaltenen Geweberesten zahl-

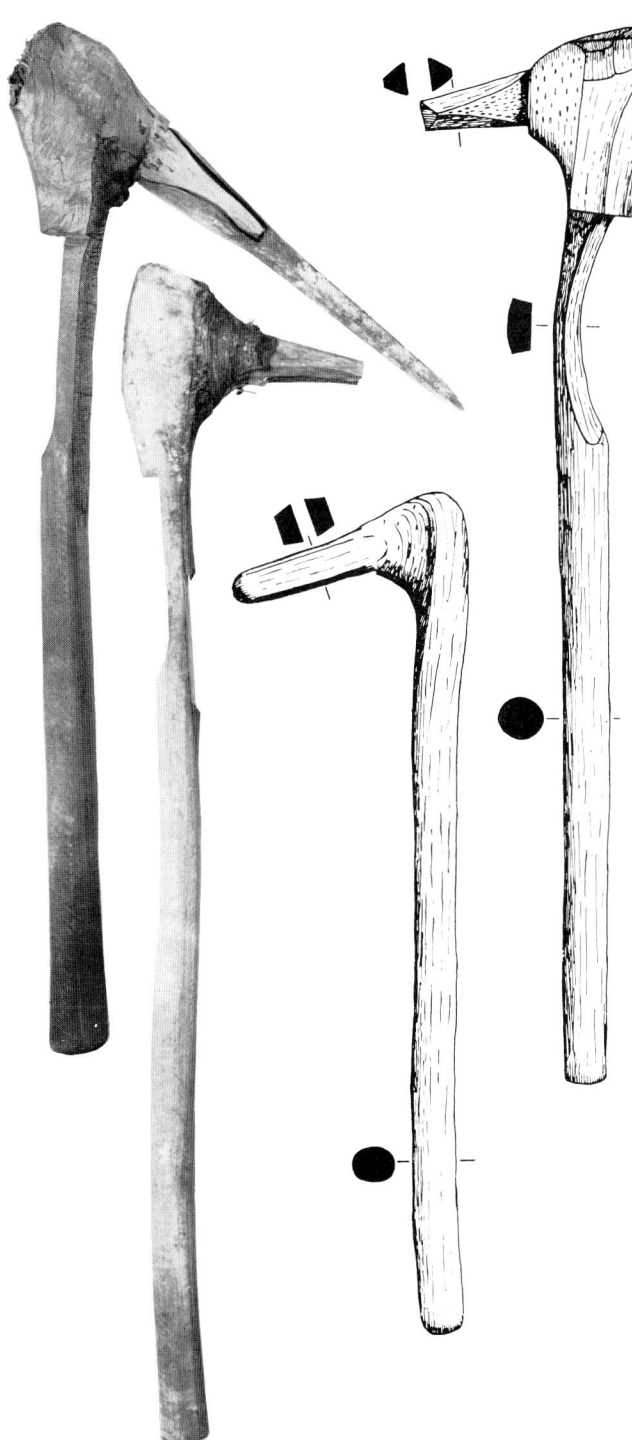

reiche Spuren der Kleiderlaus,[74] und die Bergleute litten unter überaus starkem Wurmbefall,[75] der manchen in seiner Arbeitsfähigkeit ernstlich beeinträchtigt haben muß. Insgesamt besaß die Dürrnberger Bevölkerung eine erschreckend geringe Lebenserwartung (S. 134 f.).

Eine Vorstellung von der Arbeitsleistung insgesamt liefert neben den oben genannten Werten für den Streckenvortrieb die aus dem „Heidengebirge" und sonstigen Funden erschließbare Mindestlänge der Grubenstrecken. Sie liegt für Hallstatt bei 4100 m, für den Dürrnberg bei 4350 m. Die tatsächlichen Werte sind gewiß höher zu veranschlagen, denn erstens sind die derzeit bekannten Extrempunkte nur zufällig entdeckt worden, zweitens verliefen die Stollen wohl nicht durchweg geradlinig, sondern folgten besonders reinen Salzadern mit all ihren Krümmungen und Verwerfungen, und drittens wurden an ergiebigen Stellen größere Abbaukammern angelegt. Außer den Häuern und den Trägern waren noch Zimmerer zum Stollenausbau erforderlich, dazu Schmiede für die Herstellung und Instandhaltung des Werkzeuges sowie Leute, die für die stark beanspruchten Stiele der Pickel passende Kniehölzer suchten und herrichteten. Wenn tatsächlich nur in der kälteren Jahreszeit gefördert wurde, hat wahrscheinlich eine Art saisonaler Arbeitsteilung geherrscht, wobei im Sommer nicht nur Landwirtschaft betrieben, sondern auch Vorräte an Kleidung aus Stoff und Fell, an Werkzeug und Hölzern angelegt wurden. Daneben waren Töpfer an der Arbeit, Bronzegießer und Holzschnitzer. Wie weit diese Tätigkeiten von stark spezialisierten Handwerkern ausgeübt wurden, wissen wir nicht, doch gibt es vom Dürrnberg immerhin eine Unterlagplatte für eine Töpferscheibe, auf der ab etwa 450 v. Chr. einige Jahrhunderte lang Tausende von Gefäßen gedreht worden sind[76] – sicherlich das Eigentum eines Mannes oder einer Werkstatt, die darin besondere Fertigkeiten besaß. Auch für den Schmied und den Bron-

165   Optimale Werkzeugformen bezeugen die große Erfahrung der Salzbergleute. Eine der Methoden des Abbaues bestand darin, daß ein Bergmann einen Pickel hielt, den ein zweiter mit einem Schlegel hineintrieb. Zum federnden Abfangen der zurückprellenden Kräfte diente der künstlich verringerte Querschnitt des hölzernen Pickelstiels (rechts Originalfunde, ganz links Rekonstruktion für einen modernen Abbauversuch). Länge der Pickelstiele etwa 50–60 cm.

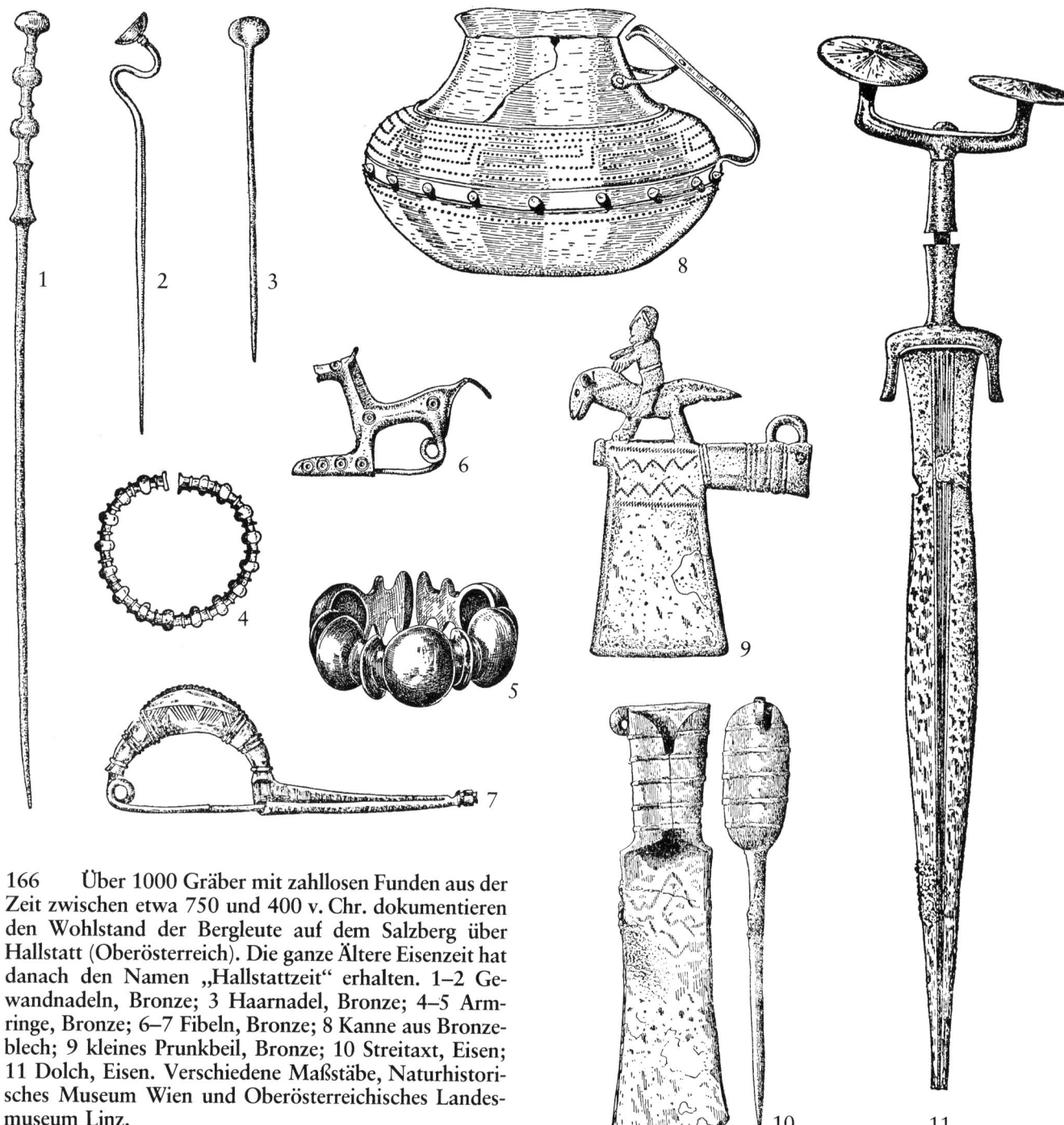

166   Über 1000 Gräber mit zahllosen Funden aus der Zeit zwischen etwa 750 und 400 v. Chr. dokumentieren den Wohlstand der Bergleute auf dem Salzberg über Hallstatt (Oberösterreich). Die ganze Ältere Eisenzeit hat danach den Namen „Hallstattzeit" erhalten. 1–2 Gewandnadeln, Bronze; 3 Haarnadel, Bronze; 4–5 Armringe, Bronze; 6–7 Fibeln, Bronze; 8 Kanne aus Bronzeblech; 9 kleines Prunkbeil, Bronze; 10 Streitaxt, Eisen; 11 Dolch, Eisen. Verschiedene Maßstäbe, Naturhistorisches Museum Wien und Oberösterreichisches Landesmuseum Linz.

zegießer kommen nur Männer mit langjähriger Erfahrung und entsprechender Ausrüstung in Frage. Andererseits gibt es sowohl in Hallstatt wie auf dem Dürrnberg Indizien dafür, daß aus entfernteren Gegenden Menschen zuzogen (und hier auch starben!). Wie weit es sich dabei um Saisonarbeiter oder auf mehrere Jahre verpflichtete Trupps handelte, wie weit Frauen und Kinder mitkamen, wie ihre soziale Stellung am Ort war – diese Fragen kann die Archäologie bestenfalls andeutungsweise diskutieren.[77]

Weder in Hallstatt noch in Hallein gibt es sichere Anhaltspunkte, ob und wie das aus dem Berg geförderte Salz weiterverarbeitet wurde.[78] Das fast reine Kernsalz bedurfte ohnehin keiner Raffinierung, und leichte Verunreinigungen konnte der Endverbraucher – wenn ihm daran gelegen war – selbst vom Salz trennen. Meist war dies jedoch nicht nötig; denn das Salz diente nur in geringem Umfang zum Würzen, sondern war begehrt als Konservierungsmittel verderblicher Speisen, also vor allem Fleisch. Rein-weißes Salz, wie wir es gewohnt sind (natürlich gewonnenes Meersalz beispielsweise ist grau), war dafür überflüssig, denn die Verunreinigungen setzten sich von selbst in der Pökellake ab.

Eine überschlägige Rechnung, die mit vielen Unsicherheiten behaftet ist, ergibt, daß im Dürrnberger Bergwerk zu normalen Betriebsbedingungen mindestens 2000 kg Salz pro Jahr gefördert und weiterverhandelt wurden. Der heutige Salzverbrauch (1977 in der Bundesrepublik Deutschland 5,6 kg pro Kopf) läßt sich schwer dazu in Beziehung setzen. Doch sind auch für frühgeschichtliche Perioden mehrere Kilogramm pro Familie zu veranschlagen: Fleisch und Fisch pökelte man in einer 10–20prozentigen Salzlake, um die Eiweißversorgung über den Winter zu sichern. Der römische Großgrundbesitzer Cato[79] rechnet in seinem Lehrbuch über die Landwirtschaft mit 1 Scheffel Salz (= 8,7 Liter oder 10,4 kg) für jeden Angehörigen des Gesindes. Noch im 19. Jahrhundert herrschten bei den Bergbauern die alten Zustände:[80] „Ein mittelmäßiger Haushalt schlug, zumeist in der Zeit knapp vor Weihnachten, ein Rind und zwei Schweine für den Eigenbedarf. Das Fleisch wurde in kleine Stücke von ein bis zwei Kilogramm geteilt, Henkel genannt, welche, durch Einpökeln (Suren) und durch Selchen haltbar gemacht, gewöhnlich für dreiviertel Jahr lang im Haushalt ausreichen mußten." Danach können die Salzbergwerke von Hallein und Hallstatt zusammen kaum mehr als 1000 Familien beliefert haben – eine

167   Blick von Osten über das Salzachtal auf Hallein mit dem 300 m höher liegenden Dürrnberg. Er besteht aus einem nach Norden abfallenden Plateau mit zahlreichen bewaldeten Felskuppen, überragt vom Hohen Zinken mit dem Hahnrainkopf und dem schneebedeckten Hohen Göll im Hintergrund – eine Aufnahme aus vergangenen Jahren, denn das Kloster auf dem Georgenberg, dem geschützten Siedlungsplatz am Aufgang zum Dürrnberg, und der spätromanische Turm der Pfarrkirche wurden durch die Ereignisse des letzten Krieges zerstört und durch Neubauten ersetzt.

Zahl, die für das nördliche Alpenvorland mit Böhmen und Mähren gering erscheint, zählt doch Georg Kossack[81] allein für Südbayern schon 445 Fundstellen der Älteren Eisenzeit (700–450 v. Chr.; ganz überwiegend Grabhügelgruppen) auf. Gewiß sind nicht alle dazugehörigen Siedlungen bei der damaligen Wirtschaftsweise gleichzeitig bewohnt gewesen, aber diese Überschlagsrechnung vermittelt vielleicht trotzdem einen Eindruck von der Kostbarkeit des Salzes in Mitteleuropa und dem Reichtum, den es den Bergleuten in Hallstatt und Hallein brachte.

Das liebe Geld

Lange bevor die Münzen aufkamen, gab es Geld. In Anlehnung an Paul Einzig[82] sei „Geld" hier als Einheit oder Gegenstand definiert, die in angemessener Weise den Anspruch an äußere Einheitlichkeit erfüllen, als Rechnungsgrundlage oder verbreitetes Zahlungsmittel verwendet und in größerem Umfang auch als Zahlungsmittel angenommen werden, um sie wieder als solche auszugeben. Diese Definition schließt nicht ein, daß dieses „Geld" immer, überall und für jeden in gleicher Weise zur Verfügung steht, daß es bei jedem Geschäft gegenständlich zirkuliert, daß es handlich ist und daß es aus Metall bestehen muß. Außerdem können Material, Form und Gewicht im Laufe der Jahrhunderte sich ändern und regional wechseln. (Währungen, bei denen Rinder, Schafe, Wolldecken oder Kornsäcke die Rechnungseinheit bildeten, sind archäologisch begreiflicherweise nicht nachzuweisen.)

Als erstes Geld im Alpenraum sind die Ring- und Spangenbarren zu bezeichnen, die sich im Alpenvorland an Salzach, Saalach und Inn massieren, aber weit bis nach Mitteldeutschland, Böhmen, Mähren und die Slowakei streuen.[83] Lange Zeit haben die Archäologen deswegen angenommen, das Mitterberger Kupfer sei in dieser Form verhandelt worden und habe sich sozusagen wie ein Strom ins Land außerhalb des Gebirges ergossen, erst kräftig, dann immer mehr versickernd. Diese Interpretation ist nicht mehr aufrechtzuerhalten, seitdem Metallanalysen gezeigt haben, daß das Kupfer dieser Barren keineswegs einheitlich ist, sondern – ganz im Gegenteil – zahlreiche Proben vorliegen, die mit Sicherheit nicht aus Mitterberger Kupfer bestehen.[84] Als Folgerung ergibt sich zwingend, daß innerhalb einer relativ kleinen Region nördlich des Salzburger Kupferreviers die Barren eine Geldfunktion ausübten. Sie waren Rechnungseinheit und

bevorzugtes Zahlungsmittel bei größeren Geschäften. Deshalb wurde auch Kupfer anderer Herkunft, das im Tauschwege dorthin gelangte, in diese Form umgegossen, wenn es nicht gleich zu Gebrauchsgegenständen verarbeitet wurde. Die nur auf ganz wenige datierbare Funde gestützte Vermutung, das Durchschnittsgewicht der Barren sei im Laufe von zwei, drei Jahrhunderten gesunken und zeige dadurch eine Art Inflation an,[85] bedarf erst einer genauen Überprüfung anhand volkswirtschaftlicher Modelle. Eine einfache Übertragung der keltischen und römischen Verhältnisse mit dem abnehmenden Edelmetallgehalt in den Münzen wird dem komplizierten Sachverhalt sicherlich nicht gerecht.

Im Laufe der mittleren Bronzezeit, ab etwa 1500 v. Chr., löst sich dieses Gebiet einer primitiven Geldwirtschaft rasch auf. Es ist vorerst gänzlich unklar, ob sich das Wirtschaftssystem änderte – wenn ja, warum? –, ob das Kupfer nicht mehr gehortet, sondern gleich weiterverhandelt wurde, ob sich die religiösen Vorstellungen wandelten, die für die Niederlegung vieler Barrenfunde verantwortlich waren. Möglicherweise sind die vielen „Hortfunde" der mittleren Bronzezeit, die absichtlich zerstückelte Bronzegeräte enthalten, als Zeugnisse einer nur mehr sehr rudimentären Geldwirtschaft zu werten.[86] In der späten Bronzezeit gibt es – allerdings viel weniger häufig – flache, runde Gußkuchen aus Kupfer oder Bronze, die in ihrer Normierung vielleicht die Funktion der Ring- und Spangenbarren weiterführten (Abb. 169 unten).[87] Gleichzeitig deuten Indizien darauf hin, daß im Alpenraum die Axt in verschiedenen Formen als Geld gedient hat. Besonders für die großen Doppeläxte mit nicht abgearbeiteter Gußnaht (Abb. 169 oben) ist dies zu

168   Der Salzbergbau brachte der Bevölkerung auf dem Dürrnberg über Hallein (Land Salzburg) einen Reichtum, der die fähigsten Kunsthandwerker anzog. Besonders die Fibeln, mit denen Männer, Frauen und Kinder ihr Gewand schlossen oder auch nur schmückten, boten vielfache Möglichkeiten, trotz aller funktionsbedingten Ähnlichkeit der Grundform (nichts anderes als eine Sicherheitsnadel) der Phantasie des Bronzegießers großen Spielraum zu lassen. Keltisches Stilgefühl verraten die meisten der oben abgebildeten Fibeln. Die untere Reihe dokumentiert die Schmucklosigkeit der wenig variierten Typen des inner- und südostalpinen Raumes. 450–350 v. Chr. Maßstab 2 : 3. Keltenmuseum Hallein.

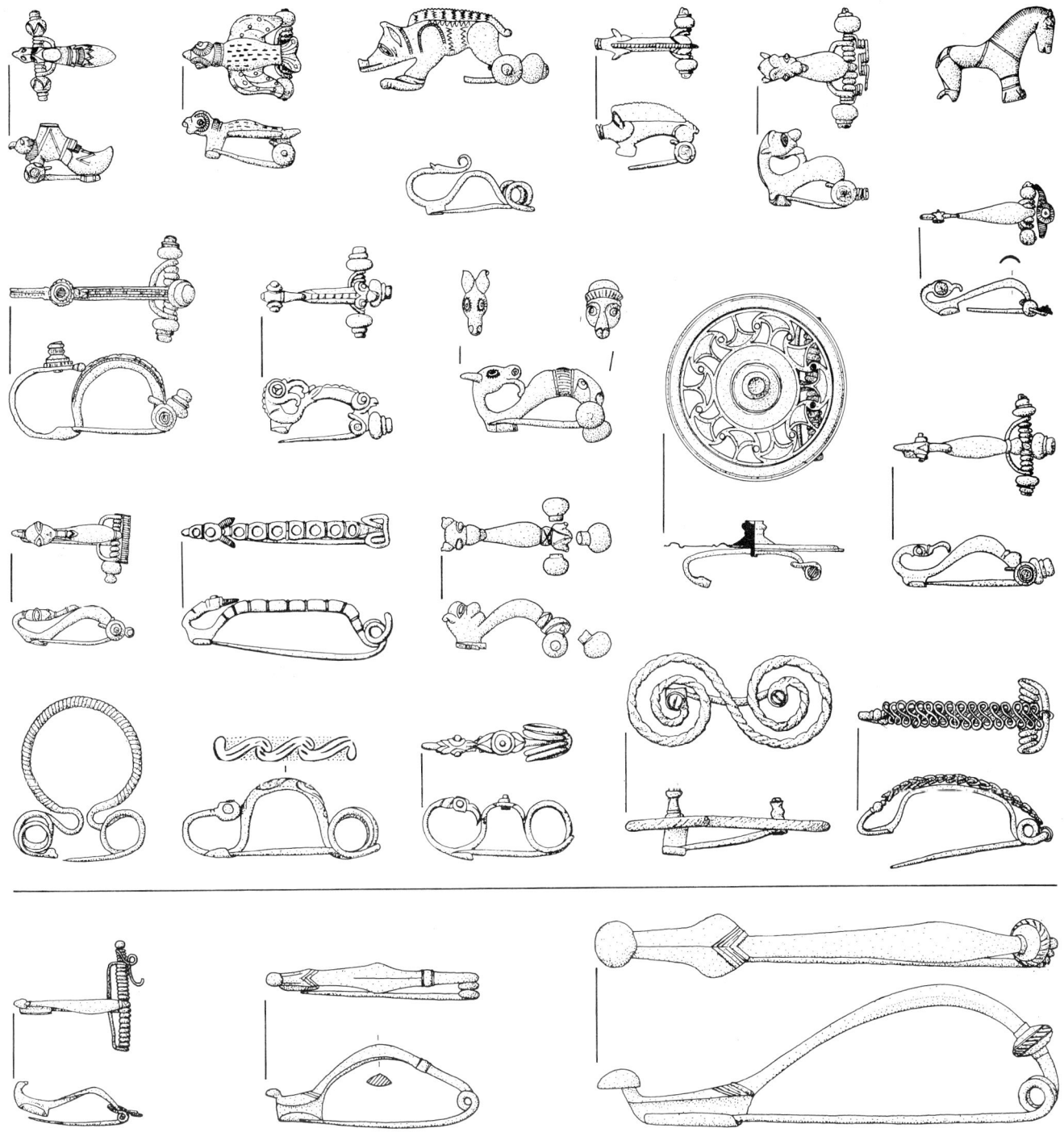

169   In mancherlei genormten Formen wurden die Metalle verhandelt, bevor die geprägte Münze aufkam. Ein spätbronzezeitlicher Fund von Schiers-Montagna (Graubünden) enthielt unter anderem roh belassene Gußkuchen, das Rohprodukt bei der Kupferherstellung (unten), aber auch doppelaxtförmige Barren mit nicht abgearbeiteten Gußnähten (oben). Der 4,15 kg schwere Eisenbarren mit den lang ausgeschmiedeten Spitzen vom Splügen, in Mitteleuropa aus zahlreichen Funden bekannt und in die Jüngere Eisenzeit datiert, gehört in die Kategorie der Opfergaben auf Paßhöhen. Länge des Eisenbarrens 68 cm. Rätisches Museum Chur.

vermuten.[88] In der späten Eisenzeit dagegen gibt es wieder Barren (jetzt natürlich aus Eisen, dem wichtigeren Metall), deren Form eine Verwechslung mit Gebrauchsgegenständen ausschließt. Die einen sind entweder doppelpyramidenförmig mit mehr oder weniger stark ausgezogenen Spitzen (Abb. 169 mitte), die anderen flach geschmiedet und erinnern an Schwerter.[89] Ihre einheitliche Form über weite Strecken Mitteleuropas hin[90] weist sie als Währungseinheit aus, die dort überall Anerkennung fand. Die Frage, wer die Norm festsetzte und ihre Einhaltung garantierte, ist noch unbeantwortet.

Bei den Münzen liegt der Fall klar. Sie wurden vom jeweiligen Herrscher, von mächtigen Familien oder dazu bestellten Beamten in Auftrag gegeben. Ein Bild oder eine entsprechende Aufschrift bestimmten ihre Funktion als offizielles Zahlungsmittel, dessen Wert garantiert war. Die Münzen der um 600 v. Chr. gegründeten griechischen Kolonie *Massilia*/Marseille und ihrer Tochterstädte an der benachbarten Mittelmeerküste fanden kaum Eingang in den Alpenraum; wer sie dort annahm, prüfte erst sorgfältig den Metallgehalt. Dasselbe gilt für die frühen römischen Münzen, von denen die Denare aus Silber, geprägt ab etwa 200 v. Chr., am begehrtesten waren. Die Kelten in Gallien und nördlich der Alpen hatten als Söldner im Mittelmeerraum Münzen kennengelernt und wurden damit auch entlohnt. Als seit dem 2. Jahrhundert v. Chr. die keltische Wirtschaft und Sozialstruktur entsprechend weit entwickelt war, begann auch im Norden die Münzprägung.[91] Vorbilder waren Münzen der griechischen Kolonien im Westen und vor allem des makedonischen Reiches unter Philipp II. und Alexander III., später auch römische. Die Technik war

170   Verbreitung der früh- und mittelbronzezeitlichen Ringbarren aus reinem oder legiertem Kupfer. Das Dichtezentrum vor dem Alpenrand zeigt jene Region an, in der diese Barren als eine Art genormtes Geld gegossen, abgegeben, angenommen und gehortet wurden. Bei den Einzelstücken außerhalb davon war nur der reine Metallwert wichtig.

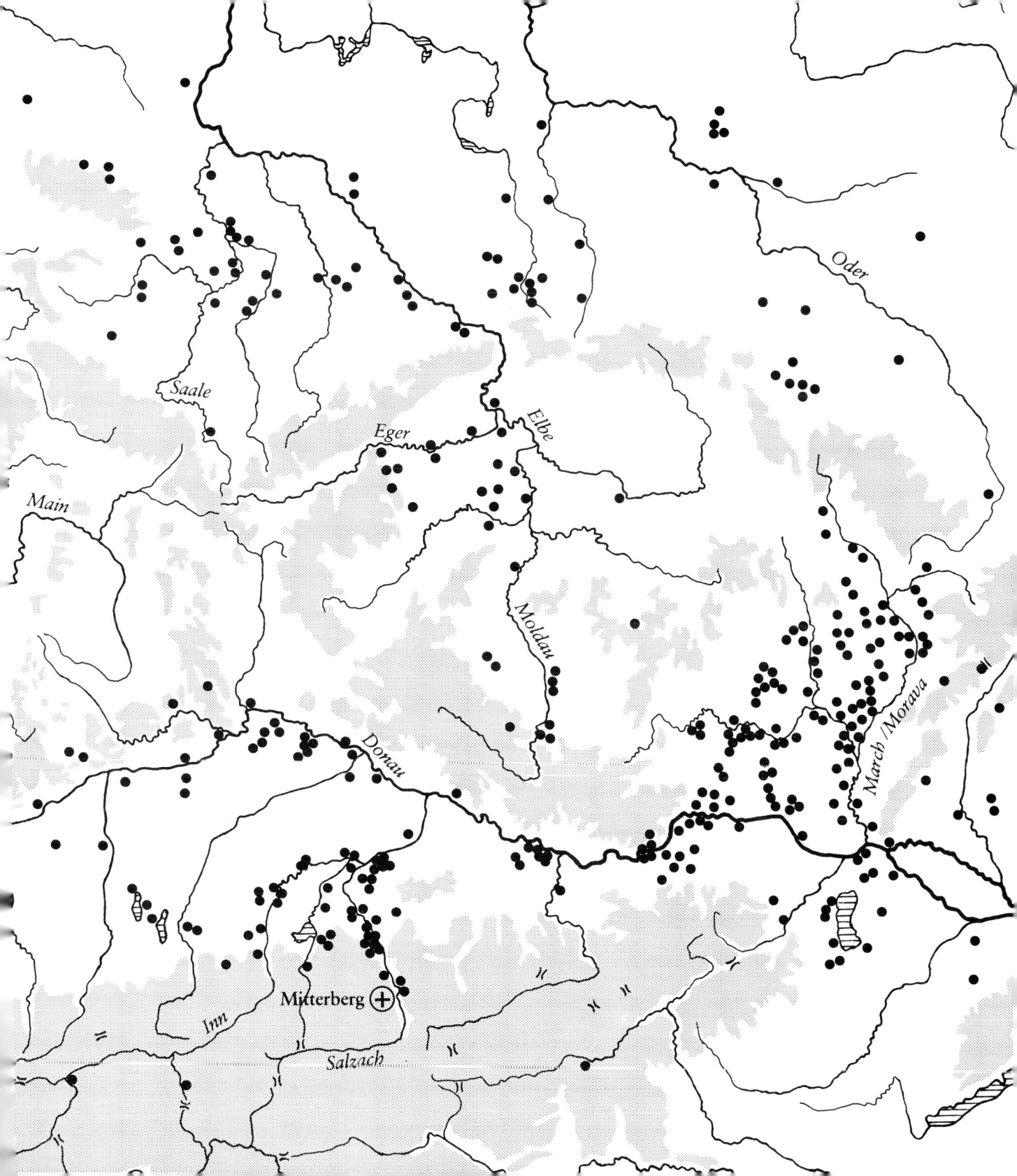

dieselbe: der „Schrötling", ein gegossenes Plättchen aus dem gewählten Metall, wurde durch Hammerschlag zwischen zwei Stempeln geprägt. Münzstätten verraten sich durch Schrötlinge oder die für das Gießen nötige Tonplatte, in die man vor dem Brennen mit dem Finger runde Dellen eingedrückt hatte. Bruchstücke dieser „Tüpfelplatten" gibt es beispielsweise von Karlstein bei Reichenhall und vom Dürrnberg über Hallein, also wichtigen Orten der spätesten Eisenzeit.[92]

Noch im 1. Jahrhundert v. Chr. existierte im Alpenraum jedoch keine Geldwirtschaft im modernen Sinne. Die Münzen aus Edelmetall waren viel zu kostbar, als daß sie als tägliches Zahlungsmittel eingesetzt wurden; immerhin zeigen einige besonders abgegriffene Exemplare, daß es sich nicht nur um kostbare Einzelstücke handelte, die jeder gleich im Sparstrumpf verschwinden ließ. Erst die Römer führten das eigentliche Kleingeld ein, das auch bei gewöhnlichen Geschäften zu verwenden war. So erklärt es sich, daß verlorene Münzen erst zur Römerzeit in Siedlungen häufiger werden. Vorher begegnen die kostbaren römischen Münzen fast nur in Schatz- oder Opferfunden.[93] Daher drängt sich der Verdacht auf, die Kelten und die alpinen Völker hätten, bevor sie selbst Münzen als praktisches Zahlungsmittel akzeptierten und prägten, die fremden Münzen eingeschmolzen, um daraus Silber zu gewinnen. Die sprunghaft ansteigende Häufigkeit silbernen Schmucks (übrigens im ganzen keltischen Bereich bis hinüber zum Balkan) ab dem 3. Jahrhundert v. Chr. scheint also nicht nur auf Lieferungen aus spanischen oder rumänischen Silberbergwerken zurückzugehen, sondern auch auf das Einschmelzen von griechischen und römischen Silbermünzen, die weniger durch Handel als durch Sold- oder Tributzahlungen nach Norden gelangten.

Delikatessen in Luxusgeschirr, Brei in Steintöpfen

Der wichtigste Platz für den Handel mit den Römern war seit dem 2. Jahrhundert v. Chr. die Stadt auf dem Magdalensberg bei Klagenfurt (S. 108 f.). Das norische Eisen sowie Zink und Blei lockten die Kaufleute aus dem Süden an. Sie betrieben einen Großhandel mit den Erzeugnissen vor allem des Metallhandwerks. Hingekritzelte Inschriften auf den Wänden der Keller und Magazine geben einen kleinen Einblick.[94] Aus ein und demselben Keller stammen folgende Notizen in der zügigen Kursivschrift:

Es kauft 110 Becken zu 15 Pfund (etwa 4,8 kg) Sineros aus Aquileia.
Am Schalttag (= 24. Februar) kaufe 255 Ambosse.
Rullus Servierplatten 170.

In einem anderen steht:

Haken 560, Ringe 575.

Wo der Großhandel blühte, waren die Bankiers nicht weit, wie eine Inschrift verrät:

Vom 1. Mai Geld ausgeliehen bis zum 29. Juni.

Das Geld wurde abgezählt in Säckchen aufbewahrt, diese wiederum mit Knochenstäbchen verschlossen, auf denen der Name des Verantwortlichen eingeritzt war.[95] Daß darunter nur römische und griechische, aber keine einheimischen Namen vertreten sind, zeigt, wer auch in den unteren Schichten das wirtschaftliche Heft in der Hand hatte. Selbstverständlich fehlen unter den Funden weder Schreibgriffel, Siegelkapseln, Rechensteine, Gewichte[96] noch Kontrollmarken aus Blei, die an größeren Warenposten befestigt waren.

Auf diesen Kontrollmarken waren der Name des Herstellers, der Arbeiter, die Menge und der Lohn vermerkt.[97] Dieses System war allgemein üblich. Außer aus den Städten *Brigantium*/Bregenz und *Cambodunum*/Kempten sowie der Siedlung auf dem Auerberg bei Schongau[98] gibt es ein Beispiel auch aus der Straßenstation *Immurium*/Moosham unterhalb des Radstädter Tauern (S. 245).[99] Danach hat eine freigelassene Sklavin Ategenta im Dienste eines Catto drei Mäntel angefertigt. Der Lohn ist nicht eingetragen, vielleicht befand sich die Weberei am Ort selbst. Diese Bleiplättchen besaßen den Vorteil, daß man sie nach der Abrechnung wieder glätten und neu beschriften konnte.

Die Ausgrabungen auf dem Magdalensberg bieten wegen der vielen Inschriften und ihrer Interpretation durch den Epigrafiker Rudolf Egger ein besonders reiches Material, um das alltägliche und wirtschaftliche Leben einer größeren Siedlung zu studieren. Eingeritzte Namen auf Speisegeschirr[100] weisen zum Beispiel darauf hin, daß es – wie beim Militär in den Kastellen an der Donau – hier ebenfalls eine Kantinenverpflegung gab, was gerade für Händler und ihre Bediensteten, die längere Zeit ohne Familie auf dem Magdalensberg weilten, sehr vorteilhaft gewesen sein muß. Naturwissenschaftliche Untersuchungen[101] und Inschriften auf den Transportbehäl-

171   Für die Geldgeschichte wichtig ist der Opferfund aus dem Moor bei Lauterach nahe Bregenz (Vorarlberg), an dem alten Weg durch das sumpfige Rheindelta. Außer etwas Silberschmuck und einem Bronzeringchen enthielt er 24 römische Silberdenare und drei keltische Silbermünzen. Die römischen Münzen wurden zwischen etwa 150 und 106 v. Chr. geprägt und sind die ältesten ihrer Art am Nordrand der Alpen. Da die Datierung der keltischen Stücke (zwei aus Süddeutschland, eines aus Mittelfrankreich) und des Schmuckes recht unsicher ist, spricht nichts dagegen, die Opferung des Schatzes in das frühe 1. Jahrhundert v. Chr. anzusetzen. Länge der Fibeln 4,0 und 4,1 cm. Vorarlberger Landesmuseum Bregenz.

tern für Lebensmittel geben Aufschluß über die Zusammensetzung der Nahrung. Unter den gefundenen Tierknochen, die hauptsächlich Speiseabfälle darstellen, dominieren naturgemäß die seit der Jüngeren Steinzeit gehaltenen Arten: 40,8% Schaf oder Ziege, 30,3% Schwein und 25% Rind. Diese Zahlen geben die Mindestindividuenzahl an; berücksichtigt man die Größe der Tiere, war das Rind der wichtigste Fleisch- und Milchlieferant. Wild spielte für die Ernährung so gut wie keine Rolle: allein Rothirsch, Reh, Wildschwein und Hase bereicherten in nennenswerter Weise den Speisezettel (etwa

172   Grabstein des Handwerkers Nammonius Mussa und seiner Frau Kalandina sowie eines Saturnius, dessen Verwandtschaftsgrad unbekannt ist. Aus der Darstellung ist der Beruf des Mannes zu ersehen. Bei dem kleinen Hammer handelt es sich eindeutig um einen Treibhammer; Nammonius hat also als Bronze- oder Goldschmied gearbeitet. Die Zange paßt ebenfalls kaum zu einem Grobschmied, wenn sie auch nicht jenen gleicht, mit denen man die tönernen Gußtiegel mit der flüssigen Bronze aus dem Ofen holte. Die Frau trägt die norische Tracht mit Haube, Halsring, zwei Fibeln und Umhang; in ehelicher Vertrautheit legt sie dem Mann die Hand auf die Schulter. Gefunden in Kalsdorf bei Graz (Steiermark). Erste Hälfte des 2. Jahrhunderts n. Chr. Höhe 1,06 m. Steiermärkisches Landesmuseum Joanneum Graz.

im Verhältnis 1 : 15 zu den Haustieren). Seltene und scheue Tiere sind nur durch wenige Knochen vertreten: Ur, Wisent, Steinbock, Gemse, Elch, Fuchs und Braunbär. Unter den Vögeln war das Haushuhn am bequemsten zu halten; außer Enten und Gänsen dokumentieren die anderen nur heute fast ausgerottete Arten: Auer-, Birk-, Hasel- und Alpenschneehuhn, Gänsegeier und Kolkrabe.

Aus dem Süden importierten Händler Spezialitäten, auf die die Römer nicht verzichten wollten:[102] Öl, *garum* (konzentrierte Fischsauce), eingelegte Trauben und Obst, Feigen, Austern und sonstige Fischkonserven. Bevorzugtes Transportmittel war die Amphore aus Ton. Die Töpfer aus Italien oder dem nahen Istrien stempelten ihre Produkte vor dem Brand, während der Inhalt später durch eingeritzte oder aufgemalte Buchstaben und Zeichen angegeben wurde. Das vollständige Schema zeigt folgende Inschrift auf dem Hals einer Amphore:[103]

Ve(nuculae uvae) d(efrutum) t(esta) LXXIIX p(ondo) CLIV.
In Saft eingelegte Weintrauben, Leergewicht der Amphore 78 Pfund (= 23,4 kg), Inhalt 154 Pfund (= 46,2 kg).

Die Händler schlossen sich oft zu Genossenschaften zusammen, um das Risiko des Fernhandels zu vermindern. Viele sind dabei sehr reich geworden, weil das riesige römische Reich ein einziger großer Markt mit geringen Zöllen (S. 251) und dem Güteraustausch günstig war. Auch die ausgefallensten Wünsche wurden befriedigt, wenn man nur genug dafür bezahlte.

Die Versorgung mit den Grundnahrungsmitteln, also vor allem mit Getreide und Schlachtvieh, gewährleisteten die Gutshöfe, die villae *rusticae* (S. 119ff.). Drei grundlegende Werke aus den beiden Jahrhunderten um Christi Geburt bezeugen die Aufmerksamkeit, die die Römer der Landwirtschaft schenkten.[104] Die Arbeit auf den Gutshöfen verrichteten Verwalter, Pächter und Sklaven. Der Größe der einzelnen Betriebseinheit war durch ökonomische Gründe eine Grenze gesetzt (sie schwankt zwischen 2 und 5 km² in gut erforschten Gebieten),[105] aber es konnten natürlich ein und demselben Großgrundbesitzer mehrere solcher Höfe – auch in ganz verschiedenen Gegenden – gehören.[106] Die Fragen der Besitzverhältnisse, der Erträge, des Personalbestands usw. sind für die Provinzen im Detail leider weitgehend ungeklärt, weil die schriftlichen Quellen hier aussetzen.

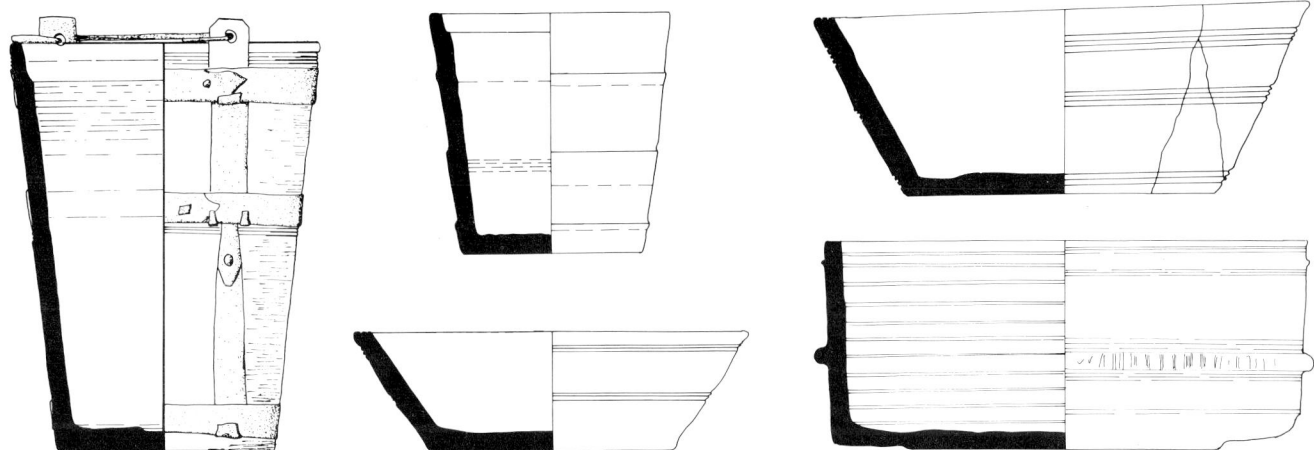

173   Lavez, ein specksteinartiges Material aus den Südalpen, ergänzte und ersetzte in spätrömischer Zeit auch am Nordalpenrand das Tongeschirr. Da der weiche Stein auf der Drehbank bearbeitet wurde, sind die Formen konisch und die Verzierung auf horizontale Rippen beschränkt. Die abgebildeten Gefäße stammen aus Gräbern von Bonaduz (Graubünden). 4.–5. Jahrhundert n. Chr. Durchmesser der großen Schüssel 20 cm. Rätisches Museum Chur.

Die römische Sitte, auf Grabsteinen oft auch den Beruf anzugeben oder gar bildlich darzustellen, bietet einen Einblick in das überaus spezialisierte Handwerk (S. 155). Dazu kommen die vielen Werkzeuge, die in den Städten und *villae rusticae* gefunden wurden, so daß – unter Heranziehen volkskundlichen Materials – Einzelheiten der Technik rekonstruierbar sind.[107] Manche Handwerke gewannen jetzt erst an Bedeutung. Am augenfälligsten gilt dies für die Tätigkeit der Architekten und Maurer; denn die Erfindung des Mörtels sowie die gebrannten Mauer- und Dachziegel änderten Bauweise und äußeres Aussehen öffentlicher und privater Gebäude von Grund auf – im wahrsten Sinne des Wortes. Dünnwandige Glasgefäße, vom Parfumfläschchen bis zum Weinkrug, verraten die Kunstfertigkeit der Glasmacher (Abb. 84). Luxusgeschirr aus hartgebranntem Ton, oft plastisch verziert, die sogenannte *terra sigillata*, wurde nur an wenigen Orten fabriziert und weit verhandelt.[108] Zerbrach es, sorgten Geschirrflicker für eine Reparatur.[109] Künstler arbeiteten in Stein oder Bronze; lebens-

große Statuen schmückten öffentliche Plätze und Tempelanlagen (Abb. 89).

Die Intensivierung des Fernhandels stellte höhere Anforderungen an das Straßensystem und die Transportkapazitäten. Gerade im Alpengebiet verschaffte diese Verdienstmöglichkeit ein zusätzliches Einkommen; denn nicht nur zur gefährlichen Winterszeit waren orts- und wetterkundige Führer notwendig und begehrt. Zugtiere für die Bergstrecken waren bereitzuhalten, berggewohnte Pferde für den staatlichen Kurierdienst und die Beamten auf Dienstreisen. Der Saumverkehr auf den nicht ausgebauten Pfaden war ohnehin nur von Einheimischen zu bewältigen.

Die Ausbeutung der Bodenschätze im Alpenraum scheint unter den Römern gegenüber den älteren Zeiten nicht intensiviert worden zu sein. Abgesehen vom unübertroffenen norischen Eisen haben die Metallvorkommen wie eh und je nur den regionalen Bedarf befriedigt; denn die großen und gewinnbringenden Gold- und Silberbergwerke in anderen Teilen des Reiches boten bequemere Möglichkeiten. Dafür eroberte ab dem 3. Jahrhundert n. Chr. ein typisch alpines Produkt einen gewissen Markt nördlich der Alpen: Geschirr aus Lavez.[110] Dieses specksteinartige Material steht vor allem in den schweizerischen Südalpentälern an und kann in frischem Zustand leicht bearbeitet werden.[111] Auf der Drehbank[112] stellte der Meister einfache Formen her: Schalen, Schüsseln, Becher und Eimer. Sie dienten als feuerfestes Kochgeschirr, und zwar bis fast in unsere Tage. Erst die moderne Industrie hat diesem traditionellem Handwerk ein Ende bereitet. Der technisch vorgegebene Arbeitsgang ließ keine großen Variationen der Formen zu, so daß auch diese durch die Zeiten sich kaum änderten. Daher sind spätrömisch/frühmittelalterliche Lavezgefäße nur in seltenen Fällen von jüngeren zu unterscheiden, was die Datierung einzeln gefundener Stücke oder von Fundplätzen mit wenigem oder nicht nach Schichten trennbarem Material erschwert. Die Beobachtungen auf der Höhensiedlung Carschlingg bei Castiel[113] nahe Chur haben ergeben, daß hier – und sicherlich auch in der weiteren Umgebung – Lavez- und Holzgefäße in den wirtschaftlich schwierigen Zeiten des 4. bis 7. Jahrhunderts fast gänzlich das zu importierende und daher teure Tongeschirr verdrängten.[114]

Arme Bauern und volle Schatzkammern

Schon viele Jahrzehnte vor dem offiziellen Ende des römischen Reiches im Jahre 476 hatte sich die wirtschaftliche und soziale Lage in den Provinzen und auch im Alpenraum grundlegend verschlechtert. Die steten Einfälle der Germanen seit dem 3. Jahrhundert störten das großräumige Versorgungssystem; die *villae rusticae* wurden fast alle aufgegeben. Die Reichen setzten sich nach Süden ab. Wer zurückblieb, verschanzte sich auf Höhen und hinter Mauern, wenn er sich nicht gar in Höhlen verkroch (S. 124). Allein das Militär wurde noch mit Geld und gelegentlich mit südlichen Erzeugnissen nach gewohnter Art versorgt. Dazu waren in *Teriolis*/Zirl bei Innsbruck und *Foetibus*/Füssen Einheiten der 3. italischen Legion (mit dem Oberkommando in *Castra Regina*/Regensburg?) stationiert, die den transalpinen Verkehr auf der Via Claudia und der Brennerstraße aufrechterhalten und überwachen sollten. Das spätantike Truppen- und Ämterverzeichnis der Notitia dignitatum nennt als ihre Aufgabe *transvectioni specierum* – zur Beförderung der Spezereien (dieses altertümliche Wort trifft die Sachlage genau; in Frankreich heißen entsprechende Geschäfte heute noch Épicerie), also kostbarer Waren wie Delikatessen, Gewürze oder Olivenöl.[115]

Bald war es aber auch damit vorbei. Im 5. Jahrhundert übernahm eine Art Miliz die Grenzverteidigung von *Quintanis*/Künzing an die Donau abwärts; das rätische Alpenvorland war *de facto* aufgegeben. Die Lebensbeschreibung des Hl. Severin gibt Aufschluß über die Zustände, die damals in den kleinen Kastellen entlang der Donau und im ostalpinen Raum herrschten.[116] Jede Siedlungsgemeinschaft war auf sich gestellt und oft durch eine Tagesreise von der nächsten getrennt. Vor den Mauern lagen die Felder und die Viehweiden, die – wenn nicht eine Mißernte Unglück brachte oder Germanen das Vieh wegtrieben – die Selbstversorgung sicherten. In Notfällen reichte die staatliche, oder vielmehr: kirchliche Autorität gerade noch aus, Transporte von Getreide oder Textilien zu organisieren; sogar mitten im Winter wurde einmal eine Sendung aus dem südlichen Noricum übers Gebirge geschafft.[117] Neben den Bauern, die im Familienbetrieb wirtschafteten, scheint es auch eine große Gruppe von *pauperes* gegeben zu haben, arme Leute ohne Besitz, die fast gänzlich auf Almosen und die funktionierende Umverteilung der wenigen Überschüsse angewiesen waren. Dazu diente der „Zehnte" in Form von Naturalien, denn Geld spielte in dieser Wirtschaft keine Rolle mehr und war nur in besonderen Fällen notwendig oder vorteilhaft.[118] So waren die Soldaten teilweise noch darauf angewiesen, weil sie nur in begrenztem Umfang an der allgemeinen Nahrungsmittelproduktion mitwirken konnten (dies lehrt die Geschichte von den soldholenden Soldaten aus Passau, die auf dem Weg nach Süden umgebracht wurden: S. 254). Severinus mußte das Öl, auf das die an südliche Lebensart gewohnte Bevölkerung in *Lauriacum* nicht verzichten mochte, wohl gegen bare Münze einkaufen; denn die Händler aus Italien wollten sich auf dem Rückweg bei den damaligen Zuständen nicht mit eingetauschten Waren belasten, sondern zogen einen gefüllten Geldbeutel vor.

Unter diesen Verhältnissen, als es darauf ankam, den allernötigsten Lebensunterhalt zu sichern, lag auch das Handwerk darnieder. Rohmaterialien und Spezialisten fehlten ebenso wie die Abnehmer. Mehr als Grobschmiede, die Geräte des täglichen Gebrauchs und der Landwirtschaft anfertigten, wird es nicht gegeben haben. Kalkbrenner,[119] Ziegler und Maurer waren abgewandert oder nur noch für besondere Zwecke, etwa den Kirchenbau, zu bezahlen.[120] Die allgemeine Not hatte hier auch viele Ungerechtigkeiten beseitigt, darunter die Sklaverei.[121] Die christliche Lehre verbot die Versklavung eines Getauften, und die Bewohner Noricums waren froh, wenn sie nicht selbst von den immer wieder eindringenden Germanen verschleppt wurden.

Anders stellen sich die Verhältnisse im westlichen Alpenraum dar.[122] Hier vollzog sich der Übergang vom spätrömischen Staat zu den germanischen Königreichen ohne Bruch. Das Leben in den Städten ging weiter, im Jahre 443 wurden die Burgunder in der Sapaudia

(Hauptstadt war zunächst Genf) einquartiert, das Land unter ihnen und der ansässigen Provinzbevölkerung nach einem festgelegten Schlüssel aufgeteilt[123] (so übrigens – etwas anders – auch bei den Langobarden in Italien über 100 Jahre später). Große landwirtschaftliche Güter so-

wie intakte Fernbeziehungen zum Mittelmeer und auf ihm weiter nach Osten bestimmten zunächst das Bild. Auch die Sklaverei blieb als Institution erhalten; denn noch im 6. Jahrhundert sind in den *leges Burgundionum* unfreie Handwerker erwähnt, die im Dienste eines Herren standen.[124] Auch wenn sie teilweise *in publico,* also für den allgemeinen Markt produzieren durften, so waren sie doch erstens auf das Rohmaterial angewiesen, das ihnen ihr Herr oder der jeweilige Auftraggeber zur Verfügung stellten, und zweitens war der Herr dafür verantwortlich, daß alle Geschäfte mit rechten Dingen zugingen. Die Einzelheiten dieser für heutige Begriffe schwer nachvollziehbaren Rechtsstellung sind noch lange nicht geklärt.

Die Wirtschaft war hier noch mehr als im Osten römischen Traditionen verhaftet, produzierte also Getreide, Wein und etwas Gemüse nahe dem Haus. Viehzucht wurde nicht planmäßig betrieben, besonders nicht im Hinblick auf kräftige Rinder und Pferde zum Ziehen tiefreichender Pflüge. Erst die germanische Wirtschaftsweise, die nicht so streng zwischen dem bebauten Land und den durch Viehhaltung genutzten Wäldern trennte, leitete eine Änderung ein, die schließlich wieder eine ausreichende Ernährung der Menschen samt einem gewissen Überschuß sicherte. Dieser kam dem König und dem Adel zugute, und davon profitierte wiederum das Handwerk, weil genügend Menschen für Tätigkeiten freigestellt waren, die nicht ausschließlich mit der Nahrungsmittelproduktion zu tun hatten. Daher riß in ganz Westeuropa samt den Westalpen die handwerkliche Tradition

174   Den schönsten und kostbarsten Kelch des Frühmittelalters schenkte der bayerische Herzog Tassilo III. dem Kloster Kremsmünster in Oberösterreich, das im Jahre 777 geweiht wurde. Er ist aus Kupfer getrieben und ganz mit einer vielgestaltigen Ornamentik bedeckt, die durch Vergoldung, Silbertauschierung und Niello (Schwefelsilber) zusätzlich belebt wird. Germanischer Tierstil und Bildmedaillons nach byzantinischem Vorbild stehen nebeneinander. Als Herstellungsort kommt in erster Linie die Bischofsstadt Salzburg in Frage, vielleicht auch das Kloster Mondsee. Stolz ließ sich der Stifter mit seiner Frau, einer langobardischen Königstochter, auf dem Fuß verewigen: *Tassilo dux fortis / Liutpirc virga regalis* = Tassilo, tapferer Herzog / Liutpirc, königlichen Geschlechts. Höhe 25,5 cm. Stift Kremsmünster.

nicht ab, auch wenn im 5. Jahrhundert der allgemeine wirtschaftliche Niedergang seine Spuren hinterließ.

Für eine Geldwirtschaft im römischen Sinne fehlten dennoch die Voraussetzungen.[125] Zwar prägten die Frankenkönige und bald auch lokale „Münzmeister" Goldmünzen nach oströmischem Vorbild (ganz wie die Kelten 700 Jahre früher nach griechischem Muster), aber diese wertvollen Stücke dienten in erster Linie der Repräsentation des Herrschers, als Propagandamittel (Ostrom betrachtete es als gottlose Unverschämtheit, als Theudebert I. um 540 seinen eigenen Namen auf Münzen setzen ließ!) und als theoretische Rechnungseinheit. Die Gesetzessammlungen[126] benutzten sie für die Festsetzung der Bußgelder, doch auch reichen Leuten standen sie für Barzahlungen nur in beschränktem Umfang zur Verfügung. Bei der Struktur der frühmittelalterlichen Wirtschaft konnten Güter, die ein landwirtschaftlicher Betrieb nicht selbst erzeugte, normalerweise nur auf dem Tauschwege erworben werden. Erst unter Karl dem Großen war die Entwicklung so weit gediehen, daß die Einführung einer Silberwährung mit geringem Nominalwert ratsam und möglich war. Von nun an war auch wieder „Kleingeld" in gewissem Maße vorhanden, was viele Handelsabschlüsse erleichterte und beschleunigte.

Über die konkreten Lebensumstände der Menschen im Frühmittelalter ist nur wenig bekannt. Die Frühmittelalterarchäologie beschäftigt sich nach wie vor viel zu sehr mit einzelnen Gegenständen und Trachtrekonstruktionen sowie mit dem Aufspüren historisch überlieferter Gegebenheiten im Fundmaterial aus den zahlreichen Gräbern. Siedlungen dagegen sind nur sehr wenige untersucht und ausgewertet worden (S. 126ff.)[127] – allerdings liegen sie fast immer unter den heutigen Ortskernen und sind daher weitgehend unzugänglich oder zerstört. Auch daß aus der Solequelle von Reichenhall (Oberbayern) Salz gewonnen wurde, wissen wir nur aus den Schriftquellen; der Friedhof wohlhabender Leute in der Nähe wäre als archäologisches Indiz allein wenig beweiskräftig (S. 166).

Die Kirche griff auf vielfältige Weise und in oft schwer abzuschätzendem Umfang in das Wirtschaftssystem des Frühmittelalters ein. Einerseits sammelten sich durch Schenkungen in den Kirchen und Klöstern große Schätze an Edelmetall an, die weitgehend zu Kunstgegenständen verarbeitet waren, um immer an den Stifter zu erinnern. Andererseits war das Christentum mit dafür verantwortlich, daß den Toten ab dem 8. Jahrhundert auch in den germanisch beeinflußten Gebieten (bei Burgundern, Alamannen, Bajuwaren und Langobarden) so gut wie keine Beigaben mehr ins Grab gelegt wurden, diese Werte also der Allgemeinheit erhalten blieben. Die Aufweichung der traditionellen Jenseitsvorstellungen durch das Christentum hat anscheinend schon dazu beigetragen, daß im 7. Jahrhundert der Grabraub überhand nahm.[128] Es lieferte – etwas überspitzt formuliert – die Legitimation, in einer Zeit der Metallverknappung[129] die Ruhe der Toten stören und ihnen Gegenstände wegnehmen zu dürfen, die sie nach christlicher Lehre im Jenseits ohnehin nicht mehr brauchten.

Was wir hier im Frühmittelalter sehen, nämlich die enge Verflechtung wirtschaftlicher, politischer, sozialer und religiöser Entwicklungen, ist ohne weiteres auch für die schriftlosen vorrömischen Zeiten anzunehmen. Dort jedoch sind die Abhängigkeiten und Wechselwirkungen noch schwieriger zu beurteilen, weil vieles nur indirekt erschließbar ist. Das meiste wird immer Hypothese bleiben müssen, und für manche Probleme gibt es sicherlich mehr als nur eine Lösungsmöglichkeit. Falsch wäre es aber auf jeden Fall, bei der Beschreibung des Lebens in frühgeschichtlicher Zeit nur einen der bestimmenden Faktoren hervorzuheben oder gar allein zu behandeln. Eine Analyse durch die Zeiten macht Entwicklungen und Veränderungen deutlicher; deshalb habe ich in diesem Buch die verschiedenen Lebensbereiche getrennt verfolgt. Aber zu jedem beliebigen Zeitpunkt kann man eine Momentaufnahme machen, die das Leben in seiner Gesamtheit zeigt; dazu dienen die Querverweise und manche bewußte Wiederholung. Es ist Aufgabe der Archäologie als Geschichtswissenschaft, diese beiden Sehweisen zu vereinen und durch zielstrebige Forschung die Schärfe und Helligkeit der Bilder zu steigern.

VIII. Anhang

Anmerkungen

Abgekürzt zitierte Literatur

ANRW   Aufstieg und Niedergang der römischen Welt (Berlin/New York 1972 ff.)

ArchA   Archaeologia Austriaca (Wien)

ArchKorrbl   Archäologisches Korrespondenzblatt (Mainz)

Atti CSDIR   Atti del Centro studi e documentazione sull'Italia romana (Milano)

AS   Archäologie der Schweiz. Mitteilungsblatt der Schweizerischen Gesellschaft für Ur- und Frühgeschichte (Basel)

BerRGK   Bericht der Römisch-Germanischen Kommission (Frankfurt)

BPI   Bullettino di paletnologia italiana (Roma)

BVbl   Bayerische Vorgeschichtsblätter (München)

CIL   Corpus Inscriptionum Latinarum

Dessau   H. Dessau, Inscriptiones Latinae selectae (Berlin 1892–1916)

HelvA   Helvetia Archaeologica (Basel)

JbRGZM   Jahrbuch des Römisch-Germanischen Zentralmuseums (Mainz)

JbSGU   Jahrbuch der Schweizerischen Gesellschaft für Ur- und Frühgeschichte (Basel)

MAGW   Mitteilungen der Anthropologischen Gesellschaft Wien

MblSGU   Mitteilungsblatt der Schweizerischen Gesellschaft für Ur- und Frühgeschichte (Basel) (Fortsetzung = AS)

ÖJh   Jahreshefte des Österreichischen Archäologischen Instituts (Wien)

PrAlp   Preistoria Alpina. Rivista annuale della sezione di paletnologia del Museo Tridentino di Scienze Naturali (Trento)

PrFr   La préhistoire française, Bd. I (Hrsg.: H. de Lumley) und II (Hrsg.: J. Guilaine) (Paris 1976)

RE   Realencyklopädie der classischen Altertumswissenschaft

UFAS   Ur- und frühgeschichtliche Archäologie der Schweiz. Bd. I–VI (Basel 1968–1979)

WPZ   Wiener Prähistorische Zeitschrift

ZSAK   Zeitschrift für Schweizerische Archäologie und Kunstgeschichte (Zürich)

I. Archäologie –
Zufall und Methode

1   M. Wheeler, Moderne Archäologie. Methoden und Technik der Ausgrabung (Reinbek 1960); J. A. H. Potratz, Einführung in die Archäologie (Stuttgart 1962); H. J. Eggers, Einführung in die Vorgeschichte (2. Aufl. München 1973); F. Felgenhauer, Einführung in die Urgeschichtsforschung (Freiburg 1973); H. Müller-Karpe, Einführung in die Vorgeschichte (München 1975); B. Hrouda (Hrsg.), Methoden der Archäologie. Eine Einführung in ihre naturwissenschaftlichen Techniken (München 1978).

2   In allen Details ausgebreitet von R. Hachmann (Hrsg.), Vademecum der Grabung Kamid-el-Loz (Bonn 1969).

3   W. F. Libby, Radiocarbon Dating (2. Aufl. Chicago 1965). Der neueste Forschungsstand bei W. Rauert, Die Kohlenstoff-14-Datierungsmethode. In.: B. Hrouda (Anm. 1) 111–124 sowie H. Willkomm, Altersbestimmungen im Quartär. Datierungen mit Radiokohlenstoff und anderen kernphysikalischen Methoden (München 1976). Dazu etliche Aufsätze in: Datations absolues et analyses isotopiques en préhistoire – méthodes et limites. In: IXe Congrès intern. sc. préhist. et protohist. Nice 1976, Colloque I.

4   M. Jaguttis-Emden, Zur Präzision archäologischer Datierungen. Ein Experiment mit C^{14}-Daten des westlichen Mittelmeerraumes am Übergang Spätpleistozän/Holozän (Tübingen 1977).

5   R. M. Clark, A Calibration Curve for Radiocarbon Dates. Antiquity 49, 1975, 251–266; dazu H. E. Suess, Antiquity 50, 1976, 61–62. Ferner: J. Beer u. a., The Contribution of the Swiss Lake-Dwellings to the Calibration of Radiocarbon Dates. Paper presented at the Ninth Intern. Radiocarbon Conference (Los Angeles und San Diego 1976).

6   Der letzte Forschungsstand bei J. Fletcher (Hrsg.), Dendrochronology in Europe. Principles, Interpretations and Applications to Archaeology and History (Oxford 1978); D. Grosser, Dendrochronologische Altersbestimmungen. In: B. Hrouda (Anm. 1) 125–138.

7   Erst vor kurzem gelang die sichere Überbrückung vom Frühmittelalter zur römischen Zeit: B. Schmidt u. H. Schwabedissen, Jahrringanalytische Untersuchungen an Eichen der römischen Zeit. ArchKorrbl 8, 1978, 331–337; E. Hollstein, Bauholzdaten aus augusteischer Zeit. ArchKorrbl 9, 1979, 131–133.

8   B. Huber u. W. Merz, Jahrringchronologische Untersuchungen zur Baugeschichte der urnenfelderzeitlichen Siedlung Zug-„Sumpf“. Germania 40, 1962, 44–56; dies., Jahrringchronologische Synchronisierungen der steinzeitlichen Siedlungen Thayngen-Weiher und Burgäschisee-Süd und -Südwest. Germania 41, 1963, 1–9.

9   Grundsätzlich dazu D. Baatz, Bemerkungen zur Jahrringchronologie der römischen Zeit. Germania 55, 1977, 173–179.

10   Kurze Einführungen bei B. Hrouda (Anm. 1) 151ff. (Thermoluminiszenz), 162ff. (Obsidian-Datierung), 139ff. (magnetische Datierung); dazu auch der Kongreßbericht Nice 1976 (Anm. 3) 39ff. (Aminosäure), 170ff. (Uranium). – Nicht auf dem letzten Stand, aber anschaulich: A. Ducrocq, Atomwissenschaft und Urgeschichte (Hamburg 1957).

11   Über ihn und Oscar Montelius: O. Klindt-Jensen, Vorgeschichtliche Forschung in Skandinavien und im Rheinland vor 1902. In: Festschrift zum 75jährigen Bestehen der Römisch-Germanischen Kommission (Mainz 1979) 63–75.

12   Om Tidsbestämning inom bronsåldern (Stockholm 1885); Die Chronologie der ältesten Bronzezeit in Nord-Deutschland und Skandinavien (Braunschweig 1900).

13   Vgl. etwa Chr. Strahm, Der Übergang vom Neolithikum zur Frühbronzezeit in der Schweiz. PrAlp 10, 1974, 21–42 oder L. Pauli, Untersuchungen zur Späthallstattkultur in Nordwürttemberg. Analyse eines Kleinraumes im Grenzbereich zweier Kulturen. Hamburger Beitr. z. Arch. 2, 1972, 1–166 (= Heft 1).

14   Die indogermanische Frage, archäologisch beantwortet. Zeitschr. f. Ethnol. 34, 1902, 161–222.

15   Programmatisch war der Titel eines Kossinna-Vortrages von 1911, der 1912 in Leipzig als Buch erschien: „Die deutsche Vorgeschichte, eine hervorragend nationale Wissenschaft“. Dieses erlebte mehrere Auflagen, und obwohl Kossinna schon 1931 gestorben war, erschien noch 1941 eine 8. Auflage (26.–35. Tausend). Unerläßlich zur Beurteilung des ideologischen Hintergrunds: R. Stampfuß, Gustaf Kossinna, ein Leben für die Deutsche Vorgeschichte (Leipzig 1935).

16   Schon 1847 gelang es dem Zolldirektor und Hobby-Archäologen J. Boucher de Perthes, die Existenz des eiszeitlichen Menschen zu beweisen und ihm gewisse Funde zuzuschreiben.

17   E. Ettlinger, Die Kleinfunde aus dem spätrömischen Kastell Schaan. Jahrb. Hist. Ver. Liechtenstein 59, 1959, 229–299; H.-J. Kellner, Die Kleinfunde aus der spätrömischen Höhensiedlung „Auf Krüppel“ bei Schaan. Ebd. 64, 1964, 57–116.

18   E. Vogt, Osservazioni sulla necropoli di Cerinasca d'Arbedo. In: Munera. Raccolta di scritti in onore di A. Giussani (Milano 1944) 95–110.

19   J. Werner, Das alamannische Gräberfeld von Bülach (Basel 1953); eine Umzeichnung der Belegungsabfolge nach dem neuesten Stand bei R. Christlein, Die Alamannen (Stuttgart/Aalen 1978) 17 Abb. 7.

20   Außer Bülach nur die eisenzeitlichen Gräberfelder von Münsingen (Kanton Bern): F. R. Hodson, The La Tène Cemetery at Münsingen-Rain (Bern 1968) 22–25 und Solduno (Kanton Tessin): W. E. Stöckli, Chronologie der jüngeren Eisenzeit im Tessin (Basel 1975) 22ff. – Weniger ergiebig: R. Peroni,

Studi di cronologia hallstattiana (Roma 1973) 65 Abb. 19 (Vadena/Pfatten im Etschtal); L. Pauli, Studien zur Golasecca-Kultur (Heidelberg 1971) 73 ff. (Ameno in Piemont); Stöckli a. a. O. 95 ff. (Gudo und Giubiasco); R. Christlein, Das alamannische Gräberfeld von Marktoberdorf im Allgäu (Kallmünz 1966) Taf. 120–128.

21 R. Hachmann, Die Chronologie der jüngeren vorrömischen Eisenzeit. Studien zum Stand der Forschung im nördlichen Mitteleuropa und in Skandinavien. BerRGK 41, 1960, 1–276; dazu zahlreiche Einzelpublikationen von Gräberfeldern.

22 P. Castelfranco, Due periodi della 1ª Età del Ferro nella Necropoli di Golasecca. BPI 2, 1876, 87–106; A. Prosdocimi, Este – la necropoli euganea atestina. Notizie Scavi 1882, 5–37; P. Reinecke, Mainzer Aufsätze zur Chronologie der Bronze- und Eisenzeit (Bonn 1965 = Nachdruck von Arbeiten aus den Jahren 1902 und 1911); D. Viollier, Les sépultures du second âge du fer sur le Plateau suisse (Genève 1916) 8 ff.

23 Die letzte Zusammenfassung bei K. Karstens, Möglichkeiten der Kleinfundbearbeitung mit Hilfe der EDV sowie einige Bemerkungen zur Bearbeitung von Keramik. In: B. Hrouda (Anm. 1) 82–110 mit umfangreicher Literatur. Ergänzend sind zu nennen einige Aufsätze in: Mathematics in the Archaeological and Historical Sciences. Proceedings of the Anglo-Romanian Conference Mamaia 1970 (Edinburgh 1971) sowie in: Proceedings of the 18th International Symposium in Archaeometry und Archaeological Prospection Bonn 1978 (Köln/Bonn 1979); für den alpinen Raum L. Pauli (Anm. 20) 74 ff. (zur Berechnung der „Affinität" zwischen den einzelnen Grabbeigaben selbst).

24 R. A. Maier in: Ausgrabungen in Bayern. „Bayerland" Sonderausgabe (1967) 3; W. Ruckdeschel, Geschlechtsdifferenzierte Bestattungssitten in frühbronzezeitlichen Gräbern Südbayerns. BVbl 33, 1966, 18–44.

25 L. Pauli, Der Dürrnberg bei Hallein 3 (München 1978) 108. 397.

26 Ebd. 75 f.

27 Ebd. 53.

28 L. Pauli (Anm. 13) 6 ff.

29 Vgl. etwa F. Fischer, Die Kelten bei Herodot. Madrider Mitt. 13, 1972, 109–124.

30 Eine ausführliche Behandlung einer solchen Geschichte, die auch den Alpenraum betrifft: Th. Köves-Zulauf, Helico, Führer der gallischen Wanderung. Latomus 36, 1977, 40–92.

31 A. Maiuri, Pompeji (9. Aufl. Roma 1963) 20.

32 Besonders informativ jetzt J. Werner u. E. Ewig (Hrsg.), Von der Spätantike zum frühen Mittelalter. Aktuelle Probleme in historischer und archäologischer Sicht. Vorträge u. Forsch. 25 (Sigmaringen 1979).

33 Dazu etwa B. Overbeck, Alamanneneinfälle in Raetien 270 und 288 n. Chr. Jahrb. f. Numismatik u. Geldgesch. 20,

1970, 81–150; K. Dietz u. a., Regensburg zur Römerzeit (Regensburg 1979) 115 f. (zu 233 und 242/44).

34 R. Noll, Eugippius, Das Leben des Heiligen Severin. Lateinisch und Deutsch (Berlin 1963); F. Lotter, Severinus von Noricum. Legende und historische Wirklichkeit (Stuttgart 1976). Zusammenfassung der Diskussion bei F. Lotter, Die historischen Daten der Endphase römischer Präsenz in Ufernoricum. In: J. Werner u. E. Ewig (Anm. 32) 27–90.

35 Vgl. das in Anm. 32 genannte Sammelwerk, in dem zahlreiche Aufsätze das Alpengebiet behandeln oder berühren.

36 Lex Baiuvariorum: MGH LL I 5; K. Beyerle, Lex Baiuvariorum. Lichtdruckwiedergabe der Ingolstädter Handschrift des bayerischen Volksrechts mit Transkription, Textnoten, Übersetzung, Einführung, Literaturübersicht und Glossar (München 1926); B. Krusch, Die Lex Baiuvariorum (Berlin 1924). – Leges Alamannorum: MGH LL 3 und 5, 1; Leges Alamannorum, hrsg. von K. A. Eckhardt (Göttingen 1958 und 1962). – Leges Langobardorum: MGH LL 4; F. Beyerle, Die Gesetze der Langobarden (Weimar 1947); Leges Langobardorum 643–866, hrsg. von F. Beyerle (Witzenhausen 1962); Edictum Rotharis Regis, ins Ital. übersetzt von M. Boroli in: B. Barni, I Longobardi in Italia (Novara 1974) 393–444.

37 Vgl. die Aufsätze über die Verhältnisse in Churrätien von O. P. Clavadetscher (Schriftquellen), G. Schneider-Schnekenburger (Archäologie) und S. Sonderegger (Ortsnamen) in dem genannten Sammelband (Anm. 32).

38 H. Erb u. a., Bündner Burgenarchäologie und Bündner Burgenfunde (Chur 1970); W. Meyer, Die Burgruine Alt-Wartburg im Kanton Aargau (Olten 1974); J. Tauber u. J. Ewald, Die Burgruine Scheidegg bei Gelterkinden. Die Kleinfunde (Olten 1975); W. Meyer, Das Castel Grande in Bellinzona (Olten 1976); M.-L. Boscardin u. W. Meyer, Burgenforschung in Graubünden (Olten 1977). – Außer Burgen werden jetzt auch andere Objekte durch Ausgrabungen untersucht: W. Geiser (Hrsg.), Bergeten ob Braunwald – ein archäologischer Beitrag zur Geschichte des alpinen Hirtentums (Basel 1973); H. Erb u. M.-L. Boscardin, Das spätmittelalterliche Marienhospiz auf der Lukmanier-Paßhöhe – ein archäologischer Beitrag zur Geschichte alpiner Hospize (Chur 1974).

39 Diese Einsicht dokumentiert der von B. Hrouda herausgegebene Sammelband (Anm. 1).

40 G. Ziegelmayer, Anthropologische Untersuchungen. In: B. Hrouda (Anm. 1) 208–249. Zur Blutgruppenbestimmung: J. A. Lengyel, Paleoserologie (Budapest 1975).

41 Ergänzend sei hier noch verwiesen auf N. Creel, Die Anwendung statistischer Methoden in der Anthropologie. Beitrag zur Erklärung der Entwicklungsprozesse europäischer Populationen (naturwiss. Diss. Tübingen 1968).

42 Zusammenfassend J. Boessneck, Osteoarchäologie. In: B. Hrouda (Anm. 1) 250–279.

43 Eine solche Auswertung bringen etwa J. W. Amschler, Ur- und frühgeschichtliche Haustierfunde aus Österreich.

ArchA 3 (1949) und M. Hornberger, Gesamtbeurteilung der Tierknochenfunde aus der Stadt auf dem Magdalensberg in Kärnten (1948–1966) (Klagenfurt 1970).

44 F. H. Schweingruber, Prähistorisches Holz. Die Bedeutung von Holzfunden aus Mitteleuropa für die Lösung archäologischer und vegetationskundlicher Probleme (Bern 1976).

45 F. Firbas, Pollenanalytische Untersuchungen einiger Moore der Ostalpen. Lotos 71, 1923, 187–242.

46 G. Kossack u. H. Schmeidl, Vorneolithischer Getreideanbau im bayerischen Alpenvorland. Jahresber. Bayer. Bodendenkmalpfl. 15–16, 1974–75, 7–23.

47 F. Morton, Die Auffindung eines vorgeschichtlichen Bos brachyceros-Hornes mit Bergmannsexkrementen im Hallstätter Salzbergwerk. Kali, verwandte Salze und Erdöl 35, 1941, 134 f.; ders., Hallstatt und die Hallstattzeit (Hallstatt 1953) 36 f. Für die Exkremente aus dem Dürrnberg (S. 285 mit Anm. 75) liegen keine umfassenden Analysen vor.

48 Eine beispielhafte Studie: K. Brunnacker, J. Freundlich, M. Menke u. H. Schmeidl, Das Jungholozän im Reichenhaller Becken. Eiszeitalter u. Gegenwart 27, 1976, 159–173.

49 Ein Versuch beschränkten Umfangs: J. Riederer, Mineralogische Untersuchungen an der Keramik vom Dürrnberg. In: F. Moosleitner, L. Pauli u. E. Penninger, Der Dürrnberg bei Hallein 2 (München 1974) 169–189; dazu die Auswertung aus archäologischer Sicht: L. Pauli, Der Dürrnberg bei Hallein 3 (München 1978) 312–332.

50 S. Junghans, E. Sangmeister u. M. Schröder, Metallanalysen kupferzeitlicher und frühbronzezeitlicher Bodenfunde aus Europa (Berlin 1960); dies., Kupfer und Bronze in der frühen Metallzeit Europas. Die Materialgruppen beim Stand von 12 000 Analysen (Berlin 1968).

51 A. Hartmann, Prähistorische Goldfunde aus Europa (Berlin 1970); dazu als Ergänzung für die Eisenzeit: ders., Ergebnisse spektralanalytischer Untersuchung späthallstatt- und latènezeitlicher Goldfunde vom Dürrnberg, aus Südwestdeutschland, Frankreich und der Schweiz. In: L. Pauli (Anm. 49) 601–617.

52 D. Ankner, Zur naturwissenschaftlichen Begründung des Begriffes der „Bernsteinstraßen". JbRGZM 13, 1966, 296–301; W. La Baume, Die Lagerstätten des Bernsteins und ihre kulturgeschichtliche Bedeutung im Altertum. Die Kunde 20, 1969, 3–10.

53 H. Straube, B. Tarmann u. E. Plöckinger, Erzreduktionsversuche in Brennöfen nordischer Bauart (Klagenfurt 1964); Beiträge zur Geschichte des Eisens im alpenländischen Raum: H. Malzacher u. a., Ergebnisse und Folgerungen aus gemeinsamen Untersuchungen deutscher und österreichischer Archäologen und Eisenhüttenleute zur Frage der frühgeschichtlichen Eisenverhüttung in Kärnten (Düsseldorf 1964); O. Schaaber, Überlegungen zur Deutung der Plinius-Angaben über das Eisen aufgrund metallkundlicher Funduntersuchungen. ÖJh 51, 1976 77, 85–105.

II. Eine Million Jahre Geschichte im Überblick

1 H. de Lumley u. L. Barral (Hrsg.), Sites paléolithiques de la région de Nice et grottes de Grimaldi. IXᵉ Congrès intern. sc. préhist. et protohist. Nice 1976: Livret-guide de l'excursion B 1 (Nice 1976).

2 Vgl. neuerdings W.-D. Langbein, Die Brenztalkultur. Geologisches Alter und archäologische Bedeutung (Frankfurt/ Bern 1976); dazu die Besprechung von H. Müller-Beck, Fundber. Baden-Württ. 4, 1978, 420–423.

3 H. de Lumley u. a., La grotte du Vallonnet, Roquebrune-Cap-Martin (Alpes-Maritimes). Bull. Mus. d'Anthr. Préhist. Monaco 10, 1963, 5–20. Zusammenfassung und Interpretation nach dem letzten Stand: H. de Lumley u. L. Barral (Anm. 1) 93–103.

4 Da über die Parallelisierung botanisch/zoologischer, geologischer, klimatischer und archäologischer Chronologiesysteme für diese frühen Zeiten noch gewisse Unsicherheiten bestehen, ist eine Diskussion geringfügig abweichender Zuweisungen hier überflüssig.

5 R. Grahmann u. H. Müller-Beck, Urgeschichte der Menschheit (3. Aufl. Stuttgart 1967) 163. Dort eine knappe Einführung in die „Abstammungsgeschichte des Menschen": 55–167.

6 H. de Lumley, Les fouilles de Terra Amata à Nice (Alpes-Maritimes). Premiers résultats. Bull. Mus. d'Anthr. Préhist. Monaco 13, 1966, 29–51; H. de Lumley u. L. Barral (Anm. 1) 15–49.

7 F. Zorzi u. A. Pasa, Il deposito quaternario di Villa di Quinzano presso Verona. BPI N. S. 8, 1944–45, 15–66 mit Abb. 10–15; L. Barfield, Northern Italy before Rome (London 1971) 20 Abb. 4.

8 E. Bächler, Das Drachenloch ob Vättis im Taminatal (Sankt Gallen 1921).

9 Übersicht mit weiterer Literatur bei H. Müller-Beck, Das Altpaläolithikum. UFAS I, 89–106.

10 A. Bocquet, Catalogue des collections préhistoriques et protohistoriques (Grenoble 1969) 12.

11 A. Bocquet u. M. Malenfant, Un gisement prémousterien près de Vinay (Isère). Travaux Lab. Géol. Grenoble 42, 1966, 77–82; A. Bocquet (Anm. 10) Taf. 1, 1–3.

12 W. Gräf u. W. Modrijan (Hrsg.), Höhlenforschung in der Steiermark (Graz 1972).

13 M. Mottl, Das Protoaurignacien der Repolusthöhle bei Peggau, Steiermark. ArchA 5, 1960, 6–17; dies., Die Repolusthöhle bei Peggau (Steiermark) und ihre eiszeitlichen Bewohner. ArchA 8, 1951, 1–78. – O. Abel u. G. Kyrle, Die Drachenhöhle bei Mixnitz (Wien 1931).

14 M. Mottl, Die paläolithischen Funde aus der Salzofenhöhle im Toten Gebirge. ArchA 5, 1950, 24–34; K. Ehrenberg, Die paläontologische, prähistorische und paläo-ethnologische

Bedeutung der Salzofenhöhle im Lichte der letzten Forschungen. Quartär 6, 1953, 19–58; ders., Die urzeitlichen Fundstellen und Funde in der Salzofenhöhle, Steiermark. ArchA 25, 1959, 8–24.

15   M. Mottl, Was ist nun eigentlich das „alpine Paläolithikum"? Quartär 26, 1975, 33–52.

16   H. de Lumley u. L. Barral (Anm. 1); P. Graziosi, I Balzi Rossi (5. Aufl. Bordighera 1976).

17   J. Biegert, Herkunft und Werden des Menschen. UFAS I, 69–88.

18   Gewaltig war der Flimser Bergsturz in Graubünden nach dem Ende der Eiszeit. Er staute den Vorderrhein auf, bis dieser sich eine tiefe, enge Schlucht hindurchgegraben hatte. Die Straße vermag ihr nicht zu folgen, sondern weicht weit nach Norden auf die oberen Talhänge aus. – Zum Pletzach-Bergsturz bei Kramsach im Inntal, der das Gebiet der Zillermündung in einen später versumpften See verwandelte vgl. W. Schreiber, Der Pletzach-Bergsturz bei Kramsach. In: Alpengeographische Studien zum 50. Geburtstag Prof. Dr. Hans Kinzl's (Innsbruck 1950) 63–76; Osm. Menghin, BVbl 36, 1971, 320.

19   H. Adler u. M. Menke, Das Abri von Unken an der Saalach, ein spätpaläolithischer Fundplatz der Alpenregion. Germania 56, 1978, 1–23.

20   Bisher sind nur Vorberichte erschienen: Colbricon am Passo Rolle: PrAlp 7, 1971, 342–344; 8, 1972, 107–149. 260; 9, 1973, 227–229; 11, 1975, 201–235. 322; 12, 1976, 218–220. – Sellajoch: PrAlp 8, 1972, 268–269; 12, 1976, 227. – Reiterjoch: PrAlp 12, 1976, 229. – Valle del Vajolet (etwa 1900 m): PrAlp 12, 1976, 235. – Fontana de la Teia im Monte Baldo (Verona) (etwa 2000 m): PrAlp 12, 1976, 243–244.

21   C. Corrain, G. Graziati u. P. Leonardi, La sepoltura epipaleolitica nel riparo di Vatte di Zambana (Trento). PrAlp 12, 1976, 175–212.

22   S. Nauli, JbSGU 59, 1976, 221.

23   W. Buttler, Der donauländische und der westische Kulturkreis der jüngeren Steinzeit (Berlin/Leipzig 1938) Taf. 15–16; H. Quitta, Zur Frage der ältesten Bandkeramik in Mitteleuropa. Prähist. Zeitschr. 38, 1960, 1–38 und 153–188.

24   UFAS II, 79 (Karte).

25   PrFr II, 255–259.

26   Getreidepollen sind in 1250 m Höhe bezeugt auf dem Col Luitel nahe Grenoble, datiert zwischen 2700 und 2500 v. Chr.: PrFr II, 71 nach S. Wegmüller, Neuere palynologische Ergebnisse aus den Westalpen. Ber. Dt. Botan. Ges. 85, 1972, 75–77. Ein Vergleich der Anteile von Jagd- und Haustieren in über zehn Siedlungen des Alpenraumes ergibt im höchsten Fall einen Wert von 16,3% Jagdtiere: L. Chaix, Les premiers élevages préhistoriques dans les Alpes occidentales. Bull. d'Études préhist. Alpines 8–9, 1976–77 (= L'Homme et la montagne. Actes du 11e colloque anthropol. de langue franç., Aoste 1976) 67–76.

27   PrFr II, 292–294.

28   V. v. Gonzenbach, Die Cortaillodkultur in der Schweiz (Basel 1949); UFAS II, 47–66. Dazu auch C. F. W. Higham, Die Cortaillod-Kultur – ein Beitrag zur urgeschichtlichen Wirtschaftskunde. ZSAK 26, 1969, 1–7.

29   R. Pittioni, Italien, urgeschichtliche Kulturen. Realencyklopädie d. class. Altertumswiss. Suppl. XI (Stuttgart 1962) 177–182; G. Guerreschi, La Lagozza di Besnate e il Neolitico superiore padano (Como 1967).

30   Einzige Übersicht bisher bei P. Biagi, Raffronti tra l'aspetto ligure e l'aspetto padano della cultura dei vasi a bocca quadrata. In: Atti XV riunione scient. Ist. Ital. Preist. e Protost. Verona – Trento 1972 (Firenze 1973) 95–110 mit Verbreitungskarten Abb. 6–8.

31   UFAS II, 122 Abb. 4.

32   M. Itten, Die Horgener Kultur (Basel 1970).

33   Etwa H. Müller-Karpe, Handbuch der Vorgeschichte 3: Kupferzeit (München 1974) 13.

34   Eine kenntnis- und ideenreiche Übersicht: H.-J. Hundt, Die Rohstoffquellen des europäischen Nordens und ihr Einfluß auf die Entwicklung des nordischen Stils. Bonner Jahrb. 178, 1978, 125–162.

35   Formuliert etwa von P. Anderson, Von der Antike zum Feudalismus. Spuren der Übergangsgesellschaft (Frankfurt/M. 1978) 95: „Die Erfindung eines Individuums kann jahrhundertelang isoliert bleiben, solange nicht die sozialen Verhältnisse existieren, die allein sie als kollektive Technologie verwenden können." Mit umgekehrter Betonung G. Duby, Krieger und Bauern. Die Entwicklung von Wirtschaft und Gesellschaft im frühen Mittelalter (Frankfurt/M. 1977) 24: „Man darf sich nicht dem Trugschluß hingeben, eine menschliche Gesellschaft ernähre sich von dem, was auf dem Boden, auf dem sie lebt, am besten gedeiht. Sie ist vielmehr in ihren Gewohnheiten gefangen, Gewohnheiten, die sich von Generation zu Generation vererben und nur schwer zu verändern sind. Sie nimmt gewöhnlich jede Anstrengung, die Widerstände von Boden und Klima zu überwinden, in Kauf, um sich so zu ernähren, wie ihre Bräuche und Riten es vorschreiben."

36   H. Schickler, Aufnahme und Ablehnung der Metallurgie bei frühbronzezeitlichen Kulturen Europas. Germania 46, 1968, 11–19; Chr. Strahm (Kap. I, Anm. 1).

37   J. Coles, Erlebte Steinzeit. Experimentelle Archäologie (München 1976) 17f.

38   R. Peroni, L'età del bronzo nella penisola italiana 1 (Firenze 1971) 93.

39   K. Gerhardt, Die Glockenbecherleute in Mittel- und Westdeutschland (Stuttgart 1953); dazu sein Beitrag im Anm. 40 genannten Werk (147–164).

40   Der letzte Forschungsstand übersichtlich zusammengefaßt: Glockenbecher-Symposion Oberried 1974 (Bussum/Haarlem 1976).

41   W. Witter, Über Metallgewinnung bei den Etruskern.

BerRGK 32, 1942, 1–19; R. Peroni (Anm. 38) 234ff. – W. Witter, Die älteste Erzgewinnung im nordisch-germanischen Lebenskreis 1. Die Ausbeutung der mitteldeutschen Lagerstätten in der frühen Metallzeit (Leipzig 1938); H. Otto u. W. Witter, Handbuch der ältesten vorgeschichtlichen Metallurgie in Mitteleuropa (Leipzig 1952).

42   R. Peroni (Anm. 38) 79ff.; H.-J. Hundt, Donauländische Einflüsse in der älteren Bronzezeit Oberitaliens. PrAlp 10, 1974, 143–178.

43   M. Lichardus-Itten, Die frühe und mittlere Bronzezeit im alpinen Raum. UFAS III, 41–54.

44   Eine nützliche Zusammenstellung für die Schweiz: R. Wyss, Die Eroberung der Alpen durch den Bronzezeitmenschen. ZSAK 28, 1971, 130–145.

45   Lothar Sperber hat dies in einer noch unveröffentlichten Münchner Dissertation von 1978 herausgearbeitet.

46   L. Pauli, Studien zur Golasecca-Kultur (Heidelberg 1971) 15–52; die neueste Kartierung der Fundplätze bei M. Primas in: Età del ferro à Como. Ausstellungskatalog Como (1978) 55 Abb. 1.

47   L. Pauli (Anm. 46) 48–52; aus sprachwissenschaftlicher Sicht G. Devoto, Pour l'histoire de l'indoeuropéanisation de l'Italie septentrionale: Quelques étymologies lépontiques. Revue de Philologie 3. Ser. 36, 1962, 197ff.; K. H. Schmidt, Glotta 43, 1965, 163; M. Lejeune, Lepontica (Paris 1971).

48   L. Pauli (Anm. 46); M. Primas, Die südschweizerischen Grabfunde der älteren Eisenzeit und ihre Chronologie (Basel 1970); W. E. Stöckli, Chronologie der jüngeren Eisenzeit im Tessin (Basel 1975); Età del ferro a Como. Ausstellungskatalog Como (1978); F. Rittatore Vonwiller, La civiltà del ferro in Lombardia, Piemonte, Liguria. In: Popoli e civiltà dell'Italia antica 4 (Roma 1975) 223–356.

49   Den besten Überblick bietet immer noch die Karte „L'Italia centro-settentrionale dal X al III secolo a. C." in: Mostra dell'Etruria padana e della città di Spina. Ausstellungskatalog Bologna (1960).

50   G. Fogolari, La protostoria delle Venezie. In: Popoli e civiltà dell'Italia antica 4 (Roma 1975) 61–222.

51   Der zweitwichtigste Fundplatz, Padova, ist in den letzten Jahren durch eine Wanderausstellung stärker ins Licht gerückt: Padova preromana. Ausstellungskatalog Padova (1976); gekürzte Ausgabe: Padova vor den Römern. Venetien und die Veneter in der Vorzeit. Ausstellungskatalog München (1977).

52   Am anschaulichsten immer noch der Ausstellungskatalog von 1960 (Anm. 49).

53   Verbreitungskarte nach R. Lunz, Studien zur End-Bronzezeit und älteren Eisenzeit im Südalpenraum (Firenze 1974) Taf. 90 B; R. Perini, Studi Trentini di scienze storiche, 2. sez. 55, 1976, 151 Abb. 1; E. Vonbank, HelvA 9, 1978, 135; mit Ergänzungen.

54   L. Pauli (Kap. VI Anm. 12).

55   W. Witter (Anm. 41).

56   Plinius, Nat. hist. XXXVI 2.

57   G. Smolla, Der „Klimasturz" um 800 v. Chr. und seine Bedeutung für die Kulturentwicklung in Südwestdeutschland. In: Festschr. für P. Goessler (Stuttgart 1954) 168–186; zu Recht sehr kritisch bezüglich der allzu direkten Folgerungen G. Kossack, BVbl 21, 1956, 380ff.

58   H.-J. Hundt, Mitt. Österr. Arbeitsgemeinschaft f. Ur- u. Frühgesch. 24, 1973, 101; L. Pauli, Der Goldene Steig. Wirtschaftsgeographisch-archäologische Untersuchungen im östlichen Mitteleuropa. In: Studien zur vor- und frühgeschichtlichen Archäologie (Festschr. für J. Werner) (München 1974) 131f.

59   W. Angeli, Die Erforschung des Gräberfelds von Hallstatt und der „Hallstattkultur". In: Krieger und Salzherren. Ausstellungskatalog Mainz (1970) 14–39.

60   G. v. Merhart, „Einleitung" in den nicht mehr erschienenen Band „Die Hallstattkultur" des Handbuchs der Urgeschichte Deutschlands (geschrieben wohl 1937), erstmals abgedruckt in: G. v. Merhart, Hallstatt und Italien. Gesammelte Aufsätze zur Frühen Eisenzeit in Italien und Mitteleuropa (Mainz 1969) 1–6. Der Katalog der 1980 in Steyr stattfindenden großen Hallstatt-Ausstellung wird diese Gemeinsamkeiten sicher besonders herausstellen und analysieren.

61   Kartiert bei W. Kimmig in: Reallexikon der Germanischen Altertumskunde (2. Aufl.) 2, 392f. Abb. 84–85.

62   R. Lunz, Studien zur End-Bronzezeit und älteren Eisenzeit im Südalpenraum (Firenze 1974) Taf. 81 A (Mehrkopfnadeln); 82 A (Zweiknopffibeln); mit bemerkenswerten Ausgriffen nach Nordwesten auch Taf. 81 B (ostalpine Tierkopffibeln; zu den stets übersehenen Vorkommen in der Oberpfalz vgl. W. Kersten, Prähist. Zeitschr. 24, 1933, 134).

63   Kap. VII Anm. 77.

64   L. Pauli, Der Dürrnberg bei Hallein 3 (München 1978) 486ff.; F. Moosleitner, L. Pauli u. E. Penninger, Der Dürrnberg bei Hallein 2 (München 1974) Taf. 210, 2–6.

65   J.-C. Courtois, Revue Arch. de l'Est et du Centre-Est 12, 1961, 292 Abb. 107.

66   Ebd. 194 Abb. 71, 2; G. Chapotat, Le char processionel de La Côte-Saint-André (Isère). Gallia 20, 1962, 33–78.

67   P. v. Eles, L'età del ferro nelle Alpi occidentali francesi. Rhodania 14, 1967–68.

68   Siehe Anm. 48.

69   Osm. Menghin, Zur Historisierung der Urgeschichte Tirols. Tiroler Heimat 25, 1961, 5–39; R. Lunz (Anm. 62); M. A. Fugazzola, Contributo allo studio del „Gruppo di Melaun-Fritzens". Annali dell'Univ. di Ferrara N. S. Sez. XV, Bd. II, 1 (Ferrara 1971).

70   Übersichtlich zusammengestellt jetzt von B. Frei, Osm. Menghin, E. Meyer u. E. Risch, Der heutige Stand der Räterforschung in geschichtlicher, sprachlicher und archäologischer Sicht (Chur 1971 = Sonderabdruck von vier Aufsätzen aus JbSGU 55, 1970, 119–147).

71   Als Einführung immer noch am besten geeignet M. Pallottino, Die Etrusker (Frankfurt/M. 1965).

72   Versuch einer Synthese: L. Pauli (Anm. 64) 443–485.

73   Unentbehrlich nach wie vor L. Contzen, Die Wanderungen der Kelten, historisch-kritisch dargelegt (1861, Nachdruck Wiesbaden 1968).

74   Wichtigste Schilderung der Keltenzüge in Italien und der Belagerung Roms: Livius V 33 ff.

75   I Galli e l'Italia. Ausstellungskatalog Roma (1978).

76   H. P. Uenze in: Studien zur vor- und frühgeschichtlichen Archäologie (Festschr. für J. Werner) (München 1974) 111f. Abb. 9; ders., Vor- und Frühgeschichte im Landkreis Schwabmünchen (Kallmünz 1971) 42.

77   Zusammenfassend die Beiträge zum Kongreß „Kelti v Sloveniji" (Die Kelten in Slowenien): Arheol. Vestnik 17, 1966, 139–424.

78   H. Müller-Karpe, Zeugnisse der Taurisker in Kärnten. Carinthia I 141, 1951, 594–677.

79   H. Vetters, Zur ältesten Geschichte der Ostalpenländer. ÖJh 46, 1961–63, 201–228; G. Dobesch, Die Kelten in Österreich nach den ältesten Berichten der Antike. Das norische Königreich und seine Beziehungen zu Rom im 2. Jahrhundert v. Chr. (Köln/Wien 1979); ders., Die Botschaft des Senats an die Alpenkelten im Jahr 183 v. Chr. Schild von Steier 15–16, 1978–79 (Festschr. für W. Modrijan) 75–78.

80   W. Schmid, H. Aigner u. W. Modrijan, Noreia. Forschungen – Funde – Fragen (Graz 1973).

81   R. Loose, Kimbern am Brenner. Ein Beitrag zur Diskussion des Alpenübergangs der Kimbern 102/101 v. Chr. Chiron 2, 1972, 231–252 plädiert für den Weg durch Noricum, das Pustertal abwärts und ins Eisack/Etschtal. – Zur allgemeinen Situation E. Demongeot, L'invasion des Cimbres – Teutons – Ambrons et les Romains. Latomus 37, 1978, 910–938.

82   J. Werner, Die Bedeutung des Städtewesens für die Kulturentwicklung der frühen Keltentums. Die Welt als Geschichte 5, 1939, 380–390; wieder abgedruckt in: J. Werner, Spätes Keltentum zwischen Rom und Germanien (München 1979) 1–20. – V. Kruta u. M. Szabó, Die Kelten (Freiburg 1978) 81 ff.

83   Der Kriegsbericht aus der Feder Caesars selbst *(Commentarii de bello Gallico)* wird nicht nur wegen seiner stilistischen Qualitäten im Lateinunterricht gelesen, sondern stellt auch ein einzigartiges Dokument dar, das für die Archäologen zur Rekonstruktion der spätkeltischen Geschichte und Kultur unersetzlich ist.

84   Vgl. für etwas spätere Zeit Anm. 96.

85   Strabon IV 205.

86   Cassius Dio LIII 25 berichtet, daß Terentius Varro keine großen Schwierigkeiten gehabt habe, mit den Salassern fertigzuwerden, weil sie nur in kleinen Haufen angriffen. Sie sollten dann einen Tribut zahlen, den er durch Soldaten eintreiben ließ. Unter diesem Vorwand habe er diese in die Ansiedlungen geschickt, wo sie jedoch „alle junge Mannschaft" gefangen nahmen und unter den genannten Bedingungen in *Eporedia* verkauften. Strabon IV 205 dagegen spricht von 36000 Menschen und 8000 wehrfähigen Männern, die „alle" in die Sklaverei gerieten. Nach der Parallele bei Cassius Dio und auch grammatikalisch kann sich „alle" nur auf die 8000 Männer beziehen, wobei diese wohl schon in den 36000 Menschen enthalten waren – eine Zahl, die ohnehin für das Aostatal recht hoch erscheint. Daher sind die Zahlen und sonstigen Angaben, mit denen in der regionalen Literatur die Ausrottung fast des gesamten Stammes suggeriert wird, sicherlich übertrieben. So behauptet etwa N. Bartolomasi, Valsusa antica 1 (Pinerolo 1975) 88 f., 44000 Krieger (darunter die 8000 „jungen") seien versklavt worden.

87   Dazu neuerdings ausführlich F. Fischer, P. Silius Nerva. Zur Vorgeschichte des Alpenfeldzugs 15 v. Chr. Germania 54, 1976, 147–155.

88   Tacitus, Ann. XV 32. – J. Prieur, La province romaine des Alpes Cottiennes (Villeurbanne 1968); C. Letta, La dinastia dei Cozii e la romanizzazione delle Alpi occidentali. Athenaeum N. S. 54, 1976, 37–76.

89   Carmina IV 14, 8–16. Übersetzung nach E. Weber, Augustus: Meine Taten – Res gestae divi Augusti (3. Aufl. München 1975) 125.

90   H.-J. Kellner, Zur römischen Verwaltung in den Zentralalpen. BVbl 39, 1974, 92–104; ders., Zur Geschichte der Alpes Graiae et Poeninae. Atti CSDIR 7, 1975–76, 379–389.

91   J. Prieur, L'histoire des régions alpestres (Alpes Maritimes, Cottiennes, Graies et Pennines) sous le haut-empire romain (Iᵉʳ – IIIᵉ siècle après J. C.). In: ANRW II 5, 630–656.

92   CIL XII 113. – J. Prieur, La Savoie antique (Grenoble 1977) 96 ff.

93   J. Formigé, Le Trophée des Alpes (La Turbie) (Paris 1949); N. Lamboglia, Le Trophée d'Auguste à La Turbie (3. Aufl. Bordighera 1964).

94   Nat. hist. III 316–317. – CIL V 7817.

95   Zu dem weder geografisch noch historisch überzeugenden Versuch von J. Šašel, die *Ambisontes* in den Julischen Alpen, im Flußgebiet des Isonzo (heute Soča) zu lokalisieren (Zur Erklärung der Inschrift am Tropäum Alpium. Živa Antika 22, 1972, 135–144; übernommen von P. Petru, ANRW II 6, 475 ff.), vgl. N. Heger, Salzburg in römischer Zeit. Jahresschr. Salzburger Mus. C. A. 19, 1973, 165 Anm. 24.

96   B. Galsterer-Kröll, Zum ius Latii in den keltischen Provinzen des Imperium Romanum. Chiron 3, 1973, 277–306.

97   CIL XVI 98.

98   Zuletzt zusammenfassend zu den Markomannenkriegen: H. W. Böhme, Archäologische Zeugnisse zur Geschichte der Markomannenkriege (166–180 n. Chr.). JbRGZM 22, 1975, 153–217. Wichtig für den Ostalpenraum auch R. Noll, Zur Vorgeschichte der Markomannenkriege. ArchA 14, 1954, 43–67.

99   Der von H. W. Böhme (Anm. 98) 165 Abb. 3 vermutete Zug die Donau aufwärts von Wien bis Niederbayern widerspricht allen geografischen Gegebenheiten und den Gewohnheiten solcher Kriegerhorden, die auf direktem Weg die größtmögliche Beute ergattern wollten. – Eine Zusammenstellung der zahlreichen Indizien für Zerstörungen im raetisch-norischen Grenzgebiet bereitet S. Rieckhoff-Pauli (Regensburg) vor; bemerkenswert ist ein 1978 in Augsburg entdeckter Schatz aus 52 Goldmünzen, deren späteste 164/65 zu datieren sind (unveröffentlicht; kurz erwähnt in: Castra Regina – Regensburg zur Römerzeit. Ausstellungsführer Regensburg [1979] 72). Die Einwände von A. Lippold, Regensburg 179 n. Chr. – Die Gründung des Lagers der Legio III Italica. In: D. Albrecht (Hrsg.), Zwei Jahrtausende Regensburg. Vortragsreihe der Universität zum Stadtjubiläum 1979 (Regensburg 1979) 21–35 zeigen nur die Schwierigkeiten eines Althistorikers, sich mit archäologischen Materialien und Methoden hinreichend vertraut zu machen.

100   L. Pauli (Anm. 58) 115–139.

101   H.-J. Kellner, Die Römer in Bayern (4. Aufl. München 1978) 131–155; Ph. Filtzinger, D. Planck u. B. Cämmerer (Hrsg.), Die Römer in Baden-Württemberg (Stuttgart/Aalen 1976) 84–95.

102   W. Alzinger, Aguntum und Lavant. Führer durch die römerzeitlichen Ruinen Osttirols (3. Aufl. Wien 1974) 14; S. Karwiese, Der Ager Aguntinus. Eine Bezirkskunde des ältesten Osttirol (Lienz 1975) 22f.

103   Dazu ausführlich H.-J. Kellner, Jahrb. Hist. Ver. Liechtenstein 64, 1964, 74–82.

104   J. Garbsch, Der spätrömische Donau-Iller-Rhein-Limes (Stuttgart 1970).

105   Die zusammenfassende Veröffentlichung steht noch aus; Vorberichte einstweilen: J. Garbsch, Spätrömische Schatzfunde aus Kastell Vemania. Germania 49, 1971, 137–154; ders., Grabungen im spätrömischen Kastell Vemania. Vorbericht über die Kampagnen 1966–1968. Fundber. aus Schwaben N. F. 19, 1971, 207–229; ders., Damenschmuck in der Kaserne. Kölner Römer-Illustrierte 2, 1975, 134.

106   E. Howald u. E. Meyer, Die römische Schweiz (Zürich 1940) Nr. 370; JbSGU 57, 1972–73, 345–347.

107   J. Werner, Spätrömische Befestigung auf dem Schloßberg in Füssen (Allgäu). Germania 34, 1956, 243–248.

108   Bisher keine ausreichenden Grabungen, doch Münzen und charakteristische Kleinfunde des 4. Jahrhunderts. Kurze Übersicht bisher: A. Hild, Brigantium und seine Vorzeit. Jahrb. Vorarlberger Landesmuseumsver. 1952, 28–43; die Münzen bei B. Overbeck, Geschichte des Alpenrheintals in römischer Zeit auf Grund der archäologischen Zeugnisse. Teil 2: Die Fundmünzen (München 1973) 22–69.

109   Das spätrömische Kastell wurde immer auf dem Bergsporn „Hof" vermutet, der heute die Kathedrale und andere bischöfliche Gebäude trägt. Die jüngsten Ausgrabungen des Archäologischen Dienstes Graubünden haben jetzt Architekturreste und Funde geliefert: JbSGU 60, 1977, 142. 146f.

110   E. Ettlinger, Die Kleinfunde aus dem spätrömischen Kastell Schaan. Jahrb. Hist. Ver. Liechtenstein 59, 1959, 229–299; D. Beck, Das Kastell Schaan. Ebd. 57, 1957, 233–272.

111   A. Wotschitzky, Veldidena. ÖJh 41, 1954, Beibl. 1–42 und 44, 1957, Beibl. 5–70. Eine anschauliche Rekonstruktion bei H.-J. Kellner (Anm. 101) 180.

112   Erwähnt in der Notitia dignitatum Occ. XXXV 11.22.31, aber bisher durch Grabungen nicht nachgewiesen. Vgl. E. Walde, Die Grabungen in der Kirche St. Martin in Martinsbühel. BVbl 40, 1975, 108.

113   J. Werner (Hrsg.), Der Lorenzberg bei Epfach. Die spätrömischen und frühmittelalterlichen Anlagen (München 1969).

114   Ausgrabung durch Helmut Bender von der Kommission zur archäologischen Erforschung des spätrömischen Raetien der Bayer. Akademie der Wissenschaften. Kurze Vorberichte: Jahrb. Bayer. Akad. d. Wiss. 1974, 145; 1975, 174f.; 1976, 144f.; dazu auch H. Bender, H. Tremel u. B. Overbeck, Auswertung römischer Fundmünzen durch Datenverarbeitung. Demonstration an Hand der Grabung Weßling-Frauenwiese. BVbl 43, 1978, 115–146 mit Beilage 1 (Stand 1978).

115   H. Vetters, Die villa rustica von Wimsbach. Jahrb. Oberösterr. Musealver. 97, 1952, 87–109; Kurzfassung: Ein in der Spätantike befestigtes Bauernhaus in Oberösterreich. In: Frühmittelalterliche Kunst in den Alpenländern. Actes du IIIᵉ Congrès intern. pour l'étude du Haut Moyen Age 1951 (Olten/Lausanne 1954) 9–15.

116   J. Garbsch, Der Moosberg bei Murnau (München 1966).

117   J. Boessneck in: J. Werner (Hrsg.), Studien zu Abodiacum-Epfach (München 1964) 219f.; J. Garbsch, Kölner Römer-Illustrierte 2 (1975) 134.

118   E. Keller, Germanische Truppenstationen an der Nordgrenze des spätrömischen Raetien. ArchKorrbl 7, 1977, 63–73.

119   J. Werner, Beiträge zur Archäologie des Attila-Reiches. Abhandl. Bayer. Akad. d. Wiss. N. F. 38 (München 1956); Otto J. Maenchen-Helfen, Die Welt der Hunnen. Eine Analyse ihrer historischen Dimension (Wien/Köln/Graz 1978).

120   J. Šašel, Antiqui Barbari. Zur Besiedlungsgeschichte Ostnoricums und Pannoniens im 5. und 6. Jahrhundert nach den Schriftquellen. In: J. Werner u. E. Ewig (Hrsg.), Von der Spätantike zum Frühmittelalter (Sigmaringen 1979) 125–139.

121   R. Christlein, Die Alamannen (Stuttgart/Aalen 1978) 31ff.

122   De gubernatione dei V 25. 38–45.

123   Zur Überlieferung und ihrer Problematik vgl. Kap. I Anm. 34.

124   In der Spätantike wurde statt der Nominativ-Form

Quintanae, Batavae, Boidurum, Lauriacum usw. der Lokativ zur indeklinablen Bezeichnung eines Ortes. Dies trifft nicht nur für die Straßenkarten und Truppenverzeichnisse zu, sondern auch auf die Vita S. Severini, wo die grammatikalische Handhabung offenkundig ist. *Lauriacum* taucht in der Tabula Peutingeriana (Abb. 140–141) verballhornt als *Blaboriciano* auf. – Vgl. dazu K. Zangemeister, Erstarrte Flexion von Ortsnamen im Latein. Rhein. Mus. f. Phil. 57, 1902, 168 ff.

125   V. Bierbrauer, Zur ostgotischen Geschichte in Italien. Studi medievali (Spoleto) 3. Ser. 14, 1973, 1–37; ein Vorabdruck des Kapitels „Historische Voraussetzungen" in seinem Werk: Die ostgotischen Grab- und Schatzfunde in Italien (Spoleto 1975) 16–52.

126   V. Bierbrauer, Zum Vorkommen ostgotischer Bügelfibeln in Raetia II. BVbl 36, 1971, 160 ff.

127   Var. XII 4, 362.

128   Die letzte Übersicht bei O. P. Clavadetscher, Churrätien im Übergang von der Spätantike zum Mittelalter nach den Schriftquellen. In: J. Werner u. E. Ewig (Anm. 120) 159–178; E. Meyer-Marthaler, Rätien im Frühmittelalter (Zürich 1948).

129   K. F. Stroheker, Studien zu den historisch-geographischen Grundlagen des Nibelungenliedes. Dt. Vierteljahresschr. f. Lit. u. Geisteswiss. 32, 1958, 216–240; M. Beck, Bemerkungen zur Geschichte des ersten Burgunderreiches. Schweiz. Zeitschr. f. Gesch. 13, 1964, 433–457; O. Perrin, Les Burgondes. Leur histoire, des origines à la fin du premier Royaume (534) (Neuchâtel 1968).

130   G. Löhlein, Die Alpen- und Italienpolitik der Merowinger im 6. Jahrhundert (Erlangen 1932); H. Büttner, Die Alpenpolitik der Franken im 6. und 7. Jahrhundert. Hist. Jahrb. 79, 1960, 62–88.

131   J. Werner, Die Langobarden in Pannonien (München 1962).

132   G. Barni, I Longobardi in Italia (Novara 1974); M. Brozzi, Il ducato longobardo del Friuli (Cividale 1975); C. G. Menis, Storia del Friuli dalle origini alla caduta dello stato patriarcale (1420) (Udine 1974).

133   Die jüngste Arbeit von C. Simonett, Geschichte der Stadt Chur, 1. Teil: Von den Anfängen bis ca. 1400. Jahrb. Hist.-Ant. Ges. Graubünden 104, 1974 (Chur 1976) enthält etliche Hypothesen, die allzu sicher als Tatsachen hingestellt werden.

134   G. Schneider-Schnekenburger, Churrätien im Frühmittelalter auf Grund der archäologischen Funde (München 1980); eine kurze Zusammenfassung in: J. Werner u. E. Ewig (Anm. 120) 179–191. Aus der Sicht des Sprachforschers: S. Sonderegger, Die Siedlungsverhältnisse Churrätiens im Lichte der Namenforschung. Ebd. 219–254.

135   H. Schwab, Burgunder und Langobarden. UFAS VI, 21–38; J. Werner, Die romanische Trachtprovinz Nordburgund im 6. und 7. Jahrhundert. In: J. Werner u. E. Ewig (Anm. 120) 447–465.

136   R. Egger, Der Alpenraum im Zeitalter des Übergangs von der Antike zum Mittelalter. In: Die Alpen in der europäischen Geschichte des Mittelalters (2. Aufl. Sigmaringen 1976) 15–28; H. Vetters, Die Kontinuität von der Antike zum Mittelalter im Ostalpenraum. Ebd. 29–48; F. Miltner, Zum Kontinuitätsproblem römischer Siedlung in den Ostalpen. Der Schlern 24, 1950, 389–392; Th. Ulbert, Zur Siedlungskontinuität im südöstlichen Alpenraum (vom 2. bis 6. Jahrhundert n. Chr.). In: J. Werner u. E. Ewig (Anm. 120) 141–157.

137   Kap. IV Anm. 127–128.

138   Regionale Zusammenstellungen neuerdings von P. Petru u. Th. Ulbert, Vranje pri Sevnici – Vranje bei Sevnica. Frühchristliche Kirchenanlagen auf dem Ajdovski gradec (Ljubljana 1975) 56 ff. mit zahlreichen kritischen Anmerkungen sowie von H. R. Sennhauser, Spätantike und frühmittelalterliche Kirchen Churrätiens. In: J. Werner u. E. Ewig (Anm. 120) 193–218; ders., Kirchen und Klöster. UFAS VI, 133–148.

139   H. Koller, Die Klöster Severins von Norikum. Schild von Steier 15–16, 1978–79 (Festschr. für W. Modrijan) 201–207.

140   J.-M. Theurillat, L'Abbaye de St.-Maurice d'Agaune (515–830). Vallesia 9, 1954, 1–128. Durch Ausgrabungen sind im wesentlichen nur die frühen Kirchen erfaßt; dazu verschiedene Berichte von L. Blondel in derselben Zeitschrift zwischen 1948 und 1957.

141   F. Prinz, Frühes Mönchtum im Frankenreich. Kultur und Gesellschaft in Gallien, den Rheinlanden und Bayern am Beispiel der monastischen Entwicklung (4.–8. Jahrhundert) (München 1965).

142   Archäologische Funde aus dieser Frühzeit gibt es keine. Die Friedhöfe der „Karantanisch-Köttlacher Kultur" setzen erst in karolingischer Zeit ein: S. 169 f.

143   G. Rohlfs, Rätoromanisch (München 1975); A. Dami, Die Rätoromanen. Jahrb. Vorarlberger Landesmusver. 106, 1962, 3–36; K. Finsterwalder, Romanische Vulgärsprache in Rätien und Norikum von der römischen Kaiserzeit bis zur Karolingerepoche, Historische Belege und sprachliche Folgerungen. In: Festschr. für K. Pivec (Innsbruck 1966) 33–64; F. Schürr, Die Alpenromanen. In: Die Alpen in der europäischen Geschichte des Mittelalters (2. Aufl. Sigmaringen 1976) 201–229.

144   H. Kreis, Die Walser. Ein Stück Siedlungsgeschichte der Zentralalpen (Bern 1958).

145   L. White, Die mittelalterliche Technik und der Wandel der Gesellschaft (Gräfelfing 1968) 13 ff.: „Steigbügel, Reiterangriff, Lehenswesen und Rittertum".

146   Eine ausführliche Begründung meiner Theorie von der ausschlaggebenden Rolle Regensburgs als „Kristallisationskern" werde ich vielleicht einmal an anderer Stelle vorlegen. Hier genüge der Hinweis auf die wichtigste Literatur der letzten Jahre mit ihren sehr gegensätzlichen Ansichten: J. Werner, Die Herkunft der Bajuwaren und der „östlich-merowingische" Reihengräberkreis. In: Aus Bayerns Frühzeit (Festschr. für F. Wagner) (München 1962) 229–250; B. Eberl, Die Bajuwaren (Augsburg 1966); K. Reindel in: M. Spindler (Hrsg.), Handbuch der bayerischen Geschichte 1 (München 1967) 75–92; K. Bosl, Bayerische Geschichte (München 1971) 22 ff.; W. Sage, Gräber der älteren Merowingerzeit aus Altenerding, Ldkr. Erding (Oberbayern). BerRGK 54, 1973, 212–317, bes. 285–289; R. Reiser, Agilolf oder die Herkunft der Bayern (München 1977); H. Fischer, Als die Bajuwaren kamen … (Landsberg a. L. 1974): eine sehr nützliche Quellensammlung; A. Kraus, Die Herkunft der Bayern. Zu Neuerscheinungen des letzten Jahrzehnts. In: Bayerisch-schwäbische Landesgeschichte an der Universität Augsburg 1975–1977: Vorträge – Aufsätze – Berichte (Sigmaringen 1979) 27–46.

147   E. Zöllner, Die Herkunft der Agilulfinger. Mitt. Inst. Österr. Geschichtsforsch. 69, 1951, 245–264; R. Reiser (Anm. 146) 44 ff.

148   K. Dietz, U. Osterhaus, S. Rieckhoff-Pauli u. K. Spindler, Regensburg zur Römerzeit (Regensburg 1979) 373–384.

149   W. Sage (Anm. 146); R. Christlein, Die Alamannen (Stuttgart/Aalen 1978) 22–26.

150   K. Bosl, Die ersten siebenhundert Jahre deutsch-bayerischer Geschichte Südtirols. Zeitschr. Bayer. Landesgesch. 42, 1979, 15–30.

151   P. Kirn, Aus der Frühzeit des Nationalgefühls (Leipzig 1943) 39; F. Schürr (Anm. 143) 206; I. Reiffenstein in: M. Spindler (Hrsg.), Handbuch der bayerischen Geschichte 1 (München 1967) 512.

152   E. Schwarz, Walchen- und Parschalkennamen im alten Norikum. Zeitschr. f. Ortsnamenforsch. 1, 1925, 91–99; ders., Baiern und Walchen. Zeitschr. f. bayer. Landesgesch. 33, 1970, 857–938.

153   E. Keller, Grabfunde der jüngeren Merowingerzeit aus Garmisch-Partenkirchen (Oberbayern). ArchKorrbl 3, 1973, 447–454.

154   L. Plank, Die Bodenfunde des frühen Mittelalters aus Nordtirol. Veröff. Mus. Ferdinandeum Innsbruck 44, 1964, 99–210.

155   M. v. Chlingensperg-Berg, Das Gräberfeld von Reichenhall in Oberbayern (Reichenhall 1890); M. Menke, Bad Reichenhall im frühen Mittelalter. In: Führer zu vor- und frühgeschichtlichen Denkmälern 19 (Mainz 1971) 150–160.

156   Vgl. die Karte bei L. Pauli, Der Dürrnberg bei Hallein 3 (München 1978) 493 Abb. 53.

157   Th. v. Grienberger, Die Ortsnamen des Indiculus Arnonis und der Breves Notitiae Salzburgenses in ihrer Ableitung und Bedeutung herausgestellt. Mitt. Ges. Salzburger Landeskde. 26, 1886, 1–76.

158   Baiernzeit in Oberösterreich. Ausstellungskatalog Linz (1977).

159   O. P. Clavadetscher, Die Einführung der Grafschaftsverfassung in Rätien und die Klageschrift Bischof Victors III.

Zeitschr. Savigny-Stiftung f. Rechtsgesch., kan. Abt. 39, 1953, 46–111.

160   Für die folgenden Abschnitte wird auf Literaturangaben fast ganz verzichtet, weil hier keine Spezialstudien benutzt oder angestellt werden. Nützlich ist der Sammelband „Die Alpen in der europäischen Geschichte des Mittelalters". Vorträge und Forschungen 10 (2. Aufl. Sigmaringen 1976), ebenso „Schwaben und Schweiz im frühen und hohen Mittelalter". Ebd. 15 (1972). Darüber hinaus gibt es für jede Landschaft genügend zusammenfassende Geschichtsdarstellungen.

161   K. Lechner, Die Babenberger (976–1246). (Wien/Köln/Graz 1976).

162   K. Schwarz, Die Birg bei Hohenschäftlarn – eine Burganlage der karolingisch-ottonischen Zeit. In: Führer zu vor- und frühgeschichtlichen Denkmälern 18 (Mainz 1971) 222–238.

163   B. Luppi, I Saraceni in Provenza, in Liguria e nelle Alpi occidentali (Bordighera 1973).

III. Von der Laubhütte zum Palast – Wie die Menschen wohnten

1   Kap. II Anm. 3.

2   Kap. II Anm. 6.

3   A. Springer, Die Salzversorgung der Eingeborenen Afrikas vor der neuzeitlichen Kolonisation (Jena 1918) 16.

4   H. de Lumley, Une cabane de chasseurs acheuléen dans la grotte du Lazarct à Nice. Archaeologia 28, 1969, 26–33; H. de Lumley u. a., Une cabane acheuléenne dans la grotte du Lazaret (Nice). Mém. Soc. Préhist. Franç. 7 (1969); H. de Lumley u. a., Grotte du Lazaret. In: Sites paléolithiques de la région de Nice et grottes de Grimaldi. IXᵉ Congrès Union intern. sciences préhist. et protohist. Nice 1976, Livret-Guide de l'excursion B 1 (Nice 1976) 53–74.

5   Kap. II Anm. 20.

6   Anschaulich sind die Hausrekonstruktionen bei W. Buttler, Der donauländische und der westische Kulturkreis der jüngeren Steinzeit (Berlin/Leipzig 1938). Das bisher größte bandkeramische Haus Süddeutschlands mit 50 m Länge und 10 m Breite wurde kürzlich in Lengfeld-Dantschermühle (Niederbayern) freigelegt: Ausgrabungen und Neufunde in Niederbayern 1973–1976. Führungsblatt zur Ausstellung in Straubing (1978/79). Vgl. auch R. A. Maier, Jahresber. Bayer. Bodendenkmalpfl. 5, 1964, 26 Abb. 11 und 144 Abb. 102.

7   Kap. VII Anm. 3.

8   Das Pfahlbauproblem (Basel 1954).

9   UFAS II, 166 Abb. 13; 168 Abb. 15; dort auch Literaturhinweise auf die Vorberichte.

10   Chr. Strahm, Pfahlbauten – Neue Gedanken zu einem alten Problem. Arch. Inf. 1, 1972, 55–62; ders., Les fouilles d'Yverdon. JbSGU 57, 1972–73, 7–16.

11   H. Schwab, ArchKorrbl 2, 1972, 292 f.; H. Schwab u. R. Müller, Die Vergangenheit des Seelandes in neuem Licht – Über die Wasserstände der Juraseen (Freiburg i. Ü. 1973). Die dort vertretenen zeitlichen Ansätze der großen Schwankungen bedürfen noch genauerer Überprüfung; vgl. vorerst L. Berger u. M. Joos, Zur Wasserführung der Zihl bei der Station La Tène. In: Festschrift W. Drack (Stäfa 1977) 68–76.

12   Vorberichte: R. Perini, PrAlp 7, 1971, 283–322; 8, 1972, 199–253; 11, 1975, 25–64; dazu ders., Die Pfahlbauten im Torfmoor von Fiavè (Trentino/Oberitalien). MblSGU 7 (27) 1976, 2–12; ders., L'abitato palafitticolo di Fiavè nel periodo del bronzo medio III°. Studi Trentini di Scienze Stor. 55, 1976, 13–76.

13   R. Battaglia, La palafitta del Lago di Ledro nel Trentino. Mem. Mus. Stor. Nat. Venezia Tridentina (Trento) 7, 1943, 1–63; ders., Presentazione della pianta topografica della palafitta di Ledro nel Trentino. In: Atti I° Convegno preist. italo-svizzero. Locarno – Varese – Como 1947 (Como 1949) 47–53; J. Rageth, Der Lago di Ledro im Trentino und seine Beziehungen zu den alpinen und mitteleuropäischen Kulturen. BerRGK 55, 1974, 73–259.

14   Als Führer zu empfehlen: M. Ferrari, G. Scrinzi u. G. Tomasi, Das Ledrotal und seine Pfahlbauten (Trento 1973).

15   Eine Übersicht bietet R. Munro, Les stations lacustres d'Europe aux Ages de la Pierre et du Bronze (Paris 1908). Die Funde und Befunde sind nur in seltenen Fällen ausreichend veröffentlicht, so etwa K. Willvonseder, Die jungsteinzeitlichen und bronzezeitlichen Pfahlbauten des Attersees in Oberösterreich. Mitt. Prähist. Komm. 11–12 (Wien 1963–68). Die neue Unterwasserarchäologie hat die systematische Suche nach „Pfahlbauten" wieder in Schwung gebracht. Vgl. z. B. J. Offenberger, Die österreichischen Pfahlbauten. Ein Arbeitsbericht. Jahrb. Oberösterr. Musealver. 121, 1976, 105–138; K. Czech, Pfahlbausuche und Lokalisierung der Pfahlbauten im Attersee. Fundber. aus Österreich 15, 1976, 29 ff.; 16, 1977, 83 ff. und 17, 1978, 9 ff.

16   H. Schwab u. R. Müller (Anm. 11) 50 f.

17   Ebd. 51. Der Dolch: JbSGU 52, 1965, 95 ff. Abb. 1.

18   Savognin (Graubünden) „Padnal": J. Rageth, JbSGU 61, 1978, 183 Abb. 18–19.

19   M. Primas, Archäologische Untersuchungen in Tamins GR: die spätneolithische Station „Crestis". JbSGU 62, 1979, 13–27.

20   M. Hell, Eine neolithische Muldensiedlung bei Maxglan. Jahrb. f. Altertumskde. 3, 1909, 209 f.

21   R. Wyss, Siedlungswesen und Verkehrswege. UFAS III, 103–122.

22   Vgl. J. Rageth, AS 2, 1979, 83 zu den Befunden von Savognin „Padnal".

23   UFAS II, 172 Abb. 23.

24   E. Schmid, Zwei Tonlampen von Twann mit gelbglänzendem Bodenbelag. MblSGU 8 (32), 1977, 21–23.

25   Nach W. Lucke u. O.-H. Frey, Die Situla in Providence (Rhode Island) (Berlin 1962) Taf. 67.

26   W. Burkart, Crestaulta, eine bronzezeitliche Hügelsiedlung bei Surin im Lugnez (Basel 1946).

27   Unveröffentlicht. Die zahlreichen kleinen Vorberichte von JbSGU 33, 1947, 47 bis 54, 1968/69, 118 liegen der kurzen Beschreibung in UFAS III, 114–116 mit Abb. 12 zugrunde.

28   Eingehende Vorberichte: J. Rageth, Die bronzezeitliche Siedlung auf dem Padnal bei Savognin (Oberhalbstein GR). JbSGU 59, 1976, 123–179; 60, 1977, 43–101; 61, 1978, 7–63; 62, 1979, 29–76. Der letzte Stand: Neue Beobachtungen zu den Grabungen auf dem Padnal bei Savognin. AS 2, 1979, 81–87.

29   Erster Bericht: A. Gredig, Die ur- und frühgeschichtliche Siedlung am Tummihügel bei Maladers. AS 2, 1979, 69–74.

30   Eine ganz ähnliche Situation in Scharans „Spundas": AS 2, 1979, 88 Abb. 1–2.

31   Kap. II Anm. 48.

32   M. Hell, Hausformen der Hallstattzeit aus Salzburg-Liefering. ArchA 1, 1948, 57–71.

33   F. Moosleitner u. E. Penninger, Ein keltischer Blockwandbau vom Dürrnberg bei Hallein. Mitt. Ges. Salzburger Landeskde. 105, 1965, 47–87. Die von mir beschriebene Aufteilung der Einzelgebäude und Räume weicht etwas von den Ansichten der beiden Autoren ab.

34   Kap. VI Anm. 17.

35   Ch. Lagrand u. J.-P. Thalmann, Les habitats protohistoriques du Pègue (Drôme): Le Sondage N° 8 (1957–1971) (Grenoble 1973); J.-J. Hatt, Les fouilles du Pègue (Drôme) de 1957 à 1975. Gallia 34, 1976, 31–56 und 35, 1977, 39–58; Ch. Lagrand, Le Pègue-Drôme: Guide des Collections Préhistoriques et Protohistoriques (Le Pègue 1978).

36   J.-C. Courtois, Les habitats protohistoriques de Sainte-Colombe près d'Orpierre (Hautes-Alpes) (Grenoble 1975).

37   B. Frei, Die Ausgrabungen auf der Mottata bei Ramosch im Unterengadin. JbSGU 47, 1958–59, 34–43.

38   H. Miltner, Die Illyrer-Siedlung Vill (Innsbruck 1944).

39   R. Perini, Risultati dello scavo in una capanna dell'orrizonte retico nei Montesei di Serso (Pergine Valsugana – Trento). Studi Trentini Scienze Nat. Sez. B 42, 1965, 148–183 (= Rendiconti Soc. Cult. Tridentina 3, 1965, 32–67); ders., 2000 anni di vita sui Montesei di Serso. Ausstellungskatalog Pergine/Trento (1978) 52–85.

40   R. Perini, La casa retica in epoca protostorica. Studi Trentini Scienze Nat. Sez. B 44, 1967, 279–297 (= Rendiconti Soc. Cult. Tridentina 5, 1967–69, 38–56).

41   Noch am vollständigsten untersucht: A. zur Lippe, Ein vorgeschichtlicher Weiler auf dem Burgberg von Stans bei Schwaz (Tiroler Unterinntal) (Innsbruck 1960).

42   Kap. II Anm. 82.

43   Letzte Übersicht: W. Krämer, Zwanzig Jahre Ausgra-

bungen in Manching – 1955 bis 1974. In: Ausgrabungen in Deutschland. Ausstellungskatalog Mainz (1975) Teil 1, 287–297; ders., Das keltische Oppidum bei Manching. In: Vor- und frühgeschichtliche Archäologie in Bayern (München 1972) 119–129.

44 F. Benoit, Entremont. Capitale celto-ligure des Salyens de Provence (2. Aufl. Gap 1969) auf der Basis zahlreicher Vorberichte ab Gallia 5, 1947.

45 Andeutungen zuletzt: Gallia 33, 1975, 554f.; 35, 1977, 490f.

46 JbSGU 43, 1953, 85.

47 H. P. Uenze u. J. Katzameyer, Vor- und Frühgeschichte in den Landkreisen Bad Tölz und Miesbach (Kallmünz 1971) 111–116 Nr. 51; H. P. Uenze, Oppidum „Fentbach-Schanze". In: Führer zu vor- u. frühgesch. Denkmälern 18 (Mainz 1971) 199–206.

48 M. Hell u. H. v. Koblitz, Die prähistorischen Funde vom Rainberge in Salzburg. Beitrag III in: G. Kyrle, Urgeschichte des Kronlandes Salzburg (Wien 1918); M. Hell, Neue Funde vom Rainberg in Salzburg. WPZ 10, 1923, 17–22.

49 Vgl. Mitt. Ges. f. Salzburger Landeskde. 101, 1961 (= Festschr. für M. Hell) 82 unter dem Stichwort „Biberg". Eine erste Übersicht jetzt von F. Moosleitner, Das Saalfeldener Becken in vor- und frühgeschichtlicher Zeit. In: F. Kowall, 50 Jahre Diabas-Tagbau in Saalfelden 1927–1977 (Wien 1977) 27–53, bes. 44ff.

50 Kap. II Anm. 155 (M. Menke). Zur Münzprägung auf dem Dürrnberg und in Karlstein vgl. Kap. VII Anm. 92.

51 Die ersten zwölf Grabungsberichte erschienen in immer größerem Umfang regelmäßig in Carinthia I 139, 1949, 145–176 bis 159, 1969, 283–422. Ab Grabungsbericht 13 (1973) und 14 (1977) werden sie als selbständige Reihe im Verlag des Geschichtsvereins für Kärnten (Klagenfurt) herausgegeben. Kurze Übersichten erscheinen jedoch nach wie vor in der Regionalzeitschrift (zuletzt G. Piccottini, Die Ausgrabungen auf dem Magdalensberg 1976 und 1977. Carinthia I 168, 1978, 35–50), in Fundber. aus Österreich, zuletzt 16, 1977, 405f. und 17, 1978, 313f. sowie in Pro Austria Romana, zuletzt 28, 1978, 31–33. Einzelne Fundgruppen (Keramik, Lampen und Münzen) sind nach dem jeweiligen Stand in den „Archäologischen Forschungen zu den Grabungen auf dem Magdalensberg" (Kärnter Museumsschriften, Klagenfurt) veröffentlicht. Ebenso wichtig sind die „Naturkundlichen Forschungen zu den Grabungen auf dem Magdalensberg" mit Tierknochenbestimmungen und metallkundlichen Untersuchungen. Eine ausführliche Gesamtschau versuchte bisher nur A. Obermayer, Kelten und Römer am Magdalensberg (Wien 1971). Als Einführung und Hilfe bei der Besichtigung ist unerläßlich G. Piccottini u. H. Vetters, Führer durch die Ausgrabungen auf dem Magdalensberg (Klagenfurt 1978), die auf den letzten Stand gebrachte Neuausgabe des alten Führers von R. Egger, der 1977 in 20. Auflage erschienen war. – Die Ausgrabung ist einer

der touristischen Anziehungspunkte Kärntens und durch eine breite Straße erschlossen. Zum 30jährigen Grabungsjubiläum 1978 ersetzte die Kärntner Landesregierung die baufällig gewordenen Holzbaracken der Grabungsmannschaft durch Steinhäuser – ein Indiz für die Lebensdauer von einfachen Holzhäusern (nicht Blockhäusern!) seit der Steinzeit.

52 G. Alföldy, Noricum (London 1974) 259f.; G. Winkler, ANRW II 6, 201f. Anm. 98. Es besteht keine einhellige Meinung darüber, ob diese Truppe im Land selbst oder auch aus anderen Alpengegenden rekrutiert wurde. Jedenfalls gibt es aus *Vintium*/Vence in den Alpes maritimae eine bruchstückhaft erhaltene Inschrift für einen *miles c(o)hor(tis) (al)pinorum qui (...)t in Pannunia* (CIL XII 15).

53 ANRW II 6, 302–354.

54 H. Vetters, Taurisker oder Noriker, Noreia oder Virunum! In: Festschrift für R. Pittioni 2 (Wien/Horn 1976) 242–250.

55 N. Heger, Salzburg in römischer Zeit. Jahresschr. Salzburger Mus. C. A. 19, 1973, 99f.

56 G. Zahlhaas, Die Fresken des römischen Thermengebäudes von Schwangau. BVbl 43, 1978, 101–113; Farbaufnahmen: dies., Antike Welt 9/4, 1978, 13–23.

57 H. Kenner, Wandmalereien aus AA/15f. Carinthia I 156, 1966, 435–447 und in: G. Piccottini u. H. Vetters, Die Ausgrabungen auf dem Magdalensberg 1969–1972 (Klagenfurt 1973) 209–284.

58 W. Drack, Die römischen Wandmalereien der Schweiz (Basel 1950); ders., ArchKorrbl 4, 1974, 365f.

59 G. Luraschi, Comum oppidum. Premessa allo studio delle strutture amministrative romane. Rivista Arch. Como 152–155, 1970–73, 207–394; G. Tibiletti, Per la storia di Comum nel I sec. a. C. Ebd. 159, 1977, 137–149.

60 Sie sind noch nicht abgeschlossen. Erste Informationen durch den Ausgräber: Der Auerberg. Ergebnisse und Probleme der neuen Ausgrabungen 1968–1972. Allgäuer Geschichtsfreund 73, 1973, 13–33 mit Taf. 1–14; Der Auerberg. Vorbericht über die Ausgrabungen 1968–1974. In: Ausgrabungen in Deutschland. Ausstellungskatalog Mainz (1975) Teil 1, 409–433. Für die Unterrichtung über die neuesten Ergebnisse bin ich Günter Ulbert sehr verpflichtet.

61 Zu den zwingenden Rückschlüssen auf vergleichbare Konstruktionen in vorrömischer Zeit vgl. L. Pauli, Blockwandhäuser am Hallstätter Salzberg? ArchKorrbl 9, 1979, 81–86.

62 P. Barocelli, Ricerche e studi sui monumenti romani della Val d'Aosta (Aosta 1934); ders., Forma Italiae, Regio XI Transpadana 1. Augusta Praetoria (Roma 1948); A. Zanotto, Aoste. Histoire – Antiquités – Objets d'art (Aoste 1967).

63 W. Drack, Zur Wasserbeschaffung für römische Einzelsiedlungen, gezeigt an schweizerischen Beispielen. In: Provincialia. Festschr. für R. Laur-Belart (Basel 1968) 249–268; zu den Schwierigkeiten vgl. das Beispiel von Wülflingen, Bez. Winterthur (Kanton Zürich): JbSGU 59, 1976, 269.

64   Ein mindestens 306 m langer Tunnel für die Wasserleitung nach *Cemelenum*/Nice-Cimiez: Gallia 31, 1973, 566f. Abb. 35.

65   W. Haberey, Die römischen Wasserleitungen nach Köln (Düsseldorf 1971).

66   O. Steubinger, Die römischen Wasserleitungen von Nîmes und Arles. Zeitschr. f. Gesch. d. Architektur 1909, 236–304; E. Espérandieu, Le Pont du Gard (3. Aufl. 1968).

67   P. Barocelli, Ricerche (Anm. 62) 59–62.

68   Führer: P.-A. Février, Forum Iulii (Fréjus). Itin. Ligures 13 (Bordighera 1963).

69   Not. dign. Occ. XXXV 32. Flottenstationen für die See- bzw. Flußschiffahrt gab es etwa auch in Vienne und Arles (Frankreich), Yverdon (Schweiz), Como (Italien) und Enns-Lorch (Österreich): XLII 9. 14. 15; XXXIV 43. Zu Como jetzt ausführlich G. Luraschi, Il „praefectus classis cum curis civitatis" nel quadro politico ed amministrativo del Basso Impero. Rivista Arch. Como 159, 1977, 151–184.

70   G. Kaenel, Aménagements d'une proménade archéologique à Vidy-Lausanne VD. MblSGU 7 (28), 1976, 5–12; ders., Lousonna. La proménade archéologique de Vidy (Lausanne 1977).

71   W. Alzinger, Aguntum und Lavant. Führer durch die römerzeitlichen Ruinen Osttirols (3. Aufl. Wien 1974); S. Karwiese, Der Ager Aguntinus. Eine Bezirkskunde des ältesten Osttirol (Lienz 1975).

72   W. Alzinger, Aguntum 1976. Pro Austria Romana 27, 1977, 12–15 mit Beilage; ders., Ein Stadtplanfund in Aguntum. Antike Welt 8/1, 1977, 37–41.

73   Eine Zusammenfassung der römischen Geschichte des Ortes nach neuerem Stand steht aus. Übersichten und Grabungsberichte vorerst: L. Closuit u. G. Spagnoli, Inventaire des trouvailles romaines d'Octodure. Ausstellungskatalog Martigny (1975); F. Wiblé, Octodurus (Martigny) (Bern 1976); ders., Un nouveau sanctuaire gallo-romain découvert à Martigny (VS). In: Festschrift W. Drack (Stäfa 1977) 89–94; ders., Annales Valaisannes 50, 1975, 129–155; 51, 1976, 141–174; 52, 1977, 199–214; ders., JbSGU 59, 1976, 255ff.; 61, 1978, 205f. – Für Information und Führung habe ich François Wiblé sehr zu danken.

74   A. Defuns u. J. R. Lengler, Die Bergung der römischen Wandmalereien von Chur-Welschdörfli. AS 2, 1979, 103–108. Christian Zindel verdanke ich einen anschaulichen Bericht.

75   A. Dumoulin, Guide archéologique de Vaison-la-Romaine (Vaison-la-Romaine 1976).

76   G. Th. Schwarz, Römische Villa und Gräberfeld bei Roveredo im Misox GR. Ur-Schweiz 29, 1965, 38–46; vgl. auch den Gesamtplan von Katsch: W. Schmid (Anm. 80) 90 Abb. 50.

77   Kap. VII Anm. 105.

78   W. Drack, Die Gutshöfe. UFAS V, 49–72.

79   M. Hell, Mitt. Ges. f. Salzburger Landeskde. 108, 1968, 341ff.; N. Heger, Salzburg in römischer Zeit. Jahresschr. Salzburger Museum C. A. 19, 1973, 52.

80   W. Schmid, Siedelung und Gräberfeld von Chatissa-Katsch in Obersteiermark. ÖJh 25, 1929, Beibl. 97–148.

81   Siehe Anm. 95. Die Aufarbeitung der römischen Funde und Befunde durch Volker Bierbrauer ist noch im Gange.

82   W. Modrijan, Der römische Landsitz von Löffelbach (3. Aufl. Graz 1971).

83   V. v. Gonzenbach, Die römischen Mosaiken der Schweiz (Basel 1961); dies., Die römischen Mosaiken von Orbe (Basel 1974); W. Drack, Der römische Gutshof bei Seeb (Basel 1974) 17 Abb. 14–15. – Mérande b. Arbin (Savoie): J. Lancha, Gallia 32, 1974, 63–83.

84   N. Heger (Anm. 79) 50ff. – Vergleichbar ist allenfalls die in den ungünstigen Jahren 1937–39 unzulänglich ausgegrabene *villa* von Graz-Thalerhof: W. Modrijan, Römerzeitliche Villen und Landhäuser in der Steiermark (Graz 1969) 14ff.

85   Carmen 31. Übersetzung nach R. Helm, Catull. Gedichte lateinisch und deutsch (Berlin 1963) 49.

86   Die Grabungen sind nur sehr unzureichend veröffentlicht. Das Wesentliche bietet der kleine Führer von M. Mirabella Roberti, Sirmione – Grotte des Catullus (1974).

87   G. Tosi, Problemi tecnico-stilistici e cronologia della villa romana di Sirmione. In: Venetia, Studi miscellanei di archeologia delle Venezie 3 (Padova 1975) 73–142.

88   Kap. VII Anm. 107.

89   Etwa die Söhlehöhle bei Götzis in Vorarlberg (L. Franz u. A. R. Neumann, Lexikon ur- und frühgeschichtlicher Fundstätten Österreichs [Wien/Bonn 1965] 180), der „Hohle Stein" bei Calfreisen nahe Chur (JbSGU 22, 1930, 94) und die Tgilväderlishöhle bei Felsberg in Graubünden (JbSGU 18, 1926, 124–127; 20, 1928, 104). Die Materialien bespricht B. Overbeck, Geschichte des Alpenrheintals in römischer Zeit 1 (München 1981).

90   Kap. VII Anm. 119.

91   Kap. II Anm. 114; H. Bender, BVbl 43, 1978, 120.

92   J. Garbsch, Der Moosberg bei Murnau (München 1966).

93   Chr. Zindel, Vorbemerkungen zur spätrömisch-frühmittelalterlichen Anlage von Castiel/Carschlingg. AS 2, 1979, 109–112. Ferner: JbSGU 60, 1977, 145f.; 61, 1978, 177–179. 197–199; 62, 1979, 138–141; Christian Zindel, Jürg Rageth und Silvio Nauli habe ich ganz besonders für vielfältige Informationen zu danken.

94   Der Negauer Helm von Castiel/Carschlingg. AS 2, 1979, 94–96.

95   Habil.-Schrift München 1977; für die großzügige Erlaubnis, die Ergebnisse hier verwerten zu dürfen, habe ich Volker Bierbrauer sehr zu danken. Vorberichte: G. Fingerlin, J. Garbsch u. J. Werner, Die Ausgrabungen im langobardischen Kastell Ibligo-Invillino (Friaul). Vorbericht über die Kampagnen 1962, 1963 und 1965. Germania 46, 1968, 73–110 (in

italienischer Übersetzung auch erschienen in: Aquileia Nostra 39, 1968, 57–136); V. Bierbrauer, Gli scavi a Ibligo-Invillino, Friuli. Campagne degli anni 1972–1973 sul colle di Zuca. Aquileia Nostra 44, 1973, 85–126.

96   Bell. got. II 28.

97   Hist. Lang. IV 37.

98   Cassiodor, Var. III 48 (datiert 507/511): *Est enim in mediis campis tumulus saxeus in rotunditate consurgens, qui proceris lateribus, silvis erasus, totus mons quasi una turris efficitur ... castrum paene in mundo singulare, tenens claustra provinciae* – „eine in der ganzen Welt fast einzigartige Festung, die den Schlüssel zu unserer Provinz in der Hand hält". Hier ist die auch schon im Lateinischen vorhandene konkrete und übertragene Bedeutung von *claustra* besonders deutlich: Schloß, Riegel, Schlüssel; Sperre, Käfig; enger Durchgang; befestigte Grenze. Die spätantike Grenzbefestigung in den Südostalpen gegen den Balkan hieß *Claustra Alpium Iuliarum*; dazu jetzt die Quellenzusammenstellung: Claustra Alpium Iuliarum 1. Fontes (Ljubljana 1971). Zu *Verruca* gehörte übrigens auch eine Kirche vom Anfang des 6. Jahrhunderts mit Fußbodenmosaik (unveröffentlicht).

99   C. Carducci, Un insediamento „barbarico" presso il santuario di Belmonte nel Canavese. Atti CSDIR 7, 1975–76, 89–104.

100   R. Egger, Der Ulrichsberg – Ein heiliger Berg Kärntens. Carinthia I 140, 1950, 29–78; unter demselben Titel auch gesondert erhältlich (2. Aufl. Klagenfurt 1976).

101   Die Grabungsberichte: ÖJh 17, 1914, 17ff. Einführung: R. Egger, Teurnia. Die römischen und frühchristlichen Altertümer Oberkärntens (7. Aufl. Klagenfurt 1973).

102   F. Miltner, ÖJh 38, 1950, Beibl. 37ff.; 40, 1953, Beibl. 15ff.; 41, 1954, Beibl. 43ff.; 43, 1956–58, Beibl. 89ff. Ferner: ders., Bemerkungen zur Geschichte von Lavant in Osttirol. Carinthia I 143, 1953 (= Festschr. für R. Egger 2) 843–853 (426–436). – Die letzten Grabungen und Interpretationen: W. Alzinger, ÖJh 47, 1964–65, Grab. 1966, 64ff.; 49, 1968–71, Grab. 1969, 54; ders. (Anm. 71); S. Karwiese (Anm. 71) 50. – Eine kritische Stimme zur Interpretation des „Keltentempels" und der „spätantiken" Befestigung: H. Wiesflecker, Aguntum – St. Andrä – Luenzia – Patriarchesdorf. In: Alpenregion und Österreich. Geschichtliche Spezialitäten (1975) 171–191; ähnlich auch S. Karwiese, Lavant. Ein Schwerpunkt in der Frühgeschichte Osttirols. Osttiroler Heimatbl. 41, 1973, Hefte 7–10.

103   Zusammengestellt mit allen Literaturhinweisen von H. R. Sennhauser, Der Profanbau. UFAS VI, 149–164.

104   M.-L. Boscardin u. W. Meyer, Burgenforschung in Graubünden (Olten 1977) 51–171; dazu H. R. Sennhauser (Anm. 103) 159ff.

105   Kap. I Anm. 36.

106   Nur summarisch veröffentlicht von W. U. Guyan, Erforschte Vergangenheit 2: Schaffhauser Frühgeschichte (Schaff-

hausen 1971) 187–212 mit Plan S. 202/3; dazu H. R. Sennhauser (Anm. 103) 158f.

107   H. Dannheimer, Die frühmittelalterliche Siedlung bei Kirchheim (Ldkr. München, Oberbayern). Vorbericht über die Untersuchung im Jahre 1970. Germania 51, 1973, 152–169. – Neue Rettungsgrabungen 1980 übertreffen an Fläche und Ergebnissen alles bisher Bekannte aus Süddeutschland.

IV. Die Lebenden und die Toten – Das Individuum und die Gemeinschaft

1   R. Peroni, L'età del bronzo nella penisola italiana (Firenze 1971) 111ff.

2   UFAS III, 150f.

3   M. Primas, Die südschweizerischen Grabfunde der älteren Eisenzeit und ihre Chronologie (Basel 1970); L. Pauli, Studien zur Golasecca-Kultur (Heidelberg 1971) 124.

4   W. Krämer, Das Ende der Mittellatènefriedhöfe und die Grabfunde der Spätlatènezeit in Südbayern. Germania 30, 1952, 330–337.

5   So etwa noch D. Kahlke, Die Bestattungssitten des Donauländischen Kulturkreises der jüngeren Steinzeit. Teil 1: Linienbandkeramik (Berlin 1954) 121f.

6   R. Andree, Ethnologische Betrachtungen über Hockerbestattung. Archiv f. Anthr. N. F. 6, 1907, 282–307; J. Banner, A magyarországi zsugorított temetkezések. Die in Ungarn gefundenen Hockergräber. Dolgozatok Szeged 3, 1927, 1–122; J. v. Trauwitz-Hellwig, Totenverehrung, Totenabwehr und Vorgeschichte (München 1935).

7   L. Pauli, Keltischer Volksglaube. Amulette und Sonderbestattungen am Dürrnberg bei Hallein und im eisenzeitlichen Mitteleuropa (München 1975) 174f. – Eine Zusammenstellung von Hockerbestattungen in römischen Brandgräberfeldern bei S. Martin-Kilcher, Das römische Gräberfeld von Courroux im Berner Jura (Solothurn 1976) 108ff. mit Anm. 22.

8   I. Schwidetzky, Sonderbestattungen und ihre paläodemographische Bedeutung. Homo 16, 1965, 230–247; H. J. Sell, Der schlimme Tod bei den Völkern Indonesiens (s'Gravenhage 1955) 9–18; L. Pauli (Anm. 7) 154–160.

9   N. Kyll, Die Bestattung des Toten mit dem Gesicht nach unten. Trierer Zeitschr. 27, 1964, 168–183; L. Pauli (Anm. 7) 175f. 189; M. Mackensen, Das römische Gräberfeld auf der Keckwiese in Kempten 1 (Kallmünz 1978) 149f.

10   Ungewöhnliche Grabfunde aus frühgeschichtlicher Zeit: Archäologische Analyse und anthropologischer Befund. Homo 29, 1978, 44–53.

11   L. Pauli (Anm. 7) 136f.

12   G. Kurth, Die Bevölkerungsgeschichte des Menschen. Handbuch der Biologie IX (Frankfurt/M. 1965) 496–507 (Die Zuwachsraten); Gy. Acsády u. J. Nemeskéri, History of Human Life Span and Mortality (Budapest 1970).

13 F. Rittatore Vonwiller, Sibrium 1, 1953–54, 7–48; 3, 1956–57, 21–35.

14 I. Schwidetzky, Anthropologie der Dürrnberger Bevölkerung. In: L. Pauli, Der Dürrnberg bei Hallein 3 (München 1978) 541–581.

15 E. Conradin, Das späthallstättische Urnengräberfeld Tamins – Unterm Dorf in Graubünden. JbSGU 61, 1978, 65–155.

16 B. Kaufmann, Die hallstattzeitlichen Leichenbrände von Tamins GR, Unterm Dorf (Grabungen 1964 und 1966). Ebd. 157–161.

17 Nat. hist. VII 72: *hominem prius quam genito dente cremari mos gentium non est* – Einen Menschen zu verbrennen, wenn er noch keine Zähne hat, ist gegen die Sitte der Völker.

18 M. Mackensen, Das römische Gräberfeld auf der Keckwiese in Kempten 1 (Kallmünz 1978) 144–149 (51 körperbestattete Neonaten und Kleinstkinder bis zum Alter von etwa sechs Monaten).

19 Dies gilt wohl auch für das Brandgräberfeld von Courroux: B. Kaufmann in: S. Martin-Kilcher (Anm. 7) 221 f. Tab. 3 A–C: etwa 39% Kinder und Jugendliche sowie eine generelle Lebenserwartung von 26,5 Jahren.

20 J. A. Brunner, Die frühmittelalterliche Bevölkerung von Bonaduz (Chur 1972) 40: für die Männer 36,8 Jahre, für die Frauen 34,5 Jahre.

21 Vor einer Überschätzung warnen neuerdings G. Kurth u. O. Röhrer-Ertl, ArchA 61–62, 1977, 15 mit der Begründung, die spezifische Kindbettsterblichkeit sei erst in den Krankenhäusern des 19. Jahrhunderts mit ihren Möglichkeiten der Erregerübertragung so stark in die Höhe geschnellt. Dies steht in auffallendem Widerspruch zu G. Kurth (Anm. 12) 505 f., der damals noch feststellte, „daß die Lebenserwartung der jüngeren Frauen durch Wochenbettsterblichkeit erheblich eingeschränkt war".

22 J. Szilágy, Zur Frage der durchschnittlichen Lebensdauer in der römischen Kaiserzeit. In: H.-J. Diesner, R. Günther u. G. Schrot (Hrsg.), Sozialökonomische Verhältnisse im Alten Orient und im Klassischen Altertum (Berlin 1961) 285–289 aufgrund von Altersangaben auf den Grabsteinen; bestätigt auch durch den Befund in Courroux: B. Kaufmann (Anm. 19) 219: 39,5 Jahre zu 36,3 Jahre.

23 Einige Gräber in den Höhlen der Balzi Rossi hart an der Grenze zu Frankreich (teilweise ausgestellt im kleinen Museum am Ort) sind einwandfrei in die Altsteinzeit datiert: F. Lacorre u. L. Barral, Rivista di Studi Liguri 14, 1948, 5–38; O. Tschumi, Urgeschichte der Schweiz 1 (Frauenfeld 1949) 516–519; P. Graziosi, I Balzi Rossi (5. Aufl. Bordighera 1976) 36 ff. Abb. 15–17; 46 ff. Abb. 22. 25. 26; 56 f. Abb. 28.

24 PrFr II, 294.

25 Fundbericht: JbSGU 54, 1968–69, 112 f. Ausführlicher: R. Wyss, Ein jungsteinzeitliches Hockergräberfeld mit Kollektivbestattungen bei Lenzburg, Kt. Aargau. Germania 45,

1967, 20–34; W. Scheffrahn, Paläodemographische Beobachtungen an den Neolithikern von Lenzburg, Kt. Aargau. Ebd. 34–42.

26 R. Wyss, UFAS II, 155 (Karte).

27 O.-J. Bocksberger, Dalles anthropomorphes, tombes en ciste et vases campaniformes découvertes à Sion. BCSP 3, 1967, 69–95; M.-R. Sauter, A. Gallay u. L. Chaix, Le Néolithique du niveau inférieur du Petit-Chasseur à Sion. JbSGU 56, 1971, 17–76; O.-J. Bocksberger, Nouvelles recherches au Petit-Chasseur à Sion (Valais, Suisse). Ebd. 77–99. – Letzte zusammenfassende Interpretation: A. Gallay, Fouilles archéologiques du Petit-Chasseur (Sion, Valais), Rapport d'activité 1973: fouille du dolmen M XI. BCSP 12, 1975, 103–113. – Die ersten ausführlichen Veröffentlichungen einzelner Teilkomplexe: O.-J. Bocksberger, Le dolmen M VI. Le site préhistorique du Petit-Chasseur (Sion, Valais) (Lausanne 1976); ders., Horizon supérieur secteur occidental et tombes bronze ancien (Lausanne 1978).

28 JbSGU 56, 1971, 90 Abb. 16. – Der Mangel an weiteren bildlichen Darstellungen oder Funden in Mitteleuropa während der Bronze- und Eisenzeit läßt die Frage nach der tatsächlichen Konstruktion und den östlichen Zusammenhängen offen. Vgl. J. Werner, Bogenfragmente aus Carnuntum und von der unteren Wolga. Eurasia Sept. Ant. 7, 1932, 33–58 und O. Maenchen-Helfen, Die Welt der Hunnen (Wien/Köln/Graz 1978) 165–173.

29 Kap. II Anm. 39.

30 K. Spindler, Eine kupferne Doppelspirale aus Font. JbSGU 59, 1971, 101–114.

31 Vgl. Kap. II Anm. 40.

32 M. Ladurner-Parthanes, Bericht über die Aufdeckung einer alten Grabstätte in Gratsch bei Meran. Der Schlern 31, 1957, 39 f.; L. Oberrauch-Gries, Die Seelensteine von Clavanz und Ager. Der Schlern 45, 1971, 105 f. (= L. Oberrauch, Kleine Schriften zur Urgeschichte Südtirols [Bozen 1978] 120 ff.); R. Lunz, Urgeschichte des Raumes Algund – Gratsch – Tirol (Bozen 1976) 27 ff.

33 G. A. Colini, Il sepolcreto di Remedello Sotto nel Bresciano e il periodo eneolitico in Italia. BPI 24, 1898, 1–47; 88–110; 206–260; 280–295; 25, 1899, 1–27; 218–295; 26, 1900, 57–101; 202–267; 27, 1901, 73–132; 28, 1902, 5–43; M. O. Acanfora, Fontanella Mantovana e la cultura di Remedello. BPI 65, 1956, 321–385; L. Barfield, Northern Italy before Rome (London 1971) 55 ff.

34 M. Primas, Untersuchungen zu den Bestattungssitten der ausgehenden Kupfer- und der frühen Bronzezeit. BerRGK 58, 1977, 56 ff. (Schweiz und Norditalien).

35 R. Perini, I depositi preistorici di Romagnano-Loc (Trento). PrAlp 7, 1971, 7 ff. 60 ff. (Grab 1969); ders., La necropoli di Romagnano-Loc III e IV. Le tombe all'inizio dell'età del bronzo nella regione Sudalpina Centro-orientale. PrAlp 11, 1975, 295–315; M. Capitanio, I resti scheletrici umani, riferibili agli inizi dell'Età del Bronzo, finora ritrovati a Loc di Romagnano (Trento). PrAlp 9, 1973, 7–43.

36   H. Müller-Karpe, Handbuch der Vorgeschichte 3 (München 1974) 721 (Pithosbestattung).

37   Die Spannweite reicht von den vielen durchbohrten Hirschgrandeln aus den Schädelbestattungen der späten Altsteinzeit in der Großen Ofnethöhle im Ries, Bayer. Schwaben (Jahresber. Bayer. Bodendenkmalpfl. 4, 1963, 114 Abb. 64) bis hin zu heutigem Trachtenschmuck (Jagd- und Trachtenschmuck. Ausstellungskatalog München [1978/79] mit vielen Beispielen). Allerdings scheint es gewisse zeitliche Schwerpunkte zu geben, deren Erforschung und nähere Beschreibung noch aussteht.

38   R. A. Maier, Ein Gräberfeld der Frühen Bronzezeit bei Raisting im Ammertal. In: Ausgrabungen in Bayern. „Bayerland" Sonderausgabe (1967) 1–4; ders., Rinderbackzähne und Rinderkiefer in Frühbronzezeitgräbern von Raisting am Ammersee. Germania 50, 1972, 229 ff.; Plan: 230 Abb. 1.

39   W. Ruckdeschel, Die frühbronzezeitlichen Gräber Südbayerns (Bonn 1978).

40   Vgl. Anm. 34.

41   UFAS III, 41 ff. Abb. 1.5.7 mit den Karten auf S. 51 und 53; K. Spindler. Die frühbronzezeitlichen Flügelnadeln. JbSGU 57, 1972–73, 17–83.

42   E. Vogt, Die Gliederung der schweizerischen Frühbronzezeit. In: Festschrift für O. Tschumi (Frauenfeld 1948) 53–69.

43   Etwa Dürrnberg Grab 80/2: F. Moosleitner, L. Pauli u. E. Penninger, Der Dürrnberg bei Hallein 2 (München 1974) 46 f. mit Taf. 197.

44   M. Primas (Anm. 3) 82–85.

45   Nat. hist. VII 187.

46   W. Burkart, Die Grabstätten der Crestaulta-Siedler. Ur-Schweiz 12, 1948, 5–9; ders., Die bronzezeitliche Teilnekropole am Cresta petschna. Ebd. 13, 1949, 35–39; UFAS III, 46 ff. Abb. 7; J. Bill, Grab 4 der Nekropole Cresta Petschna im Lugnez. AS 2, 1979, 75–77. – Die Siedlung dazu: Kap. III Anm. 26.

47   Im Rahmen einer 1978 abgeschlossenen Münchner Dissertation. Er berichtete darüber in einem Vortrag 1979 in Nördlingen.

48   In: Studien zur Golasecca-Kultur (Heidelberg 1971) 15–47 sah ich noch keine Möglichkeit, diese „älter" scheinenden Grabinventare auch tatsächlich als solche zu erweisen. Die Diskussion ist seither in Gang geblieben; es scheint sich immer mehr die Meinung durchzusetzen, daß die ältesten Gräber schon in Bronzezeit C gehören und mit einem west-/inneralpinen Grabsittenkreis zu verbinden seien. Vgl. etwa R. de Marinis, Le spade di Monza della tarda età del bronzo. Sibrium 10, 1970, 99–107; ders., Nuovi dati sulle spade della tarda età del Bronzo nell'Italia settentrionale. PrAlp 8, 1972, 73–105; M. Primas, Funde der späten Bronzezeit aus den Eisenzeitne-

kropolen des Kantons Tessin. ZSAK 29, 1972, 5–18; G. Vannacci Lunazzi, Appunti sui ripostigli dell'età del bronzo in Lombardia. In: Contributi dell'istituto di Archeologia (Univ. Catt. Milano) 4, 1974, 5–30; M. Primas, Zur Interpretation weiträumig verbreiteter Kulturelemente in Norditalien und dem alpinen Gebiet während der Jungbronzezeit. Jahresber. Inst. f. Vorgesch. Frankfurt/M. 1975, 46–56. – Dazu meine Meinung: Solange immer wieder nur die alten Funde diskutiert werden können, ist eine endgültige Klärung der Situation kaum zu erwarten; Kontakte des inneralpinen Raumes mit der Poebene hat es selbstverständlich zu allen Zeiten gegeben.

49   Siehe Anm. 13.

50   M. Primas (Anm. 3); W. E. Stöckli, Chronologie der jüngeren Eisenzeit im Tessin (Basel 1975).

51   M. Hell, Steinkistengräber der Hallstattzeit von Uttendorf im Pinzgau. Jahresschr. Salzburger Mus. C. A. 8, 1962, 53–64. Seit einigen Jahren untersucht F. Moosleitner wegen bevorstehender Überbauung das ganze Areal; bis 1979 stieg die Anzahl der Gräber auf rund 200, und die Funde zeigen intensive Beziehungen nach Slowenien und Oberitalien. Vorbericht einstweilen: F. Moosleitner, Hallstattzeitliche Grabfunde aus Uttendorf im Pinzgau (Österreich). ArchKorrbl 7, 1977, 115–119. – Fritz Moosleitner verdanke ich nicht nur die Informationen über dieses Gräberfeld, sondern auch über alle möglichen Fragen, die das Land Salzburg betreffen.

52   A. Lippert, Das Gräberfeld von Welzelach (Osttirol). Eine Bergwerksnekropole der späten Hallstattzeit (Bonn 1972).

53   R. Lunz, Studien zur End-Bronzezeit und älteren Eisenzeit im Südalpenraum (Firenze 1974) 275–286 mit Taf. 46–62; ders., Urgeschichte des Oberpustertales (Bozen 1977) 61–101.

54   R. Peroni, Studi di cronologia hallstattiana (Roma 1973) 58–62; R. Lunz, Studien zur End-Bronzezeit und älteren Eisenzeit im Südalpenraum (Firenze 1974) 253–274 mit Taf. 11–35; kleiner Überblick: G. Bermond Montanari, Pfatten (Bozen 1961).

55   Siehe Anm. 15.

56   Kap. II Anm. 61.

57   Carmina IV 4, 17–22. Übersetzung nach H. Färber, Horaz, Sämtliche Werke (München 1964) 189.

58   Vgl. M. Čižmař, Památky Arch. 69, 1978, 142 mit einem Beispiel aus dem keltischen Böhmen. – Dazu auch L. Pauli, Der Dürrnberg bei Hallein 3 (München 1978) 391 f. mit dem Hinweis auf einen unterschenkelamputierten Mann: F. Moosleitner, L. Pauli u. E. Penninger, Der Dürrnberg bei Hallein 2 (München 1974) Taf. 194 und 203.

59   K. Kromer, Das Gräberfeld von Hallstatt (Firenze 1958); ders., Gedanken über den sozialen Aufbau der Bevölkerung auf dem Salzberg bei Hallstatt, Oberösterreich. ArchA 24, 1958, 39–58.

60   R. Andree, Die Metalle bei den Naturvölkern mit Berücksichtigung prähistorischer Verhältnisse (Leipzig 1884) 40 f. 85; A. Kollautz, Saeculum 5, 1954, 151 ff. (zu den Awaren);

M. Eliade, Schmiede und Alchemisten (Stuttgart 1960); R. Forbes, Studies in Ancient Technology 8 (Leiden 1960) 52–102:
The evolution of the smith, his social and sacred status; B. Ba-
sil, Urzeit und Geschichte Afrikas (Reinbek 1961) 63; E. Haberland, Eisen und Schmiede in Nordost-Afrika. In: Beiträge
zur Völkerforschung, H. Damm zum 65. Geb. (Leipzig 1961)
191–210; O. Bischofsberger, Paideuma 15, 1969, 54–63;
R. Wente-Lukas, ebd. 18, 1972, 129–143.

61   S. Nebehay, Das latènezeitliche Gräberfeld von der
kleinen Hutweide bei Au am Leithagebirge, p. B. Bruck a. d.
Leitha, NÖ. (Wien 1973) 14–16 mit Taf. 9, 2–4 bis 13, 1–6;
M. Taus, Ein spätlatènezeitliches Schmied-Grab aus St. Georgen am Steinfeld, p. B. St. Pölten, NÖ. ArchA 34, 1965, 13–16.

62   J. M. de Navarro, A Doctor's Grave of the Middle La
Tène Periode from Bavaria. Proc. Prehist. Soc. 21, 1955,
231–248; W. Torbrügge u. H. P. Uenze, Bilder zur Vorgeschichte Bayerns (Konstanz 1968) 203 ff. mit Abb. 185 und
187.

63   Hier nur die letzten Arbeiten: L. Károlyi, Die vor- und
frühgeschichtlichen Trepanationen in Europa 1: Deutschland.
Homo 15, 1964, 200–218; ders., Daten über das europäische
Vorkommen der vor- und frühgeschichtlichen Trepanation.
Ebd. 14, 1963, 231–237; ders., Das Trepanationsproblem. Beitrag zur Paläanthropologie und Paläopathologie. Ebd. 19,
1968, 90–93; K. Kunter, Die Schädeltrepanation in vor- und
frühgeschichtlicher Zeit und bei den außereuropäischen Völkern. Ber. Oberhess. Ges. f. Natur- u. Heilkunde N. F. na-
turkd. Abt. 37, 1970, 149–159; J. Nemeskéri u. R. Busch, Re-
konstruktionsuntersuchungen an zwei neolithischen trepanier-
ten Schädeln aus Börnecke, Kr. Wernigerode. Nachr. aus Nie-
dersachsens Urgesch. 45, 1976, 1–29.

64   Das römerzeitliche Gräberfeld von Salurn (Innsbruck
1963).

65   Tessiner Gräberfelder (Basel 1941). Das vergriffene
Werk erschien jetzt in italienischer Übersetzung: Necropoli romane nelle terre dell'attuale Canton Ticino (Bellinzona 1978).

66   P. Donati u. a., Locarno – La necropoli romana di Solduno (Bellinzona 1979).

67   M. Mackensen (Anm. 18).

68   Allgemein: J. M. C. Toynbee, Death and Burial in the
Roman World (London 1971); R. Reece (Hrsg.), Burial in the
Roman World (London 1977).

69   Kap. II Anm. 76.

70   H. Menzel, Lampen im römischen Totenkult. In: Festschrift Röm.-Germ. Zentralmus. 3 (Mainz 1952) 131–138.

71   Ein klassisches Beispiel bietet die ostalpine Frauentracht. Auf den Frauenportraits der Grabsteine sind Halsringe
und -ketten sowie Armringe häufig wiedergegeben (Abb. 172),
während sie in den Gräbern fast völlig fehlen: J. Garbsch, Die
norisch-pannonische Frauentracht im 1. und 2. Jahrhundert
(München 1965) 12. 116f. Welche Gründe für diese Bestattungssitte maßgebend waren, ist gänzlich unklar, denn die Fi-

beln als Kleiderverschluß nebst den Gürteln wurden offensichtlich stets ins Grab mitgegeben, sei es verbrannt oder unverbrannt.

72   Iuvenalis, Sat. III 171 ff.; J. Carcopino, Rom – Leben
und Kultur in der Kaiserzeit (Stuttgart 1977) 220 ff.

73   J. Bürgi, Eine römische Holzstatue aus Eschenz TG. AS
1, 1978, 14–22.

74   J. Garbsch (Anm. 71).

75   H. Geist u. G. Pfohl, Römische Grabinschriften
(2. Aufl. München 1976): eine etwas unsorgfältige Sammlung
mit etlichen Fehlern (so wird etwa *Brixia* mit Brixen statt mit
Brescia identifiziert!); E. Meyer, Menschliches auf römischen
Grabsteinen. JbSGU 36, 1945, 106–112; eine fundierte und
anschauliche kommentierte Zusammenstellung: A. Obermayer,
Römersteine zwischen Inn und Salzach (Freilassing 1974); für
die Schweiz unerläßlich: E. Howald u. E. Meyer, Die römische
Schweiz (Zürich 1940); dazu neuerdings G. Walser, Römische
Inschriften in der Schweiz, für den Schulunterricht ausgewählt,
photographiert und erklärt. 1. Teil: Westschweiz (Bern 1979).
– Bei den im folgenden angeführten Beispielen sind nur die
Quelleneditionen angegeben, wenn ich nicht bestimmten Über-
setzungen angegeben, vor allem im Versmaß, folge.

76   H. Geist u. G. Pfohl (Anm. 75) Nr. 550.

77   Ebd. Nr. 555.

78   CIL XII 118.

79   CIL XII 122.

80   CIL V 4990.

81   Paulus Diaconus, Hist. Lang. III 23 berichtet von einer
riesigen Überschwemmung in Oberitalien, wie man sie „seit
den Zeiten Noahs" nicht mehr erlebt habe. Das Gewitter im
Herbst 589 richtete im Etschtal bei Verona große Verwüstungen an: Menschen und Tiere kamen um, die Straßen wurden
zerstört, die Felder von Geröll und Felsen übersät, ein Teil der
Stadtmauer fiel ein. An der Kirche San Zeno außerhalb der
Stadt sei das Wasser „bis zu den oberen Fenstern gestanden".

82   Dessau 8202.

83   Dessau 8207 b.

84   A. Obermayer (Anm. 75) 125 f.

85   CIL XII 2473; J. Prieur, La Savoie antique (Grenoble
1977) 143 ff.

86   H. Geist u. G. Pfohl (Anm. 75) passim.

87   CIL III 4720; R. Egger, Teurnia (7. Aufl. Klagenfurt
1973) 85.

88   F. Vollmer, Inscriptiones Baiuvariae Romanae (München 1915) Nr. 108 (Leute aus Trier). 135 (Purpurhändler oder
-färber). 144 (Händler mit Ton- und Metallwaren).

89   R. Egger, Aus römischen Grabinschriften 2. Weidwerk
im Gebiete von Iuvavum-Salzburg. Sitzungsber. Österr. Akad.
d. Wiss., phil.-hist. Kl. 252, 3 (Wien 1967) 17–26; N. Heger,
Salzburg in römischer Zeit. Jahresschr. Salzburger Mus.
C. A. 9, 1973, 131 mit Abb. 56.

90   Vgl. Kap. III Anm. 52.

91   F. Mottas, Un nouveau notable de la Colonie Equestre. AS 1, 1978, 134–137. Eine ähnliche Inschrift war schon früher gefunden worden: CIL XIII 5010 = E. Howald u. E. Meyer (Anm. 75) Nr. 140.

92   Kap. VI Anm. 84.

93   CIL V 6513 (Novara in Piemont, durch einen ehemaligen Statthalter in Britannien; vgl. dazu die Ehreninschrift CIL V 6514).

94   F. Wiblé, AS 1, 1978, 33 (Martigny im Wallis).

95   Zu seinen Vermögensverhältnissen: R. Duncan-Jones, The Economy of the Roman Empire. Quantitative Studies (2. Aufl. Cambridge 1977) 17ff.

96   Epistulae I 8; IV 13; VII 18. Dazu CIL V 5262.

97   W. Langhammer, Die rechtliche und soziale Stellung der Magistratus municipales und der Decuriones in der Übergangsphase der Städte von sich verwaltenden Gemeinden zu Vollzugsorganen des spätantiken Zwangsstaates (Wiesbaden 1973).

98   G. Alföldy, Ein römischer Grabaltar aus Frauenchiemsee. BVbl 31, 1966, 80–84.

99   Eine Zusammenfassung auch der letzten Ausgrabungen: W. Czysz u. E. Keller, Bedaium. Seebruck zur Römerzeit (Seebruck 1978).

100   Einige Beispiele für Gemeindebeamte aus *Aguntum* (Osttirol) und *Teurnia* (Kärnten), die nördlich der Alpen starben und zuletzt wohl auch dort gelebt haben, bei H.-J. Kellner, Die Römer in Bayern (4. Aufl. München 1978) 128.

101   Eine anschauliche Einführung: H. W. Böhme, Römische Beamtenkarrieren (Stuttgart/Aalen 1977). – Zum militärischen Bereich: A. v. Domaszewski, Die Rangordnung des römischen Heeres (2. Aufl. Köln/Graz 1967); G. Webster, The Roman Imperial Army (2. Aufl. London 1974); P. Conolly, Die römische Armee (Hamburg 1976; mit peinlich genauen Zeichnungen der Bewaffnung und der taktischen Formationen); H. Ubl, Die römische Legion. In: Vindobona – Die Römer im Wiener Raum. Ausstellungskatalog Wien (1977/78) 24–43.

102   E. Stein, Der römische Ritterstand (München 1927); H. G. Pflaum, Les carrières procuratiennes équestres sous le Haut-Empire Romain (Paris 1960–61).

103   Für Raetia und Noricum stehen Zusammenstellungen aus letzter Zeit zur Verfügung: G. Winkler, Die Statthalter der römischen Provinz Raetien unter dem Prinzipat. BVbl 36, 1971, 50–101; Korrekturen dazu: H. Chantraine, BVbl 38, 1973, 111–115; Ergänzungen wiederum von G. Winkler ebd. 116–120. – G. Winkler, Die Reichsbeamten von Noricum und ihr Personal bis zum Ende der römischen Herrschaft. Sitzungsber. Österr. Akad. d. Wiss., phil.-hist. Kl. 261,2 (Wien 1969), darunter C. Baebius Atticus (33ff.) und Cl. Paternus Clementianus (43ff.).

104   CIL V 1838/9.

105   U. Laffi, Sull'organizzazione amministrativa dell'area alpina nell'età Giulio-Claudia. Atti CSDIR 7, 1975–76, 391–418, bes. 397ff; jetzt ausführlicher ders., Zur Geschichte Vindeliciens unmittelbar nach der römischen Eroberung. BVbl 43, 1978, 19–24.

106   Zusammenfassend nunmehr B. Dobson, Die primipilares. Entwicklung und Bedeutung, Laufbahn und Persönlichkeiten eines römischen Offiziersranges (Köln/Graz 1979).

107   G. Winkler, BVbl 36, 1971, 62ff.

108   CIL III 5211–5213.

109   K. Kraft, Familie und Laufbahn des Claudius Paternus Clementianus. In: J. Werner (Hrsg.), Studien zu Abodiacum-Epfach (München 1964) 71–74 mit Abb. 1 (Marmorbüste aus Hohenstein in Kärnten); H. W. Böhme (Anm. 100) 30–35 mit Abb. 11–14. – Nur der Kuriosität halber sei noch eine alte Abhandlung zitiert: H. Arnold, Claudius Paternus Clementinus, ein Nachfolger des Pontius Pilatus und ein oberbayerischer Landsmann aus Epfach. Beitr. z. Anthr. u. Urgesch. Bayerns 15, 1904, 125–142.

110   CIL XII 103; J. Prieur, La Savoie antique (Grenoble 1977) 133ff. – Rhythmische Übersetzungen ins Deutsche bieten F. Staehelin, Die Schweiz in römischer Zeit (3. Aufl. Basel 1948) 387 (nach A. Schneider) sowie Ph. Filtzinger, D. Planck u. B. Cämmerer, Die Römer in Baden Württemberg (Stuttgart/Aalen 1976) 194 (hier aus unerfindlichen Gründen als Fundort „hoch oben am Splügen" angegeben).

111   A. Hild, Jahrb. Vorarlberger Landesmuseumsver. 1952, 35.

112   So etwa Salurn im Etschtal (Anm. 64).

113   UFAS VI, 14. – Die Auswertung dieses wichtigsten inneralpinen Gräberfelds bildet das Kernstück der im Druck befindlichen Arbeit von Gudrun Schneider-Schnekenburger, Churrätien im Frühmittelalter auf Grund der archäologischen Funde (München 1980). Für die Erlaubnis, hier einige Ergebnisse schon andeuten zu können, sei ihr herzlich gedankt.

114   P. Eggenberger, W. Stöckli u. Chr. Jörg, HelvA 6, 1975, 22–26.

115   Chr. Bonnet, Genava N. S. 24, 1976, 262f.; JbSGU 61, 1978, 217f.

116   H. Lehner, Die Ausgrabungen in der Kirche Biel-Mett BE. AS 1, 1978, 149–154.

117   H.-M. v. Kaenel, Das spätrömische Grab mit reichen Beigaben in der Kirche von Biel-Mett. AS 1, 1978, 138–148.

118   R. Moosbrugger, Gräber frühmittelalterlicher Kirchenstifter? JbSGU 45, 1956, 69–75; F. Stein, Adelsgräber des 8. Jahrhunderts in Deutschland (Berlin 1967). Die zahlreichen Funde der letzten Jahre, im folgenden vor allem zitiert, ergänzen das Bild wesentlich.

119   W. Drack, Ein Adeligengrab des 7. Jahrhunderts in Bülach. HelvA 1, 1971, 16–22.

120   JbSGU 49, 1962, 94–96; W. Drack u. R. Moosbrugger-Leu, Die frühmittelalterliche Kirche von Tuggen (Kt. Schwyz). ZSAK 20, 1960, 176–207.

121   UFAS VI, 60 Abb. 10, 4; 65 Abb. 16.

122   H.-G. Bandi, Jahrb. Hist. Mus. Bern 34, 1954, 166–172; UFAS VI, 60 Abb. 10, 1; 61 Abb. 11.

123   JbSGU 57, 1972–73, 392–398; G. Schneider-Schnekenburger (Anm. 113) Abb. 10.

124   UFAS VI, 137 Abb. 5, 2; JbSGU 56, 1971, 252 f.; G. Schneider-Schnekenburger (Anm. 113) Abb. 5.

125   UFAS VI, 33 ff. mit Abb. 38–42; JbSGU 61, 1978, 224 ff. Abb. 73–77.

126   L. Plank, Veröff. Mus. Ferdinandeum Innsbruck 44, 1964, 195–204; Gruft I und II.

127   G. Piccottini, Das spätantike Gräberfeld von Teurnia – St. Peter in Holz (Klagenfurt 1976). – Mit den Verhältnissen auf der nördlichen Alpenseite beschäftigte sich jetzt mit entsprechenden Ergebnissen R. Christlein, Das Gräberfeld auf dem Ziegelfeld bei Lauriacum-Lorch und die Vita Severini. Ostbayer. Grenzmarken 20, 1978, 144–152.

128   Nach dem letzten Bericht sind es inzwischen 123 Gräber: F. Glaser, Acht Jahre Grabung in Teurnia 1971–1978. Carinthia I 168, 1978, 51–66.

129   G. Schneider-Schnekenburger (Anm. 113); W. Sulser u. H. Claussen, St. Stephan in Chur. Frühchristliche Grabkammer und Friedhofskirche (Zürich 1978) 64.

130   G. Schneider-Schnekenburger (Anm. 113) Taf. 24, 1–5.

131   J. Werner, Die Langobarden in Pannonien (München 1962).

132   W. Šmid, Die Reihengräber von Krainburg. Jahrb. f. Altertumskde. 1, 1907, 55–77.

133   J. Kastelic u. B. Škerlj, Slovanska Nekropola na Bledu (Ljubljana 1950); J. Kastelic, Slovanska Nekropola na Bledu (Ljubljana 1960); A. Valič, Staroslovansko grobišče na Blejskem gradu (Izkopavanje 1960). Die altslawische Nekropole auf dem Schloßberg von Bled (Die Ausgrabungen 1960) (Ljubljana 1964); J. Korošec, Staroslovenska grobišča v severni Sloveniji (Celje 1947).

134   F. Wieser, Das langobardische Fürstengrab und Reihengräberfeld von Civezzano (Innsbruck 1887 = Sonderabdruck aus Zeitschr. d. Ferdinandeums III. Folge 30); L. Franz, Die Germanenfunde von Civezzano im Tiroler Landesmuseum Innsbruck. Veröff. Mus. Ferdinandeum Innsbruck 19, 1939, 298–344.

135   M. v. Chlingensperg-Berg, Das Gräberfeld von Reichenhall in Oberbayern (Reichenhall 1890).

136   P. Reinecke, Bayer. Vorgeschichtsfr. 4, 1924, 35; zum römischen Gutshof R. Christlein, BVbl 28, 1963, 30–57.

137   M. Menke, Bad Reichenhall im frühen Mittelalter. In: Führer zu vor- und frühgesch. Denkm. 19 (Mainz 1971) 150–160.

138   R. Christlein. Das alamannische Reihengräberfeld von Marktoberdorf im Allgäu (Kallmünz 1966) 79 Abb. 25.

139   Eine ganz charakteristische Form für den ostalamannisch-bajuwarischen Raum sind z. B. die mit menschlichen Ge-sichtern verzierten Riemenzungen zwischen Iller, schwäbisch-fränkischem Jura und Salzach. Je ein Exemplar liegt weit außerhalb dieses Gebietes bei Brescia und am Donauknie in Ungarn; sie können eigentlich nur mit einem Germanen aus dem genannten Gebiet in die Ferne gewandert sein: Verbreitungskarte bei O. v. Hessen, Un ritrovamento bavaro del VII secolo da Brescia. Commentari dell'ateneo di Brescia 1964, 178 Abb. 3. Zuletzt auch H. Dannheimer in: Führer zu vor- u. frühgesch. Denkm. 18 (Mainz 1971) 95 mit einigen Ergänzungen weiter westlich.

140   Die reich illustrierten und anschaulichen Analysen und Beschreibungen von R. Christlein, Die Alamannen (Stuttgart/Aalen 1978) 63–82 und M. Martin, Die Schweiz im Frühmittelalter (Bern 1975) 42–65 können – unter Berücksichtigung regionaler Besonderheiten – auf das bajuwarische und langobardische, etwas modifiziert auch auf das burgundische Gebiet übertragen werden.

141   R. Christlein, Besitzabstufungen zur Merowingerzeit im Spiegel reicher Grabfunde aus West- und Süddeutschland. JbRGZM 20, 1973, 147–180.

142   J. Werner, Zur mitteldeutschen Skelettgruppe Haßleben-Leuna. In: Festschr. für W. Schlesinger. Mitteldt. Forsch. 74/1 (Köln/Wien 1973) 1–30.

143   R. Roeren, Zur Archäologie und Geschichte Südwestdeutschlands im 3. bis 5. Jahrhundert n. Chr. JbRGZM 7, 1960, 214–266, bes. 226–228; Chr. Pescheck, Die germanischen Bodenfunde der römischen Kaiserzeit in Mainfranken (München 1978) 15–19.

144   H. W. Böhme, Germanische Grabfunde des 4. bis 5. Jahrhunderts zwischen unterer Elbe und Loire (München 1974) 190.

145   Ebd. 165 und 190.

146   J. Werner, Kriegergräber aus der ersten Hälfte des 5. Jahrhunderts zwischen Schelde und Weser. Bonner Jahrb. 158, 1958, 372–413.

147   J. Werner, Zur Entstehung der Reihengräberzivilisation. Arch. Geographica 1, 1950, 23–32 (Wiederabdruck mit Nachträgen in: F. Petri [Hrsg.], Sprache und Bevölkerungsstruktur im Frankenreich [Darmstadt 1973] 283–325).

148   Diese differenzierte Sicht scheint sich jetzt allmählich durchzusetzen: M. Martin, Bemerkungen zu den frühmittelterlichen Gürtelbeschlägen der Westschweiz. ZSAK 28, 1971, 29–57; ders., Die Romanen. UFAS VI, 11–20; H. Schwab, Die Burgunder. UFAS VI, 21–31; J. Werner, Die romanische Trachtprovinz Nordburgund im 6. und 7. Jahrhundert. In: J. Werner u. E. Ewig (Hrsg.), Von der Spätantike zum frühen Mittelalter (Sigmaringen 1979) 447–465.

149   M. Martin, Die Ansiedlung der Burgunder in der Sapaudia. MblSGU 7 (28), 1976, 17 (Karte); Chr. Simon, La déformation crânienne artificielle de la nécropole de Sézegnin GE. AS 1, 1979, 186–188 mit Verbreitungskarten, detailliert für den burgundischen Bereich zwischen Saône und Alpenrand. –

Allgemein dazu: J. Werner, Beiträge zur Archäologie des Attila-Reiches (München 1956) 96 ff. 129 mit Taf. 69 und 73; ders., Neue Daten zur Verbreitung der artifiziellen Schädeldeformation im 1. Jahrtausend n. Chr. Germania 36, 1958, 162–164; weitergeführt von K. Gerhardt, BVbl 38, 1973, 99 f.; dazu jetzt noch ein Kinderschädel: E.-M. Winkler, Fundber. aus Österreich 17, 1978, 197–209.

150   M.-R. Sauter u. P. Moeschler, Caractères dentaires mongoloides chez les Burgondes de la Suisse occidentale (Saint-Prex, VD). Archiv des Sciences 13, 1960, 387–426.

151   P. Eggenberger, W. Stöckli u. Chr. Jörg, La découverte en l'Abbaye de Saint-Maurice d'une épitaphe dédiée au moine Rusticus. HelvA 6 (21), 1975, 22–32.

152   J. Werner zu den Knochenschnallen und Reliquiarschnallen des 6. Jahrhunderts, in: J. Werner (Hrsg.), Die Ausgrabungen in St. Ulrich und Afra in Augsburg 1961–1968 (München 1977) 275–351.

153   R. Cheneveau, Le cimetière paléo-chrétien de Sancta Maria di Olivo à Beaulieu-sur-Mer. Mém. Inst. Préhist. et Arch. Alpes-Maritimes 8, 1963–64.

154   S. Gagnière, Les sépultures à inhumation du IIIᵉ au XIIIᵉ siècle de notre ère dans la Basse Vallée du Rhône. Essai de chronologie typologique. Cahiers rhodaniens 12, 1965, 53–110.

155   H. Dolenz, Die Gräberfelder von Judendorf bei Villach. Neues aus Alt-Villach. Jahresber. Mus. Villach 6, 1969, 7–92. Größere Zusammenstellungen: H. Dolenz u. H. Mitscha-Märheim, Frühmittelalterliche Bodenfunde aus Kärnten. Carinthia I 150, 1960, 727–750; W. Modrijan, Die Frühmittelalterfunde (8. bis 11. Jhdt.) der Steiermark. Schild von Steier 11, 1963, 45–84.

156   P. Petru, V. Sribar u. V. Stare, Der Karantanisch-Köttlacher Kulturkreis. Frühmittelalterlicher Schmuck. Ausstellungskatalog Graz (1975).

157   V. Sribar u. V. Stare, Das Verhältnis der Steiermark zu den übrigen Regionen der Karantanisch-Köttlacher Kultur. Schild von Steier 15–16, 1978–79, 209–225 mit einer Verbreitungskarte der einschlägigen Funde.

158   J. Giesler, Die „Köttlacher Kultur". Archäologie der karolingisch-ottonischen Zeit im Ostalpenraum (8.–10. Jahrhundert). Diss. München 1978. Bisher erschienen ein kleiner Auszug vor Abschluß der Arbeit: Zu einer Gruppe mittelalterlicher Emailscheibenfibeln. Zeitschr. f. Arch. d. Mittelalters 6, 1978, 57–72.

159   Siehe Anm. 133.

V. Religion und Kunst

1   RE 2. R. I A, 565 ff. „religio".

2   W. Torbrügge, Europäische Vorzeit. Kunst im Bild (Baden-Baden 1968); H. Müller-Karpe. Das vorgeschichtliche Europa. Kunst der Welt (Baden-Baden 1968); P. Graziosi, L'arte preistorica in Italia (Firenze 1973).

3   E. Bächler, Das Drachenloch ob Vättis im Taminatal (Sankt Gallen 1921).

4   K. Hörmann, Die Petershöhle bei Velden in Mittelfranken, eine altpaläolithische Station. Abhandl. Naturhist. Ges. Nürnberg 34 (Nürnberg 1933); S. Brodar, Zur Frage der Höhlenbärenjagd und des Höhlenbärenkultes in den paläolithischen Fundstellen Jugoslawiens. Quartär 9, 1957, 147–159; L. Vértes, Die Rolle des Höhlenbären im ungarischen Paläolithikum. Ebd. 10–11, 1958–59, 151–169 und M. Malez, Das Paläolithikum der Veternicahöhle und der Bärenkult. Ebd. 171–188; G. Freund, Jahresber. Bayer. Bodendenkmalpfl. 4, 1963, 78.

5   Mit unterschiedlichen Stellungnahmen zuletzt: O. Tschumi, Urgeschichte der Schweiz 1 (Frauenfeld 1949) 434 ff. (Opferkult); H.-G. Bandi, Zur Frage eines Bären- oder Opferkultes im ausgehenden Altpaläolithikum der alpinen Zone. In: Helvetia Antiqua (Festschr. für E. Vogt) (Zürich 1966) 1–8 (fast ablehnend); H. Müller-Beck, Das Altpaläolithikum. UFAS I, 89–106 (abwägend, eher positiv).

6   E. Bächler, Das Wildenmannlisloch am Selun (Sankt Gallen 1934).

7   E. Bächler, Das alpine Paläolithikum der Schweiz im Wildkirchli, Drachenloch und Wildenmannlisloch (Basel 1940). Dazu O. Menghin, WPZ 29, 1942, 121 ff. und W. Schmidt, Anthropos 35–36, 1940–41, 426–429.

8   H.-G. Bandi, Das Jungpaläolithikum. UFAS I, 107–122 (115 ff.: Kleinkunst).

9   Auf einem Kiesel eingeritzt ein Stierkopf von Riparo Tagliente bei Grezzana (Prov. Verona): L. Barfield, Northern Italy before Rome (London 1971) 29 Abb. 7.

10   In jedem einschlägigen Buch abgebildet; zum Fundort selbst jetzt F. Felgenhauer, Willendorf in der Wachau. Mitt. Prähist. Komm. Wien 8–9 (1956–59).

11   H. Müller-Karpe, Handbuch der Vorgeschichte 1 (München 1966) Taf. 225 A 7. – P. Graziosi, I Balzi Rossi (5. Aufl. Bordighera 1976) 36 Abb. 18; zu den zunächst umstrittenen Fundumständen H. Breuil, Renseignements inédits sur les circonstances du Baoussé Roussé. Archivio per l'Anthr. e l'Etnol. 58, 1928, 281 ff.

12   O. Tschumi (Anm. 5) 697 Abb. 270; R. Wyss, UFAS II, 151 Abb. 16.

13   G. Bergamo Decarli u. a., Riparo Gaban (Trento). PrAlp 8, 1972, 269–274; B. Bagolini u. a., Riparo Gaban (Martignano–Trento). PrAlp 9, 1973, 245 f. und weitere Kurzberichte in PrAlp 11, 1975, 332; 12, 1976, 229 f. – Die Maße der abgebildeten Gegenstände sind (von links nach rechts): 14,0; 10,2; 6,1; 13,1 cm.

14   D. Srejović, Lepenski Vir – eine vorgeschichtliche Geburtsstätte europäischer Kultur (Bergisch Gladbach 1973).

15   W. Krämer, Prähistorische Opferplätze. In: Helvetia Antiqua (Festschr. für E. Vogt) (Zürich 1966) 111–122.

16   M. v. Chlingensperg auf Berg, Der Knochenhügel am Langacker und die vorgeschichtlichen Herdstellen am Eisenbichel bei Reichenhall in Oberbayern. MAGW 34, 1904, 53 ff.; A. von den Driesch, Tierknochen aus Karlstein, Ldkr. Berchtesgadener Land. BVbl 44, 1979, 153 f.: Knochen aus dem Knochenhügel. Zur Analyse stand nur noch eine bescheidene Menge zur Verfügung. Unter den verbrannten Knochen war am stärksten das Rind vertreten (ganz überwiegend Kopf und Füße!), daneben Schaf oder Ziege, nicht jedoch das Schwein. Die nicht verbrannten Knochen „sehen wie gewöhnliche Schlachtabfälle aus" und entsprechen in ihrer Zusammensetzung auch ungefähr dem aus Siedlungen bekannten Spektrum. Welche Folgerungen sich daraus für die dort geübten Zeremonien auch in Bezug auf die Auswahl bestimmter Tiere und Körperteile ergeben, kann erst nach der Analyse anderer Fundplätze abgeschätzt werden.

17   K. Meuli, Griechische Opferbräuche. In: Phyllobolia für P. v. d. Mühll (Basel 1946) 185–288, bes. 201–209.

18   R. A. Maier, Brandopferplätze um Schongau in Oberbayern. Germania 47, 1969, 173–176.

19   K. M. Mayr, Vorgeschichtliche Siedlungsfunde auf der Hochfläche des Schlern. Der Schlern 20, 1946, 9–12; R. Lunz, Ur- und Frühgeschichte Südtirols (Bozen 1973) 33; P. Mayr, Die neuen Funde vom Schlern und die alpine Retardierung. Der Schlern 46, 1972, 4 ff.

20   C. F. Capello, Una stipe votiva d'età romana sul monte Genevrìs (Alpi Cozie). Rivista Ingauna e Intemelia 7, 1941, 96–137.

21   Anm. 18.

22   M. Hell, MAGW 56, 1926, 334. – Der Fundplatz wurde vor wenigen Jahren eingeebnet und zerstört; eine Sicherungsgrabung durch Gerhard Pohl ergab, daß schon in alter Zeit alles verfüllt worden war, so daß keine Schichtenabfolge des umfangreichen Materials mehr existierte. Daraufhin wurde eine größere Menge von Kisten mit wahllos abgegrabenen Scherben ins Keltenmuseum Hallein gebracht, wo sie noch der Durcharbeitung und Veröffentlichung harren.

23   W. Krämer, Ein frühkaiserzeitlicher Brandopferplatz auf dem Auerberg im bayerischen Alpenvorland. JbRGZM 13, 1966, 60–66.

24   M. Menke, Brandopferplatz auf der Kastelliernekropole von Pula, Istrien. Germania 48, 1970, 115–123.

25   Diese Beobachtung glückte erst kürzlich R. Wyss, La statue celte de Villeneuve. HelvA 10, 1979, 58–67. Die 1,25 m hohe Holzstatue war schon vor vielen Jahren am Nordrand des Rhônedeltas in den Genfer See gefunden worden; in einer tiefergehenden Spalte auf Armhöhe entdeckte man bei der Restaurierung eine keltische und zwei massaliotische Silbermünzen.

26   Bibl. hist. V 27.

27   J. Maringer, Flußopfer und Flußverehrung in vorgeschichtlicher Zeit. Germania 52, 1974, 309–318.

28   J. Heierli, Die bronzezeitliche Quellfassung von St. Moritz. Anz. Schweiz. Altertumskde. N. F. 9, 1907, 265–278; neu behandelt von A. Zürcher, Funde der Bronzezeit aus St. Moritz. HelvA 3/9, 1972, 21–28; UFAS III, 153 f. Abb. 11.

29   Führer zu vor- u. frühgesch. Denkmälern (Mainz 1971) 142.

30   Der beste Überblick bei G. Fogolari in: Popoli e Civiltà dell'Italia antica 4 (Roma 1974) 184 ff. – Ferner E. de Lotto, Una divinità sanante a Làgole (Calalzo di Cadore) (Belluno 1961); C. B. Pascal, The Cults of Cisalpine Gaule (Bruxelles 1964) 140 ff.

31   M. Lejeune, Revue des études anciennes 54, 1952, 51–82; Latomus 12, 1953, 3–13; ebd. 13, 1954, 118–123; Revue des études latines 32, 1954, 120–138; E. Vetter, Die neuen venetischen Inschriften von Làgole. Carinthia I 143, 1953, (= Festschr. f. R. Egger 2) 619–632 (123–136). – Jetzt übersichtlich zusammengestellt von G. B. Pellegrini u. A. L. Prosdocimi, La lingua veneta 1 (Padova 1967) 469–567: danach die folgenden Lesungen und Übertragungen ins Lateinische.

32   K. Lukan, Alpenwanderungen in die Vorzeit (Wien/München 1965) 90 mit Bild 52; E. Vetter, Die vorrömischen Felsinschriften von Steinberg in Nordtirol. Anz. Österr. Akad. d. Wiss., phil.-hist. Kl. 94 (1957) 384–398; A. L. Prosdocimi, Note di epigrafia retica. In: Studien zur Namenkunde und Sprachgeographie (= Festschr. für K. Finsterwalder) (Innsbruck 1971) 15–46.

33   G. Kaltenhauser, Die urzeitliche Zisterne von Telfes im Stubai. Veröff. Tiroler Landesmus. Ferdinandeum 58, 1978, 67–119.

34   Vor- und frühgeschichtliche Flußfunde. Zur Ordnung und Bestimmung einer Denkmälergruppe. BerRGK 51–52, 1970–71, 1–146.

35   Vgl. etwa W. Torbrügge (Anm. 34) 59 Tabelle 10; 64; 74 Tabelle 13; 119 ff. – M. Hell, Bronzenadeln als Weihegaben in salzburgischen Mooren. Germania 31, 1953, 50–54.

36   M. Hell, Über ältere Funde von Steinbeilen in Salzburg. WPZ 6, 1919, 63–66.

37   E. Penninger, Bronzebeile aus der Salzach und Saalach. Mitt. Ges. Salzburger Landeskde. 106, 1966, 13–15; F. Moosleitner, L. Pauli u. E. Penninger, Der Dürrnberg bei Hallein 2 (München 1974) 96 Abb. 1, 1–2.

38   G. Kyrle, Urgeschichte des Kronlandes Salzburg (Wien 1918) 1 Nr. 3 (heute verschollen); O. Menghin, Die vorgeschichtlichen Funde Vorarlbergs (Baden b. Wien 1937) 18 Nr. 30; 51 Abb. 28; E. F. Mayer, Die Äxte und Beile in Österreich (München 1977) 177 Nr. 882.

39   J. Naue, Prähist. Bl. 16, 1904, 17 ff. (bei Cremona); Not. Scavi 1909, 275 Abb. 1 (aus der Mündung der Adda) und 2 (bei Brancere; in der Nähe ein römischer Helm: ebd. 312).

40   J.-P. Millotte, Le Jura et les Plaines de Saône aux âges des métaux (Paris 1963) 350 Nr. 482. Die Panzer sind verschollen, die Fundumstände gehen aus den alten Berichten hervor.

Millotte vermutet überzeugend, daß sie sich hinter den Stücken mit dubiosem Fundort „Grenoble" bzw. „Neapel" verbergen, die mit den alten Beschreibungen übereinstimmen: G. v. Merhart, Panzer-Studie. In: Origines. Raccolta di scritti in onore di G. Baserga (Como 1954) 33–61 mit Taf. 1, 1.3 (Wiederabdruck in: Hallstatt und Italien [Mainz 1969] 149ff. 152 Abb. 1, 1.3). – Daß auch die Panzer aus Fillinges in Savoyen gewiß nicht als „Händlerdepot" (so G. v. Merhart), sondern ebenfalls als Weihegaben anzusprechen sind, ist angesichts der überregionalen Verhältnisse bei Schilden und Helmen dieser Zeit kaum zu bezweifeln und wird auch durch die dürftig überlieferten Fundumstände bestätigt; danach fanden sich die Panzer auf einer bis 30 cm dicken Brandschicht von etwa 10 m² Ausdehnung: Costa de Beauregard, Les cuirasses celtiques de Fillinges. Revue arch. 1901, 308ff.; W. Deonna, Les cuirasses hallstattiennes de Fillinges au Musée d'Art et d'Histoire de Genève. Préhistoire 3, 1934, 93–143.

41 W. Torbrügge (Anm. 34) 49 Tabelle 6.

42 P. Post, Der kupferne Spangenhelm. BerRGK 34, 1951–53, 126 Nr. 5 mit Abb. 11; 128f. Nr. 13 mit Abb. 19; M. Martin, Die Schweiz im Frühmittelalter (Bern 1975) 47 Bild 32.

43 H. Schwab u. R. Müller, Die Vergangenheit des Seelandes in neuem Licht (Freiburg i. Ü. 1973) 117 Abb. 151–152; weitere Beispiele aus der Schweiz: JbSGU 41, 1951, 135 mit Taf. 21,2 (Bieler See); 42, 1952, 104 mit Taf. 17,2 (Zihl); 47, 1958–59, 209 mit Taf. 26 (Hasensee bei Ueßlingen TG). Auch aus Deutschland gibt es eine Menge Beispiele.

44 W. Torbrügge (Anm. 34) Beilage 24, 2; J. Kneidinger, Der Greiner Strudel als urgeschichtliche Fundstätte. MAGW 72, 1942, 278–290.

45 N. Heger, Ein etruskischer Bronzeeimer aus der Salzach. BVbl 38, 1973, 52–56. Die Felsen im Fluß wurden erst 1773 entfernt.

46 Hier nur zwei Beispiele: eine einfache Quelle ohne Baulichkeiten bei Kiesen (Bern): JbSGU 62, 1979, 144 und die Schwefelquelle von Bad Bergfall im abgelegenen Elsental, das zum Pustertal entwässert: R. Lunz (Anm. 20) 18f.

47 Dieser Zusammenhang wurde von W. Torbrügge (Anm. 34) 56 unterbewertet; er will die eisenzeitlichen wie die bronzezeitlichen Barren zu einem „Großteil … als Transportverlust" erklären.

48 O. Menghin, Eisenbarren aus Vorarlberg. WPZ 2, 1915, 133f.; R. Pittioni, Urgeschichte des österreichischen Raumes (Wien 1954) 741 Abb. 516. – UFAS IV, 106 Abb. 1, 1–2.

49 R. A. Maier, Frühbronzezeitliches Ösenhalsring-Opfer aus dem bayerischen Inn-Oberland. Germania 54, 1976, 200–202: an der Einmündung eines klaren Baches in einen kleinen Moorbach; besonders groß und schwer mit zusätzlichen Verzierungen aus Draht.

50 E. Vouga, Les Helvètes à la Tène (Neuchâtel 1885);

P. Vouga, La Tène. Monographie de la Station (Leipzig 1923); K. Raddatz, Zur Deutung der Funde von La Tène. Offa 11, 1952, 24–28; R. Wyss, Die Funde aus der alten Zihl und ihre Deutung. Germania 33, 1955, 349–354; R. Pittioni, Zur Interpretation der Station La Tène. In: Provincialia. Festschr. für R. Belart (Basel 1968) 615–618; R. Wyss, UFAS IV, 178–182.

51 H. Schwab, Entdeckung einer keltischen Brücke an der Zihl und ihre Bedeutung für La Tène. ArchKorrbl 2, 1972, 289–294.

52 Es sei in diesem Zusammenhang auf die bronzezeitliche Station Peschiera am Ausfluß des Mincio aus dem Gardasee verwiesen. Unter ihrem leider nie ausreichend veröffentlichten Fundbestand (einen Überblick bietet jedoch das Fotoarchiv des Deutschen Archäologischen Instituts Rom) sind die Nadeln in auffallender Menge vertreten. Aufgrund der Tatsache, daß viele von ihnen ausgesprochen unsorgfältig und fehlerhaft gegossen sind, möchte H.-J. Hundt, PrAlp 10, 1974, 160 als „Erklärung" dieses Phänomens die Deutung anbieten, daß ein Teil der in den oberitalischen Seen gefundenen gelochten Kugelkopfnadeln nicht für den täglichen Gebrauch bestimmt war, sondern daß er im Stil von Devotionalien erzeugt und als Opfer im Wasser versenkt wurde." Diese ansprechende Hypothese träfe dann nicht nur für die frühbronzezeitlichen Kugelkopfnadeln, sondern auch für alle andern Typen bis zur späten Bronzezeit zu; eine genaue Untersuchung der Nadeln wäre zu wünschen.

53 Allein W. Torbrügge (Anm. 34) 55f. mit Tabelle 8 und 72ff. kam durch eine Betrachtung der groben Fundverteilung nach Zeiten und Sachgruppen zu einem ähnlichen Ergebnis.

54 W. Torbrügge (Anm. 34) 67–69 mit vielen Beispielen.

55 Schon drei Jahrhunderte lang hatten Schatzgräber die Fundschichten durchwühlt, bis endlich geregelte Ausgrabungen stattfanden: kurze Berichte fast jährlich in Notizie degli Scavi 1883, 7 bis 1894, 33–47. Eine knappe Übersicht bei P. Barocelli, Ricerche e studi sui monumenti romani della Val d'Aosta (Aosta 1934) 53–59; die wichtigsten Inschriften auch bei M.-R. Sauter, Préhistoire du Valais (Sion 1950) 71 77.

56 CIL V 6865ff; E. Howald u. E. Meyer, Die römische Schweiz (Zürich 1941) Nr. 72ff.

57 Übersetzung nach E. Howald u. E. Meyer (Anm. 56) Nr. 86.

58 F. E. Koenig, Der Julierpaß in römischer Zeit. JbSGU 62, 1979, 77–99 mit der älteren Literatur.

59 Hier nur wenige Beispiele: vom Radstädter Tauern (N. Heger, Salzburg in römischer Zeit. Jahresschr. Salzburger Mus. C. A. 9, 1973, 209 Nr. 82), vom „Wallisgäßli" am Sanetsch bei Gsteig im Kanton Bern (JbSGU 25, 1923, 99) und von der Kaiseregg bei Plaffeien im Kanton Fribourg (JbSGU 59, 1976, 264).

60 M. Hell, Der Bronzedolch von der Glocknerstraße. ArchA 10, 1952, 41–44.

61 G. Kyrle, MAGW 42, 1912, 203f.; ders., Urgeschichte

des Kronlandes Salzburg (Wien 1918) 31f. Abb. 12–15; 16, 1–6. – E. F. Mayer, Die Äxte und Beile in Österreich (München 1977) Nr. 473. 1353–55 mit Taf. 124 A.

62   M. Hell, Ein Paßfund der Urnenfelderzeit aus dem Gau Salzburg. WPZ 26, 1939, 148–156.

63   Die Eroberung der Alpen durch den Bronzezeitmenschen. ZSAK 28, 1971, 130–145; Höhenfunde aus dem Fürstentum Liechtenstein. HelvA 9, 1978, 137–144.

64   Höhenfunde aus Vorarlberg und Liechtenstein. ArchA 40, 1966, 80–92.

65   Messer: F. Rittatore Vonwiller, Sibrium 8, 1964–65, 45ff. Abb. 1 u. 3; Barren: Rät. Museum Chur, unveröffentlicht; Schwert: JbSGU 42, 1952, 78f. Taf. 11, Abb. 2.

66   R. Wyss, Ein neuer Schwerttyp aus dem hochalpinen Raum. JbSGU 47, 1958–59, 52–56. – Eine Zusammenstellung der „latènezeitlichen Höhen-, Paß- und Paßwegfunde" findet sich bei R. Wyss, Der Schatzfund von Erstfeld (Zürich 1975) 59 und 68. Bei den meisten der dort aufgeführten Speerspitzen ist allerdings – soweit mir Abbildungen zugänglich sind – frühmittelalterliche Zeitstellung wahrscheinlicher. Vgl. S. 188 mit Anm. 74.

67   Dies herausgestellt zu haben, ist das Verdienst von F. Fischer, Der Trichtinger Ring und seine Probleme (Heidenheim 1978) 24ff. mit der Liste 35f., obschon er – meiner Ansicht nach gerade hier unberechtigt – „bei dem heute merkwürdig schnell auf der Zunge liegenden Begriff ‚kultisch' ... Zurückhaltung üben" möchte (31).

68   O. Klose, Ein Halsring der La Tènezeit. Jahrb. f. Altertumskde. 6, 1912, 1–4; P. Jacobsthal, Early Celtic Art (Oxford 1944) Nr. 49; F. Moosleitner, Der goldene Halsring von Maschlalm. Salzburger Museumsbl. 39, 1978, 13–16.

69   P. Jacobsthal (Anm. 68) Nr. 85; P. v. Eles, L'età del ferro nelle alpi occidentali francesi. Cahiers rhodaniens 14, 1967–68, 205 Taf. 15, 2.

70   UFAS IV, 64 Abb. 5.

71   R. Wyss, Der Schatzfund von Erstfeld (Zürich 1975). – Kritische Besprechungen der dort vorgetragenen Meinungen über das Herkunftsgebiet der Ringe (angeblich eher aus Italien) und den Charakter des Fundes (angeblich versteckt von einem Händler) bringen M. Lenerz–de Wilde, Germania 56, 1978, 610–613 und K. Spindler, Fundber. aus Baden-Württemberg 4, 1979, 436–438, ohne natürlich allen damit verbundenen Fragen nachgehen zu können.

72   Man betrachte das wunderschöne Gemälde von P. Conolly, Hannibal und die Feinde Roms (Hamburg 1978) 48f., auch wenn Hannibal diesen Weg kaum gezogen hat. Vgl. dazu auch S. 233ff. mit Anm. 47.

73   M. Hell, Skarabäus-Amulet vom Sonnblickgletscher. Alpenland Rundschau Wien 5/1967; W. Haid, Der Anschnitt 20/2, 1968, 20f.; F. Moosleitner (Anm. 68) 15f. Abb. 5–6.

74   Churrätien im Frühmittelalter auf Grund der archäologischen Funde (München 1980).

75   Vom Julierpaß als Einzelfund: JbSGU 49, 1962, 92f. Abb. 50.

76   S. 180. Verbreitungskarte bei J. Werner, BerRGK 42, 1961, 320 Abb. 8; die Fundumstände sind bei P. Post (Anm. 42) angegeben.

77   W. Lucke u. O.-H. Frey, Die Situla in Providence (Rhode Island). Ein Beitrag zur Situlenkunst des Osthallstattkreises (Berlin 1962); Situlenkunst zwischen Po und Donau. Ausstellungskatalog Wien (1962); J. Kastelic, Situlenkunst. Meisterschöpfungen prähistorischer Bronzearbeit (Wien/München 1964); O.-H. Frey. Die Entstehung der Situlenkunst. Studien zur figürlich verzierten Toreutik von Este (Berlin 1969); ders., Figürlich verzierte Bronzeblecharbeiten aus Hallstatt und dem Südostalpengebiet. In: Krieger und Salzherren. Ausstellungskatalog Mainz (1970).

78   G. Kossack, Gräberfelder der Hallstattzeit an Main und Fränkischer Saale (Kallmünz 1970) 155ff. bringt die Situlenkunst – analog zu etruskischen Grabmalereien – allzu sehr mit einem aufwendigen Totenkult in Verbindung, obschon sein Gedanke, daß eine „Ablösung realer Kulthandlungen und ihrer gegenständlichen Manifestation in den Gräbern durch den Bildbericht" stattgefunden habe, durchaus einer weiteren Analyse unter Berücksichtigung der regionalen Traditionen wert ist. Daß solche Gemeinschaftshandlungen, bei denen etwa die Bronzeeimer als Kochgefäße verwendet wurden, nicht nur beim Tod hochgestellter Personen stattgefunden haben können, beweisen die vielfältigen Flickungen, die auf starke und häufige Hitzebeanspruchung zurückgehen (dazu L. Pauli, Der Dürrnberg bei Hallein 3 [München 1978] 81ff.)

79   Außer den genannten Werken (Anm. 77) noch O.-H. Frey, Eine figürlich verzierte Ziste in Treviso. Germania 44, 1966, 66–73.

80   Zur häufigen rituellen Niederlegung von Pflügen in Mooren Norddeutschlands vgl. G. Kunwald in: H. Jankuhn (Hrsg.), Vorgeschichtliche Heiligtümer und Opferplätze in Mittel- und Nordeuropa. Abhandl. Akad. d. Wiss. Göttingen (1970) 110f.

81   E. di Filippo, Rapporti iconografici di alcuni monumenti dell'arte delle situle. In: Venetia. Studi miscellanei di Arch. delle Venezie 1 (Padova 1967) 97–200; J. Boardman, A Southern View of Situla Art. In: The European Community in Later Prehistory. Studies in Honour of C. F. C. Hawkes (London 1971) 121–140; O.-H. Frey, Der Ostalpenraum und die antike Welt in der frühen Eisenzeit. Germania 44, 1966, 48–66.

82   W. Schmid, Die Fürstengräber von Klein Glein in der Steiermark. Prähist. Zeitschr. 24, 1933, 219–282; H. Müller-Karpe (Anm. 2) 144ff. Abb. 94–98; besonders auffällig ist die Jagd mit Pfeil und Bogen (Abb. 152), die sonst nicht mehr vorkommt. – Nach wie vor bestreitet R. Pittioni, ArchA 48, 1970, 4f. und 59–60, 1976, 479f. (gestützt auf D. Ahrens, Zur Situlenkunst der ersten Hälfte des fünften Jahrhunderts v. Chr. ÖJh 48, 1966–67, Beibl. 231–250) die Frühdatierung dieser Funde und der damit verwandten von Sesto Calende am Lago Maggiore, ohne die Konsequenzen für die absolute Chronologie der damit verbundenen Grabinventare zu berücksichtigen.

83   M. Louis u. G. Isetti, Les gravures préhistoriques du Mont-Bego (2. Aufl. Bordighera 1964); Vallée des Merveilles. IXᵉ Congrès Union intern. Sc. préhist. et protohist. Nice 1976, Livret-Guide de l'excursion C 1 (Nice 1976).

84   J. T. Ozols, Die Felsbilder von Mont-Bego. In: IXᵉ Congrès Union intern. Sc. préhist. et protohist. Nice 1976, Colloque XXVII (Nice 1976) 37; J. Cabagno, Étude des visages et costumes taurins rituels dans la région du Mont Bégo. Ebd. 74–77; J. T. Ozols, Die Felsbilder des Mont Bego. Antike Welt 9/3, 1978, 45–48.

85   Eine solche „im bäuerlichen Frühjahrsbrauchtum eingebettete Grundorientierung" verficht R. Pittioni, RE Suppl. IX (1962) 219ff. (Italien, urgeschichtliche Kulturen).

86   Etwa CIL IV 1882. 2210. 2360. 2375.

87   Zu dieser Feststellung genügt eine Durchsicht des seit 1966 erscheinenden BCSP.

88   E. Suess, Rock Carvings in the Valcamonica (Milano 1954); E. Anati, Civiltà preistorica della Valcamonica (Milano 1964); Arte preistorica della Valcamonica. Ausstellungskatalog Milano (1974); E. Anati, Evoluzione e stile nell'arte rupestre camuna (Capo di Ponte 1975).

89   E. Anati, Capo di Ponte. Forschungszentrum der Steinzeichenkunst im Valcamonica (Capo di Ponte 1974); E. Anati, Metodi di relevamento e di analisi dell'arte rupestre (2. Aufl. Capo di Ponte 1976).

90   E. Anati, I massi di Cemmo (2. Aufl. Capo di Ponte 1972).

91   E. Schumacher, Die Felsbilder des Val Camonica und ihre Beziehungen zur Situlenkunst. JbRGZM 13, 1966, 37–43.

92   Zum Vergleich kann das benachbarte Veltlin dienen: E. Anati, Arte preistorica in Valtellina (2. Aufl. Capo di Ponte 1968).

93   Felsbilder in Österreich (Linz 1972).

94   Chr. Zindel, Felszeichnungen auf Carschenna, Gemeinde Sils im Domleschg. Ur-Schweiz 32, 1968, 1–5; JbSGU 54, 1968–69, 171f.

95   A. Gallay, S. Favre u. A. Blain, Stèles et roches gravées des alpes suisses. In: IXᵉ Congrès (Anm. 84) Colloque XXVII, 52–58; P. Corboud, La roche gravée de St-Léonhard VS. AS 1, 1978, 3–13. – Einige Beispiele aus den anschließenden Westalpen: Actes de la IIᵉᵐᵉ Rencontre-débat internationale sur l'art rupestre dans les Alpes. Bull. d'Études Préhist. Alpines (Aosta) 10, 1978, 43–151; außerdem 5–10.

96   S. Gagnière u. J. Granier, Nouvelles stèles anthropomorphes chalcolithiques de la vallée de la Durance. Bull. Soc. Préhist. Franç. 64, 1967, 699–706; PrFr II, 213 mit Abb. 2,1. – Die Gruppe setzt sich mit einiger Unterbrechung weiter in Ligurien fort: A. C. Ambrosi, Corpus delle statue-stele lunigianesi (Bordighera 1972).

97   M. O. Acanfora, Le statue antropomorfe dell'Alto Adige. Cultura Atesina 6, 1952, 2–32; H. Fink u. K. M. Mayr, Der Menhir von Tötschling bei Brixen. Der Schlern 30, 1956, 42f.

98   Anm. 92.

99   Einige Beispiele: K. M. Mayr, Schalensteine in Südtirol. Der Schlern 20, 1946, 237–239. 309–312. 344; 21, 1947, 268–271; F. Haller, Die Schalensteine am Pfitschersee in Sprons. Der Schlern 22, 1948, 464f.; J. Viertler, Die Schalensteine bei Göriach ob Velden am Wörthersee. Carinthia I 168, 1978, 73–80; H. Suter, Über einige Schalensteine in den Kantonen Waadt, Wallis und Graubünden. Ur-Schweiz 31, 1967, 4–14.

100   M. v. Hepperger, Zum Rätsel der Schalensteine. Der Schlern 22, 1948, 110f.

101   A. Huber, Mittelalterliche und neuzeitliche Schalen- oder Lichtsteine in Kärnten. Carinthia I 168, 1978, 81–96.

102   H. Liniger u. H. Schilt, Der astronomisch geortete Schalenstein ob Tüscherz (Biel). JbSGU 59, 1976, 215–219 mit Hinweisen auf weitere solcher Versuche.

103   W. Schmid, Der Kultwagen von Strettweg (Leipzig 1934); W. Modrijan, Das Aichfeld – Vom Steinbeil bis zur römischen Poststation (Judenburg 1962) 18ff.

104   Im Alpenraum etwa in Como (Sibrium 3, 1956–57, Taf. 19), Sesto Calende am Lago Maggiore (Sibrium 1, 1953–54, 67ff.) und La Côte-Saint-André in Savoien (Kap. II Anm. 66).

105   A. A. Barb, Zur Deutung der sogenannten Deichselwagen und verwandter Geräte. MAGW 73–77, 1943–47, 139–151; A. Haberland, Ein Kannenwagen als Festtrankbehälter. MAGW 80, 1950, 78–85.

106   G. Kossack, Studien zum Symbolgut der Urnenfelder- und Hallstattzeit Mitteleuropas (Berlin 1954).

107   E. Sprockhoff, Nordische Bronzezeit und frühes Griechentum. JbRGZM 1, 1954, 28–110.

108   L. Pauli, Der Dürrnberg bei Hallein 3 (München 1978) 455ff.

109   J. Whatmough, Rehtia, the Venetic Goddees of Healing. Journal Royal Anthr. Inst. Edinburgh 53, 1922, 212–229; A. A. Barb, Noreia und Rehtia. Carinthia I 143, 1953 (= Festschr. für R. Egger 1) 204–219 (159–174); R. Battaglia, Riti, culti e divinità delle genti paleovenete. Boll. Mus. Civ. Padova 46, 1955, 1–50; G. Fogolari in: Popoli e civiltà dell'Italia antica 4 (Roma 1975) 176ff.; Osm. Menghin, JbSGU 55, 1970, 142.

110   G. B. Pellegrini u. A. L. Prosdocimi, La lingua veneta 1 (Padova 1967) 464–468 (Ca 4).

111   G. Fogolari (Anm. 109) Taf. 69–70; Situlenkunst zwischen Po und Donau. Ausstellungskatalog Wien (1962) Nr. 62.

112   Etwas hurtig mit Parallelisierungen bei der Hand ist H. Kenner, Zu namenlosen Göttern der Austria Romana: Reitia. Schild von Steier 15–16, 1978–79, 109f.

113   Vgl. etwa Augst BL: UFAS V, 134 Abb. 17–18; teilweise wieder aufgebaut das Capitolium von *Brixia*/Brescia: B. Andreae, Römische Kunst (Freiburg/Basel/Wien 2. Aufl. 1974) 552f. – heute befindet sich darin das Civico Museo Romano.

114   Eine Fundgrube ist E. Stemplinger, Antiker Volksglaube (Stuttgart 1948), doch sind hier allein die literarischen Quellen ausgewertet. – Einige Aspekte vorzugsweise aus archäologischer Sicht beleuchtet L. Pauli, Keltischer Volksglaube. Amulette und Sonderbestattungen am Dürrnberg bei Hallein und im eisenzeitlichen Mitteleuropa (München 1975). – Für jüngeres Material sind die verschiedenen Stichworte im Handwörterbuch des deutschen Aberglaubens (Berlin/Leipzig) nützlich.

115   J. Lentz–ter Vrugt, Mors immatura (Groningen 1960).

116   Reiches Material bieten L. Hansmann u. L. Kriss-Rettenbeck, Amulett und Talisman. Erscheinungsform und Geschichte (München 1966); dazu auch: Jagd- und Trachtenschmuck. Ausstellungskatalog München (1978/79).

117   F. Moosleitner, L. Pauli u. E. Penninger (Anm. 37) 34ff. Abb. 1; Taf. 138–139.

118   Eine weit verbreitete Erscheinung im Südtiroler Volksglauben waren beispielsweise die „Nörggelen", die Geister kleiner, oft zwergwüchsig vorgestellter Kinder, die den Menschen allerlei Unbill zufügen konnten.

119   L. Schmidt, Heiliges Blei in Amuletten, Votiven und anderen Gegenständen des Volksglaubens in Europa und im Orient (Wien 1958).

120   Gebührend herausgestellt von M. Mackensen, Das römische Gräberfeld auf der Keckwiese in Kempten 1 (Kallmünz 1978) 42ff. 156ff.

121   Vgl. etwa die rekonstruierte Tür aus der *villa* von Anchettes im Wallis: Musée archéologique du Valais, Sion (1976) Abb. 20.

122   R. Christlein, Die Alamannen (Stuttgart/Aalen 1978) 77–82.

123   L. Pauli, Heidnisches und Christliches im frühmittelalterlichen Bayern. BVbl 43, 1978, 147–157.

124   Darauf weist zu Recht M. Martin, UFAS VI, 18 hin.

125   H. Schwab, UFAS VI, 27f.

126   R. Egger, Zu einem Fluchtäfelchen aus Blei. In: W. Krämer, Cambodunumforschungen 1953–I (Kallmünz 1957) 72–75.

127   A. Audollent, Defixionum tabellae (Paris 1904) 295f. Nr. 222.

128   H. Thaller, Ein Heiligtum bei Mautern a. d. Donau. ÖJh 37, 1948, Beibl. 185–194.

129   R. Egger, Liebeszauber. ÖJh 37, 1948, 112–120.

130   H. Nesselhauf, Beschriftetes Bleitäfelchen aus einer raetischen Villa. Germania 38, 1960, 76–80.

131   Einige Ergänzungen bei U. Schillinger-Häfele, BerRGK 58, 1977, 565 Nr. 225.

132   F. Cumont, Die orientalischen Religionen im römischen Heidentum (Stuttgart 1959).

133   R. Gordon, Mithraism and Roman Society. Social Factors in the Explanation of Religious Change in the Roman Empire. Journ. of Religion and Religions 1973, 92–122.

134   F. Cumont, Die Mysterien des Mithra (4. Aufl. Stuttgart 1963); M. J. Vermaseren, Mithras, Geschichte eines Kultes (Stuttgart 1965) mit weiterer Literatur.

135   UFAS V, 141 Abb. 27.

136   M. P. Speidel, The Religion of Iuppiter Dolichenus in the Roman Army (Leiden 1978).

137   R. Noll, Führer durch die Sonderausstellung „Der große Dolichenusfund von Mauer a. d. Url" (Wien 1938). Eine ausführliche Veröffentlichung durch R. Noll ist im Druck.

138   Eine Zusammenstellung der archäologischen Zeugnisse bei P. F. Barton, Frühzeit des Christentums in Österreich und Südostmitteleuropa bis 788 (Wien/Köln/Graz 1975) 98.

139   UFAS V, 144 Abb. 30.

140   P. F. Barton (Anm. 138) 55 mit Taf. 2 oben. – Der „Gute Hirte" ist allerdings ein Motiv, das in der hellenistisch-römischen Kunst schon vor dem Christentum auftaucht.

141   Lampen: J. Werner (Hrsg.), Der Lorenzberg bei Epfach. Die spätrömischen und frühmittelalterlichen Anlagen (München 1969) Taf. 31, 19; H. Deringer, Römische Lampen aus Lauriacum (Linz 1965) Taf. 7, 347; *Flavia Solva* (Steiermark): CIL III 12012 104 b. – Zahnstocher: UFAS V, 143 Abb. 29.

142   Zu Recht als Indiz für die allgemein christliche Durchdringung des Alltagslebens gewertet von J. Engemann, Anmerkungen zu spätantiken Geräten des Alltagslebens mit christlichen Bildern, Symbolen und Inschriften. Jahrb. f. Antike u. Christentum 15, 1972, 154–173.

143   R. Laur-Belart, Der spätrömische Silberschatz von Kaiseraugst/Aargau (3. Aufl. Augst 1967). Eine umfassende Veröffentlichung ist in Vorbereitung.

144   Vgl. die Aufstellung für die Schweiz bei R. Moosbrugger-Leu, Die Schweiz zur Merowingerzeit (Bern 1971) 59 und M. Martin (Anm. 42) 15. Für den Osten K. Reindel, Bistumsorganisation im Alpen-Donau-Raum in der Spätantike und im Frühmittelalter. Mitt. Inst. Österr. Geschichtsforsch. 72, 1964, 277–310.

145   P. F. Barton (Anm. 138) 102.

146   Vita Severini 12, 2.

147   Kap. IV Anm. 115.

148   Kap. IV Anm. 116–117.

149   JbSGU 54, 1968–69, 155–163.

150   Gallia 31, 1973, 530f.

151   Kap. IV Anm. 127–128.

152   Zwei neue Beispiele: JbSGU 59, 1976, 253 (Hinwil ZH) und 261f. (Maur ZH).

153   Neuerdings warnt M. Martin in: J. Werner u. E. Ewig (Hrsg.), Von der Spätantike zum Frühmittelalter (Sigmaringen

1979) 436 ff. eindringlich davor, die topografischen Zusammenhänge zwischen römischer *villa* und frühmittelalterlicher Kirche bzw. Friedhof nur unter dem Gesichtspunkt der „Ruinenkontinuität" zu sehen, und verficht – zumindest für die Westschweiz – die These, in vielen Fällen sei eine, wenn auch schwache, Kontinuität der Bevölkerung vorhanden. Aber auch in solchen Fällen muß man doch annehmen, daß die dezimierte spätantike Bevölkerung und später die germanischen Zuwanderer die noch verbliebenen Rodungsinseln der *villae* bewirtschafteten bzw. wieder kultivierten. Die geringen Freiflächen (schon in römischer Zeit nur etwa ein Drittel der Gesamtfläche eines Betriebes) reichten für den dringend nötigen Getreide- und Gemüseanbau kaum aus (vgl. G. Duby, Krieger und Bauern. Die Entwicklung von Wirtschaft und Gesellschaft im frühen Mittelalter [Frankfurt 1977] 26–35). Damit gewinnt aber das Argument des nicht nutzbaren Platzes in den Ruinen wieder an Stärke.

154   UFAS VI, 134f. Abb. 2, Nr. 8.

155   UFAS VI, 136 Abb. 3–4; unsere Abb. 121 nach Ur-Schweiz 32, 1968, 76 Abb. 19.

156   Gallia 31, 1973, 542; 33, 1975, 554f.

157   Übersichten: H. R. Sennhauser, Kirchen und Klöster. UFAS VI, 133–148; ders., Spätantike und frühmittelalterliche Kirchen Churrätiens. In: J. Werner u. E. Ewig (Anm. 153) 193–218; P. Petru u. Th. Ulbert, Vranje pri Sevnici – Vranje bei Sevnica. Frühchristliche Kirchenanlagen auf dem Ajdovski gradec (Ljubljana 1975) 65 ff. mit Abb. 17–21; G. C. Menis, La basilica paleocristiana nelle diocesi settentrionali della metropoli d'Aquileia (Città del Vaticano 1958); F. Oswald, L. Schäfer u. H. R. Sennhauser, Vorromanische Kirchenbauten (München 1966 ff.).

158   Klargestellt von Th. Ulbert (Anm. 157) 63 u. 65; auch die Kirche in *Ibligo*/Invillino war Taufkirche, wie das Becken beweist, doch residierte der Bischof selbstverständlich im *municipium Iulium Carnicum*/Zuglio, nur wenige Kilometer entfernt.

159   Eine umfangreiche Zusammenstellung: M. Weidemann, Reliquie und Eulogie. Zur Begriffsbestimmung geweihter Gegenstände in der fränkischen Kirchenlehre des 6. Jahrhunderts. In: J. Werner (Hrsg.), Die Ausgrabungen in St. Ulrich und Afra in Augsburg 1961–1968 (München 1977) 353–373.

160   H. Buschhausen, Die spätrömischen Metallscrinia und frühchristlichen Reliquiare 1. Katalog (Wien 1971); dazu neuerdings R. Noll, Ein Reliquiar aus Sanzeno im Nonsberg und das frühe Christentum im Trentino. Anz. Österr. Akad. d. Wiss., phil.-hist. Kl. 109, 1972, 320–337.

161   Die kostbarsten Stücke der Schweiz: UFAS VI, 176 ff. Abb. 27. 29. 31–33. 38a. 40. – Am besten veranschaulichen die Befunde in der Kathedrale von Chur und in St. Lorenz bei Paspels (Graubünden), wie Reliquien und ihre Behälter aufgehoben wurden und sich ansammeln konnten: Chr. Caminada, Der Hochaltar der Kathedrale von Chur. ZSAK 7, 1945, 23–38; Paspels: W. Sulser u. a., Die Kirche St. Lorenz bei Paspels. Ebd. 23, 1963–64, 61–90. Der Befund von Paspels lehrt darüber hinaus, daß auch einfache Holzkästchen bescheidenen Ansprüchen und geringem wirtschaftlichem Vermögen genügten.

162   Die um Ausdeutung bemühte Literatur ist fast unübersehbar. Das Wesentliche findet sich bei R. Egger, Teurnia (7. Aufl. 1973) 28 ff. und P. F. Barton (Anm. 138) 149–159.

163   Kap. II Anm. 141.

164   Kap. II Anm. 139.

165   Kap. II Anm. 140.

166   W. Müller, Die Christianisierung der Alemannen. In: W. Hübener (Hrsg.), Die Alemannen in der Frühzeit (Freiburg 1974) 169–183; R. Christlein, Die Alamannen (Stuttgart/Aalen 1978) 112–121.

167   Eine abgewogene Darstellung unter Berücksichtigung der verschiedenen zeitlichen Schichten und theologischen Richtungen von „Christentum" bringt H. Wolfram, Die Christianisierung der Bayern. In: Bayernzeit in Oberösterreich. Ausstellungskatalog Linz (1977) 177–188.

168   E. Zöllner, Der bairische Adel und die Gründung von Innichen. Mitt. Inst. Österr. Geschichtsforsch. 68, 1960, 362–387.

169   Die Anfänge des Klosters Kremsmünster. Symposion 1977. Ergänzungsbd. d. Mitt. Oberösterr. Landesarchiv 2 (Linz 1978).

170   Seit 1978 führt das Institut für Vor- und Frühgeschichte der Universität München unter der Leitung von Volker Bierbrauer, Georg Kossack und Hans Nothdurfter Ausgrabungen in Säben durch, um die spätrömisch-frühmittelalterliche Geschichte dieses hochwichtigen Platzes weiter zu klären. Vgl. vorerst H. Nothdurfter, Der Burgberg von Säben in vor- und frühgeschichtlicher Zeit. Topographie und Stand der archäologischen Forschung. Der Schlern 51, 1977, 25–42.

171   P. Anderson, Von der Antike zum Feudalismus. Spuren der Übergangsgesellschaften (Frankfurt 1978) 140f.

VI. Saumpfade, Pässe und Rasthäuser – Der Verkehr über die Alpen

1   JbSGU 15, 1923, 97.

2   R. Nierhaus, Studien zur Römerzeit in Gallien, Germanien und Hispanien (Bühl 1977) 28f.

3   O. Brandstätter, Südtiroler Verkehrswege in alter und neuer Zeit (= Sonderdruck aus Reimmichls Volkskalender, Bozen 1970) 162; Vom Saumpfad zur Autobahn. Ausstellungskatalog München (1978) Nr. 105–106.

4   H. Büttner in: Die Alpen in der europäischen Geschichte des Mittelalters (2. Aufl. Sigmaringen 1976) 108–110.

5   H. Hanke (Hrsg.), Die großen Alpenpässe. Reiseberichte aus neun Jahrhunderten (München 1967) 148.

6   O. Brandstätter (Anm. 3) 165 ff.

7   H. Büttner, Zur frühen Geschichte der Abtei Pfäfers. Zeitschr. Schweiz. Kirchengesch. 53, 1959, 1–17. – Dazu kommt noch ein Schatzfund von Vättis selbst aus dem Jahre 270: B. Overbeck, Geschichte des Alpenrheintals in römischer Zeit auf Grund der archäologischen Zeugnisse. Teil 2: Die Fundmünzen (München 1973) Nr. 60.

8   Siehe Anm. 17.

9   Faksimile-Nachdruck Lindau 1977, 305 f.

10   Kap. II Anm. 20.

11   Kap. III Anm. 26. – Bemerkenswerterweise erfreute sich Vrin selbst in den letzten Jahren einer intensiven Aufmerksamkeit von Historikern, Kulturgeographen und Volkskundlern. Die Ergebnisse beleuchten erstens die landwirtschaftlichen Verhältnisse und bestätigen zweitens, daß der Paßverkehr eine nicht unwichtige Rolle spielte: „Die heutige Verbindung Vrins mit dem äußeren Lugnez und insbesondere dem Vorderrheintal war nicht immer so dominant. Früher herrschten intensive Beziehungen über den einst bedeutsameren, wenn auch nie ausgebauten Diesrut-Greina-Weg mit dem Süden. Sie waren geprägt durch die Viehverkäufe der Vriner Bauern nach dem Tessin und der Lombardei. Der Oechslihandel blühte bis ins letzte Jahrhundert und zeichnete auch einen Emigrationsweg vor, der viele Vriner nach Mailand führte." R. Kruker, Inneralpine Transportprobleme und kulturelle Lösungsmuster. Alltagsstrukturen und einfache Techniken. Schweiz. Zeitschr. f. Gesch. 29, 1979, 109 ff.: „Zum Beispiel Vrin: Verkehrs- und Transportprobleme einer Berggemeinde".

12   L. Pauli, Die Golasecca-Kultur und Mitteleuropa. Ein Beitrag zur Geschichte des Handels über die Alpen. Hamburger Beitr. z. Arch. 1, Heft 1, 1971.

13   Kap. V Anm. 55.

14   Eine Fundstellenkarte für die jüngere Stein- und die Bronzezeit jetzt bei E. Anati u. a., BCSP 13–14, 1976, 203 Abb. 121.

15   P. Barocelli, BPI 57, 1938, 130. – Verbreitung bei J. D. Cowen, BerRGK 36, 1955, 73 ff. mit Karte C.

16   L. Pauli (Anm. 12) 65 Karte 4.

17   H. Schwab, Châtillon-sur-Glâne. Ein Fürstensitz der Hallstattzeit bei Freiburg im Üechtland. Germania 53, 1975, 79–84; dies., Un oppidum de l'époque de Hallstatt près de Fribourg en Suisse. MblSGU 7, 1976, 2–13. Die Ausgrabungen sind noch nicht abgeschlossen.

18   Schon die Römer sollen mit dem Gedanken gespielt haben, durch einen Kanal eine Rhône-Saône-Mosel-Rhein-Verbindung zu schaffen: Tacitus, Ann. XIII 53.

19   Gute Übersichten bei D. Ellmers, Keltischer Schiffbau. JbRGZM 16, 1969, 73–122; ders., Vor- und frühgeschichtliche Schiffahrt am Nordrand der Alpen. HelvA 5, 1974, 94–104; J. Reitinger, Das goldene Miniaturschiffchen vom Dürrnberg bei Hallein. Mitt. Ges. f. Salzburger Landeskde. 115, 1975, 383–405.

20   Die Flußschiffahrt auf Etsch und Inn während der Neuzeit setzte eine gute Organisation voraus, um vor allem die wichtigen Treidelwege anzulegen und instandzuhalten; dazu kurz O. Brandstätter (Anm. 3) 167 f. Ausführlicher: E. Neweklowsky, Die Schiffahrt und Flößerei im Raume der oberen Donau 1–3 (Linz 1952–1964); davon eine kleine Zusammenfassung: ders., Die Salzschiffahrt im Raume der oberen Donau. Der Anschnitt 14, 1962, Sonderheft.

21   R. Lunz, Ur- und Frühgeschichte Südtirols (Bozen 1973) Karte auf Vorsatzblatt; dazu die Karte „L'italia centro-settentrionale dal X al III secolo a. C. in: Mostra dell'Etruria Padana e della Città di Spina. Ausstellungskatalog Bologna (1960) Bd. 2. – Als Ergänzung weiter westlich wichtig: P. Donati, Sull'uso dei valichi alpini dal Gottardo al Bernina in epoca preromana. Quaderni ticinesi di numism. e ant. class. 1979, 131–142.

22   S. 47 mit Anm. 76.

23   Vgl. die in Anm. 21 genannte Karte von 1960.

24   Vgl. etwa die Verbreitung der Werke der Situlenkunst und ihrer Imitationen (Abb. 103); außerdem L. Pauli, Der Dürrnberg bei Hallein 3 (München 1978) 269–273. 489.

25   L. Pauli (Anm. 24) 468 Abb. 52; ders., Der Goldene Steig. Wirtschaftsgeographisch-archäologische Untersuchungen im östlichen Mitteleuropa. In: Studien zur vor- und frühgeschichtlichen Archäologie (Festschr. für J. Werner) (München 1974) 115–139.

26   Kap. V Anm. 68 und 73.

27   Kap. V Anm. 103.

28   Kap. V Anm. 82; zur Fundüberlieferung (nur 4 statt 5 Hügel) jetzt K. Dobiat, Bemerkungen zu den „fünf" Fürstengräbern von Kleinklein in der Steiermark. Schild von Steier 15–16, 1978–79, 57–66.

29   W. Modrijan, Frauenberg bei Leibnitz. Die frühgeschichtlichen Ruinen und das Heimatmuseum (Leibnitz 1955); ders., Vorzeit an der Mur (Graz 1974) 34 ff.; neueste Grabungsergebnisse bei E. Hudeczek, Kelten auf dem Frauenberg. Steiermärkisches Landesmus. Joanneum 2/1979.

30   N. Negroni Catacchio, Le vie dell'ambra, i passi alpini e l'alto Adriatico. In: Aquileia e l'arco alpino orientale (Udine 1976) 21–57. – Wegen der allgemeingültigen Bemerkungen über die Probleme der Straßenführung immerhin lesenswert: F. Freising. Die Bernsteinstraße aus der Sicht der Straßentrassierung (Bonn-Bad Godesberg 1977).

31   R. Joffroy, Le trésor de Vix (Paris 1962) 48–62. Abgebildet in jedem größeren Werk über vorgeschichtliche oder keltische Archäologie und Kunst.

32   Strabon IV 207, V 214, VII 314.

33   H. Zürn, Eine hallstattzeitliche Stele von Hirschlanden, Kr. Leonberg (Württemberg). Germania 42, 1964, 27–36; ders., La stèle hallstattienne de Hirschlanden (Württemberg). BCSP 7, 1971, 55–68.

34   Unveröffentlicht. Mitteilung von F. Wiblé und H. Schwab.

35   W. Drack, JbSGU 54, 1968–69, 16 Abb. 3, 37 (Unterschrift vertauscht!)
36   E. Conradin, JbSGU 61, 1978, 93 Abb. 27; Verbreitungskarte bei R. Lunz, Studien zur End-Bronzezeit und älteren Eisenzeit im Südalpenraum (Firenze 1974) Taf. 81, 1.
37   W. Krämer, Fremder Frauenschmuck aus Manching. Germania 39, 1961, 305–322.
38   L. Pauli (Anm. 24) 309ff. 492ff.
39   L. Stauffer, M. Maggetti u. Chr. Marro, Formenwandel und Produktion der alpinen Laugener Keramik. AS 2, 1979, 130–137.
40   A. Crivelli, Presentazione dal ripostiglio di un fonditore di bronzi dell'epoca del ferro scoperto ad Arbedo (Svizzera). Rivista di Studi Liguri 12, 1946, 59–79; M. Primas, Zum eisenzeitlichen Depotfund von Arbedo (Kt. Tessin). Germania 50, 1972, 76–93.
41   S. Ricci, Riv. Arch. Como 51–52, 1906, 43ff.
42   L. Pauli, Studien zur Golasecca-Kultur (Heidelberg 1971) 83 Abb. 34; O.-H. Frey, Fibeln vom westhallstättischen Typus aus dem Gebiet südlich der Alpen. Zum Problem der keltischen Wanderung. In: Oblatio. Raccolta di studi in onore di A. Calderini (Como 1971) 355–386, bes. 374f.
43   R. Winkler, Der Bronzen-Depotfund von Obervintl. In: Beiträge zur Vorgeschichte des westlichen Pustertals (Innsbruck 1950) 3–60.
44   Ab urbe condita V 34.
45   Universalgeschichte III 47–60.
46   Ab urbe condita XXI 31–38 (Übersetzung nach J. Feix, Hannibal ante portas [München 1973]).
47   Eine fundierte Berechnung von althistorischer Seite bei E. Meyer, Hannibals Alpenübergang, Museum Helv. 15, 1958, 227–241; 21, 1964, 99–102. Wichtig ist dabei, daß Livius gegenüber Polybios den Bericht mit offenkundig erfundenen Details ausgeschmückt hat. Dazu gehört auch der Marsch durch das Tal der *Druentia*/Durance. Demnach wäre die Entscheidung zugunsten des Col du Clapier endgültig gefallen.
48   So J. Prieur, La Savoie antique (Grenoble 1977) 57ff.
49   So P. Connolly, Hannibal und die Feinde Roms (Hamburg 1977) 46ff. Vgl. aber Anm. 47.
50   G. Hanke (Anm. 5) 231–233.
51   Kap. II Anm. 81.
52   CIL V 8002 (Feltre); 8003 (Rabland).
53   E. Forlati-Tamaro u. a., La Via Claudia Augusta Altinate (Venezia 1938). Ohne Angabe von Gründen bestreitet das Ergebnis W. Dondio, Der Schlern 47, 1973, 98 Anm. 2.
54   R. Nierhaus, Die Westgrenze von Noricum und die Routenführung der Via Claudia Augusta. In: Ur- und Frühgeschichte als historische Wissenschaft (Festschr. für E. Wahle) (Heidelberg 1950) 177–188; wieder abgedruckt in: R. Nierhaus (Anm. 2) 23–30.
55   A. Planta, Zum römischen Weg über den Großen St. Bernhard. HelvA 10, 1979, 15–30.
56   R. Nierhaus (Anm. 2) 30.
57   N. Heger, Salzburg in römischer Zeit. Jahresschr. Salzburger Mus. C. A. 19, 1973, 61f.
58   H. Erb u. G. Th. Schwarz, Die San Bernardinoroute von der Luzisteig bis in die Mesolcina in ur- und frühgeschichtlicher Zeit (Chur 1969); dazu die berechtigte Kritik von A. Planta, Unumgängliche Fragen zur römischen St. Bernardinroute. Bündner Monatsblatt 1975, 32–44.
59   BVbl 21, 1956, 289 mit Taf. 35.
60   R. Noll, Griechische und lateinische Inschriften der Wiener Antikensammlung (Wien 1962) 92f. 119ff. (= CIL III 5732–36; 4649–52; 4641–45).
61   R. Knussert, Zu den Römerstraßen im Raum südlich von Kempten. BVbl 28, 1963, 152–164.
62   H. Bender, Römische Straßen und Straßenstationen (Stuttgart 1975) 7.
63   CIL V 2116.
64   CIL XII 107.
65   CIL V 1862–64.
66   CIL III 5715 und 11835.
67   A. Maiuri, Die Altertümer der Phlegräischen Felder (3. Aufl. Roma 1958) 14ff. („Crypta Neapolitana"); 147ff. (Tunnel im Berg von *Cumae*) und 158ff. („Grotte des Cocceius"), jeweils mehrere hundert Meter lang. Diese Ausnahmen sind aber ohne Zweifel in den besonderen geologischen Verhältnissen am Golf von Neapel begründet, denn der dortige Tuff läßt sich sehr leicht bearbeiten und aushöhlen.
68   K. Lukan, Alpenwanderungen in die Vorzeit (Wien/München 1965) 104 mit Bild 57; L. Casson, Reisen in der Alten Welt (München 1976) Abb. 40. – Das römerzeitliche Alter dieser Strecke scheint jedoch nicht über jeden Zweifel erhaben, denn die Spurweite beträgt 144 cm. Einerseits überschreitet dieser Wert alle, die aus Altertum und Mittelalter auf Paßstraßen gesichert sind (vgl. A. Planta [Anm. 55] 16: 107/108 cm für die Römerzeit, sogar nur 99 cm für das Mittelalter), andererseits sind im Flachland auch größere Spurweiten zur Römerzeit bezeugt (W. Drack, Der römische Gutshof bei Seeb [4. Aufl. Basel 1974] 20: 148 cm = 5 röm. Fuß). Drittens gibt es jetzt einen Nachweis für die Spurweite von 105 cm aus der frühen Neuzeit (Prügelweg in einem Moor, C^{14} - datiert in die Zeit nach 1650): F. Moosleitner, Auffindung einer Geleisestraße bei Pfarrwerfen. Pro Austria Romana 29, 1979, 22. Nimmt man dies alles zusammen, kann man nur hoffen, daß einmal jemand die zur Verfügung stehenden Daten und Maße seit der Römerzeit im Alpenraum und in Italien sammelt, kritisch beurteilt und nach den geografischen Gegebenheiten aufschlüsselt. Möglicherweise kommt dabei heraus, daß in der Ebene zu allen Zeiten Wagen mit breiterer Spurweite in Gebrauch waren, im Gebirge dagegen solche mit kleinerer Spurweite, die den schmalen Straßen und engen Kurven besser gerecht wurden. Dies hätte natürlich Konsequenzen für die Frage nach der Organisation des Handels und des Reisens; denn ein Umsteigen oder Umladen

auf andere Wagen an bestimmten Stationen setzt eine aufwendige Organisation voraus.

69   A. Planta, Die römische Julierroute. HelvA 7/25, 1976, 16–25; ders., Zum Römerweg zwischen Maloja und Sils. Ebd. 10/37, 1979, 42–46.

70   H. Bulle, Geleisestraßen des Altertums. Sitzungsber. Bayer. Akad. d. Wiss., phil.-hist. Kl. 1947, 2.

71   Vgl. die Besprechung von H. Bulles Werk durch R. Nierhaus, Gnomon 22, 1950, 268–273; Wiederabdruck: R. Nierhaus (Anm. 2) 221–226.

72   Sueton, Caesar 56. Er schrieb dabei ein grammatikalisches Werk „Über die Analogie", von dem uns Aulus Gellius, Noctes Atticae I 10 den bemerkenswerten Satz überliefert: „Wie ein Riff sollst du jedes selten gehörte und ungewohnte Wort fliehen". – In demselben Kapitel wird berichtet, Caesar sei von Rom nach Südspanien 24 Tage unterwegs gewesen. Die Reise nach einem ungenannten Ort in Gallien begann jedoch schon in Oberitalien, so daß sie kaum mehr als vier bis sieben Tage gedauert haben kann. Wäre das Werk erhalten geblieben, es wäre ein neues Zeugnis für die Schaffenskraft Caesars.

73   M. Hell, Keltische Hufeisen aus Salzburg. ArchA 7, 1950, 92–95; dazu Ergänzungen in ArchA 12, 1953, 44–49 und 25, 1959, 111–117. Ein Neufund (1978) vom Dürrnberg über Hallein in einer spätkeltischen Siedlung bestätigt erneut Hells Ansicht.

74   Die letzten zusammenfassenden Arbeiten: H. Bender, Archäologische Untersuchungen zur Ausgrabung Augst-Kurzenbettli. Ein Beitrag zur Erforschung der römischen Rasthäuser (Frauenfeld 1975) 125–135; ders., Römische Straßen und Straßenstationen (Stuttgart 1975); ders., Römischer Reiseverkehr, Cursus publicus und Privatreisen (Stuttgart 1978).

75   R. Fleischer, Immurium-Moosham. ÖJh 47, 1964–65, Beibl. 105–208; 48, 1966–67, Beibl. 165–230; 49, 1968, Beibl. 177–228; ders., RE Suppl. XI (1968) 845–849.

76   Kap. VII Anm. 99.

77   Kap. V Anm. 133–134.

78   J. Fitz, Beneficiarier in Noricum. Schild von Steier 15–16, 1978–79, 79–81 vertritt die Meinung, daß diese Posten nur im Umkreis der Städte und Lager sowie an den großen Straßen nahe den Grenzen stationiert gewesen seien und einen Aktionsradius von 50–70 km besessen hätten. Für eine breitere Streuung dagegen H. Bender, Römische Straßen und Straßenstationen (Stuttgart 1975) 19–22.

79   CIL V 5090.

80   W. Dondio, Stand und Problematik der Römerstraßenforschung in Südtirol. Der Schlern 47, 1973, 98–108; R. Lunz, Urgeschichte des Raumes Algund – Gratsch – Tirol (Bozen 1976) 69–95.

81   F. Huter in: Die Alpen in der europäischen Geschichte des Mittelalters (2. Aufl. Sigmaringen 1976) 249. 255.

82   W. Dondio (Anm. 80) Taf. 3–4; R. Lunz (Anm. 80) 92 ff. Abb. 131–132.

83   Vgl. dagegen die überholten Grenzverläufe bei R. Nierhaus (Anm. 2) 27 Abb. 2 und bei H.-J. Kellner, BVbl 39, 1974, Beilage III mit dem unmotivierten Übergreifen Noricums über die Eisackmündung nach Südwesten.

84   L. Flam-Zuckermann, A propos d'une inscription de Suisse (CIL, XIII 5010): étude du phénomène du brigandage dans l'Empire romain. Latomus 29, 1970, 451–473; die zweite Inschrift: Kap. IV Anm. 91.

85   Codex Vindobonensis 324. Vollständige Faksimile-Ausgabe im Originalformat (Graz 1976) mit einem kurzen Kommentar von E. Weber. Bis dahin am meisten verwendet wurde die Ausgabe von K. Miller (Ravensburg 1887 und Stuttgart 1916, Nachdruck 1962).

86   In vielem gänzlich unhaltbar ist als letztes A. Adam, Römische Reisewege und Stationsnamen im südöstlichen Deutschland. Beitr. z. Namenforsch. N. F. 11, 1976, 1–59.

87   H. W. Böhme, Archäologische Zeugnisse zur Geschichte der Markomannenkriege. JbRGZM 22, 1975, 175 Abb. 7 mit einer Karte der Münzschätze und Zerstörungsspuren. Vgl. S. 59 f. mit Anm. 99.

88   Kap. I Anm. 33 (B. Overbeck).

89   T. Tomasevic, Die militärischen Befestigungen im Alpengebiet. Atti CSDIR 7, 1975–76, 619–623.

90   Eugippius, Vita Severini 20, 1–2.

91   Carminum epistularum expositionum praefatio § 4, p. 2; Vita S. Martini IV 630–688.

92   J. Werner, Fernhandel und Naturalwirtschaft im östlichen Merowingerreich nach archäologischen und numismatischen Zeugnissen. BerRGK 42, 1961, 307–346.

93   Paulus Diaconus, Hist. Lang. III 30.

94   Kap. V Anm. 74.

95   UFAS VI, 45 Abb. 6. – Die Gründung des Klosters Disentis (wohl im frühen 8. Jahrhundert) über dem Vorderrhein am Aufstieg zum Lukmanier durch das Medeltal war erst erforderlich und ratsam, als ein nennenswerter Reiseverkehr über den Lukmanier ging.

96   Kap. III Anm. 95.

97   W. Meyer (Kap. I Anm. 38).

98   Tamins: Kap. IV Anm. 130; Civezzano: Kap. IV Anm. 134.

99   „Tummihügel": A. Gredig, Die ur- und frühgeschichtliche Siedlung am Tummihügel bei Malders. AS 2, 1979, 69–74 (im Jahre 1979 kamen Scherben von stempelverzierten Tongefäßen alamannisch-fränkischer Herkunft zum Vorschein, deren Kenntnis ich Arthur Gredig verdanke).– „Rocca di Rivoli": L. H. Barfield, Excavations on the Rocca di Rivoli (Verona) 1963. Mem. Mus. Civ. Storia Nat. Verona 14, 1966, 79 Abb. 38 (langobardischer Gürtelbeschlag); 83 Abb. 40, 1 (frühmittelalterliche Pfeilspitze mit tordiertem Schaft, bekannt aus etlichen Gräberfeldern dieser Zeit); auch andere Funde könnten nicht dem Hoch-, sondern schon dem Frühmittelalter angehören, ohne daß eine Entscheidung sicher wäre.

100   Kap. II Anm. 140; ein letzter Kurzbericht über Ausgrabungen in HelvA 6/21, 1975, 22–32.

101   Mehr aus historischer als betont verkehrsgeographischer Sicht: W. Störmer, Fernstraße und Kloster. Zur Verkehrs- und Herrschaftsstruktur des westlichen Altbayern im frühen Mittelalter. Zeitschr. Bayer. Landesgesch. 29, 1966, 299–343 (vor allem zu Benediktbeuren und Schäftlarn); ders., Engen und Pässe in den mittleren Ostalpen und ihre Sicherung im frühen Mittelalter. In: Beiträge zur Landeskunde Bayerns und der Alpenländer (Festschr. für H. Fehn). Mitt. Geogr. Ges. München 53, 1968, 91–107.

102   I. Müller, Die Anfänge von Disentis. Jahresber. Hist.-Ant. Ges. Graubünden 61, 1931, 75 ff.; ders., Disentiser Klostergeschichte 700–1512 (Einsiedeln 1942); ders., Geschichte der Abtei Disentis von den Anfängen bis zur Gegenwart (Zürich 1971). Die alte Straße führte von Disentis aus nicht – wie heute – durch die Schlucht des Medelser Rheins, sondern direkt nach Süden, überquerte in steilem Ab- und Anstieg den Vorderrhein und zog sich dann hinauf nach Mompé/Medel. Dies erklärt die scheinbar abseitige Lage der kleinen Kirche Santa Gada mit ihren sehenswerten Malereien des 10. Jahrhunderts (am besten zu Fuß auf einem Weg durch die Wiesen zu erreichen; vorher Schlüssel im Pfarrhaus im Ort holen!): N. Curti u. I. Müller, St. Agatha bei Disentis. ZSAK 3, 1941, 41–49.

103   H. Büttner, Zur frühen Geschichte der Abtei Pfäfers. Zeitschr. Schweiz. Kirchengesch. 53, 1959, 1–17.

104   W. Sage, Das frühmittelalterliche Kloster in der Scharnitz. Die Ausgrabungen auf dem „Kirchfeld" zu Klais, Gemeinde Krün, Landkreis Garmisch-Partenkirchen, in den Jahren 1968–1972. Beitr. z. Altbayer. Kirchengesch. 31, 1977, 11–133.

105   Kap. V Anm. 168–169.

106   H. Büttner u. I. Müller, Das Kloster Müstair im Früh- und Hochmittelalter. Zeitschr. Schweiz. Kirchengesch. 50, 1956, 12–84.

107   E. Poeschel, Die Kunstdenkmäler des Kantons Graubünden 2 (Basel 1937) 266 ff. mit Literatur; E. Maurer, ZSAK 7, 1945, 108–114 (Grabung 1943); JbSGU 54, 1968–69, 155; 56, 1971, 233 (neue Grabungen); I. Müller, Zur churrätischen Kirchengeschichte im Frühmittelalter. Jahresber. Hist.-Ant. Ges. Graubünden 99, 1969, 93 ff.

108   A. Frietinger u. H. Heindl (Hrsg.), Weiß und Blau. Erzählungen, Sagen, Geschichtsbilder, Schilderungen (München 1893) 10 f.

109   H. Büttner, Schweiz. Zeitschr. f. Gesch. 3, 1953, 576; allgemein P. Darmstädter, Das Reichsgut in der Lombardei und Piemont (Straßburg 1896).

110   F. Jecklin, Der langobardisch-karolingische Münzfund bei Ilanz. Mitt. Bayer. Numism. Ges. 25, 1906–07, 28–93; H. H. Völckers, Karolingische Münzfunde der Frühzeit (751–800). Abhand. Akad. d. Wiss. Göttingen, phil.-hist. Kl., 3. F. 61 (Göttingen 1965) 73–79; E. Bernareggi, I tremissi longobardi e carolingi del ripostiglio di Ilanz nei Grigioni. Quaderni ticinesi di numism. e ant. class. 1977, 341–364. – Zum zweiten Münzschatz (von 1811), der um 900 vergraben wurde, jetzt B. Overbeck u. K. Bierbrauer, Der Schatzfund von Ilanz 1811. AS 2, 1979, 119–125.

111   W. Meyer, Das Castel Grande in Bellinzona (Olten 1976) 20 ff.; 108 mit Anm. 8.

112   A. Carigiet, Die Ausgrabung der karolingischen Kirche St. Peter in Domat/Ems. AS 2, 1979, 113–118.

113   Für ein Teilgebiet O. P. Clavadetscher, Verkehrsorganisation in Rätien zur Karolingerzeit. Schweiz. Zeitschr. f. Gesch. 5, 1955, 1–30.

114   H. E. Mayer, Die Alpen und das Königreich Burgund. In: Die Alpen in der europäischen Geschichte des Mittelalters (2. Aufl. Sigmaringen 1976) 75 f.

115   L. Blondel, L'Hospice du Grand St-Bernard, Étude archéologique. Vallesia 2, 1947, 19–44.

116   H. Erb u. M.-L. Boscardin, Das spätmittelalterliche Marienhospiz auf der Lukmanier-Paßhöhe (Chur 1974).

117   P. Donati, JbSGU 61, 1978, 212–214.

118   G. Hanke (Hrsg.), Die großen Alpenpässe. Reiseberichte aus neun Jahrhunderten (München 1967) 244 f.

119   Eine zusammenfassende Darstellung der spätmittelalter- bis neuzeitlichen Verkehrsgeschichte fehlt bisher; einen gedrängten Überblick vermittelte die an mehreren Orten gezeigte Ausstellung „Vom Saumpfad zur Autobahn", dazu der Ausstellungskatalog München 1978.

120   dpa-Meldung in der Süddeutschen Zeitung München.

VII. Die Lebensgrundlagen – Wirtschaft, Bergbau, Handwerk

1   H.-G. Bandi, Das Jungpaläolithikum. UFAS I, 107–122.

2   Kap. II Anm. 20.

3   G. Kossack u. H. Schmeidl, Vorneolithischer Getreideanbau im bayerischen Alpenvorland. Jahresber. Bayer. Bodendenkmalpfl. 15–16, 1974–75, 7–23.

4   R. A. Maier, Jäger und Gerber in der Neolithstation Polling im Alpenvorland. Ebd. 24–32.

5   M. R. Jarman, The Fauna and Economy of Fiavè. PrAlp 11, 1974, 65–73.

6   Stichwort „Alm-(Alp)wirtschaft" in: Reallexikon der Germanischen Altertumskunde, 2. Aufl., Bd. 1, 181–189.

7   Bronzezeitliche Kuhfladen im 1800 m hohen Bergbaugebiet der Kelchalm bei Kitzbühel (Nordtirol) belegen zwar konkret die Anwesenheit von Rindern, nicht aber „Almwirtschaft" im engen Sinne. Hier liegt wohl ein Sonderfall vor, nämlich Tierhaltung zur Versorgung der dort oben arbeitenden Bergleute: W. Amschler, Die Haustierreste von der Kelchalpe bei Kitzbühel. Mitt. Prähist. Komm. Wien 3 (1939) 96–120.

8   R. Pittioni, Urzeitliche „Almwirtschaft". Mitt. Geogr. Ges. (Wien.) 74, 1931, 108 ff.; ders., Stand und Aufgaben der urgeschichtlichen Forschung im Oberetsch. Beih. z. Jahrb. f. Gesch., Kultur u. Kunst 6 (Bolzano 1940) 34–38. Die pointiert vorgebrachten Gegenargumente von O. Menghin, WPZ 27, 1940, 227 f. sind inzwischen sämtlich widerlegt, soweit die archäologischen und historischen Quellen dafür aussagekräftig sind. (vgl. dazu vor allem Reallexikon der Germanischen Altertumskunde, 2. Aufl., Bd. 1, 183 f. und für die Siedlungsdichte der Seitentäler in Südtirol R. Lunz, Ur- und Frühgeschichte Südtirols [Bozen 1973] sowie ders., Ur- und frühgeschichtliche Siedlungsspuren im Passeier. Der Schlern 48, 1974, 410–414).

9   In diesem Sinne auch bewertet von R. Wyss, Die Eroberung der Alpen durch den Bronzezeitmenschen. ZSAK 28, 1971, 130–145.

10   R. Wyss (Anm. 9) 131 nach Fundberichten in JbSGU 22, 1930, 112 f.; 24, 1932, 113; 26, 1934, 28. Zernez (Graubünden): ebd. 24, 1932, 115–118; 25, 1933, 133.

11   W. Geiser (Hrsg.), Bergeten ob Braunwald – ein archäologischer Beitrag zur Geschichte des alpinen Hirtentums (Basel 1973) 80 f. Abb. 8–9. – Eine ausführliche Studie aus einem benachbarten Gebiet und neuerer, trotzdem fast vergangener Zeit: P. Hugger, Hirtenleben und Hirtenkultur im Waadtländer Jura (Basel 1972).

12   Kap. II Anm. 57.

13   W. Torbrügge, Vor- und frühgeschichtliche Flußfunde. Zur Ordnung und Bestimmung einer Denkmälergruppe. BerRGK 51–52, 1970–71, 1–146; bes. 47 ff.: Zur periodischen Gliederung.

14   Dieser Zusammenhang bestätigt die – dort nicht eigens begründete – Vorsicht von R. Wyss (Anm. 9) 140, die Seltenheit von Höhenfunden mit einem Niedergang der Almwirtschaft zu parallelisieren; diese Vorsicht hat er inzwischen jedoch aufgegeben: HelvA 9, 1978, 143. – Zu den frühmittelalterlichen Lanzen auf Almen und Pässen in Graubünden vgl. S. 188.

15   Skeptisch noch E. Meyer, Die Wüstungen als Zeugen des mittelalterlichen Alpwesens. Schweiz. Zeitschr. f. Gesch. 29, 1979, 257 – allerdings ohne Kenntnis des ausführlichen Aufsatzes von R. Wyss (Anm. 9). Für die Ostalpen sei auf den jüngst untersuchten Siedlungsplatz von Basto sul Campetto bei Recoaro Terme im Veneto verwiesen, der auf etwa 1300 m Höhe liegt. Er lieferte nur Steingeräte, einige Scherben und eine spätrömische Münze. Die Steingeräte gehören in die Bronzezeit, und es ist derzeit nicht zu übersehen, wie weit dieser Platz noch in der Eisenzeit aufgesucht wurde; Scherben und Münze bezeugen jedenfalls eine erneute Nutzung in der Spätantike. Die Primitivität der Werkzeuge und die Auswahl der Tierknochen (fast nur Schaf/Ziege, etwas Wild, so gut wie kein Rind) deuten darauf hin, daß es sich hier um eine saisonale Siedlung von Schaf- und Ziegenhirten handelt. P. Visonà, PrAlp 12, 1976, 242–243.

16   Gut für einen Einblick auch in frühgeschichtliche Verhältnisse: W. Hirschberg u. A. Janata, Technologie und Ergologie in der Völkerkunde (Mannheim 1966).

17   Sehr anschaulich: N. David u. H. David-Hennig, Zur Herstellung und Lebensdauer von Keramik. Untersuchungen zu den sozialen, kulturellen und ökonomischen Strukturen am Beispiel der Ful aus der Sicht des Prähistorikers. BVbl 36, 1971, 289–317.

18   Nach PrFr II, 492 Abb. 6, 1.

19   Ein Beispiel aus der Jüngeren Steinzeit: H. Müller-Beck, Seeberg, Burgäschisee-Süd 5. Holzgeräte und Holzbearbeitung (Bern 1965). Für das Frühmittelalter: P. Paulsen u. H. Schach-Dörges, Holzhandwerk der Alamannen (Stuttgart 1972).

20   M. Stotzer, F. H. Schweingruber u. M. Šebek, Prähistorisches Holzhandwerk. MblSGU 7, 1976, 13–23.

21   Georg Agricola, Vom Berg- und Hüttenwesen (3. Aufl. Düsseldorf; Taschenbuchausgabe München 1977) 11 f.

22   G. Kurth, Die Bevölkerungsgeschichte des Menschen. Eine Kombination aus biologischer Kapazität und humaner Leistungsfähigkeit. Handbuch der Biologie IX (Frankfurt 1965) 461–562.

23   Eine anschauliche Übersicht bei: H.-J. Hundt, Donauländische Einflüsse in der frühen Bronzezeit Norditaliens. PrAlp 10, 1974, 143–178.

24   J. Bernhard, Die Mitterberger Kupferkieslagerstätte, Erzführung und Tektonik. Jahrb. Geol. Bundesanstalt (Wien) 109, 1966, 3 ff.

25   J. Pirchl, Geschichte des Mitterberger Kupferbergbaues neuer und alter Zeit. ArchA 43, 1968, 18–91.

26   G. Kyrle, Urgeschichte des Kronlandes Salzburg (Wien 1918): Beitrag von O. Klose; danach L. Franz, Vorgeschichtliches Leben in den Alpen (Wien 1929) 23–62.

27   Das urzeitliche Bergbaugebiet von Mühlbach-Bischofshofen, Salzburg (Wien 1932); darauf fußt wiederum die Darstellung von R. Pittioni, Urgeschichte des österreichischen Raumes (Wien 1954) 523–528.

28   Vorberichte: Der Anschnitt 22/5, 1970, 12–19; 24/2, 1972, 3–15; 26/2, 1974, 14–22. Zuletzt eine Zusammenfassung: Zum Stammbaum einer urzeitlichen Kupfererzaufbereitung. Berg- und hüttenmännische Monatshefte 124, 1979, 157–161. Dazu ein unveröffentlichter Vortrag 1978 in Goslar: „Neue Ergebnisse zum Kupfererzbergbau in Österreich".

29   Agricola (Anm. 21) 239–309 widmet sein Achtes Buch, das längste, der Beschreibung, „mit welchen Mitteln das Erz geklaubt, gepocht, geröstet, gequetscht, zu Mehl gemahlen, gesiebt, gewaschen, im Röstofen geröstet und gebrannt wird". Die zahlreichen Abbildungen vermitteln vor allem ein Bild von den vielfältigen Methoden des „Waschens", um das metallreiche Material vom tauben Gestein zu trennen.

30   Drei Berichte von R. Pittioni u. E. Preuschen: Untersuchungen im Bergbaugebiet der Kelchalpe bei Kitzbühel, Tirol.

Mitt. Prähist. Komm. Wien 3,1–3 (1937) und 5,2–3 (1947); ArchA 15, 1954, 7–97.

31   Die erbitterte Diskussion über ihr Alter und ihre Bedeutung für die Datierung der inneralpinen Alphabete ist wegen des fehlenden aktuellen Anlasses heute eingeschlafen. Vgl. dazu R. Pittioni, Zur Frage der Herkunft der Runen und ihrer Verankerung in der Kultur der europäischen Bronzezeit. Beitr. z. Gesch. d. dt. Sprache 65, 1942, 373–384; F. Altheim u. E. Trautmann, Kimbern und Runen – Untersuchungen zur Ursprungsfrage der Runen (Berlin 1942) 48–53; R. Pittioni, Kelchalpenhölzer und Runen. Nachr. Akad. d. Wiss. Göttingen, phil.-hist. Kl. 1944, 87–92; F. Altheim, Runenforschung und Val Camonica. La Nouvelle Clio 1–2, 1949–50, 166–185; R. Pittioni ebd. 385–387 mit einer „Schlußbemerkung" von Altheim.

32   C. Eibner im Vortrag in Goslar (Anm. 28) aufgrund älterer Quellen. Vgl. auch die „Beigla", die zur Festlegung der Alpanteile dienten: Liechtensteinisches Landesmuseum Vaduz – Wegleitung (Vaduz 1975) 65.

33   Vgl. S. 146. Zum Bergbau E. Preuschen u. R. Pittioni, Osttiroler Bergbaufragen. Carinthia I 143, 1953 (= Festschr. für R. Egger 2) 575–585 (64–74); Fundstätten in Nordtirol außerhalb der Kelchalpe: E. Preuschen u. R. Pittioni, Neue Beiträge zur Topographie des urzeitlichen Bergbaues auf Kupfererz in den österreichischen Alpen. ArchA 18, 1955, 45–79; R. Pittioni, Neue Schmelzplätze im Bergbaugebiet Jochberg bei Kitzbühel, Tirol. In: Studia Palaeometallurgica in honorem E. Preuschen. ArchA Beiheft 3 (Wien 1958) 41–45; ders., Beiträge zur Kenntnis des urzeitlichen Kupferbergbauwesens um Jochberg und Kitzbühel. ArchA 59–60, 1976, 243–264.

34   Eine Verbreitungskarte der wichtigen (gewiß nicht aller) Kupferlagerstätten bei M. Primas, Frühe Metallverarbeitung und -verwendung im alpinen und zirkumalpinen Bereich. In: IXᵉ Congrès Union intern. sciences préhist. et protohist. Nice 1976, Colloque XXIII (1976) 111 Karte 1. – Einzeluntersuchungen im Süden: E. Preuschen, Der urzeitliche Kupferbergbau von Vetriolo (Trento). Der Anschnitt 14/2, 1962, 3–7; ders., Estrazione miniera dell'età del bronzo nel Trentino. PrAlp 9, 1973, 113–150 (= Bronzezeit). Kupferbergbau im Trentino. Der Anschnitt 20/1, 1968, 3–15); Kupferschlacken erwähnt auch in PrAlp 8, 1972, 258–260. 262; 9, 1973, 254f.

35   Die Diskussion über Methode und Zweck spektralanalytischer Metalluntersuchungen ist seit einigen Jahren einem Pragmatismus gewichen, ohne daß die grundsätzlichen Fragen von lagerstättenkundlicher, metallurgischer, physikalischer und archäologischer Seite geklärt sind. Vgl. Kap. I Anm. 50–51 und H. Neuninger u. R. Pittioni, Bemerkungen über zwei Methoden der spektralanalytischen Untersuchung urzeitlicher Kupfer- und Bronzegeräte. ArchA 31, 1962, 96ff.; H. Neuninger, Zur Frage der Koordinierung verschiedener spektralanalytischer Untersuchungsmethoden in der Urgeschichtsforschung. Ebd. 103–107.

36   Vorsichtig angedeutet von C. Eibner, Legierung oder Lagerstätte? In: Festschrift für R. Pittioni 2. ArchA Beiheft 14 (Wien/Horn 1976) 43–57.

37   Knappe Hinweise bei L. Pauli, Der Dürrnberg bei Hallein 3 (München 1978) 404.

38   W. Modrijan, Die Erforschung des vor- und frühgeschichtlichen Berg- und Hüttenwesens und die Steiermark. In: Der Bergmann – Der Hüttenmann (Ausstellungskatalog Graz 1968) 41–87; H. Straube, B. Tarmann u. E. Plöckinger, Erzreduktionsversuche in Rennöfen norischer Bauart (Klagenfurt 1964); Beiträge zur Geschichte des Eisens im alpenländischen Raum: H. Malzacher u. a., Ergebnisse und Folgerungen aus den gemeinsamen Untersuchungen deutscher und österreichischer Archäologen und Eisenhüttenleute zur Frage der frühgeschichtlichen Eisenverhüttung in Kärnten (Düsseldorf 1964); H. Malzacher, Der norische Stahl. Carinthia I 160, 1970, 611–622. Zum Stahl jetzt ausführlich O. Schaaber, H. Müller u. I. Lehnert, Metallkundliche Untersuchungen zur Frühgeschichte der Metallurgie. Arch. u. Naturwiss. 1, 1977, 221–269.

39   W. Modrijan (Anm. 38) 72.

40   L. Pauli (Anm. 37) 406 mit weiterer Literatur.

41   Ebd. 349.

42   L. Schmidt, Heiliges Blei in Amuletten, Votiven und anderen Gegenständen des Volksglaubens in Europa und im Orient (Wien 1958).

43   H. Wießner, Geschichte des Kärntner Bergbaues 1. Edelmetalle (Klagenfurt 1950); R. Kerschagl, Silber. Die metallischen Rohstoffe, ihre Lagerungsverhältnisse und ihre wirtschaftliche Bedeutung 13 (Stuttgart 1961).

44   Das könnte die Abgelegenheit der westalpinen Siedlung von Sainte-Colombe erklären: S. 105f.

45   N. Heger, Salzburg in römischer Zeit. Jahresschr. Salzburger Mus. C. A. 19, 1973, 132.

46   E. Preuschen, Die Salzburger Schwemmlandlagerstätten. Berg- und hüttenmännische Monatshefte 86, 1936, 36–45; W. Freh, Oberösterreichs Flußgold. Oberösterr. Heimatbl. 4, 1950, 17–32.

47   A. Hartmann in: L. Pauli (Anm. 37) 603 ff.

48   Geogr. IV 6, 12.

49   Zur ältesten Geschichte der Ostalpenländer. ÖJh 46, 1961–63, 209–228.

50   Miniera aurifera nelle Alpi orientali. Aquileia Nostra 45–46, 1974–75, 147–152.

51   F. Freise, Geschichte der Bergbau- und Hüttentechnik 1. Das Altertum (Berlin 1908, Nachdruck Wiesbaden 1971) 103f.; R. Forbes, Studies in Ancient Technology 8 (Leiden 1964) 175f.

52   Vgl. Anm. 23.

53   K. Spindler, Zur Herstellung der Zinnbronze in der frühen Metallurgie Europas. Acta Praehist. et Arch. 2, 1971, 199–253.

54   A. Mutz, Arbeitstechnische Unterscheidungen an früh-

mittelalterlichen Bronzegefäßen aus Südbayern. BVbl 31, 1966, 134–141.

55 Ein Schmelzofen mit Tiegeln: G. Piccottini u. H. Vetters, Führer durch die Ausgrabungen auf dem Magdalensberg (Klagenfurt 1978) 92 Abb. 27. – Eine ausführlichere Beschreibung der Technik: M. Martin, Römische Bronzegießer in Augst BL. AS 1, 1978, 112–120.

56 Genaue Beschreibung der Arbeitsvorgänge bei M. Seeberger, Der Kupferschmied. Sterbendes Handwerk 21 (Basel 1969).

57 H. Hirschhuber, Helm, Flasche und Situla aus dem Fürstengrab. Bemerkungen zu ihrer Restaurierung und Beobachtungen zur vorgeschichtlichen Toreutik. In: E. Penninger, Der Dürrnberg bei Hallein 1 (München 1972) 97–119.

58 A. Rieth, u. K. Langenbacher, Die Entwicklung der Drehbank (Stuttgart/Köln [1954]); A. Mutz, Die Kunst des Metalldrehens bei den Römern. Interpretationen antiker Arbeitsverfahren auf Grund von Werkspuren (Basel/Stuttgart 1972). Einige eisenzeitliche Beispiele bei L. Pauli (Anm. 37) 402 f.

59 Th. E. Haevernick, Zu den Glasperlen in Slowenien. In: Opuscula J. Kastelic sexagenario dicata. Situla 14–15, 1974, 61–65.

60 Th. E. Haevernick, Hallstatt-Tassen. JbRGZM 5, 1958, 8–17; K. Kromer, Das Gräberfeld von Hallstatt (Firenze 1959) Taf. 216; die Fragmente vom Hellbrunner Berg werden demnächst von F. Moosleitner veröffentlicht in Germania 57, 1979.

61 Th. E. Haevernick, Funde aus fernen Ländern. HelvA 10, 1979, 50–57; dies., Gesichtsperlen. Madrider Mitt. 18, 1977, 152–231; dies., Perlen mit zusammengesetzten Augen. Prähist. Zeitschr. 47, 1972, 78–93.

62 O. Schauberger, Ein Rekonstruktionsversuch der prähistorischen Grubenbaue im Hallstätter Salzberg (Horn/Wien 1960); ders., Die vorgeschichtlichen Grubenbaue im Salzberg Dürrnberg/Hallein (Horn/Wien 1968); ders., Neue Aufschlüsse im „Heidengebirge" von Hallstatt und Dürrnberg/Hallein. MAGW 106, 1976, 154–160.

63 F. E. Barth, Neuentdeckte Schrämspuren im Heidengebirge des Salzberges zu Hallstatt, OÖ. MAGW 100, 1970, 153–156; ders., Die Erforschung des prähistorischen Salzbergwerkes in Hallstatt. Oberösterreich 22, 1972, 16–20; ders., Ein prähistorischer Salzbarren aus dem Salzbergwerk Hallstatt. Ann. Naturhist. Mus. Wien 80, 1976, 819–821; ders., Abbauversuche im Salzbergwerk Hallstatt. Der Anschnitt 28/1, 1976, 25–29.

64 F. E. Barth, H. Felber u. O. Schauberger, Radiokohlenstoffdatierung der prähistorischen Baue in den Salzbergwerken Hallstatt und Dürrnberg-Hallein. MAGW 105, 1975, 45–52.

65 F. E. Barth, Salzbergwerk und Gräberfeld von Hallstatt. In: Krieger und Salzherren. Ausstellungskatalog Mainz (1970) 40–52.

66 L. Pauli (Anm. 37) 487.

67 N. Heger (Anm. 45) 132.

68 Siehe Anm. 63.

69 H.-J. Hundt, Vorgeschichtliche Gewebe aus dem Hallstätter Salzberg. JbRGZM 6, 1959, 66–100; 7, 1960, 126–150; 14, 1967, 38–67. Eine Zusammenfassung: ders., Gewebefunde aus Hallstatt. Webkunst und Tracht in der Hallstattzeit. In: Krieger und Salzherren. Ausstellungskatalog Mainz (1970) 53–71. – Ders., Neunzehn Textilreste aus dem Dürrnberg in Hallein. JbRGZM 8, 1961, 7–25; ders., Die Textilreste aus den Gräbern vom Dürrnberg. In: F. Moosleitner, L. Pauli u. E. Penninger, Der Dürrnberg bei Hallein 2 (München 1974) 135–142.

70 F. Morton, Die Auffindung eines vorgeschichtlichen Bos brachyceros-Hornes mit Bergmannsexkrementen im Hallstätter Salzbergwerk. Kali, verwandte Salze und Erdöl 35, 1941, 134–135.

71 F. E. Barth, Ein prähistorisches Signalhorn aus dem Salzbergwerk in Hallstatt. MAGW 100, 1970, 157.

72 H. Klein, Der Fundort des „Mannes im Salz". Mitt. Ges. Salzburger Landeskde. 101, 1961, 139–141.

73 E. Penninger u. G. Stadler, Hallein – Ursprung und Geschichte der Salinenstadt (Salzburg 1970) 24 f.

74 H.-J. Hundt, JbRGZM 7, 1960, 148.

75 H. Aspöck u. a., Parasitäre Erkrankungen des Verdauungstraktes bei prähistorischen Bergleuten von Hallstatt und Hallein (Österreich). MAGW 103, 1973, 41–47.

76 F. Moosleitner, Eine Unterlagsplatte für eine Töpferscheibe vom Dürrnberg bei Hallein, Land Salzburg. ArchA 56, 1974, 13–20.

77 O.-H. Frey, Hallstatt und die Hallstattkultur. Mitt. Österr. Arbeitsgem. Ur- u. Frühgesch. 22, 1971, 110–114; I. Kilian-Dirlmeier, Beobachtungen zur Struktur des Gräberfeldes von Hallstatt. Ebd. 71–72; L. Pauli (Anm. 37) 492 ff.

78 Ob in der Spätlatènezeit auf der „Dammwiese" über Hallstatt, weiter oben im Salzbergtal, tatsächlich Sole versotten wurde, ist nach den wenig klaren Befunden und Berichten kaum zu beurteilen: F. Morton, Das Problem der Dammwiese. Heimatgaue (Linz) 1930, 240–259; ders., Hallstatt und die Hallstattzeit (Hallstatt 1953) 99–103.

79 De agri cultura 58.

80 M. Ladurner-Parthanes, Feiertage und Essensbräuche im Burggrafenamt vor 1900. Der Schlern 48, 1974, 187–196. Anschaulich auch P. Rachbauer, Essen und Trinken vor 1200. In: Nibelungenlied. Ausstellungskatalog Hohenems (1979) 135–143.

81 Südbayern während der Hallstattzeit (Berlin 1959).

82 Primitive Money (2. Aufl. Oxford 1966) 309 ff.

83 Verbreitungskarte der Ringbarren nach H.-J. Hundt, PrAlp 10, 1974, 148 Abb. 6. Die Spangenbarren zuletzt bei O. Kleemann, Eine neue Verbreitungskarte der Spangenbarren. ArchA 14, 1954, 68–77, für die Hortfunde an der mittleren

Donau ergänzt durch E. Schubert, Germania 44, 1966, 280 Abb. 1.

84   H.-J. Hundt (Anm. 83) 146f.

85   F. Moosleitner, Ein Spangenbarrendepot aus Obereching an der Salzach, Salzburg. ArchA 53, 1973, 40.

86   M. Primas, Jahresber. Inst. Vorgesch. Univ. Frankfurt a. M. 1977, 171.

87   Einige weitere Beispiele: aus dem Mittersee bei Elixhausen (Salzburg): L. Franz, Wirtschaftsformen der Vorzeit (2. Aufl. Brünn 1943) Abb. 23; Feldkirch (Vorarlberg): A. Hild, Ein Verwahrfund aus Feldkirch, Vorarlberg. ArchA 1, 1948, 88–90.

88   E. F. Mayer, Die Äxte und Beile in Österreich. Prähist. Bronzefunde IX 9 (München 1977) 14f. 256f.

89   Etwa aus der Limmat in Zürich: UFAS IV, 106 Abb. 1,1.

90   Der letzte Stand der Verbreitung der doppelpyramidenförmigen Barren ergibt sich aus der Zusammenschau zweier Karten: W. Kimmig, Germania 49, 1971, Taf. 7,1 und PrFr II, 240 Abb. 2 oben. Der Fund vom Splügen (Abb. 170) bietet eine wichtige Ergänzung am Südrand des Verbreitungsgebietes.

91   K. Pink, Einführung in die keltische Münzkunde mit besonderer Berücksichtigung Österreichs (3. Aufl. Wien 1974); B. Overbeck, Die Welt der Kelten im Spiegel der Münzen (München 1981); R. Göbl, Typologie und Chronologie keltischer Münzprägung in Noricum (Wien 1973); G. Dembski, Die keltischen Fundmünzen aus Österreich. Numism. Zeitschr. 87–88, 1972, 37ff.; A. Pautasso, Le monete preromane dell'Italia settentrionale (Milano 1966); H.-J. Kellner, Zur Goldprägung der Helvetier. In: Provincialia (Festschr. für R. Laur-Belart) (Basel 1968) 588–602.

92   M. Menke, Schrötlingsformen für keltisches Silbergeld aus Karlstein, Ldkr. Berchtesgaden (Oberbayern). Germania 46, 1968, 27–35.

93   Außer Lauterach (Abb. 171) ist noch ein Fund aus einem Moor bei Bruggen (Kanton St. Gallen) zu nennen: J. Heierli, Anz. Schweiz. Altertumskde. N. F. 5, 1903–04, 247f.

94   R. Egger, Die Stadt auf dem Magdalensberg, ein Großhandelsplatz. Die ältesten Aufzeichnungen des Metallwarenhandels auf dem Boden Österreichs. Denkschr. Österr. Akad. d. Wiss., phil.-hist. Kl. 79 (Wien 1961); G. Piccottini u. H. Vetters, Führer durch die Ausgrabungen auf dem Magdalensberg (Klagenfurt 1978) 45.

95   Etwa R. Egger, Carinthia I 159, 1969, 396ff. Abb. 64–66.

96   Ein großes, eiförmiges Steingewicht von 52,5 kg (= 1000 gallische Unzen zu 52,8 g) läßt auf eine Standwaage schließen: R. Egger, Ein Gewicht nach keltischem Maß. Carinthia I 156, 1966, 478–481 mit Abb. 134.

97   Zuletzt vertrat R. Egger die Meinung, es handele sich um Marken zur Kennzeichnung von Kleidungsstücken, die in einer Art Reinigungsbetrieb und Färberei mit Zu- und Flick-

schneidern verwendet wurden (Fünf Bleietiketten und eine Gußform. Die neuesten Magdalensbergfunde. Anz. Österr. Akad. d. Wiss., phil.-hist. Kl. 104, 1967, 195–210; Carinthia I 159, 1969, 401–403). Der Neufund aus der kleinen Straßenstation *Immurium* (Anm. 99) macht die alte Interpretation wieder sicherer, denn man kann sich kaum vorstellen, daß dort oben ein solcher Betrieb mit Laufkundschaft existierte.

98   R. Egger, Epigraphische Nachlese 1. Bleietiketten aus dem rätischen Alpenvorland. ÖJh 46, 1961–63, 185–197.

99   E. Weber, Ein Bleietikett aus Immurium – Moosham. ÖJh 49, 1968–71, Beibl. 229–234.

100   R. Egger, Inschriften auf Eß- und Trinkgeschirr vom Magdalensberg. In: Provincialia (Festschr. für R. Laur-Belart) (Basel 1968) 269–277.

101   M. Hornberger, Gesamtbeurteilung der Tierknochenfunde aus der Stadt auf dem Magdalensberg in Kärnten (1948–1966) (Klagenfurt 1970); H. L. Werneck, Pflanzenreste aus der Stadt auf dem Magdalensberg bei Klagenfurt in Kärnten (Klagenfurt 1969).

102   R. Egger, Der Lebensmittelimport aus Italien auf dem Magdalensberg. Carinthia I 159, 1969, 410–416.

103   H. Vetters u. G. Piccottini, Die Ausgrabungen auf dem Magdalensberg 1969–1972 (Klagenfurt 1973) 307 Nr. 24. Möglich wäre auch die Ergänzung *d(ulce)*.

104   H. Gummerus, Der römische Gutsbetrieb als wirtschaftlicher Organismus nach den Werken des Cato, Varro und Columella. Klio Beiheft 5 (Wiesbaden 1906, Nachdruck Aalen 1963); H. Dohr, Die italischen Gutshöfe in den Schriften Catos und Varros (Diss. Köln 1965). Umfangreich kommentierte Neuausgaben mit Übersetzung: P. Thielscher, Des Marcus Cato Belehrung über die Landwirtschaft (Berlin 1963); K. Ahrens, Columella: Über Landwirtschaft (2. Aufl. Berlin 1976), für Varro bisher nur J. Heurgon, Varron: Economie rurale, Livre premier (Paris 1978).

105   Vgl. etwa W. Drack, Die Gutshöfe. UFAS V, 49; W. Czysz, Der römische Gutshof in München-Denning und die römerzeitliche Besiedlung der Münchner Schotterebene (Kallmünz 1974) 40f.; ders., Situationstypen römischer Gutshöfe im Nördlinger Ries. Zeitschr. Hist. Ver. Schwaben 72, 1978, 70–94; S. Martin-Kilcher, Das römische Gräberfeld von Courroux im Berner Jura (Basel 1976) 139ff.

106   So besaß Plinius d. J. eine ganze Reihe von *villae* um *Como* und um *Tifernum-Tiberinum* in Umbrien. Briefe IX 7 zu denen am Comer See: »An seinem Ufer gehören mir mehrere Landhäuser. Zwei davon machen mir am meisten Freude …"

107   Eine übersichtliche Zusammenfassung etwa A. Mutz, Römisches Schmiedehandwerk. Augster Museumshefte 1 (Augst 1976); W. Gaitzsch, Römische Werkzeuge (Stuttgart 1978). Allgemein zur Stellung der Handwerker A. Burford, Craftsmen in Greek and Roman Society (London 1972).

108   Zu den ersten Werkstätten in Arezzo (Mittelitalien): H. Comfort u. a., Terra sigillata – La ceramica a rilievo ellenistica e romana (Roma o. J. = Sonderabdruck aus Enciclopedia dell'arte antica classica e orientale); H. Dragendorff u. C. Watzinger, Arretinische Reliefkeramik (Reutlingen 1948). – Ab dem beginnenden 1. Jahrhundert n. Chr. belieferten neue Werkstätten in Südfrankreich das westliche Mitteleuropa: B. Pferdehirt, Die römischen Terra-Sigillata-Töpfereien in Südgallien (Stuttgart 1978). Ihnen folgten jene in Mittelfrankreich: J. A. Stanfield u. G. Simpson, Central Gaulish Potters (London 1958). – Spätestens zwischen 160 und 170 wurden die Töpfereien in Rheinzabern (Pfalz) eröffnet, die sogleich den Markt beherrschten und auch nach Süden ins westliche Alpengebiet lieferten; zu den neusten Ausgrabungen H. G. Rau, Die römische Töpferei in Rheinzabern. Mitt. Hist. Ver. Pfalz 75, 1977, 47–73 und Terra Sigillata in Rheinzabern (Museumskatalog Rheinzabern o. J. [1977?]). – Nur wenige Jahre später wurden Zweigbetriebe nahe dem Alpenrand am Inn eingerichtet, deren Produkte nach Südosten verhandelt wurden: H.-J. Kellner, Die Sigillatatöpfereien von Westerndorf und Pfaffenhofen (Stuttgart 1973); die letzte Verbreitungskarte der Pfaffenhofener Ware bei D. Gabler, Acta Arch. Hung. 30, 1978, 97 Abb. 18. – Zu kleinen Betrieben der Spätzeit, die einen lokalen Bedarf befriedigten E. Ettlinger u. K. Roth-Rubi, Helvetische Reliefsigillaten und die Rolle der Werkstatt Bern-Enge (Bern 1979) 23–25.

109 S. u. M. Martin, Geflicktes Geschirr aus dem römischen Augst. In: Festschrift E. Schmid (= Regio Basiliensis 18/1, Basel 1977) 148–171.

110 Eine Verbreitungskarte gibt es noch nicht; nur einzelne Fundpunkte können ungefähr die Grenze abstecken. *Boutae* bei Annecy (im Museum Annecy); Köln: M. Riedel, Drei bemerkenswerte Gefäßfunde aus dem römischen Hafengelände in Köln. ArchKorrbl 6, 1976, 321–324; Enns: Fundber. aus Österreich 15, 1976, 283 Abb. 261 und H. Ubl, Das erste Lavezgefäß aus Lauriacum. Mitt. Museumsver. „Lauriacum" Enns N. F. 15, 1977, 7–10. Das Gebiet der regelhaften Verwendung war natürlich viel kleiner.

111 E. A. Geßler, Die Lavezstein-Industrie. Anz. Schweiz. Altertumskde. N. F. 38, 1936, 108–116; O. Lurati, L'ultimo laveggiaio in Val Malenco (Basel 1970); A. Mutz, Die Technologie der alten Lavezdreherei. Schweiz. Archiv f. Volkskde. 73, 1977, 42–62.

112 Die ältesten datierbaren Gefäße aus frührömischer Zeit sind noch nicht gedreht, sondern von Hand geschnitten: G. Graeser, Ein hochalpiner gallorömischer Siedlungsfund im Binntal (Wallis). In: Provincialia (Feschrift für R. Laur-Belart) (Basel 1968) 345 f.

113 Chr. Zindel, AS 2, 1979, 111.

114 Dies gilt weitgehend noch für mittelalterliche Burgen: M.-L. Boscardin u. W. Meyer, Burgenforschung in Graubünden (Olten 1977) 97 ff.

115 Not. Dign. Occ. XXXV 21–22.

116 Zur Problematik der Auswertung vgl. S. 21; F. Lotter in: J. Werner u. E. Ewig (Hrsg.), Von der Spätantike zum frühen Mittelalter (Sigmaringen 1979) 63–72.

117 Vita Severini 29, 1. Die Männer, die die Lasten *collo suo* – auf ihrem eigenen Nacken trugen, verdankten ihre unbeschadete Ankunft nach der Legende allein einem Bären, der ihnen „zweihundert Meilen weit" den Weg spurte, nachdem sie auf dem Paß eingeschneit worden waren.

118 F. Lotter (Anm. 116) 71 f. führt ebenfalls nur die beiden hier genannten Beispiele an, behauptet aber trotzdem „eine bis 476 noch funktionierende Geldwirtschaft".

119 Zum damit verbundenen Aufwand vgl. W. Sölter, Römische Kalkbrenner im Rheinland (Düsseldorf 1970).

120 In Invillino bestanden die Häuser aus Holz, nur die Kirche aus Mörtelmauern (S. 124 ff.). – Im Edikt des Langobardenkönigs Rothari (Kap. I Anm. 36: Kap. 144–145), verkündet 645, werden übrigens zum ersten Mal die „Meister aus Como" als Baumeister und Steinmetzen erwähnt, deren Fähigkeiten südlich wie nördlich der Alpen bis in die Barockzeit begehrt waren.

121 F. Lotter (Anm. 116) 70.

122 Eine anregende Übersicht für das westliche Mitteleuropa bei G. Duby, Guerriers et paysans, VII–XIIᵉ siècle. Premier essor de l'économie européenne (London 1973); deutsche Ausgabe: Krieger und Bauern. Die Entwicklung von Wirtschaft und Gesellschaft im frühen Mittelalter (Frankfurt 1977).

123 C. Schott, UFAS VI, 209.

124 J. Werner (Hrsg.), Die Ausgrabungen in St. Ulrich und Afra in Augsburg 1961–1968 (München 1977) 333–337; ders. in: J. Werner u. E. Ewig (Anm. 116) 463 f.

125 G. Duby, Krieger und Bauern (Anm. 122) 64–73.

126 Kap. I Anm. 36.

127 Einer der wenigen Ansätze: A. von den Driesch, Viehhaltung und Jagd auf der mittelalterlichen Burg Schiedberg bei Sagogn in Graubünden (Chur 1973).

128 H. Roth, Bemerkungen zur Totenberaubung während der Merowingerzeit. ArchKorrbl 7, 1977, 287–290; ders., Archäologische Beobachtungen zum Grabfrevel im Merowingerreich. In: H. Jankuhn, H. Nehlsen u. H. Roth (Hrsg.), Zum Grabfrevel in vor- und frühgeschichtlicher Zeit. Abhandl. Akad. d. Wiss. Göttingen, phil.-hist. Kl. 3. Folge 113 (Göttingen 1978) 73 f.

129 G. Duby, Krieger und Bauern (Anm. 122) 20–23.

Literaturübersicht

Die folgenden Arbeiten bieten – trotz aller Unterschiede in Ausführlichkeit und Konzeption – regionale oder zeitlich zusammenfassende Übersichten, die in der Mehrzahl auch dem nicht fachlich Vorgebildeten einen gewissen Einblick verschaffen. Das Schwergewicht liegt dabei auf der deutschsprachigen Literatur der letzten Jahre. Diese Arbeiten sind in den Anmerkungen nur dann zitiert, wenn ausdrücklich auf eine Abbildung oder ein besonderes Forschungsergebnis hingewiesen wird.

Aquileia e l'arco alpino orientale. Antichità altoadriatiche (Udine) 9, 1976.

Archeologia e storia nella Lombardia pedemontana occidentale. Kongreßbericht Varenna 1967 (Como 1969).

Atti del Convegno internazionale sulla comunità alpina nell'antichità 1974. Atti Centro studi e documentazione sull'Italia romana 7, 1975–76.

Aufstieg und Niedergang der römischen Welt. Geschichte und Kultur Roms im Spiegel der neueren Forschung (Hrsg.: H. Temporini u. W. Haase). Abt. II Bd. 5 und 6 (Berlin/New York 1976).

Barfield, L.: Northern Italy before Rome. Ancient Peoples and Places 76 (London 1971).

Bartolomasi, N.: Valsusa antica 1. Le origini – i Celti – i Romani (Pinerolo 1975).

Barton, P. F.: Frühzeit des Christentums in Österreich und Südostmitteleuropa bis 788 (Wien/Köln/Graz 1975).

Bellet, J.: Répertoire de la préhistoire et de la protohistoire de la vallée de la Maurienne (Savoie). Rhodania 39/2, 1963, 3–35.

Bernardini, E.: La preistoria in Liguria (Genova 1977).

Bocquet, A.: L'Isère préhistorique et protohistorique. Gallia Préhist. 12, 1969, 121–258. 273–400.

Bosl, K.: Europa im Mittelalter (Wien 1970, Bayreuth 1975).

Chevallier, R.: Römische Provence (Zürich/Freiburg i. B. 1979).

Christ, K. (Hrsg.), Der Untergang des römischen Reiches (Darmstadt 1970).

Christlein, R.: Die Alamannen. Archäologie eines lebendigen Volkes (Stuttgart 1978).

Clebert, J.-P.: Provence antique 1–2 (Paris 1966/1970).

Courtois, J.-C.: Découvertes archéologiques de l'Age du Bronze et de l'Age du Fer dans les Hautes-Alpes. Bull. Soc. d'Études Hautes-Alpes 1968, 19–144.

Die Alpen in der europäischen Geschichte des Mittelalters. Reichenau-Vorträge 1961–1962 (2. Aufl. Sigmaringen 1976).

Duby, G.: Krieger und Bauern. Die Entwicklung von Wirtschaft und Gesellschaft im frühen Mittelalter (Frankfurt 1977).

Duval, P.-M.: Gallien – Leben und Kultur in römischer Zeit (Stuttgart 1979).

Franz, L.: Vorgeschichtliches Leben in den Alpen (Wien (1929).

Freund, G.: Die ältere und die mittlere Steinzeit in Bayern. Jahresber. Bayer. Bodendenkmalpfl. 4, 1963, 9–167.

Frühmittelalterliche Kunst in den Alpenländern. Actes du IIIᵉ Congrès international pour l'étude du Haut Moyen Age 1951 (Olten/Lausanne 1954).

Führer zu vor- und frühgeschichtlichen Denkmälern. Bd. 18: Miesbach, Tegernsee, Bad Tölz, Wolfratshausen, Bad Aibling; Bd. 19: Rosenheim, Chiemsee, Traunstein, Bad Reichenhall, Berchtesgaden (Mainz 1971).

Grahmann, R. u. Müller-Beck, H.: Urgeschichte der Menschheit (3. Aufl. Stuttgart 1967).

Hanke, G. (Hrsg.), Die großen Alpenpässe. Reiseberichte aus neun Jahrhunderten (München 1967).

Heger, N.: Salzburg in römischer Zeit. Jahresschrift des Salzburger Museums Carolino Augusteum 19, 1973.

Heuberger, R.: Rätien im Altertum und Frühmittelalter (Innsbruck 1932, Nachdruck Aalen 1973).

Histoire des Alpes, Perspectives nouvelles – Geschichte der Alpen in neuer Sicht. Schweizer Historikertag 1979. Schweiz. Zeitschr. f. Geschichte 29, 1979, Nr. 1 [Sonderausgabe].

Karwiese, S.: Der Ager Aguntinus. Eine Bezirkskunde des ältesten Osttirol (Lienz 1975).

Keller-Tarnuzzer, K. u. Reinerth, H.: Urgeschichte des Thurgaus (Frauenfeld 1925).

Kellner, H.-J.: Die Römer in Bayern (4. Aufl. München 1978).

Kyrle, G.: Urgeschichte des Kronlandes Salzburg. Österr. Kunst-Topographie 17 (Wien 1918).

La préhistoire française, Bd. I [Ältere Steinzeit; Hrsg.: H. de Lumley] und II [Jüngere Steinzeit bis Keltenzeit; Hrsg.: J. Guilaine] (Paris 1976).

Lukan, K.: Alpenwanderungen in die Vorzeit (Wien/München 1965).

Lunz, R.: Ur- und Frühgeschichte Südtirols (Bozen 1973).

Lunz, R.: Urgeschichte des Raumes Algund – Gratsch – Tirol. Archäologisch-historische Forschungen in Tirol 1 (Bozen 1976).

Lunz, R.: Urgeschichte des Oberpustertals. Archäologisch-historische Forschungen in Tirol 2 (Bozen 1977).

Maier, R. A.: Die jüngere Steinzeit in Bayern. Jahresber. Bayer. Bodendenkmalpflege 5, 1964, 9–197.

Martin, M.: Die Schweiz im Frühmittelalter (Bern [1975]).

Menghin, O.: Die vorgeschichtlichen Funde Vorarlbergs (Baden bei Wien 1937).

Mitscha-Märheim, H.: Dunkler Jahrhunderte goldene Spuren. Die Völkerwanderungszeit in Österreich (Wien 1963).

Morton, F.: Salzkammergut. Die Vorgeschichte einer berühmten Landschaft (Hallstatt 1956).

Müller-Karpe, H.: Handbuch der Vorgeschichte (München 1966 ff.) [bisher erschienen drei Bände einschließlich der Kupferzeit].

Neugebauer, J.-W.: Als Europa erwachte. Österreich in der Urzeit (Salzburg 1979).

Noll, R.: Frühes Christentum in Österreich von den Anfängen bis um 600 (Wien 1954).

Peroni, R.: L'età del bronzo nella penisola italiana 1. L'antica età del bronzo (Firenze 1971).

Pittioni, R.: Urgeschichte des österreichischen Raumes (Wien 1954).

Pittioni, R.: Italien, urgeschichtliche Kulturen. In: RE Suppl. IX (Stuttgart 1962) 105–372.

Pobé, M. u. Roubier, J.: Kelten – Römer. 1000 Jahre Kunst und Kultur in Gallien (o. O. [1958]).

Popoli e civiltà dell'Italia antica IV (mit Beiträgen von G. Fogolari: La protostoria delle Venezie, und F. Rittatore Vonwiller: La civiltà del ferro in Lombardia, Piemonte, Liguria) (Roma 1975).

Prieur, J.: La Savoie antique. Recueil de documents (Grenoble 1977).

Reitinger, J.: Die ur- und frühgeschichtlichen Funde in Oberösterreich (Linz 1968) [Katalog und Fundstellenregister].

Reitinger, J.: Oberösterreich in ur- und frühgeschichtlicher Zeit (Linz 1969) [zusammenfassende Darstellung].

Sauter, M.-R.: Préhistoire du Valais (Sion 1950).

Schober, A.: Die Römerzeit in Österreich und in den angrenzenden Gebieten von Slowenien (2. Aufl. Wien 1953).

Spindler, M. (Hrsg.), Handbuch der bayerischen Geschichte 1 (München 1967).

Stähelin, E.: Die Schweiz in römischer Zeit (3. Aufl. Basel 1948; vergriffen).

Torbrügge, W. u. Uenze, H. P.: Bilder zur Vorgeschichte Bayerns (Konstanz/Lindau/Stuttgart 1968).

Tschumi, O. (Hrsg.): Urgeschichte der Schweiz 1 (Frauenfeld 1949) [behandelt nur die Steinzeit, weitere Bände nicht erschienen].

Ur- und frühgeschichtliche Archäologie der Schweiz I–VI (Basel 1968–1979).

Werner, J. u. Ewig, E. (Hrsg.), Von der Spätantike zum frühen Mittelalter. Aktuelle Probleme in historischer und archäologischer Sicht. Vorträge und Forschungen 25 (Sigmaringen 1979).

Abbildungsnachweis

1 Mario Broggi, Triesen (Liechtenstein)
2 Renato Perini, Trento
3 Bayer. Landesamt für Denkmalpflege, Abt. Bodendenkmalpflege, München (L. Römmelt)
4 Nach D. Eckstein, K. Mathieu u. J. Bauch, Abhandl. Verh. Naturwiss. Ver. Hamburg N.F. 16, 1972, 73 ff.
5 Nach R. Perini, PrAlp 11, 1975, 296 Abb. 1
6 Entwurf Ludwig Pauli
7 Entwurf Ludwig Pauli
8 Robert Berger, Köln
9 Nach G. Nangeroni, Atti CSDIR 7, 1975–76, 24 Abb. 9
10 Nach H. de Lumley in: Sites paléolithiques de la région de Nice et Grottes de Grimaldi (Nice 1976) 101 Abb. 49
11 Historisches Museum, Bern
12 Nach Chr. Strahm, PrAlp 10, 1974, 34 Abb. 13
13 Nach A. Gallay in: Glockenbecher-Symposion Oberried 1974 (Bussum/Haarlem 1976) 299 Abb. 15, 1
14 Nach K. Spindler, Die frühbronzezeitlichen Flügelnadeln. JbSGU 57, 1972–73, 17 ff. mit Abb. 1 ff.
15 Service archéologique cantonal Fribourg
16 Entwurf Ludwig Pauli (vgl. Kap. II Anm. 53)
17 Naturhistorisches Museum, Wien
18 Bayer. Landesamt für Denkmalpflege, Abt. Bodendenkmalpflege, München (L. Römmelt)
19 Historisches Museum, Bern
20 Schweizerisches Landesmuseum, Zürich
21 Hubert Häusler, München
22 Umzeichnung Günther Sturm, München
23 Landesmuseum für Kärnten, Klagenfurt
24 Staatliche Münzsammlung, München
25 Huber Häusler, München
26 Nach B. Andreae, Römische Kunst (Freiburg/Basel/Wien 1973) Abb. 891
27 Hubert Häusler, München
28 Entwurf Ludwig Pauli in Anlehnung an H. W. Böhme, JbRGZM 22, 1975, 163 Abb. 2
29 Bayer. Landesamt für Denkmalpflege, Abt. Bodendenkmalpflege, München
30 Ludwig Pauli
31 Foto Anderson, Rom
32 Bayer. Landesamt für Denkmalpflege, Abt. Bodendenkmalpflege, München
33 Militärflugdienst Dübendorf (Kanton Zürich)
34 Foto Marburg
35 Foto Marburg
36 Nach C. Carducci, Atti CSDIR 7, 1975–76, 101 Abb. 17
37 Rudolf Degen, Zürich
38 Kantonale Denkmalpflege Zürich
39 Renato Perini, Trento
40 Vorlagen Jürg Rageth, Chur
41 Vorlagen Jürg Rageth, Chur
42 Vorlagen Jürg Rageth, Chur
43 Nach W. Lucke u. O.-H. Frey, Die Situla in Providence (Rhode Island) (Berlin 1962) Taf. 67
44 Historisches Museum Bern
45 Nach E. Anati, Civiltà preistorica della Valcamonica (Milano 1964) 212 Abb. 156–157
46 Hubert Häusler, München
47 Umzeichnung Günther Sturm, München
48 Umzeichnung Günther Sturm, München
49 Entwurf Ludwig Pauli; Zeichnung Günther Sturm, München
50 Nach R. Perini, 2000 anni di vita sui Montesei di Serso. Ausstellungskatalog Pergine/Trento (1978) 53
51 Salzburger Museum Carolino Augusteum
52 Landesmuseum für Kärnten, Klagenfurt
53 Salzburger Museum Carolino Augusteum
54 Hubert Häusler, München
55 Hubert Häusler, München
56 Nach einem immer wieder abgebildeten Plan, zuletzt bei W. Schleiermacher, Cambodunum-Kempten, eine Römerstadt im Allgäu (Bonn 1972) Abb. 2
57 Robert Berger, Köln
58 Umzeichnung Günther Sturm, München
59 Umzeichnung Günther Sturm, München
60 Hubert Häusler, München
61 Umzeichnung Günther Sturm, München
62 Hubert Häusler, München
63 Umzeichnung Günther Sturm, München
64 Ludwig Pauli
65 Rätisches Museum, Chur
66 In Anlehnung an I. Schwidetzky in: L. Pauli, Der Dürrnberg bei Hallein III (München 1978) 566 Abb. 1
67 Rätisches Museum, Chur / Archäologischer Dienst Graubünden, Chur
68 Nach O.-J. Bocksberger, JbSGU 56, 1971, 87 Abb. 12
69 Nach A. Gallay, BCSP 12, 1975, 111 Abb. 42
70 Nach E. Anati, Civiltà preistorica della Valcamonica (Milano 1964) 135 Abb. 87
71 Bayer. Landesamt für Denkmalpflege, Abt. Bodendenkmalpflege, München
72 Schweizerisches Landesmuseum, Zürich
73 Service archéologique cantonal Fribourg
74 Fritz Moosleitner, Salzburg
75 Steiermärkisches Landesmuseum Joanneum, Graz
76 Keltenmuseum, Hallein (Alfons Coreth, Salzburg)
77 Nach G. v. Merhart in: Festschrift des Römisch-Germanischen Zentralmuseums in Mainz (Mainz 1952) Taf. 26

78 Naturhistorisches Museum, Wien
79 Zeichnung Römisch-Germanisches Zentralmuseum Mainz
80 Historisches Museum, Bern
81 Steiermärkisches Landesmuseum Joanneum, Graz
82 Landesmuseum für Kärnten, Klagenfurt
83 Rätisches Museum, Chur / Archäologischer Dienst Graubünden, Chur
84 Historisches Museum, Bern
85 Nach E. Keller, ArchKorrbl 3, 1973, 447 ff. Abb. 2–3
86 Historisches Museum, Bern
87 Nach F. Wieser, Das langobardische Fürstengrab und Reihengräberfeld von Civezzano (Innsbruck 1887) Taf. I
88 Vorlage Werner Stöckli, Moudon (Foto Fibbi-Aeppli, Moudon)
89 Kunsthistorisches Museum, Wien
90 Nach O. Tschumi, Urgeschichte der Schweiz 1 (Frauenfeld 1949) 513 Abb. 205, 2
91 Nach H. Müller-Karpe, Handbuch der Vorgeschichte 1 (München 1966) Taf. 225 A 7
92 Nach PrAlp 8, 1972, 273 Abb. 25–26 und 9, 1973, 245 f. Abb. 2–3
93 Historisches Museum, Bern
94 Schweizerisches Landesmuseum, Zürich, in Anlehnung an R. Wyss, Fruchtbarkeits-, Bitt- und Dankopfer vom Gutenberg. HelvA 9, 1978, 151 ff.
95 Nach A. Zürcher, HelvA 3/9, 1972, 23
96 Nach G. B. Pellegrini u. A. L. Prosdocimi, La lingua venetica 1. Le iscrizioni (Padova 1967) 498: Ca 14
97 Ludwig Pauli
98 Schweizerisches Landesmuseum, Zürich
99 Rätisches Museum, Chur
100 Schweizerisches Landesmuseum, Zürich
101 Nach W. Lucke u. O.-H. Frey, Die Situla in Providence (Rhode Island) (Berlin 1962) Taf. 73
102 Nach W. Schmid, Prähist. Zeitschr. 24, 1933, 268 Abb. 45 b
103 Entwurf Ludwig Pauli, auf der Grundlage von O.-H. Frey, Germania 44, 1966, 51 Abb. 3 und 55 Abb. 5
104 Nach E. Anati, Evoluzione e stile nell'arte rupestre Camuna (Capo di Ponte 1975) 74 Abb. 61
105 Centro Camuno di Studi Preistorici, Capo di Ponte
106 Nach: Arte preistorica della Valcamonica. Ausstellungskatalog Milano (1974) Nr. XI–15
107 Rätisches Museum, Chur
108 Foto Fürböck, Graz
109 Nach: Arte preistorica della Valcamonica. Ausstellungskatalog Milano (1974) Nr. X–7
110 Prähistorische Staatssammlung, München
111 Nach A. Crivelli, Riv. Arch. Como 159, 1977, 27 Abb. 9

112 Keltenmuseum, Hallein (Alfons Coreth, Salzburg)
113 Ludwig Pauli
114 Vorarlberger Landesmuseum, Bregenz
115 Kurt W. Zeller, Salzburg
116 Prähistorische Staatssammlung, München
117 Service archéologique cantonal Fribourg
118 Nach R. Egger in: W. Krämer, Cambodunumforschungen 1953–I (Kallmünz 1957) 73 Abb. 8
119 Reinhold Leitner, Sterzing
120 Service archéologique cantonal Fribourg
121 Nach Ur-Schweiz 33, 1969, 76 Abb. 19
122 Volker Bierbrauer, München
123 Volker Bierbrauer, München; Umzeichnung Günther Sturm, München
124 Musée Valère, Sion
125 Schweizerisches Landesmuseum, Zürich
126 Landesmuseum für Kärnten, Klagenfurt
127 Landesdenkmalamt Bozen (H. Walder)
128 Hubert Häusler, München
129 Walter Drack, Zürich
130 Entwurf Ludwig Pauli
131 Service archéologique cantonal Fribourg
132 Römisch-Germanisches Zentralmuseum, Mainz
133 Schweizerisches Landesmuseum, Zürich
134 Ludwig Pauli
135 Ludwig Pauli
136 Ludwig Pauli
137 Ludwig Pauli
138 Erwin Keller, München
139 Landesmuseum für Kärnten, Klagenfurt
140 Aus der Faksimile-Ausgabe der „Tabula Peutingeriana", Codex Vindobonensis 324, der Akademischen Druck- und Verlagsanstalt, Graz 1976
141 Entwurf Ludwig Pauli
142 Umzeichnung H. Holzbauer, München, in: H. Bender, Römische Straßen und Straßenstationen (Stuttgart 1975) 55 Abb. 26
143 Umzeichnung H. Holzbauer, München, in: H. Bender (wie 142) Abb. 25
144 Soprintendenza alle Antichità, Aosta
145 Hubert Häusler, München
146 Entwurf Volker Bierbrauer, München; Umzeichnung Günther Sturm, München
147 Rätisches Museum, Chur
148 Umzeichnung Günther Sturm, München
149 Sabine Rieckhoff-Pauli, Regensburg
150 Römisch-Germanisches Zentralmuseum, Mainz
151 Nach R. Perini, PrAlp 8, 1972, 253 Abb. 31, 500–501
152 Nach W. Lucke u. O.-H. Frey, Die Situla in Providence (Rhode Island) (Berlin 1962) Taf. 76 und W. Schmid, Prähist. Zeitschr. 24, 1933, Taf. I
153 Nach PrFr II, 492 Abb. 6, 1

154 Nach G. Kyrle, Urgeschichte des Kronlandes Salzburg (Wien 1918) Beitrag II, 2 Abb. 1
155 Bayer. Landesamt für Denkmalpflege, Abt. Bodendenkmalpflege, München
156 Rätisches Museum, Chur
157 Bayer. Landesamt für Denkmalpflege, Abt. Bodendenkmalpflege, München (L. Römmelt)
158 Historisches Museum, Bern
159 Service archéologique cantonal Fribourg
160 In Anlehnung an eine Vorlage von R. Wyss, Technik, Wirtschaft, Handel und Kriegswesen der Eisenzeit. In: UFAS IV, 126 Abb. 22
161 Wie 160: 120 Abb. 14
162 Naturhistorisches Museum, Wien
163 Museum Hallstatt
164 Nach F. E. Barth in: Krieger und Salzherren. Ausstellungskatalog Mainz (1970) 46 Abb. 2
165 Vorlagen Fritz Eckart Barth, Wien
166 Nach K. Kromer, Das Gräberfeld von Hallstatt (Firenze 1959)
167 Nach einer alten Postkarte
168 Ludwig Pauli
169 Rätisches Museum, Chur
170 Nach H.-J. Hundt, PrAlp 10, 1974, 148 Abb. 6
171 In Anlehnung an ein Foto des Vorarlberger Landesmuseums, Bregenz (Toni Schneiders, Lindau)
172 Steiermärkisches Landesmuseum Joanneum, Graz
173 Vorlagen Gudrun Schneider, Markdorf
174 Bundesdenkmalamt, Wien

Fotos des Schutzumschlages: Hubert Häusler, München, und Sabine Rieckhoff-Pauli, Regensburg

Für die „Umzeichnungen" sind die Vorlagen den im Anmerkungsteil jeweils genannten Veröffentlichungen entnommen.

Schweiz

Buchanzeigen

Sonderausgabe
Universum der Kunst

*Die umfassende Dokumentation
von drei Jahrtausenden griechischer
Kunst – von der Frühzeit bis zum Ende
des Hellenismus – in einer ungekürzten,
verkleinerten Sonderausgabe aus dem
Universum der Kunst*

Die griechische Kunst

in vier Bänden.

Einmalige ungekürzte Sonderausgabe der Griechenland-Serie des Universum der Kunst. Von Pierre Demargne, Jean Charbonneaux, Roland Martin, François Villard. 1977. XXXI, 1659 Seiten mit 1642 Abbildungen, davon 88 vier-farbig. 120 Pläne und 17 zweifarbige Karten. Vier Leinenbände in Kassette

«Und zu einem angesichts des reichen, teils farbigen Bild-anteils, der Pläne und Karten und der respektablen wis-senschaftlichen Substanz unwahrscheinlich niedrigen Preis hat der C. H. Beck Verlag eine ungekürzte Sonder-ausgabe (in verkleinertem Format) aus dem «Universum der Kunst» herausgebracht: DIE GRIECHISCHE KUNST, vier Bände von der Archaik bis zum Hellenis-mus – ein schier unerschöpfliches Werk für den Hellas-Bewunderer.»
Westermanns Monatshefte

Verlag C. H. Beck München

Universum der Kunst

Die Hethiter

Die Kunst Anatoliens vom Ende des 3. bis zum Anfang des 1. Jahrtausends v. Chr. Von Kurt Bittel. 1976. IV, 367 Seiten mit 346 Abbildungen, davon 96 farbig, 28 Pläne und 5 Karten. Leinen (Band 24)

Die Phönizier

Die Entwicklung der phönizischen Kunst von den Anfän-gen bis zum Ende des Dritten Punischen Krieges. Von André Parrot, Maurice H. Chéhab, Sabatino Moscati. 1977. 329 Seiten mit 352 Abbildungen, davon 92 farbig, 14 Pläne und Karten. Leinen (Band 23)

Die Kelten

Von Paul-Marie Duval. 1978. 344 Seiten mit 455 Abbil-dungen, davon 77 farbig, und 8 Karten. Leinen (Band 25)

Etrusker und Italiker

vor der römischen Herrschaft. Die Kunst Italiens von der Frühgeschichte bis zum Bundesgenossenkrieg. Von Ranuccio Bianchi Bandinelli und Antonio Giuliano. 1974. VIII, 454 Seiten mit 451 Abbildungen, davon 80 farbig, 6 Plänen und 4 Karten. Leinen (Band 21)

Ranuccio Bianchi Bandinelli

Die römische Kunst

Von den Anfängen bis zum Ende der Antike. 1975. 318 Seiten. Mit vier Textabbildungen und 63 Abbildungen auf Tafeln. Leinen (Beck'sche Sonderausgaben)

Hermann Müller-Karpe

Geschichte der Steinzeit

2., durchgesehene und ergänzte Auflage. 1976. 395 Seiten und 33 Bildtafeln. Leinen (Beck'sche Sonderausgaben)

Handbuch der bayerischen Geschichte

Herausgegeben von Max Spindler

Band I

Das Alte Bayern

Das Stammesherzogtum bis zum Ausgang des
12. Jahrhunderts. 1967. 3., verbesserter Nachdruck.
1975. XXXIV, 635 Seiten. Leinen

Band II

Das Alte Bayern · Der Territorialstaat

Vom Ausgang des 12. Jahrhunderts bis zum Ausgang des
18. Jahrhunderts. 1969. 2., verbesserter Nachdruck.
1976. XXXVI, 1180 Seiten. Leinen

Band III

Franken, Schwaben, Oberpfalz

bis zum Ausgang des 18. Jahrhunderts.
2., verbesserte Auflage. 1979. XXXIV, 1622 Seiten
(in zwei Teilbänden). Leinen

Band IV

Das neue Bayern · 1800–1970

Vom Anfang des 19. Jahrhunderts bis zur Gegenwart.
Verbesserter Nachdruck. 1979. XLVI, 1398 Seiten
(in zwei Teilbänden). Leinen

Bei Gesamtbezug ermäßigter Preis

Verlag C. H. Beck München

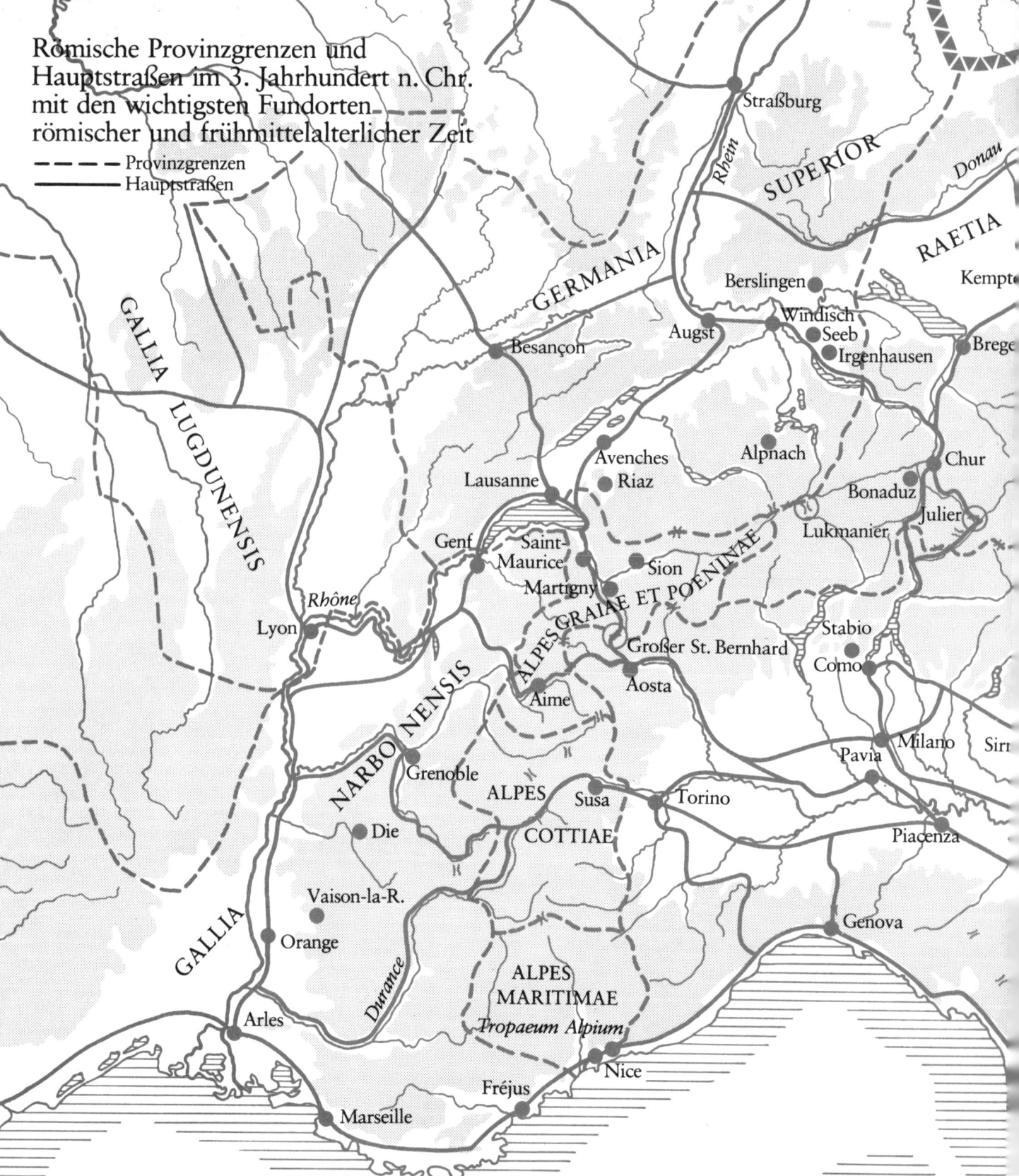

Römische Provinzgrenzen und
Hauptstraßen im 3. Jahrhundert n. Chr.
mit den wichtigsten Fundorten
römischer und frühmittelalterlicher Zeit

– – – – Provinzgrenzen
―――― Hauptstraßen

GALLIA LUGDUNENSIS

GERMANIA SUPERIOR

RAETIA

Rhein

Donau

Straßburg

Berslingen

Kempt

Augst

Windisch
Seeb
Irgenhausen

Brege

Besançon

Avenches
Riaz

Alpnach

Chur

Lausanne

Bonaduz

Julier

Genf

Saint-
Maurice

Martigny

Sion

ALPES GRAIAE ET POENINAE

Lukmanier

Rhône

Lyon

Großer St. Bernhard

Stabio

Como

NARBO NENSIS

Aime

Aosta

Milano

Sirr

Pavia

Grenoble

ALPES

Susa

Torino

Piacenza

Die

COTTIAE

Vaison-la-R.

Genova

GALLIA

Orange

ALPES
MARITIMAE

Durance

Tropaeum Alpium

Arles

Nice

Fréjus

Marseille

Erwin Georg Hipp

Das Himbsel-Haus in Leoni am Starnberger See

Eine Dokumentation

Siegfried Genz Verlag

Meiner Frau Hannelore

© Siegfried Genz Verlag,
Berg am Starnberger See 2003
Alle Rechte vorbehalten

Fotos: E. Döringer, M. Einschik, U. Lange
Gesamtproduktion: Huber KG, Dießen am Ammersee
Printed in Germany
ISBN 3-935736-05-3

Inhalt

Vorwort

So gut uns das Leben in der Großstadt München gefiel – ich war durch meine ärztliche Tätigkeit an ein großes Universitäts-Klinikum gebunden –, so war es doch stets mein Bestreben, später einmal aufs Land zu ziehen und dort ein Refugium für unsere Großfamilie zu schaffen, und zwar am liebsten mit Gebirgs- und Seeblick.

Nach langer Suche fanden wir ein Grundstück, sehr unwegsam und angefüllt mit Schutt und Ablagerungen, das wir alle zusammen mühselig und langwierig abräumten und für den geplanten Bau eines Holzhauses herrichteten. Aber es kam anders.

Unterhalb dieses Grundstücks befand sich ein Anwesen, das uns alle durch seine Bauart begeisterte. Es war ein großes, altes Bauernhaus, wie es häufig in Oberbayern anzutreffen ist, und war außen geschmückt mit einer großflächigen Lüftlmalerei, die Heilige und biblische Szenen darstellte. Das Haus wurde von einer 85 Jahre alten Dame bewohnt, die mit einem Neffen zu den letzten Nachkommen der Familie Frommel zählte, die das Anwesen etwa hundert Jahre lang bewohnten. Die alte Dame starb bald, und das Haus, es war das Himbsel-Haus, sollte verkauft werden. Ohne große Überlegung erwarben wir das Haus und bewohnen es nun schon seit einem Vierteljahrhundert.

Von Anfang an war es unser Wunsch, das Haus in seiner kulturgeschichtlichen Bedeutung mit allen Mitteln zu erhalten.

Das Himbsel-Haus war bei der Übernahme gezeichnet von den vergangenen 150 Jahren. Eine gründliche Restaurierung war unumgänglich und hat uns über lange Zeit beschäftigt. Die große Mühe, sich des Hauses angenommen zu haben und sowohl im Inneren als auch außen die gesamte Haustechnik einschließlich des Dachs und vor allem die zum Teil schon stark beschädigten Kunstwerke, Fresken und Deckengemälde zu sanieren, wurde belohnt.

Viele Freunde und Gäste haben das Haus, das schon zu Himbsels Zeiten ein beliebter Treffpunkt von Freunden, Malern und Künstlern

7

war, in dieser Zeit besucht, und schon früh entstand der Gedanke, in einem eigenen Hausbuch die Geschichte festzuhalten. Nachdem das Haus lange Jahre als beliebtes »Gästehaus Frommel« stets zahlreichen Gästen offen gestanden hatte, sollte das Buch Antworten auch auf die zahlreichen Fragen und Wünsche vieler Passanten geben.

Ich freue mich daher über die Möglichkeit, in Zusammenarbeit mit dem Siegfried Genz Verlag diese Dokumentation in Buchform präsentieren zu können.

Mit dieser Schrift möchten wir zum einen Johann Ulrich Himbsel, dem königlich-bayerischen Baurat danken, dass er diesen wunderschönen Flecken Erde mit diesem einzigartigen Bauwerk und seiner bemerkenswerten Ausstattung bereichert hat. Zum anderen möchten wir Himbsel für all seine großen Leistungen würdigen. Er setzte ja nicht nur in München mit vielen markanten Bauten städtebauliche Akzente, sondern sorgte für technischen Fortschritt in ganz Bayern. Seine mit großem Weitblick durchgeführten vielfältigen Aktivitäten, etwa der Bau der Eisenbahnlinien München–Augsburg und München–Starnberg sowie der Einsatz des ersten Dampfschiffs auf dem Starnberger See, führten zu einer nachhaltigen Erschließung und zu einem wirtschaftlichen und touristischen Aufschwung dieser ehemals wenig erschlossenen Region.

Das Buch soll das Himbsel-Haus als Künstlertreffpunkt mit seinen wunderbaren Zeugnissen aus einer guten Zeit vorstellen und die Erinnerungen an einen außergewöhnlichen Künstlerkreis wecken und erhalten. Möge das einzigartige Bauwerk, das zu unserem Zuhause geworden ist, noch vielen Generationen Freude bringen und ihnen Sinn und Zweck von aktiver Traditionspflege verdeutlichen.

Prof. Dr. Erwin Georg Hipp
Leoni im Oktober 2002

8

Der königlich-bayerische technische Baurat
Johann Ulrich Himbsel

Herkunft und Berufsausbildung

Johann Ulrich Himbsel wurde als zwölftes von 14 Kindern der Eheleu-te Franz Ignaz (1739–1800) und Barbara Walburga (1748–1797) im Jahre 1887 in Neukirchen bei Sulzbach-Rosenberg in der Oberpfalz geboren. Franz Ignaz hatte als Landbaumeister den Betrieb von sei-nem Vater als *Magister artis murariae* übernommen. Johann Ulrich, der jüngste der drei Söhne, erhielt wie seine Brüder bei seinem Vater seine erste Ausbildung im Plänezeichnen und bei der Durchführung von Bauten. Hier wurden die ersten Weichen gestellt für die Neigung Himbsels zur Architektur. Nach dem Tode seines Vaters blieb er noch drei Jahre im Geschäft, das von seinem sieben Jahre älteren Bruder Jo-hann Michael weitergeführt wurde.

1803 ging Johann Ulrich als 16-Jähriger in die Landeshauptstadt München. Dort besuchte er zunächst die Feiertagsschule und studierte bei Professor Carl von Fischer, der die Maxvorstadt gestaltet und den Plan für das Nationaltheater entworfen hat. Bald wurde er dessen Mit-arbeiter und war vor allem mit dem Zeichnen von Plänen beauftragt. In Fischer fand Himbsel einen Förderer, Gönner und Freund.

Carl von Fischer wurde vom Staatsminister Graf von Montgelas 1806 als Professor an die Akademie der Bildenden Künste berufen. Vorher je-doch musste er eine Studienreise nach Frankreich und Italien unterneh-men, um die Baukunst dieser Länder kennen zu lernen, damit er seinen Studenten die modernen Erkenntnisse in der Baukunst vermitteln konnte.

Carl von Fischer nahm Himbsel als Begleiter auf seine Studienreise nach Frankreich mit. Über Karlsruhe, Straßburg und Metz erreichten sie Paris, wo sie mit großer Begeisterung Theater, Brücken und Kirchen besichtigten und alle Eindrücke eifrig aufzeichneten und beschrieben. Im Frühjahr 1807 reiste von Fischer allein weiter nach Italien.

Johann Ulrich Himbsel – freundlich, entgegenkommend, aufwärts und vorwärts blickend.
Ausschnitt aus dem Huldigungsbild für den Akademiedirektor Clemens Zimmermann.

10

Himbsel dagegen blieb noch für einige Zeit in Paris, um sein Architekturstudium fortzusetzen. Unter anderem war er im Steuer-Katasterbüro als Zeichner und im Büro des Generalbauinspektors Moulinos tätig. Schließlich wurde er in der Pariser Akademie der Bildenden Künste als Eleve aufgenommen. Anlässlich eines Empfangs wurde er dem bayerischen König Max I. Joseph vorgestellt, als dieser zu einem Staatsbesuch in Paris weilte. Der König war von dem Schüler des hochangesehenen Fischer sehr beeindruckt und bot ihm die Stelle eines Inspektors der Baukommission in München an.

Im Jahre 1810 kehrte Himbsel daher nach München zurück und schrieb sich sogleich an der Münchener Akademie im Fach Baukunst ein. Aus dieser Zeit stammt ein Entwurf für die Veterinärschule (1811) im ehemaligen Ökonomiegebäude der Jesuiten, die schließlich nach ihrer Umstrukturierung als zentrale Veterinärschule dienen sollte.

Zu seiner weiteren Ausbildung wurde ihm 1811 eine Italienreise genehmigt. Er blieb dort eineinhalb Jahre, um mit der Baukunst vor allem in Verona, Venedig, Florenz und Rom vertraut zu werden.

Zurück in München wurde er 1816 zum »wirklichen Technischen Baurat« der königlichen Baukommission befördert, konnte aber in dieser Tätigkeit auch weiterhin private Bautätigkeiten ausführen.

Wirken als Stadtplaner

Als königlich-bayerischer Baurat und Stadtbaumeister war es Himbsel stets ein besonderes Anliegen, den Schulhausbau zu fördern. Kurfürst Max III. Joseph (1745–1777) hatte in Bayern 1771 die allgemeine Schulpflicht eingeführt, die allerdings zunächst nicht überall durchgeführt werden konnte. Alle sechs- bis zwölfjährigen Kinder sollten ganztags unterrichtet werden, um sie zu ordentlichen Staatsbürgern heranzuziehen. Auch sollte eine für das praktische Leben brauchbare Bildung vermittelt werden und zwar unter Berücksichtigung religiöser Aufklärung. Für die zwölf- bis 18-Jährigen wurde die Sonn- und Feiertagsschule eingeführt, teilweise auch so genannte Arbeitsschulen, die den Mädchen das Spinnen, Nähen, Stricken sowie das Kochen vermitteln sollten, und den Buben das Arbeiten mit Holz und Metall.

Diese Schulpolitik verlangte den Bau von Schulhäusern und eine entsprechende Ausbildung von Lehrern, wobei über lange Zeit nicht die entsprechenden Mittel zur Verfügung gestellt werden konnten.

Während der Regierungszeit von König Ludwig I. gab es drei besonders geförderte Schulbauprojekte, die im ganzen Land als beispielhaft gelten sollten. Himbsel prägte diese Schulbauten als Stadtbaumeister mit seinen Entwürfen. Das Schulhaus *Frühlingsstraße 2* in der Schönfeldvorstadt entstand als dreigeschossiger Bau, in dem jeweils fünf Klassenzimmer in den Obergeschossen u-förmig um zwei Treppenhäuser für Mädchen und Buben gebaut wurden. Eine moderne Zentralheizung, die Himbsel bereits geplant hatte, konnte allerdings wegen Geldmangels nicht eingebaut werden. Dies erfolgte erst Jahrzehnte später.

In der *Luisenstraße 3* sollte auf einem freien Feld der Maxvorstadt ein besonders repräsentatives Schulgebäude entstehen. Himbsel gestaltete den dreigeschossigen, freistehenden Walmdachbau mit einer interessanten Hohlkehle am Hausdachübergang mit einem großzügigen Eingang und Treppenaufgang, wobei es bei diesem Bau keine separaten Treppenaufgänge für Mädchen und Jungen mehr gab. Dieses Schulhaus mit seinen freundlichen Klassenzimmern wurde innerhalb von 14 Monaten fertig gestellt und am 22. Oktober 1829 feierlich eingeweiht. Schon bald war die allseits anerkannte Schule an der Luisenstraße jedoch so stark ausgelastet, dass an eine Erweiterung gedacht werden musste. Der erforderliche Zusatzbau konnte zwar erst im Jahre 1897 erfolgen, war dafür aber mit einer modernen Warmluftheizung ausgestattet.

Die Domschule im *Fingergässchen* in der Altstadt musste Himbsel auf einem engen Platz im Kreuzviertel in der Nähe des Domes planen mit der Auflage, die Fassade dieser Schule der historischen Umgebung anzupassen.

Neben diesen Schulbauten hatte Himbsel einen großen Anteil an der Erstellung des Generalplans für die Stadterweiterung außerhalb der Stadtmauern. Durch eine Funktionsänderung der verschiedenen Stadttore ergaben sich immer größere Probleme, weil der Pendelverkehr aus den umliegenden Dörfern stetig zunahm. Das Isar-Tor erwies sich dabei als besonders problematisch. 1816 befasste sich Himbsel mit der

Carl August Lebschée (1800–1877): Das Himbsel-Haus am Karlsplatz in München 1842.

Planung des Isar-Tor-Platzes und 1818 mit dem Sendlinger-Tor-Platz. Ebenso nahm er am Wettbewerb für das Invalidenhaus teil, das zu Ehren der unter Napoleon in Russland gefallenen 30 000 bayerischen Soldaten errichtet werden sollte. Auch an der Planung der Glyptothek, eines klassizistischen Bauwerks für antike und zeitgenössische Plastiken, war er maßgeblich beteiligt.

1816 erfolgte die Fertigstellung eines Mietgebäudes am Karlsplatz, das in der Folge als »Himbsel-Haus« bekannt wurde und eine Sonderstellung in der Münchener Baugeschichte einnahm. Den Baugrund für dieses Mietshaus hatte Himbsel vom König erhalten. Er nahm auf die klassizistisch-historisierenden städtebaulichen Architekturmerkmale keinerlei Rücksicht und wollte etwas vollkommen Neues gestalten. Das erste neuzeitliche Mietshaus, das er selbst mit seiner Familie bis zu seinem Tod als Stadtdomizil bewohnte, überragte alle Häuser in der Umgebung und war um einen Innenhof mit vier Hauptgeschossen gebaut worden. Auffallend war am Übergang des Flachdachs eine voluminöse rinnenförmige Vertiefung, eine so genannten Hohlkehle. Jeder Flügel hatte einen eigenen Eingang mit großzügig gestalteten Treppenaufgän-

13

Johann Ulrich Himbsel (1787–1860): Klassizistischer Entwurf des Englischen Cafés am Maximilians-Platz 1820.

gen. Die Wohnungen waren für heutige Verhältnisse mit 250 bis 300 Quadratmetern ebenfalls sehr großzügig bemessen und bestanden aus fünf bis sechs Zimmern mit Küche, Toilette und Nebenräumen. Sämtliche Kellerräume waren mit Gewölben ausgestattet, und im Innenhof stand den Mietern ein Pumpbrunnen zur Verfügung.

Die Ansichten über dieses Haus waren sehr geteilt, von großem Lob über die neuartige Form dieses Gebäudes bis zur Ablehnung und Anfeindung reichte die Spanne. Davon unbeeindruckt nahmen darin hochgestellte Persönlichkeiten, wie etwa Graf von Montgelas, der Akademieprofessor Cornelius, der Oberbergrat Bader oder der Staatsrat Graf Armansberg Wohnung.

Weitere Mietshäuser baute Himbsel in der Pfandhausstraße und am Maximiliansplatz, wo sich vor allem Staatsbedienstete sowie Handwerker und Geschäftsleute einmieteten. Am Maximiliansplatz 1, beim heutigen Bernheimer-Palais, sollte nach einer frühen Stadtplanung ein besonders attraktives Gebäude entstehen. Himbsels klassizistischer Entwurf des »Englischen Cafés« wurde 1820 in veränderter Form ausgeführt und bald zu einem Zentrum vor allem für Künstler.

1823 bildete sich der *Kunstverein*, dessen Mitglieder Maler und Kunstbegeisterte waren, die, abseits von den Plänen des Kronprinzen Ludwig, als organisierte Selbsthilfegruppe zusammenkamen. Nach damaliger Auffassung der Akademie war die an der Natur orientierte Landschafts- und Genremalerei der Historienmalerei weit unterlegen. Diese u.a. auch von Cornelius geförderte Einstellung, die in unüber-

14

brückbarem Gegensatz zum Kunst- und Naturverständnis vieler Maler der damaligen Zeit stand, führte dazu, dass Dillis seinen Lehrstuhl für Landschaftsmalerei zurückgab. Zu den Gründungsmitgliedern zählte neben etlichen Künstlern und Kunstliebhabern auch Himbsel, in dessen Münchener Haus am Karlsplatz der Verein zunächst eine Bleibe fand. 1824 übernahm Max I. Joseph das Protektorat und genehmigte unter Mitwirkung von Kronprinz Ludwig die eigenverantwortliche Gesellschaft. Damit konnte für viele Münchener Maler eine gesicherte Existenz und Unabhängigkeit geschaffen werden. Der Kunstverein zog bald in den Nordpavillon des neu errichteten Basargebäudes um, wo regelmäßige Ausstellungen stattfanden. Die Akzeptanz war groß und so erhöhte sich die Mitgliederzahl schnell von ursprünglich 43 auf 3000 Personen.

1820 starb von Fischer an der Schwindsucht. Für den frei gewordenen Lehrstuhl bewarben sich mehrere renommierte Architekten, unter anderem auch Himbsel. Ihm wurden Erfolg versprechende Aussichten eingeräumt, da er sich aufgrund seiner Ausbildung und durch seine Kunstreisen nach Frankreich und Italien sowie durch beachtenswerte Bauten in München ausgezeichnet hatte. Zudem war er ein langjähriger Vertrauter von Fischers gewesen. Dennoch bekam nicht er, sondern der später in ganz Bayern bekannte Architekt Friedrich von Gärtner die Stelle.

Himbsel als Eisenbahnstratege

Himbsel bemühte sich fortan, die technischen Fortschritte des Landes zu fördern, ganz besonders auf dem Gebiet des Eisenbahnbaus, der im damaligen Bayern noch kaum entwickelt war.

1824 begab er sich im Zusammenhang mit verschiedenen Aufträgen der Regierung und der Königlichen Akademie der Wissenschaften auf eine sechsmonatige Inspektionsreise nach Frankreich und England, wobei er sich über den Eisenbahnbau und Getreidemühlen orientieren sollte.

Bayern war zu dieser Zeit ein wirtschaftlich rückständiger Agrarstaat, der erst unter Ludwig I. eine Verbesserung der Infrastruktur erfahren sollte. Damals konkurrierten die Wasserstraßen mit der Eisenbahn um einen zukünftigen Ausbau. Der Nationalökonom und Verfechter des deutschen Zollvereins, Friedrich List (1789–1846), hatte bereits 1828 einen Plan für ein Gesamtverkehrsnetz entwickelt, wobei er einem Eisenbahn-Verkehrsnetz wesentliche Vorteile einräumte. Daraufhin wurden in Augsburg für eine Bahnlinie nach München in kurzer Zeit Aktien in Höhe von 1,5 Millionen Gulden gezeichnet, wohingegen keine einzige Kanal-Aktie erworben wurde.

Wegen der positiven Auswirkungen des Eisenbahnbaus zwischen Nürnberg und Fürth 1835 auf die Wirtschaft setzten sich Münchener und Augsburger Eisenbahnvereine intensiv für den Bau einer Eisenbahnlinie zwischen München und Augsburg ein. Im Herbst 1835 bildete sich die München-Augsburger-Eisenbahngesellschaft, deren Anliegen die Genehmigung zum Bau der Linie war, die schließlich im Juli 1837 von Ludwig I. erteilt wurde.

Beachtenswert ist, dass im Sommer 1837 die Münchener Sektion der Eisenbahngesellschaft die Hälfte des Aktienvermögens von 1,5 Millionen Gulden aufgebracht hatte. Treibende Kraft war dabei Joseph Anton von Maffei (1790–1870), der mit der Maxhütte in Sulzbach-Rosenberg und dem Eisenwerk in der Hirschau bei München eine eigene Schwerindustrie entwickelt hatte. Dort wurde auch die erste bayerische Lokomotive, »der Münchner«, gebaut. Joseph Anton von Maffei gehörte 1850 neben Borsig in Berlin und Kessler in Karlsruhe zu den größten Eisenbahnunternehmern. Am 23. Juli 1837 tagte zum ersten Mal der aus 24 Aktionären bestehende Verwaltungsrat der München-Augsburger-Eisenbahngesellschaft und wählte vier Mitglieder aus München und drei aus Augsburg in das Direktorium. Himbsel wurde zwar in diesen Rat gewählt, erhielt dabei aber die wenigsten Stimmen.

Für die technische Planung wurden Paul von Denis und weitere vier Ingenieure bestimmt. Denis hatte Geländevermessungen durchzuführen, den Bauplan zu erstellen und Kostenvoranschläge zu unterbreiten. Es zeigte sich bald, dass sich die Kosten auf 3,3 Millionen Gulden beliefen. Da jedoch nur ein Aktienkapital von drei Millionen gezeichnet war, mussten Einsparungen erfolgen. Statt Eichenschwellen verwendete man deshalb Schwellen aus Föhrenholz und einfache T-Schienen anstelle von ursprünglich vorgesehenen Doppel-T-Schienen. Die Brücken

Gustav Kraus (1804–1852): Der Eisenbahnbau in Lochhausen, Lithographie, 1838.
Im Vordergrund Baurat Himbsel (3. von links, mit heller Bundhose und Gehrock)

über die Flüsse Amper und Lech baute man aus Holz und nicht aus Stahl.

Der äußerst fähige und erfahrene Direktor der München-Augsburger-Eisenbahngesellschaft, Paul von Denis, wurde im März 1837 von der Main-Taunus-Bahn nach Hessen abgeworben. Als sein Nachfolger war Himbsel, der als Wegbereiter des technischen Fortschritts galt, vorgesehen. Himbsel war zu dieser Zeit als technischer Baurat in München und auch als privater Unternehmer weithin gut bekannt. Das Eisenbahnwesen hatte er bereits in England während eines Studienaufenthaltes (1824) im Detail kennen gelernt. Bereits damals war es sein Plan gewesen, eines Tages eine Eisenbahnverbindung zwischen München und Starnberg zu bauen.

Am 12. August 1837 trat das Direktorium schriftlich mit der Bitte an Himbsel heran, die Oberleitung für das geplante Projekt zu übernehmen. Nach heftigen Diskussionen über die personelle Zusammenset-

17

Eröffnung der Eisenbahnlinie zwischen München und Augsburg 1840.

zung und zunächst ablehnender Haltung nahm dieser das Amt schließlich an und ersuchte den König um Beurlaubung von seinen Amtsgeschäften als städtischer Baurat. Damit konnte bereits im Februar 1838, nach einem regenreichen Winter, mit dem Bau der Bahn begonnen werden.

In der Zwischenzeit waren von Bauern der Umgebung bereits erfolgte Markierungen wieder entfernt worden. Auch in der folgenden Zeit ergaben sich zahlreiche Probleme. An der gesamten Streckenführung mussten immer wieder Entwässerungskanäle im moorigen Gelände angelegt werden, beispielsweise im Haspelmoor bei Althegnenberg. Schwierigkeiten und Verzögerungen entstanden zudem bereits beim Grundstückserwerb und bei der Besorgung des Baumaterials. Im familiären Umfeld entwickelten sich durch die lange Abwesenheit von Bauarbeitern aus entfernteren Gebieten immer wieder soziale Spannungen.

Dennoch konnte die Teilstrecke München–Lochhausen bereits am 1. September 1839 feierlich in Anwesenheit des Königshauses eröffnet und am 4. Oktober 1840 schließlich die gesamte, 61 Kilometer lange Strecke von Augsburg nach München funktionstüchtig übergeben werden.

Auch von der Bevölkerung wurde diese Eisenbahnlinie begeistert angenommen.

Bei der Wahl der Lage des Bahnhofs in München ergaben sich jedoch außerordentliche Schwierigkeiten. Dieser Bahnhof sollte zum Ein- und Aussteigen der Passagiere, zum Beladen von Waggons sowie als Endstation ein »Hof« im eigentlichen Sinne sein, wo Reparaturen durchgeführt werden konnten und wo zusätzliche Stellgleise für nicht benützte Waggons vorhanden sein mussten. Himbsel empfahl nach englischem Vorbild, den Bahnsteig in Höhe des Wagenfußbodens anzulegen, um ein bequemes Einsteigen möglich zu machen. Er war von Anfang an der Meinung gewesen, dass der Bahnhof möglichst im Bereich der Schießstätte liegen sollte. Dieser Platz ist weitgehend identisch mit dem heutigen Bahnhofsgelände. Als Alternative kam für ihn das Marsfeld in Frage. 1843, also erst drei Jahre nach der Eröffnung der Bahnlinie, holte der König ein Gutachten von Friedrich von Gärtner ein. Dieser sah ebenfalls im Schießplatz des Münchener Schützenvereins die günstigste Lokalisation und alternativ das Marsfeld in der Gegend des provisorischen Bahnhofs. Dies lag jedoch weit vor den Toren der damaligen Stadt in Höhe der heutigen Hackerbrücke. Deshalb wurde als weitere

Zentralbahnhof München 1860, als die »Kaiserin-Elisabeth-Bahn« von München über Salzburg nach Wien eröffnet wurde.

Möglichkeit ein Standort zwischen Marsfeld und Schießstätte in Betracht gezogen.

Obwohl Ludwig I. die Lage am Marsfeld favorisierte, wurde der Bahnhof schließlich stadtnah auf dem Gelände der Schießstätte errichtet und am 1. Oktober 1849 feierlich eröffnet – wofür auch die Generalverwaltung und der Landtag plädiert hatten.

Der Nachfolger von Gärtner, der Architekt Friedrich Bürklein, wurde mit dem Bau beauftragt. Er plante einen Bau in romanischer Anmutung, den Max II. Joseph begeistert aufnahm. In seiner Erscheinung wirkte der spätere Zentralbahnhof tatsächlich wie eine Basilika.

1944 wurde der Zentralbahnhof bei einem Luftangriff fast vollständig zerstört und im nachfolgenden Wiederaufbau sind von Bürkleins Wirken nur noch rudimentäre Reste im heutigen Restaurant zu sehen.

Die Himbsel-Bahn von München nach Starnberg

Bereits 1837 stellten der Advokat Georg Maximilian Freiherr von Proff, der Bankier Joseph von Mayer und der königliche Baurat Johann Ulrich Himbsel den Antrag, eine Eisenbahnverbindung zwischen München und dem bayerischen Oberland bauen zu dürfen, die bis Peißenberg und Hohenschwangau fortgeführt werden sollte. Im Antrag bemerkten die Antragsteller, dass sämtliche erforderlichen technischen Geräte in Bayern hergestellt werden könnten, was zu einer enormen Aufwertung und Förderung der rückständigen bayerischen Schwerindustrie führen würde. Die Lokomotiven sollten in Bayern gebaut werden, desgleichen Dampfmaschinen und auch ein Schiff. Die bei der Beurteilung des Antrags beteiligten Behörden im Innen- und Außenministerium fanden, dass es für den Staat von Vorteil sei, diese Bahn ohne öffentliche Geldzuwendungen durch eine Aktiengesellschaft zu finanzieren.

Erklärtes Ziel war es, den Starnberger See als Naherholungsgebiet für die Münchener Bevölkerung schneller erreichbar zu machen. Vor allem Himbsel, der seit 1827 eine Sommerfrische in Leoni am Starnberger See hatte, wusste um die beschwerliche mehrstündige Fahrt in den linienmäßig verkehrenden »Stellwägen« von München nach Starnberg und die nicht minder umständliche Weiterfahrt per Boot über den See. Wirtschaftlich würde durch eine Eisenbahnlinie die gesamte Region gestärkt werden. Attraktiv erschien zudem ein besserer Transport von Massengütern aus dem bayerischen Voralpenland. So der Antrag.

Von König Ludwig I. war die Erschließung dieser malerischen Gegend mit modernen Fahrzeugen und Dampfschiffen jedoch nicht erwünscht. Da die geplante Trasse über königliches Hoheitsgebiet gelegt werden sollte, lehnte er den Antrag 1838 ab.

Im Juli 1844 nahm Himbsel allein erneut einen Anlauf zum Bau dieser Bahnlinie. Inzwischen war die Bahnlinie München–Augsburg erfolgreich fertig gestellt worden. Doch auch dieser Antrag wurde von König Ludwig I. am 9. Juli 1845 mit der Begründung abgelehnt, man solle doch »statt einer Vergnügungsbahn wirtschaftlich notwendige Bahnen« bauen.

Am 20. März 1848 musste Ludwig I. abdanken. Sein Interesse war es stets gewesen, München nach griechischem Vorbild mit klassizistischen Prachtbauten auszustatten, was vor allem in der Ludwigstraße mit der Ludwigskirche, der Ludwig-Maximilians-Universität, der Staatsbibliothek, dem Hoftheater und der nördlichen Stadterweiterung verwirklicht wurde. Landschaftlich fühlte er sich nach Griechenland und Italien hingezogen, in Bayern selbst am ehesten noch nach Berchtesgaden.

Sein Nachfolger Max II. Joseph zog dagegen als Sommeraufenthalt den Starnberger See und das Allgäu bei Hohenschwangau vor. Als Landesvater war es sein Bestreben, den sozialen Wohlstand seiner Bürger zu verbessern, und im Bau von Eisenbahnen erblickte er eine wirksame Arbeitsbeschaffungsmaßnahme.

Bereits am 8. April 1849 verfasste Himbsel eine Satzung für die Bildung einer »Starnberger Eisenbahn- und Würmsee-Dampfschifffahrts-Gesellschaft«, für die er sich abermals vehement einsetzte. Am 7. August 1849 erfolgte schließlich durch Max II. Joseph die lang erwartete Genehmigung für den Eisenbahnbau, und am 25. September 1849 wurde zusätzlich die Errichtung der Dampfschifffahrt erlaubt. Die Aktiengesellschaft sollte dabei für die Zeichnung eines Kapitals in Höhe von 1,8 Millionen Gulden verantwortlich sein. Diese Bedingung konnte Himbsel jedoch nicht erfüllen. Im April 1851 erhielt er eine persönliche Audienz bei Max II. Joseph, worauf dieser das Ministerium des

Handels aufforderte, Vorkehrungen zu treffen, damit bald mit dem Bau begonnen werden könne. Der Staat verpflichtete sich, die Bahn als Pachtbahn zu betreiben. Mit dieser Zusage erhielt Himbsel einen Kredit der »Königlichen Nürnberger Bank« über 900 000 Gulden zugesichert und konnte damit die Bahn in eigener Regie bauen.

Nach kurzer Bauzeit wurde die Eisenbahnlinie am 28. November 1854 im Beisein von Max II. Joseph eröffnet und zum ersten Mal befahren. Bereits zwei Jahre später beantragte Himbsel die Fortführung der Bahn von Starnberg nach Seeshaupt.

Besondere Beachtung fand neben dem Bau der Eisenbahnstrecke die Ausstattung des *Starnberger Bahnhofs*. Der Königssalon wurde nach Entwürfen von Friedrich Bürklein mit Möbeln des Kunstschreiners Franz Fortner eingerichtet, die ursprünglich für die Münchner Weltausstellung gefertigt waren. Zwei kleine Kabinette für König und Königin sollten die Einrichtung ergänzen. Der Warteraum erhielt eine dunkle Vertäfelung nach dem Vorbild der englischen Gotik.

Das Dampfschiff »Maximilian«

Beim Schiffsbau trug Himbsel das Risiko allein. Den Auftrag für das Dampfschiff »Maximilian« für 300 Passagiere erhielt 1850 Joseph Anton von Maffei. Der Schaufelraddampfer bestand aus einer genieteten eisernen Schiffsschale mit Holzaufbauten. Er war 33,5 Meter lang, 4,57 Meter breit und hatte einen Tiefgang von 0,66 Meter. Der Rauchabzug war acht Meter hoch und die Schaufelräder hatten 4,11 Meter Durchmesser mit starren Schaufeln. Die Jungfernfahrt fand am 11. Mai 1851 in Anwesenheit von Max II. Joseph und der königlichen Familie statt.

Der heute etwas pathetisch wirkende Weihegruß von Friedrich Beck lautet:

Willkommen zu der Fahrt, wie zum Verweilen,
Der Bergwelt und der Stadt verknüpfend Band!
...
SEIN Name ist's, der dich geschmücket, der Beste,
des KÖNIGS Name, MAXIMILIAN!

Carl August Lebschée (1800–1877): Das Dampfschiff »Maximilian« auf der Fahrt nach Süden. Ausschnitt aus der Supraporte »Der Mittag« (1850).

Nach seinem Ruhestand als Baurat 1852 leitete Himbsel das Dampf-schiff »Maximilian« als stets freundlicher und aufmerksamer Kapitän, wie es im Bordbuch zu lesen ist. Das Schiff beförderte vorwiegend Personen, zum geringeren Teil Lasten. Für den Osten des Starnberger Sees wurde das Dampfschiff zu einem wichtigen Verkehrsmittel, das es sehr lange Zeit, bis in die 80-er Jahre des 20. Jahrhunderts geblieben ist. Bis damals fuhren damit zum Beispiel die Kinder des Ostufers nach Starnberg in die Schule.

Seine letzte Fahrt unternahm Himbsel wahrscheinlich am 6. Oktober 1859, wie im Bordbuch vermerkt ist. Er starb am 26. April 1860, noch vor der Eröffnung der Frühjahrs- und Sommersaison. In seinem Testament hatte Himbsel geschrieben:

»Ich habe die Eisenbahn von Pasing nach Starnberg in eigener Regie gebaut; und diese Eisenbahn ist mein Eigentum.« Sie war allerdings mit einem Kredit von 900 000 Gulden durch die königliche Bank ermög-

23

licht worden, weshalb Himbsel vermerkte, dass sie nach einer sechsmonatigen Kündigung vom Staat für eine Million Gulden übernommen werden könne. Die Übernahme durch den Staat würde dann 100 000 Gulden Gewinn erbringen, der seinen vier noch überlebenden Kindern zufließen solle.

Nach dem Tod Himbsels im Jahr 1860 übernahm dessen Sohn Franz die Dampfschifffahrt und führte den Betrieb drei Jahre lang weiter. Die Zahl der Schiffsgäste verringerte sich jedoch stark, als die Eisenbahnlinie von Starnberg nach Seeshaupt verlängert worden war. Deshalb hatte auch der Staat keinerlei Kaufinteresse mehr. Im Jahr 1864 erfolgte die Umwandlung der Dampfschifffahrtsgesellschaft in eine Aktiengesellschaft. Nach anfänglich schlechter Auslastung verbesserte sich das Fahrgastaufkommen nach dem Krieg 1870/71 allmählich, sodass weitere Salondampfer angeschafft wurden. Die »Maximilian« war nun nicht mehr auf der Höhe der Zeit. Die Firma Maffei kaufte 1886 das Schiff und ließ es an den Ammersee bringen. 1895 war dessen Zeit aber endgültig abgelaufen: der Dampfer wurde verschrottet.

Johann Ulrich Himbsel und sein Haus
am Starnberger See

Der Standort

Himbsels großer Wunsch war es, im Sommer mit seiner Familie – er hatte sechs Kinder – aus der Stadt herauszukommen und im Kreise der Familie die ländliche Idylle zu genießen. Sein bevorzugtes Refugium war die Ostseite des Starnberger Sees, die damals noch kaum erschlossen war. Bereits 1812 erwarb Himbsel dort ein erstes kleines Stück Land; spätere Zukäufe aus der Nachbarschaft vergrößerten sein Gesamtgrundstück schließlich auf insgesamt 28 Hektar.

Der See war zu dieser Zeit von München aus nur schwer zu erreichen, einmal über die Höhen von Schäftlarn oder durch den Forstenrieder Park und das unwegsame Würmtal. In einem Bericht von Josepha Dürck-Kaulbach über eine Fahrt an den Starnberger See in der ersten Hälfte des vorletzten Jahrhunderts ist zu erfahren, dass ein Tagesausflug nach Assenbuch zu den Ereignissen zählte, von denen man zehrte. Zunächst musste man sich Plätze im Postwagen sichern. Frühmorgens zwischen fünf und sechs Uhr wurde man am Münchener Rindermarkt vom Postillion verpackt und mit Jubel und Peitschenknall ging es sodann über Wiesen und Felder, übers öde Land und durch dunkle Wälder. Nach drei bis vier Stunden Fahrt durch den Forstenrieder Park kam der See in Sicht. Zunächst wurde bei »Pellet«, dem einzigen Gasthof in Percha, ein kleiner Imbiss genommen und danach die Fahrt im Einbaum oder ähnlichen Kähnen nach Assenbuch fortgesetzt, wo man schließlich neugierig von den schon wartenden Freunden empfangen wurde.

Der bayerische Aufklärer Lorenz Westenrieder schildert in seinem Buch »Beschreibung des Würm- bzw. Starnberger Sees« 1774 sehr anschaulich die Gegend um den Starnberger See. Die Neuauflage seines Buchs wurde 1811 von dem Maler Max Joseph Wagenbauer bebildert.

Die wunderbare oberbayerische Seenlandschaft mit Moränenhügeln, Tälern und Mooren vor dem Hintergrund des Hochgebirges war durch

Das Himbsel-Haus von Süden mit dem Fresko »Jesus, Martha und Maria«

Max Joseph Wagenbauer (1775–1821): Am Ufer des Starnberger Sees bei Leoni mit der »Krenner Villa« und einem Fischerhaus. Blick auf das Wettersteingebirge und die Ammergauer Berge, Ölgemälde 1813.

die Münchener Landschaftsmaler Johann Georg von Dillis und Max Joseph Wagenbauer bereits bekannt gemacht worden.

Johann Georg von Dillis (1759–1841) malte schon vor der Wende zum 19. Jahrhundert unmittelbar in der Natur und wurde so zum ersten Freilichtmaler. Schon zu dieser Zeit stellte er die Zugspitze mit dem Jubiläumsgrat dar.

Die Münchener Landschaftsmalerei nimmt mit Dillis einen eigenen Weg. Sie ist geprägt von einer Symbolhaftigkeit und grandiosen Effekten; Licht und Farbe sind Ausdrucksmittel und Antwort auf den Klassizismus von Cornelius.

Dillis, Sohn eines kurfürstlichen Revierförsters, ursprünglich Theologe, studierte an der Zeichnungsakademie bei Dorner d. Älteren und bei

Johann Georg von Dillis (1759–1841): Zugspitze mit Jubiläumsgrat vom Süden des Starnberger Sees aus gesehen. Aquarell, um 1800.

Öfele. 1790 wurde er von Kurfürst Karl Theodor zum Inspektor der neuen Galerie im Hofgarten zu München ernannt. In Rom entstanden 1794 die ersten vor der Natur gemalten Ölskizzen. Dort bekam er auch Kontakt zu den Werken von Claude Lorrain, die richtungsweisend für seine Landschaftsmalerei wurden. 1808 erhielt Dillis den Verdienstorden der bayerischen Krone, wurde geadelt und zum Professor für Landschaftsmalerei an die Akademie der Kunst berufen. 1814 gab er diesen Lehrstuhl zurück, da er keine Entwicklungsmöglichkeiten mehr sah. Später wurde er Direktor der Zentralgalerie. Der vielfach geehrte Dillis war ein begabter Landschaftsmaler, ein universeller Museumsmann, der künstlerische Mentor von Ludwig I. und für seine Studenten ein großer Lehrer.

Architekten und Bauherren zeigten bis zum Ende des 18. Jahrhunderts noch relativ wenig Interesse am Starnberger See. Im 16. und 17. Jahrhundert weilte nur der Münchener Hof, vor allem zu legendä-

28

ren Treibjagden, am See. Später, als die barocken Schlösser Nymphenburg und Schleißheim errichtet wurden, verlegte man die höfische Freizeitgestaltung an den Nymphenburger Kanal und in die Gartenanlagen von Nymphenburg und Schleißheim.

Im 19. Jahrhundert änderte sich erneut die Einstellung zum See. Die »Wildnis« wurde zur »schönen Landschaft«. Als Erster siedelte sich Staatsrat Franz von Krenner (1810) in Assenbuch (draußen bei den Buchen) an und errichtete eine wunderschöne klassizistische Villa. Da er keine Nachkommen hatte, übergab er diese an den bekannten, von ihm sehr verehrten, italienischen Hofopernsänger Giuseppe Leoni. Dieser ließ die Krenner-Villa 1825 zum ersten Gasthaus und Pension in dieser werdenden Kolonie am See umbauen und eröffnete nach seinem Abschied von der Bühne ein Restaurant, wo sich aufgrund seiner exzellent kochenden Ehefrau in Verbindung mit der traumhaft schönen Landschaft, den Badefreuden und Bootsfahrten, immer mehr Freunde und Mitglieder der Münchener Gesellschaft zum geselligen Beisammensein trafen. Aus diesem Grund wurde Assenbuch kurzerhand umbenannt, zunächst in Leonihausen, später dann hieß es nur noch Leoni.

Himbsel baute in dieser Zeit, 1827, sein *erstes Sommerhaus* im klassizistischen Stil; er hatte zu dieser Zeit immerhin bereits vier Kinder und verbrachte mit seiner Familie von nun an die Sommer am Starnberger See. 1842, nun schon mit sechs Kindern gesegnet, errichtete er schließlich sein *großes Haus im Stil eines oberbayrischen Bauernhauses.*

Seine Münchener Malerfreunde, mit denen er regelmäßig bei verschiedenen Projekten zu tun hatte, trugen dazu bei, das Haus innen und außen mit prachtvollen Fresken und Gemälden zu schmücken. Es waren dies vor allem die Historienmaler Wilhelm von Kaulbach, Clemens von Zimmermann, Karl Schorn, Friedrich Dürck, Julius Luis Asher, der Romantiker Moritz von Schwind und die Landschaftsmaler Carl Rottmann und Carl August Lebschée.

Max Joseph Wagenbauer (1775–1829), der die Münchener Zeichnungsschule absolviert hatte, 1801 vom Kurfürsten zum Hof- und Kabinettszeichner berufen, wurde zum Wegbereiter der Münchener Freilichtmaler.

Dorner der Jüngere (1775–1852) erhielt seine Ausbildung vorwiegend von seinem Vater und setzte anfangs die Tradition der niederländischen Landschaftsmaler fort. Bald aber befasste er sich intensiv mit der bayerischen Landschaft und zählt mit zu deren Entdeckern.

Peter Cornelius (1782–1867) aus Düsseldorf hat in München eine Schule für Historienmalerei gegründet. Er hielt sich längere Zeit in Rom auf und schloss sich dort Bestrebungen an, die deutsche Kunst auf religiöser Grundlage zu erneuern. Von Kronprinz Ludwig nach München berufen und dort als großer Maler gefeiert, verließ er im Jahr 1840 die Stadt, da es wegen des Altarbilds in der Ludwigskirche zu unüberbrückbaren Dissonanzen mit dem König gekommen war. Er ging nach Berlin und schuf dort viele bedeutende Gemälde.

Wilhelm von Kaulbach (1804–1874), ein Schüler von Cornelius, der aus der Düsseldorfer Schule kam, war mit Himbsel seit dem Bau des Odeons befreundet. Er kam gerne nach Leoni und mietete 1842 das erste Haus von Himbsel und wurde so zu seinem Nachbarn. Für Kaulbach stand die Historienmalerei im Vordergrund, und er setzte die Tradition von Cornelius fort, war jedoch kritischer und auch neuen Sichtweisen in der Malerei gegenüber offen. Von 1849 bis 1874 war er Direktor der Münchener Akademie der Kunst.

Visitenkarte von Johann Ulrich Himbsel. Das große Himbsel-Haus mit Anlegesteg.
Kupferstich, wahrscheinlich von J. Poppel

Clemens von Zimmermann (1788–1869) kam ebenfalls von der Düsseldorfer Akademie. Nach Aufenthalten in Rom wurde er nach München berufen und malte mit Cornelius in der Glyptothek und in den Loggien der Pinakothek sowie am Altarbild in der Ludwigskirche. Auch Karl Schorn (1807–1850) arbeitete eng mit Cornelius zusammen, ebenso Julius Luis Asher (1804–1879), der aus Hamburg stammte und über Düsseldorf nach München kam und Kaulbach bei der Ausgestaltung der Pinakothek behilflich war.

Friedrich Dürck (1809–1884) war aus Leipzig gebürtig und kam 1824 zu seinem Onkel Joseph Stieler nach München. Er wurde ein bekannter Porträtmaler, u.a. für den bayerischen Hof.

All diese Künstler trugen zur besonderen Atmosphäre des Himbsel-Hauses bei. Der Hausherr selbst war geprägt von der Liebe zur Natur, zur Landschaft und weiter von der Liebe zu Gott, wie er selbst es ausdrückte und wie es die Fresken am Haus sowie ein von ihm erbauter Kreuzweg vom See zur Wallfahrtskirche in Aufkirchen und eine Holzkapelle in seinem Park beweisen.

Das Haus außen

Vorbild für das Himbsel-Haus war das Bauernhaus des bayerischen Voralpenlandes.

Äußerlich ein stattlicher Bauernhof, war das Anwesen innen mit allen Bedürfnissen für ein komfortables Leben ausgerüstet. Der große Einfirsthof, wie er in der Gegend zwischen Inn und Lech vielfach zu sehen ist, wurde mit bautechnisch hervorragenden Gewölben im jetzigen Wohnraum gestaltet. Mit massiven Balken ist die Dachstuhlkonstruktion versehen, die den Winterstürmen schon seit 160 Jahren trotzen. Das mächtige Satteldach hat eine charakteristische flache Neigung und einen drei Meter großen Überstand (Vordach). Die Giebelseite des Hauses ist dem See zugewandt und am Giebel sind die Endungen der Balken profiliert und geschwungen. Um Bedrohungen und Unheil zu bannen, wurden die Traufrinnen mit Drachenköpfen versehen. Die hölzernen Balkone an der Giebelfront und an der Südseite haben ihre Vorbilder in den bäuerlichen Häusern und verschafften dem Städter ei-

Fresko »Jesus, Martha und Maria« an der Südseite des Himbsel-Hauses

ne genussvolle Aussicht. Der schönste Aussichtspunkt, das »Belvedere«, ist die Hochlaube unter dem Giebel des Himbsel-Hauses, das sich insgesamt als ein einzigartiges, stilisiertes Landhaus in einer bäuerlichen Umgebung präsentiert.

Die Süd- und Westseite wurde – wie in der alpenländischen Tradition üblich – mit einer Lüftl-Heiligenmalerei versehen. Diese Bilder von ausnehmender Schönheit wurden von Himbsels Freund Wilhelm von Kaulbach, mit dem dieser schon bei der Ausgestaltung des Odeons zusammengearbeitet hatte, gestaltet.

Fresko »Madonna mit dem Jesuskind und musizierenden Engeln«

Die Südseite zeigt Jesus mit Martha und Maria, lebensnah in Schönheit und Anmut. Martha reicht Jesus einen Korb mit süßen Früchten,
wohingegen Maria den Worten des Heilbringers lauscht. Jesus zeigt mit

Fresko »Jesus mit
Aposteln auf dem
Weg nach Emmaus«

Der heilige Johannes

erhobenem Finger auf Martha und weist sie darauf hin, dass er nicht die süßen Früchte allein, sondern seine Worte beherzigt wissen will.

In der Mitte der Südseite über dem Balkon ist die Madonna mit einem aufrecht stehenden Kind und zwei Engeln dargestellt, die mit Geige und Schalmei musizieren.

Ein weiteres Fresko daneben zeigt Jesus mit zwei Jüngern bei einer Diskussion, wie sie wohl auf dem Wege nach Emmaus nach dem Osterfest stattgefunden haben könnte.

34

Die Seeseite des Hauses bemalte Kaulbach mit vier berühmten Heiligenfiguren: Unter dem »Belvedere« dominiert der heilige Johannes, stolz, aufrecht stehend mit auf den See gerichtetem Blick. Mit der erhobenen rechten Hand weist der Namenspatron des einstigen Hausherrn Johann Ulrich Himbsel auf die Schönheit dieser Umgebung hin, während er in der linken Hand eine mannshohe Fahne mit dem Schriftzug »EAD« (*Ecce Agnus Dei*) hält, die er im Winde schwingen lässt. Sein Gesicht soll die Züge Himbsels tragen. Im Hintergrund ist das Wettersteingebirge mit der Zugspitze zu sehen.

In der Mitte unter dem Balkon sitzt die heilige Ottilie mit gesenkten Augen auf einem Betstuhl, der eine Ornamentik aufweist, wie sie bei

Die heilige Ottilie

Der heilige Leonhard

Kaulbach immer wieder zu finden ist. Die Hände sind auf der Heiligen
Schrift gefaltet. Auf dem Buchumschlag ist ein Auge dargestellt, das auf
ihr erduldetes Martyrium hinweist. Die heilige Ottilie, die Namenspat-
ronin von Frau Himbsel, wurde bei Augenleiden angerufen.

36

Rechts neben dem Balkon ist der heilige Leonhard, Namenspatron des Großvaters von Himbsel und Schutzpatron für das Vieh und übrigens auch der Gefangenen, abgebildet, umgeben von Pferd, Ochs, Geiß, Widder und Schaf. Im Himbsel-Haus gab es bis zum Ende des Jahrhunderts einen landwirtschaftlichen Betrieb, und seit etwa zwanzig Jahren weiden wieder Schafe in der Umgebung.

Links neben dem Balkon ist der heilige Florian mit einer Fahne dargestellt, begleitet von einem Engel, der einen Wasserkübel trägt. Im Hintergrund ist eine Abbildung des Himbsel-Hauses zu sehen, das er *a fulgure et tempestate*, vor Blitz und Ungewitter, beschützen soll.

Der heilige Florian

Zeigt sich das Haus außen als großes, bäuerliches Anwesen, so ist das
Innere modern und großbürgerlich angelegt. Der Eingang zu den
Wohnräumen im Obergeschoss liegt zum besseren Schutz vor dem
Wetter auf der Südseite des Hauses. Die Eingangshalle betritt man
durch eine alte Fichtenholztür mit einer Eichenholzleibung. Oben am
Türrahmen sind wieder Himbsels Initialen »J.U.H.« eingeschnitzt so-
wie die Jahreszahl 1842, das Jahr also, in dem das Haus fertig gestellt
wurde.

Initiale am Türstock der Haustüre

Terrakotta-Relief von Anton Ganser: »Jesus am Brunnen«

Innen findet man über dem Türsturz der Eingangstüre ein Terrakotta-Relief, das Jesus am Brunnen in Sychar/Samaria darstellt. Es ist
die biblische Szene nach Joh. 4.5 geschildert, wo Jesus eine Samariterin
um Wasser bittet und sich diese darüber wundert, da die Juden ja keine

Terrakotta-Relief von Anton Ganser: »Jesus segnet die Kinder«

Terrakotta-Relief von Anton Ganser: »Jesus zu Gast im Hause Simeon von Bethanien«

Gemeinschaft mit den Samaritern pflegen. Das Terrakotta-Relief wurde von Anton Ganser, einem Schüler von Schwanthaler gestaltet.

Links zum Salon hin wurde die Darstellung »Jesus segnet die Kinder« und rechts zum Wohnraum hin »Jesus zu Gast im Hause Simeon von Bethanien« eingelassen. Diese Reliefs wurden ebenfalls von Anton Ganser geformt. Sie wurden aus nicht glasiertem Ton gebrannt, wie er vor allem für Kleinplastiken Verwendung fand.

Beachtenswert ist das im vorderen Salon im Herrgottswinkel eingelassene Hinterglasbild. Es handelt sich um eine nazarenische Darstellung des Jesuskindes, vermutlich im Tempel, umgeben von einem Blumenkranz. Der Künstler gehörte zu einer deutsch-römischen Malergruppe, die 1808 von Friedrich Overbeck in Wien gegründet und 1810 nach Rom verlegt wurde. Die gleich gesinnten katholischen und protestantischen Maler lebten in einer Gemeinschaft und strebten nach Echtheit, Innigkeit und Wahrhaftigkeit im Gegensatz zum Barock, Rokoko und dem nicht christlichen Klassizismus.

Das Hinterglasbild empfängt über eine Glaskörperkonstruktion von außen Licht, was vor allem am Abend, wenn die Sonne im Westen steht, eine fast magische Beleuchtung ergibt.

Hinterglasbild »Jesuskind«

Die Wandmalereien im Treppenhaus

Das Bildprogramm

Einzigartig und ungewöhnlich ist die Gestaltung des Treppenhauses, das bereits zu Himbsels Zeit entsprechend gewürdigt wurde. Steigt man gegenüber dem Eingang auf einer ausgetretenen, inzwischen 150 Jahre alten Fichtenholztreppe in den quadratisch angelegten oberen Teil des Treppenhauses, so ist man höchst beeindruckt von dem sich bietenden Gesamtkonzept. Einige der namhaftesten Münchner Maler, allesamt Freunde Himbsels, die sich immer wieder in seinem Hause trafen, schmückten dieses Treppenhaus mit herrlichen Bildern aus. In erster Linie wohl von Kaulbach konzipiert, waren an der Ausführung Moritz von Schwind, Clemens Zimmermann, Friedrich Dürck, der spätere

Wandgemälde im Treppenhaus

Deckengemälde mit Helios im Sonnenwagen, umgeben von Gottheiten und
Tierkreiszeichen

Schwiegersohn Kaulbachs, Julius Luis Asher sowie Peter Cornelius beteiligt. Die Supraporten malten Rottmann und Lebschée, die großen
Landschaftsmaler ihrer Zeit, in Öl auf Metallplatten.

Das Bildprogramm des Treppenhauses, das alle vier Seiten ausfüllt, ist
für die Ausstattung eines Privathauses einzigartig und qualitativ hoch-
wertig.

Es geht allegorisch auf die Jahreszeiten, auf die Monatsdarstellungen
und den Tagesablauf ein.

An der Decke ist als Rundbild zentral Helios, der Gott des Lichts, im
Sonnenwagen dargestellt, umgeben von zehn Göttern der Antike. Im
äußeren Fries ist er von einem Ring mit den zwölf Tierkreiszeichen
umrundet. Diese Darstellungen vor himmelblauem Grund sind im
Akademiestil von Cornelius ausgeführt.

42

Es folgen die *großen Wandbilder*. Den vier großformatigen Bildern zu den Jahreszeiten ist ein ebenso großes Huldigungsbild für den Maler Clemens Zimmermann (1788–1869), dem späteren Direktor der Kunstakademie in München, vorangestellt. Den großen Münchner Malern wurden verschiedentlich öffentliche Ehrungen zuteil. So fand etwa schon 1829 nach Vollendung der Fresken in der Glyptothek ein Corneliusfest statt. Der im Hause Himbsel geehrte Maler Zimmermann sitzt auf einem improvisierten Thron mit schwarzem Frack, wei-

Huldigungsbild für den Maler Clemens Zimmermann mit
Herrn und Frau Himbsel sowie Tochter Ida

ßer Hose und Zylinderhut. Typisch ist die Umrahmung mit einem Ro-
sen-Blättergesteck (Feston), wie es von Kaulbach häufig verwendet
wurde. Um den Zylinderhut wurde ein Lorbeerkranz gewunden. Der
königlich bayerische Baurat Himbsel steht mit kurzem Leibrock und
gestreifter Hose vor dem Maler, die Arme in freundlich grüßender Weise erhoben und links eine Schirmmütze schwenkend. Frau Himbsel
trägt ein Kostüm, wie es die Münchener Bürgersfrauen bevorzugten
und zeigt sich in zurückhaltender Weise. Tochter Ida sitzt unten auf einer Treppenstufe.

Das erste der großen Wandbilder der *Jahreszeitendarstellung* neben
dem Eingang zum oberen Salon zeigt den Anfang eines Umzugs anlässlich eines Künstlerfestes, vermutlich der Einweihung des Hauses im
Jahre 1842. Vor dem See und Gebirge im Hintergrund bewegt sich ein
Zug mit kostümierten Gestalten.

Die Kinder von Künstlern und Freunden führen einen Korbwagen
mit. Zwei davon haben in dem mit Blumen geschmückten Wagen
Platz genommen. Eine dritte, aufrecht stehende Frau hält in der linken Hand das Ende eines Schleiers, der sich hinter ihr aufbauscht,
während auf der rechten Seite eine singende Nachtigall sitzt. Dieses

Der Frühling

44

Der Sommer

Attribut und die porträthaften Züge gehören zu der jungen Hof-
opernsängerin Caroline Hetzenecker, die seit der Saison 1841 wegen
ihrer Stimme sehr bewundert und als »Nachtigall von München« gefeiert wurde. Die männliche Gestalt im Araberkostüm soll nach der
Überlieferung der Maler Friedrich Dürck sein. Er weist mit weit aus-

45

gebreiteten Armen und einem girlandenumwundenen Stab auf die Opernsängerin hin. Angeführt wird der Zug von einem Knaben in historisierendem Gewand, der einen auf einer Stange sitzenden krähenden Hahn mit sich führt.

Das große *Sommerbild* zeigt eine Gruppe von luftig und anmutig gekleideten jungen Frauen vor einem reifen Kornfeld. Ein Kind eilt mit einer Girlande, wie sie charakteristisch für Kaulbach ist, dem Wagen mit den Frühlingskindern nach. Dargestellt wird die Zeit der Reife und Ernte, ein typisches Motiv für das Landleben. Das erste Frauenpaar, an den Typus der klassischen Römerin erinnernd, wurde ebenfalls von Kaulbach gemalt. Die Frauen tragen flache Körbe auf den Köpfen. Die Frau im Vordergrund trägt ein unbekleidetes kleines Kind, das zwischen den Äpfeln im Korb sitzt. Eine andere Frau balanciert eine Amphore auf dem Kopf, während eine weitere eine Angel hält und auf gefangene Fische in einem Tuch zeigt. Die letzte der Frauen winkt halb kniend und trägt in der rechten Hand einen Holzrechen, das Symbol für die Arbeit auf dem Felde.

Das *Herbstbild* zeigt eine bacchantische Szene: auf einem zweirädrigen Karren wird ein Weinfass von zwei Satyrn gezogen. Ein weiterer

Der Herbst

46

Detail aus dem Herbstbild: Graf von Pocci mit Renken, umgeben von Meerjungfrauen.

Satyr mit einer kleinen Panflöte zieht der Gruppe voraus. Auf dem Weinfass sitzt Bacchus bzw. Dionysos, der Gott des Weines und des Wachstums, in Biedermeierhosen mit einem überlaufenden Krug in der rechten und mit einem Stab mit aufgespießtem Rettich in der linken Hand. In dieser Figur ist vermutlich der Kunsthändler Franz Bogliano (1778–1857) dargestellt, einer der Väter des Kunstvereins, den die Münchener Maler kannten und der überall ein gern gesehener Gast war. Der Zug bewegt sich entlang eines sumpfigen Seeufers, an dem zwei Seejungfern mit einer Lyra aus dem Schilf erscheinen. Vor diesen geht Franz Graf von Pocci als Meeresgott mit zwei Fischen in der Hand. Dieser Teil des Bildes wird Moritz von Schwind zugeschrieben. Graf von Pocci (1807–1876) war Zeremonienmeister und Oberkämmerer bei den drei bayerischen Königen Ludwig I., Max II. Joseph und Ludwig II. Er gilt als universelles Talent, nämlich als Schriftsteller, Poet, Komponist und Zeichner. Seit 1842 lebte auf Schloss Ammerland, das sein Vater Fabricius für langjährige treue Dienste für Bayern und das Königshaus erhalten hatte. Seine Freude am Volkstümlichen ließ ihn u.a. zum Kasperlgrafen und Begründer des Münchener Puppenspiels werden.

47

Der Winter

Das *Winterbild* wird von zwei alten Männern geprägt, die Märchengestalten symbolisieren. Diese bewegen sich bei Nacht, vom Wind getrieben, durch eine Winterlandschaft. Ein rechts unten liegender Totenschädel weist auf die Vergänglichkeit unseres Daseins hin. Einer der beiden Männer, ein Klosterbruder mit Kapuze, trägt die Züge Kaulbachs. Auf seiner Kapuze sitzt eine Eule, die aufgrund ihrer eigenartigen Gesichtsform, ihrem Blick und Schrei sowie ihrem nächtlichen Flug zum Hexen- und Unglücksvogel abgestempelt wurde – im Gegensatz zur griechischen Antike, wo die Eule als Lieblingsvogel der Göttin Athene große Verehrung genoss und für Weisheit stand. Mit seiner La-

48

terne leuchtet der Klosterbruder seinem Begleiter, dem Herrn Winter voraus, einer volkstümlichen Gestalt aus Schwinds Märchenillustrationen. Dieser ist in einen großen Mantel gehüllt und trägt einen weit herab reichenden, weißen Vollbart.

Man geht davon aus, dass es sich bei dieser Männergestalt um Moritz von Schwind (1804–1871), einen der bedeutendsten Biedermeiermaler handelt. Er stammte aus Wien und studierte zunächst Philosophie. Bald entdeckte er die Malerei und begann an der Akademie zu studieren. Seine Malstudien setzte er bei Cornelius, den er sehr verehrte, fort. In der Münchener Residenz war er mit der Ausmalung der Nibelungensäle befasst, mit dem Bibliothekszimmer von Königin Marie sowie mit dem Kinderfries im Saal von Rudolf von Habsburg. Später wandte er sich Motiven der Sagen- und Märchenwelt zu und wurde 1847 zum Professor an die Akademie nach München berufen. Mit zahlreichen Buchillustrationen und Motiven aus der verträumten Biedermeierzeit gelangte er schließlich zu großer Popularität.

Der Zyklus der Tageszeitenbilder

Nachfolgend zum Jahreszeitenprogramm werden die *Tageszeitenbilder* in den Supraporten vermittelt, die sich über den Türen und einem Fenster befinden. Sie wurden alle im Jahr 1850 in Öl auf eine Metallplatte gemalt.

Das erste Bild, das *Morgenbild*, ist von Lebschée gemalt (1800–1857), der für seine volksnahen und farbenfrohen Landschaftsbilder bekannt war. Er war viele Jahre mit Himbsel befreundet, der ihn oft in seinem Atelier besuchte. Bekannt wurde Lebschée auch durch seine akribisch genauen Darstellungen von alten Bauten und durch seine malerische Topographie des Königreichs Bayern. Zu seinen herausragenden Landschaftsbildern zählen seine Supraporten im Himbsel-Haus.

Das Morgenbild zeigt die Überfahrt von Pilgern über den Starnberger See. Sie rudern, von Westen her kommend, auf das Himbsel-Haus zu. Die Pilgerboote bringen Wallfahrer in der Tracht des Oberlandes über den See nach Leoni. Von dort aus beginnt der Pilgerweg nach Aufkirchen. Man sieht das Himbsel-Haus, daneben Himbsels erstes Haus

Der Morgen: Überfahrt von Pilgern nach Leoni zur Wallfahrtskirche Aufkirchen

(1827), in dem später Kaulbach wohnte, weiter die Portikusvilla von
Krenner, mit rauchendem Schornstein, und zwei Fischeranwesen. Ein
Fischer aus Leoni rudert den Kahn, in dem der Maler selbst sitzt und
die Pilgergruppe malt.

Der Mittag: Das Dampfschiff »Maximilian« nahe der Roseninsel auf der Fahrt
nach Süden

Das *Mittagsbild*, ebenfalls von Lebschée gemalt, zeigt in ganzer Schönheit die oberbayerische Seenlandschaft, die Roseninsel, das Westufer und dazwischen den »Maximilian«, das erste Dampfschiff auf dem Starnberger See. Im Hintergrund sind die Berge des Wettersteins und des Karwendels zu erkennen. Am Uferrand haben sich winkende Bauern zum Mittagessen niedergelassen.

Das *Abendbild* im idealistischen Landschaftsstil stammt von Carl Rottmann (1797–1850), der, aus der Tradition der klassizistischen und der Landschaftsmalerei kommend, vor allem wegen seiner Italien- und Griechenlandbilder im Westtrakt der Hofgartenarkaden und in der Neuen Pinakothek berühmt wurde. Im Bild senkt sich der Abend über eine Seenlandschaft nach klassischer italienischer Art. Dieses Gemälde zählt wohl zu einem der letzten Bilder Rottmanns, der im Jahr 1850 gestorben ist.

Der Abend: Sonnenuntergang am Starnberger See

Zur Sommerzeit verbrachte die Familie Rottmann oft mehrere Monate im idyllisch gelegenen Leoni am Ostufer des damals noch Würmsee genannten Starnberger Sees. Mit Vorliebe bestieg der Maler den höchsten Punkt des Moränenhügels, um von einer Holzbank aus die

Die Nacht: Mondschein über dem Starnberger See

Schönheit der bayerischen Berge zu bewundern. Nach seinem Tod erhielt dieser Platz den Namen »Rottmannshöhe« und seine Freunde errichteten dort einen Obelisken.

Das *Bild der Nacht* zeigt, vom Mond beschienen, den See am Ufer des so genannten Buchhauses. An diesem Platz stand einst eine uralte Buche von beachtlicher Größe und Umfang. Zu ihrer Krone führte eine Treppe. Unter dem gigantischen Laubdach der Buche war eine Aussichtsplattform angebracht. Neben dieser Riesenbuche lagen das Buchhaus und zwei weitere Fischerhäuser, die den Ortsnamen Assenbuch erhielten. Auf dem nachtdunklen See ist ein Fischerboot im hellen Mondlicht zu sehen.

Der Zyklus der Monatsdarstellungen

Über den großen Wandbildern sieht man durch Ornamentfelder voneinander abgegrenzte *Monatsdarstellungen*. Diese Bilder am Fries zählen zu den schönsten Rokokodarstellungen dieser Art.

Sie umziehen den Fries des gesamten Raumes. Munter, emsig und freudig, ja spielerisch verrichten kleine puttenähnliche Wesen die im

Jahreskreislauf in den einzelnen Monaten anfallenden Tätigkeiten auf dem Lande. Putten (*Putto*, ital. Kind) sind oft nackte oder wenig bekleidete Knäblein mit typischen runden Körperformen, Pausbacken und Speckfalten an Armen und Beinen. Sie haben oft Engelsflügel und weisen, begleitet von Flöte, Geige und Schalmei, oft schmunzelnd und belehrend auf menschliche Schwächen hin.

Die Monatsdarstellungen sind abwechselnd auf blauem und rotem Untergrund gemalt.

Januar: Winterfreuden

Februar: Faschingsfreuden

März: Pflügen und Säen

April: Schafschur

Mai: Vorbereitungen zum Maienfest

Juni: Heuernte

Juli: Weiden der Tiere

August: Getreideernte

September: Apfelernte

Oktober: Weinlese

November: Jagdzeit

Dezember: Weihnachtsvorbereitungen

Neben der Januardarstellung sind am Fries Porträts zu erkennen, die jedoch bislang nicht eindeutig identifiziert werden könnten. Vermutlich handelt es sich dabei um die im Hause tätigen Künstler.

Vier Porträts an der Südseite des Treppenhauses

57

Wie die Wandgemälde in Leoni entstanden.

Es war im Sommer des Jahres 1843. Das Zeitalter der Eisenbahnen war erst im Aufblühen begriffen, und der seßhafte Spießbür-
ger dozierte beim Abendtrunk über die Unhaltbarkeit dieser
neuen Erfindung, schon wegen des ungeheuren Luftdrucks, dem
keine menschliche Lunge auf die Dauer Widerstand zu leisten im
Stande sei. Man machte seine Ausflüge in den Paradiesgarten,
auf die Praterinsel, zum grünen Baum, Sonntags auch wohl durch
die wüsten Isar=Auen und über die Überfälle nach der Menter-
schwaige, und wen die blaue Alpenkette gar zu unwiderstehlich
lockt, der setzte sich in einen Stellwagen, oder er schnallte das
Wanderbündel auf den Rücken, steckte zehn Gulden in die Tasche und schwärmte, zwar nicht eben herrlich, doch in Freuden
eine Zeit lang in der wundervollen Bergwelt umher.

Auch das, heutzutage selbstverständlich gewordene »Auf's
Land gehen« existierte damals noch nicht, sogar die Ufer des na-
hegelegenen Starnberger See's boten in den wenigen Wirthshäu-
sern ihrer spärlich verstreuten Ortschaften den Touristen nur
höchst primitives Unterkommen; in diesem Sommer aber entwickelte sich ein ungewohntes Leben in der kleinen Kolonie Leoni.
Dort vermiethete ein Arzt Dr. Diehm ein Paar kleine Landhäus-
chen an Sommergäste, und in diesem Jahre hatten sich Wilhelm
Kaulbach, Friedrich Dürck und ein ihnen befreundeter russi-
scher Hofrath Glehn mit ihren Familien dort niedergelassen. Mit
dem Besitzer einer kleinen Nachbar=Villa, dem k. Konfektmeis-
ter Hilarius Bolgiano, und dem ebenfalls in Leoni angesiedelten
Baurath Himbsel bildeten sie den Grundstock der Gesellschaft,
um den sich bald ein reger Verkehr mit länger oder kürzer wei-
lenden Zugvögeln gestaltete. Dazu gehörte der geniale Rottmann, der Düsseldorfer Karl Schorn, dem sein früher Tod nicht
vergönnte, sein größtes Werk »Die Sündfluth« in der Pinakothek
zu München zu vollenden, der geistreich witzige Hamburger
Ludwig Asher, Professor Clemens Zimmermann, der unvergeß-

lich hochbegabte Franz Pocci, der eben am Münchener Kunsthimmel neu aufsteigende Stern Fräulein Hetzenecker (jetzige Frau von Mangstl) und viele Andere. Da gab es ein lustiges Treiben; gesellige Zusammenkünfte wechselten mit Partien und Ausflügen, und oft konnte man den Schöpfer der Hunnenschlacht den Kinderwagen schieben sehen, wenn er wegen seiner zahlreichen Insassen für Guste, die Wärterin, zu schwer wurde. Sonntags zog man zum Hochamt nach Aufkirchen; ein treffliches Quartett, in dem keine Geringere als Fräulein Hetzenecker die Oberstimme führte, hatte sich zusammengefunden und exekutierte unter Assistenz des Schullehrers die schönsten Messen, so daß sogar die Bauern verwundert die Köpfe nach dem Orgelchor drehten, ob es denn die Wirth's Viktorl oder Kraner Gretl sei, die heute gar so lieblich singe.

Nun begab es sich, daß der eben bei Baurath Himbsel zu Gast weilende Professor Zimmermann zum Direktor der königlichen Gemälde=Sammlungen ernannt wurde. Ein so freudiges Ereigniß bot natürlich willkommenen Anlaß zu neuen Festlichkeiten. Die abenteuerlichsten Vorschläge tauchten zur allgemeinen Belustigung auf; schließlich einigte man sich auf das Arrangement eines Festzuges, die Jahreszeiten darstellend. Zwar mangelte es so ziemlich an jedem Erforderniß; weder Kostüme noch irgend welche anderen Requisiten waren vorhanden, doch durch solche Hindernisse entflammte erst recht die schöpferische Künstlerphantasie. Man hatte Bänder und Schärpen, Shawls und Teppiche, Blumen und Baumzweige, Pappe, Kleister und Goldpapier – Material genug, um die ganze Gesellschaft auszustaffieren. In heiterster Geschäftigkeit traf man die Vorbereitungen, schließlich verursachte nur noch die Kopfbedeckung für Meister Kaulbach, der den Winter darstellen sollte, allgemeines Bedenken. Da fand sich zum Glück ein Fußsack, flugs ward er umgedreht und sein borstiges Futter gab dem griesgrämigen Eismann ein trotzig wildes Aussehen.

So kam der große Moment heran, und nach mancher lustigen Konfusion setzte sich der Zug in Bewegung. An der Spitze desselben schritt Dürck als Herold. Er stellte das Jahr vor und sein Prolog erklärte in Knittelversen die Bedeutung des Tages. Ihm folgte, als Nachtigall, die Botin des Frühlings, Frl. Hetzenecker, welche mit süßer Stimme ihr Lied erklingen ließ. Pocci hatte dasselbe gedichtet und in Musik gesetzt. Nach ihr kam der mit Blumen und Guirlanden geschmückte Wagen mit sämmtlichen Kindern der Gesellschaft; die Kleinen zwischen duftenden Kränzen hervorlachend, die größeren als reizendes Gespann, als Nachtrab die jungen Mädchen, Blüthen und Blumen streuend, ein Kranz schöner Frauen, voran Frau Kaulbach und Frau Dürck stellten den Sommer dar. Als Schnitterinnen trugen sie Sicheln, Garben und Früchte. Nun folgte die dritte Gruppe, der Herbst. Ein Bachantenzug versinnlichte ihn. Hilari thronte als Bachus auf einem von Faunen gezogenen Wagen, den Pocci als Pan geleitete; Faunen und Bachanten tanzten im Kreise. Als Schluß des Jahres schritten Herr und Frau Winter, unter deren Zottelpelzen man Kaulbach und Glehn erkannte.

Allgemeine Bewunderung lohnte die Darsteller. Der Gefeierte und seine edlen Wirthe waren auf's Höchste erfreut und entzückt, und die als Zuschauer versammelten Fischer und Arbeitsleute machten ihrem Staunen über solch unerhörtes Schauspiel in lautem Beifall Luft. Eine mit Erfrischungen reich besetzte Tafel vereinigte die Gesellschaft unter dem Laubdach der uralten Buchen, der goldene Rebensaft löste die Zungen, und hoch gingen bald die Wogen der Begeisterung.

»Wie schade«, nahm Himbsel schier wehmüthig das Wort, »daß solche Momente, wie der heutige, nicht festgehalten werden können. Lang sind sie vorbereitet, schnell vorübergerauscht, und nichts bleibt zurück als eine schöne Erinnerung für uns Wenige, die wir Zeugen sein durften.«

»Es käme darauf an!« rief Kaulbach, »wir sind unserer ja genug vom Metier, wir könnten die ganze Geschichte malen!«

»I, wohin denn«, krähte Asher mit hoher Fistelstimme, »das gäbe doch ein etwas sehr längliches Bild.«

60

»Nun, Ihr Freunde«, rief Himbsel, »wenn's an weiter nichts fehlt, als an einem geeigneten Feld für Eure Kunst – damit könnte ich aufwarten! Das Stiegenhaus meines Neubaus bietet vier bis jetzt sehr unerquickliche kahle Wände, die scheinen mir wie geschaffen für die Darstellung der vier Jahreszeiten.«

»Bravo! Top! Es gilt! Es soll ein Wort sein!« so schrie und lärmte es von allen Seiten durcheinander, und die Ausmalung des Treppenhauses war beschlossene Sache.

Schon anderen Morgens fuhr Baurath Himbsel zur Stadt, Farben, Pinsel und alles nöthige Material zu beschaffen. Die Maler entwarfen ihre Skizzen, Gerüste wurden aufgeschlagen und bald sah man, das Treppenhaus betretend, von jedem derselben ein paar Künstlerbeine herniederbaumeln, und die dazu gehörigen Meister in eifrigster Thätigkeit. Zimmermann malte den Frühling, Kaulbach den Sommer, Dürck den Herbst, Asher den Winter. Auf dem gegenüberliegenden schmalen Pfeiler brachte Schorn die Porträts der Empfänger der künstlerischen Huldigung an: Zimmermann als der Gefeierte auf dem Thron sitzend, und seine und der ganzen gesellschaft gastliche Freunde, Baurath Himbsel und seine liebenswürdige Gattin. Zwei Landschaften von Rottmann, Morgen und Abend darstellend, und die Kaulbach'schen Monate bildeten den abschließenden Fries. An die Front des Hauses malte Maler Echter nach Entwürfen Kaulbach's Sanct Johannes und Scta. Ottilia, die Schutzheiligen der Besitzer, und so ward in kurzer Zeit ein kleines Juwel geschaffen, das die Nachkommen an schöne entschwundene Tage idealen Kunstreibens erinnert. Wer heute von der liebenswürdigen Liberalität der dermaligen Besitzerin Frau v. Frommel Gebrauch machend, die Räume betritt, um sich an den hoch in Ehren gehaltenen Bildern zu erfreuen, mag einen Hauch jener anspruchslosen, geistsprühenden Heiterkeit empfinden, die jene Tage zu unvergeßlichen verklärte.   D.

Zeitungsartikel, o. O., o. D., ca. September 1887. Privatbesitz.

Blick vom Himbsel-Haus nach Süden auf den See

Himbsels »englisches Paradies«

Die Parkanlage einst und jetzt

Die Park- und Villenlandschaft rund um den Starnberger See war lange Zeit sehr viel ausgeprägter am Westufer des Sees entwickelt, etwa in Possenhofen, Feldafing oder Bernried. Das Ostufer war schwieriger zu besiedeln und zu kultivieren, da es lange Zeit verkehrsmäßig schlecht erschlossen war und weil der recht steile Uferhang weniger Platz für Bauten und Parkanlagen bot. Doch entstanden auch an dieser Seite einige berühmte und schöne Anlagen, wie etwa die Parkanlage um Schloss Berg, die später auch bürgerliche Villenbauer animierte, ihre ausgedehnten Grundstücke zu gestalten.

Himbsels Sommerhaus und sein erstes Landhaus sind bekannt und oft beschrieben worden, seinen großartigen Park jedoch kennt kaum noch jemand. Himbsel war, nach seinem längeren Aufenthalt in England, von den dortigen Gartenanlagen sehr angetan und legte seinen Park deshalb nach englischem Vorbild an. Leider sind heute nur noch

Das Himbsel-Haus mit Park

Aquarell: Sommerleben 1848

spärliche Reste davon erhalten, und wie die Parkanlage einmal ausgesehen hat, kann nur noch vage rekonstruiert werden.

Haus und Park waren eng aufeinander bezogen und sorgfältig geplant und gestaltet. Der öffentlich zugängliche Park war von mehreren Wanderwegen durchzogen mit erbaulichen Ausblicken auf den See und auf die Berge vom Karwendel bis zu den Allgäuer Alpen. Auf der im Treppenhaus der Himbsel-Villa angebrachten Supraporte von Lebschée kann man den bis ans Wasser heranreichenden Park und den nach oben führenden Hangweg gut erkennen. Wald, Wasser und Wiesen bildeten für den Betrachter eine harmonische Einheit, die Villa selbst war nicht Mittelpunkt des Parks, sondern an den Rand gedrängt.

Himbsel hatte das riesige Gartengelände vermutlich größtenteils in natürlichem Zustand belassen und nur mit einigen Spazierwegen erschlossen. Nach und nach ließ er einen Wasserfall mit einem kleinen Weiher, eine eigene Quellfassung, ein Gartenhäuschen und eine Bootshütte und Badehütten unten am See errichten, dazu sogar noch eine eigene Dampferanlegestelle, die allerdings später nach Leoni verlegt wurde.

Was ist aus der Parkanlage geworden?

64

Wie lange Himbsels Park bestand, weiß man nicht. Die gesamte Anlage ging nach Himbsels Tod zunächst an seine Tochter Ida, die mit August von Schoenebeck verheiratet war. 1865 wurde der Besitz an den Augsburger Bankier und Spinnereibesitzer Hugo Frommel verkauft, von dessen Nachkommen Haus und Park bis 1979 bewohnt und bewirtschaftet wurden. Verkauft wurde auch das erste Sommerhaus Himbsels, und zwar an den Schriftsteller Friedrich Wilhelm von Hackländer. 1877 ging dieses Haus an den Papierfabrikanten Louis Weinmann über, der im Park ein Mausoleum errichten ließ, das heute noch besteht.

Die Besitzverhältnisse wechselten und auch die Umgebung veränderte sich. So erfolgte der Ausbau der Seestraße und die Bebauung rund um den ehemaligen Park nahm sehr stark zu. Der Park selbst verfiel im Laufe der Zeit immer mehr und näherte sich allmählich dem Naturzustand an, in dem er sich heute zeigt.

Das erste Haus Himbsel von 1827 heute

Brunnen am Himbsel-Haus

Geblieben ist ein einsamer, weitgehend eingewachsener Waldweg, der als teilweiser Hohlweg zum höchsten Punkt des Moränenhügels, zur Rottmannshöhe hinauf führt. Diesen Weg wird vor mehr als 150 Jahren Carl Rottmann durch die Waldeinsamkeit zu seinem Lieblingsplatz gewandert sein, um die herrliche Aussicht zu genießen.

Das Himbsel-Haus liegt heute in dem kleinen nordwestlichen Bereich des früheren Parks. Durch den östlichen Teil, einem Feuchtbiotop, fließt ein Bach, im Süden des Geländes dient eine Wiese als Weidefläche für Schafe und für ein zahmes Reh. Nahe am Haus liegt ein kleiner Weiher, in den das Wasser der ehemaligen Hausquelle fließt. Diese speist auch den Brunnen, der um die Jahrhundertwende entstanden ist und dem Haus vermutlich von einem schiffbrüchigen Künstler zum Dank für seine Rettung gestiftet wurde. Überschattet wird der Brunnen von einer alten, sehr seltenen, mit Efeu umwucherten Traueresche von bizarrem, hohem Wuchs.

66

An einer alten Linde hängt eine moderne Holzplastik von St. Mang, dem Apostel des Allgäus, die von Sepp Erhart aus der Ammergauer Schule im Jahr 1985 geschnitzt wurde.

Himbsels »englisches Paradies« ist heute verschwunden, doch etwas von dem Zauber der damaligen Zeit und der Schönheit ist immer noch erhalten geblieben.

St. Mang

Ruine der Waldkapelle

Innenausmalung der Waldkapelle vor 1980

Die Waldkapelle

Von allen Baulichkeiten des ehemaligen Parks ist – neben einer Kreuzwegstation, die ursprünglich als Probestation für den Kreuzweg nach
Aufkirchen errichtet wurde – heute nur noch die Holzruine der ehemaligen Waldkapelle erhalten. Beide befinden sich in dem Teil des Parks,
die zum Besitz der Erben Frommel gehören.

Die kleine, hölzerne Kapelle im neugotischen Stil, verkleidet mit
Baumrinde, verkörpert die romantisch-religiöse Stimmung der damaligen Zeit. Errichtet wurde sie vermutlich zusammen mit dem Bau des
zweiten Landhauses im Jahr 1842, und zwar auf einem kleinen Plateau,
das sich zum See hin öffnet. Heute ist es jedoch völlig zugewachsen, die
Kapelle selbst ist fast vollständig verfallen. Die nur noch ansatzweise erhaltene, in Pastelltönen ausgemalte Wand- und Gewölbedekoration
stellt Spitzbögen und Vierpässe dar.

In der Zwischenzeit nagte der Zahn der Zeit so bedenklich an der Kapelle, dass sie völlig zugewachsen und weitgehend verfallen ist, sodass
eine entsprechende Restaurierung nicht mehr möglich ist.

Erhalten geblieben ist jedoch der ausnehmend schöne Bildstock mit
dem Auferstehungsrelief von Anton Ganser auf der Kreuzwegstation im
Wald.

Anno 1864 den 26. Mai feuerte bei der Frohnleichnams Prozession zu Aufkirchen Georg Rasch, Müllermeister von Bachhausen die Böller los. Durch Zersprengen eines Böllers wurde Genantem der linke Fuß am Knöchel so zerschmettert, daß allgemein die Meinung sich verbreitete, der Fuß müße abgenomen werden, u. 9 Aerzte erklärten, im beßten Falle sei eine Heilung vor Ablauf eines Jahres nicht möglich. Durch Verlobung 1 hl. Amtes u. Kirchenganges nach Aufkirchen gelang es auf Fürbitte Mariens, daß das Uebel innerhalb 4 Monaten vollkomen geheilt war. Gott und Maria sei ewiger Dank.

Wallfahrtskirche »Mariae Himmelfahrt« in Aufkirchen: Votivtafel mit einer Darstellung des oberen Abschnitts des Kreuzwegs mit den neugotischen Stationen.

Der Kreuzweg nach Aufkirchen

Im Jahr 1854 wütete in Bayern die Cholera, die allein in München etwa 3000 Menschen hinwegraffte. Bei der Cholera handelt es sich um eine infektiöse Darmentzündung, die mit massiven wässerigen Durchfällen und starkem Erbrechen einhergeht. Sie wird durch kommaförmige Mikroorganismen (*Vibrio Cholerae* oder *Spirillen*) verursacht, bei deren Zerfall im Darm ein außerordentlich toxisches Endotoxin freigesetzt wird. Die Erkrankung führt zu extremem Wasserverlust. Werden die Flüssigkeit und die damit verlorenen Elektrolyte nicht ersetzt, kann es zu Austrocknungserscheinungen, Muskelkrämpfen und schließlich zu einem lebensbedrohlichen Kreislaufkollaps kommen.

Max von Pettenkofer (1818–1901), der große Arzt, Apotheker und seit 1847 Professor für medizinische Chemie, der die moderne Hygiene begründete, widmete sich intensiv der Erforschung der Cholera, konnte aber trotz riskanter Choleraselbstversuche die Ursachen der Krankheit nicht ergründen. Er fand jedoch heraus, dass hygienische Maßnahmen besonders wichtig sind und forderte eine Verbesserung der Abwasserbeseitigung. Erst Robert Koch (1843–1910), Hauptbegründer der medizinischen Bakteriologie, gelang 1883 der Nachweis der speziellen Bakterien, die die Ursache der so verheerend wirkenden Cholera sind. Heute gelten als die beste Prophylaxe gute hygienische Verhältnisse, sauberes Trinkwasser und ein guter Ernährungszustand; ist die Krankheit bereits ausgebrochen, sind Antibiotika gegen die Erreger angezeigt. Auch eine Impfung gegen Cholera ist möglich, die allerdings keinen vollständigen Schutz bietet.

1854 aber, als sich die wissenschaftlich begründete Medizin und vor allem die Kenntnisse über Infektionen und Bakterien noch am Anfang befanden, starben die meisten Infizierten an dieser Krankheit, so auch Himbsels Frau Ottilie und sein jüngster Sohn Konrad. Himbsel, der allgemein als fromm und gottesfürchtig galt, wurde noch gläubiger und ließ aus Trauer 1856 einen Kreuzweg errichten, der auf den Spuren ei-

Ölbergstation am alten Pilgerweg nach Aufkirchen.

nes uralten Pilgerwegs von seinem Landhaus am Starnberger See bis zur
Wallfahrtskirche St. Mariä Himmelfahrt in Aufkirchen führte. Er selbst
berichtet: »Früheren Gelöbnis nachkommend und ... Förderung christ-
licher Andacht und Erhebung zu Gott beziehend, habe ich von meinem
Anwesen am Würmsee hinauf gegen den Pfarrort Aufkirchen einen
Kreuzweg mit der Darstellung der Leiden Christi erbaut.«

Der Kreuzweg symbolisiert den Weg, den Jesus, beladen mit dem
schweren Kreuz, vom Haus des Pilatus aus durch Jerusalem auf den
Kalvarienberg, der Richtstätte, gehen musste. Im späten Mittelalter
wurden an den Kreuzwegen zunächst nur Kreuze errichtet, später sie-

ben und schließlich 14 Leidensstationen, die zum Innehalten und zur Kontemplation anhielten.

Die feierliche Einweihung des Kreuzwegs erfolgte am 16. Juli 1857. Die neugotischen Kreuzwegstationen sind jeweils kapellenartig gestaltet und vom Bildhauer Anton Ganser, einem Schüler Schwanthalers, angefertigt worden. Die erste bildliche Darstellung dieses Kreuzwegs ist auf einer Votivtafel aus dem Jahr 1868 zu sehen.

Der Kreuzweg von Leoni nach Aufkirchen weist eine Besonderheit auf; er hat nämlich nicht 14, sondern 16 Stationen. Noch vor der eigentlichen Station I, der Verurteilung durch Pilatus, beginnt der Kreuzweg im oberen Bereich des alten Pilgerwegs mit der Darstellung der Ölbergstation (Im Garten von Gethsemane). Diese wurde allerdings nachträglich, im Jahr 1882 von Himbsels Sohn Franz aufgestellt, der eine besonders intensive Beziehung zu seinem Vater hatte und von Himbsel selbst als Lieblingssohn bezeichnet wurde. Die Widmung dieser Station bezieht sich auf die Bibelstelle Matthäus 26.39: »Mein Vater, wenn es möglich ist, so gehe dieser Kelch an mir vorüber, doch nicht, wie ich will, sondern wie du willst.« Hier ist im Giebel des Bildstocks der heilige Jakobus, der Betreuer der Pilger, angebracht. Der neue, mehr als 2000 Kilometer lange Pilgerweg von München nach Santiago di Compostela führt übrigens über Aufkirchen.

In den einzelnen 14 Stationen des eigentlichen Kreuzwegs ist jeweils das Relief des heiligen Johannes in der Mitte der Giebelfront eingelassen. Unterhalb der Reliefs sind die zugehörigen Bibelstellen angegeben.

Die zusätzliche Station schließlich befindet sich wohl als »Probestation« im südwestlichen Teil des ehemaligen Parks und zeigt die Auferstehung Jesu:

> »Jesus der Gekreuzigt ist auferstanden wie er gesagt hat. Die Wächter
> aber erschrecken aus Furcht vor Ihm und wurden wie todt!«

Im 19. Jahrhundert war es nicht ungewöhnlich, dass Privatleute Kapellen oder Kreuzwege als Dokumente ihres Glaubens errichten ließen. Dennoch ist der vom vermögenden Baurat Himbsel gestiftete Kreuzweg einzigartig. Er fügt sich harmonisch in die bäuerlich geprägte Landschaft ein und die künstlerische Ausgestaltung ist ebenso gehaltvoll wie all die künstlerischen Zeugnisse der Innenausstattung des Himbsel-Hauses. Bis in unsere Zeit hat sich dieser Kreuzweg erhalten und wurde zuletzt 1980 aufwändig restauriert.

Auferstehungsmotiv im Park des Himbsel-Hauses

Details der zusätzlichen Kreuzwegstation

Pilatus wäscht die Hände, spricht:
ich bin unschuldig am Blute dieses Gerechten
übergibt aber Jesus dilode am Kreuze.

Jesus nahm das Kreuz, er ward
zum Fluche, auf daß er uns von dem
Fluche erlösete.
Joh. xx. 11; Gal. 11. 12.

Stationen I und II

76

Sie haben mir Hände u. Füße durchbohrt,
Psalm XXII. 17.
Er ward verwundet um unsere Sünden willen
Durch seine Wunden sind wir heil.
Ifai LIII. 5. f. Ptr. II. 24.

(An das Kreuz) erhöhet, will ich Alle zu mir ziehen
damit Alle die an mich glauben, nicht verloren gehen
sondern das ewige Leben haben.
Joh. XII. 32. u. 14. Rum. XIV. 9.

Stationen XI und XII

77

Grabstätte der Familie Himbsel im Südlichen Friedhof in München

Grabplatte zum Andenken an Johann Ulrich Himbsel an der Friedhofsmauer in Aufkirchen

Die Geschichte des Himbsel-Hauses
nach dem Tod des Baurats

Himbsel starb am 27. April 1860 an einem Schlaganfall. Begraben liegt er im Alten Südlichen Friedhof in München. An der Friedhofsmauer in Aufkirchen erinnert eine Grabplatte an die Wohltätigkeit und die Errichtung des Kreuzwegs.

Bereits fünf Jahre vor seinem Tod verfasste Himbsel ein sehr detailliertes Testament, das verhindern sollte, dass sein Lebenswerk auseinander gerissen würde und sein Vermögen verfiel. Er gab in seinem Testament genaueste Anweisungen, wie seine noch lebenden vier Kinder und seine Enkelin, die Tochter seiner 1848 verstorbenen ältesten Tochter Ottilie, bedacht werden sollten. Doch trotz seiner Vorsorge blieb sein Vermögen nicht beisammen. Seine Häuser und Villen, auch das von ihm so sehr geliebte große Haus, wurden rasch veräußert, nichts blieb im Familienbesitz. Die Starnberger Bahn wurde verstaatlicht, die Dampfschifffahrtsgesellschaft sollte zunächst sogar eingestellt werden.

Die Erbengemeinschaft, bestehend aus Himbsels vier Kindern, veräußerte das Himbsel-Haus im Jahr 1862 an den Fabrikbesitzer und Privatier August von Schoenebeck aus Pirmasens, der mit Ida, der einzigen noch lebenden Tochter Himbsels, verheiratet war. Schon drei Jahre später erwarb es der Augsburger Bankier und Besitzer einer Spinnereifabrik Hugo Frommel (1819–1867) zusammen mit der ersten Himbsel-Villa. Dessen Witwe verkaufte das ältere der beiden Häuser an den damals sehr bekannten Schriftsteller Friedrich Wilhelm Hackländer, das große Himbsel-Haus behielt sie.

Mehr als einhundert Jahre blieb das Haus danach im Besitz der Familie Frommel. Der Enkel Hugo Frommels, der Ordinarius für Frauenheilkunde in Erlangen, Prof. Dr. Richard Frommel, ließ 1904 die ehemalige Stallung zu einem dreischiffigen Wohnraum umgestalten. Die ausnehmend schöne Kreuzgratwölbung wird von Gurtbögen abgegrenzt; die Gesimse und Säulenkonstruktionen sind nach Jugendstilart gestaltet.

Wohnraum

Der einstige Heuboden wurde in Zimmer umgebaut. 1907 kamen noch ein neues Gewächshaus im Park und ein Jahr später eine neue Ufermauer dazu, 1913 schließlich ein Hausmeisterhaus und eine Autogarage an der Einfahrt. Das im Laufe dieser langen Zeit als »Haus Frommel« bekannt gewordene und in den letzten Jahren auch als Gästehaus beliebte Anwesen konnte schließlich im Jahr 1978 von der Familie Hipp erworben werden. Damit begann die behutsame Zurückführung in den ursprünglichen Zustand.

Insgesamt gesehen ist das Himbsel-Haus ohne grundlegende Veränderungen in seiner ursprünglichen Form erhalten geblieben. Und so präsentiert sich der Wohnraum, das Zentrum des Hauses, heute:

Spitzbogengewölbe im Wohnraum. Links der stolze Besitzer Prof. Dr. Hipp

Porträt von Johann Ulrich Himbsel und seiner Frau Ottilie

Vita im Überblick

1787 geboren in Neukirchen/Oberpfalz als zwölftes Kind des Land-
baumeisters Franz Ignaz Himbsel und seiner Frau Walburga

1803 Ankunft in München; Assistent beim königlich-bayerischen Professor für Architekturwesen Carl von Fischer

1806 Studienreise mit von Fischer nach Paris

1806 bis 1810 Studium der Architektur in Paris

1810 Rückkehr nach München als Inspektor der königlich-bayerischen Baukommission

1811 Studienreise nach Italien

1815 »Wirklicher technischer Baurat« der königlichen Baukommission in München; Mitwirkung in der Stadtplanung und Gestaltung der Stadt mit großen Bauten

1816 Bezug seines eigenen Hauses am Karlsplatz 30 (»Himbselhaus«),
ein großes herrschaftliches Mietshaus

1820 Tod von Fischers; Himsbsel bewirbt sich um dessen Nachfolge,
die jedoch an von Gärtner ging

1820 Heirat mit Ottilia Therese von Wolf, die ihm sieben Kinder ge-
bar: Ottilia Ulrike Josephine 1821, Joseph Johann Otto 1823,
Otto Ulrich Joseph 1825, Franz Alexander 1826, Ida Johanna
Barbara 1832, Konrad Guido 1834, Eva Anna Berta Adelheid
1836

1823 Gründungsmitglied des »Münchener Kunstvereins«

1826 Planung und Bau moderner Schulen

1827 Bau des ersten Sommerhauses in Leoni im klassizistischen Stil

1835 Studienreise nach England

1837 Baudirektor für die München-Augsburger-Eisenbahngesellschaft MAEG

1837 Genehmigungsantrag einer Bahn von München nach Starnberg

1838 bis 1840 Bau der Eisenbahn München–Augsburg

1838 Ablehnung des Bahnbaus nach Starnberg durch König Ludwig I.

1842 Bau des zweiten Sommerhauses in Leoni

1849 Genehmigung des Bauantrags der Starnberger Eisenbahn und einer Gesellschaft der Würmsee-Dampfschifffahrt

1851 Stapellauf des ersten Dampfschiffes am Starnberger See »Maximilian«

1852 Bauherr der Eisenbahnlinie München–Starnberg

1854 Fertigstellung der Eisenbahnlinie

1854 Tod von Ehefrau Ottilie und seines Sohnes Konrad durch die Cholera

1852 Versetzung in den Ruhestand

1853 bis 1860 Kapitän des Dampfschiffes »Maximilian«

1860 Himbsel stirbt an einem Schlaganfall und wird auf dem Münchener Südfriedhof beerdigt.

Literatur

Bekh, Wolfgang Johannes: Die Münchner Maler. Pfaffenhofen 1974

Dürck-Kaulbach, Josepha: Erinnerungen an Wilhelm von Kaulbach und sein Haus. München 1918

Füssl, Wilhelm: Baurat Johann Ulrich Himbsel. München 1987

Goepfert, Günter: Franz von Pocci. Dachau 1999

Hansmann, Wilfried: Putten. Worms 2000

Heilmann, Christoph, Rödiger-Diruf, Erika (Hg): Carl Rottmann 1797–1850. Hofmaler König Ludwigs I. München 1998

Heißerer, Dirk: Wellen, Wind und Dorfbanditen. Literarische Erkundungen am Starnberger See. München 1995

Heißerer, Dirk: Die Maxhöhe. Vom Dampfschiff zum Windrad. Berg 2002

Himbsel, Johann Ulrich: Magazin der Baukunst. München 1814–1816

Karlinger, Hans: München und die Kunst des 19. Jahrhunderts. München 1966

Klein, Hans Rudolf: Assenbuch, Assenhausen und Allmannshausen am Starnberger See. Starnberg 1998

Kratzsch, Klaus: Johann Ulrich Himbsel und seine Villa am Starnberger See. In: Festschrift Wolfgang Braunfels. Tübingen 1977

Kratzsch, Klaus: Auf König Ludwigs kalte Pracht folgt die Sehnsucht nach ländlicher Idylle. München 1977

Kümmel, Birgit: Wilhelm von Kaulbach als Zeichner. Korbach 2001

Lebschée, Karl August, Heinrich, Adam: Malerische Topographie des Königreichs Bayern. München 1852

Ludwig, Horst: Münchner Maler im 19. Jahrhundert. München 1982

Mai, Ekkehard: Historienmaler in Europa. Mainz 1990

Pache, Walter: Park-Wandel. Landschaftspark und Literatur. Augsburg 1997

Roethlesberger, Margret: Im Licht von Claude Lorrain. München 1983

Schober, Gerhard: Denkmäler in Bayern. Landkreis Starnberg. München, Zürich 1989

Schober, Gerhard: Frühe Villen und Landhäuser am Starnberger See. Waakirchen-Schaftlach 1998

Schrenk, K., Holsten, S., Grubatzsch, H.: Moritz v. Schwind. München 1995

Sterzinger, Sonja; Gröber, Roland; Maucher, Paul: Johann Ulrich Himbsel. München 1999

Trost, Brigitte: Domenico Quaglio. Monographie und Werkverzeichnis. München 1973

Wiede, Peter: Von Fürsten, Fischern und Festen. Starnberg 1999

Zweite, Armin: Münchner Landschaftsmalerei 1800–1850. München 1980

Bildnachweis

Seite 18   Stadtmuseum München
Seite 19   Stadtmuseum München
Seite 30   Archiv M.O. Spranger, München
Seite 63   Archiv W. Pache, München
Seite 64   Archiv G. Schober, Starnberg
Seite 65   Johannes Zeitlmann, Starnberg
Seite 68   Archiv G. Schober, Starnberg
Seite 82   Privatbesitz Freiburg

Alle anderen Abbildungen: Prof. E. Hipp, Leoni

Danksagung

Mein ganz besonderer Dank gilt der Leiterin des Siegfried Genz Verlags, Frau Helen Heißerer. Sie half unermüdlich bei der Erstellung des Manuskripts und bei der Drucklegung. Verschiedentlich konnte auch Herr Dr. Dirk Heißerer mit guten Hinweisen behilflich sein.

Diese Dokumentation in aufwändiger Ausstattung zu veröffentlichen hat Herr Dipl.-Ing. Dr. h.c. Siegfried Genz ermöglicht, dafür meinen herzlichen Dank.

Die Gesamtproduktion hat die Huber KG in Dießen am Ammersee mit großer Mühe hervorragend erstellt.

Außerordentlicher Dank gilt Frau Elisabeth Döringer und Herrn Ulrich Lange aus meinem früheren Labor für Fotografie und Graphik; sie haben mit großem Können und unermüdlichem Einsatz zum Gelingen dieser Dokumentation beigetragen.

Dankbar bin ich auch der Familie von Schoenebeck aus Berlin und der Familie Prager, Nachkommen der Himbsel-Tochter Ida. Sie waren mir eine wichtige Hilfe bei der Auffindung verschiedener Dokumente und haben mir diese großzügig zur Verfügung gestellt. Frau Dr. von Schoenebeck und Herrn Schoenebeck danke ich vor allem für die Abbildungen von Herrn und Frau Himbsel.

Besonders dankbar denke ich an die jahrelange angenehme Zusammenarbeit mit dem Starnberger Kreisheimatpfleger Herrn Gerhard Schober für vielfachen Rat und dafür, dass er einige Abbildungen zur Verfügung gestellt hat.

Erwin Georg Hipp
Leoni, März 2003

Dirk Heißerer

Die Maxhöhe

Vom Dampfschiff zum Windrad

Ein Beitrag zur jüngeren Kulturgeschichte am Starnberger See

168 Seiten mit 75 meist farbigen Abbildungen
ISBN 3-935736-04-5

Stimmen zum Buch

„Eines der lesenswertesten Bücher über den Starnberger See."
Otto Walser, Starnberger SZ, 9./10.11.2002

„Das Buch ist eine informative, aber lustvolle Bereicherung der Literaturlandschaft
um den Starnberger See."
Hanna von Prittwitz, Starnberger Merkur, 9./10.11.2002

„Das Buch übertrifft ja alle Erwartungen, prachtvoll illustriert
und kenntnisreich geschrieben."
Professor Dr. Klaus W. Jonas, München

„Sehr ansprechend und geschmackvoll in der Aufmachung."
Herta Rühmann, Berg

„Ein bis ins Kleinstdetail bravourös recherchiertes, geradezu spannend zu lesendes
‚Heimat-Buch' mit durchaus überregionalem Charakter und Anspruch (…) – ein Stück
oberbayerischer Kultur- und Wirtschaftsgeschichte."
Professor Dr. Hans Gärtner, Chiemgau-Blätter, 1.3.2003